软件工程
（第4版·修订版）

[美] 莎丽·劳伦斯·弗里格（Shari Lawrence Pfleeger）

[加] 乔安妮·M. 阿特利（Joanne M. Atlee）

杨卫东 译

人民邮电出版社

北 京

图书在版编目（CIP）数据

软件工程 : 第4版·修订版 / （美）莎丽·劳伦斯·弗里格，（加）乔安妮 M. 阿特利著 ; 杨卫东译. -- 3版. -- 北京 : 人民邮电出版社，2019.2（2023.7重印）
国外著名高等院校信息科学与技术优秀教材
ISBN 978-7-115-49807-6

Ⅰ. ①软… Ⅱ. ①莎… ②乔… ③杨… Ⅲ. ①软件工程－高等学校－教材 Ⅳ. ①TP311.5

中国版本图书馆CIP数据核字(2018)第246410号

内 容 提 要

本书是软件工程领域的经典著作，国际上众多名校均采用本书作为教材。全书分为 3 个部分。第一部分解释为什么软件工程知识对实践者和研究者同样重要，还讨论了理解过程模型的问题的必要性，以及利用敏捷方法和精细地进行项目计划的必要性；第二部分论述开发和维护的主要步骤；第三部分主要讲述软件评估和改进。

本书适合作为计算机相关专业软件工程课程的本科教材，也适用于介绍软件工程的概念与实践的研究生课程，期望进一步学习该领域相关知识的专业人员也可以阅读本书。

♦ 著　　 [美] 莎丽·劳伦斯·弗里格（Shari Lawrence Pfleeger）
　　　　 [加] 乔安妮·M. 阿特利（Joanne M. Atlee）
　 译　　 杨卫东
　 责任编辑　 杨海玲
　 责任印制　 焦志炜

♦ 人民邮电出版社出版发行　　 北京市丰台区成寿寺路 11 号
　 邮编　100164　 电子邮件　315@ptpress.com.cn
　 网址　https://www.ptpress.com.cn
　 固安县铭成印刷有限公司印刷

♦ 开本：787×1092　1/16
　 印张：35.5　　　　　　　 2019 年 2 月第 3 版
　 字数：1 052 千字　　　　 2023 年 7 月河北第 9 次印刷
　　　　　 著作权合同登记号　 图字：01-2009-5712 号

定价：89.00 元
读者服务热线：**(010) 81055410**　 印装质量热线：**(010) 81055316**
反盗版热线：**(010) 81055315**
广告经营许可证：京东市监广登字 20170147 号

版 权 声 明

前　　言

跨越研究与实践之间的鸿沟

在1968年的北约会议上，首次使用了"软件工程"这一术语。时至今日，软件工程已经走过了很长的一段路，软件本身也已经以各种形式融入了我们的生活。就算在10年前，估计也没人会预料到软件会有这么大的影响力。因此，要懂得如何开发好的软件以及如何评估软件在日常生活中面临的风险和机遇，坚实的软件工程理论和实践基础是不可或缺的。本书体现了当前软件工程领域实践者阵营和研究者阵营之间相互融合的现状：实践者主要关注构造高质量产品完成某些功能，而研究者则努力寻找各种方法改进产品质量以及提高开发人员生产效率。Edsgar Dykstra不断提醒我们：研究与实践之间的紧张关系将检验我们对软件工程的理解，并帮助我们改进思维方式、方法，进而最终改进我们的产品。

正是本着这种精神，我们对本书进行了增订，为这种不断的探究和改进构造一个基础框架。尤其是，第4版纳入了更广泛的素材，来说明如何抽象出一个问题并对它建立模型，以及如何使用各种模型、设计原则、设计模式和设计策略，来产生适当的解决方案。软件工程师绝不只像程序员那样按照说明书来编写程序，就像厨师不只是遵循菜谱来烹饪。构造优秀的软件是一门艺术，这体现在如何抽象出问题的要素并建模，再使用这些抽象设计出解决方案。经常能听到优秀开发人员谈论"优雅的"解决方案，说明这样的解决方案抓住了问题的核心，得到的软件不仅能够解决当前的问题，而且当问题随着时间演化时，软件也能够很容易地进行修改。这样，学生就能够学会融合研究与实践、艺术与科学，构造出坚实的软件。

科学总是以事实为基础的。本书是为本科生软件工程课程而设计的，注重软件工程研究与实践的实际效果层面，使学生能够直接将所学知识应用于要解决的现实问题。书中所举的例子针对的是经验有限的学生，但是，这些例子清楚地阐明了大型软件开发项目是如何从需求到计划，再进而成为现实的过程。例子所描述的许多情形，读者未来都很可能经历：大型项目与小型项目、"敏捷"方法与高度结构化方法、面向对象与面向过程的方法、实时处理与事务处理、开发情形与维护情形。

本书也适用于介绍软件工程的概念与实践的研究生课程，还适合于那些期望进一步学习该领域相关知识的专业人员。尤其是最后3章给出了一些引人思考的资料，旨在引起研究生对当前研究主题的兴趣。

主要特色

下面是本书区别于其他书的主要特色。

- 其他软件工程图书将度量和建模作为单独的问题分开考虑，本书则将二者与更全面的软件工程论述结合起来。也就是说，把度量和建模看作是软件工程策略不可分割的部分，而不作为一个单独的分支。这样，学生能够学会如何抽象与建模，以及如何在日常开发活动中进行定量评估和改进。他们可以利用他们的模型理解所要解决的问题的要素，了解可供选择的其他解决方案；他们可以利用度量对个人、小组和项目的进度进行评估。

- 类似地，诸如复用、风险管理和质量工程之类的概念都糅合到在它们影响之下的软件工程活动中，而不是作为单独的问题来讲述。

- 这一版介绍了敏捷方法的使用，包括极限编程。它论述了给予开发人员更多自主权所带来的利益和遭遇的风险，并将敏捷方法与传统的软件开发方法进行了比较。
- 每一章都将相应的概念应用于两个贯穿全书的例子：一个例子是典型的信息系统，另一个是实时系统。两个例子都基于实际的项目。信息系统的例子描述了英国一家大型电视公司确定广告时间价格的软件。实时系统的例子是阿丽亚娜5型火箭的控制软件，我们将考查该软件见诸报端的一些问题，并探讨软件工程技术如何能够帮助找出并避免其中的问题。学生能够随着两个典型项目的进展，领会本书所描述的各种实践方法如何融入构造系统的技术之中。
- 每章结尾的结论都用三种形式表述：这一章的内容对开发团队的意义，对单个开发人员的意义，以及对研究者的意义。学生可以很容易地复习每章的要点，并了解每一章与研究以及实践的相关性。
- 本书有配套网站，网址是http://www.prenhall.com/pfleeger。该网站包含了各种文献中的最新例子，以及真实项目中的实际工件（artifact）的例子。该网页还提供了相关工具和方法厂商的网页链接。学生可以在这里找到实际的需求文档、设计方案、代码、测试计划等内容。那些想寻找更多、更深入信息的学生，可以通过该网页找到其他值得信赖的、容易理解的出版物及网站。这些网页会定期更新，以及时补充书中的内容。它还包括一个工具，读者可用来向作者和出版社提供反馈。
- 学生学习指南可从Pearson的销售代表处获得。
- PPT及完整的习题答案手册可以从本书配套网站的教师资源中心获得。要获得访问权限，请与Pearson的销售代表联系。
- 本书从各种文献中引用了大量案例研究和例子。书中以补充材料形式给出的很多只有一页左右篇幅的案例研究在网页上都有详细描述。据此，学生能够了解本书中的理论概念是如何应用于现实情形的。
- 每章最后都列出了引人思考的、与软件工程有关的法律和道德问题。学生可以根据软件工程所处的社会和政治背景来理解软件工程。与其他的学科一样，软件工程的结果会影响到人，必须据此来考虑软件工程决策。
- 每章都强调过程化和面向对象的开发。另外，第6章专门解释了面向对象开发过程的步骤。我们会讨论若干设计原则，并用面向对象的例子展示如何结合这些原则来改善设计。
- 本书还有一个带有注解的参考文献列表，其中不少是软件工程中开创性的论文。另外，本书的网页有进一步的链接指向注释的参考文献和特定领域讨论组（诸如软件可靠性、容错性、计算机安全等）。
- 每章都会提到同一个学期项目，是开发一个住房抵押处理系统软件，教师可以把这个学期项目稍加改动，作为课程作业。
- 每章的结尾都列出了本章概念的主要参考文献，学生能够借此进一步深入研究本章中讨论的特定工具和方法。
- 这一版还包含了强调计算机安全性的例子。尤其是，我们强调了设计时的安全性，而不是在编码或测试的时候加入安全性。

本书的内容和组织结构

　　本书分为14章，分3部分介绍各章主要内容。第一部分力图激发读者学习软件工程的兴趣，解释为什么软件工程知识对实践者和研究者同样重要。第一部分还讨论理解过程问题的必要性，确定开发人员具有多大程度"敏捷性"的必要性和精细地进行项目计划的必要性。第二部分论述开发和维护的主要步骤，这些步骤与构造软件所使用的过程模型关系不大，都是先引出需求、对需求建模、检查需求，然后设计问题的解决方案，编写和测试代码，最后将软件交付给客户。第三部分主要讲述软件评估和改进，这一部分着眼于如何评价过程和产品的质量，以及如何改进质量。

第 1 章：软件工程概述

这一章介绍软件工程的发展历程，以激发读者的学习兴趣，并简要介绍在后面的章节中要研究的某些关键问题。尤其是，讨论Wasserman用来帮助定义软件工程的关键因素：抽象、分析与设计方法、表示法、模块化与体系结构、软件生命周期与过程、复用、度量、工具与集成环境，以及用户界面与原型化。我们将讨论计算机科学和软件工程的差异，解释可能遇到的一些主要问题，并为本书的其余部分奠定基础。还探讨采用系统的方法构造软件的必要性，并介绍每一章都会用到的两个公共的例子。学期项目的背景也是在这里介绍的。

第 2 章：过程和生命周期的建模

这一章概要介绍不同类型的过程和生命周期模型，包括瀑布模型、V模型、螺旋模型和各种原型化模型。论述敏捷方法的必要性，与传统的软件开发过程相比，在敏捷方法中开发人员拥有许多自主权。还描述几种建模技术和工具，包括系统动态建模以及其他常用方法。两个公共的例子都用到了这里介绍的一些建模技术。

第 3 章：计划和管理项目

在这一章，我们着眼于项目计划和进度安排。介绍诸如活动、里程碑、工作分解结构、活动图、风险管理、成本以及成本估算等概念。用估算模型估算两个公共例子的成本和进度。我们重点关注实际案例研究，包括F-16飞机和DEC的alpha AXP程序的软件开发管理。

第 4 章：获取需求

这一章强调在优秀的软件工程中抽象和建模的关键作用。尤其是，我们使用模型澄清需求中容易误解和遗漏的细节，并使用模型与其他人员进行沟通。本章中探讨了多种不同的建模范型；针对每一种范型，研究表示法实例；讨论什么时候使用哪种范型，并对如何做出特定建模和抽象决策给出建议。讨论了需求的不同来源和类型（功能性需求、质量需求与设计约束）。解释如何编写可测试的需求，并描述如何解决其中的冲突。其他讨论的主题还有需求引发、需求文档、需求评审、需求质量、如何测量需求，并介绍了一个如何选择规格说明方法的例子。本章最后将其中几个方法应用于两个公共的例子。

第 5 章：设计体系结构

在本书的第4版中，完全改写了软件体系结构这一章。在这一章的开始，论述了体系结构在软件设计过程中以及在较大型的开发过程中的作用。我们详细讨论了产生软件体系结构的相关步骤，从建模、分析、文档化和评审，到最后产生软件体系结构文档；程序设计人员用软件体系结构文档来描述模块和接口。我们讨论了如何对问题进行分解，以及如何使用不同的视图来检查问题的若干方面，以便找到合适的解决方案。接着，我们集中讨论了如何使用一种或多种体系结构风格来建模解决方案，包括管道-过滤器、对等网络、客户/服务器、发布-订阅、信息库和分层体系结构。我们还讨论了如何组合体系结构风格并使用它们来达到质量目标，如可修改性、性能、安全性、可靠性、健壮性、易使用性。

一旦完成了初始的体系结构，就可以对其进行评估和改进。在这一章，我们说明了如何测量设计质量，以及如何使用评估技术在故障分析、安全性分析、权衡分析以及成本效益分析中选择满足客户需求的体系结构。我们强调了把设计理念记入文档、确认和验证设计是否匹配需求、创建满足客户产品需求的体系结构这三方面的重要性。在本章快结束的时候，我们详细论述了如何构建一个产品线体系结构，以允许软件提供者在一族相似的产品中复用设计。最后，讨论了信息系统和实时系统这两个例子的体系结构分析。

第6章：设计模块

这一版中，第6章做了全面的修订，讨论了如何从系统体系结构的描述转向单个模块设计的描述。本章从讨论设计过程开始，然后介绍6个关键的设计原则来指导我们由体系结构到模块的细化设计：模块化、接口、信息隐藏、增量式开发、抽象和通用性。接着，进一步探讨面向对象的设计以及面向对象设计是如何支持这6个设计原则的。这一章使用统一建模语言的各种表示法来说明如何表示模块功能性和交互的多个侧面，这样，我们就能够构造健壮的、可维护的设计。本章还论述了一组设计模式，其中每一个设计模式都具有明确的目的，并说明了如何使用它们来强化设计原理。接下来，本章讨论了一些全局的问题，如数据管理、异常处理、用户界面和框架，我们从中可以了解到一致而清晰地使用方法可以获得更有效的设计。

本章详细探讨面向对象度量，并将一些常用的面向对象度量方法应用于一个服务站的例子。我们可以从中看到，设计中发生变化后，度量中的值是如何变化的，这有助于我们决定如何分配资源和查找故障。最后，我们把面向对象的概念应用到信息系统和实时系统的例子中。

第7章：编写程序

本章论述代码层的设计决策，以及实现一个设计以产生高质量代码所涉及的问题。我们讨论各种标准和过程，并给出一些简单的编程准则。提供了用多种语言编写的例子，包括面向对象语言和过程语言。讨论了程序文档和错误处理策略的必要性。最后，将一些概念应用于两个公共的例子。

第8章：测试程序

这一章探讨一些测试程序方面的问题。我们把传统测试方法和净室方法区分开，并着眼于如何测试各种系统。给出软件问题的定义和分类，讨论怎样利用正交缺陷分类使数据汇集和分析更加有效。随后，解释单元测试与集成测试之间的区别。在介绍几种自动化测试工具和技术之后，解释测试生命周期的必要性，以及如何将这些工具集成到生命周期中。最后，把这些概念应用于两个公共的例子。

第9章：测试系统

这一章首先介绍系统测试的原理，包括测试包和数据的复用，并讨论精细地进行配置管理的必要性。介绍的概念包括功能测试、性能测试、验收测试和安装测试。讨论测试面向对象系统的特殊需要。描述几种测试工具，并讨论测试小组成员的角色。然后，向读者介绍软件可靠性建模，并讨论可靠性、可维护性和可用性问题。读者将学会如何使用测试结果来评估交付的产品可能具有的特征。本章还介绍几种测试文档，最后描述两个公共例子的测试策略。

第10章：交付系统

这一章讨论培训和文档的必要性，并给出信息系统和实时系统例子中可能使用的几个培训和文档的例子。

第11章：维护系统

这一章强调系统变化的结果。解释在系统生命周期的过程中变化是如何发生的，以及系统设计、编码、测试过程、文档如何必须与这些变化保持一致。讨论典型的维护问题，以及精细地进行配置管理的必要性。全面讨论使用度量预测可能的变化，并评估变化所产生的影响。还讨论在使遗留系统再生的大背景下的再工程和重组技术。最后，根据变化的可能性对两个公共的例子进行评估。

第12章：评估产品、过程和资源

由于许多软件工程的决策涉及合并和集成现有组件，这一章讨论评估过程和产品的方法。讨论经验性评估的必要性，并给出若干例子以说明如何使用度量建立质量和生产率的基线。我们着眼于几个质量模型，如何评估系统的复用性，如何执行事后分析，以及如何理解信息技术的投资回报。把这些概念应用于两个公共的例子。

第13章：改进预测、产品、过程和资源

这一章建立在第11章的基础之上，说明如何完成预测、产品、过程和资源改进。包含几个深入的案例研究，以说明如何通过多种调查技术来理解和改进预测模型、审查技术及软件工程的其他方面。本章最后给出一组指导原则，用于评估当前情形并识别改进的机会。

第14章：软件工程的未来

在最后这一章，讨论软件工程中的若干悬而未决的难题。我们重新回顾Wasserman的概念，来审视软件工程这一学科的发展状况。研究技术转移和决策制定中的若干问题，以确定在把重要的思想从研究应用于实践方面，我们做得是否出色。最后，我们研究一些有争议的问题，比如给软件工程师发放职业证书的问题，以及向更特定领域解决方案和方法发展的趋势。

致谢

由于朋友及家人所给予的技术上的支持和情感上的鼓励，本书才得以完成。我们不可能列举出所有在本书的编写和修订期间帮助过我们的人，若有遗漏，在此提前表示歉意。我们很感谢本书早期版本的读者，他们详细审读了本书，提出了不少良好建议。我们已经尽力将所有这些建议融入这一版本。我们一如既往地感谢来自读者的反馈，不管是正面的还是负面的。

Carolyn Seaman（马里兰大学巴尔的摩校区）是本书第1版非常杰出的审稿人。她提出许多方法使内容更简洁明了，使得本书更紧凑、更易于理解。她还整理好大部分的练习解答，并帮助我们建立本书早期版本的网站。我要感谢她的友谊和帮助。Yiqing Liang和Carla Valle更新了该网站，并为第2版增加了重要的新资料；Patsy Ann Zimmer（滑铁卢大学）修订了本书第3版的网站，特别是关于建模表示法和敏捷方法。

我们万分感谢Forrest Shull（马里兰大学法朗霍夫中心）以及Roseanne Tesoriero（华盛顿学院），他们编写了本书最初的学习指导；感谢Maria Vieira Nelson（巴西米纳斯吉拉斯州天主教大学），他对第3版的解答手册及学习指导进行了修订；感谢Eduardo S. Barrenechea（滑铁卢大学）对第4版中素材的更新。还要感谢Hossein Saiedian（堪萨斯大学）制作了第3版和第4版的PowerPoint演示。我们要特别感谢Guilherme Travassos（里约热内卢联邦大学），本书使用了他与Pfleeger在马里兰大学期间共同编写的材料，而且他在以后的课程教学中，又对这些材料进行了大量扩充。

对我们有所帮助且颇有创见的本书所有4个版本的审稿人有：Barbara Kitchenham（英国基尔大学）、Bernard Woolfolk（朗讯公司）、Ana Regina Cavalcanti da Rocha（里约热内卢联邦大学）、Frances Uku（加利福尼亚大学伯克利分校）、Lee Scott Ehrhart（MITRE公司）、Laurie Werth（得克萨斯大学）、Vickie Almstrum（得克萨斯大学）、Lionel Briand（挪威Simula研究室）、Steve Thibaut（佛罗里达大学）、Lee Wittenberg（新泽西基恩学院）、Philip Johnson（夏威夷大学）、Daniel Berry（加拿大滑铁卢大学）、Nancy Day（滑铁卢大学）、Jianwei Niu（滑铁卢大学）、Chris Gorringe（英国东英吉利大

学）、Ivan Aaen（奥尔堡大学）、Damla Turget（中佛罗里达大学）、Laurie Williams（北卡罗来纳州立大学）、Ernest Sibert（锡拉丘兹大学）、Allen Holliday（加州大学，福乐顿市）、David Rine（乔治梅森大学）、Anthony Sullivan（得克萨斯大学，达拉斯）、David Chesney（密西根大学，安娜堡）、Ye Duan（密苏里大学）、Rammohan K. Ragade（肯塔基大学）以及Prentice Hall提供的一些不具名的评阅人。与下列人员的讨论使本书得到了许多改进和加强：Greg Hislop（德雷克赛尔大学）、John Favaro（意大利Intecs Sistemi公司）、Filippo Lanubile（意大利巴里大学）、John d'Ambra（澳大利亚新南威尔士大学）、Chuck Howell（MITRE公司）、Tim Vieregge（美国军方计算机应急反应组）以及James Robertson和 Suzanne Robertson（英国大西洋系统行业协会）。

感谢Toni Holm以及Alan Apt，他们使本书第3版的创作显得有趣并相对轻松；也感谢James Robertson和Suzanne Robertson让我们使用皮卡地里例子，还要感谢Norman Fenton同意使用我们软件度量一书中的资料；我们非常感谢Tracy Dunkelberger，她在我们编纂本书第4版的时候给予我们鼓励，我们也感激她的耐心和专业精神；还要感谢Jane Bonnell和Pavithra Jayapaul的完美工作。

这里，我们非常感谢一些出版商允许我们引用一些图和例子。来自于*Complete Systems Analysis*（Robertson and Robertson 1994）和*Mastering the Requirements Process*（Robertson and Robertson 1999）的资料是从Dorset House出版社网站上抽取的，经其使用许可。练习1-1中的文章是在美联社的许可下从《华盛顿邮报》中引用的。图2-15和图2-16是在John Wiley & Sons公司的许可下，从Barghouti等人的著作（Barghouti et al. 1995）中引用的。图12-14和图12-15是在John Wiley & Sons公司的许可下，从参考文献（Rout 1995）中引用的。

在电气和电子工程师学会（IEEE）的许可下，我们引用了第2、3、4、5、9、11、12和14章中标注有IEEE版权的图和表。类似地，第14章中标注有ACM版权的三个表，是在计算机协会（ACM）的许可下引用的。表2-1和图2-11是在软件生产力联合技术发展中心的许可下，引用于参考文献（Lai 1991）。来自参考文献（Graham 1996a）的图8-16、图8-17是在Dorothy R. Graham的许可下引用的。在公众利益科学中心（华盛顿特区西北部康涅狄格大街1875号）的许可下，图12-11和表12-2改编自参考文献（Liebman 1994）。表8-2、表8-3、表8-5和表8-6是在McGraw-Hill公司的许可下引用的。来自于参考文献（Shaw and Garlan 1996）、（Card and Glass 1990）、（Grady 1997）以及（Lee and Tepfenhart 1997）的图和例子是在Prentice Hall的许可下引用的。

经过Norman Fenton的许可，表9-3、表9-4、表9-6、表9-7、表13-1、表13-2、表13-3、表13-4，以及图1-15、图9-7、图9-8、图9-9、图9-14、图13-1、图13-2、图13-3、图13-4、图13-5、图13-6和图13-7（部分或全部）引用或改编自Fenton和Pfleeger的著作（Fenton and Pfleeger 1997）。在Norman Fenton的善意许可下，图3-16、图5-19和图5-20引用或改编于Norman Fenton的课程注解。

我们特别感谢我们的雇主，兰德公司以及滑铁卢大学，他们分别给我们以鼓励。[①]我们感谢朋友及家人的关心、支持和耐心，写作本书占用了我们本应共度的时光。尤其是，Shari Lawrence Pfleeger要感谢皇家服务站的经理Manny Lawrence，也感谢他的簿记员Bea Lawrence，不仅因为他们与她及她的学生在皇家系统规格说明上的合作，而且因为他们作为父母所给予Shari的关爱和指导。Jo Atlee特别感谢她的父母，Nancy和Gary Atlee，他们对她所做的或尝试要做的任何事情都给予支持和鼓励；也感谢她的同事及学生，他们在本书的主要创作期间，愉快地承担了许多的额外工作。我们最要特别感谢的是Charles Pfleeger和Ken Salem，他们是我们获得赏识和持续不断的支持、鼓励和好心情的源泉。

Shari Lawrence Pfleeger

Joanne M. Atlee

---

①　请注意，本书并不是兰德公司的产品，也未经兰德的质量保证过程。本书的相关工作仅代表作者个人，并不代表我们所在的机构。

目　　录

软件工程概述

本章讨论以下内容：
- 软件工程的含义；
- 软件工程的发展历程；
- "好的软件"的含义；
- 为什么系统的方法是重要的；
- 自20世纪70年代以来，软件工程是如何变革的。

软件在生活中随处可见，我们时常认为，软件理所当然地应该使我们的生活更加舒适、高效和有效。例如，准备早餐面包这样一个简单的任务中，烤箱中的代码控制面包颜色的深浅，以及何时将烤好的面包弹出；住宅的电力供应由程序控制和调节；能源使用的账单均由软件记录输出。实际上，我们可以使用自动化程序支付电费账单、订购更多食品，甚至购买一台新烤箱！现在，几乎在我们生活的各个方面，包括影响我们健康和福利的关键系统，软件都发挥着作用。正因为如此，软件工程比以往任何时候都更加重要。好的软件工程实践必须确保软件在我们的生活中发挥积极的作用。

本书强调软件工程中的关键问题，描述我们所了解的技术和工具，以及它们如何影响我们构建和使用的最终软件产品。我们将从理论和实践两个方面说明我们所了解的软件工程以及如何将其应用于通常的软件开发或维护项目中。我们也将研究那些我们还不了解但有助于使产品更加可靠、安全、有用、易理解的理论和实践。

首先，我们探讨如何分析问题以及寻求解决方案；然后，研究计算机科学问题与工程问题之间的区别。我们的最终目标是，生产出高质量软件，进而找到解决方案，并考虑那些对质量有影响的特性。

我们还将探讨软件系统的开发人员已经取得了多大的成功。通过对几个软件失效的例子进行研究，可以了解在掌握高质量软件开发的艺术方面，软件系统的开发人员已经取得的进展以及还需要在哪些方面做出努力。

接着，探讨软件开发涉及的人员。在描述客户、用户和开发人员的角色和责任之后，会转而研究系统本身。我们看到，可以把一个系统看作是与活动相关的一组对象，并且处于某个边界之内。或者，我们从工程师的角度考虑系统：可以像盖房子一样开发一个系统。在定义了构造系统的步骤以后，将讨论每个步骤中开发团队的角色。

最后，讨论影响我们实践软件工程方式的一些变化，给出Wasserman的将实践融为一体的8个概念。

1.1 什么是软件工程

软件工程师要利用与计算机和计算相关的知识来解决问题。通常情况下，我们要处理的问题是与计算机或现有的计算机系统相关的。但是，也有时候，解决问题的潜在困难与计算机无关。因此，首先要理解问题的本质，这是至关重要的。尤其是，我们必须十分谨慎，不要把计算机器或技术按我们的意愿强加给遇到的每个问题。我们必须首先解决这个问题；然后，如果需要的话，再把技术作为工具来实现我们的解决方案。本书假定，我们的分析已经表明，某种计算机系统对于解决手头特定的问题是必需的或是合适的。

1.1.1　问题求解

多数问题是大型问题，往往难以处理，尤其是，当它含有一些以前从未解决过的新问题的时候。因此，首先要通过**分析**（analyzing）对问题进行研究，也就是说，将问题分解成可以理解并能够处理的若干小的部分。这样，就可以将较大的问题变为一组较小的问题以及它们之间的关系。图1-1说明了如何进行分析。子问题之间的关系（用图中的箭头以及子问题的相对位置来表示）与子问题本身同样是非常重要的。有时，正是这种子问题之间的关系而不是子问题本身提供了解决大型问题的线索。

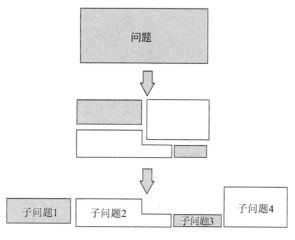

图1-1　分析的过程

一旦分析了这个问题之后，就需要根据针对问题不同方面的构件来构造解决方案。图1-2说明了这样的逆向过程：**合成**（synthesis）是把小的构造块组合成一个大的结构。如同分析一样，将每个解决方案组合在一起可能与寻找解决方案本身同样具有挑战性。要了解其中的原因，可以考虑写一本小说的过程：字典中包含了写作过程中可能用到的所有单词，但是，写作最困难的部分是决定如何将单词组织好写成句子，以及如何将句子组织为段落，乃至于如何把章节组织成一本完整的书。因此，任何问题求解技术都必须包括两部分：通过分析问题来确定问题的本质含义，然后，再基于分析来合成解决方案。

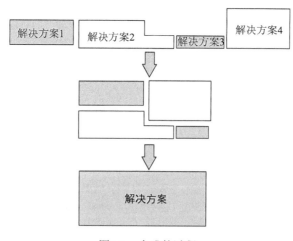

图1-2　合成的过程

为了帮助我们解决问题，我们会采用各种方法、工具、过程和范型。**方法**（method）或**技术**（technique）是产生某些结果的形式化过程。例如，厨师可能使用严格定时的、有序的方式，把一系列调料成分组合成调味汁，使得调味汁变稠，但不会凝结或散开。调制调味汁的过程包括时间选择和调料成分，但并不依赖于使用了哪种烹饪设备。

工具（tool）是用更好的方式完成某件事情的设备或自动化系统。这个"更好的方式"可能是工具使我们更精确、更高效或生产率更高，也可以是它能够提高最终产品质量。例如，我们使用打字机或者键盘加打印机来写信，因为这样写出的信件比手写的更易于阅读。再如，我们使用剪刀作为工具是因为用它裁纸要比直接用手撕纸更快、更整齐。然而，要做好一件事情，工具并不总是必需的。例如，使调味汁更美味的是烹调技术，而不是厨师用的锅和羹匙。

过程（procedure）如同食谱：把工具和技术结合起来，共同生产特定产品。例如，就像后面的章节所论述的那样，测试计划描述测试过程：它告诉我们，在什么情况下将使用哪种工具处理哪个数据集，以便我们能够确定软件是否满足了需求。

最后，**范型**（paradigm）就像烹饪风格。它表示构造软件的特定方法或哲学。就像我们能够区分法国菜烹饪法与中国菜烹饪法一样，我们也能够区分面向对象开发和过程开发这样的范型。并不是某一种范型就一定比另一种范型好，每一种范型都有其各自的优缺点，只是在某些情况下，一种范型可能要比另外一种范型更合适。

软件工程师使用工具、技术、过程和范型来提高软件产品的质量。他们的目标就是使用高效的、高生产率的方法形成相关问题的有效解决方案。下面的章节将重点介绍支持我们所说的开发和维护活动的特定方法。读者可以在本书的万维网主页中找到相关工具和技术的最新链接。

1.1.2 软件工程师的角色是什么

要理解软件工程师在计算机科学领域中所扮演的角色，我们先看看另外一个学科的例子。考虑一下化学研究以及用它来解决问题这两者之间的区别。化学家研究化学物质：它们的结构、它们的相互作用以及现象背后的理论。而化学工程师则用化学家的研究结果解决各种问题。化学家将化学作为研究对象；但对化工人员而言，化学是用来解决一般问题（这个问题本质上甚至可能不是"化学"领域的问题）的工具。

我们可以从类似的角度看待计算技术。人们可以集中精力研究计算机和程序设计语言，也可以把它们看作是用于设计和实现问题解决方案的工具。软件工程显然属于后一种情形，如图1-3所示。软件工程师的精力集中于把计算机作为问题求解的工具，而不是研究硬件设计或者算法的理论证明。在本章的后面，我们会了解到，软件工程师使用计算机的功能进行工作，并将其作为一般解决方案的一部分，而不是研究计算机本身的理论和结构。

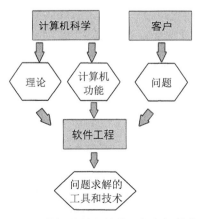

图1-3 计算机科学和软件工程之间的关系

1.2   软件工程取得了哪些进展

编写软件既是一门艺术也是一门科学。作为一名计算机专业的学生,深入理解这句话是非常重要的。计算机科学家和软件工程研究人员研究的是计算机的机制,并建立起使它们具有更高生产率、更有效的理论。但同时,他们也设计计算机系统并编写程序,执行相关任务,这是一项融合艺术、天赋和技巧的实践性工作。在具体的系统上执行特定任务,可能会存在很多方法,但是,某一种方法可能更有效、更精确、更易于修改、更容易使用或更便于理解。任何黑客都能够编写代码完成工作,但是,要写出健壮的、易于理解和维护的并且能以最高效的方式完成工作的代码,必须具备专业软件工程师的技巧和洞察力。因此,软件工程的目标就是设计和开发高质量软件。

在学习生产高质量软件系统所需要的知识之前,先回头了解一下我们取得了哪些成就。考虑这样一个问题:用户是否对现有软件系统感到满意?答案可能是"满意",也可能是"不满意"。一方面,软件使我们比以往任何时候都能够更快、更有效地完成任务。例如,想一下,在字处理、表格处理、电子邮件或网络电话等现代化技术出现之前,人们的生活是怎样的呢?软件支撑着医学在生命维持治疗或生命救治方面的进展,以及农业、交通和其他诸多产业取得进展;另外,软件已经使我们能够做到以前从来不敢想象的事情,如显微外科手术、多媒体教育、机器人等。

但是,软件也不是完美无缺的,系统的功能通常并不完全符合用户的期望。我们都听说过系统几乎不能运行这样的事情。我们所有人都编写过有故障的程序:代码包含错误,但也刚好可用或足以证明一个方法的可行性。显然,如果开发出这样的系统交付给客户,客户是不能接受的。

课程项目中的错误和大型软件系统中的错误不可同日而语。事实上,软件故障和生产无故障软件的困难性是文献和闲谈中经常讨论的问题。有些故障仅仅是令人讨厌,而有一些故障则会耗费大量的时间和金钱,甚至还有一些可能会危及生命。补充材料1-1解释了故障、错误和失效之间的关系。我们在此讨论几个关于故障的例子,看一看问题出在哪里以及其中的原因是什么。

补充材料1-1   描述"bug"的术语

我们常常会谈到软件中的"bug",根据不同的上下文,它有多种含义。"bug"既可以指解释需求时犯的错误,也可以指一段代码中的语法错误,还可以指由于未知因素引起系统崩溃的原因。IEEE有描述软件产品(IEEE 1983)中"bug"的标准术语(见IEEE标准729)。

当人们在进行软件开发活动的过程中出错时(称为错误(error)),就会出现故障(fault)。例如,设计人员可能误解了某个需求,创建出与需求分析人员和用户的实际意图不相符的设计。这个设计故障是一种错误的编码,可能导致其他故障,如不正确的代码或用户手册中不正确的描述等。因此,单个错误可能产生多个故障,并且故障可能驻留在任何开发或维护的产品中。

失效(failure)是指系统违背了它应有的行为。它可能会在系统交付前或交付后被发现,也可能在测试过程中或者在运行和维护的过程中被发现。我们在第4章会看到,需求文档可能会包含故障,所以即使系统按照需求规格说明来运行,如果它未进行应有的行为,也称为失效。

因此,故障是系统的内部视图,这是从开发人员的角度看待系统;而失效是系统的外部视图,它是用户所看到的问题。并非每一个故障都对应于一个失效,例如,如果不执行故障代码,或者不进入某个特定状态,故障就不会使代码失效。图1-4所示说明了失效的起源。

图1-4   人为错误是如何引起失效的

20世纪80年代早期，美国国家税务局（Internal Revenue Service，IRS）雇佣Sperry公司构建一个联邦收入所得税表格自动处理系统。根据《华盛顿邮报》的报道，"系统……被证明难以承载当前的工作负荷，成本几乎是预算的两倍，必须尽快更换"（Sawyer 1985）。在1985年，还需花费额外的9000万美元来升级Sperry公司最初价值1.03亿美元的设备。另外，因为出现的问题妨碍了IRS在最后期限前及时向纳税人退税，IRS被迫向纳税人支付4020万美元的利息，并且要向自己的员工支付2230万美元的加班工资。到1996年的时候，情况仍未改善。《洛杉矶时报》在3月29日报道：除了6000页的技术文档外，目前系统的升级仍未有整体规划。美国国会议员Jim Lightfoot把这个项目称为"因为规划失当而正在挣扎的40亿美元的惨败"（Vartabedian 1996）。

诸如此类的情况仍然时有发生。在美国，联邦调查局（FBI）的"三部曲"（Trilogy）项目尝试着更新FBI的计算机系统。但其结果却是毁灭性的："经历了四年多的艰苦工作，花费了5亿美元，但是，据报道：'三部曲'项目几乎没有改善陈旧的案例管理系统，迄今为止，该系统仍然混乱不堪，深陷于带有绿色屏幕的大型机和大量的纸介档案之中。"（Knorr 2005）。类似地，在英国，对"国家保健服务"信息系统的大修，耗费了两倍的预算（Ballard 2006）。第2章将讨论为什么项目计划对于生产高质量的软件产品是至关重要的。

多年来，公众在日常生活中不断被灌输：软件不存在问题。但里根总统提出的主动战略防御（Strategic Defense Initiative，SDI）增强了公众对开发无故障软件系统的困难性的认识。报纸和杂志上一些有影响的报道（比如Jacky 1985, Parnas 1985, Rensburger 1985）描述了计算机科学界中的怀疑论的观点。20年后，当美国国会被要求拨款来建立一个类似系统的时候，许多计算机科学家和软件工程师仍然认为，在编写和测试软件时，没有办法确保它具备充分的可靠性。

例如，许多软件工程师认为反弹道导弹系统至少需要1000万行代码，有些人甚至估计其代码量会高达1亿行。相比较而言，支持美国航天飞机的软件只包含300万行代码，包括控制发射和飞行的地面控制计算机所用的程序。1985年，航天飞机上只有10万行代码（Rensburger 1985）。因此，反导弹软件系统将需要海量的代码测试。再者，可靠性约束是无法测试的。要了解其中的原因，考虑**安全攸关**（safety-critical）软件的概念。通常我们说某些事情是安全攸关的（即这些事情的失败会对生命或健康构成威胁），则其可靠性至少应当是10^{-9}。正如我们将在第9章中看到的那样，这意味着系统在10^9小时的运行期间其失效不能超过一次。要观察可靠性的程度，这个系统应运行至少10^9小时来验证它不会失效，但是10^9小时是114 000多年——作为一个测试时间段来说，它实在是太长了！

我们在第9章中还会看到，当软件设计有误或编程有误的时候，原本有用的技术可能会变成致命的。例如，当Therac-25（一种射线疗法和X光设备）发生故障并致使几个病人死亡的时候，医学界变得惊恐万状。软件设计人员没有预料到会有不按操作规范使用几个方向键的情况。其结果是，当需要低剂量的射线束时，软件却保持高剂量的设置并发出了极为集中的射线束（Leveson and Turner 1993）。

很容易找到类似的意想不到的使用方式的例子。例如，最近使用一些商业现货构件（作为节省开支的手段，而不是对软件的定制加工）导致以一种原先设计者未曾设想的方式使用这些构件的设计。许多许可协议明确地指出这种意想不到的使用方式所带来的风险："因为每一个终端用户系统都是定制的，并且与该软件所使用的测试平台不同；还因为用户或应用设计人员将其他产品结合在一起，以厂商或供应商未曾评估或未曾考虑过的方式使用该软件，因此，用户或应用设计人员最终对该软件的验证和确认负责。"（*Lookout Direct*，未注明出版日期。）

在整个软件设计活动的过程中，必须考虑对系统意想不到的使用方式。至少可以用两种方式来处理这些非正常的使用：一是通过你的想象来考虑系统可能如何被滥用（以及正确使用），二是假定系统将被滥用并设计软件来处理这种滥用。我们将在第8章讨论这些方法。

尽管许多厂商努力设计零缺陷的软件，但事实上，大多数软件产品都不是无故障的。市场压力促使软件开发人员快速交付产品，几乎没有时间进行完全的测试。通常，测试小组只能测试那些最有可能用到的功能，或那些最有可能危及用户或激怒用户的功能。基于这样的原因，许多用户在安装系统的第一个版本时都很谨慎。他们知道，直到第二个版本，这些"bug"才会得到解决。此外，对已知故障进行修复有时是非常困难的，甚至重写整个系统都要比改变现有代码更加容易。我们将在第11章中探讨软件维护过程中所涉及的问题。

尽管在现实生活中，有些软件取得了巨大成功并被全面接受，但是，我们生产的软件的质量仍然有很大的改进余地。例如，缺乏质量的代价是高昂的，一个故障未被检测到的时间越长，改正它的花费就越大。尤其是，在项目最初的分析阶段改正一个错误，比起把系统移交给客户后再去改正，所需成本只有后者的1/10。不幸的是，我们没有在早期捕捉到大多数的错误。改正在测试和维护过程中发现的故障的一半成本，是来自于系统生命周期的更早阶段所犯的错误。在第12章和第13章中，我们将讨论评估开发活动有效性的方法，以及对过程加以改进以尽可能早地捕捉到错误的方法。

我们提出的一种简单而有效的技术是使用评审和审查。许多学生习惯于自己开发和测试软件，但是他们的测试并没有他们想象的那么有效。例如，Fagan研究了故障的检测方法。他发现，采用以测试数据运行程序的方法只能找出开发阶段故障的1/5。然而，同行评审（由同事检查和评论彼此的设计和代码的过程）能够揭示出其余4/5的故障（Fagan 1986）。因此，请你的同事来评审你的工作，软件质量会有大幅度的提高。在后面的章节中，我们将学习如何在每个主要开发步骤之后，利用评审和审查的过程尽可能早地发现并修复故障。并且，我们将在第13章了解到如何改进审查过程。

1.3　什么是好的软件

正如制造商寻找各种方法以确保他们生产的产品的质量一样，软件工程师也必须寻找各种途径来确保他们的产品具有可接受的质量和功效。因此，好的软件工程必须总是使用开发高质量软件的策略。但是在我们设计一个策略之前，必须理解高质量软件的含义是什么。补充材料1-2说明了不同的视角是如何影响"质量"的含义的。在本节中，我们研究好的软件和差的软件之间的区别是什么。

补充材料1-2　关于质量的各种视角

Garvin描述了不同的人是如何认识质量的（Garvin 1984）。他从5种不同的视角对质量加以描述。

- 先验论的观点：质量是可认知但不可定义的。
- 用户的观点：质量是恰好达到目的。
- 制造业的观点：质量是与规格说明的一致。
- 产品的观点：质量是与产品的内在特征相联系的。
- 基于价值的观点：质量取决于客户愿意支付的金额。

先验论的观点很像柏拉图对理想的描述或亚里士多德关于形式的概念。换言之，就像每个真实的桌子都是接近理想的桌子一样，我们可以把软件质量认为是我们努力的理想。然而，我们可能永远也不能完全实现它。

先验论的观点是无形的。它与用户更为具体的观点形成对照。当我们测量产品特性（如缺陷密度或可靠性等）的时候，为了理解整个产品质量，我们采用用户的观点。

制造业的观点是在开发过程中以及交付后考虑产品质量。尤其是，它检查产品是否第一次就构建正确，以避免花费大量重复劳动去修复产品交付后的故障。因此，制造业的观点是过程的观点，它提倡遵守良好的过程。然而，几乎没有什么证据能够说明遵守过程就会真正生产出含有较少故障或失效的产品。过程可能确实会导致高质量的产品，但是也可能使生产低质量的产品成为制度化。我们将在第12章分析其中一些问题。

用户和制造业的观点从外部来考虑产品，而产品的观点是从产品内部考察产品并评估产品的内在特性。这通常是软件度量专家所提倡的观点之一，他们假设良好的内部质量指标将会导致良好的外部质量，例如可靠性和可维护性等。然而，仍需要做更多的研究工作来对这些假设加以验证，确定哪些方面的质量会影响产品的实际使用。我们可能必须要开发将产品观点和用户观点联系起来的模型。

客户或市场人员通常采取用户的观点来看待质量。研究人员有时采取产品的观点，而开发团队则会持有制造业的观点。如果未对这些观点之间的差异加以明确，则由此造成的混淆和误解可能会导致错误的决策和劣质的产品。基于价值的观点，可以将这些完全不同的质量描述联系起来。通过将质量与客户愿意支付的价钱等同起来，我们可以在产品价格和质量之间进行权衡，当冲突发生时能够加以控制。类似地，购买方将产品的价格与潜在的收益进行比较，他们按照金钱的价值来考虑质量。

Kitchenham和Pfleeger在一期*IEEE Software*质量专刊的导言中，研究了这个问题的答案（Kitchenham and Pfleeger 1996）。他们指出，背景有助于答案的确定。字处理软件的容错程度在安全攸关或关键任务的系统中，可能是无法接受的。因此，我们必须至少以3种方式考虑质量：产品的质量、生产该产品的过程的质量以及在将使用产品的商业环境背景下产品的质量。

1.3.1 产品的质量

我们可以要求人们命名影响整体质量的软件特性，但是，从每一个我们询问的人那里得到的答案很可能是不同的。之所以出现这种差异，是因为特性的重要性取决于分析这个软件的人。如果软件用易于学习和易于使用的方式做了用户想要它做的事情，用户就断定软件是高质量的。但是，有时质量和功能是相互关联的。如果一个软件难以学习或难以使用，但是它的功能值得这些付出，那么仍然可以认为它是具有高质量的软件。

我们设法测量软件质量，以便能够将一个产品与其他产品进行比较。要做到这一点，就要找出影响系统整体质量的那些方面。因此，在测量软件质量的时候，用户从故障数目和故障类型等外部特性进行评价。例如，他们可能将失效分为次要的、主要的以及灾难性的，并且希望所发生的任何故障都是次要的。

软件还必须由那些设计和编写代码的人员以及维护该程序的人员来评价。这些实践人员倾向于考虑产品的内部特性，有时甚至会在产品交付给用户之前就考虑这些内部特性。尤其是，实践人员通常会把故障的数目和类型看作为产品质量（或缺乏质量）的证据。例如，开发人员跟踪在需求、设计和代码审查中发现的故障数目，并把它们作为最终产品可能的质量指示器。

由于这样的原因，我们通常要建立模型，把用户的外部视图和软件开发人员的内部视图联系起来。图1-5所示是一个早期质量模型的例子，由McCall和他的同事构建，说明外部的质量因素（在图的左边）与产品质量标准（在图的右边）是如何联系在一起的。McCall为右边的每一个标准都关联一种测度，以说明一个质量要素受关注的程度（McCall, Richards and Walters 1977）。我们将在第12章研究若干产品质量模型。

10

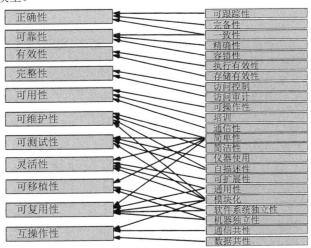

图1-5 McCall的质量模型

1.3.2   过程的质量

有很多活动会影响到最终的产品质量。只要有活动出了差错，产品的质量就会受到影响。因此，许多软件工程师认为开发和维护过程的质量与产品的质量是同等重要的。对过程进行建模的一个优点是，我们能够研究它，并寻找方法对它加以改进。例如，我们可以提出下面的问题。

- 在什么时间、什么地点，我们可能发现某种特定类型的故障？
- 如何能够在开发过程的更早期阶段发现故障？
- 如何构建容错机制以便把故障演变为失效的可能性降到最低？
- 是否有一些其他的做法能够在确保质量的前提下使我们的过程更加高效或有效？

这些问题可以应用于整个开发过程或其中一个子过程（如配置管理、复用或测试等）；我们将在后面的章节中研究这些过程。

20世纪90年代，软件工程重点宣扬的是过程建模和过程改进。受到Deming和Juran工作的启发并由IBM等公司实现的能力成熟度模型（CMM）、ISO 9000、软件过程改进及能力确定（SPICE）等过程指导原则提出：通过改进软件开发过程，可以提高最终产品的质量。在第2章中，我们将看到如何识别相关的过程活动，并用模型表示它们对中间产品和最终产品的影响。第12章和第13章将深入分析过程模型并改进框架。

1.3.3   商业环境背景下的质量

当质量评价集中于产品和过程的时候，我们通常使用包含故障、失效和计时的数学表达式来测量质量。人们很少会拓展到商业的视角。在商业环境中，质量是根据软件所处的商业环境提供的产品和服务来看待的。也就是说，我们考虑的是产品的技术价值，而不是更广泛的商业价值，而且我们只根据最终产品的技术质量来做出决策。换句话说，我们假定改进的技术质量会自动转化为商业价值。

一些研究人员仔细研究了商业价值和技术价值之间的关系。例如，Simmons访问了很多澳大利亚企业，以确定他们是如何做出与信息技术相关的商业决策的。她提出了一种理解公司的"商业价值"含义的框架（Simmons 1996）。在Favaro和Pfleeger的报告（Favaro and Pfleeger 1997）中，一家大型美国保险公司Cigna的信息主管Steve Andriole描述了他的公司是如何区分商业价值与技术价值的：

> 我们通过显而易见的度量来测量（软件的）质量：运行时间与停机时间、维护成本、与修改相关的成本，等等。换句话说，我们在成本参数范围内根据操作性能来管理开发。比起厂商提供的成本-效益性能，我们更关心工作量的结果……商业价值与技术价值相比，前者与我们更贴近……也是我们重点关心的问题。如果我知道公司为追求技术价值将以牺牲商业价值为代价签订合同，我会非常吃惊。如果两者有所不同，我宁可选择后者。如果没有（所期望的）明确的商业价值（可量化地描述：可处理的要求数量等），那么我们不会启动一个系统项目。在"有目的性的"项目需求阶段，我们非常认真，我们会问"我们为什么需要这个系统？"以及"我们为什么关心它？"。

人们一直尝试着以量化的、有意义的方式将技术价值和商业价值联系起来。例如，Humphrey、Snyder和Willis指出，根据CMM"成熟"度等级改进其开发过程（将要在第12章中讨论），Hughes飞机制造公司的生产率提高了4倍，并且节省了数百万美元（Humphrey, Snyder and Willis 1991）。类似地，Dion报道，雷神公司的生产率增加了2倍，并且过程改进中每1美元的投资都有7.7美元的回报（Dion 1993）。在俄克拉荷马州的Tinker空军基地，工作人员注意到其生产率提高了6.35倍（Lipke and Butler 1992）。

但是，Brodman和Johnson更仔细地研究了过程改进的商业价值（Brodman and Johnson 1995）。他们调查了33家执行了一定过程改进活动的公司，并且研究了几个关键事项，除此以外，Brodman

和Johnson还询问了这些公司是如何定义投资回报（Return on Investment, ROI）的——这是一个在商业界明确定义的概念。他们注意到教科书中的**投资回报**的定义来自金融界，把投资解释为了其他目标而做的付出。也就是说，"投资不仅仅是收回原始资本，而且收回必须足够多，至少等于这些资金在其他地方所能赚来的利润，再加上风险金"（Putnam and Myers 1992）。通常，商业界使用下面3种模型中的一种来评价ROI：回收模型、会计收益率模型和折现值现金流模型。

但是，Brodman和Johnson发现，美国政府和美国工业界以不同的方式来解释ROI，并且这两种方式与商学院的标准方法也不同（Brodman and Johnson 1995）。政府根据美元来看待ROI，同时考虑减少运作成本、预测节省的美元以及计算采用新技术的成本。政府投资也是用美元来表示，如引入新技术的成本或启动过程改进的成本等。

另一方面，工业界根据项目工作量而不是成本或美元来看待投资。也就是说，公司感兴趣的是节省时间和使用更少的人，而他们对投资回报的定义也体现出他们将重点放在减少工作量上。在对这些公司的调查中，投资回报包含下列各项：

- 培训；
- 进度；
- 风险；
- 质量；
- 生产率；
- 过程；
- 客户；
- 成本；
- 业务。

定义中的成本包含达到预计成本、提高成本效率，以及维持在预算范围之内，而不是减少运转成本或使项目或组织机构简单化。图1-6总结了许多组织使用ROI定义的投资项目的频率。例如，那些被访问的企业中，大约有5%将质量小组的工作量包含在ROI的工作量计算中，大约有35%的企业在考虑投资规模时包含了软件成本。

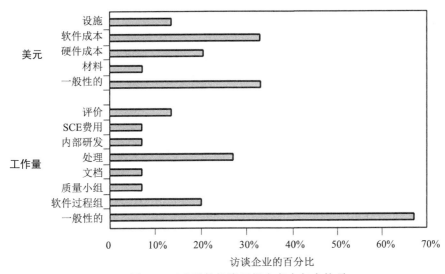

图1-6 工业界的投资回报定义中包含的项

观点之间的差异带来了很大麻烦，因为它意味着组织之间ROI的计算是不可比较的。但是，也有其合理之处。因为缩短的进度、更高的质量、提高的生产率等因素节省的美元都返回给了政府而不是承包商。另一方面，承包商常常追求竞争优势、提高的劳动能力以及更大的利润，因此，承包商的ROI更多是基于工作量而不是基于成本的。尤其是，更精确的成本和进度估算意味着客户的满意度和多次的商业机会，并且缩短投入市场的时间以及提高的产品质量也被认为是提供了商业价值。

尽管每个组织都可以对不同ROI计算方法进行调整，但令人担心的是，软件技术的ROI与金融的ROI是不同的。有些时候，程序的成功必须报告给高层管理机构，其中很多与软件无关而与公司的主要业务（如通信或银行业等）相关。用相同的术语表示截然不同的事物，会造成混淆。因此，成功的标准不仅要对软件项目和过程有意义，而且要对支持更一般的业务实践也有意义。第12章将讨论使用几种公共的商业价值测量来选择技术。

1.4 软件工程涉及的人员

软件开发的一个关键部分是客户与开发人员之间的交流，如果交流失败，那么系统也将失败。必须在构建有助于解决问题的系统之前，理解客户想要什么以及他们需要什么。要做到这一点，我们把讨论的重点转向软件开发所涉及的人员。

从事软件开发工作的人员数目取决于项目的规模和难易程度，然而，不论涉及多少人，都可以区分他们在整个项目生命周期中的角色。因此，对于一个大型项目，一个人或一个小组可能被确定地指派为某一个角色；而在小型项目中，一个人或一个小组可以一次承担几个角色。

通常情况下，参与项目的人员分为三类：客户、用户或开发人员。**客户**（customer）是为将要开发的软件系统支付费用的公司、组织或个人。**开发人员**（developer）是为客户构建软件系统的公司、组织或个人，其中包括协调并指导程序员和测试人员的管理人员。**用户**（user）是将实际使用系统的人，包括坐在终端前的人、提交数据的人或阅读输出的人。尽管就某些项目而言，客户、用户、开发人员是同一个人或同一组人，但多数情况下，他们还是各不相同的。图1-7显示了这三类参与人员之间的基本关系。

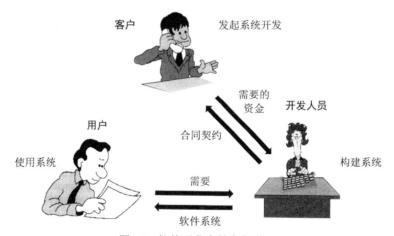

图1-7 软件开发中的参与者

客户控制着资金，常常进行合同谈判并在验收文件上签字。但是，有时候客户并不是用户。例如，假定Wittenberg Water Works与Gentle Systems，Inc.签订了一份合同，要为公司建立计算机化的会计系统。Wittenberg的总裁可以向Gentle Systems，Inc.的代表明确地描述他需要什么，并且他将要签订这份合同。但是，总裁并不直接使用这个会计系统，用户将是簿记员或会计职员。因此，开发人员确切地理解客户和用户想要什么以及需要什么是非常重要的。

另一方面，假定Wittenberg Water Works是一家大型公司，它有自己的计算机系统开发部门。该部门可能决定它需要一个自动化的工具来记录其项目的成本和进度，并且决定自己构建这个工具。

此时，该部门既是用户、客户，同时也是开发人员。

近几年，客户、用户和开发人员之间的这种简单的区别变得越来越复杂。客户和用户以各种方式介入到开发过程中。客户可能决定购买**商业现货**（Commercial Off-The-Shelf，COTS）软件，并合成到开发人员将要提供和支持的最终产品中。当发生这种情况的时候，客户会介入到系统体系结构的决策中，并且对开发过程有很多约束。类似地，开发人员可能决定使用额外的开发人员，后者称为**分包商**（subcontractor），分包商构建子系统并把它交付给开发人员，这些子系统包含在最终产品中。分包商可以与主开发人员在同一地点工作，他们也可能在不同的地点与主开发人员协调地工作，并在开发过程后期交付子系统。子系统可能是个**交钥匙系统**（turnkey system），其代码是一个合并的整体（不需要集成额外的代码），或者它可能需要一个单独的集成过程将主系统和子系统链接起来。

因此，在软件工程中，"系统"的概念不仅对理解问题分析或解决方案的合成是重要的，对组织开发过程以及为参与者分配合适的角色同样重要。在下一节，我们会讨论好的软件工程实践中系统方法的作用。

1.5 系统的方法

我们开发的项目并不存在于真空中。通常，我们装配在一起的硬件和软件，必须与用户、其他软件任务、其他部分的硬件、现有数据库（即仔细定义的数据集合和数据关系）甚至其他的计算机系统进行交互。因此，为任何项目提供一个背景是非常重要的，该背景就是项目的**边界**（boundary）：项目中包含什么，不包含什么。例如，假设主管让你编写一段程序为办公室的人员打印工资单。你必须知道你的程序是否只是简单地从另一个系统中读入工作时间并且打印结果，还是必须同时计算工资信息。类似地，你必须知道程序是否需要计算税率、养老金以及津贴，或者是否要随每份工资单提供这些项目的报告单。实际上，你真正要问的问题是：项目从哪里开始，到哪里结束？同样的问题可以应用于任何系统。一个系统是对象和活动的集合，再加上对象和活动之间关系的描述。就每个活动而言，典型的系统定义包括需要的输入列表、采取的动作以及产生的输出。因此，要开始一个项目，必须知道系统包含哪些对象或活动。

1.5.1 系统的要素

我们通过命名系统的组成部分并标识这些组成部分是如何与另一个系统相互联系的，来描述这个系统。这种标识是分析摆在我们面前的问题的第一步。

1. 活动和对象

首先，我们对活动和对象加以区分。**活动**（activity）是发生在系统中的某些事情，通常描述为由某个触发器引发的事件，活动通过改变某一特性将一个事物转变成另一个事物。这种转变可能意味着数据元素从一个位置移到另一个位置，从某个值转变为另一个值，或者与其他的数据相结合为另一个活动提供输入。例如，一个数据项可以从一个文件移到另外一个文件。这种情况下，改变的特性是位置。或者，数据项的值可能增加。最后，数据项的地址可以与若干其他数据项的地址一起包含在参数列表中，以便可以调用另外的例程一次性处理所有数据。

活动中涉及的要素称为**对象**（object）或**实体**（entity）。通常，这些对象以某种方式相互联系。例如，对象能够排列在表格或矩阵中。对象常常组成记录，其中，每一条记录按规定的格式排列。例如，一个雇员的历史记录中可能包含如下对象（也称字段）：

名	邮政编码
教名	每小时的工资
姓	每小时的津贴
街道地址	累计休假

城市　　　　　　累计病假
州

记录中不仅定义了每个字段，而且定义了每个字段的大小以及字段之间的关系。因此，记录描述规定了每一个字段的数据类型、记录中的开始位置和字段的长度。依次地，因为每个雇员都有一条记录，所有的记录组合在一起就构成了文件，并且要指明文件特性（如最大记录数等）。

有时，对象定义得稍有不同。不是将每一项考虑为一个大记录中的字段，而是将对象看作是独立存在的。对象的描述包括每个对象的特性列表，以及所有使用对象或影响对象的动作的列表。例如，考虑"多边形"对象。一个对象描述可以是，这个对象具有诸如边数以及每条边的长度等特性。动作可能包括计算面积和周长。甚至可能还可以有一个属性称为"多边形类型"。这样，可以标识每个"多边形"的实例，例如，是"菱形"还是"长方形"等。类型本身也可能有对象描述。例如"长方形"可以由"正方形"和"非正方形"组成。当我们在第4章研究需求分析的时候，将会探讨这些概念，并在第6章讨论面向对象开发的时候进行深入探讨。

2. 关系和系统边界

一旦定义了实体和活动，就要把实体和它们的活动进行匹配。实体和活动之间的关系应该要清晰、仔细地予以定义。实体的定义包括实体起源于何处的描述。有些项驻留于已经存在的文件中，有些项在活动的过程中被创建。实体的目的地也是非常重要的。有些项仅仅被一个活动所使用，而有些项会被指定为其他系统的输入。也就是说，系统的某些项会被当前系统范围之外的活动所使用。因此，可以认为我们正在考虑的系统是有边界的。有些项跨越边界进入我们的系统，而另一些是我们系统的产品并为其他系统所使用。

使用这些概念，我们能够把**系统**（system）定义成一组事物的集合：一组实体、一组活动、实体和活动之间关系的描述以及系统边界的定义。系统的这个定义不仅适用于计算机系统，而且适用于其他任何事物（其中，对象以某种方式与其他对象交互）。

3. 系统举例

要了解系统定义是如何进行的，考虑一个呼吸系统的例子：身体吸进氧气排出二氧化碳和水。我们可以很容易地定义它的边界：如果指出身体的一个具体器官，就能说出它是不是呼吸系统的一部分。氧气和二氧化碳分子都是实体或对象，它们按照可以明确定义的方式进出呼吸系统。我们也可以根据实体间的交互来描述系统中的活动。如果必要的话，可以通过什么进入以及什么离开来描述这个系统，也可以用一个表格来描述其中涉及的所有实体和活动。图1-8说明了一个呼吸系统。请注意每个活动都涉及实体，并且可以通过描述哪些实体是输入，它们如何被处理，以及输出的结果来进行定义。

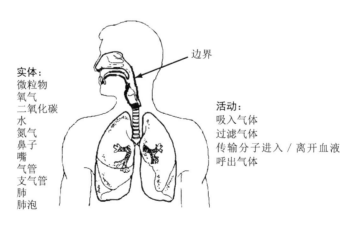

图1-8　呼吸系统

实体：
微粒物
氧气
二氧化碳
水
氮气
鼻子
嘴
气管
支气管
肺
肺泡

边界

活动：
吸入气体
过滤气体
传输分子进入 / 离开血液
呼出气体

我们还必须清晰地描述计算机系统，与预期的用户一起定义系统的边界：我们的工作从什么地方开始以及在什么地方结束？另外，我们必须知道什么处于系统的边界上，从而可以确定输入的开始和输出的目的地。例如，在打印工资单的系统中，支付信息可能来自公司的计算机，系统输出可能是发送到邮箱的工资单的集合，送到适当的接收者手中。在图1-9所示的系统中，我们可以了解边界并且理解实体、活动和它们之间的关系。

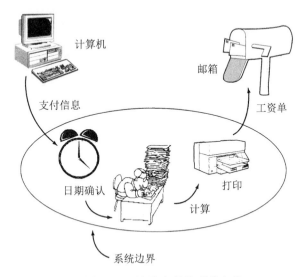

图1-9 工资单产品的系统定义

1.5.2 相互联系的系统

边界的概念之所以重要，是因为几乎不存在与其他系统无关的系统。例如，呼吸系统必须与消化系统、循环系统、神经系统以及其他系统交互。呼吸系统没有神经系统就不能发挥作用，循环系统没有呼吸系统也不能正常工作。这种相互依赖可能是非常复杂的（实际上，由于我们不能认清生态系统的复杂性，已经引起并加剧了许多环境问题）。但是，一旦描述了系统的边界，就很容易了解什么在系统内部、什么不在以及什么超出了边界。

此外，一个系统存在于另外一个系统的内部也是可能的。描述一个计算机系统的时候，通常是集中于实际系统的一小部分。这种集中使得我们能够定义和构建一个比包裹它的系统简单得多的系统。如果仔细记录那些影响系统的系统之间的交互，即使集中于更大系统中的较小部分，也不会有任何损失。

我们来讨论一个例子，看一看是如何做到这一点的。假定要开发一个水系监控系统，该系统在整条河流经过的很多地点采集数据。在数据采集点完成若干计算，其结果被传送到中心站点进行汇总报告。这样一个系统的实现方式可能是：有一个中心站点的计算机，它与数十个在远程站点的小型计算机进行通信。其中，必须考虑很多系统活动，包括收集水质数据的方式、在远程站点进行的计算、与中心站点的信息通信、通信数据在数据库或共享数据文件中的存储以及根据数据创建报告。可以把这个系统看成是一些系统的集合，其中每个系统都有特定的目的。尤其是，我们可以只考虑较大的系统的通信方面，并且开发一个通信系统将数据从远程站点传送到中心站点。如果我们仔细地定义通信系统和大系统之间的边界，通信系统的设计和开发就可以独立于大系统来完成。

整个水系监控系统的复杂性要比通信系统大得多，因此，通过对分开的、较小的部分进行处理可以简化我们的工作。如果边界定义详细、正确，那么根据较小的部分构建较大的系统是相对容易的。通过以分层的方式来考虑较大的系统，可以按图1-10所示那样描述系统的构造过程（以水系监控系统为例）。一个层次本身就是一个系统，但是，每一层及其包含的那些层次也构成一个系统，

18

19   图1-10中的圆圈表示它所代表的系统的边界，所有圆圈的集合构成了水系监控系统。

一个系统可能包含另外一个系统，这一点很重要，因为它反映了这样一个事实：一个系统中的对象或活动是外层所代表的每一个系统的一部分。因为每一层都会引入更多的复杂性，所以随着每一层系统的加入，要理解任何一个对象或活动就会更加困难。因此，首先集中于最小的系统是最简单的方法，这样便于更好地理解随后的系统。

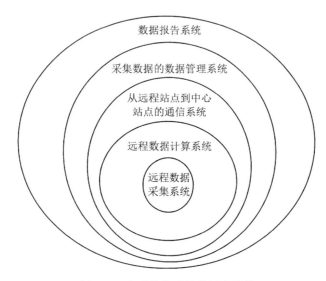

图1-10   水系监控系统的层次结构

我们使用这种思想来构建一个替换旧版本的新系统（无论是手工方式还是自动方式）。我们希望尽可能多地理解新、旧系统是如何运行的。通常情况下，两个系统之间的差别越大，设计和开发就越困难。之所以出现这样的困难，不仅是因为人们倾向于拒绝改变，而且这种差别使得系统难以学习。在构造或合成大系统的时候，把新系统的构造作为一系列递增的中间系统是极其有用的。不是从A系统直接构建B系统，而是从A到A′，再到A″，然后到B。例如，假定A是一个包含3个主要功能的手工系统，B是A的自动化版本。我们可以将A′系统定义为一个新的系统，它只有功能1是自动化的，而功能2和功能3仍是手工的。然后，A″有自动化的功能1和功能2，但其功能3仍是手工的。最后，B具有3个自动化的功能。通过将A到B的"距离"分成三段，我们就得到了一系列小的问题，这比整个问题要更容易处理。

在我们的例子中，两个系统非常相似。它们的功能是相同的，但是实现的方式不同。但是，目标系统常常与现有系统存在着巨大差别。尤其是，通常希望目标系统不受现有硬件和软件所强加的

20   约束的限制。**增量开发**（incremental development）方法可以包含一系列阶段，其中每一个阶段都使前面的系统不受当前系统约束的限制。例如，阶段1可能增加一个新硬件，阶段2可能替换执行一组特定功能的软件。系统逐渐地从旧的软件和硬件中脱离开，直到它体现出新系统的设计。

因此，系统开发可以首先在实际系统中实现一组变化，然后增加一系列变化以生成完整的设计方案，而不是从当前一步一下跳到将来。使用这种方法，我们必须同时从两个不同的方面看待系统：静态地和动态地。静态视图告诉我们系统如今如何运行，而动态视图展示系统如何演变成最终的系统。缺少任何一方面都是不完整的。

1.6   工程的方法

理解了系统的本质之后，就可以开始构造系统了。在这一刻，软件工程中的"工程"部分就是

密切相关的，并且使我们到目前为止所做的工作更加完美。回顾一下，本章开始我们谈到软件的编写不仅是一门科学，而且是一门艺术。生产系统的艺术是指软件产品的工艺。编写软件作为艺术的一面是，我们开发技术和工具，这些技术和工具已经被证明有助于生产有用的、高质量的产品。例如，我们可能将一个优化的编译器作为工具，来生成在我们使用的机器上快速运行的程序。或者，我们可能将特定排序和搜索程序作为节省系统时间和空间的技术。这些基于软件的技术只是作为技术，而工具则被用于打造精美的家具或用于盖房子。实际上，流行的编程工具集被称为程序员的工作平台，因为程序员对它们的依赖如同木匠对工作台的依赖。

因为构建系统类似于盖房子，我们可以将盖房子作为例子，来说明为什么"艺术"方法对软件开发是很重要的。

1.6.1 盖房子

假设Chuck和Betsy Howell要雇人为他们造一所房子。由于工程规模大，比较复杂，通常需要由多人组成的建筑队。因此，Howell夫妇雇用了McMullen建筑公司。建造房子涉及的第一件事是，Howell夫妇与McMullen公司面谈，解释他们想要什么。这次会谈不仅探讨了Howell夫妇想要的房子的外观，也探讨了房子应该具有什么样的特征。然后，公司草拟出房子的建筑平面图和建筑透视图。在Howell夫妇与McMullen公司讨论了细节之后，又进行了一些修改。一旦Howell夫妇认可McMullen公司的方案，房子的建造就可以开始了。

在盖房子的过程中，Howell夫妇很可能亲临建房的现场，考虑他们想要进行的改变。整个盖房子的过程中可能会发生若干变化，但最终房子会建成。在建造的过程中以及Howell夫妇搬进来之前，会对房子的若干部分进行测试。例如，电工测试配线电路，管道工确保管道没有泄漏，而木匠调整木板的变形，使地板更光滑平整。最后，Howell夫妇搬了进来。如果有什么地方不合适，Howell夫妇可以叫McMullen公司来修复，但最终Howell夫妇完全负责这所房子。

我们现在进一步讨论这个过程涉及了哪些内容。首先，由于房子是由很多人同时建造的，所以文档资料是必需的。不但建筑平面图和建筑透视图是必需的，而且还需要写下细节，以便管道工和电工等专业人员可以随着房子建造的过程，把产品装配在一起。

其次，如果Howell夫妇只在这个过程的开始描述他们的房子，然后直到房子建成再来看，这是不合理的。相反，Howell夫妇在建造的过程中可能会多次修改房子的设计。这些修改可能出于以下几种情况。

- 最初指定的材料现在无法买到。例如，某种类型的瓦可能已经不再生产了。
- 在Howell夫妇看到房子已经成形的时候，他们可能又有了新的想法。例如，Howell夫妇可能意识到，再花点钱就可以给厨房增加一个天窗。
- 材料或资金限制可能迫使Howell夫妇改变他们的需求，以满足进度或预算。例如，房子要在冬天来临之前建造完成，而Howell夫妇想要预订的特殊窗子在这个时间内无法准备好，因此，可能用现成的窗子作为替代品。
- 最初认为是可行的项目或设计，后来可能被证明是不可行的。例如，土壤渗透性测试表明，房子周围的土地不能支撑Howell夫妇最初要求的那么多个浴室。

在房子开始建造之后，McMullen公司也可能建议进行一些变更，其原因也许是由于有更好的想法，也许是由于建筑队的某个关键成员无法工作了。并且，即使房子的某一方面已经建造完成，McMullen公司和Howell夫妇也有可能改变他们关于该处的想法。

最后，McMullen必须提供蓝图、布线和管道图、用具操作手册和其他文档，使Howell夫妇在入住之后能够进行修改或修理。

这个建造过程的总结如下。

- 确定和分析需求。
- 提出并文档化房子的总体设计。

- 提出房子的详细规格说明。
- 识别并设计房子的组成部分。
- 构建房子的每一个组成部分。
- 测试房子的每一个组成部分。
- 把房子的各个组成部分集成在一起，在住户搬进来之前做最后的修改。
- 由房子的住户持续进行维护。

我们已看到，参加人员必须保持灵活性，并能够在建造过程的各个点改变初始的规格说明。

房子是在社会、经济以及它所处的政府体系的背景下建造的，记住这一点很重要。就像图1-10所示的水系监控系统描述的各个子系统之间的依赖关系，我们必须把房子看作是一个大方案中的一个子系统。例如，房子的建造是在市或县的建设法规和条例的背景下完成的。McMullen的员工必须经过市或县的许可才能工作，并且必须按照建设标准进行施工。建设场所要经过建筑监理的检查，他们确保相关标准得到遵守。建筑监理设定质量的标准，检查作为建筑项目质量保证的检查点。社会或习惯的限制也可能成为常识性的或为人们所接受的行为。例如，房子的前门直接对着厨房或卧室是不符合习惯的。

同时，我们必须认识到，不可能一开始就准确地规定建造房子的活动，必须根据经验为决策留有余地，以处理未预料到的或非标准的情形。例如，许多房子都是根据预先制好的部件建造的，门已经装在框架中，浴室使用预制好的淋浴房等。但是，有时需要对标准化的房子建造过程进行修改，使之适应于特殊的特征或请求。假设框架已经搭好，水泥墙已经砌好，地板已经铺好，下一步就是在浴室的地面上铺设瓷砖。建筑人员沮丧地发现，墙和地面并不正好是正方形。这个问题并不是由于过程不当造成的，建造房子的部件有一些自然的或制造上的变形，因此会出现一些不太精确的情况。如果按照标准方式用小正方形铺设地砖的话，这些不精确的地方就会更加突出。这正是艺术和专业技术发挥作用的地方。建筑人员可能从垫层上取下瓷砖，然后每次铺一块，并对每一块做一些小的调整，使得除了辨别能力极强的人，一般人察觉不到这种变形。

因此，盖房子是一项复杂的任务，在建造的过程中，过程、产品或资源很多时候会发生变化，但都可通过艺术和专业知识进行适当的调剂。虽然盖房子过程可以标准化，但是，专家的判断力和创造性总是需要的。

1.6.2　构建系统

软件项目的进展方式与盖房子过程类似。在上面的例子中，Howell夫妇是客户和用户，McMullen是开发人员。假定Howell夫妇让McMullen建造的房子是要给Howell先生的父母住，那么，用户和客户就是不同的人了。同样地，软件开发涉及用户、客户和开发人员。如果让我们为某个客户开发一个软件系统，第一步是与客户会面以确定需求。正如我们前面所看到的那样，这些需求是对系统的描述。如果不了解边界、实体和活动，要描述软件及其与它的环境的交互是不可能的。

一旦定义了需求，我们就可以创建系统设计来满足指定的需求。正如在第5章中将要看到的，系统设计告诉客户，从客户的角度看，系统会是什么样的。就像Howell夫妇查看建筑平面图和建筑透视图一样，我们向客户展示将要使用的视频显示屏幕的图片、将要生成的报表以及任何其他解释用户将如何与完成的系统交互的相关描述。如果系统有手工备份或覆写过程，也要对其进行描述。起先，Howell夫妇只对房子的外观和功能感兴趣。到后来，他们必须决定是用铜管还是用塑料管。同样，软件项目的系统设计（也称为体系结构）阶段只描述外观和功能。

接着，客户要对设计进行评审。当设计得到批准后，整个系统设计将被用来生成其中单个程序的设计。请注意，直到这个步骤才会提到程序。在功能和外观确定之前，考虑编码是没有意义的。在建造房子的例子中，这一阶段准备讨论的是管道的类型或电线的质量。我们之所以能够决定是用塑料管还是用铜管，是因为我们现在知道了在建筑物中哪里会有水流过。同样，当系统设计被大家认可之后，就准备开始讨论程序了。讨论的基础是关于系统的软件项目的定义明确的描述，系统设计包含功能以及所涉及的相互关系在内的完整描述。

当程序编写完之后，必须在把它们链接到一起之前将其作为单独的代码段进行测试。这是测试的第一个阶段，称为模块测试或单元测试。一旦确信每段程序都能够按我们的期望来运行，就把它们组合到一起，并确保它们能够正确运行。这是第二个测试阶段，通常称为集成测试，因为它是逐步加入一部分来构建系统的，直到整个系统可以运转。最后的测试阶段称为系统测试，是对整个系统的测试，用于确保起初指定的功能和交互得以正确实现。在这个阶段，会把系统和需求进行比较。开发人员、客户和用户共同检查系统是否达到了希望的目标。

最后，交付最终产品。随着它的使用，差异和问题就会暴露出来。如果我们的系统是一个交钥匙系统，那么在移交之后客户将对该系统负责。可是，很多系统不是交钥匙系统，如果出现任何问题，或者需求发生变化，开发人员或其他组织要对其进行维护。

因此，软件的开发包含下面的活动。

- 需求分析和定义。
- 系统设计。
- 程序设计。
- 编写程序（程序实现）。
- 单元测试。
- 集成测试。
- 系统测试。
- 系统交付。
- 维护。

理想情况下，一次执行一个活动，当到达上述活动的结尾时，就完成了软件项目。但是，实际上，很多步骤是重复执行的。例如，在评审系统设计时，你和客户可能发现有些需求还没有进行文档化。你可能与客户一起工作，加入需求，有时可能要重新设计系统。类似地，当编写和测试代码时，你可能发现某个设备并没按照其文档描述的那样运行。你可能不得不重新设计代码，重新考虑系统设计，甚至回过头与客户讨论如何满足需求。由于这样的原因，我们将**软件开发过程**（software development process）定义为包含前面列出的9个活动（部分或全部）的软件开发的描述，对这些活动加以组织，以便生产经过测试的代码。第2章将探讨若干不同的软件开发过程。后面的章节中将研究从需求分析到维护的每个子过程和它们的活动。但是在研究它们之前，先来考虑一下谁开发软件以及软件开发面临的挑战在这些年发生了哪些变化。

24

1.7　开发团队的成员

在本章的前面，我们看到客户、用户和开发人员在新产品的定义和创建中发挥着重要的作用。开发人员是软件工程师，但是，每一位工程师可能都只擅长于软件开发的某一特定方面。因此，我们在此更深入、详细地讨论开发团队成员的角色。

任何开发过程的第一步都是找出客户想要什么，并且将需求文档化。正如我们已经看到的，分析就是把事物分解成其组成部分的过程，以便我们能够更好地理解它们。因此，开发团队包含一个或多个需求分析员跟客户一起工作，并且把客户想要的分解为离散的需求。

一旦了解了需求并且把需求文档化，分析员就与设计人员一起工作，生成系统层描述（系统要做什么）；然后，设计人员与程序员一起工作，以程序员能够编写实现指定需求的代码行的方式来描述系统。

生成代码之后，必须对它进行测试。通常，第一次测试由程序员自己完成；有时，也用另外的测试人员帮助程序员发现他们忽略的错误。当代码单元被集成为一个个运行的功能组时，测试人员小组与实现小组会在各部分组合构建系统的过程中，验证系统是否能够正确运行，是否符合规格说明。

当开发团队对系统的功能和质量感到满意时,注意力就转向了客户。测试小组和客户一起验证整个系统是否是客户想要的系统。他们通过把系统如何工作与最初需求规格说明进行比较,来完成这项工作;然后,培训人员向用户说明如何使用这个系统。

就很多软件系统而言,客户的验收并不意味着开发工作的结束。如果在系统验收之后发现了故障,维护小组就要修复它们。另外,随着时间的推移,客户的需求可能会发生变化,系统也必须进行相应的改变。因此,维护可能涉及分析人员,由分析人员决定增加或变更哪些需求;还可能涉及设计人员,由设计人员确定改变系统哪个部分的设计;还可能涉及实现这些变化的程序员,确保改动后的系统仍然正确运行的测试人员,以及向用户解释这些变化如何影响系统使用的培训人员。图1-11说明了开发团队的角色与开发步骤的对应关系。

就课程项目而言,学生通常会自己工作或者在一个开发团队的小组中工作。教师所要求的文档是最少的,学生常常不需要编写用户手册或培训文档。再者,布置的作业是相对稳定的,需求在项目的生命周期中不会发生变化。最后,学生构建的系统很可能在课程结束后就丢弃掉,他们的目的是证明他们的能力,而不必为实际的客户解决问题。因此,对于课程项目而言,程序规模、系统复杂性、文档化的需要以及可维护性的需要都是相对很少的。

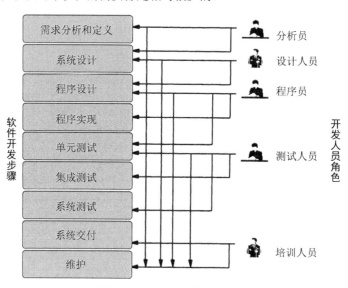

图1-11   开发团队中的角色

但是,对一个实际的客户而言,系统的规模可能会很庞大,复杂性可能会很高,可能需要大量的文档,可维护性的要求也可能会很高。对于一个涉及成千上万行代码并涉及开发团队成员间很多交互的项目来说,项目各方面的控制可能是很困难的。为了支持开发团队中的每一个成员,一些人员可能在开发的最开始就要介入系统,并且自始至终都是如此。

资料管理员负责准备和存储在系统生命周期中用到的文档,包括需求规格说明、设计描述、程序文档、培训手册、测试数据、进度等。与资料管理员一起工作的是配置管理小组的成员。配置管理涉及维护需求、设计、实现和测试之间的对应关系。根据这种交叉引用,开发人员可以得知,如果需要改变需求,相应地要改变什么程序;或者如果提议进行某种改变,会影响到程序的哪一部分。配置管理成员还要协调可能建立或支持的系统的不同版本。例如,一个软件系统可能要运行在不同的平台上,或者按一系列不同的发布进行交付。配置管理要确保各个平台上系统的功能都是一致的,而且新发布的功能不会降级。

开发角色可由一个人或几个人承担。就小型项目而言,两三个人就可以承担所有角色。然而,对大型项目，通常要根据开发中的职责，把开发团队分成不同的小组。有时，维护系统的人员与最初设计和编写系统的人员是不同的。对某些规模巨大的开发项目来讲，客户甚至会雇佣一家公司做最初的开发，而用另外一家公司进行维护工作。我们在后面的章节中讨论开发和维护活动时，会讨论每种类型的开发角色需要哪些技能。

1.8　软件工程发生了多大的变化

我们已经对构建软件和建造房子进行了比较。每年全国会建造几百栋房子，觉得满意的客户会搬进去。每年开发人员构造数百个软件产品，但是，更常见的是客户对结果不满意。为什么会存在这种差别呢？如果可以如此容易地列举出系统的开发步骤，那么为什么软件工程师生产高质量的软件却是这样艰难呢？

让我们回过头来再考虑建造房子的例子。在建造房子的过程中，Howell夫妇不断地检查计划。他们还有很多时候会改变自己的想法。同样地，软件开发允许客户在每一个步骤评审计划并且对设计进行改变。毕竟，如果开发人员生产出一个非凡的产品却不能满足客户的要求，那么最终的系统将只会浪费所有人的时间和精力。

由于这样的原因，以灵活的方式运用软件工程工具和技术是至关重要的。过去，作为开发人员，我们假定客户从一开始就知道他们想要什么，但这种稳定性通常不符合实际情况。随着一个项目展开，开始没有预料到的约束就会出现。例如，在选定一个项目要使用的硬件和软件之后，我们可能发现由于客户需求的变化，使得很难使用特定的数据库管理系统生成承诺给客户的菜单；或者发现与系统交互的另外一个系统已经改变了它的过程或数据的格式；我们甚至可能发现硬件或软件并没像厂商的文档所承诺的那样工作。因此，我们必须记住每一个项目都是与众不同的，必须使所选择的工具和技术能够反映对这个项目的约束。

我们还必须承认，大多数系统并不是单独存在的。它们与其他的系统交互，或接受信息或提供信息。开发这样的系统会很复杂，原因很简单，相互通信的系统之间需要大量的协调行为。对于那些并行开发的系统来讲，这种复杂性更是如此。在过去，开发人员很难确保系统间接口的文档的精确性和完整性。在后面的章节中，我们将讨论控制接口问题的相关事项。

1.8.1　变化的本质

有很多问题会影响到软件开发项目的成功，上述那些问题也在其中。无论采用什么样的方法，我们都必须既要展望未来，也要回顾过去。也就是说，我们必须回顾以前的开发项目，看一看关于软件质量保证的有效性以及关于技术和工具的有效性，我们到底学到了什么。另外，还要预测在将来很有可能改变我们实践的软件开发的方式以及软件产品的使用方式。Wasserman指出，自从20世纪70年代以来，软件开发一直发生着巨大的变化（Wasserman 1995）。例如，早期的应用软件是运行在单处理器上的，通常是大型机。输入是线性的，往往是一副卡片或一个输入磁带，而输出是字母数字。系统用两种基本方式来设计：**转换**（transformation），它将输入转换为输出；**事务**（transaction），由输入决定哪个功能将被执行。如今，基于软件的系统已经大不相同，并且更为复杂。它们通常运行在多个系统上，有时配置在具有分布式功能的客户/服务器体系结构中。软件不仅执行用户需要的主要功能，而且还要执行网络控制、安全性、用户界面表示和处理，以及数据或对象管理。传统的"瀑布"开发方法假定开发活动是线性前进的，即只有在一个活动完成以后才会进行下一个活动（将在第2章中学习）。这种方法不再灵活也不再适合于当今的系统了。

在Stevens的演讲中，Wasserman通过已经改变软件工程实践的7个关键因素，总结了这些变化（Wasserman 1996），如图1-12中所示。

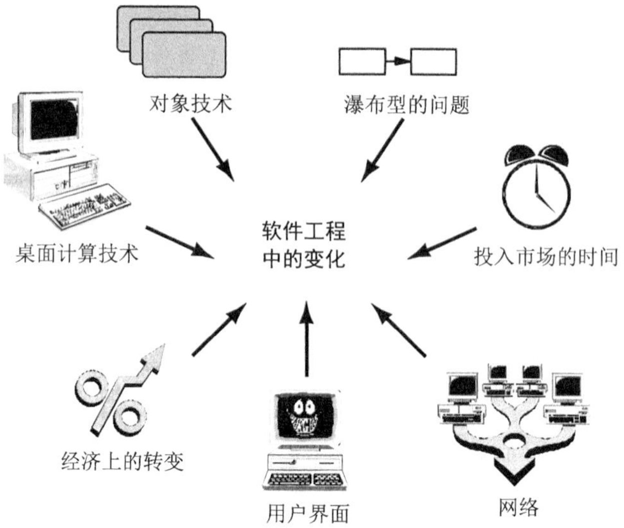

图1-12　改变软件开发的关键因素

(1) 商用产品投入市场时间的紧迫性。

(2) 计算技术在经济上的转变：更低的硬件成本，更高的开发、维护成本。

(3) 功能强大的桌面计算的可用性。

(4) 广泛的局域网和广域网。

(5) 面向对象技术的采用及其有效性。

(6) 使用窗口、图标、菜单和指示器的图形用户界面。

(7) 软件开发瀑布模型的不可预测性。

例如，市场压力意味着企业必须抢在竞争对手之前准备好新的产品和服务，否则，企业本身的生存将会受到威胁。因此，如果传统的评审和测试技术需要大量的时间投入，但是却没有减少相应的故障或失效率，那么这些技术就不能再使用。类似地，以前花在提高速度或减少空间方面的代码优化的时间不再是明智的投资，因为增加磁盘和内存条可能是更便宜的解决方案。

另外，桌面计算把开发的权利交到用户的手中，用户现在使用他们的系统开发电子表格和数据库应用、小程序甚至是专门的用户界面模拟程序。这种开发责任的转移意味着软件工程师更有可能构建比以前更为复杂的系统。类似地，大多数用户和开发人员可以利用巨大的网络资源，使得用户更容易在没有特殊应用的情况下找到信息。例如，现在在万维网上搜索是快速、容易和有效的。用户不再需要为找到自己所需的内容而编写数据库应用。

开发人员现在发现他们的工作价值也增加了。面向对象的技术、网络和复用库，使开发人员可以直接、快速地将大量可复用模块用于新的应用中。并且，常常用专门的工具开发图形用户界面，有助于使复杂的应用友好地面对用户。由于在分析问题方面我们已经变得精于此道，因此，现在能够对一个系统进行划分，以便并行地开发其子系统，这就需要一个与"瀑布"模型有很大不同的开发过程。将在第2章中看到，我们有很多选择，包括使我们建立原型的过程（用于同客户和用户一起验证需求是否正确，并评价设计的可行性）和活动之间正确迭代的过程。这些步骤有助于确保在将需求和设计变成代码之前，使它们尽可能没有故障。

28
～
29

1.8.2　软件工程的 Wasserman 规范

Wasserman指出，7个技术变化中的任何一个都对软件开发过程有着重大的影响（Wasserman 1996）。它们合在一起，改变了我们的工作方式。在DeMarco的介绍中，描述了这种根本的转变：我们首先解决了容易的问题——这意味着尚未解决的一组问题比以前更加困难了。Wasserman通过提出软件工程中存在的8个基本概念来应对这一挑战。这些概念构成了有效的软件工程规范的基础。在这里给出它们的简要介绍,在后面的章节中,将回过头来探讨它们在什么地方适用于我们所做的事情,以及如何应用于我们所做的事情。

1. 抽象

有时,在一个问题的"自然状态"(即如同客户和用户表达的那样)考虑这个问题是一件令人畏惧的事情。在问题的"自然状态"下,我们不可能发现以有效的或者甚至只是可行的方法处理问题的显而易见的方式。**抽象**(abstraction)是在某种概括层次上对问题的描述,使得我们能够集中于问题的关键方面而不会陷入细节。这个概念与**转换**(transformation)不同,转换是把问题转移到另外一个我们理解得更好的环境中。转换通常用于将一个问题从现实世界转移到数学世界中,这样我们能够利用数字的知识来解决问题。

通常,我们使用抽象标识对象的类,以便能够把多个项组合在一起。这样,我们处理的事情可以更少,而且可以集中考虑每个类中各个项之间的共性。我们可以讨论一个类中各个项的性质或属性,检查属性以及类之间的关系。例如,假定我们要为一条大的、复杂河流构建一个环境监测系统。监控设备可能包括监测空气质量、水质、温度、流速以及其他环境特性的传感器。但是,为了达到目的,我们可能决定定义一个称为"传感器"的类。类中的每个项具有固定的属性,不论它监测哪个特性:高度、重量、电力需求、维护进度等。我们在了解问题环境的过程中,或在设计解决方案的过程中,处理的是类,而不是它的元素。因此,类的使用有助于简化问题陈述并使我们集中于问题的本质要素或特性。

抽象也可以按层次的方式进行组织。例如,传感器是一种类型的电子设备,而我们可能有两种类型的传感器:水传感器和空气传感器。

因此,可以构成图1-13所示的简单层次结构。通过隐藏其中一些细节,我们可以集中精力考虑必须处理的对象的本质特性,并且得到简单、优雅的解决方案。我们将在第5章、第6章和第7章中更详细地讨论抽象和信息隐藏。

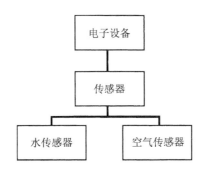

图1-13 监控设备的简单层次结构

2. 分析和设计方法以及表示法

当设计一个作为课程作业的程序时,通常需要自己完成工作。产生的文档是一个正式描述,它告诉你自己为什么选择这个特定的方法、变量名的含义是什么以及实现的算法。但是,当与团队一起工作的时候,必须与开发过程中的其他参与者进行交流。大多数工程师,无论他们是做什么样的工程,都会使用标准的表示法来帮助他们进行交流以及文档化相关决策。例如,建筑师画了一张图或蓝图,任何其他的工程师都能够理解他画的图。更为重要的是,公共的表示法使得建筑承包商能够理解建筑师的意图和想法。正如将在第4章、第5章、第6章和第7章中看到的,软件工程中没有类似的标准,由此产生的误解是当今软件工程中的一个关键问题。

分析和设计方法不只是提供了交流媒介,还使我们能够建立模型并检查模型的完整性和一致性。再者,我们可以更容易地从以前的项目中复用需求和设计组件,从而相对容易地提高生产率和质量。

30

但是，在我们能够决定一组标准的方法和工具之前，仍然有许多悬而未决的问题需要解决。正如我们将在后面的章节中看到的那样，不同的工具和技术处理的是问题的不同方面，我们需要标识建模原语，以便用一种技术就能获取问题的所有重要的方面。或者我们需要开发一种供所有方法使用的表示技术，当然可能需要某种形式的剪裁。

3. 用户界面原型化

原型化（prototyping）意味着构建一个系统的小版本，通常只有有限的功能，它可用于：

- 帮助用户或客户标识系统的关键需求；
- 证明设计或方法的可行性。

通常，原型化过程是迭代的：首先构建原型，然后对原型进行评估（利用用户和客户的反馈），考虑如何改进产品或设计，之后再构建另外一个原型。当我们和客户认为手头问题的解决方案令人满意时，迭代过程就终止了。

原型化通常用来设计一个良好的**用户界面**（user interface），即系统与用户交互的部分。但是，在其他场合也可以使用原型，甚至是在**嵌入式系统**（embedded system）（即其中的软件功能不是明确地对用户可见的系统）中。原型能够向用户展示系统将会有什么样的功能，而不管它们是用硬件还是用软件实现的。因为从某种意义上讲，用户界面是应用领域和软件开发团队之间的桥梁，所以，原型化可以把使用其他需求分析方法不能明确的问题和假设表面化。我们将在第4章和第5章讨论用户界面原型化的作用。

4. 软件体系结构

系统的整个体系结构不仅对实现和测试的方便性很重要，而且对维护和修改系统的速度和有效性也很重要。体系结构的质量可能成就一个系统，也可能损害一个系统。事实上，Shaw和Garlan将体系结构独自作为规范，它影响整个开发过程（Shaw and Garlan 1996）。一个系统的体系结构应该体现我们将在第5章和第7章学习的良好设计的原则。

系统的体系结构根据一组体系结构单元以及单元之间的相互关系来描述系统。单元越独立，体系结构越模块化，就越容易分别设计和开发不同的部分。Wasserman指出，至少有5种方法可以将系统划分为单元（Wasserman 1996）。

(1) 模块化分解：基于指派到模块的功能。

(2) 面向数据的分解：基于外部数据结构。

(3) 面向事件的分解：基于系统必须处理的事件。

(4) 由外到内的设计：基于系统的用户输入。

(5) 面向对象的设计：基于标识的对象的类以及它们之间的相互关系。

这些方法并不是相互排斥的。例如，可以用面向事件的分解设计用户界面，同时，使用面向对象或面向数据的方法来设计数据库。我们将在后面的章节中进一步详细分析这些技术。这些方法之所以重要，是因为它们体现了我们的设计经验，并通过复用已经做过的和所学到的，充分利用过去的项目。

5. 软件过程

自从20世纪80年代后期以来，很多软件工程师已经在密切留意开发软件的过程以及由此产生的产品。活动中的组织和规范对软件的质量和软件开发的速度的积极作用已经得到承认。然而，Wasserman指出：

> 不同应用类型和组织文化之间的巨大差异使得不可能对过程本身进行预先规定。因此，软件过程不可能以抽象和模块化的方式作为软件工程的基础。（Wasserman 1996）

相反，他提出，不同的软件类型需要不同的过程。尤其是，Wasserman指出企业范围的应用程序需要大量的控制，而单个的或部门级的应用程序可以利用快速应用程序开发，如图1-14所示。

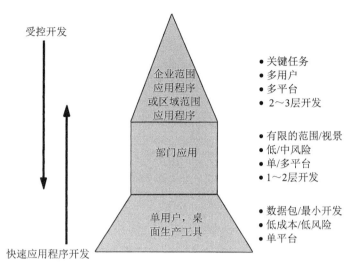

图1-14　不同开发中的差别（Wasserman 1996）

利用目前的工具，很多中小规模的系统可以由一两个开发人员来完成，其中每个开发人员必须担任多个角色。这样的工具可能包含文本编辑器、编程环境、测试支持工具，还可能包含一个获取关于产品和过程的关键数据元素的小型数据库。因为项目的风险相对较低，所以需要很少的管理支持或评审。

但是，大型、复杂的系统需要更多的结构、检查和平衡。这些系统通常涉及很多客户和用户，并且开发会持续很长时间。再者，因为某些关键子系统可能由他人提供或用硬件实现，开发人员并不总是能够控制整个过程。这种类型的高风险系统需要分析和设计工具、项目管理、配置管理、更复杂的测试工具以及对系统更严格的评审和因果分析。第2章将详细讨论若干可选的过程，以了解不同的过程是如何处理不同的目标的。然后，在第12章和第13章中，我们评估一些过程的有效性，并探讨对它们进行改进的方法。

6. 复用

在软件开发和维护中，通常通过复用以前开发项目中的项来利用应用程序之间的共性。例如，在不同的开发项目中，我们使用同样的操作系统和数据库管理系统，而不是每次都构建一个新的。类似地，当我们构建一个与以前做过的项目类似但有所不同的系统时，可以复用需求集、部分设计以及测试脚本或数据。Barnes和Bollinger指出，复用并不是一个新的思想，他们还给出了很多有趣的例子，说明复用的不仅仅是代码（Barnes and Bollinger 1991）。

Prieto-Diaz介绍了这样一种理念：可复用构件是一种商业资产（Prieto-Diaz 1991）。公司和组织机构对那些可复用的项进行投资，而当这些项再次用于后面的项目中的时候，就可以获得巨大的收益。但是，制定一个长期、有效的可复用计划可能很困难，因为存在如下这些障碍。

32 ～ 33

- 有时候，构建一个小的构件比在可复用构件库中搜索这样一个构件要更快。
- 要使一个构件足够通用、可以在将来被其他开发人员很容易地复用，则可能需要花费格外多的时间。
- 由于难以对做过的质量保证和测试的程度进行文档化，可能会导致一个潜在的复用人员认为构件的质量是令人满意的。
- 如果某个复用的构件失效或需要进行更新，不清楚谁应该对此负责。
- 理解和复用一个由他人编写的构件，其代价可能是高昂的，也可能很耗时。
- 在通用性和专业性之间通常存在冲突。

我们将在第12章中更详细地讨论复用，并研究几个成功复用的例子。

7. 测度

改进是软件工程研究的驱动力：通过改进过程、资源和方法，我们可以生产和维护更好的产品。但是，我们有时只能概况地表示改进目标，原因是没有量化地描述我们做了什么以及我们的目标是什么。正因为如此，软件测度已经成为好的软件工程实践的一个关键方面。通过量化我们做了什么以及我们的目标是什么，就可以用通用数学语言来描述我们的行动和结果，从而能够评估我们的进展。另外，量化的方法允许我们比较不同项目的进展。例如，当John Young担任惠普公司的CEO时，他设置了"10X"的目标，即无论对于何种应用的类型和领域，对于惠普的每一个项目，在质量和生产率方面都要有10倍的提高（Grady and Caswell 1987）。

在较低的抽象层次上，测度有助于使我们的过程和产品的特定特性更加可见。将我们对现实的、经验的世界的理解转换为形式化的、数学世界中的要素和相互关系，通常是有益的，这样，我们可以操纵它们，从而得到进一步的理解。正如图1-15所示的那样，可以使用数学和统计的方法来解决问题、寻找趋势或刻画一种情形（例如使用平均值和标准差）。而这个新的信息可以接着被映射回现实世界，作为我们试图解决的现实问题的解决方案的一部分。在本书中，我们将看到测度如何应用于支持分析和决策的例子。

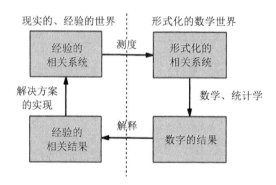

图1-15　借助于测度发现解决方案

8. 工具和集成环境

多年以来，厂商一直推荐使用CASE（计算机辅助软件工程）工具，其中的标准化的集成开发环境将增强软件开发。但是，我们已经看到，不同的开发人员是如何使用不同的过程、方法和资源的。因此，一个统一的方法说起来容易，做起来就难了。

另一方面，研究人员已经提出了几个框架，使我们能对已有的环境和打算构建的环境进行比较和对照。这些框架还允许我们检验每个软件工程环境提供的服务，决定哪一个环境最适合于给定的问题或应用程序的开发。

对工具进行比较主要的难点之一是厂商很少针对整个开发生命周期。相反，他们集中于小的活动集，例如设计或测试等，并且由用户把选择的工具集成到一个完整的开发环境中。Wasserman指出了在任何工具集成中必须处理的下列5个问题（Wasserman 1990）。

(1) 平台集成：工具在异构型网络中的互操作能力。

(2) 表示集成：用户界面的共性。

(3) 过程集成：工具和开发过程之间的链接。

(4) 数据集成：工具共享数据的方式。

(5) 控制集成：一个工具通知和启动另一个工具中的动作的能力。

在本书后面的每一章中，我们将研究支持本章描述的活动和概念的工具。

你可以将这里描述的8个概念想象成把本书组织起来的8条线，它们把分离的活动连接起来，称为软件工程。随着我们对软件工程了解得越来越多，我们将重新讨论这些概念，以了解它们是如何把软件工程统一和提升为一个学科的。

1.9 信息系统的例子

本书每一章的结尾都有两个例子，一个是信息系统，另外一个是实时系统。我们把本章中描述的概念应用到每一个例子的相关部分，这样你就能够了解概念在实践中的含义，而不仅仅是理论上的含义。

信息系统的例子是从James Robertson和Suzanne Robertson写的*Complete Systems Analysis：The Workbook, the Textbook, the Answers*（Robertson and Robertson 1994）中抽取的（已获许可）。它是一个销售皮卡地里电视台广告时间的系统开发实例。皮卡地里电视台拥有英国本土一定区域的特许经营权。图1-16显示出皮卡地里电视台的覆盖地区。正如我们看到的那样，电视时段价格方面的约束很多，因此，这个问题很吸引人，难度也很大。本书强调了问题的诸多方面及其解决方案。Robertson的书介绍了获取和分析系统需求的详细方法。

图1-16 皮卡地里电视台特许覆盖区域

在英国，广播委员会授予商业电视公司为期8年的特许经营权，给予它在英国国内严格规定区域播放节目的独家权限。作为回报，被授权者必须播放预先规定的短剧、喜剧、体育、儿童以及其他节目。而且对于什么节目在何时可以播放、节目内容和商业广告内容也有相应的规定。

广告商要向中部地区的观众播放广告，可以有若干选择：皮卡地里、有线频道和卫星频道。皮卡地里吸引了大部分观众。因此，皮卡地里必须设定价格以吸引广告商的英国国内预算的那一部分。吸引广告商注意力的方法之一是靠收视率，收视率反映了一天中不同时段观众的数量和类型。收视率根据节目类型、观众类型、一天的时段、电视公司等进行报告。但是，广告收费不仅仅取决于收视率。例如，如果广告商购买了很多小时的广告时间，那么每小时的价格可能会便宜一些。而且，特定时间和特定节目中广告的类型也是有限制的。例如：

- 酒类广告要在晚上9点以后才可以播放；
- 如果某个演员出现在电视剧中，那么有这个演员的广告不能在该电视剧播出后的45分钟内出现；
- 如果某类产品的广告（如汽车）是为特定的商业插播安排的，那么这一类的任何其他广告都不能在该插播中播出。

随着我们更详细地探讨这个例子，我们将注意到有关广告及其费用的其他规则和条例。从图1-17所示的系统环境图中，我们可以得知，系统的边界以及它如何与这些规则相联系。阴影的椭圆是我们的信息系统例子——皮卡地里系统，系统边界是椭圆的圆周。箭头和长方形表示可能影响皮卡地里系统运转的项，但是，我们仅仅把它们作为一组输入和输出，它们分别具有自己的源地和目的地。

35

36

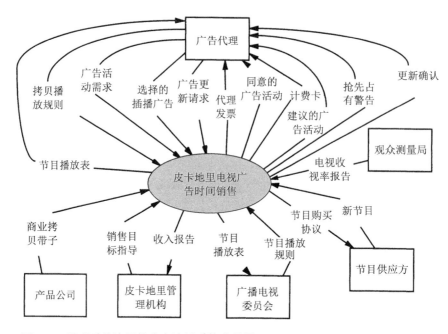

图1-17　说明系统边界的皮卡地里系统背景图（Robertson and Robertson 1994）

在后面的章节中，我们将使阴影椭圆中（即系统边界内部的）的活动和元素可见，用每章描述的软件工程技术检查这个系统的设计和开发。

1.10　实时系统的例子

下面举个实时系统的例子，我们来看阿丽亚娜5型火箭中的嵌入式软件。阿丽亚娜5型火箭属于欧洲航天局（ESA）。1996年6月4日，在它的首次航行中，发射大约飞行了40秒钟后开始偏离航向，在地面控制系统的引导下，火箭通过远程控制被销毁。销毁这个未保过险的火箭不仅损失了火箭本身，而且也损失了它装载的4颗卫星。这次灾难共造成5亿美元的损失（Newsbytes home page 1996；Lions et al. 1996）。

从火箭导航系统到它各个组成部分的运行，几乎所有方面都与软件有关。火箭发射的失败以及随后的销毁提出了很多与软件质量有关的问题。在后面的章节中会看到，调查委员会在调查原因时，把重点放在了软件质量及软件质量保证上。在本章，我们根据火箭的商业价值来探讨质量问题。

许多组织机构在阿丽亚娜5型火箭中有投资，包括ESA、法国中央国家航天局（CNES，负责阿丽亚娜计划的全面指挥），以及其他12个欧洲国家。不断的延期和一连串问题损害了阿丽亚娜火箭计划，这些问题还包括在1995年测试引擎的过程中，由于氮气泄漏导致两位工程师死亡的事故。但是，1996年6月的事故是首次直接由软件失效导致的。

这次事故的商业影响远远超过了5亿美元的设备损失。1996年，阿丽亚娜4型及其以前型号获得了全球一半以上的发射合同，领先于美国、俄罗斯以及中国的运载火箭。因此，这次事故不仅使计划的可信度大受损害，也使阿丽亚娜火箭的商业前景充满危机。

新的生意部分基于新火箭能够把更重的负荷运送到轨道。阿丽亚娜5的设计目标是能运载一颗重达6.8吨的卫星或两颗合在一起重达5.9吨的卫星，进一步的目标是希望在2002年之前达到更大的运载能力。这些增加的运载能力具有明显的商业优势。通常，操作人员通过多颗卫星共用一个火箭来减少发射费用，因此，阿丽亚娜能够同时运载多家公司的卫星。

在这个例子的背景下，我们考虑一下质量的含义是什么。阿丽亚娜5型火箭的销毁证实，这个灾难性后果的原因是客户错误地说明了需求。既然这样，开发人员可能声称系统仍然是高质量的，只不过是根据错误的需求规格说明构造了系统。的确，调查委员会在总结事故原因和补救措施时指出：

> 委员会的调查结果是基于阿丽亚娜5项目组完全的公开介绍和文档，这些文档从总体上表明，从工程技术以及文档的完整性和文档可跟踪性来说，阿丽亚娜5的程序是高质量的（Lions et al. 1996）。

但是从用户和客户的观点来看，规格说明的过程已经足够好，能够确定规格说明中的缺陷，并且在灾难发生前，使客户能够改正规格说明中的缺陷。调查委员会认识到：

> SRI（最终找到的引起问题的子系统）的厂商仅仅是遵循了给定的规格说明，即在检测到任何异常的情况下，处理器将终止执行。异常的发生并不是因为偶尔的失效，而是由于一个设计错误。异常被检测到了，但是并没有被适当处理。原因是采用了这样一种观点，即在软件发生故障之前，就应该认为它是正确的。委员会有理由相信阿丽亚娜5软件设计的其他部分也采纳了这个观点，而委员会支持相反的观点：应该假定软件是有故障的，直到应用了目前可接受的最好的实践方法并能够证明它是正确的（Lions et al. 1996）。

在后面的章节中，我们将更详细地研究这个例子，探讨开发人员和客户决策中的设计、测试和维护的含义。我们将看到，在开发初期，低质量的系统工程是如何导致一系列决策失误，进而又是如何导致一系列灾难发生的。另一方面，包括ESA和调查委员会等所有相关机构的开诚布公，以及高质量的文档和尽快得知真相的最真诚的愿望，促成了眼前问题的快速解决和防止未来类似问题发生的有效计划。

系统的观点使调查委员会和开发人员可以把阿丽亚娜5看作子系统的集合。这个集合反映了对问题的分析，正如我们本章论述的那样，不同的开发人员能够开发具有明显不同功能的独立子系统。例如：

> 发射器的飞行姿态和它在空间中的运动由惯性参照系统（SRI）测量。它具有自己内部的计算机，根据捷联式惯性平台的信息，通过激光陀螺和加速器计算角度和速度。来自SRI的数据通过数据总线传输到机载计算机（On-Board Computer，OBC），该计算机通过伺服阀门和液压执行器执行飞行程序、控制固体推进器的喷射器和Vulcain低温引擎（Lions et al. 1996）。

但是综合的解决方案必须包括一个具有所有构件的总体视图，它把各个部件合在一起考虑，以决定各部件之间的"联系"是否紧密、合适。在阿丽亚娜5的例子中，调查委员会提出客户和开发人员应该一起工作以找出关键软件，并确保它不仅能够处理预测到的行为，而且能够处理未预测到的行为。

> 这意味着，关键软件（从某种意义上来说，该软件的失效会使任务处于危险的境地）必须在一个非常详细的层面标识出来，异常行为必须细化，并且一个合理的备份策略必须将软件失效考虑进去（Lions et al. 1996）。

1.11　本章对单个开发人员的意义

本章介绍了许多概念，它们对于优秀的软件工程研究和实践来说都很重要。单个的软件开发人员可以通过下面的方法使用这些概念。

- 当有一个问题需要解决时（无论解决方案是否涉及软件），可以通过把问题分解成不同的组成部分和各部分之间的关系来分析问题。然后，解决单个子问题并把它们合并成为统一的整体，从而产生一个解决方案。

- 必须理解需求可能发生变化，即使在分析问题、形成解决方案时需求也会变化。因此，解决方案必须是良好文档化的并且具有灵活性的，还应该把假设和使用的算法文档化（以便在以后处理变化时使用）。
- 必须从几个不同的角度来观察质量，理解技术质量和商业质量可能有很大差异。
- 可以使用抽象和测度帮助标识哪些是问题和解决方案的本质。
- 必须牢记系统的边界，这样做出的解决方案才不会与相关系统发生重叠（相关系统是指与正在构建的系统相互交互的系统）。

1.12   本章对开发团队的意义

大部分开发工作都是由大型开发团队的成员来完成的。正如本章所述，开发包括需求分析、设计、实现、测试、配置管理、质量保证以及其他活动。开发团队中的有些成员可能会承担多个角色。项目的成功在很大程度上取决于团队成员之间的交流与协调。在本章我们已经看到，通过以下选择，可以帮助项目获得成功。

- 一个适合团队规模、风险级别以及应用领域的开发过程。
- 集成很好的工具，它们提供项目所要求的交流方式。
- 测度和支持工具，它们提供尽可能多的可见性和易理解性。

1.13   本章对研究人员的意义

本章所讨论的许多问题是值得进一步研究的好课题。我们已经指出了软件工程中一些悬而未决的问题，包括需要找到以下几项。

- 适当的抽象级别：使得问题易于解决。
- 适当的测度：使得问题和解决方案的本质可见且有用。
- 适当的问题分解方法：使得每一个子问题都是可解决的。
- 通用框架和表示法：允许方便有效的工具集成，使项目参加者之间的交流最有效。

在后面的章节中我们会描述许多技术，其中一些一直在使用，并且是被软件开发实践充分证明的。而其他一些技术是提议性质的，只在一些小的、"玩具式的"或学生项目中进行过演示。我们希望告诉读者如何改进你的工作，并且激发你在将来尝试新的技术和进程方面的创造力和想象力。

1.14   学期项目

如果不与你的同事一起参与软件开发项目，是不可能学会软件工程的。因此，本书的每一章都将介绍你可以与同学一起进行的学期项目的相关信息。学期项目是一个基于真实组织机构的真实系统，是对分析、设计、实现、测试和维护的真正挑战。另外，因为你将会与一个团队一起工作，你会面对团队的多样性和项目管理的问题。

这个学期项目是当你想买一套房子的时候，你可能与银行磋商贷款的方式。银行有很多途径获得收入，通常是以较低利率从储户那里借钱，然后以较高的利率用贷款的方式把这些钱借出。长期的房产贷款（如抵押贷款）的期限一般有15年、25年甚至30年。也就是说，有15年、25年或30年的时间去偿还贷款，包括本金（你最初借的钱）和利息。尽管从这些贷款利息获得的收入是丰厚的，但由于贷款占用时间很长，会妨碍银行进行其他投资。因此，银行常常把它们的贷款出售给财团机构，这虽然减少了长期利润，但可以用其他方式使用资本。

学期项目应用称为Loan Arranger。我们假设金融财团组织（FCO）处理从银行购买的贷款，然后再把它卖给投资者，从中获得利润。银行把贷款卖给FCO，并获得本金作为回报。然后，FCO把贷款转让给那些愿意比银行等更长时间获得回报的投资者。

要了解这一交易如何运作，考虑你获得房贷（称为"抵押贷款"）的情形。你可以首付5万元（称为头期款）、贷款10万元购买一套15万元的房子。从第一国家银行贷款的"期限"可能是30年，利息是5%。这意味着第一国家银行给你30年的时间来偿还你借的钱（"本金"）加上也不用立即偿还的利息。例如，你可以通过每月付款一次的方式偿还10万元（也就是说，360个"分期付款"或"月供"），并包括未付余额的利息。如果最初的差额是10万元，银行根据本金的数额、利率、你偿还贷款的时间和假定你每月等额偿还等因素来计算每月的付款额。

例如，假设银行告诉你每月付款额是536.82元。第一个月的利息是（1/12）×（0.05）×（100 000元）= 416.67元。其余的付款额使本金减少120.15元（536.82元 − 416.67元）。第二个月，你现在欠银行是100 000元减去120.15元，因此，利息减少为（1/12）×（0.05）×（100 000元 − 120.15元），即416.17元。因此，在第二个月有416.17元的付款是利息，而其余的付款额120.65元支付的是本金。随着时间的推移，你偿还的利息越来越少，并且剩下的本金越来越少，直到你付完所有的本金，完全拥有自己的房子，并收回银行对财产的抵押权为止。

在偿还贷款期间，第一国家银行可能把你的贷款卖给FCO一段时间。第一国家银行与FCO商谈一个价格。依次地，FCO可能把你的贷款卖给ABC投资公司。你仍然必须每月偿付抵押贷款，但是你的款付给了ABC，而不是第一国家银行。通常，FCO用"组合"的方式销售贷款，而不是单个贷款，因此，投资者根据风险、包含的本金和期望的回报率购买贷款。换言之，像ABC这样的投资者可以联系FCO，并指定希望投资多少钱、多长时间、希望承担多少风险（基于贷款人或组织机构偿还贷款的历史）以及预期的利润。

Loan Arranger允许FCO的分析人员选择符合投资者期望的投资特性的一组贷款。该应用访问FCO从各种贷款机构中购买的贷款信息。当一个投资者指定投资标准后，系统选择最优的、满足标准的贷款组合。而系统支持更高级的优化策略，例如，从那些可用的子集中选择最优的贷款组合（例如是从马萨诸塞州所有的贷款而不是从所有可用的贷款中选择），系统也允许分析人员为客户从贷款组合中手工选择贷款。另外，除了贷款组合的选择，系统还能将信息管理活动自动化。诸如，当银行每月提供有关信息时，自动地更新银行信息、贷款信息以及增加新的贷款记录。

现在总结一下上面的信息。Loan Arranger系统允许贷款分析人员访问FCO从多个贷款机构购买的抵押贷款的相关信息（家庭贷款在这里也被简单地描述成"贷款"）。FCO的目的是将贷款重新打包后卖给其他投资者。FCO把为投资的目的购买以及转卖的贷款统称为贷款投资组合。Loan Arranger系统在贷款信息库中跟踪这些贷款投资组合。贷款分析人员可以增加、浏览、更改或删除贷款投资组合中关于借款方和贷款集合的相关信息。另外，系统允许贷款分析人员建立贷款组合以销售给投资者。Loan Arranger的用户是贷款分析人员，他们跟踪FCO购买的抵押贷款。

在后面的章节中，我们将更深入地探讨系统的需求。目前，如果你想理解本金和利息的相关信息，可以复习以前的数学书。

1.15　主要参考文献

在风险论坛（Risks Forum）中，可以找到软件失效和软件故障的相关信息，该论坛由Peter Neumann主持。风险论坛中的有些文章发行在每一期的*Software Engineering Notes*中，该刊由计算机学会软件工程专题小组（SIGSOFT）出版。可以在ftp.sri.com的Risks目录上访问到风险论坛归档的文章。风险论坛新闻组可以从comp.risks在线阅读，或者通过自动列表服务器risks-request@CSL.sri.com订阅。

关于阿丽亚娜5型火箭项目的更多信息可以从欧洲航天局的网站获得。描述此项任务失败的ESA/CNES的联合新闻稿（英文）在网上可以找到。阿丽亚娜5型火箭飞行501失败报告的电子版也可以在网上找到。

Leveson和Turner非常详细地描述了Therac软件设计和测试问题（Leveson and Turner 1993）。

IEEE Software 1996年1月刊是软件质量专刊，尤其是Kitchenham和Pfleeger撰写了介绍性文章（Kitchenham and Pfleeger 1996），描述并评论了几个质量框架。Dromey的文章论讨了如何用可测量的方式定义质量（Dromey 1996）。

关于皮卡地里电视例子的更多信息，可以参考（Robertson and Robertson 1994）或访问大西洋系统协会网站了解Robertson的软件需求方法。

1.16   练习

1. 下面是《华盛顿邮报》曾经发表过的一篇文章（美联社 1996）。

> ### 导航计算机错误导致飞机失事
> ### 美国航空公司称单字母编码是喷气式飞机在哥伦比亚坠毁的原因
>
> 达拉斯8月23日电——航空公司今天声称，去年12月在哥伦比亚失事的美国航空公司喷气式飞机的机长输入了一条错误的单字母计算机指令，正是这条指令使飞机撞到了山上。
>
> 这次失事致使机上163人中除4人生还外，其余全部丧生。
>
> 美国航空公司调查人员总结说，显然这架波音757飞机的机长认为他已经输入了目的地Cali的坐标。但是，在大多数南美洲的航空图上，Cali的单字母编码与波哥大（Bogota）的编码相同，而波哥大位于相反方向的212km处。
>
> 据美国航空公司的首席飞行员和飞行副总裁Cecil Ewell的一封信中说，波哥大的坐标引导飞机撞到了山上。Ewell说，在大多数计算机数据库中，波哥大和Cali的编码是不同的。
>
> 美国航空公司的发言人John Hotard确认，Ewell的信首先是在《达拉斯早间新闻》中报道，本周交到了所有航空飞行员的手中以警告他们这种编码问题。
>
> 美国航空公司的发现也促使联邦航空局向所有的航空公司发布公告，警告他们有些计算机数据库与航空图存在不一致。
>
> 计算机错误还不是引起这次失事原因的最终结论。哥伦比亚政府正在调查并希望在10月以前公布调查结果。
>
> 美国国家运输安全委员会的发言人Pat Cariseo说，哥伦比亚调查人员也在检查飞行员训练和航空交通管制的因素。
>
> Ewell谈到当他们把喷气式飞机的导航计算机与失事计算机的信息相比较时，美国航空公司的调查人员发现了计算机错误。
>
> 数据表明，错误持续了66秒钟未被检测到，而同时机组人员匆忙遵照航空交通管制的指令采取更直接的途径到达Cali机场。
>
> 3分钟以后，当飞机仍在下降而机组人员设法解决飞机为什么已经转向时，飞机坠毁了。
>
> Ewell说这次失事告诉了飞行员两个重要的教训。
>
> "首先，不管你去过南美或任何其他地方多少次，比如落基山区，你绝对不能假设任何情况。"他对报社记者说。其次，他说，飞行员必须明白他们不能让自动驾驶设备承担飞行的责任。

这篇文章就是软件危机存在的证据吗？软件工程如何使航空飞行变得更安全？在软件开发过程中应该强调什么事项才会使我们在未来防止类似问题的发生？

2. 给出一个问题分析的例子，其中问题部分相对简单，但是解决问题的困难在于子问题之间的相互联系。

3. 解释错误、故障和失效之间的区别。举出一个关于错误的例子，并且这个错误导致了需求、设计、代码的故障。举出在需求中存在故障的例子，并且这个故障导致了失效。举出在设计中存在故障的例子，并且这个故障导致了失效。举出在测试数据中存在故障的例子，并且这个故障导致了失效。

4. 为什么故障数目的计算可能误导产品质量的测量？

5. 很多开发人员认为技术质量就等同于产品质量。举出一个具有很高技术质量的产品的例子，而这个产品的客户并不认为该系统是高质量的。是否有道德的因素限制了对质量的认识，使人们仅仅考虑技术质量？使用Therac-25的例子说明你的观点。

6. 很多组织机构购买商品化的软件，认为那样比内部开发和维护的软件便宜。论述使用COTS软件的利与弊。例如，如果COTS产品的厂商不再支持该产品，将会发生什么样的情况？当在一个大系统中使用COTS软件设计一个产品的时候，客户、用户和开发人员必须预见到哪些问题？

7. 使用COTS软件的法律和道德含义是什么？分包合同的使用呢？例如，当COTS软件中一个故障导致主系统失效时，谁来负责改正问题？当这样的失效直接（就像汽车中刹车失灵）或间接地（就像错误信息被提供给其他系统时，如练习1中看到的那样）导致对用户的伤害时，谁应该为此负责？在COTS被集成到一个大系统之前，需要什么样的检查和权衡以保证COTS软件的质量？

8. 图1-17所示的皮卡地里系统的例子包含了大量的规则和约束。对其中3个规则和约束进行讨论，并解释把它们置于系统边界之外的利与弊。

9. 阿丽亚娜5型火箭坠毁成为法国和其他国家的头条新闻。法国《解放报》在头版把它称为"一场370亿法郎的焰火表演"。事实上，这次爆炸是几乎所有欧洲报纸的头条新闻，也是大多数欧洲电视网晚间新闻的头条。与此形成对照的是，由于纽约的互联网提供商Panix被黑客入侵，迫使Panix系统关闭了几个小时。而这次事件的新闻仅仅出现在《华盛顿邮报》商业版的头版。当报道基于软件的突发事件时，新闻的责任是什么？如何评价和报道软件失效的潜在影响？

44

第2章

过程和生命周期的建模

本章讨论以下内容：
- 过程的含义；
- 软件开发的产品、过程和资源；
- 软件开发过程的若干模型；
- 过程建模的工具和技术。

我们在第1章中看到，软件工程既是一个创造的过程，又是一个逐步进行的过程，它涉及很多人员，这些人员生产不同类型的产品。在这一章，我们会详细分析这些步骤，讨论各种活动的组织方式，以便我们能够协调所做的各种活动以及决定什么时候进行这些活动。本章首先定义什么是过程，以便我们能够理解对软件开发建模时必须包含哪些内容。接着讨论几种软件过程模型。在理解了我们想要使用的模型类型后，再详细地讨论静态建模和动态建模这两种技术。最后，把其中一些技术应用到信息系统和实时系统的例子中。

2.1 过程的含义

当提供一项服务或创建一种产品的时候，无论是开发软件、撰写报告还是进行商务旅行，人们总是遵循一系列的步骤来完成任务。通常，每次都使用同样的顺序来完成任务。例如，在房子的配线安装之前通常不能搭建水泥墙，或者把所有的成分混合之后才能烤制蛋糕。可以将一组有序的任务称为**过程**（process）：它涉及活动、约束和资源使用的一系列步骤，用于产生某种想要的输出。

正如第1章中定义的那样，一个过程常常涉及一系列的工具和技术。任何过程都应具有如下特性。
- 过程规定了所有主要的过程活动。
- 过程遵从一组约束（例如项目进度）使用资源，并产生中间结果和最终产品。
- 过程可以由用某种方式链接起来的子过程构成。过程可以组织成层次结构，以便使每一个子过程具有自己的过程模型。
- 每一个过程活动具有进入和退出标准，这样可以知道活动什么时候开始以及什么时候结束。
- 活动可以按一定的顺序加以组织，这样就可以清楚地知道应当在什么时候执行一个活动（相对于其他活动）。
- 每一个过程都有其指导原则，用于解释每一个活动的目标。
- 约束或控制可以应用于活动、资源或产品。例如，预算或进度可以制约完成活动所需的时间，工具可以限制资源使用的方式。

我们有时把涉及产品构建的这种过程称为**生命周期**（life cycle）。因为软件开发过程描述了软件产品从概念到实现、交付、使用和维护的整个过程，因此，有时把软件开发过程称为**软件生命周期**（software life cycle）。

过程之所以重要，是因为它强制活动具有一致性和一定的结构。当我们知道如何把事情做好而且希望其他人以同样的方式做事时，这些特性就特别有用。例如，如果Sam是一个好的瓦工，他可以写下他砌砖过程的说明，这样Sara也就能够学会如何把砖砌得同样好。他可能考虑人们做事方式之间的差别，例如，他可以这样书写相关说明，使得Sara不论用左手还是右手都能够学会砌砖。同样，软件开发过程也能够用灵活的方式加以描述，让人们能够使用自己喜好的技术和工具来设计和构造软件。一个过程模型可能要求在编码之前进行设计，但是它允许采用许多不同的设计技术。因此，过程有助于保持大量不同人员开发的产品和服务之间的一致性和质量。

过程不仅仅是步骤。从第1章可以看到，步骤就像菜谱，它是把工具和技术组合起来生产产品的一种结构化方式。过程是步骤的集合，它将步骤组织起来使人们能够生产满足一系列目标和标准的产品。实际上，过程可能建议我们从若干步骤中进行选择，只要它能满足人们的目标。例如，过程可能要求在编码开始之前检查设计构件，或者可以通过非正式的评审或正式的审查来完成检查。审查和检查有其各自的步骤，但针对的是相同的目标。

过程结构允许我们分析、理解、控制和改进组成过程的活动，并以此来指导我们的行动。要了解它如何进行，考虑一下制作巧克力蛋糕的过程。这个过程可能包含若干步骤，例如购买配料和找到合适的烹饪用具。食谱描述了配料及烤制的过程，其中也包含活动（例如，在与其他的配料混合之前要先打鸡蛋）、约束（如温度要求：在把巧克力与糖调配之前，需要先把巧克力加热到让其融化的温度）和资源（如糖、面粉、鸡蛋和巧克力）。假设Chuck依据这个食谱烤制巧克力蛋糕。当蛋糕做好后，他尝了一下，觉得蛋糕太甜了。他看了一下食谱，了解到蛋糕甜的原因是糖加得太多。然后，他烤制了另一份蛋糕，这次他减少了糖的用量。烤好后他又尝了一下，觉得现在巧克力味道不足。于是，他在再次修订的配料中增加了一定量的可可粉，然后又烤制了一次。经过几次反复之后，其中每一次都改变某些成分或活动（如把烤蛋糕的时间延长一些，或在巧克力与鸡蛋混合之前，先将巧克力冷却下来），Chuck终于烤出了令自己满意的蛋糕。如果没有记录这部分过程的食谱，Chuck就不可能这么容易地做出改变以及对结果进行评估。

就获取经验并把经验传授给他人而言，过程也是很重要的。就像主厨把他拿手的食谱传授给他的同事和朋友一样，优秀的工匠也能够把记载的过程传授下去。实际上，学员和教师的概念就是基于这样一种思想：共享经验，从而将高级人员的技能传授给初学者。

同样，我们希望从过去的开发项目中获取经验，记录能够产生高质量软件的最佳实践，遵循这样的软件开发过程，在为客户构建产品的时候，就能够理解、控制和改进开发。我们在第1章看到，软件开发通常包含下面几个阶段。

- 需求分析和定义。
- 系统设计。
- 程序设计。
- 编写程序（程序实现）。
- 单元测试。
- 集成测试。
- 系统测试。
- 系统交付。
- 维护。

每一阶段本身就可以描述为一组活动的过程（或一组过程）。并且每一个活动都包含约束、输出和资源。例如，需求分析和定义阶段将用户用某种方式表述的功能和特征作为初始输入，这一阶段的最终输出是一组需求。但是，在用户和开发人员之间进行交流之后，有了变更和其他选择时，就有可能会出现中间产品。这个阶段中还包括一些约束，例如，产生需求文档的预算和进度，包含的需求种类的标准以及用于表达需求的表示法。

本书讨论所有这些阶段。对每一个阶段，我们会仔细研究涉及的过程、资源、活动和输出，我们将了解它们如何影响最终产品（即有用的软件）的质量。处理开发过程中的每一个开发阶段的方式有很多种，活动、资源和输出的每一种配置都构成一个过程，并且过程描述了在每一阶段都发生了什么。例如，设计可能包含一个原型化过程，其中，考虑了很多设计决策，以便开发人员能够选择合适的方法和进行过程复用（该过程的复用使前面产生的设计构件包含在了当前的设计中）。

每一个过程都可以用不同的方式加以描述，文本、图形或两者结合起来使用。软件工程研究人员提出了各种描述格式，通常组织为包含关键过程特征的模型。本章的剩余部分将研究不同的软件开发过程模型，以便读者能够理解组织起来的过程活动是如何使开发更加有效的。

2.2   软件过程模型

软件工程文献描述了很多软件过程模型。有些模型是规定性的（prescription），说明软件开发应该进行的方式；而另一些是描述性的（description），说明软件开发实际进行的方式。从理论上讲，两种类型的模型应该是相似或相同的，但事实并非如此。建立过程模型并讨论它的子过程有助于开发团队理解开发过程的理想情况与实际情况之间的差距。

对过程进行建模的原因还有很多。

- 一个小组记录下开发过程的描述，就会形成对软件开发中的活动、资源和约束的共同理解。
- 建立过程模型有助于开发团队发现过程及其组成部分中存在的不一致、冗余和遗漏的地方。当注意并改正了这些问题以后，过程会变得更加有效并且集中在构建最终产品上。
- 模型应该反映开发的目标，例如构建高质量的软件、在开发的早期发现故障以及满足必需的项目预算和开发进度的约束。由于建立了模型，开发团队可以根据目标评估候选活动是否合适。例如，开发团队可能引入需求评审，这样可以在设计开始之前发现和修复需求中的问题。
- 应当根据具体情况对每一个过程进行裁剪。建立过程模型有助于开发团队理解应该在哪里对过程进行裁剪。

每一个软件开发过程模型都将系统需求作为输入，将要交付的产品作为输出。多年来，人们提出了很多模型。这里探讨几种最流行的模型，以理解它们之间的共性和区别。

2.2.1   瀑布模型

研究人员提出的第一个模型是**瀑布模型**（waterfall model），如图2-1所示，它将开发阶段描述为从一个阶段瀑布般地转换到另外一个阶段（Royce 1970）。如该图所提示的，一个开发阶段必须在另一个开发阶段开始之前完成。因此，当从客户引发的所有需求都已经过完整性和一致性分析，并形成需求文档之后，开发团队才能够开始进行系统设计活动。瀑布模型从一种非常高层的角度描述了开发过程中进行的活动，并且提出了要求开发人员经过的事件序列。

瀑布模型一直被用来规范软件开发活动。例如，美国国防部标准2167-A规定，瀑布模型是多年来国防部合同中软件开发交付的依据。每一个过程活动都有与其相关联的里程碑和可交付产品，以便于项目经理能够用模型判断在某一时刻项目离最后完成还有多远。例如，在瀑布模型中，"单元测试和集成测试"阶段结束的里程碑是"编写完经过测试和集成的代码模块"，其中间可交付产品是测试过的代码的副本。接着，代码被移交给系统测试人员，这样它可以与其他系统构件（硬件或软件）合并，并作为一个整体进行测试。

在帮助开发人员布置他们需要做的工作时，瀑布模型是非常有用的。它的简单性使得开发人员很容易向不熟悉软件开发的客户做出解释。它明确地说明，为了开始下一阶段的开发，哪些中间产品是必需的。很多其他更复杂的模型实际上是在瀑布模型的基础上的润色，如加入反馈循环以及额外的活动。

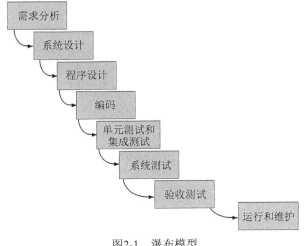

图2-1 瀑布模型

49

瀑布模型的很多问题已经在计算机文献中讨论过，补充材料2-1总结了其中的两个问题。瀑布模型最大的问题是它并不能反映实际的代码开发方式。除了一些理解非常充分的问题之外，实际上软件是通过大量的迭代进行开发的。通常情况下，软件用于解决以前从未解决过的问题，或者其解决方案需要更新以反映业务情况或操作环境的变化。例如，一个飞机制造商需要一种关于新型机体的软件，它要比当前的型号更大、更快。对于这种情况，即使软件开发人员在开发航空软件方面积累了大量的经验，他们仍然面临很多新的挑战。用户和开发人员都不完全了解影响期望结果的所有关键因素，并且在需求分析过程中花费的大量时间都用在了理解受系统及其软件影响的项和过程上，以及系统及其运行环境之间的关系上，就像在第4章将要看到的那样。因此，如果不对实际的软件开发过程加以控制，开发过程可能看起来会像图2-2那样：当开发人员试图搜集关于问题以及提议的解决方案如何解决该问题的有关资料时，他们会翻来覆去地从一个活动转向另一个活动。

补充材料2-1 瀑布模型的缺点

自从瀑布模型提出以来，招致了众多的批评。例如，McCracken和Jackson指出，瀑布模型在系统开发之上强加了一种项目管理结构（McCracken and Jackson 1981）。"主张任何一种生命周期方案（即使它具有各种变种）能够适用于所有的系统开发显然是违背现实的，或者由于假定一个过于简陋的生命周期而显得毫无意义。"

注意，瀑布模型说明了每一个主要开发阶段是如何终止于某些制品（例如需求、设计或代码）的，但并没有揭示每一个活动如何把一种制品转化为另外一种制品，例如，从需求转化为设计。因此，对于如何处理在开发过程中可能出现的产品和活动的变化，模型并没有向管理者和开发人员提供相关指导。例如，当在编码活动的过程中发生需求变化时，随之带来的设计和编码的变化并没有在瀑布模型中加以强调。

Curtis、Krasner、Shen和Iscoe指出，瀑布模型的主要缺点是没有把软件看作一个问题求解的过程（Curtis, Krasner, Shen and Iscoe 1987）。瀑布模型产生于硬件领域，它是从制造业的角度看待软件开发的。但是，制造业是重复生产某一特定的产品，而软件并不是这样开发的，相反，随着人们对问题的逐步理解和对候选方案的评估，软件在不断演化。因此，软件是一个创造的过程，而不是一个制造的过程。瀑布模型并没有说明我们创建最终产品过程中所需的往返活动的任何特有信息。尤其是创造通常包含不同的尝试、开发和评估原型、评价需求的可行性、比较若干种设计以及从失败的教训中学习，从而最终决定问题令人满意的解决方案。

50

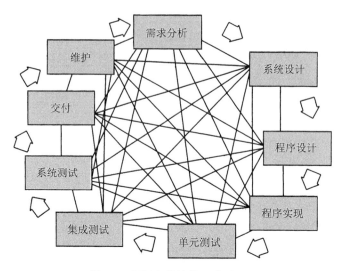

图2-2 实际上的软件开发过程

通过引入加强理解的活动和子过程，软件开发过程有助于控制活动之间的往返。原型化就是这样的一个子过程。**原型**（prototype）是一个部分开发的产品，它使客户和开发人员能够对计划开发的系统的相关方面进行检查，以决定它对最终产品是否合适或恰当。例如，开发人员可以构建一个系统来实现一小部分关键需求，以确保需求是一致、可行和符合实际的。否则，在需求阶段就要进行修正，而不是在测试阶段（测试阶段代价会更高）进行修正。同样，设计的某些部分也可以进行原型化，如图2-3所示。设计的原型化有助于开发人员评价可选的设计策略以及决定对于特定的项目，哪一种策略是最好的。正如我们将在第5章中看到的，设计人员可能用几种完全不同的设计来处理需求，看一看哪一种具有最好的特性。例如，可以在一个原型中把网络设计为环形的，而另一个设计为星形的。然后评价其性能特性，看一看哪一种结构能更好地满足性能目标或约束。

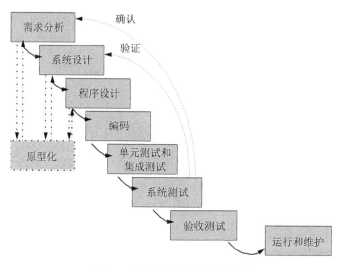

图2-3 使用原型化的瀑布模型

通常，开发人员会构建用户界面，并把它作为原型进行测试，以便用户能够了解新系统将会是什么样子的，并且设计人员也能够更好地理解用户希望如何与系统进行交互。因此，在系统测试进行正式确认之前，主要的需求应该都已经过处理和确定。**确认**（validation）确保系统实现了所有的需求。每一个系统功能可以回溯到系统规格说明中的一个特定需求。系统测试也对需求进行验证，**验证**（verification）确保每一项功能都是正确的。也就是说，确认保证开发人员构造的是正确的产品（根据规格说明），而验证检查实现的质量。原型化对于验证和确认都很有用。但是，我们将在后面的章节中看到，这些活动也可以出现在开发过程的其他部分中。

2.2.2 V模型

V模型是瀑布模型的变种，它说明测试活动是如何与分析和设计相联系的（German Ministry of Defense 1992）。如图2-4所示，编码处于V形符号的顶点，分析和设计在左边，测试和维护在右边。正如我们将在后面的章节中看到的那样，单元测试和集成测试针对的是程序的正确性。V模型提出，单元和集成测试也可以用于验证程序设计。也就是说，在单元和集成测试的过程中，编码人员和测试小组成员应当确保程序设计的所有方面都已经在代码中正确实现。同样，系统测试应当验证系统设计，保证系统设计的所有方面都得到了正确实现。验收测试是由客户而不是开发人员进行的，它通过把测试步骤与需求规格说明中的每一个要素关联起来对需求进行确认。这种测试检查在接受系统和付款之前，所有需求是否都已经完全实现。

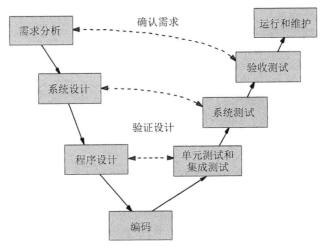

图2-4　V模型

该模型中连接V形符号左边和右边的连线意味着，如果在验证和确认期间发现了问题，那么在再次执行右边的测试步骤之前，重新执行左边的步骤以修正和改进需求、设计和编码。换言之，V模型使得隐藏在瀑布模型中的迭代和重做活动更加明确。瀑布模型关注的通常是文档和制品，而V模型关注的则是活动和正确性。

2.2.3 原型化模型

我们已经看到如何使用原型化活动修正瀑布模型以改进对系统的理解。但是原型化不仅仅是附属于瀑布模型的，如图2-5所示，它本身也是一种有效的过程模型的基础。由于原型化模型允许开发人员快速构造整个系统或系统的一部分以理解或澄清问题，因此，它与工程化原型有同样的目的，其中需要对需求或设计进行反复调查，以确保开发人员、用户和客户对需要什么和提交什么有一个共同的理解。依据原型化的目标，可以取消原型化需求、设计或系统中的一个或多个循环。但是，总体目标保持不变，即减少开发中的风险和不确定性。

例如，系统开发可能以客户和用户提出的一组需求为起点，然后，让相关各方一起探讨各种方案，查看可能的屏幕显示、表格、报表以及用户和客户直接使用的其他系统输出。当用户和客户对需要什么做出决定时，对需求进行修正。一旦对需求应该是什么达成了共识，开发人员就可以进行

52
~
53

设计了。再次通过同样的过程，开发人员与客户和用户协商来探讨不同的设计。

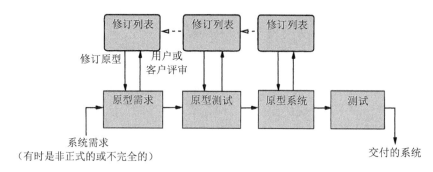

图2-5   原型化模型

对初始设计不断修正，直到开发人员、用户和客户对结果满意为止。实际上，考虑不同的设计方案有时会暴露需求中的问题，此时开发人员就需要退回到需求阶段，重新考虑和变更需求规格说明。最后，对系统进行编码并讨论不同的编码方案，还可能对需求分析和设计进行迭代。

2.2.4   可操作规格说明

对许多系统来说，需求的不确定性导致了后期开发的变化和问题。Zave提出了一种过程模型，它允许开发人员和客户在开发的早期检查需求及其隐含意义，在这个过程中，他们可以讨论和解决某些不确定性（Zave 1984）。在**可操作规格说明模型**（operational specification model）中，通过演示系统行为的方式来评估或执行系统需求。也就是说，一旦指定了需求，就可以用软件包进行演示。这样，在设计开始之前就可以评价它们的隐含含义。例如，如果规格说明要求计划构建的系统能够处理24个用户，规格说明的可执行形式就能够帮助分析人员确定用户数目是否给系统增加了太多的性能负担。

这种模型的过程与诸如瀑布模型这样的传统模型有很大的不同。瀑布模型把系统的功能与设计分离（即把系统要做什么与系统如何做分离开），目的是把客户的需要与实现分开，而可操作规格说明模型允许把功能和设计合并起来。图2-6说明了可操作说明模型是如何运作的。注意，可操作规格说明模型与原型化模型类似，该过程允许用户和开发人员在早期检查需求。

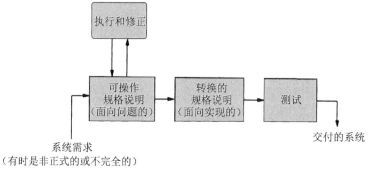

图2-6   可操作规格说明模型

2.2.5   可转换模型

Balzer的**可转换模型**（transformational model）通过去除某些主要开发步骤来设法减少出错的机会。利用自动化手段的支持，转换过程使用一系列转换把需求规格说明变为一个可交付使用的系统（Balzer 1981a）。

转换的样例有：

● 改变数据表示；

- 选择算法；
- 优化；
- 编译。

由于从规格说明到可交付系统可以采取很多途径，它们所表示的变换序列和决策都保存为形式化的开发记录。

转换方法具有很好的前景。然而，如图2-7所示，应用转换方法的主要障碍在于需要一个精确表述的形式化的规格说明，这样才可以基于它进行操作。随着形式化规格说明方法的普及，转换模型将会被更广泛地接受。

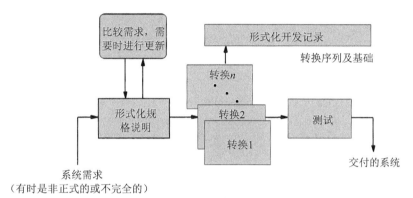

图2-7 可转换模型

2.2.6 阶段化开发：增量和迭代

在早期的软件开发中，客户愿意为软件系统的最后完成等待很长时间。有时，从编写需求文档到系统交付使用会经过若干年，称为**循环周期**（cycle time）。但是，今天的商业环境不会再容许长时间的拖延。软件使产品在市场上引人注目，而客户总是期待着更好的质量和新的功能。例如，1996年，惠普公司80%的收入来自过去两年开发的产品，因而，他们开发了新的过程模型来帮助缩短循环周期。

一种缩短循环周期的方法是使用阶段化开发，如图2-8所示。使用这种方法设计系统时使其能够一部分一部分地交付，从而在系统其余部分正在开发的同时，用户已经获得了一部分功能。因此，通常会有两个系统在并行运行：产品系统和开发系统。**运行系统**（operational system）或**产品系统**（production system）是当前正在被客户和用户使用的系统，而**开发系统**（development system）是准备用来替换现行产品系统的下一个版本。通常，用它们的发布代号表示一个系统：开发人员构建发布1，进行测试，然后把它交给用户作为第一个可运行的发布。然后，当用户使用发布1的时候，开发人员正在构建发布2。从而，开发人员总是在开发发布$n+1$，而与此同时发布n总是正在运行的。

55

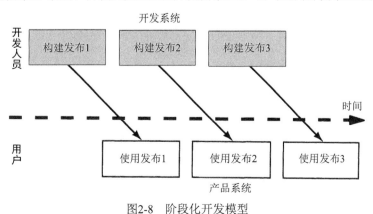

图2-8 阶段化开发模型

56

开发人员可以用多种方法决定如何将开发组织为发布。**增量开发**（incremental development）和**迭代开发**（iterative development）是两种最常用的方法。在增量开发中，需求文档中指定的系统按功能划分为子系统。定义发布时首先定义一个小的功能子系统，然后在每一个新的发布中增加新功能。图2-9的上半部分显示了增量开发是如何在每一个新的发布中逐步增加功能直到构造全部功能的。

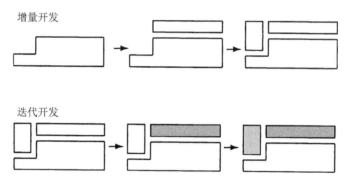

图2-9   增量模型和迭代模型

而迭代开发是在一开始就提交一个完整的系统，然后在每一个新的发布中改变每个子系统的功能。图2-9的下半部分说明一个迭代开发的3个发布。

为了理解增量开发和迭代开发之间的区别，我们来看一个用于文字处理的软件包。假设这个软件包要具有3种类型的功能，即创建文本、组织文本（即剪切和粘贴）以及格式化文本（例如使用不同的字体大小和类型等）。要使用增量开发模型构建这样一个系统，我们可能在发布1中仅提供创建功能，然后在发布2中提供创建和组织功能，最后在发布3中提供创建、组织和格式化功能。但是，使用迭代开发方法时，我们要在发布1中提供简单的3种类型的功能。例如，可以创建文本，然后剪切并粘贴文本，但是剪切和粘贴功能可能不够灵活快捷。在下一次迭代（即发布2）中，提供相同的功能，但是系统的功能增强了：剪切和粘贴功能变得方便和快捷。每一个发布都在前一个发布的基础上进行了某些改进。

实际上，许多组织都将迭代开发和增量开发方法结合起来使用。一个新的发布版本可能包含新的功能，并且对已有功能做了改进。这种形式的阶段化开发方法是人们想要的，原因如下。

(1) 即使还缺少某些功能，但在早期的发布中就可开始进行培训。培训过程可以使开发人员观察某些功能是如何执行的，并为后面的发布提供了改进的建议。这样，开发人员能够很好地对用户的反馈做出反应。

(2) 可以及早为那些以前从未提供的功能开拓市场。

(3) 当运行系统出现未预料到的问题时，经常性的发布可以使开发人员能全面、快速地修复这些问题。

(4) 针对不同的发布版本，开发团队将重点放在不同的专业领域技术上。例如，一个发布可以利用用户界面专家的专业知识将系统从命令驱动的界面改为指向-点击式（point-and-click）的图形用户界面，另外一个发布可集中于改进系统性能。

2.2.7　螺旋模型

Boehm根据系统包含的风险看待软件开发过程并提出了螺旋模型。它把开发活动和风险管理结合起来，以将风险减到最小并控制风险（Boehm 1988）。图2-10所示的螺旋模型在某种意义上类似于图2-9所示的迭代开发模型。它以需求和一个初始的开发计划（包括预算、约束、人员安排方案、设计和开发环境）为起点，在产生"操作概念"文档（它从高层描述系统如何工作）之前，该过程插入一个评估风险以及可选原型的步骤。在操作文档中，一组需求被指定并进行详细检查，以确保需求尽可能完整和一致。因此，操作概念是第一次迭代的产品，而需求则是第二次迭代的主要产品。在第三次迭代中，系统开发产生设计，而第四次迭代能够进行测试。

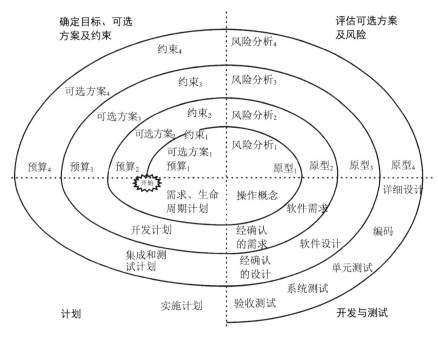

图2-10 螺旋模型

螺旋模型的每一次迭代都根据需求和约束进行风险分析，以权衡不同的选择，并且在确定某一特定选择之前，通过原型化验证可行性或期望度。当风险确认之后，项目经理必须决定如何消除风险或使风险降到最低。例如，设计人员不能确定用户是否更喜欢某一种界面（相比较于另一种界面）。用户有可能会选择阻碍高效率使用新系统的界面，要把这种选择的风险最小化。设计人员可以原型化每一个界面，并通过运行来检验用户更喜欢哪一种界面。甚至可以在设计中选择包含两种不同的界面，这样用户能够在登录的时候选择其中一个。像预算和进度这样的约束有助于确定要选择哪一种风险管理策略。第3章将更详细地讨论风险管理。

2.2.8 敏捷方法

从20世纪70年代到90年代提出并使用的许多软件开发方法都试图在软件构思、文档化、开发和测试的过程中强加某种形式的严格性。在20世纪90年代后期，一些抵制这种严格性的开发人员系统地阐述了他们自己的原则，试图强调灵活性在快速有效的软件生产中所发挥的作用。他们将他们的思想整理为"敏捷宣言"，概括为以不同的方式思考软件开发的4条原则（Agile Alliance 2001）。

- 相对于过程和工具，他们更强调个人和交互的价值。这种观点包括给开发人员提供他们所需的资源，并相信他们能够做好自己的工作。开发团队将他们组织起来，让他们进行面对面交互式的沟通而不是通过文档进行沟通。
- 他们更喜欢在生产运行的软件上花费时间，而不是将时间花费在编写各种文档上。也就是说，对成功的主要测量指标是软件正确工作的程度。
- 他们将精力集中在与客户的合作上，而不是合同谈判上，从而，客户成为软件开发过程的一个关键方面。
- 他们专注于对变化的反应，而不是创建一个计划而后遵循这个计划，因为他们相信不可能在开发的初始就能预测到所有的需求。

敏捷开发的总体目标是通过"尽可能早地、持续地交付有价值的软件"使客户满意（Agile Alliance 2001）。很多客户都有一些随着时间变化的业务需求，不仅表现在新发现的需求上，也表现在对市场变化做出反应的需求上。例如，当软件正在设计和构造的时候，某一个竞争对手发布了一个新的产品，因此，需要在已经计划好的功能上做一些改变。类似地，政府机构或标准制订机构可能会强制推行一项规则或标准，而它可能影响到软件的设计或需求。人们认为，通过在软件开发过程中加入灵活性，敏捷方法使用户能够在开发周期的后期增加或改变需求。

在目前的文献中，有很多敏捷过程的典型方法。每一种方法都基于一套原则，这些原则实现了敏捷方法所宣称的理念（敏捷宣言）。具体方法有以下几种。

- **极限编程**（XP）：在下面会对它进行详细描述。它是激发开发人员创造性、使管理负担最小的一组技术。

- **水晶法**（Crystal）：它认为每一个不同的项目都需要一套不同的策略、约定和方法论。水晶法正是基于这一理念的一组方法。Cockburn是水晶法的创建者（Cockburn 2002）。他认为，人对软件质量有重要的影响，因而随着开发人员素质的提高，项目和过程的质量也随之提高。通过更好的交流和经常性的交付，软件生产力得以提高，因为它较少需要中间工作产品。

- **并列争球法**（Scrum）：该方法由对象技术公司于1994年创建，随后Schwaber和Beedle将它产品化（Schwaber and Beedle 2002）。它使用迭代的方法，其中把每30天一次的迭代称为一个"冲刺"（sprint），并按需求的优先级别来实现产品。多个自组织和自治小组并行地递增实现产品。协调是通过简短的日常情况会议（称为"scrum"）来进行的，就像橄榄球中的"并列争球"（scrum）。

- **自适应软件开发**（ASD）：它有6个基本的原则。在自适应软件开发中，有一个使命作为指导，它设立项目的目标，但并不描述如何达到这个目标。特征被视作客户价值的关键点，因此，项目是围绕着构造的构件来组织并实现特征的。过程中的迭代是很重要的，因此"重做"与"做"同样关键，变化也包含其中。变化不被视作改正，而是被视作软件开发实际情况的调整。确定的交付时间迫使开发人员认真考虑每一个生产的版本的关键需求。同时，风险也包含其中，它使开发人员首先解决最难的问题。

通常，"极限编程"是描述敏捷方法最普遍的概念。实际上，XP是敏捷过程的一种具体形式，提供敏捷方法一般原则的指导方针。XP的支持者强调敏捷方法的4个特性：交流、简单性、勇气以及反馈。交流是指客户与开发人员之间持续地交换看法；简单性鼓励开发人员选择最简单的设计或实现来处理客户的需要；XP创建者将勇气描述为尽早和经常交付功能的承诺；在软件开发过程的各种活动中，都包含反馈循环。例如，程序员们一起工作，针对实现设计的最佳方式，相互提供反馈；客户与开发人员一起工作，以完成计划的任务。

这些特性都包含在XP的12个实践操作中。

- **规划游戏**：在XP的这一方面，由现场的客户定义价值的含义，以便对于每个需求，可以根据实现该需求所增加的价值对其进行评价。用户就系统应该如何运转来编写故事，然后，开发人员估算实现该故事所必需的资源。这些故事描述所涉及的演员和情节，很像在第4章和第6章定义的用例。每一个故事针对一个需求：只需要两三个句子足够详细地解释需求的价值，以便开发人员指定测试用例，估算实现需求所需的资源。故事编完之后，预期的用户对需求划分优先级，不断地拆分、合并需求，直到就需要什么、什么可测试、利用可用资源能够完成什么这些事项达成一致为止。然后，计划人员生成发布图，将发布的内容和交付的时间记录在文档中。

- **小的发布**：系统的设计要能够尽可能早地交付。功能被分解为若干个小的部分，这样，可以尽早地交付一些功能。然后，在后面的版本中对这些功能加以改进和扩展。这些小的发布需要使用增量或迭代生命周期的阶段化开发方法。

- 隐喻：开发团队对于系统将如何运行的设想取得一致意见。为了支持这个共同的设想，开发团队选取共同的名字，并就处理关键问题的共同方法达成一致意见。

- 简单设计：只处理当前的需求，使设计保持简单。这种方法体现这样一个基本思想：对将来的需求进行预测可能导致不必要的功能。如果系统的某个特定部分是非常复杂的，那么开发团队可能要构建一个试验性解决方案（spike）（一个快速、有限的实现）以帮助决定如何继续进行。

- 首先编写测试：为了确保客户的需要成为开发的驱动力，首先编写测试用例，这是一种强迫客户需求在软件构建之后可以被测试和验证的方法。XP使用两种测试：功能测试和单元测试。功能测试由客户指定，由开发人员及用户测试；而单元测试由开发人员编写和测试。在XP中，功能测试是自动执行的，并且在理想情况下，每天都执行。功能测试被认为是系统规格说明的一部分。在编码前后都要进行单元测试，以验证每一个模块都符合设计规格说明。第8章将详细讨论这两种测试。

- 重构：随着系统的构建，很可能需求将发生变化。因为XP方法的一个主要特征是只针对当前的需求进行设计，所以，经常出现这样的情况：新的需求迫使开发人员重新考虑他们现有的设计。**重构**（refactoring）是指重新审视需求和设计，重新明确地描述它们以符合新的现有的需要。有时，重构是指重组（restructure）设计和代码，而不扰乱系统的外部行为。重构是以一系列小的步骤完成的，辅之以单元测试和对编程，用简单性指导工作。我们将在第5章讨论重构的难点。

- 对编程：如第1章指出的，将软件工程视作艺术和将软件工程视作科学这两种观点之间存在着紧张关系。对编程试图强调软件开发的艺术性这一方面，承认学徒—师父这样的隐喻，对于教会软件开发初学者如何逐步具有熟练开发人员的能力是很有用的。使用一个键盘，两个结成对的程序员，根据需求规格说明和设计开发系统，由一个人负责完成代码。但是，配对是灵活的：一个开发人员在一天中可能与多个伙伴配对。传统的开发方法是个人单独工作，直到他们的代码经过单元测试。第7章会将对编程与传统方法进行比较。

- 集体所有权：在XP中，随着系统的开发，任何开发人员都能够对系统的任何部分进行改变。在第11章，我们将讨论管理变化过程中的难点，包括当两个人试图同时改变同一个模块的时候引入的错误。

- 持续集成：快速交付功能意味着可以按日为客户提供可运行的版本，有时甚至可以按小时提供。重点是多个小的增量或改进，而不是从一个修正到下一个修正这样的巨大跳跃。

- 可以忍受的步伐：疲劳可能产生错误。因此，XP的支持者提出每星期工作40 h的目标。逼迫程序员投入很长的时间来满足最后期限，就表明最后期限不合理，或者是缺乏满足最后期限的资源。

- 在现场的客户：理想情况下，客户应该在现场与开发人员一起工作以确定需求，并提供如何对它们进行测试的反馈。

- 代码标准：很多观察者认为XP和其他敏捷方法提供了不受约束的环境，在其中可以做任何事情。但是实际上，XP倡导清晰的代码标准定义，以利于团队改变和理解他人的工作。这些标准支持其他的实践，例如测试和重构。其结果应该是代码整体看起来就像是由一个人编写的，并且其方法和表述一致。

极限编程和敏捷方法是比较新的方法（补充材料2-2）。其有效性的证据很少，但却呈增长趋势。在后面的章节讨论其相关活动的时候，我们将再次讨论很多敏捷方法和概念，以及它们的实证性评估。

本章出现的过程模型仅仅是实际使用或讨论的模型中的一小部分。其他过程模型可以根据用户、客户和开发人员的需要进行定义和剪裁。正如在补充材料2-3中指出的那样，实际上，我们应该用一组过程模型描述软件开发过程，而不是集中于单个模型或视图。

补充材料2-2 什么时候极限编程显得过于极端?

就像大多数软件开发方法一样,敏捷方法也招致了一些批评。例如,Stephens和Rosenberg指出,很多极限编程的实践是相互依赖的,如果其中一个被修改,其他的都会受到影响(Stephens and Rosenberg 2003)。要了解其中的原因,我们假定一些人对于对编程是不满意的。那么,就可能需要更多的协调和文档来解决当人们各行其是时失去的共识。类似地,许多开发人员喜欢在编程之前进行设计。Scrum通过建立每月冲刺来处理这种喜好。Elssamadissy和Schalliol指出,在极限编程中,需求被表示为一系列必须能通过软件审查的测试用例(Elssamadissy and Schalliol 2002)。这种方法可能促使客户代表关注测试用例而不是需求。因为测试用例是需求的详细表述,并且可能是面向解决方案的,所以,将重点放在测试用例上可能会将客户代表的注意力从项目的目标转移开,并且可能导致这样一种情形:系统通过了所有测试,但是却不是客户认为他们应该得到的系统。正像我们将在第5章中看到的,重构可能是敏捷方法的要害,很难做到重做一个系统而不降低体系结构的质量。

补充材料2-3 过程模型的集合

我们在补充材料2-1中看到,开发过程是一个问题求解的活动,但是流行的过程模型很少会包含问题求解。Curtis、Krasner和Iscoe对17个大型项目进行了现场研究,以确定过程模型中应获取哪些问题求解的因素,以帮助我们理解软件开发(Curtis, Krasner and Iscoe 1988)。尤其是,他们考虑了影响项目结果的行为因素和组织因素。他们的研究结果提出了一个关于软件开发层次的行为模型,其中包含5个关键视角:业务环境、公司、项目、开发团队和个人。个人视图提供关于认知和动机的信息,项目和开发团队的视图告诉我们团体动态的相关情况。公司和业务环境提供了可能影响生产率和质量的组织行为的信息。这个模型并不是要替换传统的过程模型,它与传统模型是正交的关系,提供的信息是行为如何影响创建和生产活动,它是对传统模型的补充。

随着开发人员和客户对问题了解的加深,他们把彼此的领域知识、技术和业务结合起来,以得到一个合适的解决方案。通过把开发看作是一组相互协作的过程,我们可以看到学习、技术交流、客户交互和需求协商的效果。不过,当前描述一系列开发任务的模型"对下述问题的分析是没有帮助的:项目成员必须了解多少新信息,如何协商那些有分歧的需求,设计团队如何解决体系结构的冲突以及类似因素对项目内在的不确定性和风险有何影响"(Curtis, Krasner and Iscoe 1988)。然而,当我们引入认知的、社会的、组织的和过程的相关模型时,我们就开始了解瓶颈和低效率的原因。正是这样的认识使得管理人员能够理解和控制开发过程。而通过总体考虑跨越各个模型层的行为,可以了解每个模型对另一个模型因素的效果所产生的影响。

不论使用哪一种过程模型,许多活动都是所有模型所共有的。在后面章节中对软件工程进行探讨的时候,我们将研究每一个开发活动,了解它包含的内容,并找出什么样的工具和技术能够使我们的工作更加有效、生产率更高。

2.3 过程建模工具和技术

一旦你决定了要从过程模型中得到什么,会有很多建模工具和技术可供选择。从前面章节模型的描述中,我们已经了解了一些建模的方法。选择的建模技术是否合适,取决于你的目标和喜欢的工作方式。尤其是,对表示法的选择取决于你想要用模型表示的内容。表示法可以是从文本到图形的各种方式。文本方式把过程表示为函数,图形方式把过程描述成由正方形和箭头组成的层次结构,图形和文本结合的方式把图形化的描述与表格和函数结合在一起,共同对过程从较高层次进行说明。许多建模表示法也可用于表示需求和设计,我们将在后面的章节中对其中一些进行讨论。

在本章中，表示方法是从属于模型类型的。我们集中精力讨论两种主要的模型：静态模型和动态模型。**静态模型**（static model）描述过程，表明了从输入到输出的转换过程。**动态模型**（dynamic model）能够动态展现过程，这样用户能够看到中间产品和最终产品是如何随着时间的推移进行转换的。

2.3.1　静态建模：Lai 表示法

静态建模的方式有许多种。在20世纪90年代早期，Lai设计了一种全面的过程表示法，目的是让人们能够在任何细节的层次上对任何过程都可以建模（Lai 1991）。它是在一种范型的基础上建立的，在这种范型中：人扮演角色，资源执行活动，从而产生制品。这个过程模型表明了角色、活动和制品之间的相互关系。而状态表说明在给定的时间内，每个制品完成情况的信息。

过程包含以下7种类型的要素。

(1) **活动**：过程中将要发生的事情。该要素可以与下面几项相关联：该活动前后发生的事情、所需的资源、使活动开始的触发器、支配活动的规则、如何描述算法以及得到的经验教训，以及如何将该活动与项目团队联系起来。

(2) **序列**：活动的顺序。序列可用触发器进行描述，也可以用程序结构、转换、排序或满足的条件来描述。

(3) **过程模型**：是关于系统兴趣的观点。因此，部分过程可以用单独的模型表示，或者用以预测过程行为，或者用以检查某些特性。

(4) **资源**：必要的项、工具或人员。资源可以包括设备、时间、办公空间、人员、技术，等等。过程模型确定每个活动对于每一个资源所需的数量。

(5) **控制**：施加于过程执行的外部影响。控制可以是手工的或自动的、人工的或机械的。

(6) **策略**：指导原则。它是影响过程执行的高层的过程约束，可能包含一个规定的开发过程、必须使用的工具或强制性的管理模式。

(7) **组织**：过程代理的层次化结构，使物理的分组与逻辑分组及相关角色相对应。从物理分组到逻辑分组的映射必须足够灵活以便反映物理环境的变化。

过程描述本身具有若干层次的抽象，包括软件开发过程（它指导特定资源用于构造特定的模块）以及类似于螺旋模型或瀑布模型的一般模型。Lai表示法包括若干模板，例如，记录特定制品信息的制品定义模板。

Lai方法可以用于软件开发过程建模。在本章后面的论述中，我们将利用它为开发过程所涉及的风险建模。为了演示如何使用它以及它表示复杂活动多方面信息的能力，我们把它应用到相对简单、但又十分熟悉的过程中：驾驶汽车。表2-1是对这个过程中的关键资源——汽车（car）——的描述。

64

表2-1　制品"汽车"的制品定义表（Lai 1991）

名称	汽车	
提要	这是代表汽车类的制品	
复杂性类型	合成	
数据类型	(*car c*，*user-defined*)	
制品状态列表		
parked	((*state_of* (*car.engine*)=*off*)	汽车没有开动，引擎没有发动
	(*state_of* (*car.gear*)=*park*)	
	(*state_of*(*car.speed*)=*stand*))	
initiated	((*state_of* (*car.engine*)=*on*)	汽车没有开动，但是引擎发动了
	(*state_of* (*car.key_hole*)=*has-key*)	
	(*state_of* (*car-driver*(*car.*))=*in-car*)	
	(*state_of* (*car.gear*)=*driver*)	
	(*state_of* (*car.speed*)=*stand*))	

（续）

moving	((*state_of* (car.engine)=on)	汽车向前或向后开动
	(*state_of* (car.keyhole)=has-key)	
	(*state_of* (car-driver(car.))=driving)	
	((*state_of* (car.gear)=drive)or	
	(*state_of* (car.gear)=reverse))	
	((*state_of* (car.speed)=stand)or	
	(*state_of* (car.speed)=slow)	
	or(*state_of* (car.speed)=medium)or	
	(*state_of* (car.speed)=high))	
子制品列表		
	doors	汽车的4扇门
	engine	汽车的引擎
	keyhole	汽车的点火钥匙孔
	gear	汽车的传动装置
	speed	汽车的速度
关系列表		
car-key	这是汽车与钥匙之间的关系	
car-driver	这是汽车和司机之间的关系	

其他的模板定义了关系、过程状态、操作、分析、动作和角色。绘制的图表示要素之间的相互关系，保存主要关系和次要关系。例如，图2-11说明启动汽车的过程。"initiate"框表示进入条件，"park"框表示退出条件。条件框中的左列列出了制品，右列列出了相应制品的状态。

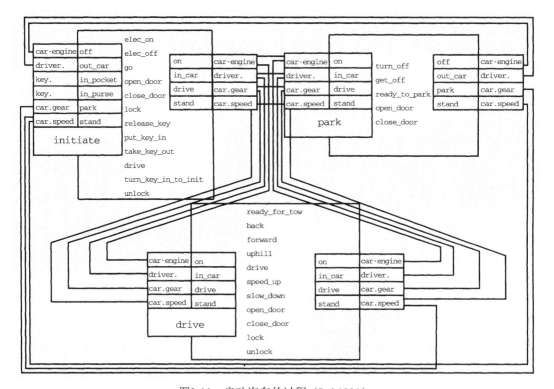

图2-11 启动汽车的过程（Lai 1991）

转换图是对过程模型的补充,它说明状态之间是如何联系的。例如,图2-12显示了汽车的状态转换。

关于如何用多个结构和策略来获取大量关于软件开发过程的信息,Lai表示法是一种很好的例子。而且,如汽车这个例子演示的那样,Lai表示法也可用于组织和描述有关用户需求的过程信息。

2.3.2 动态建模:系统动力学

过程模型的一个良好特性就是演示过程的能力,这样,随着活动的发生,我们就可以观察资源和产品发生了什么情况。换言之,我们想要描述这个过程的模型,并且在软件向我们展示资源流是如何通过活动

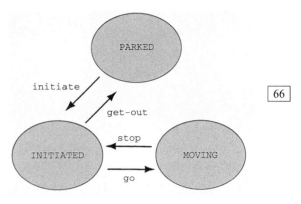

图2-12 汽车的转换图(Lai 1991)

成为输出的时候可以进行观察。这种动态过程的视图使我们能够模拟过程,并在实际消耗资源之前能够进行修改。例如,可以使用动态过程模型帮助我们确定需要多少名测试人员及必须何时启动测试才能够按进度完成。同样,可以增加或去除活动,看一看它们对工作量和进度的影响。例如,可以增加一个代码评审活动,对评审过程中发现的故障数量做出假设,以便确定评审是否明显地减少了测试时间。

建立动态过程模型的方法有很多种。Forrester于20世纪50年代提出了系统动力学方法。该方法在模拟不同的过程(包括生态、经济和政治系统)中一直很有用(Forrester 1991)。Abdel-Hamid和Madnick曾把系统动力学方法应用到软件开发中,使项目经理在开发人员中强行推行过程之前,能够对他们的过程选择进行"考验"(Abdel-Hamid 1989;Abdel-Hamid and Madnick 1991)。

要了解系统动力学方法是如何运作的,可以考虑一下软件开发过程是如何影响生产率的。我们可以构建包括开发人员时间在内的各种活动的描述性模型,然后考虑模型中的变化是怎样增加或减少设计、编写和测试代码所用的时间的。首先,必须确定哪些因素对总生产率有影响。图2-13描述了Abdel-Hamid对这些因素的理解。箭头表明一个因素中的变化是如何影响另一个因素中的变化的。例如,如果在分配给项目的人员中,有经验的职员所占比例从1/4增加到1/2,那么,我们预期平均生产率也会有所提高。同样,职员所占的比例越大(反映在职员规模上),那么用于项目团队成员之间交流的时间就越多(交流开销)。

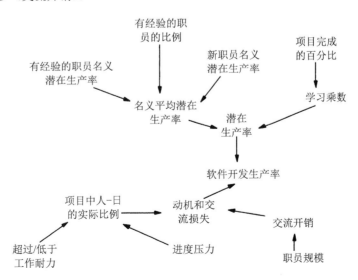

图2-13 影响生产率的因素的模型(Abdel-Hamid 1996)

从图2-13可以得知，名义平均潜在生产率受下面3种因素影响：有经验职员的生产率、有经验职员的比例以及新职员的生产率。同时，新职员必须了解这个项目。项目完成的部分越多，则新职员在他们能够成为团队中高产的成员之前，就必须了解得越多。

其他问题也会对总体的开发生产率产生影响。首先，必须考虑每个开发人员每天对项目贡献所占的比例，进度带来的压力会影响这个比例，开发人员对工作量的承受力会影响这个比例。职员规模也会影响生产率，但是职员越多，则项目团队成员用于交流信息的时间就越多。交流、动机以及潜在生产率（表示为图2-13的上半部分），三者合在一起给出了一种概括的软件开发生产率关系。

因此，使用系统动力学方法的第一步是将实证性证据、研究报告和直觉这三者结合在一起来标识这些关系。下一步是量化这些关系，量化可以包含直接的关系。例如，职员规模和交流之间的关系。我们知道，如果给一个项目分配n个人，那么可能有$n(n-1)/2$对人员必须彼此交流和协调。对某些关系，尤其是那些涉及随时间变化的资源的关系，必须进行一些分配来描述资源的增加和减少。例如，在一个项目中，很少会出现每个人都在第一天开始工作的情况。系统分析员首先开始工作，当大量需求和设计构件文档化之后，编程人员才加入到项目中。因此，这种分配就描述了资源的增加和减少（甚至是波动，例如节日或暑假的出勤率）。

一个系统动力学模型可能包含大量信息并且非常复杂。例如，Abdel-Hamid的软件开发模型包含100多个因果链接，图2-14给出了他所定义的关系的总体描述。他定义了影响生产率的4个主要方面：软件生产、人力资源管理、计划以及控制。生产包括质量保证、学习和开发速率等相关问题。人力资源强调雇用、人事变动和经验。计划关心进度安排和由此带来的压力，而控制则强调过程测度和完成项目所需的工作量。

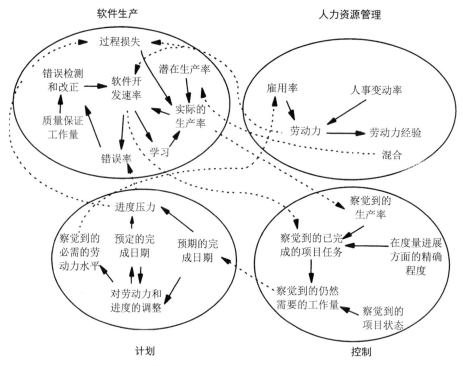

图2-14 软件开发的结构（Abdel-Hamid 1996）

由于系统动力学模型中链接的数目可能相当大，所以存在一些支持软件可以获取链接和它们的量化描述，从而可以模拟整个过程或某些子过程。

系统动力学模型的强大功能给人们留下了深刻的印象，但是必须谨慎地使用这个方法。模拟的结果依赖于量化的关系，但量化的关系常常是启发式的或含糊不清的，它不是明确基于实证性研究的。然而，正如我们在后面的章节中将要看到的那样，使用一个包含开发各方面的测度信息的历史数据库，有助于我们对关系的理解，从而对动态模型的结果更有信心。

补充材料2-4　过程程序设计

在20世纪80年代中期，Osterweil提出应该使用数学描述的方法对软件开发过程进行说明（Osterweil 1987）。也就是说，如果过程被充分理解，我们就能够编写程序来描述这个过程，然后运行这个程序演示这个过程。过程程序设计的目标就是去除不确定性：通过充分理解一个过程来编写软件以抓住它的本质，并将这个过程转化成问题的确定的解决方案。

如果过程程序设计是可能的，那么我们就能够可见地管理所有过程活动、让所有活动自动化，并能轻而易举地协调及改变所有活动。因此，过程程序有可能成为生产软件的自动化环境的基础。

然而，Curtis、Krasner、Shen和Iscoe指出，Osterweil对计算机程序设计的类比没有抓住开发过程内在的变化（Curtis, Krasner, Shen and Iscoe 1987）。当编写完一个计算机程序之后，程序员假定实现环境工作正常，操作系统、数据库管理器和硬件都是可靠的、正确的。因此，计算机对运算指令的响应几乎不存在变化。但是，当一个过程程序对项目团队中的一个成员发布一条指令时，任务执行的方式和产生的结果都存在着很大的可变性。正如我们将在第3章中看到的那样，技能、经验、工作习惯、对客户需求的理解的差异和许多其他因素都可能极大地增加可变性。Curtis和他的同事建议，过程程序设计应当仅限于那些存在极小变化的情况。而且他们还指出，Osterweil的例子仅仅提供了关于任务序列化的信息；过程程序并没有就那些迫在眉睫的问题向管理人员发出警告。"创造性的智力任务的协调似乎并没有通过当前过程程序设计的实现而显著改善，因为进行协调的最重要的原因是确保所有交互的代理具有同样的关于系统如何运作的概念模型"（Curtis et al. 1987）。

68
~
69

2.4　实际的过程建模

很长时间以来，过程建模一直是软件工程研究的焦点。但是，它的实用性如何呢？一些研究人员称，正确地使用过程建模，为理解过程和揭示过程中的不一致性带来了诸多益处。例如，Barghouti、Rosenblum、Belanger和Alliegro进行了两个案例研究，以确定在大型组织中使用过程模型的可行性、效用和限制（Barghouti, Rosenblum, Belanger and Alliegro 1995）。在这一节，我们将讨论他们所做的工作以及他们的研究结果。

2.4.1　Marvel 的案例研究

在这两个案例研究中，研究人员都使用MSL（即Marvel规格说明语言）来定义过程，然后，为其生成一个Marvel过程制订环境（Kaiser, Feiler and Popovich 1988；Barghouti and Kaiser 1991）。MSL使用3种主要的结构（类、规则和工具信封（tool envelope））来产生一个3部分的过程描述。

(1) 基于规则的过程行为规格说明。

(2) 模型的信息过程的面向对象定义。

(3) 用作执行该过程的外部软件工具和Marvel之间的接口的一组信封。

第一个案例研究的是美国电话电报公司的呼叫处理网络。该网络处理电话呼叫，还包含一个单独的信令网，它负责为这些呼叫安排路由并平衡网络负载。Marvel用于描述信令故障解析过程，该过程负责检测、维修以及解决信令网络的问题。工作中心1监控该网络、检测故障并把故障提交给其他两个工作中心中的一个进行处理；工作中心2处理需要详细分析的软件故障或人为故障；工作中心3处理硬件故障。图2-15描述了这个过程。双虚线表示哪一个活动使用了工具或数据库，工具或数据库用椭圆表示，矩形框表示任务或活动，菱形框表示判定，箭头指明控制流。该图给出的是概要，并没有提供足够的细节以表示基本的过程要素。

70

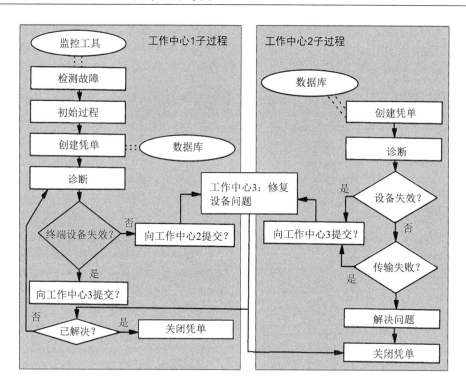

图2-15   信令故障解析过程（Barghouti et al. 1995）

因而，用MSL对每一个实体和工作中心建模。图2-16解释了建模是如何进行的。图的上半部分定义了一个凭单类，这里凭单（ticket）表示当一个失效出现时就记下的一个故障单（fault ticket）（或问题报告）。正像我们将在有关测试的章节中看到的那样，故障单用于跟踪一个问题（从问题的出现到它的解决）。整个网络表示为22个这样的MSL类，一个过程的创建或需要的所有信息都包含在其中。

```
TICKET::superclass ENTITY
 status: (initial, open, referred_out, referral_done,
          closed, fixed)=initial;
 diagnostics    : (terminal, non_terminal, none)=none;    故障单的类定义
 level          : integer;
 description    : text;
 referred_to    : link WORKCENTER;
 referrals      : set_of link TICKET;
 process        : link PROC_INST;
end

diagnose[?t: TICKET]:
 (exists PROC_INST? p suchthat(linkto[?t.process?p]))
 :
 (and(?t.status=open)(?t.diagnostics=none))              诊断单的规则
 (TICKET_UTIL diagnose ?t.Name)
 (and(?t.diagnostics=terminal)
     (?p.last_task=diagnose)
     (?p.next_task=refer_to_WC3));
 (and(?t.diagnostics=non_terminal)
     (?p.last_task=diagnose)
     (?p.next_task=refer_to_WC2));
```

图2-16   Marvel命令的例子（Barghouti et al. 1995）

接着，该模型强调了信令故障解析过程的行为方面的信息。图2-16的下半部分是一个MSL规则，它大致对应于图2-15中标有"诊断"的方框。因而，MSL描述了诊断未决问题的规则，它由每一个打开的凭单激发。当过程模型完成时，需要21个MSL规则来描述这个系统。

第二个案例是研究美国电话电报公司的5ESS交换机软件的部分维护过程。与第一个案例研究不同（第一个案例研究的目标是过程改进），第二个案例研究的目的只是用MSL获取过程步骤和交互从而把它们文档化。该模型包含有25个类和26个规则。

对每一个模型，用MSL过程描述生成"过程制订环境"，它产生一个含有信息模型类实例的数据库。接着，研究人员模拟若干场景以验证模型是否像期望的那样执行。在模拟的过程中，他们收集计时和资源使用情况的数据，为分析合适的过程执行提供基础。通过改变这些规则并重复执行一个场景，对计时进行比较和对照，从而不用在资源方面进行大的投资就得到显著的过程改进。

建模和模拟执行对早期识别问题和解决问题是非常有用的。例如，软件维护过程定义揭示了现有过程文档中的3种类型的问题：缺少任务输入和输出、含义模糊的输入输出标准以及低效率的过程定义。信令故障模型的模拟揭示了各工作中心单独描述造成的低效率。

Barghouti和他的同事指出，把过程建模问题划分成建模信息和建模行为是非常重要的。通过将这两方面分离开，产生的模型清晰且简洁。他们还指出，计算机密集的活动比人员密集的活动更容易建模，Curtis和他的同事也指出了这一经验。

2.4.2 过程建模工具和技术应该具有的特性

有很多过程建模的工具和技术，而且研究人员不断地努力，以确定在给定情况下哪些工具和技术是最合适的。但是，有一些特性对任何一种技术都是有益的。Curtis、Kellner和Over标识了以下5类良好的特性（Curtis, Kellner and Over 1992）。

(1) 促进人们的理解和交流。该技术应该使用一种大多数客户和开发人员能理解的方式来表示过程，鼓励关于过程的交流并对其形式和改进达成一致。该技术应该包含足够的信息，以便能够实际执行该过程，并且模型或工具应当成为培训的基础。

(2) 支持过程改进。该技术应当标识开发或维护过程的基本构件。它应当允许在后面的项目中复用过程或子过程，并能比较不同的可选方案，而且在过程实际投入使用之前估算变化造成的影响。同样，该技术应该有助于为过程选择工具和技术，有助于有组织的学习，支持持续的过程演化。

(3) 支持过程管理。该技术应该允许过程是针对特定项目的。这样，开发人员和客户应该能够推测软件创建或演化的属性。该技术还应该支持计划和预测、监控和管理过程以及测量关键的过程特性。

(4) 在执行过程时提供自动化的指导。该技术应该定义所有的或部分的软件开发环境，提供指导和建议，并保留可复用的过程表示供以后使用。

(5) 支持自动化的过程执行。该技术应该让全部的或部分过程自动化，支持协同工作，获取相关的测度数据，以及强制规则以保证过程的完整性。

当为开发项目选择过程建模技术时，这些特性可以作为有用的指导。如果你的组织机构试图将其过程标准化，那么第4个特性特别重要。工具能够提示开发人员下一步做什么，并且提供入口和检查点，以确保在下一步之前，制品满足了某些标准。例如，工具可以检查一组代码构件，评估它的规模和结构。如果规模或结构超出了预先定义的限制，那么，可以在测试开始之前通知开发人员，而某些构件可能被重新检查，也可能要重新设计。

2.5 信息系统的例子

让我们考虑一下用哪种开发过程来支持皮卡地里电视广告程序系统，回想到对什么时间可以销售何种类型的广告会有许多约束，并且条例可能随着广告标准局及其他制订条例的团体的管理而变化，我们希望建立一个易于维护、易于改变的软件系统。甚至存在这样一种可能，当构建系统的时候约束也可能发生变化。

就此系统而言，瀑布模型可能太严格了。因为在需求分析阶段完成之后，它几乎不允许变化。原型化方法对开发用户界面来说可能是有用的，因此，我们可能想在模型中包含某种类型的原型化。但是在广告条例和业务约束中有很多不确定因素。我们想要使用这样的过程模型：当系统演化的时候模型仍可以使用和复用。对构建皮卡地里系统而言，螺旋模型的变种可能是一个很好的选择，因为它鼓励重新审视先前的假设、分析风险以及原型化各种系统特性。如螺旋模型的左上1/4部分所显示的那样，对各种方案的反复评估，有助于我们把灵活性融入需求和设计之中。

Boehm对螺旋模型的表示是高层次的，未提供足够的细节来指导分析人员、设计人员、编码人员和测试人员的行动。但是，有很多技术和工具可以在更精细的详细层次上表示过程模型。技术和工具的选择部分取决于个人的偏好和经验，部分依赖于表示过程的类型的合适程度。让我们来看一下如何使用Lai表示法来表示皮卡地里系统的部分开发过程。

由于我们希望使用螺旋模型来帮助管理风险，因此必须在过程模型中引入关于"风险"的特性描述。这就是说，风险是必须描述的制品，从而能够在螺旋的每一次迭代中测量和跟踪风险。每一个潜在的问题都具有相关联的风险，可以从概率和严重性两方面考虑风险。**概率**（probability）就是某个特定问题将要发生的可能性。而**严重性**（severity）就是它将要对系统造成的影响。例如，假定我们正在考虑这样的问题：构建皮卡地里系统正在使用的开发方法是否经过充足的培训？我们可能决定使用面向对象的方法，但是可能会发现，项目开发人员的面向对象的经验很少甚至没有。这个问题发生的概率可能很小，因为所有的新雇员都会被送去参加为期4周的面向对象开发课程的强化培训。另一方面，如果这样的问题真的发生了，那么它将对开发团队在指定的时间内完成该软件的能力产生严重的影响。因此，这个问题发生的概率很低，但是它的严重性很高。

我们可以用Lai制品表来表示这些风险的情况，如表2-2所示。在这里风险（risk）是制品，概率和严重性是它的子制品。为简单起见，对每一个子制品，我们只选定两个状态：概率的高和低，严重性的大和小。事实上，每一个子制品都有很大的状态区间（如极小、非常小、有些小、中等、有些高、很高、极高等），导致制品本身产生许多不同的状态。

表 2-2　制品"风险"的制品定义表

名　　称	风险（问题 X）	
过程提要	这是表示问题 X 会发生风险的制品，它对开发过程的某些方面有负面影响	
复杂性类型	合成	
数据类型	(risk_s,user_defined)	
制品状态列表		
low	((state_of(probability.x) = low) (state_of(severity.x) = small))	问题的概率低，问题的严重性影响小
high-medium	((state_of(probability.x) = low) (state_of(severity.x) = large))	问题的概率低，问题的严重性影响大
low-medium	((state_of(probability.x) = high) (state_of(severity.x) = small))	问题的概率高，问题的严重性影响小
high	((state_of(probability.x) = high) (state_of(severity.x) = large))	问题的概率高，问题的严重性影响大
子制品列表		
	probability.x	问题 X 发生的概率
	severity.x	问题 X 对工程的影响的严重性

我们可以用同样的方式定义开发过程的其他方面，并使用图表说明活动和它们之间的相互关系。

用这种方式对过程建模有很多优点，而不仅仅是对开发需要的内容建立了共同的理解。如果用户、客户和开发人员都参与定义和描述皮卡地里的开发过程，那么，每一个人都会对这些方面抱有期望：开发过程包括什么活动、产生什么，以及何时能够得到每个产品。尤其是可以结合使用螺旋模型和风险表格以定期评价风险。螺旋模型的每一次旋转，都要重新评估和表述每一个风险的概率和严重性。当风险高到不可接受时，可以修改过程模型以引入减轻和降低风险的技术，我们将在第3章中了解这些内容。

2.6 实时系统的例子

阿丽亚娜5型火箭的软件系统包含了从阿丽亚娜4复用的软件。复用的目的是为了降低风险、提高生产率和质量。因此，开发新的阿丽亚娜软件的任何过程模型都应当包含复用活动。尤其是过程模型必须包含一些活动以检查可复用构件的质量，还要包含一些安全措施，以确保复用的软件在新系统的设计环境下能够正确地工作。

这样一个过程模型有可能像图2-17所示的简化模型。图示模型中的方框表示活动。从左边进入方框的箭头表示资源，从右边离开方框的箭头表示输出，从顶部进入的箭头表示控制或约束，例如进度、预算或标准。从下部进入的箭头表示机制，这些机制辅助开发人员执行活动，例如工具、数据库或技术。

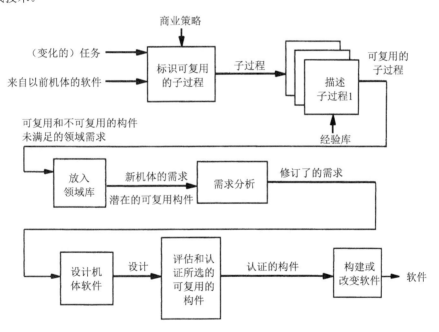

图2-17 新机体软件的复用过程模型

阿丽亚娜4复用过程开始于软件的任务（即控制一个新的火箭）以及来自以前机体的软件、未满足的需求和从其他可用资源（例如购买的软件或来自其他项目的复用库）获得的软件构件。开发人员可以基于飞船建设人员的商业策略，标识出可复用的子过程，对其进行描述（也许使用与过去的经验相关的注解），并把它们放在库中供需求分析人员考虑。可复用的过程常常包含可复用的构件（即可复用的需求、设计或代码构件，甚至是可复用的测试用例、过程描述以及其他的文档和制品）。

接着，需求分析人员分析关于新机体的需求以及库中可用的复用构件。他们提出一组修订后的需求，其中包括新的需求和可复用的需求。然后，设计人员用这些需求设计软件。一旦完成设计之后，就对所有的复用设计构件进行评估，以证实它们是正确的，并且与新设计的部分和在需求中描述的系统的整体目标相一致。最后，用经过认证的构件构建或修改软件，从而生成最终的系统。正如我们将在后面章节中看到的那样，这样一个过程原本是有可能防止阿丽亚娜5型火箭坠毁的。

2.7　本章对单个开发人员的意义

在这一章，我们看到了软件开发过程包含的活动、资源和产品。当你与一个团队一起工作的时候，过程模型对指导你的行为是非常有用的。当你设计和构建一个系统的时候，详细的过程模型可以让你知道如何与你的同事协调和合作。我们也看到过程模型包含了组织的、功能的、行为的和其他侧面，从而使你能够在开发过程的特定方面集中精力以增强你的理解或指导你的行动。

2.8　本章对开发团队的意义

就开发团队而言，过程模型也具有明显的优势。一个好的模型向每一个团队成员展示什么时候发生了什么活动以及应该由谁执行该活动，从而明确责任分工。另外，为了满足项目的预算和进度，项目经理可以使用过程工具来指定过程、模拟活动以及跟踪资源，以决定最佳的人员和活动组合。这种模拟在资源实际提交之前完成，由于无须反馈或改正错误，从而节省了时间和成本。实际上，可以在过程模型中引入迭代和增量开发，这样团队可以从原型中学习或对演化的需求做出反应，并且还能够满足合适的期限。

2.9　本章对研究人员的意义

过程建模是软件工程中非常受关注的研究领域。许多软件开发人员感到，通过使用好的过程，开发的产品的质量可以得到保证。研究人员目前研究的领域有以下几个。

- 过程表示法：如何用执行过程的人员能够理解的方式记录过程。
- 过程模型：如何使用一组合适的活动、资源、产品和工具来描述过程。
- 过程建模支持工具：如何演示或模拟一个过程模型，从而可以评价资源的可用性、有用性和性能。
- 过程测度和评价：在特定的时间或环境下，如何判定哪些活动、资源、子过程和模型类型最有益于生产高质量产品。

许多工作是与过程改进的研究相互协调的，过程改进领域将在第13章中予以讨论。

2.10　学期项目

现在是FCO的Loan Arranger系统开发过程的早期阶段。你还没有获得该系统全面的需求。现在所有的只是系统功能的概要描述及如何使用该系统来支持FCO业务的感觉。你还不熟悉概要中使用的许多术语，因此，你要求客户代表准备一份术语表。他们给你的术语描述见表2-3。

表2-3　Loan Arranger的术语表

借款方	借款方就是来自贷款方的钱的接受者。多个借款方可以共同接受贷款，也就是说，每一份贷款可能有多个借款方。每一个借款方有一个相关联的名字和一个唯一的借款方标识码。
借款方的风险	与借款方相关联的风险因子是根据借款方的还款历史确定的。分配给没有任何未付清贷款的借款方风险因子的值为50。当借款方按时偿付贷款时风险因子减少，而当借款方未偿清贷款或拖欠偿付贷款时则风险因子增加。借款方的风险使用下面的公式进行计算： 风险＝50−(10×偿清贷款的年数) + (20×未偿清贷款的年数) + (30×拖欠偿付贷款的年数)

（续）

例如，某一个借款方进行了3次贷款。第一次贷款发生在2年以前，所有偿付都按时完成。那么，那次贷款是按时偿清的，持续时间为2年。第二次和第三次贷款分别有4年和5年的历史，直到目前为止每一次贷款都按时偿付，这两笔贷款都仅剩1年时间偿清。因此，风险是：

$$50-(10\times2) + [20\times(1+1)] + (30\times0) = 70$$

最大的风险值是100，最小的风险值是1。

组合	组合就是作为单一的单元销售给投资者的一组贷款。与每一个组合相关联的是组合中的贷款总额、组合中的贷款处于活动状态的时间期（即借款方仍然在偿还那些贷款）、与购买该组合有关的风险估计以及借款方偿付了所有贷款时的利润。
组合风险	组合贷款的风险是组合中的贷款的风险加权平均值，每一个贷款的加权风险（见下面的"贷款风险"）都是根据其贷款额来计算的。要计算n个贷款的加权平均值，假设每个贷款L_i有剩余的本金P_i和贷款风险R_i，那么加权平均值就是：

$$\frac{\sum_{i=1}^{n} P_i R_i}{\sum_{i=1}^{n} P_i}$$

贴现	贴现就是FCO愿意把贷款贷给投资者的价格。可根据下面的公式来计算贴现：

$$贴现 = 剩余的本金\times[利率\times(0.2 + 0.005\times(101-贷款风险))]$$

利率种类	贷款中的利率可以是固定的，也可以是可调整的。固定利率的贷款（称为FM）在抵押期间具有相同的利率。可调整利率的贷款（称为ARM）基于美国财政部提供的财政指数，每年进行利率调整。
投资者	投资者就是有兴趣从FCO那里购买组合贷款的个人或组织。
投资请求	投资者提交投资请求，指定即将进行的投资风险的最大程度、在组合中所要求的最小利润，以及必须偿付组合中贷款的最长期限。
贷款方	贷款方是向借款方提供贷款的机构。每一个贷款方可以有零个、一个或多个贷款。
贷款方信息	贷款方信息是描述性数据，从应用的外部获得。不能对贷款方信息进行修改或删除。下面的信息与每一个贷款方相关联：贷款方名称（机构）、贷款方联系人（在该机构中的人员）、联系人的电话号码以及唯一的贷款方标识码。一旦将贷款方信息加入系统，就只可以对贷款方的记录进行编辑，但不能删除。
贷款方机构	贷款方机构是贷款方的同义词。详见"贷款方"。
贷款	贷款是这样一组信息：描述主贷款（home loan）的信息，与该贷款相关联的标识借款方的信息。下面的信息与每次贷款相关联：贷款额、利率、利率种类（可调整的或固定的）、结算日期（即借款方最初从贷款方获得贷款的日期）、期限（用年数来表示）、借款方、贷款方、贷款种类（巨额的或常规的）以及财产（用财产的地址标识）。一个贷款必须与一个且只与一个贷款方相关联。另外，每一笔贷款都由贷款风险和贷款状态来标识。
贷款分析员	贷款分析员是FCO的职业雇员，他通过培训使用Loan Arranger系统管理贷款或组合贷款。贷款分析员对贷款或借款的术语非常熟悉，但是他们手边可能没有评估单个贷款或一组贷款的所有相关信息。
贷款风险	每一笔贷款都与一个风险级别相关联，风险级别用从1到100的整数来表示。1代表最低风险的贷款，也就是说，借款方不可能推迟或不还贷款。100表示最高的风险，也就是说，几乎可以确定借款方不会还这笔贷款。
贷款状态	一笔贷款可以具有3种指定的状态：良好、推迟或不还。如果借款方到目前为止偿付了所有贷款，则其贷款状态就是良好的。如果借款方偿付了最后一笔贷款，但不是在规定的期限偿付的，那么其贷款的状态是推迟的。如果贷款方在超过期限10天之后还没有收到借款方的最后一笔偿付，则贷款的状态是不还的。
贷款种类	贷款可能是巨额的抵押贷款，其资产的价值超过275 000美元；也可能是常规的抵押贷款，其资产值等于或少于275 000美元。
投资组合	即由FCO购买的可用在组合中的一组贷款。在Loan Arranger维护的数据库中包含了投资组合中的所有贷款的有关信息。

以上信息澄清了一些概念，但仍然远不是一组好的需求。不过，你能够据此对如何进行开发作出一些初步的决策。请读者回顾在本章中所介绍的过程，决定哪些过程适于开发Loan Arranger系统。针对每一种过程，基于Loan Arranger系统，列出它的优点和缺点。

2.11　主要参考文献

在第5届国际软件过程研讨会（Fifth International Software Process Workshop）上，Kellner主持的一个工作组系统地阐述了用来评估和比较一些较流行的过程建模技术的相关标准问题。他们使标准化问题呈现出充分的多元化，以便能够测试一种技术的能力，包括以下几个方面。

- 抽象的多层次。
- 控制流、时序以及对时序的约束。
- 判定点。
- 迭代和对早期步骤的反馈。
- 用户的创造性。
- 对象和信息管理，以及过程中的流程。
- 对象的结构、属性和它们之间的相互关系。
- 特定任务的组织责任。
- 信息传递的物理通信机制。
- 过程测度。
- 时态（绝对的和相对的）。
- 由人执行的任务。
- 专业的评判或判断力。
- 与叙述性解释的关系。
- 被工具调用或执行的任务。
- 资源的约束和分配，进度的确定。
- 过程修改和改进。
- 多层次聚合和并行。

77
～
79

针对一个共同的问题，使用了18种不同的过程建模技术，每一种技术都得到了不同的满意度。Kellner和Rombach报告了这些结果（Kellner and Rombach 1990）。

Curtis、Kellner和Over给出了一个关于过程建模技术和工具的全面性的综述（Curtis, Kellner and Over 1992）。这篇论文也总结了基本的语言类型和概念，给出了使用那些语言类型的过程建模方法的例子。

Krasner等人描述了在商业环境中实现软件过程建模系统所获取的经验和教训（Krasner et al. 1992）。

下面几个网站包含有过程建模的一些信息。

- 美国软件工程研究所（the U.S. Software Engineering Institute，SEI）一直在研究过程建模，这是他们的过程改进工作的一部分。可以在其官方网站上找到其技术报告和活动的列表。其网站上还有专门的页面描述了软件过程改进沙龙的相关信息。该沙龙是对过程改进感兴趣的人员按不同地理位置组成的小组，经常聚会、听讲座或讨论过程相关的问题。
- 欧盟长期资助过程建模和过程模型语言的研究。
- 软件工程数据和分析中心维护着一个软件过程的资源列表。

你可以在David Weiss和Robert Lai的书中查阅到更多的信息，书名是*Software Product Line Engineering:A Family-based Software Development Process*（Weiss and Lai 1999）。

南加州大学的软件工程中心开发了一个工具，可以帮助你选择适合自己项目需求和约束的过程模型。它可以从ftp://usc.edu/pub/soft_engineering/demos/pmsa.zip下载，可以在该中心网站http://sunset.usc.edu上找到更多的信息。

*Software Process-Improvement and Practice*等期刊上有文章专门讨论软件开发和维护中过程建模的作用。它们还报道了相关会议的重要内容，如国际软件过程研讨会和软件工程国际会议（International Conference on Software Engineering）。*IEEE Software*的2000年7月/8月刊重点讨论了过程多样性的问题，其中有几篇文章介绍了过程成熟度方法在软件开发上取得的成功。

有很多学习敏捷方法的资源。敏捷宣言发布于网站http://www.agilealliance.org。Kent Beck的书（Beck 1999）是关于极限编程的开创性著作。Alistair Cockburn（Cockburn 2002）描述了Crystal方法集。Martin Beck解释了重构，这是极限编程中最困难的步骤之一（Martin Beck 1999）。Robert C. Martin的关于敏捷软件开发的书（Martin 2003）以及Daniel H. Steinberg和Daniel W. Palmer关于极限软件工程的书（Steinberg and Palmer 2004），是关于敏捷方法的两部优秀的参考文献。更多关于极限编程的信息可以在极限编程的官方网站上获得。

80

2.12　练习

1. 如何将一个系统描述与过程模型的表示法联系起来？例如，你如何确定一个过程模型描述的系统边界是什么？

2. 针对本章描述的每一种过程模型，讨论使用该模型的优点和缺点分别是什么？

3. 针对本章描述的每一种过程模型，讨论该模型是如何处理开发后期重要的需求变化的？

4. 画一个图，试描述为一次商务旅行购买一张飞机票的过程。

5. 画一张Lai制品表来定义一个模块。确保你包含了制品状态以说明该模块什么时候是未测试的、部分测试的和完全测试的。

6. 选择一种表示法，并使用该表示法画出一个软件开发过程的过程图，对3种不同的设计进行原型化，并选出其中最好的一种设计。

7. 分析2.4节介绍的好的过程模型的特性。如果一个项目对问题和解决方案并未很好地理解，那么用于该项目的过程应该具有哪些本质特性？

8. 本章中，我们认为软件开发是一个创造的过程，而不是一个制造的过程。讨论适用于软件开发的制造特性，并解释软件开发的哪些特性更类似于一种创造性行动。

9. 一个开发组织是否应该对它的所有软件开发都采用同一种过程模型？讨论这样做的利与弊。

10. 假设你与客户签订的合同中规定必须使用某种特定的软件开发过程。应该怎样进行管理来推行该过程的使用呢？

11. 考虑本章介绍的过程。哪些过程在你对需求变化做出反应时给了你最大的灵活性？

12. 假设Amalgamated公司在与你签约构建一个系统时，要求你使用一个给定的过程模型。你遵守了约定，在构建软件时使用了规定的活动、资源和约束。在软件交付和安装后，你的系统经历了灾难性的失败。当Amalgamated公司调查失败的原因时，你被指责没有进行代码评审，而代码评审原本可以在软件交付前发现问题。你回答说在公司要求的过程中并没有代码评审。请问这场辩论中的法律和道德问题是什么？

81

第3章

计划和管理项目

本章讨论以下内容:
- 跟踪项目进展;
- 项目人员和组织;
- 工作量和进度估算;
- 风险管理;
- 项目计划与过程建模。

正如我们在前面的章节中看到的,软件开发周期包括许多步骤,其中一些步骤会重复进行,直至系统完成并且客户和用户满意为止。但是在投入软件开发和项目维护的资金之前,客户通常希望对项目花费的成本和时间有一个估算。这一章讨论计划和管理一个软件开发项目所必需的活动。

3.1 跟踪项目进展

只有执行了期望的功能或提供了需要的服务,软件才是有用的。因此,对于一个典型的项目,当客户着手与你讨论他的需要时,这个项目就开始了。例如,一个大型国有银行可能会让你构建一个信息系统,使银行的客户无论在世界的什么地方,都能访问他们的账户信息;或者,海洋生物学家可能希望开发一个系统以连接他们的水监控设备,并对采集到的数据进行统计分析。通常,客户会让你回答这样一些问题。

- 你理解我的问题和我的需要吗?
- 你能设计一个系统来解决我的问题或满足我的需要吗?
- 你开发这样一个系统需要花多长时间?
- 你开发这样一个系统需要花费多少成本?

回答后两个问题必须有一个深思熟虑的项目进度。**项目进度**(project schedule)通过列举项目的各个阶段,把每个阶段分解成离散的任务或活动,来描述特定项目的软件开发周期。进度还描绘这些活动之间的交互,并估算每项任务或活动将花费的时间。因此。进度是一个时间线,说明活动将在什么时候开始、在什么时候结束以及相关的开发产品将在什么时候完成。

在第1章中,我们认识到系统方法包含分析和合成:把问题分解成各组成部分,为每一部分设计一个解决方案,然后把这些部分合在一起形成一个一致的整体。我们可以使用这种方法来决定项目进度。我们首先与客户和潜在用户一起工作,了解他们想要什么,需要什么;同时,确保他们对我们掌握的需求知识感到满意。列出所有的项目**可交付产品**(deliverable),即在项目开发的过程中客户希望看到的产品。这些可交付产品可能是:

- 文档;
- 功能的演示;
- 子系统的演示;

- 精确性的演示；
- 可靠性、安全性或性能的演示。

接着，确定若要生产这些可交付产品，必须进行哪些活动。我们可以使用在第2章中学到的一些过程建模技术，精确地安排必须要做的事情以及哪些活动依赖于其他的活动、产品或资源。某些事件被指定为里程碑，向我们和客户指明项目已经进展到一个可测量的级别。例如，当需求被文档化、并经过一致性和完整性审查之后，需求就被移交给设计小组，需求规格说明可能就是一个项目里程碑。类似地，里程碑可能包括用户手册的完成、给定的一组计算的完成，或者系统之间通信能力的演示。

在对项目的分析中，我们必须清楚地区分里程碑和活动。**活动**（activity）是项目的一部分，它在一段时间内发生；而**里程碑**（milestone）是活动的完成——某一特定的时刻。因此，活动具有开始和结束，而里程碑是专门指定的活动的结束。例如，客户可能想要一个系统的在线操作人员指南。指南及其相关程序的开发是一个活动。在向客户演示这些功能的时候，该活动结束，这是里程碑。

通过使用这种方法对项目进行仔细分析，我们可以把开发划分为一连串的阶段。每一个阶段都由若干步骤组成，如果必要的话，可以对每个步骤进行进一步的划分，如图3-1所示。

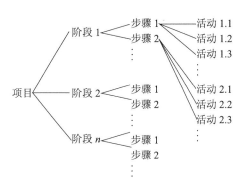

图3-1　一个项目的阶段、步骤和活动

要了解如何进行这种分析，参看表3-1中的阶段、步骤和活动，它们描述了一所房子的建造。首先，我们考虑两个阶段：美化地段和盖房子本身。然后，把每一个阶段分解成更小的步骤，诸如清扫和挖掘、种植草皮、种植树木和灌木丛。在必要的地方，可以把步骤划分成活动，例如，完成室内工作包括完成室内管道铺设、室内电路安装、安装墙板、室内油漆、铺地板、安装门和固定装置。每个活动都是一个可测量的事件，我们有用于确定活动完成时间的客观标准。因此，任何一个活动的终止都可以是一个里程碑，表3-2列出了阶段2的里程碑。

表3-1　盖房子的阶段、步骤和活动

阶段1：美化地段		阶段2：盖房子	
步骤1.1 清扫和挖掘		步骤2.1 先期准备	
活动1.1.1 移动树木		活动2.1.1 勘测土地	
活动1.1.2 移动树桩		活动2.1.2 申请许可证	
	步骤 1.2 种植草皮	活动2.1.3 挖掘地基	
活动1.2.1 疏松土壤		活动2.1.4 购买材料	
活动1.2.2 播撒种子			步骤2.2 室外建造
活动1.2.3 浇水和除草		活动2.2.1 铺设地基	
	步骤1.3 种植灌木丛和树	活动2.2.2 建造外墙	
活动1.3.1 获取灌木丛和树		活动2.2.3 铺设室外管道	
活动1.3.2 挖坑		活动2.2.4 室外电路安装	
活动1.3.3 种植灌木丛和树		活动2.2.5 安装外墙板	

83

（续）

阶段1：美化地段	阶段2：盖房子	
活动1.3.4 固定树木并覆盖其周围	活动2.2.6 室外油漆	
	活动2.2.7 安装门和固定装置	
	活动2.2.8 安装房顶	
		步骤2.3 完成室内装修
	活动2.3.1 铺设室内管道	
	活动2.3.2 安装内部电路装置	
	活动2.3.3 安装墙板	
	活动2.3.4 室内油漆	
	活动2.3.5 铺设地板	
	活动2.3.6 安装门和固定装置	

表3-2 盖房子过程中的里程碑

1.1：完成勘测	2.6：完成室外油漆
1.2：发放许可证	2.7：门和固定装置安装完成
1.3：完成挖掘	2.8：房顶安装完成
1.4：材料到场	3.1：室内管道铺设完成
2.1：地基铺设完成	3.2：内部电路装置安装完成
2.2：完成外墙	3.3：完成墙板安装
2.3：室外管道铺设完成	3.4：完成室内油漆
2.4：室外电路装置安装完成	3.5：地板铺设完成
2.5：外墙板安装完成	3.6：门和固定装置安装完成

　　这种通过分析进行的分解使我们和客户能够了解建造房子所包含的内容。同样，通过分析一个软件开发或维护项目以及确定阶段、步骤和活动，我们和客户都能更好地理解构建和维护一个系统所包含的内容。正如在第2章中看到的，过程模型提供阶段和步骤的高层视图，因此，过程建模是着手分析项目的一种有用的方法。在后面章节中，我们将了解主要的阶段，诸如需求工程、实现或测试。这些阶段都包括很多活动，其中每一种活动都有助于提高产品或过程的质量。

3.1.1 工作分解和活动图

　　有时，将这种类型的分析看作是为给定项目生成一个**工作分解结构**（work breakdown structure），因为它把项目描述为由若干离散部分构成的集合。注意，活动和里程碑是客户和开发人员都可以用来跟踪开发或维护的项。在开发过程的任一时刻，客户都可能要了解我们的进展。对于活动，开发人员可以说明什么工作正在进行；对于里程碑，也可以说明什么工作已经完成。但是，项目的工作分解结构并没有指出工作单元的相关性或项目中可以同时开发的部分。

　　可以用4个参数对每个活动进行描述：前驱、工期、截止日期和终点。**前驱**（precursor）是在活动开始之前必须发生的一个事件或一组事件，它描述允许活动开始的一组条件。**工期**（duration）是完成活动所需的时间长度。**截止日期**（due date）是活动必须完成的日期，通常由合同中的最终期限决定。**终点**（endpoint）表示活动已经结束，通常是一个里程碑或可交付产品。我们可以用这些参数来说明活动之间的关系。我们可以画出一张**活动图**（activity graph）来描述依赖关系，图中的节点是项目里程碑，而连接节点的线表示包含的活动。图3-2是表3-1中阶段2所描述的工作的活动图。

　　通过活动图可以使许多重要的项目特性显而易见。例如，从图3-2中可以清楚地看到，在达到里程碑2.2之前，两项铺设管道活动都不能开始。也就是说，2.2是室内管道铺设和室外管道铺设的前驱。

而且，该图向我们展示可以同时进行的几件事情。例如，一些室内和室外活动是相互独立的（诸如安装墙板、连接室外电路装置和其他分别通向里程碑2.6和3.3的活动）。位于左边路径的这些活动的启动并不依赖于位于右边路径的活动，因此，可以并行进行这些活动。注意，从申请许可证（节点1.2）到勘测（节点1.1）之间有一条虚线，这条虚线表明这些活动必须在挖掘开始（通向里程碑1.3的活动）之前完成。但是，因为在达到里程碑1.2之后没有实际的活动发生，为了能达到里程碑1.1，用这条虚线表示这是一种没有伴随活动的关系。

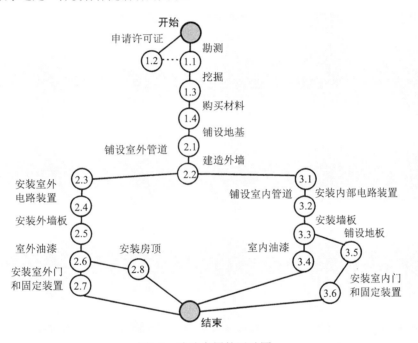

图3-2 建造房屋的活动图

是否能够有效使用活动图取决于对任务的并行本质的理解，认识到这一点是很重要的。如果工作不能并行进行，那么活动图（几乎是直线）在描述如何协调任务方面也就毫无用处了。再者，活动图必须真实地描述并行性。在建造房子的例子中，很显然，完成一些任务（例如铺设管道）的人，与完成另一些任务（例如电路安装）的人是不同的。但是在软件开发项目中，有的人有多种技能，理论上的并行性可能并没有反映实际情况。选派给这个项目的有限的人员数目，可能导致同一个人只能串行地做很多事情，即使这些工作可以由一个更大的开发团队并行地完成。

3.1.2 估算完成时间

可以在活动图中加入完成每个活动的估算时间的信息，以使活动图更加有用。对一个给定的活动，可以在图中对应的边上用估算的值进行标注。例如，对表3-1中阶段2的活动，我们可以在图3-2的活动图中添加对完成每个活动所需天数的估算。表3-3包含对每个活动的估算。

表3-3 活动和时间估算

活 动	时间估算（天）
步骤1：先期准备	
活动1.1 勘测土地	3
活动1.2 申请许可证	15
活动1.3 挖掘地基	10
活动1.4 购买材料	10

（续）

活　　动	时间估算（天）
步骤2：室外建造	
活动2.1 铺设地基	15
活动2.2 建造外墙	20
活动2.3 铺设室外管道	10
活动2.4 室外电路安装	10
活动2.5 安装外墙板	8
活动2.6 室外油漆	5
活动2.7 安装门和固定装置	6
活动2.8 安装房顶	9
步骤3：完成室内装修	
活动3.1 铺设室内管道	12
活动3.2 安装室内电路装置	15
活动3.3 安装墙板	9
活动3.4 室内油漆	18
活动3.5 铺设地板	11
活动3.6 安装门和固定装置	7

　　结果如图3-3所示。注意，里程碑2.7、2.8、3.4和3.6是项目完成的前驱。也就是说，必须到达所有这些里程碑，才能认为这个项目完成了。节点之间的零表示无需额外的时间。从节点1.2到1.1还有一个隐含的零，因为虚线不会产生额外的时间。

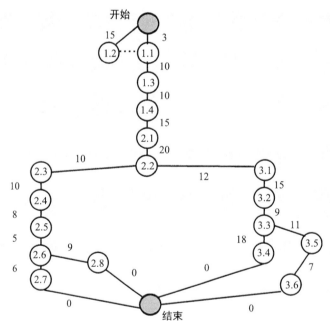

图3-3　附有持续时间的活动图

　　项目的图形描述使我们了解很多项目进度的信息。例如，因为我们估算第一个活动将花费3天完成，因此不能期望在3天之内达到里程碑1.1。同样，不可能在15天之内达到里程碑1.2。因为在达到里程碑1.1和1.2之前，不可能开始挖掘（活动1.3），挖掘在第16天之前不可能开始。

　　用这种方法分析项目里程碑之间的路径称为关键路径法（Critical Path Method，CPM）。通过标明对每个活动工期的估算，路径可以告诉我们完成项目所需的最短时间的量。而且，CPM还揭示出按时完成这个项目的最为关键的活动。

要了解CPM如何运作，再次考虑建造房子的例子。首先，我们注意到通向里程碑1.1的活动（勘测土地）和通向里程碑1.2的活动（申请许可证）可以并行进行。因为挖掘（终止于里程碑1.3的活动）直到第16天之前都不能开始，所以即使实际上勘测的工期只需3天，但也有15天的时间可用。同样，对图中的每个活动，可以计算一对时间：真实时间和可用时间。活动的**真实时间**（real time）或**实际时间**（actual time）是估算的完成此活动所需的时间量。**可用时间**（available time）是完成活动可用的时间量。活动的**时差**（slack time）或**浮动时间**（float）是活动可用时间和真实时间之差：

$$时差 \ = \ 可用时间 \ - \ 真实时间$$

另一种考虑时差的方法是比较活动可以开始的最早时间和在不延期的前提下可以开始的最晚时间。例如，勘测可以在第1天开始，因此最早开始时间是第1天。然而，由于申请和收到许可证需要花15天的时间，勘测可以最晚推迟到第13天进行仍然不会妨碍项目进度。因此：

$$时差 \ = \ 最晚开始时间 \ - \ 最早开始时间$$

计算一下例子中活动的时差，看看我们能否从中了解到关于项目进度的一些有用信息。通过检查从项目开始到项目结束的所有路径来计算时差。我们已经看到，完成里程碑1.1和1.2要花费15天的时间，还需要用另外的55天时间完成里程碑1.3、1.4、2.1和2.2，接下来，有4种可能的路径可以使用：

(1) 沿着里程碑2.3经过2.7需要39天的时间。
(2) 沿着里程碑2.3经过2.8需要42天的时间。
(3) 沿着里程碑3.1经过3.4需要54天的时间。
(4) 沿着里程碑3.1经过3.6需要54天的时间。

由于在项目结束之前必须达到里程碑2.7、2.8、3.4和3.6，因此，进度受到最长路径的制约。从图3-3和前面的计算中可以看到，右边两条路径需要124天的时间来完成，而左边两条路径需要的天数较少。要计算时差，可以沿着这条路径回溯，看一看通向一个节点的每个活动有多少时差。首先，我们注意到最长路径上的时差为零。然后，检查剩余节点，计算通向这些节点的活动的时差。例如，完成通向里程碑2.3、2.4、2.5、2.6和2.8的活动有54天可用，但是完成这些活动只需42天。因此，这一部分路径的时差是12天。同样，图中从活动2.3经过2.7的那一部分只需39天，因此，沿这一段路线的时差是15天。用这种方法在图中前向推进，可以计算出每个活动的最早开始时间和时差。然后，通过从结束节点经过每一个节点回退到开始节点，计算每个活动的最晚开始时间。表3-4列出了结果：图3-3中每个活动的时差（在里程碑2.6存在到2.7或2.8的分支。表3-4中的最晚开始时间是用2.6到2.8的路线来计算的，而不是用2.6到2.7的路线）。

在最长路径中，它的每个节点的时差都是零，因为正是这条路径决定这个项目是否按进度完成。因此，它被称为关键路径。所以，**关键路径**（critical path）是一条每个节点的时差都为零的路径。正像在例子中看到的那样，可能存在多条关键路径。由于关键路径没有时差，当沿着这条路线执行活动时没有误差量。

注意，思考一下当关键路径上的活动开始时间晚了（即晚于它的最早开始时间）时会发生什么情况。在没有时差的情况下，活动开始晚了会迫使所有后续的关键路径活动都被推后。并且对于不在关键路径上的活动，后续的活动也可能会损失时差。因此，活动图帮助我们理解任何进度偏移所造成的影响。

考虑一下如果活动图中有若干循环，会发生什么情况。当必须重复执行活动时，就会出现循环。例如，在建造房子的例子中，建房审查员可能要求重新进行管道铺设。在软件开发中，设计审查可能要求重新进行设计或需求分析。当循环活动多次执行的时候，这些循环的出现可能会改变关键路

85
～
89

径。在这种情况下，要评估它对进度造成的影响会相当困难。

表3-4　项目活动的时差

活　　动	最早开始时间	最晚开始时间	时　　差
1.1	1	13	12
1.2	1	1	0
1.3	16	16	0
1.4	26	26	0
2.1	36	36	0
2.2	51	51	0
2.3	71	83	12
2.4	81	93	12
2.5	91	103	12
2.6	99	111	12
2.7	104	119	15
2.8	104	116	12
3.1	71	71	0
3.2	83	83	0
3.3	98	98	0
3.4	107	107	0
3.5	107	107	0
3.6	118	118	0
完成	124	124	0

　　图3-4是一个条状图，说明一些软件开发项目的活动，包括早的开始日期和迟的开始日期的有关信息。这张图含有由自动项目管理工具生成的图的特征。水平条表示每个活动的工期，星号组成的那些条表明它是关键路径，由虚线和F描述的活动不在关键路径上，F表示时差或浮动时间。

描述	早开始日期	迟开始日期	1月1日	1月8日	1月15日	1月22日	1月29日	2月5日	2月12日	2月17日	2月24日
阶段 1 的测试	98.1.1	98.2.5	***********************								
定义测试用例	98.1.1	98.1.8	******								
编写测试计划	98.1.9	98.1.22		*******							
审查测试计划	98.1.9	98.1.22		*******							
集成测试	98.1.23	98.2.1			******						
接口测试	98.1.23	98.2.1			--FFFFF						
文档结果	98.1.23	98.2.1			------FFF						
系统测试	98.2.2	98.2.17				********* ***					
性能测试	98.2.2	98.2.17				--------FFFFFFF					
配置测试	98.2.2	98.2.17				------FFFFFFFFF					
文档结果	98.2.17	98.2.24					****				

图3-4　CPM条状图

　　根据项目进度的关键路径分析，可以知道，在开发项目的过程中谁必须等待什么。还可以知道哪些活动必须按进度完成以避免项目延期。这种分析可以用多种方式进行扩充。例如，建造房子的例子假定我们知道每个活动花费的确切时间，而情况通常并非如此。实际情况是，基于对类似项目和事件的知识，我们对每个活动只能有一个估算的工期。因此，对于每一个活动，我们可以按照一些概率分布为其指定一个可能的工期，使每个活动都有一个预期值和偏差与其相关联。换句话说，不是知道确切的工期，而是估算一个实际时间可能落入的窗口（window）或区间（interval）。预期值是区间的一个点，而偏差描述区间的宽度。你可能熟悉称为正态分布的标准概率分布，它的图形是一条钟形曲线。计划评审技术（Program Evaluation and Review Technique，PERT）是一种流行的关键路径分析技术，它采用的就是正态分布（PERT的详细内容见（Hillier and Lieberman 2001））。PERT确定一个活动的最早开始时间接近该活动进度时间的概率。使用概率分布、最早和最晚开始时间以及活动图这些信息，PERT程序可以计算关键路径、识别那些最有可能成为瓶颈的活动。很多项目经理使用CPM或PERT方法来检查他们的项目。但是，这些方法只对稳定的、其中有并行活动的项目有价值。如果项目活动基本是按顺序进行的，那么几乎所有活动都在关键路径上，并且都有可能是瓶颈。此外，如果项目需要重新设计或返工，在开发过程中，活动图和关键路径都可能改变。

3.1.3 跟踪进展的工具

有许多工具可以用来跟踪项目进展。有些工具是手工的，有些是简单的电子表格应用，而另外一些是带有复杂图表的复杂工具。要了解哪些工具可能对你的项目有用，考虑图3-5中描述的工作分解结构。在这里，总的目标是构建包括通信软件在内的一个系统。项目经理已经把这个工作描述成5个步骤：系统计划、系统设计、编码、测试和交付。为了简单起见，我们把重点放在前两步上。因此把步骤1划分成4个活动：评审规格说明、评审预算、评审进度以及开发项目计划。类似地，通过进行顶层设计、原型化、用户界面设计，然后创建一个详细设计来开发系统设计。

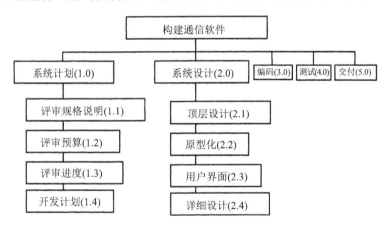

图3-5 工作分解结构的例子

很多项目管理软件系统能够绘制工作分解结构，并且还能帮助项目经理通过步骤和活动跟踪项目进展。例如，一个项目管理软件包可以绘制**甘特图**（Gantt chart），它是对项目的描述，显示在什么地方活动是并行进行的，并用颜色或图标来指明完成的程度。使用该图，项目经理能够了解哪些活动可以同时进行，哪些项在关键路径上。

图3-6是图3-5所示的工作分解结构的一张甘特图。项目于1月开始，而标有"今天"的垂直虚线表明项目团队正工作于5月中旬。水平条说明每一个活动的进展，条的颜色表示完成、工期或关键性。从菱形图元可以得知在哪里出现了偏移，三角形指定一个活动的开始和结束。甘特图类似于图3-4的CPM图，但是它包含了更多的信息。

简单的图表或图也可以提供资源的相关信息。例如，图3-7就用图表示了分配给项目的人员和每一开发阶段需要的人员之间的关系。这是一张典型的由项目管理工具生成的图。从图中很容易看出：在1月、2月和3月期间，项目需要人员但是并未将人员分配到项目中，在4月和5月期间，一些团队成员正在工作，但是人手不足以完成要做的工作；另一方面，团队成员过多的那些日期也清楚地在图

92

中表示出来（从6月开始到9月为止这段时间）。这个项目的资源分配显然有失均衡。通过修改该图的输入数据，你可以改变资源分配，从而尽量减轻负荷过重的情况，找出满足项目进度所需要的最佳资源配置。

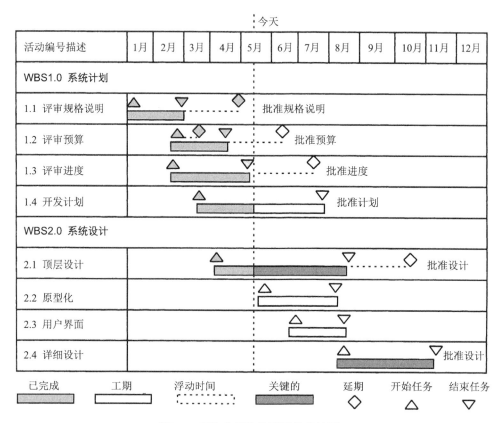

图3-6　工作分解结构例子的甘特图

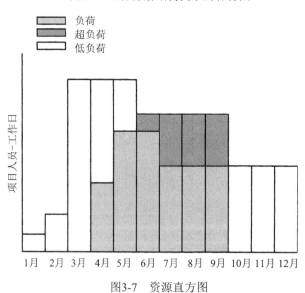

图3-7　资源直方图

在本章后面的章节中，我们将了解如何估算开发成本。项目管理工具跟踪实际成本（与估算成本作对比），从而可以对预算进展做出评价。图3-8显示了一个如何监控开销的例子。通过把预算跟踪和人员跟踪结合起来，可以使用项目管理工具来确定针对有限预算的最佳资源。

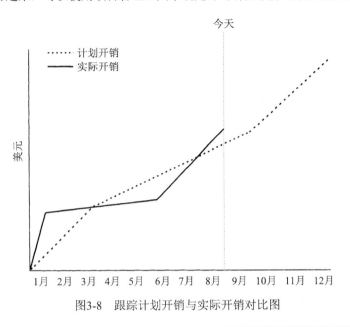

图3-8 跟踪计划开销与实际开销对比图

94

3.2 项目人员

要确定项目进度并估算相关的工作量和成本，需要知道大概将需要多少人开发这个项目，他们将执行什么任务，以及为使工作有效地进行他们必须具备什么能力和经验。在这一节，我们讨论如何决定项目人员的任务以及如何组织项目人员。

3.2.1 人员角色和特性

在第2章我们研究了几种软件过程模型，每一种模型都描述了把软件开发的若干活动联系起来的方法。无论是什么样的模型，总有一些活动对于任何一个软件项目来说都是必需的。例如，每个项目都需要人员与客户进行交互，以确定客户想要什么以及什么时候要。另外一些项目人员的任务是设计系统，还有一些项目人员要编写或测试程序。关键的项目活动可能包括：

(1) 需求分析；

(2) 系统设计；

(3) 程序设计；

(4) 程序实现；

(5) 测试；

(6) 培训；

(7) 维护；

(8) 质量保证。

但是，并不是每一项任务都是由同样的人或小组来执行的。给任务分配人员取决于项目的规模、人员的专长和经验。把不同的责任分配给不同的几组人会很有好处：能提供在开发过程早期确定故障的"检查和平衡"。例如，假定将测试小组的人与系统设计和编码的人分离开。测试新的或修改过的软件的一项工作是系统测试，开发人员向客户演示该系统是如何按指定的需求运作的。测试小组必须定义并文档化测试的方式，并且将演示的功能和性能与客户指定的需求链接起来的标准也要文档化。测试小组可以从需求文档中生成其测试计划，而无须知道系统内的各个部分是如何组合在一起的。由于测试小组对硬件和软件将如何工作没有先入为主的概念，他们会将重点放在系统功能上。这种方法使测试小组更容易发现设计人员或编程人员所犯的错误或出现的遗漏。正是因为这样，在净室方法中使用独立的测试小组，我们将在后面章节中了解这些（Mills，Dyer and Linger 1987）。

由于类似的原因，由不同的人担任程序设计人员和系统设计人员也是很有用的。程序设计人员深陷于代码的细节中，有时他们可能会忽略系统应该如何工作这个更宏观的景象。我们将在后面的章节中看到，像走查、审查和评审这样的技术可以把这两种类型的设计人员结合在一起，在编码之前对设计进行双重检查，并提供开发过程中的连贯性。

我们在第1章已经看到，开发或维护团队中的人员还有许多其他的角色。在后面章节中学习开发中的每一个主要任务时，我们将介绍执行那些任务的项目团队成员。

一旦决定了项目团队成员的角色之后，必须决定每一种角色需要哪种类型的人员。项目人员可能在很多方面都不相同，例如，仅仅说一个项目需要1名分析员、2名设计人员和5名程序员，这样做是不够的。做同类工作的两个人至少可能在下面的某一方面不同。

- 完成工作的能力。
- 对工作的兴趣。
- 开发类似应用的经验。
- 使用类似工具或语言的经验。
- 使用类似技术的经验。
- 使用类似开发环境的经验。
- 培训。
- 与其他人交流的能力。
- 与其他人共同承担责任的能力。
- 管理技能。

其中每一种特性都可能影响个人有效完成工作的能力。这些差异有助于解释为什么一名程序员能在一天之内写出一个特定的程序，而另一名程序员完成同样的工作却需要一个星期。这种差异对于进度估算和项目的成功都可能是至关重要的。

要了解每个人员的工作表现，就必须熟悉他完成手头工作的能力。有的人擅长于观察"宏观景象"，但如果被要求针对一大型项目中的一小部分进行工作时，他们可能并不喜欢专注于细节，这样的人可能更适合进行系统设计或测试，而不是进行程序设计或编码。有时，人的能力与其舒适度有关。在课程或项目中，你可能与这样一些人一起工作过，他们使用某一种语言编程比使用其他语言感到更舒服。实际上，一些开发人员对他们的设计能力比对他们的编码能力感到更为自信。这种对舒适度的感觉是很重要的，当人们对他们完成工作的能力有信心时，生产率通常会更高。

工作兴趣也能决定一些人在项目中的成败。虽然一名雇员很擅长做某一特定工作，但是相比较于重复以前已经做了很多次的工作，他可能对尝试某些新工作更感兴趣。因此，工作的新奇度有时是产生工作兴趣的一个因素。另一方面，总是有一些人更喜欢做他们知道并且能做得最好的工作，而不是冒险进行新的探索。不论什么样的原因，重要的是选择对某一任务感兴趣的那个人。

即使两个人的能力和兴趣相同，他们仍可能会在诸如应用、工具或技术上的相关经验或培训上的积累有所不同。如果一个人已经成功地用C语言编写了一个通信控制器，另一个人没有使用C的任何经验，也没有任何关于通信控制器的知识，那么前者用C语言编写另一个通信控制器的速度可能会比后者更快（但是不一定更为清楚或高效）。因此，项目人员的选择不仅涉及个人的能力和技能，也包括经验和培训。

在软件开发或维护项目中，开发团队成员会彼此相互交流，也会与用户以及客户交流。项目的进展不仅受到交流程度的影响，也受到单个开发人员交流其思想的能力的影响。交流和理解中的障碍可能导致软件失败，因此，需要彼此交流的人员数目也可能影响最终产品。图3-9说明交流路径的增长速度。把一个工作小组从两人增加到三人，就使可能的交流路径增加到原来的三倍。总的说来，如果一个项目有n名人员，那么可能需要交流的人有$n(n-1)/2$对，并且可能有2^n-1个小组从事项目更小部分的工作。因此，一个只有10名人员的项目可能要使用45条交流路径，可以组成1023种可能的小组或委员会来处理子系统开发!

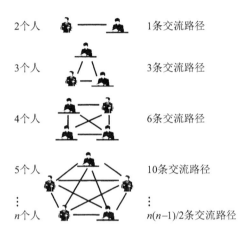

图3-9 一个项目中的交流路径

很多项目都要求几个人必须共同承担完成一项或多项活动的责任。那些从事某一方面项目开发工作的人必须信任小组其他成员的那部分工作。在课程中，你通常完全掌控你所开发的项目。你从需求开始（通常由你的老师规定），接着设计问题的解决方案、描述代码概要、编写代码，然后测试编写的程序。但是，当在一个团队中工作时（无论是在学校或为雇主或客户工作），你必须能够与他人共同承担工作量。这不仅需要口头交流相关想法和结果，而且需要编写文档，记录你计划要做的工作和已经做的工作。你必须接受他人的工作成果，而不是重复进行他人的工作。很多人难以用这种方式共享控制。

控制也是项目管理中的一个问题。有的人擅长指导其他人工作。这种人员交互也与人们对他们工作舒适度的感觉有关。有些人对督促其同事按进度工作、文档化他们的代码，或者与客户会面这种方法感到很不舒服，这些人就不适合管理他人的开发工作。

因此，人员背景的诸多方面都可能影响项目团队的质量。项目经理在选择哪些人在一起工作时，应该了解每个人的兴趣和能力。补充材料3-1对如何开会以及他们的组织机构如何推动或阻碍项目进展进行了解释。正如我们将在本章的后面部分看到的，人员背景和交流能力也能对项目的成本和进度产生很大的影响。

> **补充材料3-1 让会议促进项目进展**
>
> 软件项目中的一些交流是通过会议的方式进行的。会议可以是面对面的会议、电话会议或者电子会谈。但是，会议可能花费了大量的时间却没有产生多少结果。Dressler称（Dressler 1995），"举行糟糕的会议可能代价很高……一个由8个人参加的会议（每人每年赚4万美元）每小时会耗费320美元（包括了薪水和津贴成本），也就是每分钟约6美元。"会议常遭到抱怨，原因包括：
>
> - 会议的目的不清楚；
> - 与会者无准备；
> - 主要人员缺席或迟到；
> - 谈话内容偏离主题；
> - 有的会议参与者没有讨论实质问题，而是争论、控制谈话或者根本没有参与谈话；
> - 会上做出的决策以后永远不会执行。

97

好的项目管理包括计划所有的软件开发活动，包括会议在内。有几种方法能确保一个会议是卓有成效的。首先，项目经理应该让项目团队的其他人清楚谁应该出席会议、会议的开始和结束时间、会议将完成什么工作。其次，每次会议都应该有一个书面的会议议程，如果可能的话事先分发到与会者手中。再次，应该有人负责确保进行的讨论不偏离主题并且目的是解决冲突。最后，应该有人负责确保会上的每一项决议事后确实得到实施。最重要的是，尽量减少会议次数以及必须参加会议的人数。

98

3.2.2　工作风格

不同的人在工作中与其他人进行交互时以及在理解工作过程中出现的问题时，都有各自喜欢的工作风格。例如，你可能更喜欢在决策之前对所有可能的信息进行详细的分析，而你的同事可能依赖"预感"进行大多数的重要决策。你可以从两方面来考虑你要采用的工作风格：你交流思想和收集想法的方式，以及你的感情影响决策的程度。当交流思想时，有些人告诉别人他们的想法，而有些人在形成意见之前先征求他人的建议。Jung称前者为**外向型的人**（extrovert），而后者是**内向型的人**（introvert）（Jung 1959）。显然，交流风格影响着你就项目与其他人进行交互的方式。类似地，**感性的**（intuitive）人将他们的决策建立在对问题的感觉和情感反应上；而另外一些人是**理性的**（rational），他们主要通过对事实进行分析以及谨慎考虑所有可能的情况来做出决策。

可以根据图3-10来描述各种不同的工作风格，其中水平轴表示交流风格，垂直轴表示决策风格。如果你越外向，你的工作风格在图中的落点就越偏向右方。同样，在你的决策中，情感的作用成分越大，你的落点就越高。因此，我们可以定义4种基本工作风格对应图中的4个象限。**理性的外向型的人**（rational extrovert）倾向于坚持自己的想法，不让"预感"影响他们的决策。他们告诉同事他们希望同事们了解什么，但是他们在这样做之前很少寻求更多的信息。当推理时，他们依靠逻辑而不是情感。**理性的内向型的人**（rational introvert）也避免带情感色彩的决策，但是他们愿意花时间来考虑所有可能的行动路线。理性的内向型的人是信息收集者，在确信掌握了所有事实之前，他们是不会轻易做出决策的。

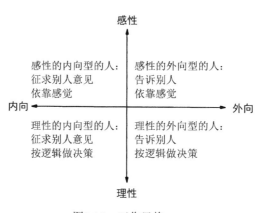

图3-10　工作风格

相比较而言，**感性的外向型的人**（intuitive extrovert）将很多决策建立在情感反应的基础之上，倾向于将它们告诉其他人，而不是寻求建议。他们创造性地使用直觉，并且通常会提出不同寻常的解决方法。**感性的内向型的人**（intuitive introvert）也是富有创造性的，但是他们只是在收集了决策所依据的足够信息之后才应用他们的创造性。Winston Churchill是一名感性的内向型的人，当他要了解一个问题时，他阅读这一问题的所有相关资料，他通常依据对所了解的事物的感觉进行决策（Manchester 1983）。

要了解工作风格如何影响项目中的交互，需要考虑几种典型的人员特征。Kai是一名理性的外向

99

型的人,她根据同事们的工作结果来对他们进行评判。在进行决策时,她最先考虑的是效率。因此,她只希望了解底线。她对她的各种选择及其可能的效果进行分析,但是她不必查看文档或听取每种选择的解释。如果某种方式浪费了她的时间或阻碍了她的效率,她会维护她的权威以重新获得对局面的控制。因此,Kai擅长于快速做出合理的决策。

Marcel是一名理性的内向型的人,与他的同事Kai完全不同。他根据同事们有多忙来评判他的同事,并且对那些看起来不是时刻都在努力工作的同事缺乏宽容。他是个好人,敬业精神令人钦佩。好的声誉对他来说是非常重要的。他对自己工作的准确性和一丝不苟感到骄傲。他不喜欢在没有充分信息的情况下作出决策。当要求他做一个介绍时,Marcel只有在收集了这个主题的所有相关信息之后才会进行介绍。

Marcel与David在同一个办公室,David是一个感性的外向型的人。Marcel在了解到全部相关信息之前不会做决策,而David更偏爱跟着感觉走。通常,他会相信他对一个问题的直觉,他根据专业判断来做决策,而不是根据对手头的信息进行缓慢的、仔细的分析。因为David非常自信,他倾向于直接告诉他人自己关于项目的新想法。他是富有创造性的人,他乐于别人承认他的想法。David喜欢在人员中间有大量交互的环境中工作。

Ying是一名感性的内向型的人,她很在意同事对她的关注。她很敏感,并且知道她对人和问题的情感反应。她认为被她的同事喜欢是很重要的。由于Ying是一名很好的倾听者,人们乐于对她表述他们的感想。Ying在做决定时要花很长的时间,这不仅是因为她需要完整的信息,而且还由于她希望做出正确的决策。她对于其他人怎样看待她的能力和想法很敏感。她分析情况的方式与Marcel相似,但是侧重点不同,Marcel看的是所有的事实和数据,但是Ying还会考虑其中的关系和情感。

显然,并非每一个人都正好属于这四种类型中的一类。不同的人有不同的倾向,而我们可以用图3-10的框架来描述这些倾向性和偏好。

交流对于项目的成功是至关重要的,而工作风格决定交流方式。例如,如果你负责项目中落后于进度的那部分工作,Kai和David可能会告诉你什么时候你必须完成工作,David可能会提供一些建议让工作重新步入轨道,而Kai将为你安排一个新进度。但是,Marcel和Ying可能会问你什么时候给出结果。Marcel在分析他的意见时,希望知道为什么工作没有完成,而Ying将询问你她是否能帮你做些什么。

理解工作风格将帮助你更灵活地与项目团队其他成员、客户和用户打交道。工作风格会给你提供关于其他人最先考虑的问题的相关信息。如果一名同事最优先考虑的问题和兴趣与你不同,那么你可以把她认为是重要的信息给她。例如,假定Claude是你的客户,而你准备就项目状况向他做一个介绍。如果Claude是一个内向型的人,你知道他喜欢收集信息而不是直接作出决策。那么,你可以组织你的介绍,告诉他如何组织项目以及项目进展情况的大量信息。然而,如果Claude是一名外向型的人,你可以在陈述中加入一些问题,让他告诉你他想要的或所需要的东西。类似地,如果Claude是一个感性的人,你可以利用他的创造性来引出他的新想法。如果他是一个理性的人,你的陈述中可以包含事实或图表,而不是判断或感觉。因此,工作风格影响着客户、开发人员和用户之间的交互。

工作风格还涉及针对给定任务进行的人员选择。例如,感性的雇员可能更愿意进行设计和开发(需要新的想法),而不是维护编程和设计(需要注意细节以及对复杂的结果进行分析)。

3.2.3 项目组织

软件开发和维护的项目团队并不是由相互独立工作的人或无组织的人员构成的,而是以能使优质产品快速完成的方式组织起来的。为项目选择适当的结构,取决于下面几项。

- 团队成员的背景和工作风格。
- 团队成员的数目。

- 客户和开发人员的管理风格。

优秀的项目经理了解这些问题，并寻找这样的项目成员：不论什么样的工作风格，他们能灵活地与所有参与者进行交流。

一种流行的组织结构是**主程序员负责制小组**（chief programmer team），IBM首次使用了这种方法（Baker 1972）。在主程序员负责制小组中，有一个人总体负责系统的设计和开发，其他的小组成员向该主程序员汇报，主程序员对每一个决定有最终决策权。主程序员监督所有其他小组成员、设计所有程序、把代码开发分配给其他小组成员。**副主程序员**（也称后备程序员）是一名候补人员，其主要工作是在必要时替代主程序员。小组中有一名资料员，负责维护所有的项目文档。资料员还负责编译和链接代码，并对提交的所有模块进行初步测试。这种工作划分使得程序员能集中精力做他们最擅长的事情——编程。

主程序员负责制小组的组织结构如图3-11所示。通过让主程序员负责所有决策，小组的结构将项目过程中需要的交流量减到最少。每名小组成员必须经常与主程序员交流，但是不必与其他小组成员交流。因此，如果小组由$n-1$名程序员再加上主程序员组成，则这个小组中可能的交流路径是$n(n-1)/2$条，而实际只需建立$n-1$条交流途径（每名小组成员与主程序员交流时是一条路径）。例如，程序员不是自己解决一个问题，而是简单地同主程序员交流，获得这个问题的答案。同样，主程序员评审所有设计和代码，避免了同行评审。

101

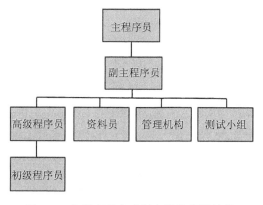

图3-11　主程序员负责制小组的组织结构

虽然主程序员负责制是一种层次结构，但是，为完成一项特定的任务，还可以将人员分成小组。例如，一名或多名小组成员可以组成一个管理小组，提供关于项目当前成本和进度的状态报告。

显然，主程序员必须擅长迅速做出决策，因此主程序员适宜选择一名外向型的人。但是，如果大多数小组成员是内向型的人，主程序员负责制可能并不是这个项目的最佳结构。另一种可选方案是根据Weinberg介绍的"忘我"编程的思想（Weinberg 1971）制定的。**忘我方法**（egoless approach）不是把责任放在单个人身上，而是让每个人平等地担负责任。而且，过程与个人是分开的：批评是针对产品或结果的，并不涉及个人。忘我小组结构是民主式的，不论讨论的是设计问题还是测试技术，小组成员投票产生决策。

当然，还有其他许多种组织开发或维护项目的方式，上面介绍的两种组织结构代表了两种极端的情况。哪种结构更可取呢？一般是项目中的人员越多，就越需要正规的结构。当然，一个只有三四名成员的开发小组可能不需要详细的、复杂的组织结构。但是，一个有着几十名人员的小组必须有一个组织良好的结构。实际上，你的公司或你的客户可能会根据过去的成功经验，或基于以某种方式跟踪项目进展的需要，或希望减少接触点，给开发团队强加一种结构。例如，你的客户可能坚持要求测试小组完全独立于程序设计和开发。

研究人员一直在研究项目团队结构如何影响最终产品以及在给定的情况下怎样选择最合适的结

构。美国国家科学基金会的一项调查发现，在有着高度确定性、稳定性、一致性和重复性的项目中，使用像主程序员负责制这样的等级组织结构会更有效（National Science Foundation 1983）。这些项目需要成员之间的交流很少，因此很适合于这样的组织结构：强调规章、专业化、正式以及组织层次的清晰定义。

102

另一方面，当项目中涉及大量的不确定性时，采用更为民主的方法可能会更好。例如，如果随着开发的进行需求可能发生改变，项目就会有一定程度的不确定性。同样，假设客户正在构建与一个系统交互的新硬件，而且还不知道确切的硬件规格说明，那么项目的不确定性就比较高。这时，参与决策、松散的组织层次和鼓励开放式交流可能会更为有效。

表3-5是对项目的特性和针对这些特性所建议采用的组织结构的总结。一个具有高确定性和高重复性的大型项目，可能需要高度结构化的组织方式；而一个含有新技术和高度不确定性的小型项目，则需要更为松散的组织方式。补充材料3-2介绍了对结构化和创造性进行权衡的必要性。

表3-5　组织结构的比较

高度结构化	松散的结构
高度确定性	不确定性
重复	新技术或工艺
大型项目	小型项目

补充材料3-2　结构化与创造性

Kunde对Sally Philipp（一名软件培训材料的开发人员）进行的试验结果进行了报道（Kunde 1997）。当Philipp教授一个管理研讨班时，她将她的班级分为两组。每一组都分配了同样的任务：用建筑纸张和胶水建一家旅馆。一个小组是结构化的，其小组成员具有清晰定义的责任；另一个小组则放任自流，除了告诉他们建造旅馆之外未提供任何指导。Philipp称结果总是相似的，她说："未经组织的小组总是具有令人难以置信的创造性，造出多层泰姬玛哈陵（Taj Mahal）式的旅馆，但是从来不能按时完成。结构化的小组做了一个戴斯旅馆（Day's Inn）（一个普通但是功能完备的小旅馆），但是当我宣布时间到时，他们总能完成任务。"

对小组进行组织的一种方法是鼓励小组成员设置最终期限，这样，总的任务被分解成小的子任务，然后由一个小组成员负责进行时间估算。最终期限有助于小组成员避免"范围蔓延（scope creep）"，把不必要的功能放入一个产品中。

Kunde的文章认为，好的项目管理意味着在结构化和创造性中找到一种平衡。如果对软件开发人员不加干涉，他们将只关注功能和创造性，而不考虑最终期限和规格说明的范围。许多软件项目管理专家发表了相同的意见。不幸的是，这些信息大多数只是所谓的"奇闻轶事"，并没有以坚实的实证性研究为基础。

103

可以在适当的时候把两种类型的组织结构结合起来。例如，可以要求程序员独立自主地开发一个子系统，在层次结构内部使用忘我方法；或者可以为一个结构松散型项目的测试小组规定一个层次结构，指派某人负责所有主要的测试决策。

3.3　工作量估算

项目计划和管理的一个至关重要的方面是了解项目可能的成本。成本超出限度可能导致客户取消项目，而过低的成本估算可能迫使项目小组投入大量时间却没有相应的经济回报。如补充资料3-3中描述的那样，产生不精确估算的原因有多种。在项目生命周期的早期给出一个好的成本估算，可以帮助项目经理了解将需要多少开发人员以及安排适当的人员。

项目预算包括几种类型的成本：设施、人员、方法和工具。设施成本包括硬件、场地、办公设备、电话、调制解调器、空调、电缆、磁盘、纸张、笔、复印机以及其他物品，它们为开发人员提供工作的物理环境。有些项目中，这种环境已经存在，因此这类成本是容易理解并易于估算的。但是在其他一些项目中，可能还没有创建这种环境。例如，一个新项目可能需要保险库、电梯、温度或湿度控制器，或者专门的设施。这时，可以估算成本，但是随着环境的建造或改变，成本可能会偏离最初的估算。例如，在一栋建筑物中安装电缆可能最初看起来是直线铺设的，但是后来铺设电缆的工人发现这栋建筑物具有特殊的历史意义，因此电缆必须绕墙铺设而不是穿墙而过。

有时，会有一些隐含的成本可能对经理和开发人员不是显而易见的。例如研究表明，为了有效地工作，程序员需要一定的空间和安静程度。McCue向他在IBM的同事报告称，程序员工作场地的最低标准应该有100平方英尺的专用面积，其中包含30平方英尺的水平工作平面（McCue 1978）。为了避免噪声的干扰，这个空间还需要封闭地板到天花板的空间。DeMarco和Lister的研究表明，不受电话铃声和不速之客打扰的程序员与那些不断遭受打扰的程序员相比，前者能更有效地工作、生产更好的产品（DeMarco and Lister 1987）。

其他的项目成本包括购买支持开发工作的软件和工具。除了对系统进行设计和编码的工具之外，项目可能还要购买获取需求、组织文档、测试代码、跟踪变化、产生测试数据、支持小组会议等用途的软件。这些工具有时被称为**计算机辅助软件工程**（Computer-Aided Software Engineering，CASE）**工具**，客户有时会要求使用这些工具，或者公司要求将其作为标准软件开发过程的一部分。

在大多数项目中，成本中最大的部分是工作量。必须确定完成这个项目需要多少人-日的工作量。毫无疑问，工作量在成本中不确定性程度最高。我们已经了解了工作风格、项目组织方式、能力、兴趣、经验、培训以及其他人员特性是如何影响完成一个任务所花费的时间的。而且，当一个小组的人员必须相互进行交流和讨论的时候，由于开会、形成文档和培训等所需的时间，需要的工作量会增加。

成本、进度和工作量估算必须在项目的生命周期中尽早进行，因为它影响资源分配和项目可行性（如果花费的成本太高，客户可能取消这个项目）。但是，成本估算应该在生命周期中反复进行：当项目的某些方面发生变化时，根据项目特性的更完整的信息，可以对所做的估算进行改进。图3-12说明项目早期的不确定性是如何影响成本和规模估算的精确性的（Boehm et al. 1995）。

104
~
105

如图3-12所示，星号表示实际项目的规模估算，加号是成本估算。向右渐渐变窄的漏斗形曲线阐明Boehm的见解：随着我们对一个项目了解得越来越多，估算变得越来越精确。注意，当还不了解项目的规格说明时，估算可能与最终实际成本相差4倍。随着产品和过程决策的完善，这个倍数因子会降低。许多专家试图把估算缩减到实际值的10%之内，但是Boehm的数据表明，这样的估算通常只有在大部分项目完成之后才能出现，然而这就太迟了，对项目管理毫无用处。

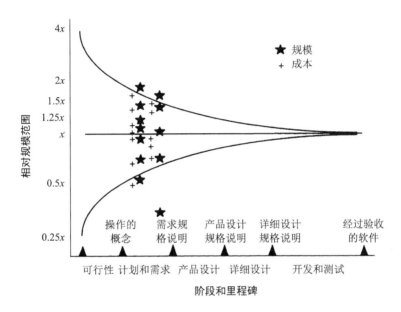

图3-12　随着项目的进展估算精确性的变化（Boehm et al. 1995）

针对产生精确估算的需要，软件工程师开发了一些工具，以获取工作量、人员特性、项目需求以及其他可能影响时间、工作量和开发软件系统成本的因素之间的关系。在本章的剩余部分中，会集中讨论工作量估算技术。

3.3.1　专家判断

很多工作量估算方法依赖于专家判断。一些是非正式的技术，基于管理人员具有的类似项目的经验。因此，预测的精确性基于估算者的能力、经验、客观性和洞察力。它最简单的形式是，对构建整个系统或其子系统所需的工作量做出经验性的猜测。彻底的估算要根据自顶向下或自底向上的分析计算才能得出。

106

经常会用类推来进行工作量估算。如果已经构建了一个系统，它与要实现的系统类似，那么可以把这种相似性作为估算的基础。例如，如果系统A类似于系统B，那么生产系统A的成本应该很接近于生产系统B的成本。可以对这种类推进行扩充，认为如果A的规模或复杂性是B的一半，那么A的成本也应该是B的成本的一半。

可以请几位专家做出3种预测，来形式化地表示类推过程：一个悲观的预测（x）、一个乐观的预测（y）和最可能的猜测（z）。通过公式$(x+4y+z)/6$计算这些数的beta概率分布的平均值。通过使用这种技术，产生的估算是对个人估算的"规范化"。

Delphi技术用不同的方式进行专家判断：要求专家根据他们的专长、使用他们自己选择的过程，秘密地进行个人预测。然后，计算平均估算并提交给专家组。如果愿意，每名专家都有机会修正他的估算。这个过程不断重复，直到没有专家修正为止。一些Delphi技术的用户在新的估算进行之前可以讨论平均值，有时，用户不允许讨论。该技术还有一个变种：每位专家的判断在专家组中匿名地进行传阅。

Wolverton构造了一种软件开发工作量的估算模型，它是首批估算模型之一（Wolverton 1974）。他的软件成本矩阵汲取了他在TRW（一家美国软件开发公司）工作时的项目成本估算经验。如表3-6所示，行的名字表示软件的类型，列表示它的难度。难度取决于两个因素：这个问题是老问题（O）还是新问题（N），这个问题是容易的（E）、适中的（M）还是困难的（H）。矩阵中元素表示每行代码的成本，这些数据根据TRW的历史数据进行了校准。要使用这个矩阵，先要把将要实现的软件系统划分成模块。然后，根据代码行估算每一个模块的规模。使用矩阵计算每一个模块的成本，然后把所有模块的成本求和。例如，假设系统有3个模块：一个老的、容易的输入/输出模块，一个新的、难的算法模块，还有一个老的、难度适中的数据管理模块。如果这些模块分别有100行、200行和100行代码，那么Wolverton模型估算的成本将是$(100 \times 17) + (200 \times 35) + (100 \times 31)=11\,800$美元。

表3-6　Wolverton模型成本矩阵

软件类型	难 度					
	OE	OM	OH	NE	NM	NH
控制	21	27	30	33	40	49
输入/输出	17	24	27	28	35	43
预/后处理器	16	23	26	28	34	42
算法	15	20	22	25	30	35
数据管理	24	31	35	37	46	57
时间攸关的	75	75	75	75	75	75

107

因为该模型用的是TRW的数据，而且是1974年的美元价值，所以并不适用于今天的软件开发项目。但是这种技术是有用的，可以很容易地移植到你自己的开发或维护环境中。

总体而言，经验模型主要依靠的是专家判断，所以其不精确性都会影响到估算的结果。它依靠专家的能力来判断哪些项目是相似的、在哪些方面相似。但是，表面看起来非常相似的项目实际上可能有很大的不同。例如，优秀的赛跑运动员能在4分钟之内跑完1.6公里，马拉松竞赛项目要求运动员跑完42公里195米。如果我们按4分钟1.6公里来推断，可能会期望一名运动员用1小时45分钟跑完马拉松。但是还从来没有哪一名运动员能在2小时之内跑完马拉松全程。因此，马拉松赛跑一定有某些特性与1公里赛跑有很大不同。同样，通常一个项目的特性会使其与其他项目有很大区别，但是这些特性并不总是显而易见的。

即使知道一个项目与另一个项目的不同，我们也并不总是能知道这些区别对成本有着怎样的影响。按比例的策略是不可靠的，因为项目成本并不总是线性的：两个人生成代码的速度可能不是一个人的两倍，还需要额外的用于交流和协调的时间，或者还有调整兴趣、能力和经验上的差别。Sackman、Erikson和Grant发现，最好的程序员和最差的程序员之间生产率的比率是10：1，但是，经验和工作表现之间的关系难以定义（Sackman, Erikson and Grant 1968）。同样，Hughes近来进行的一项研究发现（Hughes 1996），软件的设计方式和开发方式存在着巨大的差异，因此，在一个组织机构中行得通的模型可能并不适用于另一个组织机构。Hughes还指出，可用资源的以往经验和知识是确定成本的主要因素。

专家判断不仅受到差异性和主观性的影响，还受到对当前数据依赖性的影响。专家判断模型所依据的数据必须反映当前的实际情况，因此必须经常更新它。再者，大部分专家判断技术过于简单化，没有将大量可能影响项目所需工作量的因素考虑在内。由于这样的原因，实践人员和研究人员都已借助于算法方法来估算工作量了。

3.3.2 算法方法

研究人员已经创建出表示工作量和影响工作量的因素之间关系的模型。这些模型通常用方程式描述，其中工作量是因变量，而其他因素（例如经验、规模和应用类型）是自变量。大部分模型认为项目规模是方程式中影响最大的因素，表示工作量的方程是：

$$E = (a + bS^c)m(X)$$

其中S是估算的系统规模，而a、b和c是常量。X是从x_1到x_n的一个成本因素的向量，m是基于这些因素的一个调整因子。换言之，工作量主要是由要构造的系统的规模来决定的，通过若干其他的项目、过程、产品或资源的特性的结果对其进行调整。

Walston和Felix开发的模型是首批此类模型中的一个，他们从IBM的60个项目的数据中得出如下形式的方程式（Walston and Felix 1977）：

$$E = 5.25S^{0.91}$$

提供数据的这些项目所构造的系统，其规模从4 000行代码到467 000行代码，在66台机器上用28种不同的高级语言编写，代表12人月到11 758人月的工作量。规模用代码行数来测量，其中还包括注释（只要注释不超过程序中代码行总数的50%）。

这个基本的方程式还补充有一个生产率指标，这个指标反映可能影响生产率的29个因素，如表3-7所示。注意，这些因素与特定类型的开发相关，包括两种平台：用于运行的计算机和用于开发的计算机。这个模型反映了提供数据的IBM联邦系统（IBM Federal System）组织的特定开发风格。

表3-7 Walston和Felix模型的生产率因素

1. 客户界面的复杂性	16. 使用设计审查和代码审查
2. 需求定义中用户参与的程度	17. 使用自顶向下开发
3. 客户引起的程序设计变更	18. 使用主程序员负责制小组
4. 客户关于应用领域的经验	19. 代码的总体复杂性
5. 总体人员经验	20. 应用处理的复杂性
6. 开发程序员中参与功能规格说明设计的人员百分比	21. 程序流的复杂性
7. 以前拥有的关于运作计算机的经验	22. 程序设计的总体约束
8. 以前拥有的关于程序设计语言的经验	23. 程序主存的设计约束
9. 以前拥有的关于类似规模和复杂性的应用的经验	24. 对程序计时的设计约束
10. 平均人员规模与项目持续时间的比率（人/月）	25. 实时或交互式操作的代码或在严格的时间约束下执行的代码
11. 并行开发中的硬件	26. 交付代码的百分比
12. 在特定请求下开放对开发计算机的访问	27. 根据非数学应用和输入/输出格式程序对代码进行分类
13. 关闭对开发计算机的访问	28. 每1000行代码中数据库中项的类的数目
14. 对计算机和至少25%的程序和数据的安全环境进行分类	29. 每1000行代码交付的文档页数
15. 使用结构化编程	

这29个因素中的每一个因素，如果它增加了生产率，则其权重为1；如果对生产率没有影响，则其权重为0；如果它降低了生产率，则其权重为-1。然后，用基本方程式求这29个因素的加权和来产生一个工作量估算。

Bailey和Basili提出了一种称为元模型的建模技术,用以构建反映自己组织机构特性的估算方程式(Bailey and Basili 1981)。他们用一个由18个科学性项目构成的数据库证明了他们的技术,这18个科学性项目在NASA的戈达德航天飞行中心(Goddard Space Flight Center)用Fortran语言编写。首先,他们将标准误差估算降低到最小,产生了一个非常精确的方程式:

$$E = 5.5 + 0.73 S^{1.16}$$

然后,他们根据误差比率调整这个初始估算。如果R是实际工作量E和预测工作量E'之间的比率,那么工作量调整定义为

$$ER_{adj} = \begin{cases} R-1 & \text{如果} R \geqslant 1 \\ 1-1/R & \text{如果} R < 1 \end{cases}$$

然后他们用这种方法调整初始的工作量估算E_{adj}:

$$E_{adj} = \begin{cases} (1+ER_{adj})E & \text{如果} R \geqslant 1 \\ E/(1+ER_{adj}) & \text{如果} R < 1 \end{cases}$$

最后,Bailey和Basili说明了影响工作量的其他因素(Bailey and Basili 1981),如表3-8所示。对表中的每一项,根据项目经理的判断,用0(不存在)到5(非常重要)对项目进行评分。因此,METH总评分可高达45,CPLX评分可达35,EXP评分可达25。他们的模型基于多线性最小二乘回归,描述了使用这些评分来进一步修改工作量估算的过程。

表3-8　Bailey-Basili的工作量修改器

总体方法(METH)	累积的复杂性(CPLX)	累积的经验(EXP)
树状图表	客户界面复杂性	程序员资质
自顶向下设计	应用复杂性	程序员使用机器的经验
形式化的文档	程序流复杂性	程序员使用语言的经验
主程序员负责制小组	内部通信复杂性	程序员对应用的经验
正式的培训	数据库复杂性	团队经验
正式的测试计划	外部通信复杂性	
设计形式化	客户引起的程序设计变更	
代码阅读		
单元开发文件夹		

110

很明显,这种模型的一个问题是模型对规模(作为关键的变量)的依赖性。通常要求估算要尽早进行,这种估算是在得到精确的规模信息之前,当然肯定也在将系统表示成代码行之前。因此,这些模型简单地把工作量估算问题转化为规模估算问题。Boehm的构造成本模型(COCOMO)注意到这个问题,并在最新版本的COCOMO Ⅱ中加入了3种规模估算技术。

Boehm在20世纪70年代开发了最初的COCOMO模型,使用了TRW(一家为许多不同的客户开发软件的美国公司)的项目数据库信息(Boehm 1981)。同时从工程和经济两个方面考虑软件开发,Boehm将规模作为成本的主要决定因素,然后用12个以上的成本驱动因子调整初始估算,包括人员、项目、产品以及开发环境的属性。在20世纪90年代,Boehm更新了最初的COCOMO模型,提出COCOMO Ⅱ模型,该模型反映了软件开发充分发展后的各个方面。

COCOMO Ⅱ模型的估算过程体现了任何开发项目都包含的3个主要阶段。最初的COCOMO模型使用交付的源代码行数作为它的关键输入,而新模型注意到在开发的早期是不可能知道代码行数的。

在阶段1，项目通常构建原型以解决包含用户界面、软件和系统交互、性能和技术成熟性等方面在内的高风险问题。这时，人们对正在创建的最终产品的可能规模知之甚少，因此COCOMO II用应用点（其创建者对它的命名）来估算规模。正如我们将看到的，这种技术根据高层的工作量生成器（如屏幕数量和报告数量、第3代语言构件数）来获取项目的规模。

在阶段2（即早期设计阶段），已经决定向前推进项目开发，但是设计人员必须研究几种可选的体系结构和操作的概念。同样，仍然没有足够的信息支持准确的工作量和工期估算，但是远比第1阶段知道的信息要多。在阶段2，COCOMO II使用功能点对规模进行测量。功能点是在参考文献IFPUG（1994a and b）中详细讨论的一种技术，估算在需求中获取的功能。因此，与应用点相比，它们提供了更为丰富的系统描述。

在阶段3（后体系结构阶段），开发已经开始，而且已经知道了相当多的信息。在这个阶段，可以根据功能点或代码行来进行规模估算，而且可以较为轻松地估算很多成本因素。

COCOMO II还包含复用的模型，它考虑维护和破损（即需求随着时间发生的变化）等。如同最初的COCOMO，这个模型包含用以调整最初工作量估算的成本因素。南加利福尼亚大学的一个研究小组正在评估和提高它的精确性。

现在，我们来更详细地了解COCOMO II。基本模型的形式是

$$E = bS^c\, m(\boldsymbol{X})$$

其中，bS^c是初始的基于规模的估算，通过关于成本驱动因子信息的向量$m(\boldsymbol{X})$对它进行调整。表3-9描述了每一个阶段的成本驱动因子以及为修改估算对其他模型的使用。 |111|

表3-9 COCOMO II的3个阶段

模型方面	阶段1：应用组装	阶段2：早期设计	阶段3：后体系结构
规模	应用点	功能点（FP）和语言	FP和语言或源代码行数（SLOC）
复用	模型中隐含的	与其他变量的功能等价的SLOC	与其他变量的功能等价的SLOC
需求变化	模型中隐含的	表述为一个成本因素的变化百分比	表述为一个成本因素的变化百分比
维护	应用点，年变化量（ACT）	ACT的功能、软件理解、不熟悉	ACT的功能、软件理解、不熟悉
名义工作量方程式中的比例（c）	1.0	0.91到1.23，取决于先例、一致性、早期体系结构、风险化解、小组凝聚力和SEI过程成熟度	0.91到1.23，取决于先例、一致性、早期体系结构、风险化解、小组凝聚力和SEI过程成熟度
产品成本驱动因子	无	复杂性、必需的可复用性	可靠性、数据库规模、文档需求、必需的复用和产品复杂性
平台成本驱动因子	无	平台难度	执行时间约束、主存约束和虚拟机的易变化性
人员成本驱动因子	无	人员能力和经验	分析员能力、应用经验、程序员能力、程序员经验、语言和工具经验，以及人员持续性
项目成本驱动因子	无	必需的开发进度、开发环境	软件工具的使用、必需的开发进度、在多个地点开发

在阶段1，使用应用点进行规模测量。这种规模测量是Kauffman和Kumar提出的对象点方法（Kauffman and Kumar 1993）和Banker、Kauffman和Kumar报告（Banker, Kauffman and Kumar 1992）的生产率数据的扩充。要计算应用点，首先要计算应用中将要包含的屏幕、报告和第三代语言的构件数目——假设这些元素以一种标准的方式定义为一个集成计算机辅助软件工程环境的一部分。接着，将每个应用元素分类为简单、适中或难3个级别。表3-10包含这种分类的指导原则。 |112|

表3-10 应用点的复杂性级别

屏　　幕				报　　告			
	数据表的数目和来源				数据表的数目和来源		
包含的视图数目	总数<4 (<2服务器, <3客户)	总数<8 (2~3服务器, 3~5客户)	总数8+ (>3服务器, >5客户)	包含的部分数目	总数<4 (<2服务器, <3客户)	总数<8 (2~3服务器, 3~5客户)	总数8+ (>3服务器, >5客户)
<3	简单	简单	适中	0或1	简单	简单	适中
3~7	简单	适中	难	2或3	简单	适中	难
8+	适中	难	难	4+	适中	难	难

简单、适中或难的应用点所使用的数值是在表3-11中找到的复杂性权重。这些权重反映实现那种复杂性级别的报告或屏幕所需的相对工作量。

表3-11 应用点的复杂性权重

元素类型	简　　单	适　　中	难
屏幕	1	2	3
报告	2	5	8
第 3 代语言的构件	—	—	10

然后，把加权的报告或屏幕求和，以得到一个单独的应用点的数。如果对象中有r%将从以前的项目中复用，则新的应用点的数目可以计算为

$$新应用点 = 应用点 \times (100-r) / 100$$

要用这个数进行工作量估算，你可以根据开发人员的经验和能力、CASE成熟度和能力，使用一个称为生产率比率的调整因子。例如，如果开发人员经验和能力被认为是低，并且CASE成熟度和能力也被认为是低，那么表3-12告诉我们生产率因子是7，因此，所需的人月数是新的应用点数除以7。当开发人员的经验低但CASE成熟度高时，生产率估算是两个值的平均值16。同样，当开发人员构成的团队具有变化的经验级别时，生产率估算可以使用经验和能力的加权平均值。

表3-12 生产率估算的计算

开发人员的经验和能力	非常低	低	一般	高	非常高
CASE 成熟度和能力	非常低	低	一般	高	非常高
生产率因子	4	7	13	25	50

在阶段1，成本驱动因子并不适合这种工作量估算。但是在阶段2，基于功能点计算的工作量估算根据复用度、需求变化和维护进行调整。比例（即工作量方程式中c的值）在阶段1中被设为1.0；对阶段2，其范围从0.91到1.23，这取决于系统的新颖度、一致性、早期体系结构和风险化解、团队凝聚力以及过程成熟度。

阶段2和阶段3的成本驱动因子是调整因子，表示为工作量系数，该因子是根据项目特性对项目从"极低"到"极高"进行评价得到的。例如，将一个开发团队对某一应用类型的经验认为是：

- 极低，开发团队拥有少于3个月的经验；
- 非常低，开发团队拥有至少3个月但少于5个月的经验；
- 低，开发团队拥有至少5个月但少于9个月的经验；
- 一般，开发团队拥有至少9个月但少于1年的经验；
- 高，开发团队拥有至少1年但少于2年的经验；
- 非常高，开发团队拥有至少2年但少于4年的经验；
- 极高，开发团队拥有至少4年的经验。

同样，分析员的能力是根据百分比在一个有序的评分上进行测量。例如，如果分析员的分析能力是90个百分点，则评定为"非常高"，如果是55个百分点则评定为"一般"。相应地，COCOMO Ⅱ指定了一个工作量系数，其范围是从表示非常低的1.42到表示非常高的0.71。这些系数反映了这样一个概念：一名工作能力非常低的分析员花费的工作量是一名一般水平的分析员所花费工作量的1.42倍，而一名工作能力非常高的分析员只需花费一名一般水平的分析员花费工作量的四分之三。类似地，表3-13列出了关于工具使用的成本驱动因子的类别，而系数的取值范围从1.17（非常低）到0.78（非常高）。

表3-13　工具使用类别

类　　别	含　　义
非常低	编辑、编码和调试
低	简单的前端、后端 CASE，较少的集成
一般	基本的生命周期工具，适中的集成
高	强有力的、成熟的生命周期工具，适中的集成
非常高	强有力的、成熟的、主动的生命周期工具，很好地集成了过程、方法和复用

114

注意，COCOMO Ⅱ的阶段2是供设计的早期阶段使用的。这一阶段的成本驱动因子集合小于阶段3中用到的集合，它反映了阶段2中对项目参数理解得比较少。

要对COCOMO模型的不同部分进行剪裁才能适合你自己的组织机构。有一些可用的实现COCOMO Ⅱ的工具，它们根据你提供的项目特性进行估算。在本章后面部分，我们将把COCOMO应用于信息系统的例子中。

3.3.3　机器学习方法

过去，大部分工作量和成本建模技术依赖于算法方法。也就是说，研究人员分析了过去项目的数据，并用它们生成方程式以预测未来项目的工作量和成本。一些研究人员正在研究如何借用机器学习方法来帮助产生好的估算。例如，神经网络可以表示很多相互连接的、相互依赖的单元，因此，它们是一种表示生产软件产品所包含的不同活动很有前景的工具。在一个神经网络中，每个单元（称为一个神经元，表示为网络节点）表示一个活动，每个活动有输入和输出。网络中的每个单元都有相关联的软件，计算它的输入、计算加权和。如果总和超过了一个阈值，则单元产生一个输出。依次地，这个输出成为网络中其他相关单元的输入，直到网络产生一个最终的输出值为止。在某种意义上，神经网络是本章前面部分讨论的活动图的扩充。

神经网络有许多种方式可用于产生它的输出。有些技术中会回溯其他节点发生的情况，这些技术被称为反向传播技术。它们类似于使用活动图回溯并确定一条路径上的时差的方法。另一些技术是正向传播，它预测将来发生的情况。

神经网络需要用过去项目中的数据进行"训练"，以为网络提供相关数据，通过识别数据中的模式，网络使用正向和反向算法来"学习"。例如，过去项目的历史数据可能会包含开发人员的有关经验，网络可以识别出经验级别与完成一个项目所需工作量之间的关系。

图3-13说明Shepperd是如何使用神经网络产生工作量估算的（Shepperd 1997）。在网络中有3个层次，并且网络中没有环路。4个输入是影响项目工作量的因素，网络用它们来产生单个工作量输出。首先，用随机加权值对网络进行初始化。然后，将新的加权值（根据过去的历史进行计算，作为输入和输出的"训练集"）提供给网络。模型的用户指定一种解释如何使用训练数据的训练算法：这个算法也是基于过去的历史，并且通常是反向传播。一旦网络训练完毕（即对网络值进行调整，使其反映过去的经验），就可以用它来估算新项目的工作量了。

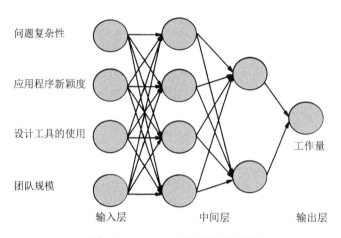

图3-13 Shepperd的前馈神经网络

有的研究人员已经在类似的神经网络上使用了反向传播算法来预测开发工作量，包括对使用第4代语言项目的估算（Wittig and Finnie 1994；Srinivasan and Fisher l995；Samson, Ellison and Dugard 1997）。Shepperd报告说，这类模型的精确性似乎对神经网络的拓扑结构、学习阶段的数目和网络内神经元的初始随机加权值的相关决策很敏感（Shepperd 1997）。要给出好的预测，网络需要大的训练集。换句话说，它们必须基于大量的经验，而不是少数具有代表性的项目。这类数据有时很难获得，尤其是持续、大量地收集数据，因此，数据缺乏限制了这种技术的使用。再者，用户往往很难理解神经网络。但是，如果这种技术产生了更精确的估算，软件开发组织可能更愿意为这种网络收集数据。

通常，其他研究人员已经用不同的方式尝试了这种"学习"方法。Srinivasan和Fisher（Srinivasan and Fisher 1995）用一种称为回归树的统计技术使用Kemerer的数据（Kemerer 1989）。他们产生的预测比最初的COCOMO模型和SLIM（一种有专利的商用模型）产生的预测更为精确。但是，他们的结果没有神经网络或基于功能点的模型产生的结果好。Briand、Basili和Thomas使用树归约技术以及Kemerer和COCOMO数据集得到了更好的结果（Briand, Basili and Thomas 1992）。Porter和Selby也使用了一种基于树的方法，他们构造了一棵判定树，用以确定哪些项目、过程和产品特性在预测工作量时是有用的（Porter and Selby 1990）。他们还用这种技术来预测哪些模块可能易于出错。

一种称为**基于案例的推理**（Case-Based Reasoning, CBR）的机器学习方法可以被用来进行基于类推的估算，用于人工智能领域。在项目估算中，CBR基于项目中可能遇到的几种输入组合，构造一个判定算法。像其他技术一样，CBR也需要过去项目的相关信息。Shepperd指出，与其他技术相比，CBR具有两个明显的优点：首先，CBR只处理实际发生的事件，而不是所有可能情况的集合，这个特色也使得CBR能处理人们理解甚少的领域；其次，用户更易于理解特定实例，而不是把事件描述为规则链或神经网络（Shepperd 1997）。

使用CBR的估算包括以下4个步骤。

(1) 用户把一个新问题标识为一个案例。

(2) 系统从历史信息库中检索相似案例。

(3) 系统复用先前案例的知识。

(4) 系统对新的案例提出一个解决方案。

根据实际的事件，可以修改解决方案，并且将输出放入库中，建立起完整的案例集合。但是，在建立一个成功的CBR系统时有两个大的障碍：描述案例的特性和确定相似性。

描述案例特性是基于出现的可用信息。通常要求专家提供对描述案例有意义的特征列表，尤其是判断两个实例何时相似的那些重要特征。在实践中，相似性通常用表示n个特征的n维向量来测量。Shepperd、Schofield和Kitchenham提出了一种CBR方法，这种方法比传统的基于回归分析的算法方法更为精确（Shepperd, Schofield and Kitchenham 1996）。

3.3.4　找出适合具体情形的模型

今天，人们使用多种工作量和成本模型，有的是基于过去经验或复杂的开发模型的商用工具，有的是访问过去项目历史信息数据库的自己开发的工具。验证这些工具（即证实这些模型反映了真实的实践）是很困难的，因为要进行验证就需要大量的数据。再者，如果要把模型应用到一组大规模的、变化的情形中，则支撑数据库必须包含对一组非常大的、变化的开发环境集合的测量。

即使找到针对你的开发环境设计的模型，也必须能够评估哪一种模型对你的项目是最精确的。通常有两种统计数字可以用来评价精确性，即PRED和MMRE。**PRED（*x*/100）**是估算在实际值*x*%范围内的项目的百分比。对大多数工作量、成本和进度模型，经理评估PRED（0.25）。也就是说，那些模型的估算在实际值25%的范围内。如果一个模型的PRED（0.25）大于75%，那么就认为这个模型是运行良好的。**MMRE**是相对误差的平均幅度，因此我们希望一个特定模型的MMRE非常小。一些研究人员认为MMRE是0.25就是相当好了，而Boehm建议MMRE应该是0.10或者更小（Boehm 1981）。表3-14列出了文献中报告的关于不同模型的最佳PRED值和MMRE值。正如你所看到的，大多数模型的统计数字是令人失望的，这说明还没有模型能够抓住所有开发类型的本质特性及其关系。但是，成本因素之间的关系并不简单，模型必须足够灵活才能应对各种工具和方法的使用。

117

表3-14　模型表现情况的总结

模　　型	PRED(0.25)	MMRE
Walston-Felix	0.30	0.48
基本COCOMO	0.27	0.60
中间COCOMO	0.63	0.22
中间COCOMO（变体）	0.76	0.19
Bailey-Basili	0.78	0.18
Pfleeger	0.50	0.29
SLIM	0.06~0.24	0.78~1.04
Jensen	0.06~0.33	0.70~1.01
COPMO	0.38~0.63	0.23~5.7
通用COPMO	0.78	0.25

而且，Kitchenham、MacDonnell、Pickard和Shepperd（Kitchenham, MacDonnell, Pickard and Shepperd 2000）指出，MMRE和PRED统计并不是估算精确性的直接测量。他们建议使用简单的估算值与实际值的比率：估算值／实际值。这种测量的分布直接反映了估算的精确性。相比而言，MMRE和PRED是传播（标准差）和陡峭程度（峰态）比率的测量，因此它们只能告诉我们分布的特性。

即使在估算模型估算得相当准确的时候，我们也必须能够了解哪些类型的工作是开发过程中所必需的。例如，在需求分析员完成规格说明的开发之前，可能并不需要设计人员。一些工作量和成本模型使用基于过去经验的公式来分配整个软件开发生命周期的工作量。例如，初始的COCOMO模型根据分配给关键处理活动的百分比，提出开发活动需要的工作量。但是，就像图3-14说明的那样，研究人员给出的这些百分比的值是相互冲突的（Brooks 1995；Yourdon 1982）。因此，当你正在构建自己的数据库以支持你所在组织机构中的估算时，不仅要记录一个项目中花费了多少工作量，还要记录谁在做以及在为哪个活动做，这一点是很重要的。

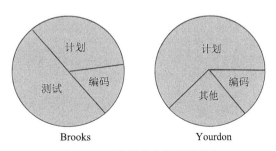

图3-14　工作量分布的不同报告

118

3.4　风险管理

正如我们已经看到的，很多软件项目经理会采取措施来保证他们的项目按时完成，并满足工作量和成本的约束。但是，项目管理的工作远不止跟踪工作量和进度。项目经理必须要确定在开发或维护的过程中是否可能出现一些不受欢迎的事件，并且制订计划以避免这些事件；或者，如果这些事件是不可避免的，将它们的负面后果减少到最小。**风险**（risk）是一种具有负面后果的、人们不希望发生的事件。项目经理必须进行**风险管理**（risk management），以了解和控制项目中的风险。

3.4.1　什么是风险

在软件开发过程中会发生很多事件。补充材料3-4列举了Boehm对于一些最具风险的事项所持的观点。我们通过下列3件事情区分风险与其他项目事件（Rook 1993）。

(1) 与事件有关的损失。这个事件必须产生这样的情形：发生了一些对项目造成负面影响的事情，诸如时间、质量、金钱、控制以及理解的损失等。例如，如果在设计完成后需求发生根本性变化，并且新的需求中规定的功能和特征是设计小组不熟悉的，则项目会失去控制和理解。而且，如果设计不够灵活，不能方便快捷地进行改变，当需求发生根本变化时，可能会导致时间和资金的损失。与风险有关的损失称为**风险影响**（risk impact）。

(2) 事件发生的可能性。必须对事件发生的概率有所了解。例如，假定一个项目正在一台机器上开发，而在进行充分测试时要将系统移植到另一台机器上。如果第二台机器是销售商交付的一个新型号，我们必须估算这台机器不能按时投入使用的可能性。从0（不可能发生）到1（肯定发生）对风险进行的测量称为**风险概率**（risk probability）。当风险概率为1时，则称该风险为**问题**（problem），因为它必然会发生。

(3) 能够改变结果的程度。对每一个风险，必须确定能做些什么以尽量降低或避免事件的影响。**风险控制**（risk control）是指降低或消除风险所采取的行动。例如，如果需求可能在设计后发生变化，我们可以创建一个灵活的设计，将风险造成的影响降到最低。如果在软件测试时第二台机器还没有准备就绪，我们可以选择具有同样功能和性能的其他型号或品牌的机器，从而可以在新型号的机器交付之前运行新软件。

通过将风险影响和风险概率相乘得到**风险暴露**（risk exposure），从而可以量化我们识别的风险所造成的影响。例如，如果需求在设计后发生改变的概率是0.3，而对新需求重新设计的成本是50 000美元，那么风险暴露是15 000美元。明显地，风险概率可能会随着时间的推移而变化，风险影响也会随之改变，因此，项目经理的部分工作就是随着时间的推进跟踪这些值，并根据相应的事件制定计划。

有两种主要的风险来源：一般风险和特定项目风险。**一般风险**（generic risk）是所有软件项目都会有的风险，例如对需求的误解、关键人员流失或测试时间不充分。**特定项目风险**（project-specific risk）是由于给定项目的特殊弱点而导致的威胁。例如，厂商可能允诺在某一特定日期前交付网络软件，但是存在网络软件不能按时就绪的风险。

补充材料3-4　Boehm的十大风险事项

Boehm明确了10种风险，并推荐了处理它们的风险管理技术（Boehm 1991）。

(1) 人员短缺。配备最强能力的人员；合适地安排工作；团队建设；增强士气；交叉培训；预先安排关键人员。

(2) 不现实的进度和预算。详细的、多源的成本和进度估算；根据成本进行设计；增量开发；软件复用；精简需求。

(3) 开发错误的软件功能。组织分析；任务分析；明确表示操作概念；用户调查；原型化；早期用户手册。

(4) 开发错误的用户界面。原型化；场景；任务分析。

(5) 华丽的计划。精简需求；原型化；成本-收益分析；根据成本进行设计。

(6) 持续的需求变化。提高变化阈值；信息隐藏；增量开发（把变更延迟到后面的增量中）。

(7) 外部执行的任务未达到要求。引用检查；对审核先给予奖励；奖惩合同；优胜劣汰的设计或原型化；团队建设。

(8) 外部提供的构件达不到要求。基准；审查；引用检查；兼容性分析。

(9) 实时性能达不到要求。模拟；基准；建模；原型化；使用仪器；调优。

(10) 超出计算机科学的能力。技术分析；成本-收益分析；原型化；引用检查。

3.4.2 风险管理活动

风险管理包含几个重要的步骤，图3-15阐明了其中的每一个步骤。首先，评价项目的风险，以便了解在开发或维护过程中可能发生什么。评价由3个活动组成：识别风险、分析风险、为每个风险分配优先级。你可以使用许多不同的技术来识别风险。

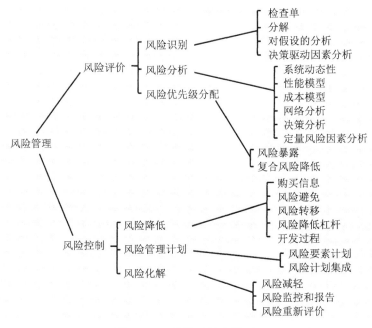

图3-15 风险管理的步骤（Rook 1993）

如果正在构建的系统在某些方面与以前曾经构建的系统类似，就会有一份关于可能发生的问题的检查单。可以对该清单进行检查，以确定是否新项目可能受到清单中风险的影响。对于不同以往系统的某些方面，可以对开发周期中的每一个活动进行分析，以扩充检查单。通过把过程分解为小的部分，你也许能够预测可能出现的问题。例如，你可能断定在设计过程中有主设计人员离开的风险。同样，你可能对项目怎样进行、由谁进行、使用什么资源等做出的假设或决策进行分析。然后，对每一个假设做出评价，以识别其中的风险。

最后，分析已经识别的风险，以便能尽可能多地了解它们将在什么时间、什么地方发生以及为什么发生。有很多技术可以用来增加对风险的了解，包括系统动力学模型、成本模型、性能模型、网络分析等。

既然已经详细列举了所有风险，就必须为这些风险分配优先级。优先级方案使你能够把有限的资源集中在解决最有威胁的风险上。通常，优先级是根据风险暴露分配的。风险暴露不仅考虑了可能的风险影响，还考虑了发生的概率。

　　风险暴露是根据风险影响和风险概率计算得出的，因此，必须对风险的这两个方面都进行估算。要了解如何进行量化，考虑图3-16描述的分析。假定你已经分析了系统的开发过程，并且知道交付的最终期限已经很紧迫。你将通过一系列的发布来构建系统，其中每次发布比前一次发布具有更多的功能。由于系统设计使其功能相对独立，所以你考虑只测试一个发布的新功能，并假定已有的功能仍像以前一样正常运行。因此，你可能断定，存在不进行**回归测试**（regression testing）相关的风险，回归测试确保已有的功能仍能正常地工作。

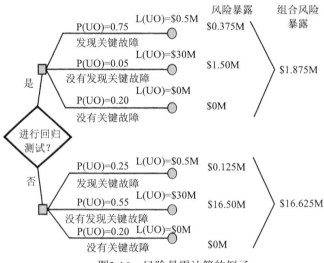

119
~
121

图3-16　风险暴露计算的例子

　　对每一个可能的结果，估算两个数量：有害的结果的概率P(UO)以及有害的结果造成的损失L(UO)。例如，如果存在一个关键故障，那么执行回归测试有3种可能的结果：发现这个关键故障，没有发现关键故障（即使它存在），（正确地）断定没有关键故障。如图3-16所示，我们已经估算第一种情况的概率是0.75，第二种情况的概率是0.05，第三种是0.20。如果发现一个关键故障，这个有害结果造成的损失被估算为50万美元，因此风险暴露为37.5万美元。类似地，我们可以计算这棵判定树其他分支的风险暴露，并且发现，如果执行回归测试，则风险暴露差不多是200万美元。但是同一种分析说明，如果不执行回归测试，则风险暴露几乎是1700万美元。因此，我们（不严格地）说，如果不执行回归测试，则风险更大。

　　风险暴露帮助我们以优先级的顺序列出风险，对最关心的风险给予最高优先级。接着，我们必须采取措施控制风险。控制的理念认为，我们不可能去除所有风险，而是可以通过采取行动以一种可接受的方式处理有害的结果，从而将风险降到最低或减轻风险。因此，风险控制包括风险降低、风险计划和风险化解。

　　可以用以下3种策略来降低风险。

- 通过改变性能或功能需求，避免风险。
- 通过把风险分配到其他系统中，或者购买保险以便在风险成为事实时弥补经济上的损失，从而转移风险。

122

- 假设风险会发生，接受并用项目资源控制风险。

　　要决策如何降低风险，必须考虑降低风险的成本。**风险杠杆**（risk leverage）是风险降低前后的风险暴露之差除以降低风险的成本。换句话说，风险降低杠杆是：

　　　　（降低前的风险暴露−降低后的风险暴露）/（降低风险的成本）

　　如果杠杆值不够高，不足以证明采取措施的理由，那么可以寻求其他代价更低或更有效的风险降低技术。

在某些情况下，可以选取一种开发过程来帮助我们降低风险。例如，我们在第2章中看到，原型化可以改善对需求和设计的理解，因此，选择原型化过程可以降低很多项目风险。

在**风险管理计划**中记录你的决策是很有用的，这样使客户和开发团队都能够检查问题是如何避免的以及在问题出现时是如何处理的。因而，应该随着开发的进展对项目进行监控，定期地重新评估风险、风险出现的概率以及风险可能造成的影响。

3.5 项目计划

为了与客户就风险分析和管理、项目成本估算、进度和组织结构进行交流，我们通常会编写称作**项目计划**（project plan）的文档。这个计划包含客户的需要以及我们希望做些什么来满足这些需要。客户可以查阅计划，以了解开发过程中活动的信息，从而便于在开发过程中跟踪项目的进展。还可以利用计划让客户认可我们做出的假设，尤其是有关成本和进度的假设。

一个好的项目计划包括下面几项内容。

(1) 项目范围。

(2) 项目进度。

(3) 项目团队组织结构。

(4) 打算构建的系统的技术描述。

(5) 项目标准、过程和提议的技术及工具。

(6) 质量保证计划。

(7) 配置管理计划。

(8) 文档计划。

(9) 数据管理计划。

(10) 资源管理计划。

(11) 测试计划。

(12) 培训计划。

(13) 安全计划。

(14) 风险管理计划。

(15) 维护计划。

项目范围定义系统的边界，解释系统中将包含什么和不包含什么。它使客户确信我们理解了他们的需要。可以用一个工作分解结构、可交付产品和时间线来表示进度，以说明在项目生命周期中的每一刻将发生什么。在表示某些开发任务的并行性方面，甘特图可能是很有用的。

项目计划还列出了开发团队的成员、他们是如何组织的以及他们将做些什么。正如我们已经看到的，不是在项目过程中的所有时间都需要每一个人，因此，计划通常包含一个资源分配图表，以说明不同时间的人员安排层次。

在我们预计将如何进行开发时，编写技术描述促使我们回答问题和处理问题。该描述列出硬件和软件，包括编译器、接口和专用设备或专用软件。对布线、执行时间、响应时间、安全性以及功能或性能的特殊限制都写在计划中。计划还列出必须使用的标准或方法，诸如：

- 算法；
- 工具；
- 评审或审查技术；
- 设计语言或表示；
- 编码语言；
- 测试技术。

对于大型项目，准备单独的质量保证计划可能更合适，它用来描述评审、审查、测试和其他技术将如何帮助评估质量并确保它是满足客户需要的。同样，大型项目需要有一个配置管理计划，尤其是当系统有多个版本和发布时。我们将在第10章看到，配置管理有助于控制软件的多个副本。配置管理计划告诉客户我们将怎样跟踪需求变化、设计、代码、测试和文档。

在开发的过程中会产生许多文档，尤其是大型项目，其中与设计有关的信息必须对项目团队成员是可用的。项目计划列出将要产生的文档、解释谁以及将在何时编写这些文档，还必须与配置管理计划相呼应以描述文档是如何被改变的。

由于每个软件系统都包括输入、计算和输出的数据，项目计划必须解释怎样搜集、存储、操纵和归档数据。计划还应该解释怎样使用资源。例如，如果硬件配置包括磁盘，那么项目计划的资源管理部分应该解释每个磁盘上有什么数据、怎样分配和备份磁盘组或软盘。

要使测试有效就需要进行大量的计划，项目计划描述项目测试的总体方法。特别是项目计划应该规定如何收集测试数据，如何测试每个程序模块（例如测试所有路径还是所有语句），程序模块之间如何集成和测试，如何测试整个系统，以及由谁进行每一类型的测试。有时系统是分阶段生产的，而测试计划应该解释如何测试每一阶段。当在各阶段中向系统添加新功能时，正如我们在第2章看到的，测试计划必须强调回归测试以保证已有的功能仍能正确运行。

通常是在开发的过程中准备各类培训和文档，而不是在系统完成以后。因此，一旦系统准备就绪（有时在这之前），就可以开始培训。项目计划解释将如何进行培训、介绍每一个培训课程、支持软件和文档以及每位学生所需的专业技能。

当系统有安全性需求时，可能需要一个单独的安全性计划。安全性计划强调系统保护数据、用户和硬件的方法。由于安全性涉及机密性、可用性和完整性，计划必须解释安全性的每个方面是如何影响系统开发的。例如，如果需要用密码来限制对系统的访问，那么计划就必须描述由谁来提出和维护密码、由谁开发密码处理软件以及将采用什么样的加密方案。

最后，如果项目团队在系统交付给用户之后还要对其进行维护，项目计划应该讨论改变代码、修理硬件以及更新支持文档和培训材料的责任。

3.6   过程模型和项目管理

我们已经看到一个项目的各个方面是如何影响工作量、成本、进度以及包含的风险的。有的项目经理能成功地在预算内按时构建高质量产品，他们能对项目管理技术进行剪裁，使技术能适应所需要的资源、选取的过程和分配的人员的特性。

要了解在下一个项目中要做些什么，研究最近的成功项目所使用的项目管理技术是很有用的。在这一节，我们讨论两个项目：美国数字设备公司的Alpha AXP程序和F-16飞机软件。我们还会研究过程和项目管理是怎样结合的。

3.6.1   注册管理

美国数字设备公司花费了多年的时间开发Alpha AXP系统，这是一种新的系统体系结构和相关产品，它是该公司历史上最大的项目。软件部分的工作量包括4个操作系统和22个软件工程组。软件工程组的任务包括设计移植工具、网络系统、编译器、数据库、集成框架和应用程序。与其他项目不同，Alpha的主要问题是过早地达到了里程碑！因此，了解项目是如何管理的、管理过程对最终的产品有什么影响是很有益的。

在开发过程中，项目经理开发了一个有4条原则的模型，称为注册管理模型。

(1) 建立一个适当大的共享愿景。

(2) 完全委托，并请参与者给出明确的承诺。

(3) 积极审查并提供支持性反馈。

(4) 认可每一次进步，随着规划的进展不断学习（Conklin 1996）。

图3-17解释了该模型。愿景用于"注册"相关规划,使之具有同样的目标。项目的每个小组或子小组根据项目的整体目标(包括公司的业务目标)来制定自己的目标。接着,在项目经理制定计划时,把任务委托给各个小组,就每一项任务的内容以及制定的项目进度要求,征求他们的意见并请求给予承诺。要求每一个结果都是可测量的,并且每一个结果都用负责交付该结果的特定的拥有者进行标识。拥有者可能不是做实际工作的人,但他要进行管理使工作得以完成。

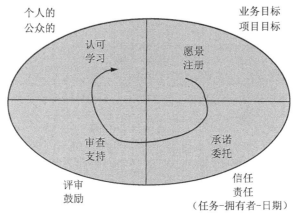

图3-17 注册管理模型(Conklin 1996)

项目经理持续地审查项目以确保按时交付。要求项目团队成员能识别风险,并且当一个风险构成威胁使得团队不能兑现承诺时,项目经理声明这个项目处于"尖端"状态,"尖端"表示一个危急事件。这样的声明意味着团队成员要准备进行实质性变革以使项目向前推进。就每一个项目步骤而言,项目经理既认可个人的进步,也认可公众的进步。他们记录已经学到的东西,并请教团队成员下一步将如何进行改进。

协调所有的硬件和软件小组是很困难的,而且项目经理认识到,他们必须同时检查技术和项目事件。也就是说,技术的焦点是技术设计和策略,而项目的焦点强调承诺和可交付产品。图3-18说明如何使这两个焦点都服从于整个项目的组织结构。

126

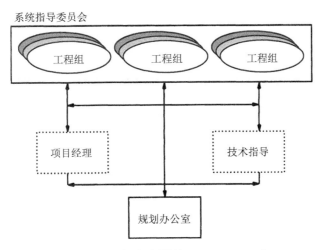

图3-18 Alpha项目组织结构(Conklin 1996)

模型和组织结构的这种简单性并不意味着管理Alpha规划很简单。多次出现的"尖端"对项目构成威胁,并且处理方式也不尽相同。例如,管理机构未能制定总体计划,项目经理穷于应付。同时,技术领导生成了难以理解的、不可接受的大型技术文档。为了加强控制,Alpha项目经理需要一个整个规划范围内的工作计划，用以阐明任务执行的顺序以及应该如何与其他任务协调。他们根据关键程序构件创建一个主计划（关键程序构件是指那些对业务的成功起关键作用的构件）。主计划限制在一页之内，使得参与者能看到"宏观景象"而无须了解其中的细节。同样，对设计、进度和其他关键事项的单页描述，使项目参与者能够对做什么、什么时候做以及如何做有一个全局的概念。

当宣布一个关键任务落后于进度几个月时，会出现另一种"尖端"。管理部门可以通过对进展进行定期的、有效的审查来解决这一问题，以防止出现更多的意外。审查给出的是单页报告，其中，逐项列出项目的关键点：

- 进度；
- 里程碑；
- 上个月的关键路径事件；
- 下个月关键路径上的活动；
- 解决的问题及其相关问题；
- 没有解决的问题及其相关问题（标识出拥有者和截止日期）。

Alpha成功的一个重要方面是项目经理意识到，与给予他们经济奖励相比，对工程师的认可通常更能激励他们。他们把重点放在宣布进展以及确保公众知道经理对工程师的工作是多么赞赏，而不是给参与者奖励金钱。

Alpha采取了灵活的、有重点的管理方法，尽管过程中出现了一些挫折，其结果是按月满足了规划的进度。注册管理使得小型的小组能在早期认识到潜在的问题，从而在问题很小且只发生在局部范围时采取措施处理它们。坚定不移的目标与持续的学习相结合，产生了一个异常优秀的产品：Alpha满足了其性能目标，并且据报道，它的质量非常高。

3.6.2　责任建模

美国空军和洛克希德–马丁公司组成了一个集成产品开发团队，来构建一个模块化软件系统，旨在提高F-16飞机的能力、提供其所需功能、精简将来软件变更的成本和进度。开发的软件包括了超过400万行的代码，其中1/4满足了飞行的实时最低要求。F-16的软件开发还包括构建设备驱动程序、对Ada运行时系统的实时扩充、软件工程工作站网络、针对模块任务计算机的Ada编译器、软件构建和配置管理工具、模拟和测试软件、把软件装入飞机的接口（Parris 1996）。

尽管飞行软件预计需要上百万行代码，需要由250名开发人员组成8个产品小组，其中包括一名主工程师和一名程序经理，其需求还是得到了很好的理解并且是稳定的。虽然他们对要实现的功能等很熟悉，但是将以一种不熟悉的方式来实现：使用Ada的模块化软件和面向对象的设计和分析，以及从大型机到工作站的迁移。项目管理的约束包括严格的"必需的日期"和承诺开发具有同样任务规模的3个发布的承诺，称为终点线（tape）。所采用的方法是高风险的，因为第一个终点线只允许用很少的时间来学习新方法和工具，包括并行开发（Parris 1996）。

由于资金规模的削减和难以满足的进度最终期限，项目的压力加大了。此外，项目是以一种大多数工程师不熟悉的方式来组织的。参与者过去习惯于以一种**矩阵组织**（matrix organization）的方式进行工作，根据其技能（例如设计小组或测试小组），每一名工程师属于一个功能单元，当需要其技能时被分配到一个或多个项目。换句话说，人员可以通过他在矩阵中的位置加以标识。在矩阵中，功能性技能是一个维度，项目名称是另一个维度。在这种传统的组织结构中，根据功能单元层次结构作出决策。但是，F-16的合同要求项目以一种**集成产品开发**（integrated product development）团队的方式进行组织，来自不同功能组的个人组合成一个交叉学科的工作单元，并被授予不同的责任渠道。

为了使项目成员能够应对新的组织方式造成的企业文化的变化，F-16项目使用了图3-19所示的责任模型。在这个模型中，团队是所有负责生产给定结果的人员的集合。风险承担者是受结果影响的人，或受到了为获得结果而采取的方式影响的任何人。过程包含对账目（你已经做了什么、正在做什么或计划要做什么的报告）和结果的持续交流，其目标是只做对团队和风险承担者有意义的事情。

该模型适用于管理系统的设计和团队的运作过程，用相互依赖的行为代替独立的行为，强调"是真的好而不是看起来好"（Parris 1996）。

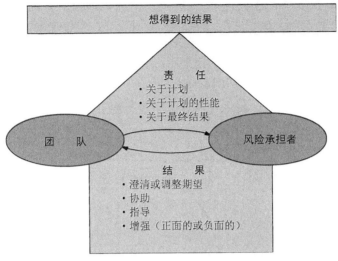

图3-19 责任模型（Parris 1996）

其结果需要几种实践，包括每周一小时的团队状况评审。为了加强责任与义务的理念，每个人员的动作项（action item）都有清楚的终止标准并被跟踪直至完成。一个动作项可以分配给一个团队成员或一个风险承担者，通常包括澄清问题或需求、提供遗漏信息以及调解冲突。

由于团队有多个重叠的活动，因此可以用活动图说明在整个项目背景下每个活动的进展。图3-20显示了这种活动图的一部分。在图3-20中，可以看到每个长条如何表示一个活动，并且给每个活动分配了一种报告进展的方法：长条的尖端指明详细计划应该在什么时候准备就绪以指导活动，"今天"这条线显示当前状况。活动图用于每周的评审中讨论进展的概况。

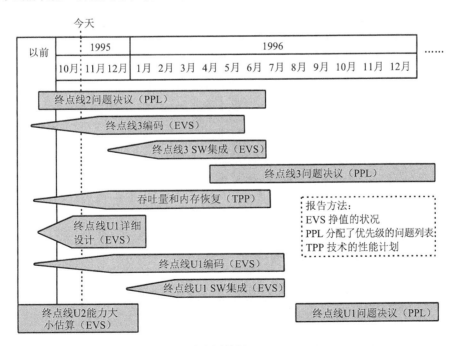

图3-20 活动路线图样例（Parris 1996）

对每一个活动使用合适的评估或执行方法跟踪进展。有时这种方法包括成本估算、关键路径分析或进度跟踪。**挣值**（earned value）是用于比较不同活动的进展的常用测量：它是比较活动的一种方案，根据每一个活动确定项目完成了多少。挣值的计算包括：相对于总的工作量，每一步在整个过程所占的百分比权重。类似地，给每个部分分配一个规模值，该规模值表示它在总产品中所占的比例，因此，也可以跟踪相对于最终规模的进展，以便在每次评审会议上，可以提出一份类似于图3-21的挣值汇总图。

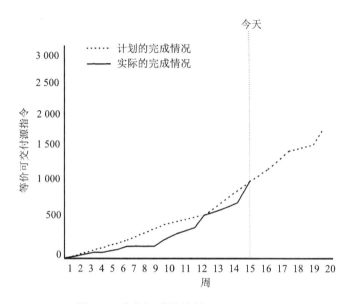

图3-21　挣值汇总图的例子（Parris 1996）

对于产品的完成部分，不再跟踪它的进展，而是跟踪其性能、记录问题。风险承担者为每个问题分配一个优先级，在每周的评审会议上提出每个产品小组列表中的前5个问题的快照以进行讨论。优先级列表会引发一些讨论：为什么会出现这个问题，应该放在什么工作区（work-around），以及将来如何避免类似的问题。

项目经理发现责任模型中存在一个主要的问题：它没有说明不同小组之间协调的有关信息。结果，他们构建软件对小组之间的工作交接进行分类和跟踪，以便每个小组能理解谁正在等待他们的行动或产品。交接模型被用于安排计划，从而消除不希望出现的模式或场景。因此，对交接模型的检查可能会成为评审过程的一部分。

很容易看到责任模型与交接模型结合在一起是如何处理项目管理的。首先，它提供交流和协调机制；其次，它鼓励风险管理，尤其是迫使小组成员在评审会议中检查问题；最后，它把进展报告和问题解决结合在一起。因此，这种模型实际上规定了F-16项目遵循的项目管理过程。

3.6.3　紧密结合里程碑

在第2章中，我们研究了许多过程模型，这些过程模型描述了软件开发的技术活动应该如何进行。在本章，我们讨论几种执行这些活动的项目组织方法。Alpha AXP和F-16的例子说明，项目管理必须与开发过程紧密地集成在一起，不仅是为了跟踪进展，更重要的是为了进行有效的计划和决策，以防止出现重大问题而使项目出轨。Boehm标识出了所有软件开发过程共有的3个里程碑，它们可以作为技术过程和项目管理的基础（Boehm 1996）。

- 生命周期目标。
- 生命周期体系结构。

- 初始运作能力。

我们来更详细地讨论每个里程碑。

生命周期目标里程碑是确保风险承担者就系统目标达成一致。关键风险承担者作为一个小组，他们决定系统的边界、系统将来的运行环境以及系统必须与之交互的外部系统。然后，风险承担者对描述系统将被如何使用的场景进行走查。可以用原型、屏幕布局、数据流或其他表示方法来表示场景，我们将在后面几章中学习其中一些表示方法。如果是关键业务系统或生命攸关系统，场景还应该包括系统失效的实例，以便设计人员能确定发生失效时系统将如何做出反应，或者如何避免关键失效。类似地，还要获取系统的其他重要特征并达成一致意见。其结果是一个初步的生命周期计划，该计划展示（Boehm 1996）以下内容。

- 目标：为什么要开发这个系统？
- 里程碑和进度：到什么时候为止将要完成哪些任务？
- 责任：由谁负责某个功能？
- 方法：从技术上和管理上如何进行这项工作？
- 资源：每项资源需要多少？
- 可行性：这样做可行吗，或者有做这样一件事情令人信服的商业理由吗？

生命周期体系结构与生命周期目标相互协同。生命周期体系结构里程碑的目的是定义系统和软件体系结构，其相关部分将在第5章、第6章和第7章讲述。体系结构的选择必须强调风险管理计划提出的项目风险，要重点关注系统的长期演化，同时也要关注短期的系统需求。

初始运作能力的关键要素是软件本身准备就绪以及系统使用的场所和使用软件的小组的选择和培训。Boehm指出，可以用不同的过程来实现初始运作能力，然后可以在不同阶段应用不同的估算技术。

为了补充这些里程碑，Boehm建议使用双赢螺旋模型（Win-Win spiral model），如图3-22所示。其目的是对第2章研究的螺旋模型进行扩充。这个模型鼓励参与者就系统下一级目标、可选择的方案和约束达成共识。

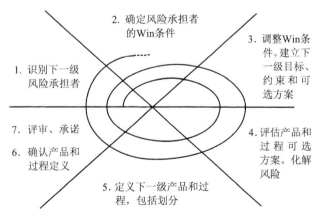

图3-22 双赢螺旋模型（Boehm 1996）

Boehm使用的双赢模型称为W理论（Theory W）方法，Boehm把它应用到了美国国防部的STARS计划中，其重点是开发一套原型软件工程环境。这是应用W理论的一个很好的候选项目，因为政府计划构建的系统与潜在用户需要和期望的系统有很大的差别。双赢模型的应用带来了几个关键的折中产物，包括一组公用的、开放式的接口规格说明的协商，它使工具厂商能以较低的成本得到更大的市场，还包含用以降低风险的3个演示项目。Boehm报告称，空军在该项目花费的成本从交付每行代码需140美元降低到了57美元，而质量从每千行交付代码含3个错误提高到每千行交付代码只含

0.035个错误。其他的几个项目获得了类似的成功。TRW使用带有5次增量的Boehm里程碑，在预算和进度内开发了超过50万行代码的复杂分布式软件。第一次增量包括分布式核心软件，它是生命周期体系结构里程碑的一部分，项目被要求证明其能力满足随时间增长的需求（Royce 1990）。

3.7 信息系统的例子

我们再来研究皮卡地里电视广告播放时段销售系统，看一看如何估算构建这个软件所需的工作量。由于我们处于仅理解软件将要做什么这个初始阶段，我们可以使用COCOMO II的初始工作量模型来估算所需的人月数。一人月（person-month）是一个人一个月中花费在软件开发项目上的时间量。COCOMO模型假定人月数并不包括节假日和休假，也不包括周末的休息时间。人月数与完成构建系统所需的时间不同。例如，一个系统可能需要100人月，但是若由10个人并行地工作，可能在一个月之内就能完成；如果由5个人并行地工作，可以在2个月内就能完成（假定用与前面同样的方式完成任务）。

第一个COCOMO II模型（应用分解）用于开发的最初阶段。这时，我们通过计算应用点来确定项目可能的规模。可以根据3个计算来确定应用点的计数：用屏幕或报表表示的服务器数据表数目，用屏幕或报表表示的客户数据表数目，以及从以前应用中复用的屏幕、报表和模块百分比。假定在构建皮卡地里系统时没有复用任何代码，那么，我们的预测过程中，必须先预测在该应用程序中将会使用多少屏幕和报表。假定初始的估算是需要3个屏幕和1个报表。

- 预约屏幕，它记录一个新的广告销售预约。
- 刊例价格表（ratecard）屏幕，它说明每天、每小时的广告价格。
- 可用性屏幕，它说明哪些时段是可用的。
- 销售报表，它说明每月和每年的总销售额，并与以前的月销售额和年销售额进行比较。

对每个屏幕或报表，使用表3-10提供的指导以及所需数据表数目的估算来生成该屏幕或报表的描述。例如，预约屏幕可能需要使用3种数据表：可用时段表、该客户过去使用情况表、该客户联系信息表（例如姓名、地址、税号和处理该销售的销售代表）。因此，数据表数目少于4，这样我们必须决定是否需要8个以上的视图。由于需要的视图可能不到8个，根据应用点表，把预约屏幕评定为"简单"。类似地，可以把刊例价格表屏幕评定为"简单"，可用性屏幕评定为"适中"，销售报表评定为"适中"。接着，使用表3-11来给各屏幕分配复杂性评分：简单的屏幕为1，适中的屏幕为2，适中报表为5。其汇总如表3-15所示。

表3-15   皮卡地里屏幕和报表的评估

名　　字	屏幕或报表	复杂性	权　　值
预约	屏幕	简单	1
刊例价格表	屏幕	简单	1
可用性	屏幕	适中	2
销售	报表	适中	5

把最右边一列的所有加权值相加，就生成了新的应用点的计数（NOPS），其值为9。假定开发人员具有低的经验和低的CASE成熟度。表3-12显示了这种情况的生产率评分是7。因此，用COCOMO模型可以得到构建皮卡地里系统的估算工作量是NOP除以生产率评分，即1.29人月。

随着我们对皮卡地里系统的需求理解得更多，可以使用COCOMO的其他部分：早期的设计模型和后体系结构模型，它们从代码行或功能点导出按计划进行的工作量估算。这些模型使用的比例指数是根据项目比例因子得出的，见表3-16。

表3-16 COCOMO II早期设计和后体系结构模型的比例因子

比例因子	非常低	低	一般	高	非常高	极高
先例	完全无先例的	很大程度上无先例的	有些先例的了解	总体熟悉	相当熟悉	极为熟悉
灵活性	严格	有时宽松	有些宽松	总体符合	有些符合	总体目标
去除的重大风险	少(20%)	一些(40%)	通常(60%)	总体上(75%)	大部分(90%)	完全(100%)
团队交互过程	交互非常困难	交互有些困难	基本合作的交互	大部分合作	非常合作	无缝合作
过程成熟度	由调查问卷决定	由调查问卷决定	由调查问卷决定	由调查问卷决定	由调查问卷决定	由调查问卷决定

[134]

"极高"的评分是0，"非常高"是1，"高"是2，"一般"是3，"低"是4，"非常低"是5。对每一个比例因子都要进行评分，所有评分的总和用于初始工作量权重的估算。例如，假设我们知道开发团队对正在构建的皮卡地里系统的类型很熟悉，我们可以把第一个比例因子评为"高"。同样，可以把灵活性评为"非常高"、风险决策评为"一般"、团队交互评为"高"，而成熟度评分可能是"低"。对这些评分求和（2+1+3+2+4），得到一个比例因子12。然后，计算比例指数为1.01+0.01（12），即1.13。根据这个比例指数可以得知，如果初始工作量估算是100人月，则相对于表3-16反映的特性，我们新的估算是$100^{1.13}$，即182人月。类似地，成本驱动因子根据工具使用、分析员技能和可靠性需求等特性对估算进行调整。一旦计算出了调整因子，就可以将其与估算的值（182人月）相乘，得出一个调整的工作量估算。

3.8 实时系统的例子

调查阿丽亚娜5型火箭失败的委员会检查了软件、文档以及飞行前和飞行中获取的数据，以确定是什么问题导致了这次失效（Lions et al. 1996）。其报告指出，运载火箭在起飞后39秒开始分裂，因为其冲角超过了20°，致使火箭助推器与主推动器分离，这种分离触发了火箭的自毁。冲角由安装在火箭机载计算机的软件根据活动的惯性参照系统SRI2发送的信号确定。正如报告所指出的，SRI2被假定包含正确的飞行数据，然而它却将诊断位模式错误地解释为飞行数据。已经宣布，错误的数据是一个失败，并且SRI2系统已经关闭。通常，机载计算机应该转换到另一个惯性参照系统SRI1中，但是，SRI1也由于同样的原因被关闭了。

这个错误发生在一个软件模块中，这个模块只在火箭升空前计算有意义的结果。一旦运载火箭升空，这个模块执行的功能就不再有意义，因此，系统的其他部分不再需要它。但是，这个模块根据阿丽亚娜4型火箭的需求，在约40秒的飞行时间内仍继续进行它的计算，而阿丽亚娜5型火箭并不需要这样做。

通过内存读出支持的模拟计算和检查软件本身，重现了导致这一失败的内部事件。因此，如果项目经理开发了一个风险管理计划并对其进行评审，为每一个识别出的风险开发风险避免或风险减轻计划，则可以防止阿丽亚娜5型火箭的销毁。要了解如何进行，再考虑图3-15所示的步骤。风险评价的第一个阶段是风险识别。复用阿丽亚娜4型火箭软件可能出现的问题本来可以通过功能分解识别出来。一些人原本可以在早期认识到阿丽亚娜5型火箭的需求不同于阿丽亚娜4型火箭。或者对假设进行的分析本可以揭示阿丽亚娜4型火箭对SRI的假设不同于阿丽亚娜5型火箭。

[135]

一旦识别出风险，分析阶段就应该包含模拟，它可能突出最终导致火箭销毁的问题。而如果SRI没有像计划的那样工作，优先级分配也会识别风险暴露，高风险可能促使项目团队在实现之前更仔细地分析SRI和它的运行情况。

风险控制包括风险降低、管理计划和风险化解。即使风险评价活动遗漏了从阿丽亚娜4型火箭复用SRI时固有的问题，包括风险避免分析在内的风险降低技术也可能指出，两个SRI可能会因为同样的潜在原因同时关闭。风险避免原本包含两种使用SRI的不同设计，从而使得关闭一个SRI的设计错误不会引起另一个SRI关闭。或者在火箭升空之后不需要SRI计算的事实可能会促使设计人员或实现人员在它破坏角度计算的数据之前尽早关闭SRI。同样，风险化解包括对风险减轻和持续的再评估计划。即使SRI失败这个风险没有在早期被识别，在设计甚至在单元测试阶段的风险再评估也可以在开发中期揭示这个问题，在这个阶段的重新设计或开发可能是昂贵的，但是没有阿丽亚娜5型火箭在其首航中完全销毁那样代价惨重。

3.9　本章对单个开发人员的意义

本章介绍了项目管理中的一些关键概念，包括项目计划、成本和进度估算、风险管理和团队组织结构。即使你不是一名经理，你也可以多方面地利用这些信息。项目计划含有来自包括你在内的所有团队成员的输入，并且对计划的过程和估算技术的理解能使你很好地了解你的输入是如何用于整个团队的决策的。同样，我们已经看到，可能交流路径的数目是如何随着团队规模的增加而增加的。当你在计划你的工作、估算你完成下一项任务将花费的时间时，应该把交流考虑在内。

我们还看到交流风格有着怎样的不同以及它们是如何影响工作中彼此交流的方式的。通过理解团队同事的风格，你可以为他们创建符合他们期望和需要的报告及介绍。你可以为一个具有底线风格的人准备总结信息，而为那些理性的人准备完整的分析信息。

3.10　本章对开发团队的意义

在本章的论述中，你已经学会了如何组织一个开发团队以便团队交互有助于生产出更好的产品。有几种团队结构的选择，从层次的主程序员负责制到松散的忘我方法。每一种团队结构都有其优点，这取决于项目的不确定性和项目的规模。

[136]

我们还看到了项目团队是如何预测和降低风险的。冗余功能、小组评审和其他技术能帮助我们在错误嵌进代码成为故障以及引起失效之前，在早期发现它们。

类似地，成本估算（包括团队成员对说明、设计、编码和测试系统过程进展的估算）应当在早期进行并且经常进行。可以将成本估算和风险管理结合起来：通过成本估算，我们对按时在预算内完成工作表示担忧时，可以用风险管理技术来减轻甚至消除风险。

3.11　本章对研究人员的意义

本章介绍了许多技术，对这些技术仍然需要进行大量的研究。人们对什么样的团队组织结构最适合于哪种情况还知之甚少。同样，成本估算和进度估算模型并不像我们希望的那样精确，而随着对项目、过程、产品和资源特性如何影响开发效率和生产率的逐渐了解，可以对模型进行改进。有些方法（诸如机器学习）看起来有很好的前景，但是需要大量的历史数据才能使模型精确。研究人员可以帮助我们理解在使用估算技术时，如何平衡实用性和精确性。

同样，在将风险管理技术应用于实践方面还需要进行大量的研究。当前对风险暴露的计算在更大程度上是艺术而不是科学，并且需要一些方法来帮助我们使风险计算更恰当、使风险减轻技术更有效。

3.12　学期项目

通常，即使在详细需求准备好之前，公司或组织机构也必须估算完成一个项目所需的工作量和时间。使用本章描述的方法，或者从其他地方选择工具，来估算构建Loan Arranger系统所需的工作量。将需要多少人？他们应该具备什么样的技能？拥有多少经验？你可以使用什么样的工具或技术减少开发花费的时间？

你可能想要使用多种方法来进行估算。如果你这样做了，那么对结果进行比较和对照。对于每种方法的模型和假设进行分析，以了解估算之间产生的任何实质性差异的原因是什么。

一旦完成你的估算，请对这些估算及对其所做的假设进行评估，以了解其中存在多少不确定性。然后进行风险分析。保存你的结果，你可以在项目结束时再来分析它们，以了解哪些风险转变成了真正的问题以及哪些风险通过你选择的风险策略得以减少。

3.13 主要参考文献

有关COCOMO的信息可从南加州大学的软件工程中心网站获得，那里有对COCOMO的最新研究，包括用Java实现的COCOMO II。在这个站点还可以找到COCOMO用户组会议，也可以获得COCOMO II的用户手册副本。关于功能点的有关信息可以从IFPUG（位于俄亥俄州Westerville的国际功能点用户组）获得。 [137]

南加州大学软件工程中心也进行风险管理的相关研究。可以从其官方网站下载软件风险技术报告的副本，也可以从其官站了解到最新的研究工作。

英国波恩茅斯大学的实验软件工程研究小组（Empirical Software Engineering Research Group）的站点上介绍并且提供了基于个人计算机的支持估算的工具。

在几家生产商用项目管理和成本估算工具的公司的网站上可以找到一些可用的信息：SLIM成本估算软件包的生产商量化软件管理公司（Quantitative Software Management）。软件生产力研究公司（Software Productivity Research）提供名为Checkpoint的软件包，在其网站上可以找到有关信息。计算机联合公司（Computer Associates）开发了大量项目管理工具，包括针对成本估算的Estimacs和针对计划的Planmacs。其产品的全面描述可以在其网站上找到。

位于犹他州奥格登市的Hill空军基地的软件技术支持中心创办了名为*CrossTalk*的时事通信，报道有关方法和工具的评估。关于成功获取和成功管理的指导原则可在其官站找到，它的网页还包括与其他技术领域的链接，包括项目管理和成本估算，可以在其官站找到这些列表。

团队建设和团队交互对于好的软件项目来说至关重要。Weinberg在他的软件质量丛书第2卷中讨论了工作风格及其在团队建设中的应用（Weinberg 1993）。Scholtes的材料讨论了如何对付难以相处的小组成员（Scholtes 1995）。

小型项目的项目管理必然不同于大型项目。*IEEE Computer*在1999年10月刊上强调了关于小型项目的软件工程，其中有关于小型项目、互联网的时间压力和极限编程的相关文章。

Web应用的项目管理与较为传统的软件工程有所不同。Mendes和Moseley（2006）探讨了两者之间的区别，尤其是，他们在其有关Web工程的书中讨论了Web应用的估算问题。

3.14 练习

1. 你打算烤制一个带有糖霜的双层生日蛋糕。请将这个烤蛋糕项目描述为工作分解结构，并根据这个结构生成一张活动图，指出关键路径是什么？

2. 图3-23是一个软件开发项目的活动图。对应于图中每条边的数字表示完成这条边代表的活动所需的天数。例如，完成终止于里程碑E的活动需要4天时间。对于每个活动，列出它的前驱，并计算最早开始时间、最晚开始时间和时差。然后确定出关键路径。 [138]

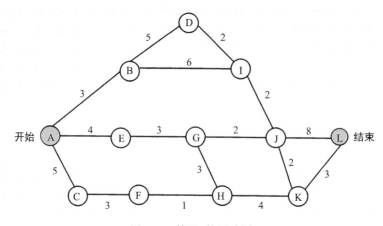

图3-23 练习2的活动图

3. 图3-24是一张活动图。找出其关键路径。

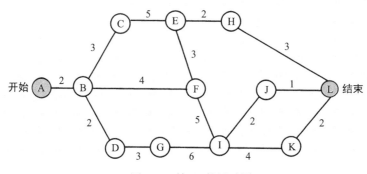

图3-24 练习3的活动图

4. 针对一个软件开发项目，哪些活动可以并行进行？解释为什么活动图有时会隐藏这些活动的相互依赖性。

5. 对于一个落后于进度的项目，说明增加人员怎么会使项目的完成日期更加延后。

6. 一个大的美国政府机构希望与一家软件开发公司就一个项目签订一份合同，该项目包含20 000行代码。Hardand软件公司使用Walston和Felix的估算技术来确定编写这么多代码所需的时间以及人员数。Hardand公司进行的估算将需要多少人月？如果政府的项目规模估算低了10%（即20 000行代码只表示了实际规模的90%），还将要增加多少额外的人月？总的来讲，如果政府的规模估算低了$k\%$，则人员估算必须改变多少？

7. 解释为什么开发一个实用程序会比开发一个应用程序耗费更长的时间，并且也比开发一个系统程序耗费更长的时间。

8. Manny的制造企业必须决定构建一个软件包还是购买一个软件包以掌握其存货情况。Manny的计算机专家估计购买程序的成本是325 000美元。若要构建内部程序，程序员每个月将花费5000美元。Manny在进行决策时应该考虑什么因素？什么时候构建软件更好？什么时候购买软件更好？

9. Brooks宣称，在项目后期增加人员会更加延迟项目的开发（Brooks 1975）。一些进度估算技术似乎表明向项目中增加人员可以缩短开发时间。这是矛盾的吗？为什么？

10. 许多研究表明，项目延迟的两个主要原因是需求变化（称为需求的多变性或不稳定性）和雇员调整。回顾本章讨论的成本模型，并加上你在工作中可能使用的任何知识，确定哪种模型具有反映这些原因影响的成本因素。

11. 即使你在做学生项目，在按时完成项目方面也有极大的风险。分析一个学生软件开发项目并列出其中的风险。风险暴露是什么？可以使用什么技术来减轻各种风险？

12. 很多项目经理根据过去项目中程序员的生产率来计划项目的进度，生产率通常根据单位时间的单位规模来测量。例如，一个组织机构可能每天生产300行代码或每月生产1200个应用点。用这种方法测量生产率合适吗？根据下列事项讨论生产率的测度：

   ● 用不同的语言实现同样的设计，可能产生的代码行数不同。
   ● 在实现开始之前不能用基于代码行的生产率进行测量。
   ● 程序员可能为了达到生产率的目标而堆积代码。

140

第4章

获取需求

本章讨论以下内容：
- 从客户引发需求；
- 建模需求；
- 评审需求以保证需求的质量；
- 文档化需求，供设计和测试小组使用。

在前面的章节中，在讨论各种过程模型的时候，我们注意到成功的软件开发所具有的几个关键步骤。尤其是，每一个软件开发过程模型都包含了以获取需求为目的的活动：理解客户的基本问题和目标。因此，对系统目标和功能的理解是从检查需求开始的。本章将讨论各种类型的需求，以及它们各自的出处。还将讨论如何解决冲突的需求。我们将详细讨论各种使用自动化技术和手工技术的建模表示法和需求规格说明方法。这些模型有助于我们理解需求并文档化它们之间的关系。一旦需求被很好地理解，我们就学习如何对它们进行正确性和完整性评审。在本章的最后，我们将学习如何根据项目的规模、范围和任务的关键程度，来选择适合于所构造项目的需求规格说明方法。

分析需求绝不是仅仅记下客户想要什么。正如将要看到的，我们必须在客户和我们之间达成一致，在能够构建测试过程的基础上发现需求。首先，我们严格论述什么是需求，为什么需求如此重要（见补充材料4-1），以及如何与客户、用户一起定义需求和文档化需求。

补充材料4-1　为什么需求很重要

构建软件系统最艰难的一个部分是准确地决定要构建什么。没有其他的概念性工作像建立详细的技术需求这样困难，包括所有对人的界面、对机器的接口以及对其他软件系统的接口。没有其他部分像它这样，如果做错了，会对最终系统造成如此大的损害。没有其他部分在后期比它更难以调整。

（Brooks 1987）

1994年，Standish Group调查了350多家公司的8000多个软件项目，了解它们的进展情况。调查结果让人吃惊，31%的软件项目在完成之前就取消了。另外，在大公司中，只有9%的项目按时在预算内交付，而在小公司中，满足这些标准的有16%（Standish 1994）。从那时起，一直报告有类似的结果，基本都是说开发人员难以按时在预算内交付正确的系统。

为了解其中的原因，Standish请求被调查者解释其项目失败的原因（Standish 1995）。首要的原因如下。

(1) 不完整的需求（13.1%）。

(2) 缺少用户的参与（12.4%）。

(3) 缺乏资源（10.6%）。

(4) 不切实际的期望（9.9%）。

(5) 缺乏行政支持（9.3%）。

(6) 需求和规格说明的变更（8.7%）。

(7) 缺乏计划（8.1%）。

(8) 不再需要该系统（7.5%）。

请注意，几乎所有这些因素都涉及需求引发、定义和管理过程的某些部分。缺乏对于理解、文档化和管理需求的关注可能会导致种种问题：构建的系统解决的是错误的问题，它无法像预期的那样运行，或者用户难以理解和使用。

此外，如果在开发过程的早期没有检测到并且修复需求错误，那么，这些需求错误的代价可能会很高昂。Boehm和Papaccio的报告（Boehm and Papaccio 1988）称，如果在需求定义过程中找出并修复一个基于需求的问题只需花费1美元，那么，在设计过程中做这些工作就要花费5美元，在编码过程中就要花费10美元，在单元测试过程中就要花费20美元，而在系统交付后要花费200美元之多！因此，花时间理解问题及其背景，然后在第一时间内修复需求，这样做是值得的。

4.1 需求过程

客户要求我们构造一个新系统时，他们会对系统应该做什么有一些想法。通常，客户想要对手工任务进行自动化，例如电子付账而不是用手写的支票。有时，客户想要增强或扩充当前的手工系统或自动化系统。例如，一个电话计费系统，目前仅向使用本地电话服务和长途电话服务的客户收费，可能要更新为可以对呼叫转移、呼叫等待以及其他新特征计费的系统。更为常见的是，客户想要一个能够执行他们以前从未做过的事情的新系统：按照客户的兴趣剪裁电子新闻，改变飞机机翼的形状，或者监控糖尿病患者的血糖并自动控制胰岛素的剂量。无论它的功能是新的还是旧的，每一个提议的软件系统都有一个目的，这个目的通常按照目标或期望的行为来表示。

需求（requirement）就是对期望的行为的表达。需求处理的是对象或实体，它们可能处于的状态，以及用于改变状态或对象特性的功能。例如，假定我们正在构建一个为客户的公司生成工资单的系统。一个需求可能是每两个星期发放一次工资单。另一个需求是对于一定薪水级别（或更高）的雇员，将他的薪水直接为其存起来。客户可能要求在公司不同的地点访问该工资单系统。所有这些需求都是针对系统总体目标的功能和特性的具体描述：目的是生成工资单。因此，我们寻找这些需求：标识关键实体（雇员是公司要支付薪水的人）、限定实体（雇员得到的薪水不超过每星期40小时），或定义实体之间的关系（如果雇员Y有权改变雇员X的薪水，那么Y是X的领导）。

请注意，这些需求都没有说明系统是如何实现的。没有提及使用什么数据库管理系统，是否采用客户–服务器体系结构，计算机将配多少内存，或者必须使用哪种程序设计语言来实现系统。这些特定于实现的描述不被认为是需求（除非它们是由客户强行规定的）。需求阶段的目标是理解客户的问题和需要。因此，需求集中于客户和问题，而不是解决方案和实现。我们通常说，需求指定客户想要什么行为，而不是如何实现这些行为。在问题被清晰定义之前，任何对解决方案的讨论都是过早的。

将需求描述为现实世界中的现象之间的交互，而不涉及系统的现象，是很有帮助的。例如，计费系统的需求应该提及客户、计费服务、计费时段和费用额，而不提及系统数据或过程。我们部分采用这种方法抓住客户需要的核心内容，因为有时陈述的需要并不是实际的需要。再者，客户的问题通常易于按照客户的业务来陈述。我们采用这种方法的另一个原因是，在决定如何实现需求上，给予设计人员最大的灵活性。在**规格说明**（specification）阶段，将决定我们的软件系统将完成哪些需求（相对于由专用硬件设备处理的需求，由其他软件系统实现的需求，或者由操作人员或用户完成的需求）。在**设计**（design）阶段，我们将制定关于将如何实现指定行为的计划。

图4-1说明了提议的软件系统的需求定义过程。执行这些任务的人通常称为**需求分析员**（requirement analyst）或**系统分析员**（system analyst）。作为需求分析员，我们通过提出问题、检查当前行为或示

范类似的系统与客户一起引发需求。接着，我们用模型或原型来获取需求。这有助于我们更好地理解需要的行为，并且通常会引发关于客户在一定情况下想要什么的额外问题。（例如，如果雇员在薪水支付期间离开公司会怎样？）一旦需求被很好地理解了，就进展到规格说明阶段，在该阶段中，我们决定哪些必需的行为将在软件中实现。在确认阶段，检查我们的规格说明是否与客户期望在最终产品中看到的相匹配。分析和确认活动可能暴露我们的模型或需求规格说明中的问题或遗漏，使我们重新考虑客户的需求，以及重新修改模型和规格说明。需求过程的最终结果是软件需求规格说明（SRS），它用于与其他软件开发人员（设计人员、测试人员、维护人员）交流，探讨最终产品的行为。补充材料4-2讨论敏捷方法的使用是如何影响需求过程以及最终的需求文档的。本章的剩余部分将更详细地探讨需求过程。

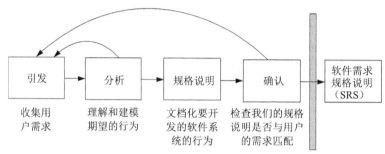

图4-1　获取需求的过程

补充材料4-2　敏捷需求建模

正像我们在第2章指出的，在决定是否使用敏捷方法作为软件开发的基础这个问题上，需求分析起着很大的作用。如果需求交织在一起且很复杂，或者，如果将来的需求以及系统增强很可能引起系统体系结构的重大变化，那么，最好使用强调前端建模的"重量级"过程。在重量级过程中，开发人员将编码推迟到已经对需求进行了建模和分析，提出了反映需求的体系结构，以及详细的设计已经完成之后。其中每一步都需要模型，并且模型之间是相关的、相互配合的，以便于使设计完全实现需求。这种方法最适合于大型团队开发，其中的文档有助于开发人员协调他们的工作，对于安全攸关的系统，系统的安全性和正确性比其发布日期更加重要。

但是，对于没有确定需求的开发来讲，采用重量级过程会很麻烦，必须随着每一次需求变化而更新模型。这种情况下，可以采用另一种方法——敏捷方法，它能递增地收集和实现需求。首次发布按照风险承担者定义的业务目标实现最重要的需求。随着系统使用和对问题的更好理解而出现的新需求会在系统后续的发布中加以实现。这种增量开发方法允许"有价值软件的早期和持续的交付"（Beck et al. 2001），接纳新出现的和迟发现的需求。

极限编程（XP）将敏捷需求过程用到极端，在需求刚被定义的时候就构建系统，没有关于将来需求的计划和设计。此外，XP放弃传统的需求文档，而是将需求编码为最终实现必须通过的测试用例。Berry（2002a）指出，敏捷方法的灵活性上的权衡使得在增加、删除或改变需求时，很难对系统进行修改。但是还可能有另外的问题：XP使用测试用例来指定需求，因此，编写质量不好的测试用例可能导致本章所描述的某种误解。

4.2　需求引发

需求引发是过程中极为关键的一部分。我们必须使用各种技术来确定用户和客户到底想要什么。有时我们要自动化一个手工系统，因此很容易检查系统已经做了什么。但是通常，我们必须与客户、用户一起理解一个全新的问题。这个任务很少会像正好向客户询问一个他们已经胸有成竹的问题那样简单。在项目的早期阶段，需求对每一个人来讲都是含糊的，形式也是混乱的。客户并不总是擅长于准确描述他们想要什么或需要什么，并且我们并不总是擅长于理解他人的业务含义。客户了解他们自己的业务，但是并不总是能够向其组织外的人描述他们的业务问题。他们的描述充满了行话，并且假定一些理所当然的内容，而我们可能对此并不熟悉。同样，作为软件开发人员，我们熟知计算机解决方案，但并不总是知道可能的解决方案将会对客户的业务活动产生怎样的影响。我们也同样使用行话，并做出假设，并且有时认为每一个人都说同样的语言，而实际上，对同样的词，人们也有不同的理解。只有通过同每一个与系统成败相关的人讨论需求，将这些不同的观点合并成一致的一组需求，并且与风险承担者一起评审这些文档，才能使所有人都对需求是什么达成一致（见补充材料4-3表述的另一种观点）。如果我们不能就需求达成一致，项目注定要失败。

补充材料4-3 用"观点集"来管理不一致性

尽管大部分软件工程师力争一致的需求，但Easterbrook和Nuseibeh主张，在需求过程中，通常值得容忍甚至鼓励不一致性（Easterbrook and Nuseibeh 1996）。他们声称，由于风险承担者对领域的理解和需要会随着时间的推移而发生变化，设法在需求过程的早期解决不一致性是毫无意义的。早期解决不一致性，其代价是高昂的，也是没有必要的（随着风险承担者修正他们的观点，这种早期解决会自然地出现）。如果解决的过程将焦点放在如何达成一致上，而不是不一致性的根本原因上，那么还可能是有害的（例如，风险承担者对领域的误解）。

相反，Easterbrook和Nuseibeh提议，在软件开发的整个过程中，应将风险承担者的看法文档化并维护在单独的"观点集"（viewpoints）中（Nuseibeh et al. 1994）。需求分析员定义"观点"之间的一致性规则（例如，一个"观点"中的对象、状态或转移与另一个"观点"中的类似实体是如何对应的；或者，一个"观点"是如何细化另一个"观点"的），并对"观点集"进行分析，看看它们是否符合一致性规则。如果违反了一致性规则，将不一致性记录为"观点集"的一部分，这样，其他软件开发人员就不会错误地实现一个正在争论的观点。当对一个相关的"观点"进行修改时，对记录的不一致性重新进行检查，看看是否"观点集"还是不一致的；并对一致性规则进行定期检查，看看是否不断演化的"观点集"破坏了规则。

这种方法的结果是，需求文档包含了所有风险承担者所有时候的观点。突出了不一致性，但是，直到获得足够信息的时候才解决不一致性，以进行基于可靠信息的决策。这样，我们避免了使自己做出不成熟的需求或设计决策。

那么，谁是风险承担者？事实证明，很多人都对新系统的需求会产生某种程度的影响。

- 委托人，那些为要开发的软件支付费用的人。委托人为开发支付费用，从某种程度上讲，他们是最终的风险承担者，并且对软件做什么具有最终的话语权（Robertson and Robertson 1999）。
- 客户，在软件开发之后购买软件的人。有时，客户和用户是同一个人；有时，客户是希望提高其雇员生产率的业务管理人员。我们必须完全理解客户的需要，构建他们将会购买以及感到有用的产品。
- 用户，熟悉当前系统，并将使用最终系统的那些人。他们是当前系统如何运转的专家：哪些特征是最有用的？系统的哪些方面需要改进？我们还可能希望与特殊人群协商，例如不熟悉或不便使用计算机的残疾人用户、专家用户，等等，以了解他们的特殊需要。
- 领域专家，对软件必须自动化的问题很熟悉的那些人。例如，如果我们要构建一个金融软件包，就会向金融专家请教；或者，如果我们的软件要模拟天气，就会向气象学家请教。这些人可以对需求做出贡献，或者知道产品将面临什么样的环境。
- 市场研究人员，进行调查，以确定将来的趋势以及潜在客户的需要的那些人。如果正在开发的软件面向巨大的市场，并且还没有确定具体的客户，他们就可能假设一些客户的角色。

144
~
145

146

- 律师或审计人员，对政府、安全性以及法律的需求熟悉的那些人。例如，我们可能请教一个税收专家，以确保工资软件包符合税收法。我们还可能就产品功能相关的标准向专家请教。
- 软件工程师或其他技术专家。这些专家确保产品在技术上和经济上是可行的。他们可以向客户讲授新的硬件或软件技术，以及推荐采用这些技术的新功能。他们还可以估算产品的成本和开发时间。

每一个风险承担者都用不同的观点看待系统以及系统该如何运转，并且，这些观点通常相互冲突。需求分析员具备很多技能，其中之一是理解每一种观点并以一种反映每一个参与者关注点的方式获取需求的能力。例如，一个客户可能指定要系统执行一个特殊任务，但是，该客户不一定是打算要构建的系统的用户。用户可能想要3种执行任务的模式：学习模式、新手模式和专家模式，这种方式将使用户能够逐渐地学习和掌握系统。很多字处理系统都是以这种方式实现的，从而使新用户能够逐渐适应新的系统。但是，当易使用性要求系统比需求允许的响应时间更慢的时候，冲突就会出现。

而且，不同的参与者可能期望需求文档具备不同的详细程度，这种情况下，需要针对不同的人员以不同的方式打包需求。另外，用户和开发人员可能对其他组的关注点和行为带有先入之见（正确的或错误的），表4-1对一些典型情况进行了总结。该表强调在软件系统开发中人与人之间的交互的作用，好的系统分析员需要优秀的人际交往技能以及扎实的技术技能。本书的配套网站为处理这些先入之见之间的区别提供了一些建议。

表 4-1　用户和开发人员如何相互看待（Scharer 1990）

开发人员如何看待用户	用户如何看待开发人员
用户并不知道他们想要什么	开发人员并不理解操作需求
用户不能清楚地表明他们想要什么	开发人员不能将清晰陈述的需求转变为成功的系统
用户不能够提供可用的需求陈述	开发人员对需求定义设置不现实的标准
用户提出太多的含有政治动因的需求	开发人员过于强调技术
用户立刻就想要一切	开发人员总是推迟
用户不能保持进度	开发人员不能对合法变化的需要做出及时响应
用户不能对需求划分优先级	开发人员总是超出预算
用户不愿意妥协	开发人员总是说"不"
用户拒绝为系统负责任	开发人员试图告诉我们如何做我们的本职工作
用户未对开发项目全力以赴	开发人员要求用户付出时间和工作量，甚至损害到用户的主要职责

除了与风险承担者进行会谈之外，其他需求引发的手段包括以下几种。

- 评审可用文档，例如，记录下来的手工任务的过程，自动化系统的规格说明和用户手册等。
- 观察当前系统（如果存在），收集关于用户如何执行任务的客观信息，更好地理解我们将要自动化或改变的系统；通常，当开发一个新的计算机系统的时候，还会继续使用旧的系统，因为它提供新系统设计人员忽视的一些关键功能。
- 做用户的学徒（Beyer and Holtzblatt 1995），在用户执行任务的时候，更详细地进行学习。
- 以小组的方式与用户和风险承担者进行交谈，以便相互启发。
- 使用特定领域的策略，例如联合应用设计（Wood and Silver 1995），或者针对信息系统的PIECES（Wetherbe 1984），确保风险承担者考虑与特殊情形相关的特定类型的需求。
- 就如何改进打算要构建的产品，与当前的和潜在的用户一起集体讨论。

Volere需求过程模型（Robertson and Robertson 1999），如图4-2所示，提出一些额外的需求资源，例如我们已经开发过的相关系统的需求模板和需求库。

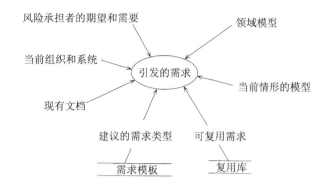

图4-2 可能的需求源（Robertson and Robertson 1999）

4.3 需求的类型

当大部分人考虑到需求的时候，都认为是需要的**功能**：应该提供什么样的服务？应该执行什么操作？对某些刺激应做何反应？随着时间的推移和对历史事件的反应，系统行为如何变化？**功能需求**（functional requirement）根据要求的活动（如对输入的反应、活动发生时每一个实体之前的状态和之后的状态）来描述需要的行为。例如，对一个工资系统来讲，功能需求规定：多长时间发放一次工资单，打印工资单需要的输入是什么，在什么情况下可以改变工资支付的金额，什么原因会导致从工资单列表中删除某个雇员。

功能需求定义问题解决方案空间的边界。解决方案空间是使得软件满足需求的设计方式的集合。最初，该集合可能会很大。但是，在实践中，就一个软件产品而言，仅仅计算正确的输出是不够的。还有其他类型的需求，将可接受的产品和不可接受的产品区分开来。**质量需求**（quality requirement），或**非功能需求**（nonfunctional requirement），描述一些软件解决方案必须拥有的质量特性，如快速的响应时间、易使用性、高可靠性或低维护代价。**设计约束**（design constraint）是已经做出的设计决策或限制问题解决方案集的设计决策，例如平台或构件接口的选择。**过程约束**（process constraint）是对用于构建系统的技术和资源的限制。例如，客户可能坚持使用敏捷方法，以便在继续增加新特征的时候能够使用早期版本。因此，质量需求、设计约束以及过程约束通过将可接受的、喜欢的解决方案与无用的产品加以区分，进一步限制了我们的解决方案空间。表4-2给出每一种需求的例子。

表4-2 引出不同类型需求的问题

功能需求	电磁干扰？
功能	● 是否对系统的规模有所限制？
● 系统将做什么？	● 是否在电源、供热或空调上有所限制？
● 系统什么时候做？	● 是否会因为现有的软件构件而对程序设计语言有所限制？
● 有多种操作模式吗？	接口
● 必须执行什么种类的计算或数据转换？	● 输入是来自一个还是多个其他系统？
● 对可能刺激的合适反应是什么？	● 输出是否传送到一个或多个其他系统？
数据	● 输入/输出数据的格式是否是预先规定的？
● 输入、输出数据的格式应该是什么？	● 数据是否必须使用规定的介质？
● 在任何时间都必须保留任何数据吗？	用户
	● 谁将使用系统？
设计约束	● 将会有几种类型的用户？
物理环境	● 每类用户的技术水平如何？
● 设备安放在哪儿？	
● 在一个地方还是多个地方？	**过程约束**
● 是否有任何环境的限制，例如温度、湿度或者	资源

[148]

（续）

• 构造系统需要哪些材料、人员或其他资源？ • 开发人员应该具有怎样的技能？ 文档 • 需要多少文档？ • 文档是联机的，还是印刷的，还是两种都要？ • 每种文档针对哪些读者？ 标准 **质量需求** 性能 • 有没有执行速度、响应时间或吞吐量的约束？ • 使用什么效率测量方法测量资源使用和响应时间？ • 多少数据将流经系统？ • 数据接收和发送的时间间隔是多少？ 可用性和人的因素 • 每类用户需要什么类型的培训？ • 用户理解并使用系统的难易程度如何？ • 就一个系统而言，在多大程度上防止用户误用系统？ 安全性 • 必须控制对系统或信息的访问吗？ • 应该将每个用户的数据和其他用户的数据隔离开吗？	• 应该将用户的程序和其他程序以及操作系统隔离开吗？ • 要采取预防措施以防止盗窃或蓄意破坏吗？ 可靠性和可用性 • 系统需要检测并隔离故障吗？ • 规定的平均失效间隔时间是多少？ • 失效后重新启动系统允许的最大时间是多少？ • 系统多久备份一次？ • 备份副本要存放在不同的地方吗？ • 要采取预防措施以防止水灾、火灾吗？ 可维护性 • 维护仅仅是修正错误？或者还包括改进系统？ • 系统可能会在将来的什么时候以什么方式被改变？ • 给系统增加特征的难易程度如何？ • 从一个平台（计算机，操作系统）向另一个平台移植系统容易吗？ 精度和精确性 • 数据计算的准确度要求有多高？ • 计算的精度要达到什么程度？ 交付时间/成本 • 有预先规定的开发时间表吗？ • 花费在硬件、软件或开发上的资金量有限制吗？

质量需求有时似乎像所有产品都应该具备的"母性"特性。毕竟，谁会想要一个慢的、不友好的、不可靠的、不可维护的软件系统呢？最好将质量需求看作是可以优化的设计标准，并且可用于在功能需求的实现方案中进行选择。采用这种方法，需求要回答的问题是：一个产品满足质量需求到何种程度才算是可接受的？补充材料4-4解释如何表达质量需求，使得我们可以测试其是否得到满足。

补充材料4-4 使需求可测试

在编写优秀设计的时候，Alexander（1979a）鼓励我们使需求成为可测试的。他此时是指，一旦规定了需求，就应该能够确定提出的解决方案是否满足需求。这种评估必须是客观的，也就是说，关于需求是否得到满足的结论不会随着是谁进行评估而发生变化。

Robertson等人指出（Robertson and Robertson 1999），在需求引发的时候就可以处理可测试性了（他们称作"可测量性"）。其思想是量化每一个需求必须满足的程度。这些**适配标准**（fit criteria）构成判断提出的解决方案是否满足需求的客观标准。当难以表达这样的标准时，需求很可能就是含糊的、不完整的或者不正确的。例如，某个客户可能会这样陈述需求：

要能够立即访问水质的信息。

如何测试产品是否满足这条需求？客户可能很清楚地知道"立即"的含义，但是必须在需求中明确表示出这种概念。我们可以更准确地重新陈述我们所说的"立即"的含义：

要在请求后5秒钟内检索到水质的记录。

可以对第二种形式的需求进行客观的测试：发出一连串请求，然后检查系统是否能在每次请求后的5秒内提供记录。

确定能够自然量化的质量需求的适配标准是相对容易的（例如，性能、规格、精度、精确性、交付时间）。那么对于更为主观的质量需求（如可使用性、可维护性）又会怎样呢？在这些情况下，开发人员使用焦点组或度量来评估适配标准。

- 75%的用户应该认为新系统的可使用性与现有系统一样。
- 在培训之后，90%的用户应该能够在5分钟内处理一个新账户。
- 一个模块至多封装一种类型的数据表示。
- 计算错误应该在报告之时起的3个星期内得到修复。

不能在最终产品交付前就进行评估的适配标准则更难评价：

- 系统每年不可用的时间最多不应该超过3分钟。
- 平均失效间隔时间应该不少于1年。

在这些情况下，我们或者评估系统的质量属性（例如，存在一些评估系统可靠性的技术，以及估算每行代码的故障数目的技术），或者在已经交付的系统运转的时候对其进行评估，如果系统不能做到它的承诺，就要承受经济处罚。

有趣的是，要测量的都能进行测量。也就是说，除非适配标准是不现实的，否则就有可能得到满足。关键是与客户一起确定，如何证明一个交付的系统满足其需求。Robertson他们提出了3种方式，使需求成为可测试的。

- 指定每个副词和形容词的定量描述，这样限定词的含义就清楚、明确了。
- 用特定实体的名称替换代名词。
- 要确保在需求文档的某个地方，准确地定义每个名词。

质量功能展开（QFD）学院倡导的另一种方法（Akao 1990）是将质量需求实现为专用功能需求，并通过测试它们相关联的功能需求的满足程度来测试质量需求。这种方法对某些质量需求很有效，但对另一些则不然。例如，可以将实时需求表示为：所需功能发生时的附加条件或约束。其他质量需求，例如安全性、可维护性以及性能等，可以通过采用现有的设计和协议（专门针对优化特定质量需求开发的）来处理。

4.3.1 解决冲突

在设法从所有相关的风险承担者引发所有需求的过程中，一定会遇到这样的情况：大家对"需求应该是什么"的看法不一致。请求客户对需求进行优先级划分通常是有用的。这样的任务迫使客户进行思考：提议的服务或特征中哪些是最重要的。一种大致的优先级划分方案可能将需求分为以下3类。

(1) 绝对要满足的需求（必需的）。

(2) 非常值得要的但并非必需的需求（值得要的）。

(3) 可要可不要的需求（可选的）。

例如，信用卡记账系统必须能够列出最近的费用，将它们加起来并要求在某个日期前支付，这是必需的需求。但是，该记账系统也可能按照购买类型区分费用，以帮助购买者理解购买的模式。这种购买类型分析是值得要的需求，但是可能不是必需的需求。最后，记账系统可能要求用黑颜色来打印贷方账目，而用红颜色打印借方账目，这种需求是有用的，但它是可选的需求。按照类别对需求进行优先级的划分，能够帮助所有相关人员理解自己到底需要什么。当软件开发项目受到时间或资源的限制时，这种做法也很有用。如果系统的成本太高或者开发的时间太长，就可以去掉可选需求，并对值得要的需求进行分析，考虑是去掉还是延迟到后续版本中。

在解决质量需求之间的冲突时，优先级尤其有用。通常，两种质量属性会是冲突的，这样就不能同时优化两者。例如，假定要求一个系统既是可维护的又能够快速反应。如果我们采用这样的设计：将不同部分分离和封装起来以强调可维护性，那么，系统就可能在性能方面表现得较慢。同样地，专门使一个系统在一个平台上执行得特别快，就会影响其到其他平台的可移植性；安全系统必需的控制访问会限制对一些用户的可用性。强调安全性、可靠性、健壮性、可使用性或者性能可能都会影响可维护性，因为实现任何这些特性都会增加设计的复杂度并减少其一致性。对质量需求划分优先级迫使用户在那些软件质量因素中，选择最关心的因素，这有助于我们针对客户的质量需求，提供合理的（如果不是最优的）解决方案。

通过标识或获得适配标准（它为这些需求建立清晰的验收测试），还可以避免试图优化多个冲突的质量需求（见补充材料4-4）。但是，如果我们不能满足适配标准会怎样呢？那么，可能就是重新评估风险承担者的观点和进行商谈的时候了。然而，商谈并不是容易的，它需要技能、耐心和经验，以找到相互可接受的解决方案。幸运的是，风险承担者很少反对软件系统要处理的基本问题，更为可能的是，在解决问题的可能的方法、设计约束方面发生冲突（例如，风险承担者可能坚持使用不同的数据库系统、不同的加密算法、不同的用户界面，或不同的程序设计语言）。更为严重的是，风险承担者可能不同意需求的优先级，或者系统涉及的业务策略。例如，一个大学的学院或系可能需要不同的政策来评估学生在各自专业中的表现，而大学行政管理人员可能更喜欢统一和一致的政策。问题的解决要求完全确定为什么每一个风险承担者坚持特定的方法、政策或优先权排序（例如，他们可能担心成本、安全性、速度或质量），然后需要就基本需求达成一致。通过有效的商谈，风险承担者将可以理解和重视相互之间的基本需求，并将争取满足每一个人的决议。这种决议与任何风险承担者的最初观点都有很大的不同。

4.3.2 两种需求文档

最后，很多不同的人以很多不同的目的来使用需求。需求分析人员和他们的客户用需求来解释他们对系统行为的理解；设计人员将需求看作是可接受解决方案要考虑的约束；测试小组根据需求得出一套验收测试，将用于向客户证明交付的系统确实就是订购的系统；维护小组使用需求来帮助他们确保系统增强（"bug"修复，新功能增加）并没有干扰系统最初的目标。有时，单个文档就可满足所有这些需要，使客户、需求分析人员和开发人员达成共识。但是，通常需要的是两个文档：一个是需求定义，它面向业务相关的人员，例如，委托人、客户以及用户；另一个是需求规格说明，它面向技术性人员，例如，设计人员、测试人员以及项目经理。

[153] 我们使用一个日常的小例子（Jackson and Zave 1995）来说明这种区别。考虑一个安放在动物园入口的软件控制的十字转门。当向该十字转门投入一枚硬币的时候，锁打开，游客推开十字转门，进入动物园。一旦锁开着的十字转门旋转到使一个人能够进去的程度之后，就重新锁住，防止另外一个未付费的人进入。

需求定义（requirement definition）是客户想要的每一件事情的完整列表。该文档通过描述将要安装待开发系统的环境中的实体，以及关于这些实体的约束、监控和转换，来表述需求。要构建的系统的目的就是实现这些需求（Jackson and Zave 1995）。因此，需求完全根据环境来编写，描述要构建的系统是如何影响环境的。十字转门这个例子有两条需求：（1）未付费的人不能进入动物园；（2）对每一次付费，系统都不应该阻止其相应的进入。① 该需求定义通常是由客户和需求分析员一起编写的，它表示描述开发人员承诺向客户交付什么功能的一个合同。

需求规格说明（requirement specification）将需求重新陈述为关于要构建的系统将如何运转的规格说明。该规格说明也是完全按照环境来编写的，唯一的区别是它仅仅提及系统通过其接口可访问的环境实体。也就是说，系统边界清楚地说明了可以被系统监控和控制的那些实体。图4-3说明了这种区别，需求定义可以处于环境域的任何地方，可能包括系统的接口；规格说明仅仅限制在环境域和系统域的交集处。要理解这种区别，可以考虑这个需求：未付费的人不应进入动物园。如果十字转门有一个插入硬币的槽，并能够检测什么时候投入的硬币是有效的，那么，它可以确定什么时候

---

① 第二条需求的更为直观的表述是，付费的任何人都允许进入动物园，这是不可实现的。系统无法防止一些外部因素阻止付费的游客进入，比如，另一个游客可能在付费的游客进入之前推开开着锁的十字转门，动物园可能在付费的游客进入十字转门之前关闭，付费的游客可能决定离开，等等（Jackson and Zave 1995）。

已经付费了。相比较之下，进入事件这个概念可能处于系统范围之外。因此，必须重新编写需求，说明进入事件仅仅使用十字转门能够检测和控制的事件和状态，例如十字转门的锁是否是开着的，十字转门是否检测到一个游客在推它，等等：

> 当一个游客使用一定的力来推动锁开着的十字转门时，十字转门将自动旋转半周，然后锁上。

这样规格说明细化了最初的需求定义。

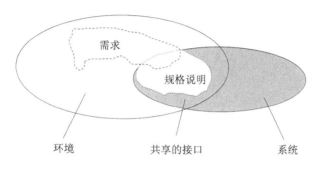

图4-3　需求与规格说明

需求规格说明是由需求分析员编写的，供其他软件开发人员使用。需求分析员必须特别注意，在将需求细化为规格说明时，没有丢失或改变信息。在定义文档中的每一条需求与规格说明文档中的那些需求之间，必须有直接的对应关系。

154

4.4　需求的特性

要确保最终的产品是成功的，高质量的需求非常重要，未指定的通常是不需要构建的。我们在本章的后面讨论如何确认或验证需求。同时，我们在下面列出应该检查的特性。

(1) 需求是正确的吗？我们和客户都应该评审需求文档，确保它们符合我们对需求的理解。

(2) 需求是一致的吗？也就是说，需求之间有没有冲突？例如，如果某个需求规定，最多可以有10个用户同时使用系统，而另外一个需求表述，在某种情况下，可以有20个用户同时使用系统，那么，这两个需求就是不一致的。一般来讲，如果不可能同时满足两个需求，那么这两个需求就是**不一致的**（inconsistent）。

(3) 需求是无二义性的吗？如果需求的多个读者能够一致、有效地解释需求，那么需求就是**无二义性的**（unambiguous）。假定这样一个需求：一个人造卫星控制系统的用户要求足够的精确性以支持任务计划。该需求并没有告诉我们什么任务计划需要支持。客户和开发人员可能对于需要的精确度有着相当不同的理解。对"任务计划"含义的进一步讨论可能产生更为精确的需求："在标识卫星位置的过程中，位置误差应该在沿着轨道的方向小于15米，偏离轨道的方向小于9米。"通过这个更为详细的需求，我们能够检验位置误差，并确切地知道是否满足了需求。

(4) 需求是完备的吗？如果需求指定了所有约束下的、所有状态下的、所有可能的输入的输出以及必需的行为，那么这组需求就是**完备的**（complete）。因此，工资系统应该描述某个雇员在支付薪水前离开、升职或者需要提前支取薪水时会发生什么。如果某些需求描述了所有状态、状态变化、输入、产品和约束，那么这些需求是**外部完备的**（externally complete）。如果需求中没有未定义的项，就说这个需求是**内部完备的**（internally complete）。

155

(5) 需求是可行的吗？也就是说，关于客户需要的解决方案确实存在吗？例如，假定客户想要用户访问几千公里以外的主机，而且希望远程用户的响应时间要和本地用户（本地用户的工作站和主机之间直接相连）的一样，这个需求可能就是不可行的。当客户要求两个或更多的质量需求时，常常会出现可行性问题，例如，要求一个廉价的系统能够分析海量数据并在数秒内输出分析结果。

(6) 每一个需求都是相关的吗？有时，某个需求会不必要地限制开发人员，或者会包含与客户需要没有直接关系的功能。例如，即使坦克的主要职责是穿过不平坦的地带，一个将军也可能会决定使坦克的新软件系统能够让士兵们收发电子邮件。我们应该尽力使这种"特征爆炸"处于控制之中，并努力使风险承担者集中于必需的、值得要的需求。

(7) 需求是可测试的吗？如果需求能够提示验收测试（明确证明最终系统是否满足需求），需求就是**可测试的**（testable）。例如，我们可能测试这样的需求：系统应该对查询提供实时响应。我们不知道"实时响应"是什么。但是，如果给出适配标准，说系统应该在两秒内做出响应，我们就能够确切地知道如何测试系统对查询的反应。

(8) 需求是可跟踪的吗？是否对需求进行精心组织并唯一标记，以达到易于引用的目的？需求定义中的每一条是否都在需求规格说明中存在对应？反过来也是这样吗？

我们可以将这些特性看作是一组产品需求的功能需求和质量需求。这些特性有助于决定什么时候我们收集了足够的信息，以及什么时候我们需要更多地了解特定需求的含义。同样，我们希望满足这些特性的程度将影响我们在需求引发过程中收集信息的种类和全面程度。它还会影响我们选来表示需求的规格说明语言，以及最后用来评价需求的确认和验证。

4.5   建模表示法

软件工程原理的一个显著特性是，它具有用于开发安全的、成功的产品的可重复过程，例如我们在第 2 章介绍的技术。第二个显著特性是，存在用于建模、文档化和交流决策的标准表示法。建模有助于我们通过梳理出应该询问什么问题，来透彻地理解需求。模型中的漏洞揭示出未知的或含糊不清的行为；同一个输入的多个、相互冲突的输出揭示出需求中的不一致性。随着模型的开发，我们不了解的问题以及客户不了解的问题会变得越来越清晰。不理解模型的主题，我们就不可能完成一个模型。此外，通过用与客户原始请求完全不同的方式来重新描述需求，可以促使客户为了确认模型的准确性，来仔细地检查我们的模型。

如果我们查阅文献，就会看到，似乎有无数种规格说明、设计表示法和设计方法，并且始终在介绍新的表示法以及将它们投入市场。但是，如果退一步或忽略其中的细节，就会看到很多表示法具有类似的感观。不论有多少单独的表示法，用于表示问题的概念、行为和性质的相关信息的基本表示法范型可能不超过 10 个。

这一节集中讨论 7 种基本的表示法范型，在开发过程中可以用多种方式使用它们。对每一种表示法范型，我们首先介绍该范型，以及它最适合的问题类型和描述。然后论述该范型使用的表示法的一两个具体的例子。一旦你对范型有所熟悉，就可以很容易地学会和使用一种新的表示法，因为你将会了解它与现有表示法的关系是怎样的。

但是，应该谨慎。需要特别注意我们建模需求时使用的术语。很多需求表示法都是基于成功的设计方法和表示法的，这意味着，大部分其他的关于表示法的参考文献提供的都是设计的例子而不是需求的例子，并且给出的建议都是关于如何进行面向设计的建模决策的。需求决策的目的不同，因此，术语的含义也有所不同。例如，在需求建模中，我们讨论分解、抽象和关注点分离，而所有这些最初都是用于创建良好的模块设计的设计技术。我们根据分离的关注点分解需求规格说明，目的是简化最终的模型，使其更易于阅读和理解。相比较而言，我们对设计进行分解，目的是提高系统的质量属性（模块化、可维护性、性能、交付时间等）；但对于规格说明中的需求命名和约束这些属性，分解就不起作用了。因此，尽管我们在规格说明和设计中都使用术语"分解"和"模块化"，但是，在每一阶段做出的分解决策都因为目标的不同而不同。

在整个这一节，我们阐述表示法，并利用它们建模前面介绍的十字转门问题（Jackson and Zave

1995）和图书馆问题的有关方面。图书馆必须记录其书籍和其他资料、它们的借出记录以及其主顾的有关信息。广受欢迎的馆藏书被保留（reserve），意味着它们的借出周期要比其他书和资料更短，并且它们的未按时归还的罚金要比其他书更高。

4.5.1 实体-联系图

在需求阶段的早期，构建问题的概念模型是比较方便的，它确定涉及的对象和实体、它们是什么样的（通过定义它们的属性）、它们之间的相互关系如何。这样的模型为问题的基本元素指派名称。这些元素随后用于需求的其他描述（可能用其他表示法编写），指定在要开发的系统运行的过程中，对象、属性和它们的关系将如何变化。因此，概念模型有助于将需求的多种视图和描述联系在一起。

实体-联系图（entity-relationship diagram, ER diagram）（Chen 1976）是一种表示概念模型的流行的图形表示法范型。正如我们将在第6章看到的，它构成了大多数面向对象需求和设计表示法的基础，其中，将它用于建模问题描述中对象之间的联系，或者用于建模软件应用的结构。这种表示法范型还广泛用于描述数据库模式（即描述数据库中数据存储的逻辑结构）。

ER图有3个核心的结构：实体、属性和联系，这些结构合在一起说明问题的元素和它们之间的相互联系。图4-4表示的是十字转门的一个ER图。实体（entity）表示为矩形，代表具有共同性质和行为的现实世界对象构成的集合（有时称为类）。例如，现实世界包含很多硬币（Coin），但是为了建模十字转门问题，除了硬币的币值（value）之外，我们将所有的硬币看作在所有方面（如大小、形状、重量）是彼此等同的。联系（relationship）表示为两个实体之间的边，边的中间有一个菱形，说明联系的类型。属性（attribute）是实体上的注释，描述实体相关的数据或性质。例如，在十字转门的问题中，我们最感兴趣的是插入十字转门硬币槽（CoinSlot）（一种联系）中的硬币，以及如何将它们的币值与动物园的门票价格（price of admission）进行比较（属性值的比较）。变种的ER表示法引入了其他的结构，比如联系之上的属性、1对多联系、多对多联系、像继承这样的特殊联系，以及除了基于单个实体的属性之外的基于类的属性。例如，我们的十字转门模型显示出联系的基数（有时称为"元"），表示该十字转门可容纳多个游客（Visitor）。更为高级的表示法含有**易变实体**（mutable entity）的概念，其成员关系或者到其他实体成员的联系可能随着时间发生变化。例如，在描述一个家庭的ER图中，随着家庭成员结婚、生孩子、死亡，家庭成员及其相互关系会发生变化。习惯上，要将实体和联系展开，以便于从左到右、从上到下阅读联系。

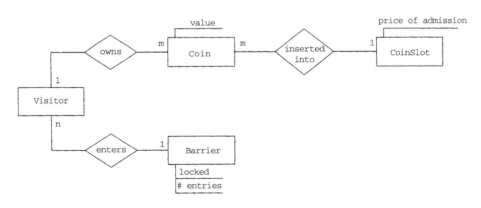

图4-4 十字转门问题的实体-联系图

ER图被广泛应用，因为它们提供要解决的问题的总体概况（即它们描述涉及的所有参与者），而且当问题的需求发生变化时，该视图是相对稳定的。需求中的变化更可能是关于一个或多个实体的行为如何变化，而不是一组参与实体的变化。由于这两个原因，ER图更可能在需求过程的早期用于建模问题。

ER表示法的简单性是具有欺骗性的。事实上，在实践中有效地使用ER建模表示法相当困难。即使只有3个主要的建模结构，在什么样的细节层次上建模具体的问题也并不总是显而易见的。例如，应该将栅栏和硬币槽建模为实体吗？或者应该表示为更为抽象的十字转门实体？同样，要确定什么数据是实体，什么数据是属性也可能是困难的。例如，锁应该是实体吗？对每一种选择，都有两种相反的意见。判断的主要标准是：这个选择是否产生了更为清晰的描述，这个选择是否不必要地限制了设计决策。

4.5.2   例子：UML 类图

ER表示法通常被更为复杂的方法使用。例如，**统一建模语言**（UML）（OMG 2003）是用于文档化软件规格说明和设计的一组表示法。我们将在第6章全面使用UML描述面向对象的规格说明和设计。由于UML最初是用于开发面向对象系统的，因而UML根据对象和方法表示系统。对象类似于实体，按照具有继承层次的类进行组织。每一个对象提供方法，在对象的变量上执行动作。在对象执行的过程中，它们发送消息来调用其他对象的方法、确认动作、传送数据。

在所有UML规格说明中，**类图**（class diagram）是"旗舰性"的模型，它是与规格说明中的类（实体）相关的高级ER图。尽管大部分UML的教材将类图主要看作设计表示法，但是，将类图用作概念建模表示法也是可行的、方便的，其中，类表示要建模的问题中的现实世界的实体。概念模型中的类（如Customer类），可能对应于实现中的一个程序类（如CustomerRecord），但是，不必总是这样。软件设计人员的任务就是拿到类图规格说明，然后构造实现类结构的适当的设计模型。

一般来讲，我们想要在类图中表示的现实世界实体的种类包括：参与者（如主顾、操作员、人员），要存储、分析、转换或显示的复杂数据，还有瞬时事件的记录（业务事务、电话交谈）。我们的图书馆问题中的实体包括：人员（如主顾和图书馆管理员）、图书馆库存的馆品（如书和期刊），以及借书事务。

图4-5描述的是图书馆问题的一个简单的UML类图。每一个方框是一个**类**（class），表示一组相似类型的实体，例如，用一个类表示图书馆所有的书。一个类具有**名称**（name）、**属性**（attribute）集和类的属性上的**操作**（operation）集。属性是简单数据变量，其值可以随着时间和类实体的不同发生变化。所谓的"简单数据变量"是指，它的值太简单，本身不足以成为一个类。因此，我们将主顾（Patron）的地址建模为一个属性，可能是一个或多个字符串值，而将主顾的信用卡信息、信用卡机构、信用卡号、过期日期或账单地址建模为单独的类（未显示在图中）。请注意，很多我们可能期望的属性在该图书馆类图中并没有给出（如唱片和影片），或定义得不够精确（例如期刊，未区分报纸和杂志），也忽略了一些操作（如处理图书修复或丢失）。在早期的概念图中，这种不精确性是很典型的，其思想是以足够的细节提供足够的属性和操作，使得阅读规格说明的任何人都可以领会类表示的是什么、类的责任是什么。

UML还允许规格说明人员指定，某些属性和操作是与类相关联的，而不是与类的实例相关联的。**类范围属性**（class-scope attribute）用带下划线的属性表示，是被类的所有实例共享的数据值。在图书馆类图中，属性reserve loan period和reserve fine rate是应用于所有要保留的出版物的值。因此在这个模型中，图书馆管理员可以设置和修改馆品类（例如，书、期刊、保留的馆品）的借出期限，但是不是单个馆品的借出期限。类似地，**类范围操作**（class-scope operation）书写为带下划线的操作，是由抽象类执行的操作，而不是由类的实例执行的操作，它作用于一个新的实例或整个实例集；create()、search()和delete()是常见的类范围操作。

两个类之间的连线称为**关联**（association），表示类的实体之间的关系。一个关联可能表示涉及关联的类中对象的交互或事件，例如，当一个主顾（Patron）借阅一份出版物（Publication）时。另外，一个关联可能建立类之间的联系，其中，一个类是另一个类的所有物或元素，例如，主顾和他的信用卡（Credit Card）之间的关系。有时，后一种类型的关联称为**聚合关联**（aggregate association）或"has-a"关系，就像我们的例子中表示的。聚合关联用一端带有空心菱形的关联来表示，其中，处于空心菱形一端的那个类是聚合类，它包含或拥有关联另一端的类的实例。**组装**（composition）关联是一种特殊类型的聚合，其中，复合类的实例是物理上由成分类的实例组成的（例如，自行车由轮子、齿轮、脚踏板、手把组成）。组装关联用带有实心菱形的聚合表示。在我们的图书馆例子中，每一种期刊（Periodical），例如报纸或杂志，都是由文章（Article）组成的。

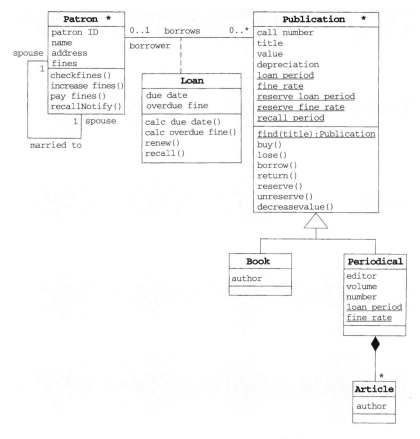

图4-5 图书馆问题的UML类模型

一端带有三角形的关联表示**泛化**（generalization）关联，也称为子类型关系或"is-a"关系，其中，处于关联的三角形端的那个类是关联另一端的那个类（称为**子类**）的父类。一个子类继承其父类的所有属性、操作和关联。因此，我们不必明确地指定主顾可以借书，因为这个关联是从主顾和出版物之间的关联继承而来的。一个子类利用附加的属性、操作和关联来扩充其继承下来的行为。事实上，关于我们是想要将实体建模为一个新的子类，还是建模为现有类的一个实例，一个有用的线索是，我们是否真的需要新的属性、操作或关联来建模该类的变种。在很多情况下，我们可以将变种建模为具有不同属性值的类实例。在我们的图书馆问题中，我们使用Publication的属性[①]来表示一本馆藏书是保留的还是已借出的，而不是通过创建Reserved和OnLoan子类来表示。

关联可以使用标记（通常是动词）描述关联的实体之间的关系。也可以对关联的端进行标记，以描述那一端的实体在关联中扮演的角色。这样的**角色名**（role name）对于说明与特定关联相关的实体的背景是很有用的。在图书馆例子中，我们可能清楚哪些主顾是已婚的，从而可以向配偶有过期未还的书的那些人发出通知。还可以在关联端上注释**多重性**（multiplicity），它指定实体数目或者

160
~
161

① 在后面的例子中，我们将一个馆品的借出状态和保留状态建模为状态机模型中的状态（图4-9），该信息包含在详细的图书馆类模型中（图4-18）。

关联的实体之间的链接数目上的约束。可以用具体的数字、数字的范围或无穷数（表示为"*"）来表示多重性。关联一端的多重性指明，该类有多少实例可以与关联的类的一个实例相链接。因此，在任何时刻，一个主顾可以借阅零或多份出版物，但是，一份出版物只能被至多一个主顾借阅。

图书馆模型中的Loan类是一个**关联类**（association class），它将属性和操作联系到关联上。关联类用于收集不能只归于一个类或另一个类的那些信息。例如，Loan属性不是借书者的特性，也不是被借馆品的特性，而是借出事务或合同的特性。对于关联中的每一个链接，一个关联类只有一个实例。因此，只有当我们想要建模图书馆库存的快照（即只建模当前的借出）时，将Loan建模为关联类才是正确的。如果我们希望维护所有借出事务的历史记录，那么（因为一个主顾可能多次借阅一个馆品），我们要将Loan建模为一个完全意义上的类。

4.5.3　事件踪迹

尽管ER图有助于提供正在建模的问题的总体视图，但是，该视图主要是关于结构的，主要说明实体之间是如何相互联系的，而没有关于实体行为的任何信息。我们需要其他的表示法范型来描述系统的行为需求。

事件踪迹（event trace）是关于现实世界实体之间交换的事件序列的图形描述。每一条竖线表示不同实体的时间线，其名字出现在线的顶部。每一条水平线表示两个实体之间的一个事件或交互，通常理解为从一个实体到另一个实体的消息传递。时间按从顶到下的踪迹进展，因此，如果一个事件出现在另一个事件的上面，则上面的事件在较低的事件前面发生。每一个图描述一个**踪迹**（trace），表示的只是若干可能行为中的一个。图4-6给出十字转门问题的两个踪迹：左边的踪迹表示典型的行为；而右边的踪迹表示，当一个游客（Visitor）试图通过向硬币槽插入一个无价值的代币（slug）溜进动物园时，所发生的异常行为。

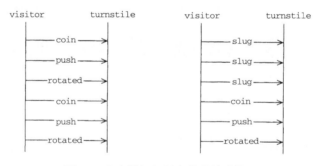

图4-6　十字转门问题中的事件踪迹

事件踪迹广泛应用于开发人员和客户中，因为除了计时问题，事件踪迹的语义相对精确，还简单、易于理解。其简单性多数是因为它将需求描述分解为场景，将每一个场景分别考虑（建模、阅读、理解）为不同的踪迹。还是由于这些特性，事件踪迹对于文档化系统的行为并不是非常有效。我们不希望事件踪迹提供所需行为的完整描述，因为我们必须画出的场景数目可能很快变得难以处理。事件踪迹最好用在项目的开始，以对关键需求达成共识，并帮助开发人员识别正在建模的问题中的重要实体。

4.5.4　例子：消息时序图

消息时序图（Message Sequence Chart）（ITU 1996）是扩充的事件踪迹表示法。具有创建和撤销实体、指定动作和计时器，以及组合事件踪迹的能力。图4-7显示了图书馆问题中借出事务的一个消息时序图（MSC）的例子。每一条竖线表示一个参与的**实体**，而将一个**消息**描述为从发送实体到接收实体的箭头，箭头上的标记（如果有）指定该消息的名称和数据参数。一个消息箭头可能向下倾斜（例如，消息recall notice），这体现了消息发送时间和消息接收时间之间的时间段。在事件踪迹的过程中，实体可能出生或消亡。一个虚线的箭头（有时用数据参数注释）表示创建事件，它产生新的实体；实体线底部的交叉符号表示实体执行的终结。相比较而言，线底端的实心矩形表示实体的规格说明的结束，而并不意味着其执行的终结。**动作**（action），例如被调用的操作或对变量值的改变，表示为位于实体执行线上的带标记的矩形，处于踪迹中动作发生的那一刻。因此，在图书馆借出事务的MSC模型中，将借出（loan）请求发给要借的出版物（Publication），而Publication实体负责创建Loan实体，Loan实体管理特定于借出的数据，例如应还日期（due date）。保留一个已经借出的馆品导致那个馆品的收回（recall）。归还那个被借的馆品意味着终止借出，但是，如果在应还日期之后归还该馆品，那么在计算过期罚金（overdue fine）之前不会终止借出。

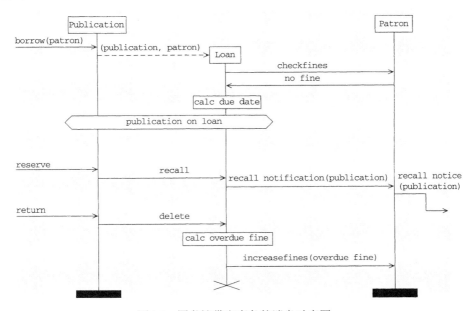

图4-7　图书馆借出事务的消息时序图

163

　　还可以组合和细化消息时序图。例如，可以将一个实体演化的重要状态指定为**条件**（condition），用有标记的六边形表示，然后可以指定条件之间的一小组子踪迹，并通过在实体状态相同的时刻组合消息时序图来得出各种踪迹。例如，在状态publication on loan和借出转移的结束之间有多个场景：该主顾续借该借出（loan）一次，该主顾续借两次，该主顾归还此出版物，该主顾报告此出版物丢失。其中每一个子场景都可能添加到"一个主顾成功地借阅该出版物"的一个前缀踪迹中。这样的组合和细化特征有助于减少为了完全地说明一个问题而必须书写的MSC数目。但是，这些特征并没有完全地解决踪迹爆炸的问题，因此，消息时序图通常只用于描述关键的场景，而不是说明整个问题。

4.5.5　状态机

　　状态机表示法用于在单个模型中表示一组事件踪迹。**状态机**（state machine）是一种图形描述，描述了系统与其环境之间的所有对话。每一个节点称为**状态**（state），表示存在于事件发生之间的一个稳定的条件集合。每一个边称为**转移**（transition），表示由于一个事件的发生而产生的行为或条件的变化。每一个转移都标记有触发事件，还可能有输出事件，前面用符号"/"表示，输出事件是在转移发生时产生的。

　　在表示动态行为方面，以及在描述在响应已经发生的历史事件时行为将如何变化方面，状态机都是很有用的。也就是说，它们特别适合的建模模型是：随着系统的执行过程，对于同样的输入，系统响应是如何变化的。对每一个状态，从那个状态发出的转移集指明可能触发一个响应的事件集以及对那些事件的相应响应。因此，当十字转门（如图4-8所示）处于unlocked（未锁）的状态时，其行为不同于它处于locked（已锁）状态时的行为。尤其是，它对各种输入事件做出响应。如果发生一个未预料到的事件（例如，如果在机器处于locked状态中的时候，用户试图推（push）过十字转门），该事件将会被忽略或者丢弃。我们本可以明确地将这后一种行为说明为从状态locked到状态locked的、由事件push触发的转移，但是，包含这种"无效果"的转移会使模型显得混乱。因此，最好限制这种自循环转移的使用，只用于那些具有可观察效果的情况，例如产生一个输出事件。

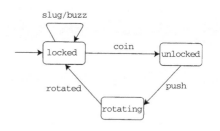

图4-8   十字转门的有限状态机模型

一条通过状态机的路径，起始于状态机的初始状态，沿着从状态到状态的转移，表示了环境中的一条可观察事件的踪迹。如果状态机是**确定的**（deterministic）（即对每一个状态和事件都有一个唯一的响应），那么，通过该状态机的一条路径表示将要发生的事件踪迹，给出触发路径转移的输入事件序列。十字转门规格说明的事件踪迹例子包括：

```
coin, push, rotated, coin, push, rotated,....
slug, slug, slug, coin, push, rotated,...
```

它对应于图4-6中的事件踪迹。

在其他计算课程中，你可能遇到过状态机。在计算理论的课程中，有限状态机被用作自动机，识别正则语言中的字符串。从某种意义上讲，状态机规格说明的目的与自动机类似，它们指定输入序列和待开发系统希望实现的输出事件。因此，我们将状态机规格说明视作一套期望的、外部可观察的事件踪迹的简洁表示，就像有限状态自动机是自动机识别的字符串集的简洁表示一样。

4.5.6   例子：UML 状态图

UML状态图用于描述一个UML类中对象的动态行为。UML类图根据涉及的实体以及实体之间的关系，刻画出了一个问题的静态的、总体的视图。它丝毫没有说明实体是如何运转的，或者对于输入事件，它们的行为是如何变化的。状态图说明的是，一个类的实例应该如何改变其状态，以及在这些对象彼此交互时，它们的属性值是如何改变的。状态图和消息时序图（MSC）能够很好地相辅相成，因为MSC说明的是两个实体之间的消息传递，没有对每一个实体的行为作进一步的说明，而状态图说明单个实体是如何响应输入事件以及产生输出事件的。

一个UML模型是一组并发执行的状态图（每一个状态图对应一个实例化的对象），这些状态图通过消息传递相互通信（OMG 2003）。UML类图中的每一个类都有一个关联的状态图，说明那个类的对象的动态行为。图4-9显示了图书馆类模型中的Publication类的UML状态图。

UML状态图含有丰富的语法，其中大部分是借用了Harel最初的状态图的概念（Harel 1987），包括状态层次、并发性、状态机间通信。状态层次，通过将那些具有公共转移的状态合并进**超状态**（superstate），可以用来使状态图更加整洁。我们可以将超状态看作是子状态机，具有自己的状态和转移集。如果一个转移的目的状态是一个超状态，则其作用相当于到超状态的默认初始状态的转移。默认初始状态用从超状态里面的黑圆点出发的箭头来表示。源状态是超状态的转移，其作用相当于一组从超状态中的每一个内部状态出发的转移。例如，在这个Publication状态图中，由事件lose触发的转移可以由超状态中的任何内部状态激活；这个转移终止于一个终止状态，表明该对象生命的终结。

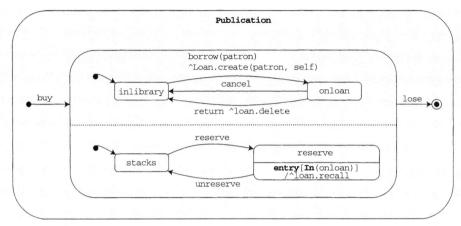

图4-9 Publication类的UML状态图

一个超状态可能实际上包含多个并发的子状态机，这些子状态机由虚线分开。Publication的UML状态图包含两个子状态机：一个表示该出版物是否已经被借出，而另一个表明该出版物是否是被保留的。子状态机被认为是**并发**运转的，因为一个Publication实例可能在任何时刻接收并响应任何一个子状态机感兴趣的事件，或者两个子状态机同时都感兴趣的事件。一般情况下，并发的子状态机用于建模单独的、不相关的子行为，使得更容易理解和考虑每一个子行为。图4-10显示了Publication的一个等价的状态图，它并没有使用状态层次或并发，因而显得相当杂乱和重复。请注意，这个杂乱的状态图中的每一个状态都是图4-9中的一对状态的组合（stacks = Publication是在图书馆中，但是未被保留，onloan=Publication是可以借出的，但是未被保留，等等）。①

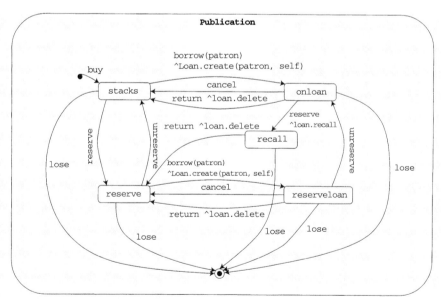

图4-10 Publication类的杂乱的UML状态图

---

① 该杂乱的状态图还具有一个recall状态，它涵盖这样的情况：一个正被保留的出版物是被借出的并且需要收回；不能将这种行为建模为从onloan状态到reserveloan状态的转移，因为reserveloan状态具有一个cancel转移（用于当一个主顾还有未支付罚金的时候，禁止一个借出请求），不适合这种情况。这个特殊情况在图4-9中是通过下面方式进行建模的：检查reserve状态的**进入**（关键字**entry**在下面予以解释），看当前的子状态机是否**处于**（**In**）onloan状态，如果处于onloan状态，则发出一个recall事件。

166

状态转移用它们的激活事件、条件以及它们的副作用来标记。转移标记的语法如下：

event(args) [condition] /action* ^Object.event(args)*

其中，触发**事件**是一个可能携带参数的消息。激活**条件**由方括弧括起来，是关于对象属性值的谓词。如果一个转移发生，其**动作**（每一个的前面带有斜杠"/"）表示对象属性的赋值；星号"*"表明一个转移可能含有任意多个动作。如果该转移发生，它可能生成任意多个**输出事件**，表示为/^对象.事件（/^Object.event）。一个输出事件可能携带参数，或者指定目标对象（Object），或者广播到所有对象。例如，在杂乱的Publication状态图中（图4-10），如果出版物处于onloan状态，那么当接收到要求保留（reserve）该馆品的请求时，会激活到状态"回收（recall）"的转移。当该转移发生时，它向Loan对象发送一个事件，而Loan对象将通知借阅者，该馆品必须在应还日期之前还到图书馆。每一个转移上标记的元素都是可选的。例如，一个转移不必被输入事件激活，它可能被一个条件激活，或者不需要任何东西来激活，这时，转移总是被激活的。

图4-11所示的Loan关联类的UML状态图说明，如何用局部变量（例如变量num renews）、动作和活动来注释状态。局部变量的声明和初始化处于状态的中间区域。状态的底部区域列出了作用于状态的局部变量以及作用于对象的属性的动作和活动。动作和活动之间的区别是细微的：**动作**是一个相对没有时间花费的计算，并且是不可中断的，例如将一个表达式赋给一个变量或发送一个消息。进入或退出状态的转移可以触发一个动作，这种情况下，由关键字*entry*或*exit*后跟任意数量的动作或生成的事件来表示；或者，动作也可由一个事件的发生触发，这种情况下，由事件名后跟任意数量的动作或生成的事件来表示。在Loan的状态图中，每一次进入状态item on loan（也就是说，每续借一次），变量num renews就增加1，并且，每当在这个状态中接收到一个recall事件，就向Patron发送一个recallNotify事件。与动作相比，**活动**是更为复杂的计算，它执行一段时间，并且可以被中断，例如执行一个操作。在进入状态的时候，活动被启动。当一个转移（包括像renew触发的循环转移）执行时，动作执行的顺序如下：首先，执行转移的源状态的退出动作，然后是转移自身的动作，再接着是新状态的进入动作和活动。

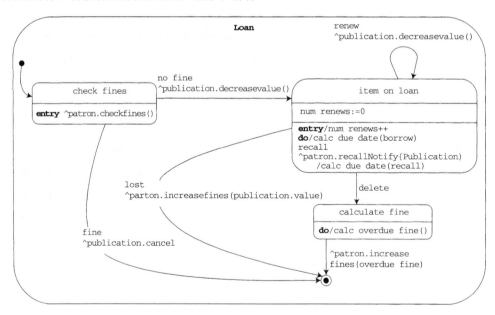

图4-11　Loan类的UML状态图

UML图的语义，以及不同的图如何装配在一起，是有意地未加定义的，以便于说明人员能够使用最适合他们的问题的语义来进行描述。但是，大部分从业人员将UML状态图看作利用先进先出通信（FIFO）通道进行通信的有限状态机。每一个对象的状态机都有一个输入队列，存放从模型中或模型的环境中的其他对象发送给该对象的消息。消息是以接收它们的顺序存放在输入队列中的。在每一个执行步骤中，状态机读取处于输入队列头的消息，然后从队列中删除该消息。该消息要么触发状态图中的一个转移，要么不触发转移（此时，该消息被丢弃）。这样的步骤一直运行到终点，其含义是状态机继续执行被激活的转移，包括等待操作完成的转移，直到输入队列没有新输入的情况下，再没有转移可以执行。因此，该状态机一次只对一个消息做出反应。

构造一个状态机模型最困难的部分是决定如何将对象的行为分解为不同的状态。一些考虑状态的方式包括以下几种。

- 将来可能的行为的等价类，由状态机接受的输入事件序列来定义：例如，每重复一次事件序列coin（投入硬币）、push（推）、rotated（旋转），都使十字转门处于locked（已锁）的位置，等待下一位游客。
- 连续事件之间的时间段，例如操作开始和结束之间的那段时间。
- 在一个对象演变过程中的命名的控制点，在这个过程中，该对象正在执行一些计算（如状态calculate fine）或等待一些输入事件（如状态item on loan）。
- 对象行为的分割：例如，一本书是已被借出的还是在书库中；一项馆品是被保留的（意味着该馆品只能借很短的一段时间）还是未被保留的。

可以将一些对象特性建模为属性（在类图中定义）或者状态（在对象的状态图中定义），而哪种表示是最好的并不是显而易见的。当然，如果可能的特性值的集合是很大的（例如，一个主顾的图书馆罚金），那么最好将该特性建模为属性。另外，如果对象准备反应的事件是依赖于特性的（例如，是否一本书是已经借出的），那么，最好将该特性建模为状态。否则，选择使模型最易理解、最简单的表示。

4.5.7 例子：Petri 网

UML状态图精细地将问题的动态行为模块化，表示为单个类的对象的行为。其效果是，相比较于在一个图中指定整个系统的行为，它可能更容易分别考虑每一个类的行为。可是，这种模块化使得更难了解对象之间是如何相互交互的。考虑单个状态图，我们可以了解什么时候一个对象向另一个对象发送消息。但是，必须同时检查两个对象的状态图，才能看到一个对象发送的消息被另一个对象所接收。事实上，要完全有把握，我们就不得不搜索两个状态机的所有可能的执行（事件踪迹），才能确认什么时候一个对象向另一个对象发送消息、目标对象准备好接收消息并对消息做出反应。

Petri网（Peterson 1977）是状态-转移表示法的一种形式，用于建模并发活动以及它们之间的交互。图4-12显示了一个基本的Petri网，指定借书的行为。Petri网中的圆圈称为**位置**（place），表示活动或条件，条表示**变迁**（transition）；有向的箭头称为**弧**（arc），将变迁与其输入位置和输出位置连接起来。位置中放置的是**令牌**（token），作为变迁的启动条件。当一个变迁被触发时，就清除每一个输入位置中的令牌，并将令牌插入每一个输出位置。为每一条弧分配一个**权重**（weight），指出在变迁触发的时候，在弧的输入位置清除了多少令牌，或者在弧的输出位置插入了多少令牌。如果变迁的每一个输入位置包含足够的令牌（达到弧的权重要求的令牌），则一个变迁是可激活的。可激活的变迁应该可以真正触发。因此，图4-12中，变迁Return（还书）、Withdraw Return Request（撤销还书请求）以及Withdraw Loan Request（撤销借出请求）都是可激活的。触发变迁Return就从位置ReturnRequest和OnLoan中各清除一个令牌，并在Avail中插入一个令牌。Petri网的**标记**（marking）是令牌在位置之间的分布，随着变迁的触发而改变。在每一个执行步中，标记确定可激活变迁的集合；选择触发哪个可激活变迁是非确定性的；这个变迁的触发产生新的标记，可能使一个不同的变迁集成为可激活的。通过将几个执行实体的活动、变迁以及令牌组合为单个网，我们可以建模并发行为。并发实体是同步的，只要其活动或位置是作为同一变迁的输入位置。这种同步确保在变迁触发之前，所有的变迁前活动都已发生，但是，并不限制这些活动发生的顺序。

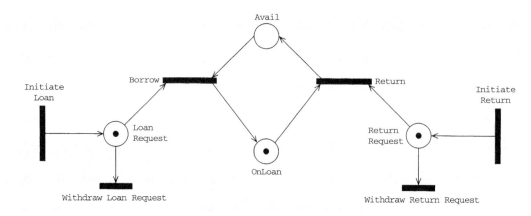

图4-12　描述借书的Petri网

　　并发和同步的这些特征对于建模发生顺序不重要的事件特别有用。考虑医院的急诊室。在治疗病人前，必然发生多个事件。医护人员必须试图找出病人的姓名和地址，还要确定病人的血型。一些人必须查看病人是否尚有呼吸，还要检查病人的伤口。事件的发生没有特定的顺序，但是都必须在医生开始更彻底的检查之前完成。一旦开始治疗（例如，一旦已经实现了从初步检查到彻底检查的变迁），医生就启动新的活动。整形科医生检查骨折，同时血液化验员验血，外科医生给伤口缝线。医生的活动不相互依赖，但是在初步检查的变迁发生前，不会有活动发生。急诊室的这个例子的状态机模型可能仅仅指定一个事件序列，因此排除了几种可接受的行为，或者它可能指定所有可能的事件序列，但会导致一个极度复杂的模型（而问题是相对简单的）。同样这个急诊室例子的Petri网模型就能避免这两种问题。

　　基本Petri网能够很好地建模控制是如何流经事件或并发实体之间的。但是，如果想要建模依赖于数据值的控制（例如，从一组书中借一本特定的书），那么，就需要使用高层的Petri网表示法。在基本Petri网的基础上，已经提出大量的扩充以增强Petri网的表达能力，包括抑止弧（仅当输入位置是空令牌的时候，激活一个变迁）、变迁间的优先级、计时约束以及结构化令牌（具有值的令牌）。

　　为了建模图书馆问题（记录多个主顾和出版物的信息和事件），我们需要支持结构化令牌和变迁动作的Petri网表示法（Ghezzi et al. 1991）。变迁动作限制输入位置的哪个令牌可以激活该变迁，以及指定输出令牌的值。图4-13是图书馆问题的高层Petri网规格说明。每一个位置存储了不同数据类型的令牌。Avail存储的是当前没有借出的每一个图书馆的item（馆品）。Fines（罚金）中的令牌是一个n元组（即一个n个元素的有序集，有时简称为元组），它将一个patron（主顾）映射到表示其有待偿付的罚金总额的值。OnLoan中的令牌是另一种类型的元组，它将一个patron和一个图书馆的item映射到一个due date（归还日期）。几个变迁谓词和动作显示于图4-13中，诸如Process Payment（处理支付）上的动作，其中，输入是一个payment（支付）和该主顾的当前fines（罚金），输出是一个新的Fines元组。未显示的谓词断言，如果变迁的输入中的令牌或输出令牌具有相同的名字，则它们就必须具有相同的值。因此，在变迁Borrow（借）中，提交Loan Request（借出请求）的patron必须与无有待偿付Fines的patron相匹配，还要与生成的OnLoan元组中出现的patron相匹配；同时，要借的item必须与Avail（可借阅）中的item相匹配。否则，这些元组不能激活变迁。该Petri网起始于Avail中的item元组的初始标记和Fines中的（patron, 0）元组。随着图书馆用户触发输入变迁Pay（支付）、Initiate Loan（启动借出）以及Initiate Return（开始还书），新的令牌引入到系统中，激活图书馆变迁，依次触发和更新Fines令牌、Avail令牌以及OnLoan令牌，等等。

170

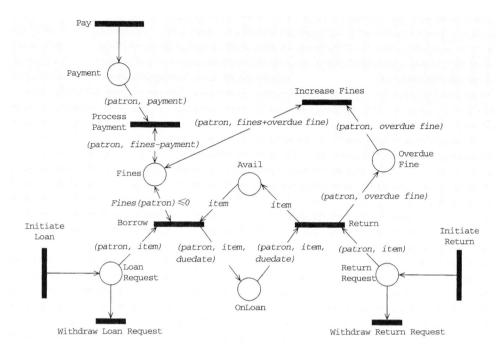

图4-13 描述图书馆问题的Petri网

4.5.8 数据流图

到目前为止讨论的表示法范型，通过实体（ER图）、场景（事件踪迹）、控制状态（即场景的等价类）（状态机）促进了问题的分解。但是，早期的需求更趋向于表示为：

- 有待完成的任务。
- 有待计算的功能。
- 要分析、转换、记录的数据。

对于这样的需求，在按照实体、场景或状态进行分解时，会转移为一组更低层的行为，这些行为分布在必须进行协调的多个实体中间。这种模块化的结构使得更难于了解模型的高层功能。在我们的图书馆例子里，上述的建模表示法中，没有一种能够有效地在单个模型中，表示一位主顾要借一本书所必须采用的所有步骤及其变种。由于这样的原因，促进按功能分解的表示法总是很流行。

数据流图（data-flow diagram，DFD）建模功能以及从一个功能到另一个功能的数据流。一个泡泡表示一个**加工**（process）或功能，它转换数据。箭头表示**数据流**（data flow），其中，进入泡泡的箭头表示其功能的输入，从泡泡出去的箭头表示其功能的输出。图4-14显示了图书馆问题的一个高层数据流图。该图书馆问题被分解为若干步，前面步骤的结果流入后面的步骤。单个计算使用之外的持久性数据（例如，关于主顾的未支付罚金的信息）保存在**数据存储**（data store）中，它是一个正式的库或信息库，表示为两个平行的条。数据源或者数据接收器表示为矩形，称为**参与者**（actor）：提供输入数据或接收输出结果的实体。一个泡泡可以是另一个数据流图的高层描述，它更详细地说明该抽象功能是如何计算的。一个最低层的泡泡是一个功能，如前置条件、后置条件、异常等，其效果可以用另一种表示法（例如，文本、数学函数、事件踪迹）在一个链接的单独文档中加以说明。

数据流图的优势之一是，它们提供了两种直观模型，一种是关于被提议系统的高层功能的，一种是各种加工之间的数据依赖关系。领域专家发现它们易于阅读和理解。但是，对于不太熟悉正在建模的问题的软件开发人员来讲，数据流图是更加含糊不清的。尤其是，解释一个具有多个输入流的DFD加工的方式有很多种（例如，加工Borrow）：计算该功能需要所有的输入吗？只需要其中一个输入？或者需要输入的一个子集？类似地，也有多种方式来解释一个具有多个输出流的DFD加工：

每一次执行加工都生成所有的输出吗？只生成一个输出？或者生成某个子集？具有同样注释的两个数据流是否表示同样的值也是不明显的：从 Return 流向 Loan Records 的 Items Returned 与从 Return 流向 Process Fines 的 Items Returned 是否相同？由于这些原因，DFD 最好由熟悉正在建模的应用领域的用户使用，并且最好作为问题的早期模型使用，因为此时细节并不是很重要。

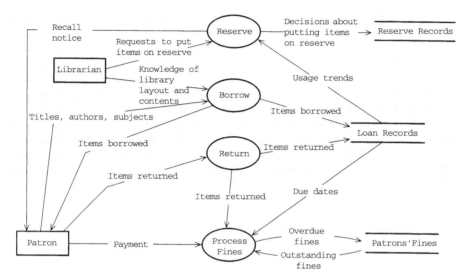

图4-14   图书馆问题的数据流图

4.5.9   例子：用例

UML用例图（use-case diagram）（OMG 2003）类似于顶层的数据流图，它根据系统和系统的环境之间的交互，描述可观察到的、用户发起的功能。大的方框表示系统的边界；方框外的小人描绘的是参与者，包括人或系统；方框之内的椭圆是用例，表示必需的主要功能及其变种；参与者和用例之间的线表明参与者参与了该用例。用例并不一定建模系统应该提供的所有任务，而是用于说明用户对重要系统行为的观察。同样，它们只建模可以由环境中的一些参与者发起的系统功能。例如，图4-15中，主要图书馆使用包括借书、还书以及支付罚金。

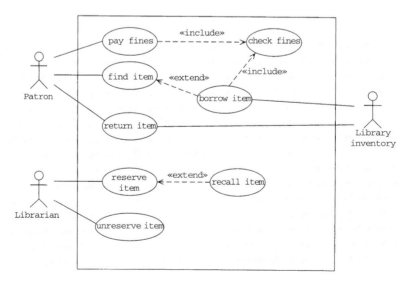

图4-15   图书馆用例

　　每一个用例都包含若干种可能的场景，一些是成功的，一些不是，但是所有的场景都与系统的使用相关。在用例图以外，用文本形式的事件踪迹来详细描述用例及其变种。每一个用例都标识有前置条件，以及前置条件不满足情况下的可供选择的行为，例如寻找丢失的图书；还标识有后置条件，它总结用例的结果；以及一个常规的、无错误的场景，它包含由参与者或系统执行的步骤的序列。一个完整的、详细的用例指定常规场景中的每一步的所有可能变化，包括有效的行为或错误。它还描述来自有效变种和可恢复失效的可能场景。如果存在一个若干用例共有的步骤序列，则可以将该序列抽取出来，形成一个子用例，以被基用例调用，如同过程调用一样。在该用例图中，我们从基用例到它的所有子用例都画一条虚线箭头，并且用构造型<<include>>[1]来注解这些箭头。一个用例还可以附加上一个扩充的子用例，它在该用例的后面增加功能。在用例图中，我们从扩充子用例到基用例画一条虚线箭头，并用构造型<<extend>>注释。图4-15中也包含关于构造型的例子。

[174]

4.5.10　函数和关系

　　迄今为止讨论的表示法范型都是图示的或关系式的。它们使用注释的形状、线以及箭头来表达正在建模的问题中的实体、关系、特性。相比较而言，下面讨论的3种表示法范型更多地以数学为基础，我们利用它们来构建需求的数学模型。基于数学的规格说明和设计技术称为**形式化方法**（formal method），很多构建安全攸关系统（也就是说，系统的失效可能影响到使用或接近它们的人的安全或健康）的软件工程师鼓励使用这种方法。例如，防卫标准00-56，英国的一个构建安全攸关系统标准草案，要求使用形式化规格说明和设计来证明需要的功能、可靠性和安全性。提倡者认为，与其他模型相比，数学模型更为精确，更少含有二义性，并且数学模型有助于更为系统化的、高级的分析和验证。事实上，可以自动化地检查很多形式化规格说明的一致性、完备性、非确定性、可达状态以及类型正确性。数学证明可以揭露需求规格说明中的重要问题，相比于在测试阶段发现这些问题，在这里更易于修复。例如，Pfleeger和Hatton报告，软件开发人员使用形式化方法指定和评估空中交通控制支持系统的复杂通信需求（Pfleeger and Hatton 1997）。形式化规格说明的早期检查使得在设计开始之前就修复了重大问题，减少了风险，节约了开发时间。在本章的最后，我们将了解利用形式化规格说明，是本可以发现阿丽亚娜5型火箭存在的问题的。

　　一些形式化范型将需求或软件行为建模为一组数学**函数**或**关系**，当组合在一起的时候，将系统输入映射到系统输出。一些函数说明系统的执行状态，而其他一些函数说明输出。当一个输入值映射到多个输出值的时候，就使用关系，而不使用函数。例如，可以使用两个函数表示十字转门问题：一个函数跟踪十字转门的状态，从当前状态和输入事件映射到下一个状态；而第二个函数基于当前的状态和输入事件，指定十字转门的输出：

$$NextState(s,e) = \begin{cases} unlocked & s=locked \text{ AND } e=coin \\ rotating & s=unlocked \text{ AND } e=push \\ locked & (s=rotating \text{ AND } e=rotated) \\ & OR \ (s=locked \text{ AND } e=slug) \end{cases}$$

$$Output(s,e) = \begin{cases} buzz & s=locked \text{ AND } e=slug \\ <none> & Otherwise \end{cases}$$

　　总体上讲，上面的函数语义上等价于图4-8所示的十字转门的图形的状态机模型。

　　因为它将每一个输入都映射到单个输出，所以一个函数定义上是一致的。如果一个函数为**每一个**不同的输入指定一个输出，则称为全函数，并且定义上是完备的。因此，函数规格说明有助于系统地、直观地测试一致性和完备性。

[175]

---

① 在UML中，**构造型**（stereotype）是扩充一种建模表示法的元语言设施，允许用户使用一个新的<<关键字>>增加一种表示法结构。

4.5.11　例子：判定表

判定表（decision table）（Hurley 1983）是函数规格说明的表格式表示，将事件和条件映射到适当的反应或动作上。我们认为，该规格说明是非形式化的，因为输入（事件和条件）和输出（动作）可以用自然语言表示，也可以用数学表达式表示，或者同时使用两者。

图4-16显示了图书馆函数（borrow、return、reserve以及unreserve）的一个判定表。所有可能的输入事件（即函数调用）、条件和动作都列在表的左边，输入事件和条件列在水平线的上面，而动作列在水平线的下面。每一个列表示将一组条件映射到其对应结果的规则。一个单元格中的“T”意味着该行的输入条件为真，“F”意味着其输入条件为假，短划线表示条件的值无关紧要。表的下面部分的“X”的含义是，只要其对应的输入条件成立，该行的动作就应该执行。因此，第1列说明这样的情形：一个图书馆主顾想要借一本书，书还没有借出，该主顾没有未支付的罚金；在这种情况下，借书被批准，并计算应还日期。类似地，第7列说明这样的情况：有一个保留一本书的请求，但是该书目前已经借出，这种情况下，该书被收回，重新计算还书日期以体现收回的情况。

(event) borrow	T	T	T	F	F	F	F	F
(event) return	F	F	F	T	T	F	F	F
(event) reserve	F	F	F	F	F	T	T	F
(event) unreserve	F	F	F	F	F	F	F	T
item out on loan	F	T	–	–	–	F	T	F
item on reserve	–	–	–	F	T	–	–	–
patron.fines > \$0.00	F	–	T	–	–	–	–	–
(Re-)Calculate due date	X					X		
Put item in stacks				X				X
Put item on reserve shelf					X	X		
Send recall notice							X	
Reject event		X	X					

图4-16　图书馆函数的判定表

这种表示可能会产生很大的表，因为要考虑的条件数目等于输入条件的组合数。也就是说，如果有n个输入条件，就可能有2^n个条件组合。幸运的是，有很多组合映射到同样的结果集，因而可以组合为单个列。一些条件的组合可能是不可行的（例如，不能对一个馆品同时进行借和还操作）。通过以这种方式检查判定表，我们就可以减小它们的规模，并使它们更易于理解。

通过将需求规格说明表示为判定表，我们还能得到别的信息吗？我们可以很容易地检查，是否考虑了条件的每一个组合，以确定规格说明是否是完备的；通过识别同一输入条件的多个实例以及删除任何冲突的输出，我们可以对表进行一致性检查；我们还可以搜索表中的模式，以了解个别输入条件与个别动作之间相互关联的程度。在使用传统的文本表示法表达数学函数建模的规格说明上，使用这样的搜索将是十分艰难的。

4.5.12　例子：Parnas 表

Parnas表（Parnas 1992）是数学函数和关系的表格式表示。和判定表一样，Parnas表使用行和列将函数的定义分割为不同的情况。表的每一个条目要么指定部分地识别某些情况的一个输入条件，要么指定某些情况的输出值。与判定表不同的是，Parnas表的输入和输出是纯数学表达式。

要了解Parnas表如何运作，考虑图4-17。行和列定义图书馆例子中的操作Calc due date，该信息表示为一个规范表（Normal Table），它是Parnas表的一种。行和列的头是用于说明情况的谓词，其内部的表条目存储可能的函数结果。因此，每一个内部表条目表示函数定义中的一个不同的情况。例如，如果事件是续借（表中列的头），且要借的出版物是被保留的（表中列的头），且发出请求的主顾没有应支付的罚金（表中行的头），那么，应归还日期的计算方式是：从今天（Today）起的第publication.reserve loan period天。表中的条目“X”指的是，在指定的条件下，该操作是无效的；在其他的规格说明中，“X”可能是指条件的组合是不可行的。要注意的是，如何对行和列

176

的头进行组织，才能涵盖可能影响被借出馆品应归还日期计算的、所有可能的条件组合。（符号¬的含义是"非"，因此，¬publication.InState(reserve)的含义是该出版物是未被保留的。）

	event∈ (borrow, renew)		event = recall
	publication.In State	publication.In State	
patron.fine = 0	publication.reserve loan period	publication.loan period	Min(due date, publication.recall period)
patron.fine > 0	X	X	X

图4-17　操作Calc due date的（规范）Parnas表

Parnas表实际上是指一组表类型和简略策略，用以组织和简化函数和关系的表达式。另一种表类型是倒置表，它看起来更像常规的判定表：行头以及表的条目中的表达式表示情况条件，列头中的表达式是函数的结果，处于表的顶部或底部。一般来讲，规格说明人员的目标是，选择或创建一种表格式，使得能够简单紧凑地表示要说明的功能或关系。这些表示的表格式结构使得评审人员更容易检查规格说明是否完备（即没有遗漏的情况）和一致（即没有重复的情况）。逐条评审每一个函数的定义，要比一次性地检查或推理整个规格说明更加容易。

最好将用Parnas表表示的函数规格说明分解为：每一个输出变量对应一个函数。对每一个输入事件以及关于表中条目或其他变量的每一个条件，每一个函数都指定其对应的输出变量的值。与状态机模型相比，这种模型结构的优点是，每一个输出变量的定义都局部化在一个不同的表中，而不是像状态转移上的动作一样，散布在模型中。

177

4.5.13　逻辑

除了ER图，我们迄今为止讨论的表示法都是基于模型的，称为操作性的。**操作性的**（operational）表示法是用于描述一个问题或提议的软件解决方案的表示法，它依据的是环境行为：一个软件系统如何响应不同的输入事件，计算如何一步步地进行，在各种条件下系统应该输出什么。其结果是基于情况的行为的模型，对于回答这样的问题特别有用：对于一个特定情形，期望的响应应该是什么。例如，给定当前的状态、输入事件、加工完成和变量值，下一个状态或系统输出应该是什么？这样的模型还有助于读者以路径（这些路径表示通过模型的可允许的执行踪迹）的形式设想全局行为。

在表达全局性质或约束时，操作性的表示法不是太有效。假定要建模一盏交通灯，并且希望推断出，在交叉方向的交通灯永远不会同时是绿的，或者每一个方向的交通灯都是定期变绿的。我们可以构建一个隐含地展现这些行为的操作性模型，因为通过模型的所有路径都满足这些性质。但是，除非该模型是**封闭的**——该模型表述了所有期望的行为，并且任何执行额外功能的实现都是不正确的；否则，关于这些性质是有待于满足的需求，还仅仅是建模决策的偶然结果，都是含糊不清的。

相反，描述性的表示法更适合于表达全局性质或约束，例如逻辑。**描述性的**（descriptive）表示法是，根据问题或提议的解决方案的性质或者不变行为来对它进行描述的表示法。例如，ER图是描述性的，因为它表达的是实体之间的关系性质。**逻辑**（logic）由一种表述性质的语言加上一组推理规则组成，这些推理规则用于从规定的性质导出新的、合乎逻辑的性质。从数学上讲，逻辑表达式[①]称为公式，它根据公式中出现的变量的值，计算是真还是假。相比较而言，当使用逻辑来表达一个软件问题或系统的性质的时候，其性质就是关于问题或系统应该为真的一个断言。同样，一个性质规格说明仅仅表示性质的表达式取值为真的那些性质的变量值。

逻辑有多个变种，它们的性质表示法的表达能力不同，或者提供的推理规则不同。常用于表达软件需求性质的逻辑是**一阶逻辑**，包含类型变量；常量；函数；谓词，如关系操作符 > 和 < ；等

---

① 你可以将逻辑看作是这样一个函数：把表达式映射到一组可能的值。n值逻辑将映射到n个值的集合。二元逻辑将表达式映射到{真，假}，但是，n一般可能比2大。在本书中，除非明确说明，否则我们假定n是2。

于；逻辑连接符：∧（与），∨（或），¬（非），⇒（蕴涵），⇔（逻辑等价）；以及量词：∃（存在量词），∀（全称量词）。考虑下面的十字转门问题中的变量，变量具有各自的初始值：

```
num_coins : integer := 0                    /* 插入的硬币数目*/
num_entries : integer := 0;                 /* 十字转门旋转半周的次数*/
barrier : {locked, unlocked} := locked;     /* 栅栏是否是锁着的*/
may_enter : boolean := false;               /* 是否任何人都可以进入*/
insert_coin : boolean := false;             /* 插入硬币的事件*/
push : boolean := false;                     /* 用足够的力量推十字转门，使其旋转半周 */
```

下面是十字转门关于这些变量的性质，用一阶逻辑表示：

```
num_coins ⩾ num_entries
(num_coins > num_entries) ⇔ (barrier = unlocked)
(barrier = locked) ⇔ ¬may_enter
```

总体上讲，这些公式推断出：通过十字转门栅栏进入的次数应该永远不超过插入十字转门的硬币数目；只要硬币插入的数目超过进入的次数，栅栏就是已开锁的，以允许另一个人进入大门。请注意，这些性质并没有讨论变量的值是如何变化的，例如，插入硬币的数目是如何增加的。我们假定，规格说明的另一部分描述了这部分内容。上述性质只是保证：变量的值无论如何改变，其值永远满足公式的约束。

时态逻辑（temporal logic）引入额外的逻辑连接符，用以约束变量是如何随着时间（更为准确地讲，是随着执行过程中的多个时刻）的变化改变其值的。例如，时态逻辑连接符可以表示立即发生的变化，如变量赋值（例如，一个insert_coin事件导致变量num_coins递增1）；或者它们可以表示将来的变量值（例如，在insert_coin事件之后，变量may_enter继续保持真，直到一个push事件发生）。通过在模型的每一个变量中加入时间参数，并在特定时刻询问变量的值，我们可以使用一阶逻辑来建模这样的行为。但是，时态逻辑允许变量值改变，并且引入特殊的时态逻辑连接符，因而能够更为简洁地表示变化的行为。

总体上，时态逻辑有很多变种，它们引入的连接符各不相同。下面的（线性时间的）连接符在单个执行踪迹上约束将来的变量值：

- □ f ≡ f 现在以及整个后面的执行过程中为真。
- ◊ f ≡ f 现在或者执行过程中将来的某些时刻为真。
- ○ f ≡ f 执行的下一时刻为真。
- f W g ≡ f 直到g为真那一刻才为真，但是g可能永远不会为真。

上面给出的十字转门的时间相关的性质用时态逻辑表示如下：

```
□(insert_coin ⇒ ○(may_enter W push))
□(∀n(insert_coin ∧ num_coins=n) ⇒ ○(num_coins = n+1))
```

通常使用性质来加强基于模型的规格说明，或者在模型可允许的行为上强加约束，或者只是表达冗余的但并不是显而易见的规格说明的全局性质。在第一种情况下，性质说明了模型中未表达的行为，并且期望的行为是模型和性质的合取；在第二种情况下，性质并没有改变规格说明行为，但是通过说明其他方面隐含的行为，可能有助于理解模型。冗余的性质通过提供期望的模型性质供评审人员检查，也有助于需求验证。

4.5.14 例子：对象约束语言（OCL）

对象约束语言（OCL）的目的是尝试创建一种既具有数学的精确性，又对非数学专业人员（如客户）易读、易写、易理解的约束语言。它是专门为表述对象模型（如ER图）上的约束而设计的一种语言，并且引入了这样一些语言成分：通过关联路径从一个对象导航到另一个对象，处理对象汇集（collection），表达对象类型上的查询。

图4-18显示的是图4-5中的部分图书馆类模型，其中，用OCL约束对3个类进行了详述和注释。最左边的约束是Patron类上的不变量，规定主顾的罚金不能是负数（即如果一个主顾的支付超过其罚金，则图书馆总会将零钱返还）。最上面的约束是Publication类的不变量，规定图书编目号码（call number）是唯一的。该约束引入：

- 语言成分*allinstances*，它返回Publication类的所有实例；
- 符号→，它将其右边操作数的属性和操作应用到左边操作数的所有对象；
- 语言成分*forall*、*and*以及*implies*，它们对应于上面描述的一阶连接符。

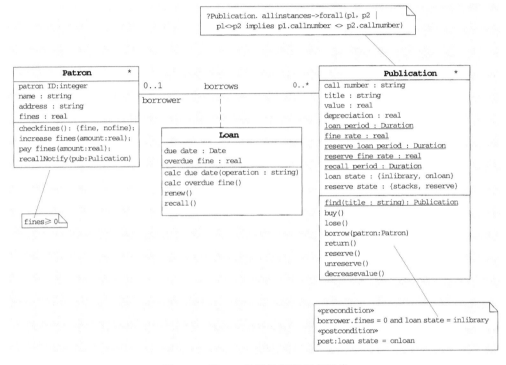

图4-18　用OCL性质注释的图书馆类

因此，从字面上来讲，该约束的含义是，在由*allinstances*返回的出版物中，对于任意两个出版物p1和p2，如果p1和p2不是同一个出版物，那么它们具有不同的图书编目号码。第3个约束，隶属于方法borrow()，表示该操作的前置条件和后置条件。其中一个前置条件，涉及的是Parton类中的一个属性，可以通过borrow（借）关联进行访问；既可以通过其角色名borrower（借书者）来访问主顾对象，也可以通过类名（用小写字母）访问主顾对象（如果关联的远端没有角色名）。如果关联的多重性大于0..1，那么，关联的导航将会返回一个对象汇集并且我们将使用→表示法，而不是点（.）表示法，来访问对象的属性。

尽管OCL最初并不是设计为UML的一个组成部分，但是，它现在与UML紧密结合在一起，并且是UML标准的一部分。OCL能增强UML的很多模型，例如，它可用于表示类图中的不变量、前置条件以及后置条件，或者状态图中的不变量、状态转移条件。它还可以表示消息时序图中事件的条件（Warmer and Kleppe 1999）。UML的OCL注释要求类模型相对详细，包含属性类型、操作签名、角色名、多重性以及类的状态图的状态枚举。OCL表达式可以以UML注释的形式出现在UML图中，也可以在支持文档中列举出来。

4.5.15　例子：Z

Z（发音为"zed"）是一种形式化的需求规格说明语言，将集合论的变量定义组织到一个问题的

180

完整的抽象数据类型模型当中，并使用逻辑来表示每一个操作的前置条件和后置条件。Z利用软件工程的抽象方法将规格说明分解为可管理规模的模块，称为**模式**（schema）（Spivey 1992）。单独的模式：

- 根据类型化的变量以及关于变量值的不变量来指定系统状态；
- 指定系统的初始状态（即初始变量值）；
- 指定操作。

而且，Z具备数学表示法的精确性及其所有好处，例如，能够利用证明和自动化检查来评估规格说明。

图4-19显示了用Z说明的部分图书馆例子。Patron（主顾）、Item（馆品）、Date（日期）、Duration（期限）都是对应于现实世界各自指称的基本数据类型（参见补充材料4-5，以对指称有更多的了解）。
181 Library（图书馆）模式声明，该问题由一个Catalogue和一个OnReserve馆品集合组成，这两者都声明为Items的幂集（P）。这些声明的含义是，Catalogue和OnReserve的值在执行期间都可以变化为Items的任意子集。该模式还声明了一些偏序映射（⇸），记录Items中被借出的馆品构成的子集的Borrowers和DueDates，以及记录Patrons中还有未支付罚金的那些主顾构成的子集的Fines。偏序映射的定义域（**dom**）是当前被映射的实体子集，因此，我们断言，被借出的馆品的子集应该正好是馆品中的含有归还日期的子集。InitLibrary模式将所有的变量初始化为空集和函数。所有剩余的模式都对应于图书馆操作。

```
[Patron, Item, Date, Duration]
LoanPeriod : Duration;
ReserveLoan : Duration;
DailyFine : N;

┌ Library ──────────────────
│ Catalogue, OnReserve : P Item
│ Borrower : Item ⇸ Patron
│ DueDate : Item ⇸ Date
│ Fine : Patron ⇸ N
├──────────────
│ dom Borrower ⊆ Catalogue
│ OnReserve ⊆ Catalogue
│ dom Borrower = dom DueDate
└──────────────────────────

┌ InitLibrary ──────────────
│ Library
├──────────────
│ Catalogue= ∅^ OnReserve = ∅
│ dom Borrower = ∅
│ dom DueDate = ∅
│ dom Fine = ∅
└──────────────────────────

┌ Get Due Date ────
│ ΞLibrary
│ i? : Item
│ due! : Date
├──────────────
│ i? ∈ dom Borrower
│ due!=DueDate(i?)
└──────────────────

┌ Buy ──────────────────────
│ Δ Library
│ i? : Item
├──────────────
│ i? ∉ Catalogue
│ Catalogue' = Catalogue ∪ {i?}
│ OnReserve' = OnReserve
│ Borrower' = Borrower
│ DueDate' = DueDate
│ Fine' = Fine
└──────────────────────────

┌ Return ───────────────────
│ Δ Library
│ i? : Item
│ P? : Patron
│ today? : Date
├──────────────
│ i? ∈ dom Borrower ^ p? = Borrower(i?)
│ Borrower' = {i?} ⩤ Borrower
│ DueDate' ={i?} ⩤ DueDate
│ DueDate(i?)-today? <0 ⇒
│   Fine' = Fine ⊕ {p? ↦ (Fine(p?)+((DueDate(i?)-today?)*DailyFine)}
│ DueDate(i?)-today?≥0⇒
│   Fine' = Fine
│ Catalogue'=Catalogue
│ OnReserve'=OnReserve
└──────────────────────────
```

图4-19　图书馆问题的部分Z规格说明

补充材料4-5　将现实世界作为需求的基础

Jackson建议（Jackson 1995）使现实世界成为需求的基础。他的建议超越了这样的经验：根据要构建的系统的环境来表达需求。Jackson指出，需求的任何模型都会包含没有形式化含义的基本术语（例如，图书馆例子中的主顾（Patron）、出版物（Publication）以及文章（Article）），而建立这些基本术语的含义的唯一方式是将它们与现实世界中的一些现象联系起来。他将这些描述称为**指称**（designation），并且将“指称”与“定义”和“断言”加以区分。定义是术语的形式化含义，它基于模型中使用的其他术语的含义（例如“book out on loan”的定义），而“断言”描述的是术语上的约束（例如，只有当某些馆品当前没有被借出时，主顾才可以借阅它们）。如果一个模型要包含与现实世界行为相关的含义，那么其基本术语必须清晰准确地与现实世界联系起来，并且其指称"必须作为需求文档的重要部分来维护"（Zave and Jackson 1997）。

182

操作模式的最上面部分除了指明了操作是修改（Δ）系统状态还是只是简单地查询（Ξ）系统状态，还标识了输入（?）操作和输出（!）操作。操作模式的最下面部分指定该操作的前置条件和后置条件。在修改系统状态的操作中，之前变量（unprimed variable）表示操作执行之前的变量值，之后变量（primed variable）表示紧随操作之后的变量值。例如，操作Buy（购买）的输入是一个新的图书馆Item（馆品），前置条件规定图书馆Catalogue中目前不包含该Item。后置条件更新Catalogue，使其包含新的Item，并且规定其他图书馆变量的值不变（例如，更新的值Fine'与老的值Fine相同）。操作Return更为复杂。它将返回的Item（馆品）、借Item的Patron（主顾）以及还书的Date（日期）作为输入。其后置条件从变量Borrowers和DueDates中删除返回的馆品；这些更新使用Z符号◁，"定义域减"（domain subtraction），来返回它们的前置操作值的子映射，排除任何其定义域值是返回的Item的元素。接着的两个后置条件是对变量Fines的更新，其条件是：Patron是否由于Item的归还迟于借书的应还日期而招致过期罚金。这些更新用符号↦表示，它将一个定义域中的值"映射到"一个值域中的值，而符号⊕"覆载"一个函数映射，通常使用一个新的映射。因此，如果today的日期晚于返回的Item的DueDate，那么，Patron的Fine被新的值（老的罚金值加上新的过期未付值）覆盖。最后两个后置条件规定，变量Catalogue和OnReserve的值不发生改变。

4.5.16　代数规格说明

除了逻辑和OCL表示法，我们迄今为止讨论的所有表示法范型都趋向于产生暗示着特定实现的模型。例如，

- UML类模型暗示着，什么类应该出现在最终的（面向对象）实现中；
- 数据流规格说明暗示着，应该如何将一个实现分解为数据-转换模块；
- 状态机模型暗示着，应该怎么将一个反应系统分解为情况分支；
- Z规格说明暗示着，可以怎样依据集合、序列或函数实现复杂的数据类型。

183

这种在需求规格说明中对实现的偏向，可能导致软件设计人员生成的设计遵从规格说明的模型，下意识地丢弃可能是满足指定行为的更好的设计。例如，正如我们将在第6章看到的，UML类图中的类可能适合于简洁地表述一个问题，但是，在设计中，同样的类分解可能导致问题的低效解决方案。

一种完全不同的看待系统的方式是，考虑将操作组合起来执行时会发生什么。这种多操作视图是**代数规格说明**（algebraic specification）背后的主要思想：通过指定操作对之间的相互作用，而不是建模单个操作，来指定操作的行为。一个执行踪迹就是从执行开始起完成的操作序列。例如，我们讨论过的十字转门问题的一个执行，起始于一个新的十字转门，操作序列是：

```
new().coin().push().rotated().coin().push().rotated()....
```

或者，使用数学函数的表示法表示：

```
...(rotated(push(coin(rotated(push(coin(new()))))))))...
```

规格说明公理指定的是，将操作对应用到已经执行的操作的任意序列上的结果（其中，SEQ是操作的某个前缀序列）：

```
num_entries(coin(SEQ)) ≡ num_entries (SEQ)
num_entries(push(SEQ)) ≡ num_entries (SEQ)
num_entries(rotated(SEQ)) ≡ 1 + num_entries (SEQ)
num_entries(new()) ≡ 0
```

前3个公理指定，当操作num_entries分别应用于以操作coin、push以及rotated结尾的序列

时，操作num_entries的行为应该是什么样的。例如，一个rotated操作表明，另一个游客已经进入动物园，因此，应用于rotated(SEQ)的num_entries应该是应用于SEQ的num_entries加1。第4个公理指定，当操作num_entries应用于一个新的十字转门时的基本情况。总体上，这4个公理指明，对于给定的序列，操作num_entries返回的是操作rotated的出现次数，而不是说明关于信息如何存储或计算的任何事情。必须书写类似的公理，以说明其他操作对的行为。

代数规格说明表示法在软件开发人员中并不流行，原因是，对于一个操作集，构造一个完备的、一致的乃至是正确的公理集可能是很难的！尽管代数表示法具有一定的复杂性，但它们仍被加入到了几种形式化的规格说明语言中，以使说明人员能够为其规格说明定义他们自己的抽象数据类型。

4.5.17　例子：SDL 数据

SDL数据定义用于创建**规格说明和描述语言**（SDL）中的用户定义数据类型以及参数化的数据类型（ITU 2002）。一个SDL数据类型定义引入要说明的数据类型、该数据类型所有操作的签名，以及说明操作对如何相互影响的公理。图4-20给出了我们的图书馆问题的部分SDL数据规格说明，其中，图书馆本身（出版物的编目，以及每一个出版物的借出或保留状态）被当作一个复杂数据类型。NEWTYPE引入Library数据类型。LITERALS区声明新的数据类型的所有常量，New是空图书馆的值。OPERATORS区声明所有的图书馆操作，包括每一个操作的参数类型和返回类型。AXIOMS区说明操作对的行为。

```
NEWTYPE Library                          AXIOMS
LITERALS New;                            FOR ALL lib in Library(
OPERATORS                                 FOR ALL i, i2_in Item(
 buy : Library, Item→Library;             lose(New, i)=ERROR;
 lose : Library, Item→Library;            lose(buy(1ib, i), i2)≡if i=i2 then lib;
 borrow : Library, Item→Library;                        else buy(lose(lib, i2), i);
 return : Library, Item→Library;          lose(borrow(lib, i), i2)≡if i=i2 then lose(lib, i2)
 reserve : Library, Item→Library;                       else borrow(lose(lib, i2), i);
 unreserve : Library, Item→Library;       lose(reserve(lib, i), i2)≡ if i=i2 then lose(lib, i2);
 recall : Library, Item→Library;                        else reserve (lose(lib, i2), i);
 isInCatalogue: Library, Item→boolean;   return(New, i)≡ ERROR;
 isOnLoan : Library, Item→boolean;       return(buy(lib, i), i2)≡ if i = i2 then buy(lib, i);
 isOnReserve : Library, Item→boolean;                   else buy(return lib, i2), i);
                                         return(borrow(1ib, i), i2) ≡ if i = i2 then lib;
/*generators are New, buy, borrow reserve */            else borrow(return(lib, i2), i);
                                         return(reserve(1ib, i), i2) ≡ reserve(return(lib, i2), i);
                                           ...
                                         isInCatalogue(New, i) ≡ false;
                                         isInCatalogue(buy(lib, i), i2) ≡ if i = i2 then true;
                                                        else isInCatalogue(lib, i2);
                                         isInCatalogue(borrow(lib, i), i2) ≡ isInCatalogue(lib, i2);
                                         isInCatalogue(reserve(lib, i), i2) ≡ isInCatalogue(lib, i2);
                                           ...
                                          }
                                         }
                                         ENDNEWTYPE Library;
```

图4-20　图书馆问题的部分SDL数据规格说明

正如上面所提到的，构造代数规格说明最难的部分是，定义完备的、一致的以及反映期望行为的一组公理。要确保公理是一致的尤其困难，因为它们紧密地相互交织在一起：每一个公理都隐含两个操作的规格说明，而每一个操作都由一组公理指定。同样，规格说明的一个变化必然牵扯到多个公理。帮助减少公理数目，从而减少不一致的风险的启发式方法是将操作分为以下几类。

- **生成操作**：帮助构建定义的数据类型的规范表示。
- **操纵操作**：返回定义的数据类型的值，但是不是生成操作。
- **查询**：不返回定义的数据类型的值。

生成操作集是构造任何数据类型值所需的最小集。也就是说，每一个操作序列都可以简化为某些只含有生成操作的规范序列，这样，该规范序列就表示与原始序列相同的数据值。在图4-20中，我们选择New、buy、borrow以及reserve作为生成操作，因为这些操作可以表示图书馆的任何状态，包括图书部的编目，以及出版物的借出和保留状态。将lose、return、unreserve以及renew作为操纵操作，因为它们是具有返回类型Library的剩余操作；将isInCatalogue、isOnLoan以及isOnReserve当作查询操作。

启发式方法的第二部分是提供公理，以说明将一个非生成操作应用于一个规范操作序列的结果。由于规范操作序列仅仅由生成操作组成，这一步意味着我们仅仅需要为操作对提供公理，其中每一对操作都是一个生成操作和一个非生成操作（生成操作的应用）。每一个公理指定，如何将一个操作序列简化为它的规范形式：将一个操纵操作应用于一个规范序列，通常会产生更小的规范序列，因为操纵操作通常会撤销前面的生成操作的效果，例如还一本借出的书；应用一个查询操作（如检查一本书是否已经被借出），只是返回一些结果而不修改已经规范的系统状态。

每一个非生成操作的公理递归地定义如下。

(1) 存在一种基本情况，指定每一个非生成操作对于空集的结果，例如，New图书馆。在我们的图书馆规格说明中（图4-20），从一个空集图书馆丢失一本书是一个ERROR（错误）。

(2) 存在一种递归情况，说明对同一参数的两种操作的结果，例如购买和丢失同样的书。一般情况下，这些操作相互影响，既然这样，这两个相互抵消，其结果是图书馆的状态，减去这两个操作。考虑这样一种情况：丢失一本已经借阅的书，我们丢弃borrow操作（因为没有必要为丢失的书保存任何借出记录），然后将lose操作应用到剩余的序列。

(3) 存在第二种递归情况，将两个操作应用于不同的参数，例如购买和丢失不同的书，这样的操作并没有相互影响，并且公理指明如何将内部操作的结果与递归地将外部操作应用到系统状态的其余部分的结果结合起来。在购买和丢失不同的书的情况下，我们保存购买一本书的结果，并递归地将丢失操作应用于到目前为止已执行的操作序列的其余部分。

没有必要指定非生成操作对的公理，因为在考虑下一个非生成操作之前，我们可以使用上述公理将每一个非生成操作的应用简化到规范形式。我们可以为生成操作对编写公理，例如，可以指定，连续借同一本书是一个ERROR（错误）。但是，很多生成操作的组合（例如连续借不同的书），将不会产生简化的规范形式。相反，我们编写公理，假设其中很多操作具有应用操作时对其进行约束的前置条件。例如，我们假定在图书馆规格说明中（图4-20），borrow（借）一本已经借出的书是无效的。在这种假设下，归还一本已经借出的书的效果是两个操作相互抵消，其结果等于SEQ（如下所示）：

```
return(borrow(SEQ,i),i)
```

如果不做该假设，那么我们可能编写这样的公理：return（还书）操作抵消所有对应的borrow（借）操作：

```
return(New,i) ≡ ERROR;
return(buy(lib, i), i2) ≡ if i=i2 then buy(lib, i);
                          else buy(return(lib, i2), i);
return(borrow(lib, i), i2) ≡ if i=i2 then return(lib, i2);
                             else borrow(return(lib, i2), i);
return(reserve(lib, i), i2) ≡ reserve(return(lib, i2), i);
```

因此，还一本已经借出的书的效果是，丢弃borrow（借）操作，重新将return（还书）操作应用到剩余的序列中，这样，它可以抵消任何外界的、匹配的borrow（借）操作。当return（还书）操作被应用于对应的buy（购买）操作（它表明该书开始存在）或空图书馆时，递归终止，一个ERROR（错误）发生。总体上，这些公理说明，操作return（还书）从图书馆状态中删除被借馆品的任何踪迹，这是我们期望的行为。以这种方式编写的规格说明将使得连续的购买、借阅或保留同一本书的操作是无效的。

4.6 需求和规格说明语言

此刻,你可能感到疑惑,软件工程界怎么会开发这么多种软件模型,而没有哪个受到偏爱或成为理想的表示法。这种情形与建筑师使用一组蓝图没有太大的不同:每一个蓝图都对应于建筑物设计的一个特定的方面(例如,支撑结构、加热管道、电路、水管),正是这个蓝图集使得建筑师能够设想并与他人沟通建筑的整体设计。上面描述的每一种表示法范型都从不同的角度建模问题:实体和联系、踪迹、执行状态、功能、性质、数据。同样,每一种范型都是专门建模软件问题的一个特定视图。通过实践和经验,你将学会判断,对于一个给定的软件问题,哪种观点和表示法是最适合于理解和交流的。

由于每一种范型都有其各自的优势,一个完整的规格说明可能包含若干种模型,其中每一种说明系统的一个不同的方面。因此,大部分实用的需求和规格说明语言实际上是几种表示法范型的组合。根据对规格说明语言及其采用的表示法范型两者之间关系的理解,可以认识到不同语言之间的相似性和本质差别。在本章的最后,我们讨论用于评估和选择规格说明语言的标准。

4.6.1 统一建模语言(UML)

统一建模语言(OMG 2003)是著名的语言,结合了多种表示法范型。总而言之,UML标准包含8种图形建模表示法,再加上OCL约束语言。用于需求定义和规格说明的UML表示法包括以下几种。

- **用例图(一种高层的DFD)**:用例图用在新项目的开始阶段,记录将要开发的产品应提供的基本顶层功能。在详细描述用例场景的过程中,我们可以识别在被建模问题中起作用的重要实体。
- **类图(一种ER图)**:正像前面提到的,类图是UML规格说明中最重要的模型,强调问题的实体以及实体之间的相互关系。UML规格说明模型的其余部分提供关于类的对象行为以及对象之间交互的更多细节。随着我们对正在建模问题的更深入的理解,用更多的属性、属性类、操作以及签名对类图进行细化。理想情况是,对问题的深入理解更可能引起的是这些细节变化,而不是影响模型的实体或联系。
- **时序图(一种事件踪迹)**:是用于开发阶段早期的行为模型,描述类实例间消息传递的踪迹。它们最适合用于文档化涉及多个对象的重要场景。当创建时序图时,我们寻找出现在若干个图中的共同的子序列,这些子序列有助于我们识别对象局部行为的状态(例如,子序列的起点和终点)。
- **合作图(一种事件踪迹)**:合作图说明类图中涵盖的一个或多个事件踪迹。这样说来,合作图表示的信息与时序图相同。它们的区别是,时序图强调的是一个场景中消息的时间顺序,因为它沿着时间线组织消息。另一方面,合作图强调的是类之间的关系,按照将消息表示为类图中的类之间的箭头的方式,将消息看作是那些关系的细化。
- **状态图(一种状态机模型)**:UML状态图说明,在规格说明的类图中的一个类的所有实例的行为。在编写一个类(更明确地讲,是这个类的代表对象)的状态图之前,我们应该识别对象生命周期的状态、该对象向其他对象发送或从其他对象接收的事件、这些状态和事件发生的顺序,以及对象调用的操作。由于这些信息是相当细节化的,因此,直到需求阶段的后期(此时,问题的细节得到了较好的理解),才应该编写状态图。
- **OCL特性(逻辑)**:OCL表达式描述的是建模元素的特性(例如,对象、属性、事件、状态、消息)。OCL特性可以用在上述任何一种模型中,详细说明模型隐含的行为,或者在模型特定行为上增加约束。

这些表示法大多都在前面几节中作为各种表示法范型的例子讨论过。在第6章,我们将详细讨论UML,并将其应用到现实世界例子的规格说明和设计中。

4.6.2 规格说明和描述语言（SDL）

规格说明和描述语言（SDL）（ITU 2002）是国际电信联盟的一个标准化语言，用于精确说明通过无限的消息队列通信的实时、并发、分布处理的行为。SDL包括3个主要的图，外加定义复杂数据类型的代数规格说明。

- **SDL系统图（一种DFD）**：如图4-21a所示，SDL系统图描述的是规格说明的高层块和连接各个块的通信信道。信道是有向的，它使用可以流经每一方向的信号类型标注。通过**信道**（channel）的消息传递是异步的，意味着不能对消息将被接收的时间做任何假设。当然，沿着同一个信道发送的消息将按照发送它们的顺序进行接收。
- **SDL方框图（一种DFD）**：每一个SDL块都可能建模低层的一组块以及连接它们的消息延迟信道。另外，它可以建模一组最低层的通过信号路由通信的进程，如图4-21b所示。**信号路由**（signal route）同步地传递消息，因此，同一模块中的进程之间的消息传送是即时接收的。事实上，这种通信机制之间的差别是决定如何分解行为时的一个考虑因素：需要与另一个进程同步的进程，以及高度耦合的进程应该处于同一个块中。
- **SDL进程图（一种状态机模型）**：如图4-21c所示，一个SDL进程图是一个状态机，其转移是语言构成成分的序列（输入、决策、任务、输出），起始或终止于状态的构成成分。在每一个执行步中，进程从输入队列头删除信号，并且将该信号与跟随该进程当前状态的输入构成成分进行比较。如果该信号匹配其中一个状态的输入，该进程就执行跟随匹配输入的所有构成成分，直至执行到达下一个状态构成成分。
- **SDL数据类型（代数规格说明）**：SDL进程可以声明局部变量，SDL数据类型定义用于声明复杂的、用户定义的变量类型。

另外，SDL规格说明通常伴随有一组消息时序图（MSC）（ITU 1996），其中每一个MSC都说明，按照规格说明的进程之间的消息传递进行的一个规格说明的执行。

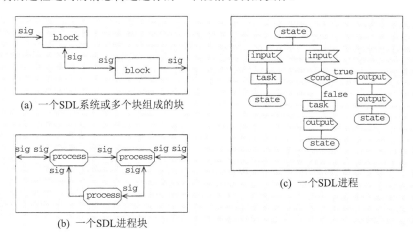

(a) 一个SDL系统或多个块组成的块

(b) 一个SDL进程块

(c) 一个SDL进程

图4-21 SDL图形表示法

4.6.3 软件成本降低（SCR）

软件成本降低（Software Cost Reduction，SCR）（Heitmeyer 2002）是专为鼓励软件开发人员采用好的软件工程设计原则而设计的一组技术。SCR规格说明将软件需求建模为数学函数：REQ，该函数将**监测变量**（monitored variable）映射为**控制变量**（controlled variable）。监测变量是系统感知到的环境变量，控制变量是系统设置的环境变量。函数REQ被分解为一组表格式函数，类似于Parnas表。其中每一个函数都负责设置一个控制变量的值或一个**项**（term）的值，它是像变量一样的宏，由其他函数定义引用。

将这些表格式函数组成一个网络，结果就是REQ（一种DFD，如图4-22所示），其中的边反映的是函数之间的数据依赖关系。每一个执行步起始于一个监测变量值的变化，然后用单个的、同步的步骤，将这个变化通过网络进行传递。根据符合函数的数据依赖关系的拓扑排序应用规格说明的函数：引用更新的变量值的任何函数必须在更新那些值的函数之后执行。因此，一个执行步将沿着网络发生的一波变量更新连接起来，起始于新感知到的监测变量的值，随后是项变量的更新，再随后是控制变量值的更新。

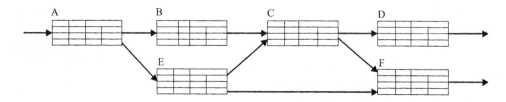

[190]

图4-22　将SCR规格说明看作表格式函数的网络

4.6.4　需求表示法的其他特征

还有很多其他的需求建模技术。一些技术包含这样的能力：将不确定性的程度或风险程度与每一个需求关联起来。其他一些技术具有跟踪需求至其他系统文档（例如设计或代码）或者其他系统（例如在复用需求时）的能力。大部分规格说明技术都已经具有某种程度的自动化，使得更易于画图、将术语和指称收集到数据字典中、检查明显的不一致性。随着工具的继续发展，辅助软件工程活动、文档化以及跟踪需求将更加方便。但是，需求分析中最困难的部分——理解客户的需求——仍然要靠人的努力。

4.7　原型化需求

在设法确定需求的时候，我们可能会发现客户无法准确确定他们想要什么或需要什么。需求引发可能仅仅产生客户想看到的"愿望列表"，但细节很少，或并不清楚该列表是否是完备的。当心！同样是这些客户（对其需求不能肯定），却很容易区分一个交付的系统是否满足他们需求，也被称为"见到的时候就会知道"的客户（Boehm 2000）。事实上，大部分人发现，详细地评论一个现有产品比详细地想象一个新产品要容易得多。同样，我们能够引发细节的一种方式是构建被提议系统的原型，并请求潜在用户的反馈：他们希望看到哪些方面被改进，哪些特征不是那么有用，遗漏了哪些功能。构建原型还有助于我们确定客户的问题是否具有一个可行的解决方案，或者帮助我们探讨优化质量需求的可选方案。

要了解原型化是如何进行的，假定我们正在构建一个工具，跟踪用户每天的锻炼量。我们的客户是运动生理学家和教练员，而他们的客户将是用户。工具将帮助他们训练他们的客户并跟踪客户的训练进展。工具的用户界面是很重要的，因为用户可能不熟悉计算机。例如，在输入日常锻炼安排的信息时，用户需要输入每次训练安排的日期。教练员不能肯定界面将是什么样子，因此，我们构造了快速原型，来演示可能的界面。图4-23显示了第一个原型，其中，用户必须输入年、月、日。更为有趣和复杂的界面是使用日历（见图4-24），其中，用户用鼠标选择月和年，系统显示该月的图表，用户在图表中选择适当的日期。第3个选择如图4-25所示，在这里，系统没有使用日历，而

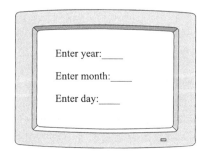

图4-23　使用键盘输入的原型

是给出了3个滑动条。当用户用鼠标将每个滑动条从左往右地移动时，屏幕底下的框就会随之变动，以显示选定的年、月和日。虽然这个界面可能与用户习惯的界面非常不同，但是它提供的选择可能是最快的。在这个例子中，原型化帮助我们选择正确的"感观"，供用户与被提议系统进行交互。原型界面难以用词语或者符号来描述，并且说明有些需求用图片或者原型表示会更好。

图4-24　基于日历的原型

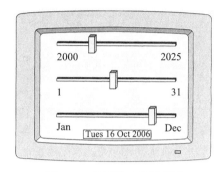
图4-25　基于滑动条的原型

　　有两种方法可以进行原型开发：抛弃型和演化型。**抛弃型原型**（throwaway prototype）是为了对问题或者提议的解决方案有更多的了解而开发的软件，永远不会作为交付软件的一部分。这种方法允许我们编写"快速但不考虑质量"（quick and dirty）的软件，这种软件结构差、效率低、不进行错误检查。它实际上可能只是一个门面，没有实现任何期望的功能，但是，能够迅速地抓住我们面临的问题或提议的解决方案的核心。一旦我们得到问题的答案，就抛弃掉原型软件，开始工程化我们将要交付的软件。相比较之下，**演化型原型**（evolutionary prototype）是这样的软件：不仅帮助我们回答问题，而且还要演变为最终的产品。这样一来，在它的开发中我们要特别小心，因为该软件必须展现最终产品的质量需求（例如，响应速度、模块化），并且这些质量的要求不能改进。

　　这两种技术有时都称为**快速原型化**（rapid prototyping），因为它们都是为了回答需求的问题而构造软件。术语"快速"将软件原型与其他工程学科中的原型区别开，在其他工程学科中，原型通常是一个完整的解决方案，如同一个原型汽车或飞机（按照已经批准的设计方案手工构造的）。这种原型的目的是，在自动化或优化大规模生产的制造步骤之前，对设计和产品进行检验。相比较之下，快速原型是一个部分解决方案，构建它是为帮助我们理解需求或者评估可选的设计方案。

　　探索关于需求的问题有两种方式，或者是建模，或者是原型化。哪一种方法更好，取决于我们的问题是什么，用模型表示合适还是用软件表示合适，以及构建模型或构建软件哪个更快。正如我们上面所看到的，用原型更容易回答关于用户界面的问题。原型实现了一些提议的特征，将更有效地帮助用户对这些特征进行优先级划分，并可能识别出一些不必要的特征。另一方面，关于事件将要发生的顺序这样的约束问题，或者关于活动的同步这样的问题，使用模型能够更快速地得到答案。最后，我们必须给出最终的需求文档，供测试和维护小组、制定规章制度的机构以及最终要交付的软件使用。因此，模型好还是原型好，这取决于是模型以及从细化的模型开发软件更快、更容易，还是原型以及从细化的原型开发文档更快、更容易。

4.8　需求文档

　　不管我们选择什么样的方法定义需求，都必须保留一组文档来记录结果。我们和客户在整个开发和维护过程中都会查阅这些文档。因此，需求必须文档化，以便使它们不仅对客户是有用的，而且对开发团队的技术人员来讲也是有用的。例如，必须按照这样的方式组织需求：能够在系统开发过程的自始至终跟踪它们。文档中清楚而准确的图例和图应该与文本保持一致。同时，如补充材料4-6中所解释的，需求编写的层次也很重要。

补充材料4-6　规格说明的层次

在1995年，澳大利亚防卫技术组织报告了调查海军软件（Gabb and Henderson 1995）中需求规格说明问题的结果。它强调的其中一个问题是：规格说明的层次是不均衡的。也就是说，有些需求说明层次太高，而有些又过于详细。这种不均衡性是由以下几种情况造成的。

- 需求分析员使用了不同的书写风格，尤其是在对系统不同的部分进行文档化的时候。
- 分析员之间的经验差异导致了在需求中存在不同细节层次。
- 试图复用之前的系统的需求，分析员使用了不同的格式和书写风格。
- 由于分析员确定了特定类型的计算机和程序设计语言、假设了特定的解决方案或者强制不适当的过程和协议，对需求进行了过分的说明，因此分析员有时会把需求规格说明和局部解决方案相混淆，导致"设计有效成本的解决方案时出现了严重问题"。
- 有时候需求说明不足，尤其是在描述操作环境、性能、模拟培训、管理型计算和容错时。

这些调查大多都同意，没有普遍正确的规格说明层次。有着大量经验的客户更喜欢高层的规格说明，经验较少的客户则喜欢更为详细的规格说明。被调查者给出了一些建议，包括：

- 每一条款都应该只包括一个需求；
- 避免使一个需求引用另外一个需求；
- 把相似的需求放在一起。

4.8.1　需求定义

需求定义是用客户的术语记录需求。我们与客户一起，文档化客户期望交付的系统。

(1) 首先，概述系统的总体目的和范围，包括相关的益处、目的和目标，包括到其他相关系统的引用，并列出任何可能有用的术语、指称和缩写。

(2) 接着，描述系统开发的背景和理由。例如，如果该系统要替换现有方法，我们要解释为什么现有方法是不能令人满意的。要对当前方法和过程概述得足够详细，以便能够将那些客户喜欢的要素与不满意的要素分开。

193 ~ 194
(3) 在记录了问题的总体情况之后，要描述可接受解决方案的基本特性。该记录包括产品核心功能的简单描述（在用例层描述），还包括质量需求，例如计时、精确性以及对失效的响应。理想情况下，我们应该对这些需求划分优先级，并标识那些可能推迟到后面系统版本中实现的需求。

(4) 作为问题背景的一部分，我们描述系统将运转的环境。列出构建的系统必须交互的、任何已知的硬件和软件构件。为了帮助确保用户界面是合适的，我们简略描述预期用户的总体背景和能力，诸如他们的教育背景、经验、专业技术知识等。例如，为知识渊博的用户设计的用户界面与为新手用户设计的用户界面将有所不同。另外，列出任何已知的关于需求或设计的约束，诸如适用的法律、硬件限制、审计检查、法规政策，等等。

(5) 如果客户有解决问题的提议，应该概略描述该提议。但请记住，需求文档的目的在于讨论问题而不是讨论解决方案。我们需要仔细评估提议的解决方案，以确定它是一个要满足的设计约束，还是一个可能排除更佳解决方案的过度说明。最后，如果客户对开发有什么限制，或者要做什么特殊的假设，都应该包含在需求定义中。

(6) 最后，列出我们对环境行为所做的一切假设。尤其是，描述那些将引起提议的系统失效的环境条件，以及将使我们改变需求的环境变化。补充材料4-7详细解释了为什么对假设进行文档化是重要的。这些假设的相关文档应该与需求文档分开，以便于开发人员知道他们负责实现哪些行为。

补充材料4-7　隐藏的假设

Zave和Jackson仔细考虑了软件需求和规格说明中的问题，包括关于现实世界如何运作的未文档化的假设（Zave and Jackson 1997）。

实际上有两种类型的环境行为：将由要构建的系统实现的期望的行为（即需求）和不会被要

构建的系统改变的现有行为。后一种行为通常称为**假设**（assumption）或**领域知识**（domain knowledge）。大部分需求编写人员认为，假设仅仅就是保证系统正常运转的条件。而必然地，条件不仅仅是假设。我们还就环境对系统的输出如何做出响应进行假设。

考虑一条公路和一组铁轨交叉口的铁道口的门。我们的需求是火车和汽车在交叉口不会碰撞。但是，火车和汽车处于我们的系统的控制之外，系统所能做的是在火车来临之时降低铁道口的门，而在火车通过之后升起铁道口的门。铁道口的门防止碰撞的唯一方式是，假设火车和汽车遵循某些规则。首先，必须假设火车前进的最大速度，以便于我们知道，在多早降低铁道口的门，才能确保在火车到达交叉口之前正好将门降下来。但是，我们还不得不假设，面对正在降下的门，汽车司机做何反应：我们必须假设当门下降时，汽车将不会停留在或进入交叉口。

4.8.2 需求规格说明

需求规格说明与需求定义覆盖的范围是相同的，但是，它是从开发人员的角度编写的。需求定义是根据客户的术语编写的，提及的是客户世界中的对象、状态、事件和活动；需求规格说明是按照系统的接口编写的。我们通过重写需求来完成这些工作，以便它们仅仅涉及那些能由提议的系统检测到或驱使的现实世界中的对象（状态、事件、动作）。

(1) 在文档化系统接口的过程中，我们详细描述所有的输入和输出，包括输入的源、输出的目的地、输入和输出数据的值的范围和数据格式、支配某些输入和输出必须进行的数据交换的顺序的协议、窗口格式和组织以及任何计时约束。请注意，用户界面很少只有唯一的系统接口，系统可能与其他软件构件（如一个数据库）、专用硬件、互联网等进行交互。

(2) 接着，根据接口的输入和输出重新陈述要求的功能。我们可能使用函数表示法或数据流图将输入映射到输出，或使用逻辑来文档化功能的前置条件和后置条件。我们可能使用状态机或事件踪迹来说明操作的确切时序和输入输出的确切顺序。我们可能使用实体-联系图将相关的活动和操作组合到类中。最后，规格说明书应当是完备的，意味着它应该指定任何可行的输入序列的输出。因此，我们包含输入的合法性检查，以及系统对异常情形的响应，例如违反前置条件。

(3) 最后，对每一个客户的质量需求，我们设计适配标准，以便于能够最后证明我们的系统满足了这些质量需求。

其结果是开发人员应该生产的产品的描述，该描述要编写得足够详细，以便区分可接受的和不可接受的解决方案，但是不用说明如何设计和实现打算构建的系统。

几个组织机构（如IEEE和美国国防部）制定了关于需求文档内容和格式的标准。例如，图4-26显示了基于IEEE推荐的一个模板，用于按照类或对象组织需求规格说明。IEEE标准提供类似的模板，用于按照操作模式、功能、特征、用户类别等等来组织需求规格说明。在你自己的项目中，可以在准备文档的过程中参考这些标准。

195

1. 文档的引言
 1.1 产品的目的
 1.2 产品的范围
 1.3 首字母缩写词、缩略词、定义
 1.4 参考文献
 1.5 SRS剩余部分的概要介绍
2. 产品的总体描述
 2.1 产品的背景
 2.2 产品功能
 2.3 用户的特性
 2.4 约束
 2.5 假设和依赖关系
3. 说明需求
 3.1 外部接口需求
  3.1.1 用户界面
  3.1.2 硬件接口
  3.1.3 软件接口
  3.1.4 通信接口
 3.2 功能需求
  3.2.1 类1
  3.2.2 类2
  ......
 3.3 性能需求
 3.4 设计约束
 3.5 质量需求
 3.6 其他需求
4. 附录

图4-26 按对象组织的软件需求规格说明的IEEE标准（IEEE 1998）

4.8.3　过程管理和需求的可跟踪性

需求定义文档中的需求与需求规格说明文档中的需求必须有直接的对应关系。正是在此开始在整个软件生命周期使用过程管理方法。**过程管理**（process management）是一套步骤，它跟踪：

- 定义系统应该做什么的需求；
- 需求生成的设计模块；
- 实现设计的程序代码；
- 验证系统功能的测试；
- 描述系统的文档。

196
～
197

从某种意义上讲，过程管理提供将系统部件联系起来的线索，集成已经分别开发的文档和制品。这些线索使我们能够协调开发活动，表示为图4-27中的实体间的水平"线索"。尤其是，在需求活动的过程中，我们关心建立需求定义中的要素与需求规格说明中的要素之间的对应关系，以便于以一种有组织的、可跟踪的方式将客户的观点与开发人员的观点联系起来。如果不定义这些链接，我们就不能设计测试用例以确定代码是否满足了需求。在后面的章节中，将看到过程管理如何使我们能够确定变化所造成的影响，以及如何控制并行开发的结果。

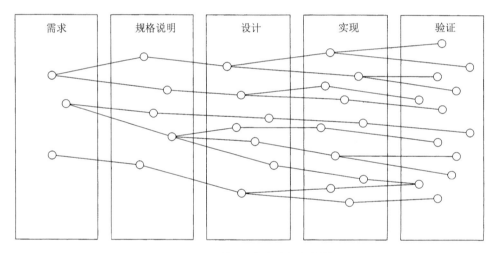

图4-27　软件–开发实体间的链接

为了促进这种对应关系，我们建立编号方案或数据文件，以方便跟踪从一个文档到另一个文档的需求。通常，过程管理小组建立或扩充这种编号方案，以将需求与系统的其他构件和制品联系起来。对需求进行编号使我们能够利用数据字典以及其他支持文档对它们进行交叉引用。如果在剩余的开发过程中对需求进行了任何改变，就可以从需求文档，经过设计过程，以及所有途径直到测试过程，对需求进行跟踪。于是，理想情况下，系统的任何特征或功能都可以跟踪到它的原始需求，反之亦然。

4.9　确认和验证

请记住，需求文档既可以用作我们和客户之间的合同，详细说明我们要交付什么，也可以用作设计人员的指导原则，详细说明他们要构建什么。因此，在将需求移交给设计人员之前，我们和客户必须绝对保证，每个人都知道对方的意图，并且需求文档反映了我们的意图。要证实这种确定性，就要确认需求和验证规格说明。

这一章自始至终都在使用术语"确认"和"验证"，而没有正式地定义它们。在**需求确认**（requirements

validation）中，检查我们的需求定义是否准确地反映了客户的需要（这里的客户实际上是指所有的风险承担者）。确认是一件棘手的工作，因为只有少数文档可用作基础来说明需求定义是正确的。在**验证**（verification）中，检查一个文档或制品是否符合另一个文档或制品。因此，我们验证代码是否符合设计，并验证设计是否符合需求规格说明；在需求层，我们验证需求规格说明是否符合需求定义。总而言之，确认确保我们正确地构建系统，而验证确保构建了正确的系统。

4.9.1　需求确认

我们确认需求的标准是4.4节列出的特性：

- 正确性；
- 一致性；
- 无二义性；
- 完备性；
- 相关性；
- 可测试性；
- 可跟踪性。

依据我们使用的定义技术，上面的其中一些检查（例如，需求是否是一致的或是可跟踪的）可能能够自动化地进行。同时，常见的错误可以在**检查单**（checklist）中列出，评审人员可以利用该检查单来指导他们搜索错误。Lutz报告了在NASA的喷气机动力实验室的需求确认中，检查单的成功使用（Lutz 1993a）。但是，大部分确认检查（例如，需求是否是正确的、相关的、无二义性的，或者需求是否是完备的）都是主观的行为，因为它们将需求定义与风险承担者头脑中的模型（他们期望系统做什么）进行比较。就这些确认检查而言，我们唯一的资源是依靠风险承担者对我们文档的评价。

表4-3列出了一些可以用于确认需求的技术。确认可以像阅读文档和报告错误那样简单。我们可以要求确认小组在文档上签字，从而表明他们已经对文档进行了评审并且批准了该文档。依据签字，风险承担者承担以后在文档中发现的错误的部分责任。另外，我们可以进行**走查**（walkthrough），其中，文档的作者之一向其余风险承担者介绍需求，并要求反馈。当有大量的不同风险承担者时，要求他们所有人都详细检查文档是不现实的，此时走查是最有效的。另一种极端形式是，将确认组织为**正式审查**（formal inspection），其中，评审人员扮演特定的角色（例如，介绍者、协调者），并且遵循预先制定的规则（例如，如何检查需求、什么时候开会、什么时候休息、是否安排进一步审查等的相关规则）。

表 4-3　确认和验证技术

确认	走查	验证	交叉引用
	阅读		模拟
	会谈		一致性检查
	评审		完备性检查
	检查单		检查不可达状态或转移
	检查功能和关系的模型	检查	模型检查
	场景		数学证明
	原型		
	模拟		
	正式审查		

更为常见的是，在需求**评审**（review）中确认需求。在评审中，来自开发人员的代表和来自客户职员的代表各自检查需求文档，然后开会讨论识别出的问题。客户的代表包含那些将操作系统的人、那些将准备系统输入的人，以及那些将使用系统输出的人，这些雇员的管理者也可以参加会议。我

们提供设计小组、测试小组和过程小组的相关人员。通过按小组的方式开会，相比于检查需求定义是否满足确认标准，我们可以做更多的事情。

(1) 评审系统规定的目的和目标。

(2) 将需求和目标、目的相比较，以确定所有的需求都是必要的。

(3) 评审系统将要运转的环境，检查我们提议的系统与所有其他系统之间的接口，并检查它们的描述是否是正确的、完备的。

(4) 客户代表评审信息流和提议的功能，以证实需求准确地反映了客户的需要和意图。我们的代表评审提议的功能和约束，以证实它们是现实的，并且处于我们的开发能力之内。再次检查所有的需求，以免有遗漏、不完备或不一致的地方。

(5) 如果在开发过程中或系统实际运行过程中存在任何风险，我们可以评价并在文档中记录这些风险，讨论和比较各种可选方案，并就将要使用的方法达成某种一致。

(6) 我们可以就测试系统进行讨论：随着需求的增长和变化，如何重新确认需求；谁将为测试小组提供测试数据；如果系统是分阶段开发的，那么在哪些阶段测试哪些需求。

每当发现了问题，就将问题记录在文档中，然后确定其原因，接着需求分析员担负修复该问题的任务。例如，通过确认，我们可能会发现，对于某些功能将产生结果的方式，存在着许多误解。例如，客户可能会要求显示数据的单位是英里，而用户可能会要求数据以公里为单位显示。客户可能会设置开发人员注定无法满足的可靠性或可用性目标。在设计可以开始之前，必须解决这种冲突。要解决一个冲突，开发人员可能需要构造模拟或原型来研究可行性约束，并和客户一起就可接受的需求达成一致意见。补充材料4-8讨论了可能找到的与需求相关的问题的本质和数目。

补充材料4-8　需求故障的数目

在获取需求的过程中，会产生多少开发问题？存在着多种观点。Boehm和Papaccio在一篇分析IBM和TRW的软件的论文（Boehm and Papaccio 1988）中指出，大部分错误都是在设计的过程中犯下的，并且每两个编码故障通常就会有3个设计故障。他们指出，设计阶段高数目的故障可能是由需求错误产生的。Boehm在他关于软件工程经济学的书（Boehm 1981）中引用了Jones和Thayer以及其他人的研究并总结出：

- 交付3万到3.5万条源指令的项目中，有35%的故障来自设计活动；
- 交付4万到8万条源指令的项目中，有10%的故障来自需求活动，55%的故障来自设计活动；
- 提交6.5万到8.5万条源指令的项目中，有8%～10%的故障来自需求活动，40%～55%的故障来自设计活动。

Basili和Perricone在一项关于软件错误的实证性研究中报告（Basili and Perricone 1984），在中型软件项目中观察到的48%的故障"归因于不正确的或错误解释的功能规格说明或需求"。

Beizer将他样例中8.12%的故障归于功能需求中的问题（Beizer 1990）。他将需求引起的问题计算在内，例如不正确的需求，不合逻辑或者不合理的需求，不明确的、不完备的或过度说明的需求，无法证实或无法测试的需求，表达有误的需求以及改变的需求。但是，Beizer的分类方法不包括设计活动。他说，"需求，尤其是在规格说明中表示的需求（或者，通常没有表述，因为没有规格说明），是高代价错误的主要来源。随着应用和环境的不同，范围从百分之几到超过50%。危害最大的就是那些最早进入系统，最后才被除掉的错误。某个存在错误的需求可能通过所有的开发测试、beta测试以及初始的现场使用，直至在安装数百次后才会被发现，这种情况很常见。"

还有其他大量的汇总统计数据。例如，Perry和Stieg推断出，79.6%的接口故障和20.4%的实现故障都是因为不完备或者遗漏的需求所致（Perry and Stieg 1993）。类似地，《Computer Weekly Report》（1994）讨论的研究表明，所有系统故障的44.1%是在规格说明阶段出现的。Lutz分析了两个NASA宇宙飞船软件系统中的安全相关错误，发现"安全相关的接口故障的主要原因是错误地理解了硬件接口规格说明"（这类故障的48%～67%），并且"安全相关的功能故障的主要原因是认识（或理解）需求时所犯的错误"（这类故障的62%～79%）（Lutz 1993b）。你的开发环境的确切数字是多少？只有通过不断仔细地记录才能知道。随着开始新的实践和使用新的工具，这些记录可以作为测量改进的基础。

我们选择确认技术依据的是，风险承担者的经验和偏好，以及技术是否适合需求定义中使用的表示法。一些表示法有工具的支持，可以检查一致性和完备性。还有一些工具能够支持评审过程、跟踪问题及其解决方案。例如，你和你的客户可以使用一些工具来减少不确定需求的数量。本书的网页上含有需求相关工具的链接。

4.9.2 验证

在验证中，我们想要检查需求规格说明文档是否对应于需求定义文档。这种验证确保：如果我们实现了一个满足规格说明的系统，那么该系统就将满足客户的需求。更为常见的是，这个验证只是简单地检查可跟踪性，确保定义文档中的每一项需求都可跟踪到规格说明。

但是，就关键系统而言，我们想要做的不只如此，我们想真正证明规格说明履行了需求。这是一项更为重要的工作，其中，我们要证明规格说明实现了需求中的每一项功能、事件、活动和约束。就规格说明本身而言，很少能够做出这种判断，因为规格说明是根据在系统接口执行的动作编写的，例如施加于未锁上的十字转门的外力，而我们可能想要证明远离接口的、关于环境的一些事项，例如动物园的入口数目。为了弥补这种差距，需要利用我们对环境行为做出的假设：假定系统将接收什么输入，或者环境将对输出作何反应（例如，如果用足够的力量推一个开着锁的十字转门，门将旋转半周，并将推门者轻推进动物园）。用数学的方式讲，规格说明（S）加上环境假设（A）对证明需求（R）必定是充分的，因此，下式成立：

$$S, A \vdash R$$

例如，要说明恒温器和炉子将会控制空气温度，我们必须假设空气温度是连续变化的，而不是突然变化的，尽管传感器检测到的可能是离散变化的值；还必须假设运转着的炉子将会提高空气的温度。这些假设似乎是显而易见的，但是，如果一个建筑物是四面透风的，并且外面十分寒冷，那么，我们的第二个假设就不会成立。在这样一种情况下，应该谨慎设置需求边界：只要外面的温度高于−100°C，那么恒温器和炉子将会控制空气温度。

这种环境假设的使用，切中要害地指出，为什么关于假设的文档是如此重要：我们依赖于环境来帮助我们满足客户的需求，并且，如果我们关于环境行为的假设是错误的，那么我们的系统可能就不会像客户期望的那样运转。如果不能够证明我们的规格说明和假设履行了客户的需求，那么就必须要么修改规格说明、加强关于环境的假设，要么弱化需求中要达到的目标。补充材料4-9论述了自动化证明的相关技术。

202

补充材料4-9 计算机辅助验证

模型检查（model checking）是对规格说明执行空间的穷举搜索，以确定有关执行的一些时态逻辑性质是否成立。模型检查器搜索和计算规格说明的执行空间，有时象征性地计算执行空间，有时在搜索的过程中即时地进行计算。因此，完全自动化的验证，会消耗大量计算资源。Sreemani和Atlee使用了SMV模型检查器来验证A-7海军飞机的SCR规格说明的5种性质（Sreemani and Atlee 1996）。他们的SMV模型包含1251行，大部分都是从SCR规格说明中自动翻译过来的，理论上的执行空间是1.3×10^{22}个状态。在他们的模型检查中，研究人员发现，其中一个性质本来认为是不成立的，但实际上是成立的：它证明关于不成立性质的条件是不可达的。他们还发现，一个安全性性质不成立：根据规格说明，武器运送系统有可能在跟踪目标位置的过程中使用陈旧的数据，其间，导航传感器注定会得到不合理的值。

定理证明器（theorem prover）使用一组内嵌的定理、推理规则、判定过程，来确定一个断言的事实集合是否逻辑地导出一些未断言的事实。大部分复杂的定理证明器在制定证明策略的时候需要人工帮助。Dutertre和Stavridou使用定理证明器PVS验证了一个航空电子系统中的功能和安全性需求（Dutertre and Stavridou 1997）。例如，假定将机翼在时间$t+eps$掠过角度WSPOS与在时间t机翼掠过的命令CMD联系起来，在这种情况下不存在活动的互锁，用PVS表示如下：

```
cmd_wings : AXIOM
    constant_in_interval (CMD, t, t + eps)
and
    not wings_locked_in_interval (t, t + eps)
implies
    CMD (t) = WSPOS (t + eps)
or
    CMD (t) < WSPOS (t + eps) and
    WSPOS (t + eps) <= WPOS (t) - eps * ws_min_rate
or
    CMD (t) > WSPOS (t + eps) and
    WSPOS (t + eps) >= WPOS (t) 2 eps * ws_min_rate
```

[203]

整个PVS模型，包括规格说明和假设，大约由4500行组成，其中还包含注释和空行。需求验证包括两步：通过一些定理证明，来检查PVS模型是内部一致和完备的；而另一些用于直接证明3个主要的安全性性质。安全性的证明是非常复杂的。总共要执行385次证明，其中大约有100个是由定理证明器自动得出的，而剩余的需要人工指导。编写PVS模型和支持库大约需要6人月，还需要另外12人月来对假设进行形式化并执行验证。3个主要的安全性性质的验证花费了12人月中的9人月。

需求确认和验证完成之后，我们和客户应该对需求规格说明感到满意。理解了客户的需求，接着就可以进行系统设计了。其间，客户手头有准确描述交付的系统应该做什么的文档。

4.10   测量需求

有很多方法可以测量需求的特性，通过信息收集，我们可以得知很多关于需求过程和需求本身质量的信息。测量通常集中于3个领域：产品、过程和资源（Fenton and Pfleeger 1997）。根据需求定义和规格说明中的需求数目，可以了解要开发的系统其规模可能有多大。正如我们在第3章中看到的那样，工作量估算模型需要产品规模的估算，需求规模可以作为其输入。另外，整个开发过程中都可以对需求规模和工作量估算进行跟踪。由于设计和开发使我们对问题和解决方案都有了更深的理解，因此，可能会出现新的需求，而这些需求在最初需求获取的过程中是不明显的。

类似地，可以测量需求改变的次数。大量的改变表明，在对系统应该做什么或者它应该怎么做的理解中，存在某些不稳定性或不确定性，因而提示我们应该采取措施，设法降低需求改变的频率。对变化的跟踪可以在整个开发过程中持续进行，当系统需求发生变化时，可以对这些变化造成的影响进行评价。

只要可能，应该按照需求类型来记录需求规模和变化的测量。从这样的基于分类的度量中，可以得知，需求中的变化或不确定是遍及整个产品，还是仅仅只存在于某几种需求，例如用户界面或数据库的需求。这些信息有助于我们确定是否需要将精力集中在特定类型的需求上。

由于需求要供设计人员和测试人员使用，我们可能想要设计反映他们对需求的评价的测度。例如，可以要求设计人员对每一个需求按照从1到5的分数进行评分。

[204]

- 1分表示设计人员完全理解该需求，他过去曾经根据类似的需求进行过设计，并且根据这个需求开发设计应该不存在问题。
- 2分表示需求中某些部分对设计人员来讲是新的，但是它们和设计人员以前成功设计过的需求没有根本上的差别。

- 3分表示需求中有些部分和设计人员以前设计过的需求有很大的不同，但是设计人员理解这些需求，并且认为他们能够根据它开发出好的设计。
- 4分表示不理解需求中的某些部分，并且不能肯定是否能够开发出好的设计。
- 5分表示完全不理解需求，不能根据它开发出设计。

我们可以创建出类似的评分方案，询问测试人员对每一个需求的理解程度，以及对每一需求设计出合适测试集的信心。在这两种情况下，可以用排好序的列表作为粗粒度的指示器：需求是否是在适当的细节层次编写的。如图4-28a所示，如果设计人员和测试人员的评分大多数是1和2，那么需求就处于良好的状况，可以传递给设计小组。但是，如果4和5的评分很多，如图4-28b所示，那么必须重新修订需求，并重新评价修改，使其在设计之前获得较好的评分。尽管这种评价是主观的，但是总体趋势是很清楚的，并且这些分数可以为我们和客户提供有用的反馈信息。

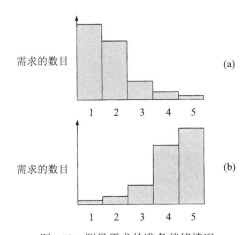

图4-28 测量需求的准备就绪情况

针对每一个需求，我们还可以记录什么时候评审、什么时候实现为设计、什么时候实现为代码、什么时候被测试。从这些测度可以得知，我们离项目完成还有多远。测试人员还可以测量他们关于需求的测试用例的完全性，就像我们将要在第8章和第9章看到的那样。我们可以测量每个测试用例覆盖的需求个数，以及已经测试的需求个数（Wilson 1995）。

205

4.11 选择规格说明技术

本章已经给出若干种需求规格说明技术的例子，在你的项目中可以使用更多的方法。每一种都有其有用的特性，但是，某些方法比其他的更适合于给定的项目。也就是说，没有一种技术对所有的项目来说都是最好的。因此，对每一个项目而言，用一套标准来判断哪种技术是最适合它的，这一点很重要。

考虑一下这样一套标准应该包含的一些问题。假定我们要构造一个计算机化的系统，以避免飞机之间的碰撞。参与的飞机都配备有雷达传感器。每一架飞机都有一个子系统来监测其邻近的其他飞机，检测何时飞机飞得太近而处于危险之中，与那架飞机建立通信，商谈避开策略以避免碰撞发生（毕竟，我们不希望两架飞机独自选择策略，使它们处于碰撞的路线），并且引导其导航系统执行商谈好的策略。每一架飞机的子系统利用机载计算机执行其自己的数据分析和决策过程，尽管它与其他飞机共享飞行计划，并且将所有的数据和最终策略传送到中心站点做进一步的分析。这种避免碰撞系统的一个关键特性是：它是分布的、反应的系统。也就是说，它是一个**反应系统**（reactive system），因为每一架飞机的子系统都持续地监测其他飞机的位置并做出反应；它是一个**分布系统**

（distributed system），因为系统的功能是分布在若干架飞机上的。这种系统的复杂性使得准确且完备地说明需求是至关重要的。必须对接口进行明确定义，对通信进行协调，以便于每一架飞机的子系统都能够及时做出决策。对于该问题，一些规格说明技术就比其他技术更为合适。例如，测试这样的系统将是很困难的，因为，由于安全性的原因，大部分测试都不能在实际环境中进行。再者，很难检测和重复瞬间的错误。因此，我们可能更偏向一种能够提供模拟的技术，或者便于穷举的、自动化验证的规格说明技术。尤其是，自动检查规格说明或系统的一致性和完备性的技术，可能会发现其他技术难以发现的错误。

更概括地讲，如果一个系统有实时需求，我们就需要一种支持时间概念的规格说明技术。任何分阶段开发的需要意味着，我们将通过若干中间系统来跟踪需求，这不仅增加了需求跟踪的复杂性，而且增加了需求随着系统生命周期的进行发生变化的可能性。由于用户使用系统的中间版本，他们可能会发现需要增加新的特征，或者想要修改现有的特征。因此，我们需要一种可以轻松处理变化的更为高级的方法。如果希望我们的需求具有本章前面列出的所有良好特性，那么就要找一种方法能够帮助我们修改需求、跟踪变化、交叉引用数据和功能项以及尽可能多地分析需求的特性。

Ardis 和他的同事们提出了一套评估规格说明方法的标准（Ardis et al. 1996）。他们将每一个标准和一个问题列表关联起来，帮助我们确定一个特定的方法满足标准的程度。这些标准本意是评估说明反应系统的技术，但是就像您将在下面看到的，其中大部分都相当具有普遍意义。

- **适用性**：该技术能用自然的、现实的方式描述现实世界中的问题和解决方案吗？如果该技术对环境做出了假设，这些假设是合理的吗？该技术是否与项目中用到的其他技术兼容？
- **可实现性**：可以对规格说明进行细化或很容易将它转换为实现吗？这种转换的难度有多大？转换是自动的吗？如果是，生成的代码有效吗？生成的代码所用的语言与手工生成的实现部分所用的语言是否相同？在机器生成的代码和非机器生成的代码之间是否有着清晰而定义明确的接口？
- **可测试性 / 模拟**：规格说明可以用于测试实现吗？规格说明中的每一条陈述是否都可以通过实现来测试？有可能执行规格说明吗？
- **可检查性**：规格说明对于非开发人员（例如客户）是可读的吗？领域专家（即关于被说明问题的专家）是否可以检查规格说明的准确性？是否有自动化的规格说明检查器？
- **可维护性**：在改变系统的过程中，规格说明是有用吗？随着系统的演化，改变规格说明容易吗？
- **模块化**：方法是否允许把大型的规格说明分解成更易于编写和理解的较小组成部分？对较小部分的变动能否不用重写整个规格说明？
- **抽象层次 / 可表达性**：规格说明语言中的对象、状态、事件与问题领域中的对象、动作、条件有紧密且清晰的对应关系吗？最终的规格说明的简洁性和优雅性如何？
- **合理性**：该语言或工具方便于检查规格说明中的不一致性或二义性吗？规格说明语言的语义定义得准确吗？
- **可验证性**：是否可以形式地证明规格说明满足需求？验证过程可以自动化地进行吗？如果可以，容易自动化吗？
- **运行时安全性**：如果可以从规格说明自动生成代码，在异常的运行时条件下（例如溢出），代码能够优雅地进行处理吗？
- **工具成熟度**：如果规格说明技术有工具支持，工具的质量高吗？是否提供了学习使用工具的培训？工具的用户群有多大？
- **宽松性**：规格说明可以是不完整的吗？或者规格说明容许有不确定性吗？
- **学习曲线**：新的用户能否快速地学会技术的概念、语法、语义和试探性方法？
- **技术成熟度**：该技术是否经过认证或者标准化？是否存在用户组或大量的用户群？
- **数据建模**：该技术是否包含数据表示、关系或抽象？这些数据建模能力是该技术的一个组成部分吗？

● **纪律性**：该技术是否强制要求其用户编写结构良好的、可理解的和规范的规格说明？

选择规格说明技术的第一步是要确定，对于我们的具体问题，上述哪一种标准是最重要的。对于不同的问题，标准的重要程度不同。Ardis和他的同事曾对开发电话交换系统感兴趣，因此，他们鉴定了是否其中每一个标准都有助于开发反应系统。他们不仅考虑了这些标准对于需求活动的影响，而且也考虑了对其他生命周期活动的影响。表4-4给出了他们的评估结果。选择规格说明技术的第二步是，对照标准评估每一个候选技术。例如，Ardis和他的同事认为Z语言在模块化、抽象、可验证性、宽松性、技术成熟度和数据建模方面是很强的，在适用性、可检查性、可维护性、合理性、工具成熟度、学习曲线和纪律性方面是足够强的，而在可实现性和可测试性/模拟方面是很弱的。他们对Z的一些评价（例如Z本质上支持模块化），对所有问题类型都是成立的，而另一些评价（例如适用性），只是特定于该问题类型。最后，我们选择一个为那些对我们的具体问题最重要的标准提供最佳支持的规格说明技术。

表 4-4 在反应系统生命周期中规格说明标准的重要性（Ardis et al. 1996）
（R＝需求, D＝设计, I＝实现, T＝测试, M＝维护, O＝其他）© 1996 IEEE

R	D	I	T	M	O	标　　准
+		+				适用性
		+		+		可实现性
+	+		+			可测试性/模拟
+			+	+		可检查性
				+		可维护性
	+		+			模块化
+	+					抽象层次/可表达性
+						合理性
+	+	+	+	+		可验证性
		+		+		运行时安全性
		+	+	+		工具成熟度
+						宽松性
					+	学习曲线
					+	技术成熟度
	+					数据建模
+	+	+		+		纪律性

由于没有一种方法是普遍适用于所有系统的，因此，有必要将几种方法结合起来完整地定义需求。一些方法在获取控制流和同步方面表现更好，而另一些方法更擅长于获取数据转换。一些问题更易于根据事件和动作来描述，而另一些问题更适合用反映行为阶段的控制状态来描述。因此，这样做可能是有用的：使用一种方法来描述数据需求，而使用另一种方法来描述过程或时间相关的活动。我们可能需要表示行为的变化以及全局不变量。对于测试小组而言，适合于设计人员的模型可能就难以使用。因此，规格说明技术的选择受到单个项目特性以及开发人员和客户的偏好的限制。

208

4.12 信息系统的例子

回想一下，皮卡地里例子涉及在皮卡地里电视覆盖区域销售广告时段。可以使用多种规格说明表示法来建模与购买和销售广告时段相关的需求。由于该问题是一个信息系统，因此我们将只使用面向数据的表示法。

首先，可以画出用例图，来表示系统的关键使用，说明预期的用户以及每一个用户可能启动的主要功能。部分用例图如图4-29所示。请注意，这个高层的图获取的是系统的基本功能，而丝毫没有说明每一个用例是成功还是失败。例如，如果所有的商业时段都已经售出，则广告活动请求将失败。该图还丝毫没有说明系统将输入、处理或输出的信息类型。为了更好地理解该问题，我们需要关于每一个用例的更多信息。

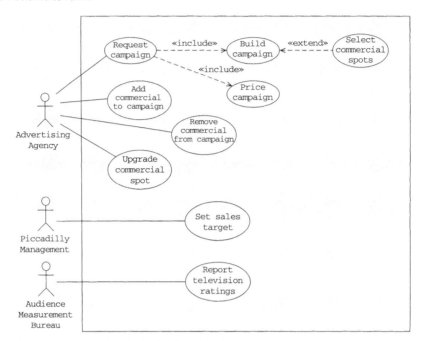

图4-29 皮卡地里电视广告系统的用例（摘自（Robertson and Robertson 1994））

下一步可以画出事件踪迹，例如图4-30所示的图，它描述一个用例中的典型场景。

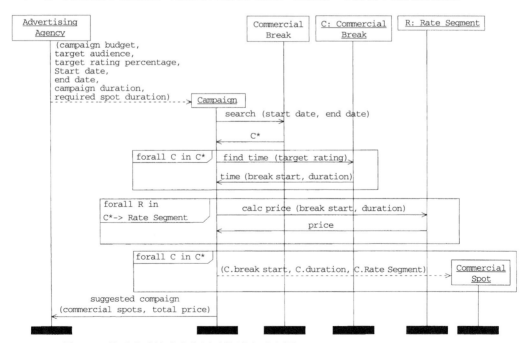

图4-30 关于成功请求广告活动的消息时序图（Robertson and Robertson 1994）

例如，广告活动的请求涉及：

- 搜索每一个相关的广告插播时段，看一看是否有任何未售出的时段，以及插播期间的广告是否有可能被希望的目标观众看到；
- 根据发现的可用插播广告的价格，计算广告活动的价格；
- 保存该活动可用的广告插播。

图4-30使用UML风格的消息时序图，其中，名字带下划线的实体表示对象实例，而名字不带下划线的实体表示抽象类。因此，搜索可用广告插播的第一步是，向该类请求相关的广告插播时段（Commerical Breaks）的集合C*；然后，询问其中的每一个（Commerical Break）实例，是否有适合该广告活动的可用时段。围绕消息序列的方框表示多个实例的重复：例如，在多个广告插播时段（Commercial Break）实例保存时间，或创建多个广告插播（Commercial Spots）。产生的广告活动的广告插播和广告活动的价格将返回给请求的广告代理机构（Advertising Agency）。可以为广告活动请求的其他可能响应画出类似的踪迹。在画这些踪迹的时候，首先标识关键的实体和关系，可以将它们记录在UML类图中，如图4-31所示。

209 ~ 210

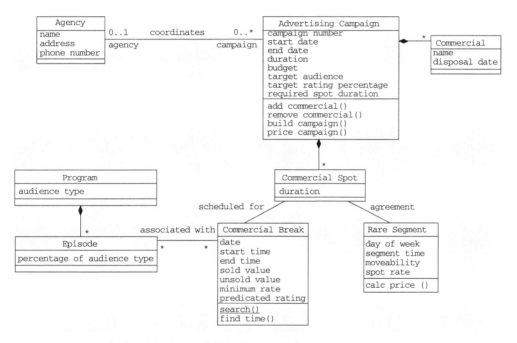

图4-31 皮卡地里电视广告系统的部分UML类图（Robertson and Robertson 1994）

完整的皮卡地里规格说明相当长，而且复杂，Robertson的书提供了更多的细节。但是，这里的例子清楚地说明，不同的表示法适合于说明问题的需求的不同方面。将几种技术组合起来，绘制一个关于问题的完整的图，这是很重要的，它将用于系统的设计、实现和测试中。

4.13 实时系统的例子

回想一下，阿丽亚娜5型火箭的爆炸是由从阿丽亚娜4型火箭中复用的一段代码引起的。Nuseibeh从需求复用的角度对这个问题进行分析（Nuseibeh 1997）。也就是说，很多软件工程师认为，从以前开发的系统中复用需求规格说明（以及它们相关的设计、代码和测试用例）会带来很大好处。他们通过寻找同样或类似的功能或行为需求来标识候选的规格说明，然后在必要的地方进行修改。在阿丽亚娜4型火箭的情况中，惯性参照系统（SRI）完成了许多阿丽亚娜5型火箭需要的功能。

211

然而，Nuseibeh注意到，虽然阿丽亚娜5型火箭必需的功能和阿丽亚娜4型火箭类似，但阿丽亚娜5型火箭还是有些方面有着很大的不同，特别是，阿丽亚娜4型火箭起飞后继续使用的SRI功能在阿丽亚娜5型火箭发射后就不再需要了。因此，如果正确地确认了需求，分析人员就可能发现该功能在起飞后还在活动，这一点不能跟踪回需求定义或规格说明中的任何阿丽亚娜5型火箭的需求。因此，需求确认本可以在预防火箭爆炸中起到至关重要的作用。

另外一种预防措施本可以是模拟需求。模拟将说明SRI在发射后仍继续运行。因此，阿丽亚娜5型火箭的设计本可以改变为复用SRI代码的修改版本。再考虑一下Ardis和他的同事们为选择规格说明语言提出的标准列表。这个列表包括对说明像阿丽亚娜5型火箭这样的系统来说非常重要的两条：可测试性／模拟和运行时安全性。在Ardis的研究中，他们的小组检查了7种规格说明语言（Modechart、VFSM、Esterel、Lotos、Z、SDL和C），以确定它们是否适合于每一项标准。只有SDL在可测试性／模拟和运行时安全性方面被评为"强"。一个SDL模型由若干个并发的通信进程（像图4-32所示的硬币槽进程）组成。

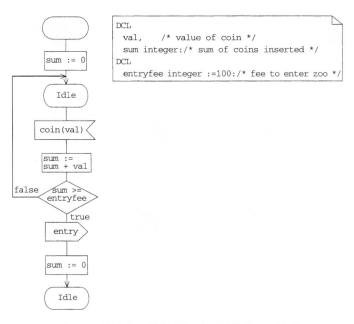

图4-32   关于十字转门问题的硬币槽的SDL进程

要验证一个SDL模型，可以将系统需求写为时态逻辑的不变量：

```
CLAIM;
    Barrier = locked
    IMPLIES (Barrier = locked)
        UNLESS (sum >= entryfee);
ENDCLAIM;
```

212

SDL是一种成熟的形式化方法，包括面向对象的概念和强有力的建模特征：例如，可以动态地生成进程；可以为其分配标识符；可以存储持久性数据；事件可以携带数据参数，并可以通过引用进程标识符将其指向特定的进程；以及计时器可以建模实时延迟和时间限制。也有可用的商业性工具来支持SDL规格说明的设计、调试和维护。因此，另一种本可采用的预防性技术，就是像SDL这样的规格说明方法以及相应的支持工具。

我们将在后面的几章中看到，原本也可以在设计、实现或测试的过程中采取预防性措施。但是，在需求分析过程中采取的措施会对阿丽亚娜4型火箭和阿丽亚娜5型火箭之间的差别有更深的理解，并且能够检测错误的根源。

4.14 本章对单个开发人员的意义

在这一章里，我们已经说明开发高质量软件需求的最佳实践。我们已经了解为什么软件开发人员不应该独立完成需求定义过程：定义和规格说明工作应该与用户、客户、测试人员、设计人员及其他团队成员紧密合作。尽管如此，对开发人员来讲，主动掌握下面几种技术是很重要的。

- 将问题和解决方案分离开是基本要求。需求定义和规格说明文档描述的是问题，而将解决方案的选择留给设计人员，这一点是很重要的。确保你没有陷进解决方案空间的最好方式是，根据环境现象描述需求和规格说明。
- 引发需求的源和手段有多种。要牢记既有功能需求又有质量需求。功能需求解释系统要做什么，而质量需求根据安全性、可靠性、预算、进度等来约束解决方案。
- 有很多种不同类型的定义和规格说明技术。有一些是描述性的，例如实体-联系图和逻辑，而有些是行为方面的，如事件踪迹、数据流图和函数。有些具有图形的表示法，而有些则是基于数学的。每一种技术强调的是问题的不同方面，并且提出了将问题分解为子问题的不同标准。通常期望将这些技术组合起来，以指定一个系统的不同方面。
- 不同的规格说明技术在工具支持、成熟度、可理解性、使用的容易程度和数学形式方面也有所不同。要针对手头的项目来评价每一种技术，因为没有一种最好的、普遍适用的技术。
- 可以使用模型或原型来回答需求相关的问题。无论使用哪一种，目标都是集中解决处于问题核心的子问题，而不是必须要建模或原型化整个问题。如果使用原型化，你必须提前决定，是要保留还是要抛弃原型化软件。
- 必须确认需求，以保证它们真正地反映了客户的期望。应该检查需求的完备性、正确性、一致性、可行性，以及更多的特性，有时可以使用与所选择的规格说明方法相关的技术和工具。最后，应该验证规格说明是否满足了需求。

213

4.15 本章对开发团队的意义

开发团队必须一起工作以引发、理解和文档化需求。通常情况下，不同的团队成员侧重于需求的不同方面：网络技术专家可能集中于网络需求，用户界面专家集中于屏幕和报告，数据库专家集中于数据获取和存储，等等。由于不同的需求要集成为一个综合的整体，因此，需求必须以可连接和控制的方式来编写。例如，改变某个需求可能会影响其他相关的需求；方法和工具必须支持变化，以确保尽早、尽快地找出错误。

同时，在进行需求部分的工作时，团队必须与下列人员紧密合作。

- 客户和用户，以便于团队构建的产品满足他们的需要。
- 设计人员，以便于他们构造出可以满足需求规格说明的设计。
- 测试人员，以便于他们编写的测试脚本能够充分评估实现是否满足了需求。
- 文档编写人员，以便于他们可以根据规格说明编写用户手册。

团队还必须注意反映需求质量的测度。测量可以提示团队的活动，例如，当指示器表明需求没有被很好地理解时，则原型化某些需求。

最后，开发团队必须一起评审需求定义和规格说明文档，并且在开发和维护的过程中，当需求发生变化或增加时，要更新这些文档。

4.16 本章对研究人员的意义

有很多研究领域与需求活动相关。研究人员可以：

- 研究减少需求中不确定性数量和风险数量的方法；
- 开发规格说明技术和工具，允许用更简单的方法证明假设和断言，证明一致性、完备性和确定性；
- 开发一些工具，以允许跟踪软件开发过程中的各种中间产品和最终产品，尤其是，这些工具能评价提议的改变对产品、过程和资源造成的影响；
- 评价很多不同的需求评审方法：工具、检查单、审查、走查以及其他。了解哪些技术最适合于什么情况是很重要的；
- 创建模拟需求行为的新技术；
- 帮助我们理解什么类型的需求最适合在后续的项目中复用，以及如何编写需求以在某些方面增强以后的复用。

214

4.17 学期项目

FCO中的客户已经为Loan Arranger系统准备了下列用自然语言给出的需求集。与大多数需求集一样，必须用多种方法对其进行仔细检查，确定其是否正确、完整和一致。使用这里的需求以及前面章节中关于Loan Arranger的补充材料，评估并改进该需求集。使用本章中提到的多种技术，包括需求测量和Ardis的列表。如果有必要，用需求语言或建模技术表达需求，以确保较好地表达系统的静态性质和动态性质。

4.17.1 前提和假设

- Loan Arranger系统假设已经存在贷款方、借款方、要选择的贷款和有兴趣购买贷款组合的投资者。
- Loan Arranger系统包含关于来自不同贷款方的贷款的信息库。这个信息库可能是空的。
- 每隔一段时间，每个贷款方都提供报告，列出借出的贷款。在这些报告中会简要说明FCO已经购买的贷款。
- Loan Arranger库中的每个贷款代表一项投资，然后与其他贷款一起捆绑销售。
- Loan Arranger系统可以同时被不超过4个贷款分析员使用。

4.17.2 功能的高层描述

(1) Loan Arranger系统会接收每一个贷款方发来的新贷款的月报告。FCO为其投资组合最近购买的贷款将在报告中加以标记。Loan Arranger系统将使用报告信息更新贷款库。

(2) Loan Arranger系统要接收来自每一个贷款方的月报告，月报告提供有关其发放的贷款的更新信息。更新的信息将包括：可调整利率抵押贷款的当前利率，以及贷款的借款方的状态（良好的、延迟的或拖欠的）。针对FCO投资组合中的贷款，Loan Arranger将更新库中的数据。为了确定是否要更新某个借款方的信誉，也要检查不在FCO投资组合中的贷款。FCO将会为每个贷款方提供报告的格式，这样所有的报告都共用相同的格式。

(3) 贷款分析员可以改变单个数据记录，如在"数据操作"中描述的那样。

(4) 所有新的数据在加入库前，都要经过确认（根据"数据约束"中描述的规则）。

215

(5) 贷款分析员可以使用Loan Arranger标识要卖给特定投资者的贷款组合。

4.17.3 功能需求

(1) 贷款分析员应该能够针对一个特定贷款方机构、特定贷款或特定借款方，来检查库中的所有信息。

(2) 贷款分析员可以创建、查看、编辑或删除来自投资组合或贷款组合的贷款。

(3) 当Loan Arranger阅读由贷款方提供的报告时，贷款就自动地加入到投资组合中。只有当关联的贷款方已经指定后，Loan Arranger才可以阅读报告。

(4) 贷款分析员可以创建新的贷款方。

(5) 只有当与某个贷款方关联的投资组合中没有贷款时，贷款分析员才可以删除那个贷款方。

(6) 贷款分析员可以修改贷款方的联系方法和电话号码，但是不能修改他的名称和标识号。

(7) 贷款分析员不能改变借款方信息。

(8) 贷款分析员可以要求系统按照某些标准（如金额、利率、结算日期、借款方、贷款方、贷款类型或是否已在某项贷款组合中加以标记）进行排序、搜索或组织贷款信息。组织标准应该包括涵盖范围，以便只能包含指定的两个界线内的信息（例如，2005年1月1日至2008年1月1日）。组织标准还可以使用排除的方法，例如，所有没有被标记的贷款，或者所有不在2005年1月1日到2008年1月1日之间的贷款。

(9) 贷款分析员应该能够用下面3种格式中的每一种格式请求报告：在文件中，在屏幕上，以及打印的报告。

(10) 贷款分析员应该能够要求报告含有下列信息：任何关于贷款、贷款方或借款方的属性，以及这些属性的汇总统计数据（平均值、标准差、分布图和柱状图）。报告中的信息可以限定为总信息的子集，就像贷款分析员组织标准中描述的那样。

(11) 贷款分析员必须能够使用Loan Arranger创建满足规定投资请求特性的贷款组合。贷款分析员可以用多种方法标识这些贷款组合。

- 通过手工标识必须包含在贷款组合中的贷款子集，或者通过给特定贷款命名，或者通过使用属性或范围来描述它们。
- 通过给Loan Arranger提供投资标准，并允许Loan Arranger运行贷款组合优化请求，以选择满足这些标准的最佳贷款组合。
- 通过综合使用上述方法，其中，首先选择贷款子集（手工或自动），然后根据投资标准优化所选的子集。

(12) 创建贷款组合包括两个步骤。首先，贷款分析员根据上面描述的标准，使用Loan Arranger创建贷款组合。然后，可以接受、否决或修改候选的贷款组合。修改贷款组合意味着分析员可以接受Loan Arranger建议的贷款组合中的部分贷款，而不是全部，而且可以在接受之前增加特定的贷款。

(13) 贷款分析员必须能够标记贷款组合中可能包含的贷款。一旦这样标记了一个贷款，该贷款就不能包含在其他贷款组合中了。如果贷款分析员标记了某个贷款，又决定不在贷款组合中包括它，就必须解除标记，使得该贷款可用于其他贷款组合的决策。

(14) 当接受了某个候选的贷款组合时，它的贷款就不能考虑用于其他贷款组合中了。

(15) 贷款分析员退出Loan Arranger系统之前，必须解决所有当前的交易。

(16) 贷款分析员可以访问投资请求库。这个库可能是空的。对每个投资请求来讲，分析员使用请求约束（关于风险、利润和期限）来定义贷款组合的参数。接着，Loan Arranger系统标识要组合的贷款，以满足请求约束。

4.17.4 数据约束

(1) 单个借款方可以有不止一项贷款。

(2) 每个贷款方必须有一个唯一的标识符。

(3) 每个借款方必须有一个唯一的标识符。

(4) 每项贷款必须有至少一个借款方。

(5) 每项贷款的金额必须至少是\$1000，但不能超过\$500 000。

(6) 根据贷款的金额，有两种类型的贷款：常规的和巨额的。常规贷款的金额小于等于\$275 000，巨额贷款的金额大于$275 000。

(7) 如果某个借款方所有的贷款都已还清,就认为该借款方信誉良好。如果某个借款方有任何贷款拖欠不还,则认为该借款方的信誉是不还的。如果某个借款方有任何贷款是推迟的,则认为该借款方的信誉是推迟的。

(8) 某项贷款或某个借款方的信誉可以从良好变为推迟,可以从良好变为不还,可以从推迟变为良好,也可以从推迟变为不还。一旦某些贷款或某个借款方的信誉是不还的,就不能变成别的信誉。

(9) 某项贷款可以从ARM变成FM,也可以从FM变成ARM。

(10) 投资者要求的利润是从0到500的数字。0表示没有利润。非零的利润表示组合贷款的回报率。如果利润是x,那么在付清贷款时,投资者就希望得到原始投资加上原始投资的百分之x。因此,如果某个贷款组合为$1000,投资者期望返回的利润为40,那么当该贷款组合的所有款项还清时,投资者就希望拥有$1400。

(11) 每项贷款不能出现在多于一个的贷款组合中。

4.17.5   设计和接口约束

(1) Loan Arranger系统应该工作在UNIX系统上。

(2) 贷款分析员每次要能够查看不止一个贷款、贷款方机构或借款方的信息。

(3) 贷款分析员必须能够向前或向后查看屏幕上的信息。如果信息太多,不能放在一屏中,则要提示用户还有更多的信息可查看。

(4) 当系统显示搜索结果时,当前组织标准必须总是与信息一起显示。

(5) 输出的单个记录或一行永远不能从中间某个部分断开。

(6) 如果某个搜索请求是不适当的或非法的,要给予用户建议。

(7) 遇到错误时,系统应该向用户返回前面一屏。

4.17.6   质量需求

(1) 在给定时刻,至多有4个贷款分析员使用系统。

(2) 如果更新了任何显示的信息,在增加、更新或删除信息后5秒内要刷新信息。

(3) 在贷款分析员提交请求后的5秒内,系统必须响应贷款分析员的信息请求。

(4) 97%的交易日内,系统必须可供贷款分析员使用。

4.18   主要参考文献

Michael Jackson的书*Software Requirements and Specifications*(Jackson 1995)针对如何克服理解和编排需求中常见的问题,提供了一般的建议。他的观念可以适用于任何需求技术。Donald Gause和Gerald Weinberg的书*Exploring Requirements*(1989)重点讨论需求过程中人的方面的因素:与客户和用户合作的问题和技术,以及设计新产品的问题和技术。

可以在大西洋系统协会(Atlantic Systems Guild)的网站上找到James Robertson和Suzanne Robertson开发的综合需求定义模板。这个模板是和Volere过程模型的描述一起使用的,该过程模型是引发和检查一组需求的完整过程。他们的书*Mastering the Requirements Process*(Robertson and James 1999)介绍了模板的使用。

Peter Coad和Edward Yourdon的书*Object-Oriented Analysis*(Coad and Yourdon 1991)是关于面向对象需求分析的经典书籍。关于统一建模语言(UML)的最全面的参考资料是James Rumbaugh、Ivan Jacobson以及Grady Booch的书,尤其是*Unified Modeling Language Reference Manual*以及对象管理集团发布的文档,后者可以从其网站上下载。Martin Fowler的书*Analysis Patterns*(1996)提供了关于如何使用UML来建模常见业务问题的相关指导。

自1993年起，IEEE计算机学会开始举办并隔年举行两个直接与需求相关的会议：关于需求工程的国际会议（the International Conference on Requirements Engineering）和需求工程国际讨论会（the International Symposium on Requirements Engineering）。这些会议在2002年合并为国际需求工程会议（the International Requirements Engineering Conference），每年举办一次。即将召开的会议和以往会议记录的信息可以在美国计算机学会的网站上找到。

*Requirements Engineering Journal*专门讨论与引发、表示以及验证需求相关的最新成果，大部分都与软件系统相关。1994年3月，1996年3月，1998年3/4月，2000年的5/6月，2003年的1/2月，以及2004年的3/4月，*IEEE Software*杂志发行了关于需求工程的专刊。其他IEEE出版物经常包含关于特定类型的需求分析和规格说明方法的专题。例如，*IEEE Computer*、*IEEE Software*和*IEEE Transactions on Software Engineering*的1990年9月刊集中讨论了形式化方法，*IEEE Transactions on Software Engineering*的1997年5月刊和1998年1月刊以及*IEEE Computer*的1996年4月刊也是如此。

有很多软件需求相关的标准。美国国防部已经提出了MilStd-498，软件需求规格说明（SRS）的数据项描述。IEEE已经提出IEEE Std 830-1998，它是一组推荐的实践和标准，用于制定和组织需求规格说明。

有一些支持需求获取和跟踪的工具。DOORS/ERS（Telelogic）、Analyst Pro（Goda Software）以及Requisite Pro（IBM Rational）是广泛使用的工具，用于管理需求、在后期制品中跟踪需求、处理变化，以及评价变化造成的影响。大部分建模表示法都有工具支持，至少支持模型的创建和编辑，通常支持一些格式良好性的检查和报告生成，最好的是提供自动化的确认和验证。对需求工具的独立调查研究位于大西洋系统协会网站上。

有一个关于软件需求工程的IFIP工作组2.9。从他们的网站上可以找到他们年会的一些资料。

4.19 练习

1. 开发人员与客户和用户一起合作，定义需求并指定提议的系统将要做什么。一旦构造了系统，如果系统的运转符合规格说明，但却给一些人造成了人身伤害和经济损失，谁该对此负责？

2. 在很多非功能需求中，那些与安全性及可靠性相关的非功能需求可以包含在需求规格说明中。我们如何能够保证这些需求是可测试的（按照Robertson等人定义的含义）？尤其是，如何能够证明要求永远不失效的系统的可靠性？

3. 在同客户的早期会晤中，客户为想要构建的系统列出了下面的"需求"：

   a. 客户守护进程对用户应该是不可见的。

   b. 系统应该提供中断的链接或过时数据的自动验证。

   c. 内部命名约定应该确保记录是唯一的。

   d. 数据库与服务器之间的通信应该是加密的。

   e. 标题组（数据库中的一种记录）之间可能存在联系。

   f. 文件应该可组织到依赖的文件组中。

   g. 系统必须提供与Oracle数据库交互的接口。

   h. 系统必须能够同时处理50 000个并发用户。

   按照功能需求、质量需求、设计约束或过程约束，对上述每一个需求进行分类。上述哪一种可能是不成熟的设计决策？将上述每一个决策重新表述为其设计决策一定能够达到的需求。

4. 写出指定象棋游戏规则的判定表。

5. 如果一个判定表有两个相同的列，则需求规格说明是冗余的。如何知道规格说明是否存在矛盾？判定表的其他哪些特性提醒我们需求中的问题？

6. 编写一个Parnas表，描述根据二次公式计算二次方程根的算法的输出。

219

7. 编写一个状态机规格说明，解释自动出纳机（ABM）的需求。

8. 当且仅当对每一个可能的状态和输入符号的组合，都存在指定的转移，状态机规格说明才是**完备**的。通过增加一个额外状态，可以将不完备的规格说明变成完备的规格说明，这个额外状态称为陷阱（trap）状态。一旦某个转移进入陷阱状态，不管输入如何，系统都将留在陷阱状态中。例如，如果0、1和2是仅有的可能输入，图4-33描述的系统可以通过加入图4-34中的陷阱状态变成完备的。用同样的方法，完成练习7中的状态机规格说明。

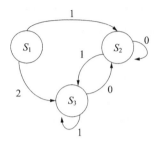

图4-33　练习8的最初系统

9. **安全性性质**是一种不变量性质，指定某种特定的坏行为永远不会发生。例如，十字转门问题的一个安全性性质是，进入动物园的次数永远不会多于支付入园费的次数。**活性性质**是一种指定特定行为最终要发生的性质。例如，十字转门问题的一个活性性质是，在支付入园费之后，十字转门的锁就会打开。类似地，图书馆系统的一个活性性质是，没有未付罚金的主顾的每一个借书请求都会成功。使用逻辑来表述这3个性质，如下所示：

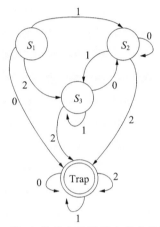

图4-34　练习8的带有陷阱状态的完备的系统

□ (num_coins ⩾ num_entries)
□ (insert_coin ○ barrier=unlocked)
□ ((borrow(Patron,Pub) ∧ Patron.fines = 0) ⟹
　　　　◇∃ Loan. [Loan.borrower=Patron ∧ Loan.Publication = Pub])

针对练习7中你所给出的自动出纳机规格说明，列出它的安全性和活动性性质。请用时态逻辑来表达这些性质。

10. 对于自动出纳机的状态机规格说明（练习7），试证明从练习9中得到的安全性和活性性质成立。为了使证明能够成功，必须就ABM的环境（例如，机器备有充足的现金）做出何种假设？

11. 有时候，可以快速构造部分系统，以向客户证明系统的可行性和功能。这种原型系统通常是不完备的；客户和开发人员评估完原型后，构造实际的系统。系统需求文档应该在开发原型之前还是之后编写？为什么？

12. 针对用联机电话号码簿替换电话公司给你的号码簿这样的问题，编写一套UML模型（用例图、MSC图、类图）。给出名字时，要求该号码簿应该能够提供电话号码；它还应能够列出不同地区的区号，并给出你所在地区的紧急求救电话号码。

13. 画出说明上个练习中的联机电话号码簿系统的功能和数据流的数据流图。

14. 将功能流和数据流分开有什么好处？

15. 当指定实时系统的需求时，会出现什么样的特殊问题？

16. 比较面向对象的需求规格说明的好处和功能分解的需求规格说明的好处。

17. 为讲座调度系统编写一个Z规格说明。系统保存哪一个演讲者将在哪一天进行演讲的相关记录。对每一个演讲者，不应该安排多于一次的演讲；任何一天不能安排多于4次的演讲；应该提供从安排中增加或删除演讲的操作，以及下列操作：交换两个演讲的日期，列出安排在特定日期的演讲，列出安排特定演讲者演讲的日期，以及向每一个演讲者发送关于其演讲日期的提示信息。你可以定义任何有助于简化规格说明的额外操作。

18. 完成图4-20中的图书馆问题的部分SDL数据规格说明。尤其是，编写针对非生成操作unreserve、isOnLoan以及isOnReserve的公理。修改你的针对unreserve操作的公理，使得该操作假定：保留一个馆品（item）的多个请求可能在两个取消保留（unreserve）该馆品的请求之间发生。

19. 在进行需求评审时，应该寻找什么样的问题？制作一个这些问题的检查单。检查单可能是普遍适用的吗？或是最好使用特定于应用领域的检查单？

20. 是否有可能使需求定义文档与需求规格说明一样？拥有两个文档的利与弊是什么？

21. Pfleeger和Hatton研究了已经用形式化方法说明的某个系统的质量（Pfleeger and Hatton 1997）。他们发现系统的结构非常好而且易于测试。他们认为系统的高质量是由于规格说明的完全性，而未必是由于其形式。你如何能够进行一项研究，以确定是形式还是完全性导致了高质量？

22. 有时候客户会提出某个需求，而你知道它是不可能实现的。你是否应该同意把该需求放到定义和规格说明文档中，无论如何，你认为可能会想出一种新颖的方法满足需求，或者请求以后抛弃这个需求？讨论承诺你知道不可能交付的需求所涉及的伦理道德意义。

23. 在你的工作中或本书网站中找出一组自然语言需求。评审这些需求，确定是否存在任何问题。例如，它们是否是一致的？含糊不清的？冲突的？它们包含任何设计或实现决策吗？哪种表示技术可能会帮助发现并消除这些问题？如果问题还留在需求中，随着系统的设计或实现，它们可能产生的影响是什么？

222

第**5**章

设计体系结构

本章讨论以下内容：
- 软件体系结构视图；
- 常用体系结构模式；
- 可选设计方案的评价和比较的标准；
- 文档化软件体系结构。

在第4章中，我们学习了如何与客户一起工作，确定他们希望要构建的系统功能。需求分析过程的结果包括两个文档：一个是针对客户的，用来获取客户的需求；另外一个是需求规格说明，用来描述系统应该表现出的行为。开发过程接下来的步骤是对系统进行设计，说明系统是如何构造的。如果我们构建的是一个规模相对小的系统，我们可能能够直接从需求规格说明进入到数据结构和算法的设计。但是，如果构建的是一个规模较大的系统，在我们关注数据或代码的相关细节之前，则希望将系统分解为规模可管理的单元，诸如子系统或模块。

软件体系结构就是要将系统进行这种分解。在本章，我们研究各种类型的分解。就像盖楼，有时是根据通常必需的预制构件来构造的，一些预先构造的软件体系结构风格也可以用来指导如何分解一个新的系统。通常，可以用多种方法来设计一个体系结构，因此，我们会探讨如何对几种各有优势的设计进行比较以及如何选择最符合需求的设计。我们会学习如何在软件体系结构文档（SAD）中描述设计决策，因为体系结构要开始稳定下来。我们还要学习如何验证该体系结构是否满足客户需求。本章所展示的软件体系结构的产生步骤将指导系统开发的后续工作。

5.1 设计过程

在开发过程的这一刻，我们对客户的问题已经有了很好的理解，并且我们已经完成了需求规格说明书，该规格说明描述了可接受的软件解决方案应该是什么样的。如果需求规格说明完成得很好，那么它关注的就应该是功能，而不是结构。也就是说，它几乎不考虑如何构建系统。**设计**（design）是一种创造性的过程，它考虑如何实现所有的客户需求。设计所产生的计划也称为**设计**。

早期的设计决策专注于系统的**体系结构**（architecture），用以解释如何将系统分解为单元以及这些单元又如何相互关联，还描述这些单元的所有外部可见特性（Bass, Clements and Kazman 2003）。后续的设计决策专注于如何实现单个的单元。要了解体系结构与设计和需求这两者之间的关系，可再考虑Chuck和Betsy Howell要盖一所新房子的例子。他们的需求包括：
- 供Chuck和Betsy以及3个孩子睡觉的卧室；
- 供孩子们玩耍的地方；
- 一个厨房，以及可放置一张可伸缩桌子的大餐厅；
- 储藏自行车、割草机、梯子、烤肉架、户外家具以及其他杂物的地方；
- 弹奏钢琴的地方；

● 供暖系统和空调设备。

根据需求,建筑师给出初始的设计供Howell夫妇考虑。开始,建筑师可能给出基于不同房子风格的初步设计,例如,两层的殖民时代建筑以及别墅,以更好地了解Howell夫妇更喜欢什么样的风格。在一种特定的建筑风格内,建筑师可能会绘制出各种可选设计的草图。例如,在一种设计中,厨房、餐厅以及孩子们的玩耍空间可能会共用一个大的开放区域,而在另一种设计中,可能会把玩耍的地方放在房子的不太公用的地方。一种设计可能强调大的卧室,而另一种设计可能会为了增加一个卫生间而缩小卧室面积。Howell夫妇如何从各种设计中进行选择将取决于他们对设计的不同特性的喜好,例如房间布局的实用性和特点,或者对建造费用的估算。

所得到的设计就是房子的体系结构,如图5-1所示。十分明显,该体系结构描述了房子的"骨架"结构,墙的位置和支撑梁,以及每一个房间的配置。它还包括:满足供暖和冷却的需要以及导风管的布局;展示水管及其与城市总管道和污水管道连接的地图;电路图,出口的位置,以及断路器的电流强度。体系结构决策往往是有关结构的、系统化的和关于整个系统的,它确保在协调了客户需求与实际的材料、成本和可用性的情况下,考虑到了关于需求的所有重要元素。它们是需要确定的早期设计决策,一旦实现后,则难以改变。相比之下,诸如那些考虑地板、细木家具、墙漆或镶板面的后期设计决策,是相对局部化的、易于修改的。

图5-1 体系结构计划

难以改变并不意味着不可能修改。随着房子的建造而改变体系结构或规格说明并非不常见,也不一定不合理。但变化不应是由于心血来潮而提出的,而应该是根据对需求的理解或需求的变化,或者是对新的信息做出的反应。在Howell夫妇的例子中,工程师可能会为了减少成本而提出变更,例如移动浴室或移动厨房排水口的位置,以便能够共用水管和下水道。在Howell夫妇考虑如何使用房间的时候,可能要求对加热管进行重新布线,以便于导热管绕过钢琴旁的那面墙。如果出现超支的情况,Howell夫妇可能把计划的规模缩减到原来的预算内。对于Howell夫妇而言,现在提出这些问题以及改变规格说明是有意义的,这要胜于忍受一所不能适合他们需要、使他们烦心或成本超出他们承受能力的房子。实际上,客户及相应的开发人员,会经常在最初的需求分析完成后适当地修改需求。

设计软件在许多方面类似于设计新房子的过程。我们必须根据需求规格说明中的要求,设计一个满足客户需求的解决方案。但是,如同Howell夫妇的房子,可能不存在一个"最好的"或"正确的"体系结构,可能的解决方案的数目也许是无限的。通过从过去的解决方案中收集想法,以及经常性地从客户那里寻求反馈,设计人员创建高质量的体系结构,这样的体系结构能够适应变化并且易于变化,从而产生使客户满意的产品,并成为贯穿产品生命周期的有益的参考和指导。

5.1.1 设计是一种创造性过程

设计软件是一种具有智力挑战性的任务。要搞清楚软件系统可能遇到的所有可能情况,包括系统必须能够适应的异常情况（例如遗漏信息或不正确的信息），是非常耗费精力的。而且，这些工作只是仅仅考虑了可预料到的系统功能。另外，系统还具有要完成的非功能目标，例如易于维护、易于扩展、易于使用以及易于移植到其他平台上等。这些非功能需求不仅限制了可接受的解决方案的集合，而且可能实际上相互冲突。例如，那些使软件系统可靠和可复用的技术，其代价是高昂的，因而有碍于实现将开发成本保持在预算内的目标。再者，外部任务可能使设计任务更加复杂，例如，软件可能必须符合已有硬件的接口的规格说明，与遗留软件继续合作，或者符合标准数据格式或政府规章制度。

不存在可以遵循的手册或可以套用的公式，来保证我们能够给出成功的设计。要给出能够充分满足所有系统需求的设计，是需要创造性、聪明才智、经验以及专业的判断力的。设计方法和技术可以指导我们做出设计决策，但是不能替代创造力和判断力。

通过学习优秀的设计例子，我们可以改进我们的设计技巧。大部分设计工作是**例程设计**（routine design）（Shaw 1990），其中，针对一个问题，我们可以通过对与其相似问题的解决方案进行复用和调整来予以解决。假定要求一名厨师为一位挑剔的顾客准备晚餐，该顾客具有特殊的口味和一些饮食忌讳。可能没有几个现成的菜谱恰好符合该顾客的口味，厨师也不可能临时调制新的菜肴。不过，该厨师可能从一些喜爱的食谱中寻求灵感，替换其中的一些配料，适当地变换烹饪方法、改变烹饪时间。仅仅靠菜谱是不够的，在准备这顿晚餐中还需要很多创造性：选择以哪个菜谱为起点，改变配料表，以及修改烹饪过程以突出菜肴的色香味。从经实践检验的菜谱开始准备，厨师可以获得高效性和可预测性，高效性是指厨师能够快速确定烹制晚餐的计划；可预测性是指厨师知道，这样烹制出的菜肴应该在质量上相当于根据前面同样菜谱所做的菜肴。

类似地，有经验的软件开发人员很少按照上面的原理设计新的软件。相反，他们会借鉴现有的解决方案，将它们改造成新的设计，而不是照本宣科。这样，由借鉴的解决方案所具有的特性出发，开发人员往往能够迅速得到符合期望的设计。开发人员在设计新系统时可从多方面汲取各种指导，图5-2给出了这些指导的若干来源。

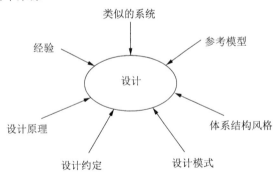

图5-2　设计建议的来源

有效利用现有解决方案的方法很多。一个比较极端的方法是**克隆**（cloning）。我们借鉴现有的整个设计，甚至包括它的代码，对它做少许的调整来解决特定问题。例如，一名开发人员可能会克隆已有的系统并对其进行定制，以满足新的客户的需求。可是，我们将会看到，可能会有其他更好的方法来设计同一个产品的不同变种。一个略为中庸的方法是基于一个**参考模型**（reference model）来进行设计，它是一种用于特定的应用领域中标准的、一般性的体系结构。参考模型仅仅给我们提供建议，指导我们如何把系统分解成主要构件以及这些构件之间是如何交互的。单个构件的设计与它们之间的交互细节取决于具体的应用。例如，图5-3说明了编译器的参考模型，解析器、语义分析器、优化以及数据存储库的细节将随着编译器的程序设计语言不同而发生变化。许多应用领域都有现成的或建议使用的参考模型，其中包括操作系统、解释器、数据库管理系统、进程控制系统、集成工具环境、通信网络和Web服务。

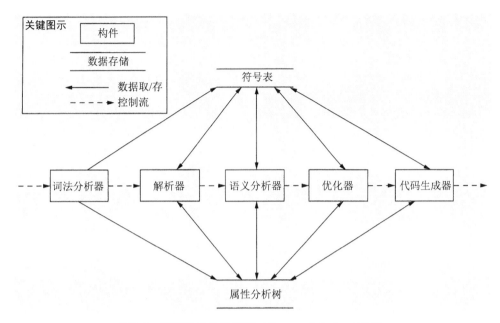

图5-3 编译器的参考模型（Shaw and Garlan 1996）

更加典型的情况是，我们需要解决的问题并没有一个参考模型，我们需要通过组合和调整一般的设计方案来完成我们的设计。在其他课程中，你可能已经学习过一般性的底层设计方法，诸如数据结构（如链表、树）和算法范例（如分治法、动态规划），这些方法在设计各种类型的问题的时候都非常有用。软件体系结构也有一般性的解决方案，称为**体系结构风格**（architectural style）。正如参考模型一样，体系结构风格指导我们如何把问题分解为软件单元以及这些单元彼此应当如何交互。然而，和参考模型的不同之处在于：体系结构风格不是为特定领域进行的某种优化，而是关于如何完成一般性设计所给予的建议（如如何封装系统所有部分都要共享的数据）。

有时，改进系统的一个部分却会对其他部分造成负面影响，因此，创建一个软件系统的设计可能会引起若干其他问题。好的软件体系结构设计应当是从多方面进行选择、改进以及集成多种体系结构风格，以产生最符合期望的产品。用于理解决策以及评估选择的体系结构的工具很多。**设计模式**（design pattern）是一种针对单个软件模块或少量模块而给出的一般性解决方案，它提供相对较低层次的设计决策。我们将在第6章中对设计模式进行探讨。**设计公约**（design convention或idiom）是一系列设计决策和建议的集合，采用这些设计决策和建议，能够提高系统某方面的设计质量。例如，抽象数据类型（ADT）是一种为了封装数据表示、支持可复用性的设计公约。当一种设计公约已经发展成熟并且被广泛使用时，为了便于参考和使用，它将会被封装成设计模式或体系结构风格，最终它还有可能被编码成一种程序语言结构。对象、模块、异常和模板都是由程序设计语言所支持的设计和编程公约。

有时，现成的解决方案不能很好地解决我们的问题。我们需要一种使用**创新设计**（innovative design）（Shaw 1990）的方法来创造的全新解决方案。与例程设计相反，创新设计过程是被我们头脑中闪现的灵感所推进的，这种无规律的突发式进展正是创新设计过程的特征。在创新设计过程中，我们唯一能获得的指导只是一些基本**设计原则**（design principle），它们描述的是一些良好设计的特征，而不是如何进行设计的说明性建议。就这点而言，比起设计的时候使用设计原则，在比较或评估可能的设计方案时，使用设计原则会更有用。但是，为了得知一个特定设计符合设计原则的程度，我们仍可以在设计过程中使用它们。最后，创新设计通常要比例程设计花费更多的时间，因为在灵感产生的间隔期间往往会有一段停滞时期。与例程设计相比，创新设计的评估应当更加严格，因为它们没有任何跟踪记录。此外，由于这样的设计评估更多地依赖于专家判断而不是客观标准，所以

227

在正式通过之前，创新设计还应当由若干高级开发人员进行审查。一般而言，创新设计优于例程设计的地方在于，它说明了其开发和评估所带来的额外开销的合理之处。

那么是否意味着我们应该始终坚持使用经过实践检验的、可靠的方法，而不去探索系统设计的新思路呢？正如音乐或运动的技术规则一样，只有通过不断的学习和实践，我们才能提高设计技巧。一名资深的厨师长与一名新厨师的区别是什么呢？是他烹调过的大量菜谱，是他对于众多烹饪技术的熟练程度，是他对于调料本身及如何变换调料的深刻理解，还有为了突出并增强客人所期望的用餐体验而重制菜谱的非凡能力。同样，对于体系结构设计，如何从一般性设计方案中进行选择？如何抛开一般解决方案而根据设计原则设计系统？如何巧妙组合部分的解决方案以获得一致的设计，从而使得它在相似问题上比过去的方案具备更好的特性？随着软件设计经验的增加，对于这些问题我们必将会有更好的理解。

5.1.2   设计过程模型

软件系统设计是一个迭代的过程，设计者在该过程的活动中往返迭代，不断加深对需求的理解，提出可能的解决方案，测试方案各方面的可行性，向客户展示系统的各种可能性，并编写设计文档以方便程序员的工作。图5-4展示了针对软件体系结构的过程模型。该过程第一步是：分析系统的需求规格说明以及标识最终系统所必须展现的所有关键特性或约束。这些性质可以帮助我们确定哪种体系风格在我们的设计中是有用的。不同的特性会暗示着应该使用哪种体系结构风格，所以，我们可以并行地开发若干个体系结构计划，其中每个计划用来描述体系结构的一个方面或视图。软件设计中的多种视图就好比Howell夫妇的建筑师为他们的房子所构造出的多个蓝图。

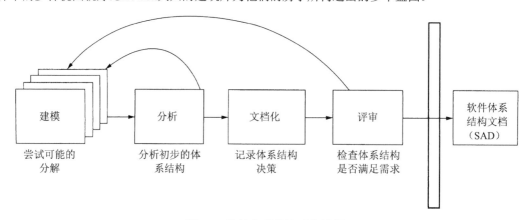

图5-4   软件体系结构开发过程

在设计阶段的第一步，我们迭代地进行三项活动：描绘体系结构计划、分析体系结构怎么能很好地促进所期望的性质、根据分析结果改进和优化体系结构计划。在此阶段中，我们的分析主要关注于系统的质量属性，比如性能、安全性和可靠性，因此，我们的体系结构模型必须包含充分的细节，从而来支持我们最感兴趣的任何分析。但是，我们也不希望我们的模型太过于细节化。在体系结构设计阶段，我们关注的是系统级别的决策，如通信、协调、同步和共享，而一些更加细节的决策，比如只影响某单个模块的设计，将被推迟到详细设计阶段。随着体系结构开始逐步趋向稳定，下一步的工作就是将模型文档化。每个模型都是体系结构的一个视图，这些视图是互相联系的，所以对一个视图的修改也会相应地造成其他视图的变化。因此，我们必须清楚视图之间的联系以及它们如何协作，以最终形成一个完整一致的设计。最后，一旦将体系结构文档化了后，就进行正式的设计评审。在评审过程中，项目团队检查该体系结构是否满足了系统的所有需求，以及是否具有较高的质量。如果在设计评审的时候发现了问题，就必须对设计进行修订，还要再迭代进行上述步骤。

软件体系结构过程的最终结果是SAD，它是用来和开发团队中其他人员交流系统级别设计决策的有力工具。由于SAD提供了系统设计的高层概况，因而可以用来快速带动新的团队人员赶上进度、指导维护人员理解系统是如何工作的；项目管理人员也可以以SAD为基础，来组织开发团队以及跟踪开发进度。

软件体系结构和体系结构文档的重要性在敏捷开发方法中却不那么明显。在软件体系结构和敏捷方法之间存在着内在的冲突：软件体系结构将系统所承载的难以改变的设计决策文档化，而敏捷方法的目标却是尽量回避不可修改的决策。补充材料5-1对这种冲突做了进一步的探讨。

补充材料5-1 敏捷体系结构

正如第4章所述，在需求有大量不确定因素的情况下，采用敏捷过程是有利于开发的。同样，当还不清楚什么样的设计类型是最佳设计的时候，敏捷过程也是有用的。

敏捷体系结构是以敏捷方法的4个前提为基础的，它们被称作"敏捷宣言"。

- 相比于过程和工具，个体和迭代更有价值。
- 相比于完整的文档，可用的软件更有价值。
- 相比于合同谈判，客户协作更有价值。
- 相比于遵循计划，对变化的快速响应更有价值。

敏捷方法可用于产生最初描述关键需求的设计。当新的需求和设计相关的考虑出现时，敏捷方法可以用来"重构"设计，这样，随着对问题和客户需求理解的不断深入，我们的设计也将逐步走向成熟。

但是使用敏捷方法来产生体系结构是特别困难的，因为我们必须同时格外小心地处理复杂度和可能发生的变化。一名使用敏捷方法的开发人员在尽量减少文档的工作量的同时，也要向客户和程序员展示多种可用的选择。所以，敏捷体系结构必须建立在模型的基础之上，但实际上，只有一小部分功能被建模，通常还是使用不同的方法和不同的选择一次建模一个功能。随着最合适的解决方案逐步清晰起来，模型又会被弃用或者被重建。正如Ambler所述（Ambler 2003），敏捷模型"只是足够好"：它能满足目标，但也仅此而已。

因为敏捷方法是迭代的和探索性的方法，它鼓励程序员在建模的同时开始编写代码，而这对于敏捷体系结构来说却是一个很大的问题。正如Ambler所指出的那样，尽管敏捷方法提倡大胆使用体系结构工具（例子参见Uhl 2003），但有人认为这些工具大部分情况下都不适合，甚至从来没有适合过（参见Ambler 2003）。

敏捷方法的一个更大的问题在于不断地重构。体系结构所表示的重要设计决策和不断重构的需求之间存在着本质的冲突，这种冲突意味着系统不能够像它所应该的那样被频繁地重构。Thomas声称（Thomas 2005），对于大型的复杂系统来讲，重构是高度危险的"巫师的工作"，特别是当有大量包含错综复杂的依赖关系的遗留代码的时候。

5.2 体系结构建模

在体系结构建模的时候，我们试着去表现体系结构的一些性质，并隐藏另外一些性质。这样，我们能在不受到系统其他方面的影响的情况下，对这些性质有足够的了解。最重要的是，这些模型可以帮助我们推断所提出的体系结构是否能够满足特定的需求。Garlan指出（Garlan 2000），我们使用体系结构模型的方式有以下6种。

- 理解系统：它将做什么，以及如何做。
- 确定该系统的哪部分将复用前面已经构建的系统中的元素，以及系统哪些部分将会被复用。
- 展示构建系统的蓝图，包括系统可能的"承重"部分（换言之，设计决策中难以改变的部分）。
- 推测系统将会如何演变，包括性能、成本以及原型开发的问题。

- 分析依赖关系，选择最合适的设计、实现和测试技术。
- 为管理决策提供支持，了解实现和维护时系统固有的风险。

在第4章中，我们讲述了许多为需求建模的技术，然而，软件体系结构建模却没有那么成熟。在许多体系结构建模的方法中，你的决策将部分依赖于模型的目标以及你个人的喜好。每种体系结构都各有千秋，并没有在任何场合都有最佳表现的通用技术。一些开发人员使用统一建模语言（UML）的类图来描述体系结构，强调子系统而不强调类。一种更加典型的方法是，使用简单的方框-箭头图来为软件体系结构建模，同时，也可能附加一些图例用来解释不同方框-箭头的含义，我们将在我们的例子中使用这种方法。在实际情况中，当你为真正的系统建模和评估的时候，虽然可能会使用其他的建模技术，但用方框-箭头所表达的规则也可以很轻松地翻译成其他你想要的模型。

5.3   分解和视图

软件设计人员过去往往将分解作为重要工具，他们把一个大的系统分解成更小的部分（这些部分的目标更容易实现）来使问题变得更易于处理。我们将这种方法称为"自顶向下"的方法，因为我们从系统的全局着手，接着把它分解成更小、更低层的部分。不过，如今很多设计人员自底向上地设计体系结构，将小的模块以及小的构件打包成一个更大的整体。一些专家认为，这种自底向上的方法设计出的系统更加易于维护，我们将在第11章中仔细探讨与维护相关的问题。随着体系结构和设计方法的与时俱进，也随着我们获得了更多证据来证实可维护性和其他特性，我们将对各种设计方法的影响有更深入的了解。

一些设计问题没有现成的解决方案或者现成的构件可供使用，在此，我们将使用分解的方法来解决这些问题。分解是一种传统的方法，它帮助设计人员理解和隔离系统的关键问题。对系统分解的深入理解也有助于得到最好的测试、增强和维护现有系统的方法。因此，在本节中，我们将研究、对比几种不同的分解模型。采用分解的方法设计系统时，首先从对系统关键元素的高层描述开始，然后将系统的关键元素分解成若干部分且描述其各自的接口，按照以上步骤，我们迭代地定义我们的设计。当进一步细化会导致分解后的部分不再需要接口时，分解工作就完成了。图5-5描述了上述过程。

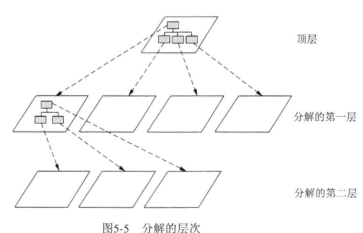

图5-5   分解的层次

下面是几个较普遍的设计方法的简单描述。

- **功能性分解**（functional decomposition）：这种方法把功能或需求分解成模块。设计人员首先从需求规格说明书中所列出的功能开始，这些功能是系统级别的，它会随着系统环境改变输入和输出。更低层次的设计将这些功能分解成子功能，它们随后将被指派给更小的模块，该级别的设计也会描述模块（子功能）间互相调用的情形。

- **面向特征的设计**（feature-oriented design）：这种方法也是功能性分解的一种，只是它为各个模块指定了各自的特征。该方法中，高层设计描述了具有某个服务和特征集的系统。而低层设计则描述了各个特征如何扩展服务，以及确定特征之间如何进行交互。
- **面向数据的分解**（data-oriented decomposition）：这种方法关注的是如何将数据分解成模块。该方法中的高层设计描述了概念上的数据结构，而低层设计提供了它们的细节，包括数据如何在模块中分配，以及分配好的数据如何实现概念上的模型。
- **面向进程的分解**（process-oriented decomposition）：这种方法将系统分解成一系列并发的进程。该方法中，高层设计完成以下工作：确定系统的主要任务，这些任务绝大部分都是彼此独立的；为执行进程指派任务；解释任务之间是如何协调工作的。低层设计描述了这些进程的细节。
- **面向事件的分解**（event-oriented decomposition）：这种方法关注系统必须处理的事件，并将事件的责任分配给不同的模块。高层设计将系统预期的输入事件编成目录，而低层设计将系统分解为状态，并描述事件是如何触发状态转移的。
- **面向对象的设计**（object-oriented design）：这种方法将对象分配给模块。该方法中，高层设计定义了系统对象的类型，解释了对象之间是如何关联的。低层设计细化了对象的属性和操作。

如何选择要使用的设计方法取决于我们所要开发的系统：系统规格说明中最主要的方面是什么（如功能、对象和特征）？系统的接口是如何描述的（如输入事件和数据流）？对于许多系统来说，从多个视角去分解，或者在不同的抽象层次上使用不同的设计模型可能会更合适。而有时，设计方法的选择又不是那么重要，而且很有可能只是基于设计人员的个人喜好。

要了解分解是如何实现的，我们假设使用面向数据的设计方法。我们从在需求分析阶段就已经定义好的概念上的数据集开始，需求分析已经包括了作用于这些数据的外部可见操作的分析，例如创建、查询、修改和删除数据。我们这样来设计系统：将概念上的数据集合成数据对象和作用在这些对象上的操作，再将复杂的数据对象进一步分解成若干个比较简单的数据对象，或者只有一种数据类型的最简单的对象。每个数据对象都提供用来查询和操纵数据的访问操作，这样，系统的其他部分不需要直接访问这些数据，就可以使用这些对象所存储的信息。这样的设计结果实现了对象层次化的分解。这种设计和需求规格说明不同，因为它包含了有关于系统数据如何分配到各对象中以及对象如何修改参数的信息，而不仅仅局限于系统将修改哪些数据。

不管我们使用的是哪种设计方法，最终的设计结果很可能涉及若干种软件单元，比如**构件**（component）、**子系统**（subsystem）、**运行时进程**（runtime process）、**模块**（module）、**类**（class）、**包**（package）、**库**（library）或者**过程**（procedure），这些不同的术语分别描述了设计的不同方面。例如，我们使用**模块**来指软件代码的结构化单元，一个模块可能是一个原子单元，像一个Java类，或者也可能是另外其他一些模块的聚合。我们也可以使用术语**构件**来指一个可标识的运行时的元素（如，语法分析器就是编译器的一个构件）；这个术语有时具有特定的含义，可参考补充材料5-2。以上这些术语都在各个不同的抽象层次指定了软件单元，比如，一个系统可能是由一系列子系统组成的，子系统又由包组成，而包又由类组成。在其他一些情形下，这些术语的含义可能会部分重叠，从不同的角度展现同一个实体（如一个语法分析器可能既是一个构件，又是一个高层模块）。此外，当我们想要讨论系统的某个组成部分，而不很肯定该部分是什么类型时，可以使用术语**软件单元**（software unit）来描述。

补充材料5-2　基于构件的软件工程

基于构件的软件工程（component-based software engineering，CBSE）是一种将现存的构件组合成系统的软件开发方法。在该框架下，**构件**是"有着定义明确的接口的、自包含的软件部分"

（Herzum and Sims 2000），是可以单独开发、购买和销售的实体。CBSE的目标是通过把开发过程简化成"构件集成"过程来支持新系统的快速开发，以及通过把维护过程简化成"构件替换"过程来使维护变得更加容易。

在这一点上，CBSE与其说是一个事实，还不如说只是一个目标。我们有供销售的软件构件，而软件设计中的一些部分将决定我们可以买到系统哪个部分的**现货**，而哪些需要我们自己制造。现有很多研究正在展开，进一步探寻如何实现以下几点。

- 为构件做详细说明，这样购买者才能知道某构件是否符合他们的需要。
- 保证构件的性能和它所声明的没有差异。
- 从构件的性质方面来阐述一个系统的性质（如可靠性）。

只有当系统的每个活动都仅由对应的软件单元实现，并且每个软件单元的输入和输出都已经明确地被定义时，我们才可以说这个设计是**模块化的**（modular）。一个**定义明确的**（well-defined）软件单元的接口必须能够准确无误地指定该单元的外部可见行为：每个指定的输入对于单元的功能来说都很重要，且一个指定的输出很可能就是这个单元动作的结果。另外，"定义明确的"的含义也包含接口不可以向外界展示任何与性质或设计有关的细节。我们将在第6章中详细讨论在模块化设计时做出设计决策所应遵循的设计原则。

体系结构视图

我们希望把系统设计分解成各自可编程的单元，比如模块、对象或者过程，但是这些元素集合并不是我们可考虑的唯一选择。如果我们要创建一个分布于多个计算机上的系统，那么我们希望得到的设计视图不仅可以展示构件间如何交互，而且希望它能够描述这个系统的分布，或者它能够展示系统提供的所有服务以及这些服务间如何协调操作的视图，而不管这些服务与代码模块之间是如何对应的。

体系结构视图一般包括以下几种。

- **分解视图**（decompositon view）：传统的系统分解视图将系统描述为若干个可编程的单元。正如图5-5所示，这种视图可能是层次化的，且使用了多种模型。譬如，一个模型中的单元可能在另一个模型中被扩展，以展示它本身的组成单元。
- **依赖视图**（dependencies view）：这种视图展示了软件单元之间的依赖关系，例如，一个单元调用另一个单元的过程，或者一个单元依赖于另一个或几个单元产生的数据。这种视图在做项目计划的时候很有用，它帮助我们确定哪些软件单元和其他单元没有依赖，因而可以被独立实现以及测试。另外，在对某个软件单元做设计调整的时候，它可以有效地帮助我们看清该改变带来的影响。
- **泛化视图**（generalization view）：这种视图向我们展示了一个软件单元是否是另一个单元的泛化或者特化。一个很显著的例子就是面向对象的类间的继承层次。一般来说，这种视图在设计抽象或可扩展的软件单元时是非常有用的：泛化的单元封装了公共数据和公共函数，然后我们通过实例化以及扩展这些泛化的单元来得到特定的单元。
- **执行视图**（execution view）：这种视图是设计人员所绘制的传统的方框-箭头图，在考虑到构件和连接器的情况下，展示了系统运行时的结构。每个**构件**都是不同于其他构件的执行实体，而且它还可能会拥有自己的程序栈。**连接器**（connector）是一种构件之间的通信机制，譬如信道、共享数据存储库，或者远程过程调用。
- **实现视图**（implementation view）：这种视图在代码单元（如模块、对象和过程）和源文件之间建立映射。这将有助于程序员在一片源代码文件的迷宫中找到某个软件单元的实现。
- **部署视图**（deployment view）：这种视图在运行时实体（如构件和连接器）和计算机资源（如处理器、数据存储器和通信网络）之间建立起映射。它有助于设计人员分析一个设计的质量属性，如性能、可靠性和安全性。

- **工作分配视图**（work-assignment view）：这种视图将系统分解成可以分配给各项目团队的工作任务。它不但有助于项目管理人员跟踪各个团队的工作进度，而且对于计划和分配工程资源也大有裨益。

每个视图都是系统结构某方面的模型，如代码结构、运行时结构、文件结构，或者工程团队结构。系统的体系结构代表了该系统的整体设计结构，因此，它应该是所有这些视图的集合。正常情况下，我们不会试图去将这些视图整合成单个的集成设计，因为这样的视图不便于阅读和更新，而且也会包含不同分解方法的重叠部分。在本章的后面部分，我们将讨论一个系统的体系结构作为一系列视图的集合时，应该如何为它建立文档，这样的文档包含了视图间的映射，有了映射我们才能很好地理解一个规模较大的设计。

5.4 体系结构风格和策略

软件体系结构设计的创作过程并不是一直单向向前的，它随着开发活动的突发而向前推进，期间，开发团队经常会在自顶向下和自底向上的分析方法间进行转换。在自顶向下的设计方法中，设计团队试着将系统的主要功能分解成可以分派给各独立构件的不同模块。但是，当发现某个以前已实现过的设计方案可能会有用时，团队又会转向自底向上的设计方法，以此来与一个已打包的解决方案契合。 235

通常，我们解决问题的方法会有一些共性，因此通过使用泛化模式我们可以利用这些共同之处。**软件体系结构风格**（architectural style）是已建立的、大规模的系统结构模式。如同建筑风格一样，软件体系结构风格也有一系列定义好了的规则、元素和技术，它们使得设计具有可辨别的结构以及易于理解的性质。但是，风格并不是完整的、细节化的解决方案，而是用于提供各种将构件组合起来的方法模板。具体来说，体系结构风格关注的是构件间各种不同的通信、同步或共享数据的方式。就这一点而论，体系结构风格将构件间限定的交互系统化，为实现这些交互提供了必要机制（如协议）。在软件开发的早期，体系结构风格在研究和开发已有方法来组织、协同访问数据及函数方面有很大作用。总体上来说，通过限定构件间的交互，体系结构风格可以帮助系统最终实现指定的性质，如数据安全性（通过限制数据流实现）和可维护性（通过简化通信接口实现）。

目前，研究人员还在继续分析优良的软件设计方法，探寻可以被更加广泛地使用的、有效的体系结构风格。这些风格将随后被收集到**风格目录**（style catalogue）中，当设计人员想要为一系列给定的需求寻找最佳的体系结构时，可以参考该风格目录。在本章的末尾，我们列出了风格目录中的一小部分。

本节接下来的部分介绍了软件开发中常用的6种体系结构风格：管道和过滤器、客户-服务器、对等网络、发布-订阅、信息库和分层。在针对每种风格的讨论中，我们将详述它的组成元素、元素间交互的特征，以及最终系统的性质好坏。

5.4.1 管道和过滤器

如图5-6所示，在管道和过滤器风格的体系结构中，将数据输入到称作**过滤器**（filter）的数据转换构件中后将得到输出数据；**管道**（pipe）是简单地将数据从一个过滤器传输到下一个过滤器的连接器，它不对数据做任何改变。在这种类型的系统中，每个过滤器都是独立的，它们都不需要知道系统中其他过滤器的存在或功能，因此，在建立系统时，我们可以把不同的过滤器连接起来以形成各种结构。倘若数据的结构是给定的（也就是说，所有的过滤器和管道传输的数据都具有公共的表达形式），那么，在任何结构中我们都可以将过滤器连接起来，而这种系统将会有一些很重要的特性（Shaw and Garlan 1996）。

236

- 设计人员能够理解整个系统对输入和输出的影响（输入和输出作为过滤器的组成）。
- 当输入输出数据拥有相同的格式时，可以很容易地将管道和过滤器风格的程序复用到其他系统中。这样的过滤器和系统的例子包括图像处理系统和Unix命令解释程序。
- 系统的演化比较简单，因为增加新的过滤器以及去除旧的过滤器都相对简单，而且不会影响到系统的其他部分。
- 由于过滤器的独立性，设计人员可以进行某些类型的分析，诸如吞吐量分析。
- 当使用管道和过滤器风格的体系结构时，系统会有一些性能上的损耗。在数据传输过程中，为了支持特定格式的数据，每个过滤器在执行计算之前都要解析输入的数据，并且在输出结果之前将数据转换回原来的格式。这种重复的解析与反解析阻碍了系统的性能，也可能使得各独立的过滤器的结构更加复杂。

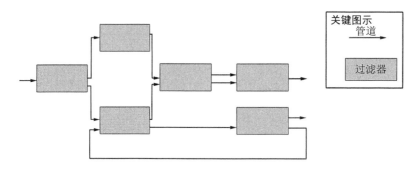

图5-6 管道和过滤器

在一些管道和过滤器风格的系统中，过滤器只发挥数据转换的功能，而传输的数据格式却不是固定的。例如，过去使用的管道和过滤器风格的编译器中，各个过滤器（例如，词法分析器和语法分析器）的输出会直接传送给下一个过滤器。因为这些系统中，过滤器间彼此独立，且拥有精确的输入和输出格式，所以对这些过滤器进行替换和改良是很容易的，而引进新过滤器和去除旧过滤器却是比较困难的。比如，为了去除某个过滤器，我们很可能需要替换掉某个原来用以转换输出格式的单元。

5.4.2 客户-服务器

在客户-服务器风格的体系结构中，设计被分为两种构件：客户和服务器。**服务器**（server）提供服务，**客户**（client）通过**请求/应答协议**（request/reply protocol）访问服务。这些构件都是现时运行且分布在若干台机器上的，可能包括一台中心服务器和几台分布在若干机器上的提供相同或者不同服务的服务器。在该体系中，客户和服务器间的关系是不对称的：客户知道它们是向哪台服务器请求服务，而服务器却不知道它们正在为哪个客户提供服务，甚至不知道正在为多少客户提供服务。客户通过发送一个请求来作为通信的开始，比如发送一个消息或者发起一次远程调用，然后，服务器做出响应执行该请求，并把结果回复给客户。正常来说，服务器都是简单地对客户请求被动做出反应的构件，但是在某些情况下，服务器也会代表客户发起一系列动作，比如，客户向服务器发送一个可执行的函数，称作**回调**（callback），随后在特定情况下服务器调用这些回调函数。补充材料5-3描述了一个客户-服务器风格的系统。

补充材料5-3 世界杯的客户-服务器系统

1994年美国举办了世界杯足球赛。在一个月之内，有24支球队总共进行了52场比赛，吸引了大量电视观众和现场观众。这些比赛分布在跨越了4个时区的9个城市中，当一支球队赢得了一场比赛后，往往要奔赴另一个城市参加下一场角逐，在此过程中，要记录每场比赛的结果并且向媒体和球迷们发布，同时，为了避免球迷发生暴乱，组织方发行并跟踪了20 000多张通行证。

该系统对中心控制和分布功能两方面同时提出了要求。譬如，系统要能够访问有关于所有球员的信息，那么在一场关键比赛之后，系统才可以展示所有相关球员的历史信息（图像、视频和文本）。因此，一个客户-服务器的体系结构看上去是很合适的。

根据需要所建立起的系统包括一个中央数据库，它设立在得克萨斯州，用于支持票务管理、安全保障、新闻服务和网络链接等工作。这个服务器还能够计算比赛数据以及提供历史信息、保密影像和视频剪辑。另一方面，客户端运行于160台Sun的工作站上，这些工作站分别和对应的比赛处在同一个城市之中，它们为管理人员以及媒体提供支持（Dixon 1996）。

由于这种体系结构风格把客户代码和服务器代码分离在两种不同的构件中，所以转移计算机进程可能会使得系统的性能得到提高，比如，客户代码可以本地运行在客户个人计算机上，也可以在一个更强大的服务器上远程执行。在一个多层系统中，如图5-7中范例所示，服务器的结构是层次化的，专用服务器（中间层）使用更一般化的服务器（底层）（Clements et al.2003）。这种体系结构提高了系统的模块化，并且在为进程分配活动上赋予了设计人员更大的灵活性。另外，因为提供公共服务的服务器可能在很多应用中也同样适用，所以客户-服务器风格也支持构件重用。

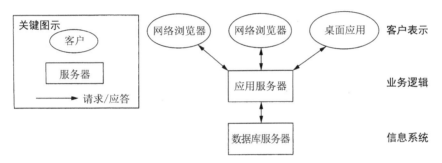

图5-7 三层客户-服务器体系结构

5.4.3 对等网络

从技术上讲，**对等网络**（peer-to-peer，P2P）体系结构中，每一个构件都只执行它自己的进程，并且对于其他同级构件，每个构件本身既是客户端又是服务器。每个构件都有一个接口，该接口不仅指定了该构件所提供的服务，而且指定了它向其他同级构件所请求的服务。端与端之间通过彼此发送请求的方式来实现通信。这样看来，P2P的通信方式很类似于客户-服务器体系结构中的请求/应答方式，但不同的是，在P2P中任意一个构件都可以向其他同级构件发送请求。

最广为人知的P2P体系结构就是文件共享网络，如Napster和Freenet。在这些网络中，构件之间彼此提供相似的服务，而各构件之间不同之处在于本地存储数据的不同。因此，系统的数据是分布在所有构件之中的。如果一个构件需要一些本地没有存储的信息，它可以从存储该数据的同级构件中获取。

P2P网络很具有吸引力，是因为它的规模很易于扩展。虽然每增加一个构件都要以请求的形式增加对系统的要求，但是它同时也增加了系统的容量，因为它为系统增加了新的（或者也可能是重复的）数据，这就增加了它作为服务器的容量。另外，因为数据被很多同级构件复制并且分布在其间，所以P2P网络对于构件和网络的故障也有很好的容错性。补充材料5-4阐述了Napster的P2P体系结构的利弊。

补充材料5-4 Napster的P2P体系结构

作为一个广受欢迎的音乐共享系统，Napster使用的就是P2P体系结构。尤其是，系统中的端是各用户的桌面计算机系统，它们执行着多方面的应用，比如电子邮件客户端、文档处理器、网络浏览器以及其他。然而，很多用户系统并没有固定的网络协议（IP）地址，不可以随时访问网络中的其他部分，而且绝大部分用户并不是很精通网络，相对于网络的构造和协议，他们更关注的是网络中的内容。此外，从较慢的拨号线路到较快的宽带连接，用户访问网络的方式千差万别。

而Napster的巧妙之处在于它的服务器，它用来组织请求和管理内容。而实际上的内容是由用户以文件的形式提供的，这些文件在端与端之间共享，这些共享内容直接传送给其他（匿名的）用户，而不是传送给一个中央文件服务器。

这种类型的体系结构在某些情形下确实可以很好地工作，如文件是静态的时候（也就是说，文件的内容不经常变更或者根本不变更）、文件内容和性质并不是非常关键的时候，或共享速度和可靠性不是很重要的时候。但是如果文件内容经常变化（如股票行市或估价）、共享速度（如需要快速传输大型文件时）和文件的质量（如图像或视频）有着重要影响，或者如果一个端必须信任另一个端（如文件内容是受保护的或者包含了重要的合作信息），那么P2P的体系结构则不是最佳选择，而中央服务器的体系结构可能会更加胜任。

5.4.4 发布-订阅

在发布-订阅的体系结构中，构件之间通过对事件的广播和反应实现交互。如果一个构件对某个事件感兴趣则可**订阅**该事件，一旦该事件发生了，另一个构件则进行**发布**来通知订阅者。发布-订阅所隐含的基础结构将负责注册订阅事件以及向合适的构件传达发布的内容。**隐含调用**（implicit invocation）就是一种常见的发布-订阅体系结构，订阅者将自己的某个过程与感兴趣的事件建立关联（称**注册**该过程）。在这种情况下，当事件发生时，发布-订阅的基础结构就调用该事件的所有注册过程。和客户-服务器以及P2P的构件相比，发布-订阅构件对其他构件的存在一无所知，相反，发布者只是简单地宣布事件，然后等待反应；订阅者只是简单地对事件通知做出反应，而不管事件是如何发布的。在这种体系结构模型中，隐含的基础结构通常表现为连接所有发布-订阅构件的事件总线。

在共享环境下，这种体系结构风格是一种常用的集成工具。譬如，Reiss提出一个称为Field的环境，在该环境下，可以将诸如编辑器这样的工具注册到调试时发生的事件中去（Reiss 1990）。为了了解这个过程是如何进行的，我们考虑调试器一次处理一行代码的情形。当调试器到达设置的断点时，它宣布事件"到达断点"，随后系统将事件传达给所有已注册的工具，当然包括前面所说的编辑器，然后，编辑器对事件做出反应，移动到源代码中和断点对应的那一行。除了到达断点之外，调试器可能通知的其他事件还包括函数的入口点和出口点、执行时的错误，以及清除或重置程序执行的注释。然而，调试器并不知道哪些工具注册到了这些不同的事件上，它也无法控制每个事件所对应的工具的行为。因此，发布-订阅系统在一个构件需要实现一个特定的反应时，该过程往往包含了一些隐含调用（如调用访问操作）。

发布-订阅系统有如下优点和缺点（Shawn and Garlan 1996）。

- 这种系统为系统演化和可定制性提供了强有力的支持。因为所有的交互都是通过事件来配合实现的，任何的发布-订阅构件都能添加到系统中去，并且能够在注册的时候不影响到其他构件。
- 同理，我们能够在其他事件驱动的系统中轻松地复用发布-订阅系统的构件。
- 在宣布事件的时候，构件能够传输数据。但是如果构件需要共享固定不变的数据，系统则必须包含一个信息库来支持这种交互，而这种共享可能会减弱系统的可扩展性和可复用性。
- 发布-订阅系统不易于测试，因为发布构件的行为取决于监视事件的订阅者。因此，我们不能独立地测试这种系统的构件，而要在一个集成系统中才能推断出构件的正确性。

5.4.5 信息库

信息库（repository）风格的体系结构由两类构件组成：中心数据存储以及与其相关联的访问构

件。共享数据存放于数据存储之中，而数据存取器是一个计算单元，它负责存储、检索以及更新信息。设计这样的系统是一个挑战，因为我们必须决定这两种类型的构件将如何进行交互。在**传统数据库**中，数据存储所扮演的角色就像是一个服务器构件，需要访问这些数据的客户向这个数据存储发送请求信息，然后进行计算，再发送请求将计算结果写回到数据存储。在这种系统中，访问数据的构件是主动的，因为是它们触发了系统的构件。

然而，在**黑板**（blackboard）类型的信息库系统（如图5-8所示）中，访问数据的构件却是被动的：它们的执行是对当前数据存储器的内容做出反应。典型情况下，黑板包含了当前系统的执行状态，该状态可以触发各独立的数据存取器执行进程，我们将这种数据存取器称为**知识源**（knowledge source）。例如，黑板存储了一些计算任务，一个空闲的知识源检查某个任务并在本地执行计算，然后确认结果后写回到黑板中。更一般的情况是，黑板存储了当前系统的计算状态，知识源去检测那些未解决的问题。比方说，在基于规则的系统中，黑板上存储了问题的当前解决状态，知识源使用重写规则迭代地修改优化解决方案。这种风格类似于真实世界中在黑板上进行的计算或证明过程，人们（知识源）一遍一遍地走到黑板前面去优化解答，擦掉黑板上的某些内容，然后用新的内容代替（Shaw and Garlan 1996）。

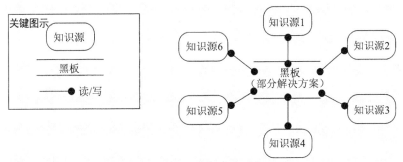

图5-8 典型的黑板系统

这种体系结构一个很重要的特性就是对于系统关键数据的中心式的管理。在数据存储中，我们可以将一些职责本地化，比如，存储固定数据、管理当前的数据访问情况、保障安全和隐私，以及保护数据（如通过备份实现）。我们也应当考虑一个重要的设计决策：是否要将数据映射到多个数据存储中。虽然分布或复制数据可能会提高系统的性能，但是往往也要付出代价：系统复杂度增加、数据存储器固定化，以及安全性降低。

5.4.6 分层

分层系统（layered system）将系统的软件单元按层次化组织，每一层为它的上层提供服务，同时又作为下层的客户。在一个"纯粹的"分层系统中，各层中的软件单元只能访问同层中的其他单元和相邻低层的接口所提供的服务。但是为了提高性能，在一些情况下这些条件也可能会放宽松，可以允许一个给定层访问所有低层的服务，这称为**层次桥接**（layer bridging）。不过，如果设计中包含了太多的层次桥接，那么分层风格本身具有的可移植性和可维护性就会大打折扣。但可以肯定的是，在任何情况下任何层都不能访问它上面的层次，否则将不再称为分层的体系结构。

为了充分理解分层系统的工作机制，我们考虑图5-9。图中描述了网络通信中开放式系统互联（Open System Interconnection，OSI）参考模型（International Telecommunication Union 1994）。系统的最底层提供了在物理连接中传输位数据的设备，比如电缆——可能并不是很成功。接下来一层是数据链路层，它提供了更复杂的设备：它传输固定大小的数据帧，将数据帧发送到本地可寻址的机器中，并且可以从简单的传输错误中进行恢复。因为机器之间的连接是物理上的连接，所以数据链路层必须使用底部的物理层设备才能完成按位传输的任务。网络层提供了传输任意大小的数据包的功

241

能，它将数据包分解成固定大小的数据帧，然后使用数据链路层传输它们，此外，网络层还可以把数据包传输到非本地的机器上。传输层为系统增加了可靠性，它可以从传输错误中恢复，比如，在网络传输（可能通过各种不同的路径）过程中数据帧丢失，或传输顺序被打乱。会话层使用了传输层提供的可靠的数据传输服务，从而建立起长时间的通信连接，此连接可以实现大型数据的交换。表示层提供了不同数据表示之间的转换功能，支持了具有不同数据格式的构件之间的数据交换。应用层提供具体应用的功能，例如，文件传输程序提供了文件传输功能。

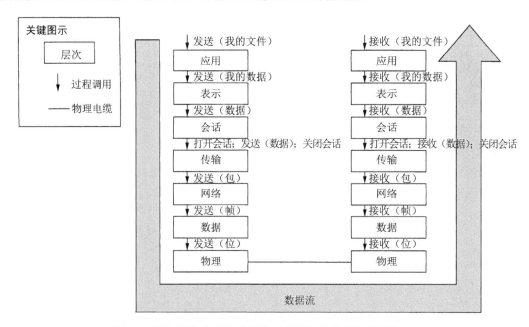

图5-9   网络通信中开放式系统互联模型的分层体系结构

在OSI示例中，每一层都将相邻低层提供的通信服务抽象化，并且隐藏了它们的实现细节。大体上来讲，任何时候只要我们能将系统功能分解成若干步骤，且每个步骤都建立在之前步骤的基础之上，那么分层系统都可以派上用场。如果系统的最底层封装了软件和平台的交互方式，我们的设计将更易于移植到其他平台上。此外，由于每层都只能和它的相邻层交互，因此每层都相对比较容易修改，而变动最多只会影响到它邻近的上下层。

另一方面，我们并不是总能把系统结构化成越来越强大的抽象层，特别是当软件单元只是表面上看上去彼此独立的时候。而且，系统层次之间频繁的调用和数据传输也会带来性能上的代价，幸运的是，一些比较完善的编译器、连接器和加载器可以降低这种系统开销（Clements et al. 2003）。

5.4.7   组合体系结构风格

如果只是单纯地考虑一个体系结构风格，那么理解体系结构风格及其相关特性再简单不过了。然而，实际中的软件体系结构很少只有单个风格的，相反地，我们构造体系结构时会将不同风格的体系结构组合使用，选择并调整该风格中的某些部分以解决设计中的特定问题。

体系结构风格有若干种组合方式。

- 在系统分解的不同级别使用不同的风格。例如，我们将系统视为客户-服务器的结构，但是随后将服务器构件分解为若干层；或者某抽象层上构件之间简单的连接在更低层上却是若干构件和连接器的集合，例如，我们可以对发布-订阅体系结构的交互进行分解，详细体现用以管理事件订阅、事件发布的通知机制。
- 体系结构可以使用一个混合的风格来为不同的构件或者构件间不同类型的交互建模。例如图5-10中的范例所示，客户构件之间使用发布-订阅的通信方式进行交互；另一方面，这些相同的构件都通过请求/应答协议来使用服务器构件，这些服务器构件又和一个共享数据信息库进行交互。在这个例子中，通过允许一个构件可以担任多种角色（如客户、发布者和订阅者）、可以有多种交互方式，该体系结构将多种风格集成为单个的模型。

- 当体系结构风格之间可以互相兼容时，风格的集成将会更加容易，比如，所有要组合的风格都和运行时构件或代码单元有关。我们还可以创建以及维护不同体系结构的视图，这和建筑工程师所做的有异曲同工之处（如布线视图、管道视图、供暖和通风视图等）。在如下情况下这种方法会非常合适：各种视图集成后过度复杂，构件之间有多种交互方式（例如，构件之间同时使用隐含调用和显式方法调用），或者各视图构件之间的映射过于混乱（也就是说，形成了多对多的关系）。

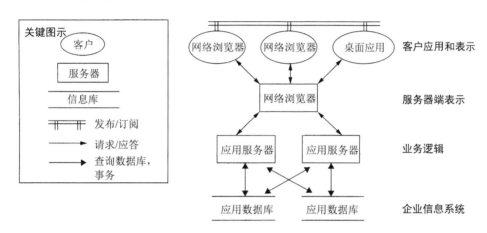

图5-10　发布-订阅、客户-服务器和信息库体系结构风格的组合

当最终的体系结构被表达成若干模型的集合时，我们必须为模型之间的联系建立文档。倘若一个模型仅仅分解了另一个更加抽象的模型中的某个元素，那么它们之间的联系会很简单。但是，如果两个模型展示了同一个系统的不同视图，或者两个视图的软件单元之间没有显而易见的映射关系，那么为视图的对应关系建立文档将是最为重要的。5.8节讲述了如何记录视图间的对应关系。

5.5　满足质量属性

在第4章中我们看到，软件需求不仅仅包括提议的系统功能性需求，还要详细说明其他一些属性，用来反映出用户希望在我们构造的产品中看到的特点，如性能、可靠性和易使用性。在设计系统时，我们希望选择那些能够提高必需的质量属性的体系结构风格，但体系结构风格仅给我们提供了粗粒度的解决方案，它们只能实现一般意义上良好的性质，而不能确保指定的质量属性会得到提高。为了确保对特定属性的支持，我们将使用**策略**（tactic）（Bass，Clements and Kazman 2003），它是更精细的设计决策，能够帮助我们改进设计，达到指定的质量目标。

5.5.1　可修改性

可修改性是本章中绝大部分体系结构风格的基础，因为当首个软件版本的开发和发行结束时，系统的生命周期（包括开发、问题修复、增强和演化）已经过去了一大半。也就是说，我们首先希望我们的设计能够便于修改。不同的体系结构风格展现了可修改性的不同方面，所以我们必须知道如何选择体系结构风格才能实现我们指定的可修改性目标。

　　在对系统做出一个特定改变的情况下，Bass、Clements和Kazman将软件单元分为受直接影响的和受间接影响的软件单元（Bass，Clements and Kazman 2003）。受直接影响的软件单元是指那些为了适应系统改变而改变自身职责的单元，我们可以通过调整代码结构来使需要变动的单元数目降到最少；受间接影响的软件单元是指那些不需要改变自身职责，而只需要修改它的实现来适应受直接影响的单元产生的变化。其间的差别是极其细微的。这两者的目标都是要尽量减少被改变单元的数量，但各自使用的策略不尽相同。

　　为使受直接影响的软件单元数量最少，我们使用的策略主要关注于将设计中的预期改变集中在一起。

- 预测预期改变：确定最可能变动的设计决策，然后将它们分别封装在各自的软件单元中。预期改变不仅仅包括用户将来可能想要的实现，任何服务、功能或系统执行的内部检验在将来都有可能需要改进或更新，它们都是未来变化的候选项。
- 内聚性：在第6章中我们将看到，如果一个软件单元的构成部分、数据和功能都是为了实现该单元的目标和职责，那么我们说该软件单元是内聚的。通过保持软件单元的高内聚性，我们很可能将改变限定在为数不多的单元中，让这些单元来分担执行改变的系统职责。
- 通用性：软件单元越是通用，我们就越能通过修改单元的输入来适应变化，而不需要修改单元本身。这种特性对于服务器来说特别适用，因为只有具备足够高的通用性，服务器才能处理各种类型的请求，比如，若对象封装了数据结构，那么它应该提供足够多的访问方法，其他对象才能使用这些方法获取和更新它的数值。

　　相比之下，为了使受间接影响的单元数量最少，我们使用的策略主要关注于减少单元之间的依赖关系。这些策略的目标就是降低受直接影响的单元对其他单元的影响程度。

- 耦合性：软件单元之间的耦合度是指单元之间彼此依赖的程度，我们将在第6章对它进行详述。通过降低耦合度，我们可以降低一个单元的变动波及其他单元的可能性。
- 接口：软件单元的接口展示了它公开的要求和职责，并且隐藏了该单元内部的设计决策。如果一个单元和另一个单元只通过接口进行交互（如调用公共访问方法），那么其中一个单元的改变不会越过它本身的边界，除非它的接口改变了（例如，方法特征符、前置条件或后置条件改变了）。
- 多重接口：当修改单元提供新的数据或服务时，可在该单元上为它们增加新的接口，而不影响现存的任何接口。这样，现存接口上的依赖关系就不会受到该变化的影响。

　　当可修改性的目标包括降低设计或实现的变化成本时，可以使用以上方法。另一类的可修改性是系统发行之后能够被修改的能力，改变可能发生在安装期间，也可能是在执行过程中。例如，在一台计算机上安装Unix或Linux，过程中会有很复杂的配置步骤，提出很多关于计算机硬件和外设、安装哪些库、工具、应用软件以及软件版本的必答问题。补充材料5-5描述了一个称为**自我管理**（self-managing）的策略，它使得软件在运行时随着环境的改变而即时改变。

补充材料5-5　自我管理软件

　　为了使系统在不同的、有时也会改变的环境下有最佳表现，软件界正开始对自我管理软件展开实验。尽管有很多其他名称（如自动的，自适应的，动态的，自我配置的，自我优化的，自我修复的，上下文感知的），但它们的核心思想是一致的，那就是软件系统监视它所处的环境或者它本身的性能，对检测到的改变做出反应，改变自我的行为。换言之，当环境改变的时候，系统会改变它的传感器。下面是几个例子。

- 改变所使用的输入传感器，例如黑暗中使用的基于视觉的避障传感器。
- 改变通信协议和网关，例如，拥有自己的通信设备的用户想要加入或离开电子会议时。
- 根据以往的查询结果和性能，改变网络服务器。

> ● 为了平衡处理器负载或者从处理器失效中恢复，把运行构件转移到其他处理器中。
>
> 自我管理软件听起来很理想，但是却不那么容易开发，它们存在如下障碍。
>
> ● 体系结构风格很少：因为自我管理软件非常强调依赖于环境的行为，所以它的设计会因应用风格的不同而不同，这就需要大量的创新设计。如果存在支持自我管理的一般性体系结构风格，开发这样的软件将会更加容易、快速和可靠。
>
> ● 监控非功能性需求：自动化的目标往往和非功能性需求有很强的联系，因此，要得知系统完成这些目标的好坏程度，就意味着我们首先必须要把这些目标和一些可度量的系统执行特征联系起来，然后监视并动态评估这些特征。
>
> ● 制定决策：该系统必须能够决定是否要根据不完整的自身或环境条件来做出改变。此外，当环境在某个阈值周围波动时，系统不应该进入一个持续的改变状态。

5.5.2 性能

性能（performance）属性描述了系统速度和容量上的特点，它包括以下几项内容。

● 响应时间：我们的软件对请求的反应有多迅速？

● 吞吐量：软件每分钟可以处理多少请求？

● 负载：在响应时间和吞吐量变糟糕之前，软件可以支持多少用户使用？

为了提高系统性能，一种很明显的策略就是增加计算资源，也就是说，我们可以购买更快的计算机、更充足的内存，或者额外的通信带宽。然而，正如Bass、Clements和Kazman所解释的那样（Bass, Clements and Kazman 2003），也可以用软件设计的策略来帮助提高系统性能。

提高系统性能的一种策略是提高资源的利用率。比如，我们可以增加软件并行的程度，从而增加可以同时处理的请求数目。当某些资源被阻塞或者空闲等待其他计算完成时，这种方法非常有效。举个例子，在把客户请求传送给银行服务器之前，多台ATM机器可以同时收集客户的业务请求，鉴别客户身份信息，以及向客户确认请求的业务。在此例中，银行服务器只接受经过鉴定和确认后的请求，然后服务器处理这些请求，而不需要和客户直接打交道，因此也就提高了服务器的吞吐量。另外一种选择则是复制以及分布共享数据，降低了对数据的竞争。复制数据的同时，我们必须引进保持分散数据同步的机制，虽然减少数据竞争会使系统性能得到提高，但是同步机制所带来的额外开销肯定更多。

第二种策略则是有效地管理资源分配，也就是说，我们要仔细为竞争的请求分配可利用的资源。分配资源的准则有：响应时间最小化，吞吐量最大化，资源利用率最大化，高优先级或紧急的请求优先，以及公平最大化（Bass, Clements and Kazman 2003）。下面列出了一些常见的调度策略。

● 先到/先服务：按接收到的顺序来处理请求。这种策略保证了所有请求都能得到处理。但这也意味着具有高优先级的请求可能会被阻塞，而先处理其他先到的低优先级请求。

● 显式优先级：按具有的优先级高低来处理请求。这种策略保证了重要的请求能够被快速处理。然而，有可能由于总是优先处理优先级较高的请求，一些先到的低优先级的请求永远被搁置。一种改良的方法是动态增加被搁置的请求的优先级，以保证它们最终能够被处理。

● 最早时限优先：按时限长短的顺序来处理请求。这种策略保证了紧急的请求能够被快速处理，因此帮助系统满足它的实时期限要求。

以上的策略都基于这样的假设：一旦某个请求的服务开始，那么它的处理就一定会全部完成。另外一种情况是，系统可能会中断请求服务的执行。比如，低优先级的请求可能会被一个高优先级的请求抢占，被抢占的请求将会被重新调度参与资源竞争。或者我们可以使用轮询调度策略在固定时间间隔内为请求分配资源，如果一个资源在此时间段内还未能完成服务，那么它将会被抢占，而未完成的部分将会被重新调度。我们如何从这些调度策略中进行选择完全取决于客户想使哪方面的性能达到最优化。

第三种方法是降低对资源的需求。初看上去，这种方法似乎并不是那么有用，因为我们不能够控制软件的输入。但有时我们可以编写更有效的代码来减少对资源的需求，更好的情况是，在某些系统中，我们只需处理输入的一小部分，比如，如果系统的输入数据是传感数据而不是对服务的请求，我们的软件可以在不丢失重要环境传感数据的前提下，以较低的频率对输入数据进行采样。

5.5.3 安全性

我们对于体系结构风格的选择会对系统的安全性产生重要影响。大多数的安全性需求阐述了什么是需要被保护的以及谁不可以访问它。保护性需求往往都表现为威胁模型，该模型把那些可能的威胁放在系统和资源中来考虑，这就形成了描述如何实现安全性的体系结构。

体系结构有两个和安全性联系十分紧密的重要的特点：如果系统能够阻挡攻击企图，那么它就是具有高**免疫力**（immunity）的；如果系统能够快速容易地从成功的攻击中恢复，那么它就是具有**高弹性**（resilience）的。体系结构有若干种方式来支持高免疫力。

- 在设计中保证包含了所有的安全性特征。
- 将可能被攻击者利用的安全性弱点最小化。

类似地，体系结构通过以下方式支持高弹性。

- 把功能分段，这样攻击造成的影响只会存在于系统的很小一部分之中。
- 使系统能够在一小段时间里快速恢复功能和性能。

因此，一些更一般性的性质特征也会对体系结构的安全性有影响，比如冗余度。

本书不可能涵盖所有关于安全体系结构的讨论，若想要深入了解，可以参阅（Pfleeger and Pfleeger 2006），它基于应用类型来讨论体系结构，如操作系统、数据库或者用户界面。然而，不管是对于什么应用，像诸如分层之类的体系结构风格对任意一种安全性都很合适，因为它们本身固有的性质保证了一些对象和过程不能与其他一些对象和过程交互。而其他一些体系结构风格，比如P2P，就很难有安全性保障。

Johnson、McGuire和Willey研究了P2P网络是如何地不安全（Johnson, McGuire and Willey 2008）。他们指出，这种类型的体系结构已经有至少40年的历史了，美国国防部开发的阿帕网（Arpanet）就是一个P2P系统。

> TCP/IP提出于1973年，它巩固了直接的端对端通信的概念，用网络处理把包引导到目标处的机制。自那以后建立起的协议（HTTP、SMTP、DNS等）大部分都建立在这样的思想上，即将需要某个数据的计算机直接连接到拥有该数据的计算机上，这个任务使用网络来完成。P2P文件共享网络系统使用的技术只是上述原则的简单演化。

尽管P2P网络有其优势，比如复制和冗余，但它的设计本身始终鼓励数据共享，即使是在数据没有打算被共享的时候。

为了理解上述情况是如何发生的，我们考虑一个典型的P2P网络，它的用户将共享的内容放在指定的文件夹里，你可能认为只要用户细心文件就应该是安全的，但是实际上却有很多方式使得数据无意中就被共享了。

- 用户意外地共享了含有敏感信息的文件。
- 文件或数据放错了位置。
- 用户接口很容易混淆，所以用户不知道文件正在被共享。Good和Drekelberg发现KaZaA系统就有这方面的问题（Good and Drekelberg 2003）。
- 文件或数据组织得不合理。
- 用户依赖软件去识别文件或数据类型，并且把它们设为可访问的，但软件错误地把一个本应该受保护的文件或数据包含了进来。
- 恶意软件在用户不知情的情况下共享了文件或文件夹。

事实确实如此,(Krebs 2008)描述了一名投资公司的职员如何在使用公司的计算机参与LimeWire(一个用以交流音乐和视频的在线P2P共享网络)时不小心暴露了公司的秘密文件,这些文件包含该公司约2 000名客户的姓名、出生日期和社会保险号,其中还包括一名美国最高法院大法官!该公司聘请Tiversa的负责人来控制这个缺口,他说:"这样的缺口并不稀奇,公司的安全网络大约会有40%到60%的数据泄露出去,这往往是职员或生意伙伴在公司电脑上安装了文件共享软件所导致的。"(Krebs 2008)。泄露的文件经常含有公司的机密计划或者新产品的设计,所以,设计体系结构时必须考虑到系统在正常和不正常两种情况下的使用。

5.5.4 可靠性

补充材料5-6警示我们软件安全不可等闲视之。我们必须在设计的时候就很小心地预测故障并且处理它们,达到最少的系统破坏和最大化的安全性。我们的目标是通过在设计过程中建立故障防范和恢复机制,尽可能地构建一个没有故障的系统。如果一个软件系统可以在假设的环境下正确地实现所要求的功能,我们就说这个软件系统是**可靠的**(reliable)(IEEE 1990)。比较而言,如果系统或单元在"不正确的输入或意外的环境条件下"还能正确地工作,我们就说它是**健壮的**(robust)(IEEE 1990)。也就是说,可靠性是与软件本身内部是否有错误有关,而健壮性是与软件容忍错误或外部环境异常时的表现有关。我们将在下一节讨论实现健壮性的策略。

补充材料5-6 安全设计的需要

我们设计的系统有多安全?该领域的报告并不是那么容易解释的。在一些系统中,用软件实现某种功能很显然比用硬件实现(或者把决策权交给控制系统的人)更加有益,正如汽车产业和飞机产业所声称的那样,得益于越来越多地向控制系统中引入软件,我们成功地避免了大量的事故。然而,也有其他令人不安的证据,例如, 1986年到1997年之间,有450多份来自美国食品药物管理局(FDA)的报告详述了医疗设备中的软件故障,其中有24例导致了人员死亡或受伤(Anthes 1997)。Rockoff报道说(Rockoff 2008),2004年FDA成立了软件取证部门,因为注意到此前有越来越多的医疗设备制造商报告由于软件问题而导致的产品召回。

这些报告的数量可能只是冰山一角,因为向FDA提交报告必须是在事故发生后的15天之内,而很多制造商在写报告的时候还没能发现引发故障的真正原因。例如,一次报告的电池故障最终被追查到其原因是一个软件错误而导致了电量排空。又如,Leveson和Turner非常详细地描述了一个用户接口设计问题(Leveson and Turner 1993),该问题导致了放射治疗器故障,造成了4人死亡若干人受伤的惨剧。

许多组织从前没有意识到软件所发挥的作用,但现在也越来越清楚地看到软件设计的重要性。当然,设计引发的问题不仅仅局限在医疗设备中,许多领域的开发人员都采取了预防措施。加拿大核安全委员会推荐,所有运行在核电站上的"一级"安全标准的软件必须使用规范的(即数学化的)表示法来进行规格说明和设计,"这样就可以使用数学的方法和自动化的工具来进行功能分析"(Atomic Energy Control Board 1999)。惠普公司的很多工作组也使用规范的审查和证明,在编码开始之前就消除设计中的故障(Grady and van Slack 1994)。

Anthes报道了Alan Barbell的一些建议(Anthes 1997),作为一名环境犯罪学研究所(一个评估医疗设备的机构)的项目工程师,Alan Barbell指出,软件设计人员必须直接看到他们的产品是如何被人们使用的,而不是通过销售人员和营销商,这样设计人员才能采取预防性措施,以保证他们的产品不会被误用。

故障是如何发生的?如我们在第1章中所见的那样,软件产品中的**故障**是一些人为错误的结果,例如,我们可能误解了一个用户接口的需求,而构造的设计恰恰反映了我们的误解。这种设计故障被传播后可以形成错误的代码、用户指南中错误的指导或者错误的测试脚本。通过这样的方式,单个的错误可以引发一个或多个其他故障,且会影响到一个或多个开发产品。

我们必须将故障和失效区分开。**失效**是系统行为与既定行为之间一种可观测的偏离。在系统发布之前和发布之后都可能发生失效的情况，因为它不仅会在执行期间发生，也会在测试的时候发生。某些场合下，故障和失效分别是指不可见的和可见的错误，换句话说，故障是指那些只有开发人员可以看到的错误，而失效是客户和用户所看到的问题。

有一点必须强调，并不是每个故障都会引起失效，因为故障引起可见的失效所必需的环境条件可能永远不会发生。例如，有些含有故障的代码可能永远不会被执行到，或者不会越过正确行为的界限（正如阿丽亚娜4型火箭）。

我们通过预防或容忍故障来使得所创建的软件更加可靠，换言之，我们不是等待软件失效后再修复该问题，而是主动地预测可能会发生的情况，然后再根据这些情况以可接受的方式构建系统。

1. 主动故障检测

如果我们设计系统时一直等到执行期间发生失效才发现故障，那么我们所进行的是**被动故障检测**（passive fault detection）。然而，如果我们周期性地检查故障症状，或者试着预测什么时候会发生失效，我们所进行的就是**主动故障检测**（active fault detection）。进程中故障检测的一个常见方法是识别出已知的**异常**（exception），即引起系统偏离正常行为的环境条件。我们将**异常处理**（exception handling）加入我们的设计工作，这样系统就能很好地描述每个异常，然后返回到一个可接受的状态。因此，对于每个期望的系统服务，我们先确定它可能的失效方式以及检测失效的方法。典型的异常包括：

- 不能提供服务；
- 提供错误的服务；
- 数据破坏；
- 违背系统的不变量（如安全特性）；
- 死锁。

251

比如，我们可以确定数据变量间的关系或不变量，在运行时有规律地检查它们是否在始终保持不变。这样的检查可以嵌入控制这些数据的代码之中。我们将在第6章中对如何使用异常和异常处理做更多的探讨。

主动故障检测的另一种方法是使用某种形式的冗余，然后检查这两种技术是否相符合。比如，一个数据结构可能会有双向指针，那么程序就可以检查数据结构中的两条路径是否一致；或者一个计数程序可以将所有行和所有列分别相加，然后对比总和是否相等；一些系统甚至提供各种版本的系统，接着进一步将它们进行比较。这种方法背后都隐含了一种理论，称为**n版本编程**（n-version programming），即如果两个功能相同的系统是由两个不同的团队、在不同的时间、使用不同的技术开发而成的，那么这两种实现出现同样的故障的概率十分小。不幸的是，n版本编程被证明并没有像所设想的那样可靠，因为很多设计人员学习设计的方法是类似的，都使用类似的设计模式和设计原则（Knight and Leveson 1986）。

在其他的一些系统中，可能会使用另外一台并行的计算机来监视主系统的进程和状态。这第二个系统会询问主系统：检查系统数据和进程，寻找可能表明存在问题的迹象。比如，第二个系统可能会发现一个很久都没有参与调度的进程，这种症状可能表明主系统中有"停滞"的地方，可能处于某个进程的不断循环中或正在等待输入；或者可能在系统中发现某块存储空间被分配了以后再也没有使用过，但它却不在可用列表之中；或者第二个系统发现在一次传输任务结束之后通信线却没有被释放。如果第二个系统不能直接检查主系统的数据或进程，它可以采用初始化**诊断事务**（diagnostic transaction）的方法来替代。在这种技术中，第二个系统在主系统上产生错误但良性的事务，来判断主系统是否可以恰当地处理。例如，第二个系统打开一个和主系统之间的信道，来确认主系统是否依旧可以对该请求做出响应。

2. 故障恢复

故障一旦被发现就应该立即处理，而不是等到整个进程结束。立即处理故障有助于减少破坏性，而不让故障变成失效，然后引发一连串的破坏。在保证系统随时做好恢复的准备的同时，故障恢复技术往往也带来了额外的系统开销。

- 撤销事务：系统将一系列的行为看成一个单独的**事务**，该事务作为一个整体来执行。如果在事务执行过程中发生失效，那么可以很简单地撤销掉它的部分影响。
- 检验点/回退：软件周期性地或者在某特定操作之后记录当前状态的一个检验点。如果系统接下来遇到了问题，那么它的执行将会回退到这个记录中的状态，然后重新制动那些在检验点之后已记录了的事务。
- 备份：系统自动用备份单元来替换故障单元。在安全要求很高的系统中，备份单元和活动单元并行，同时处理事件和事务，因此，备份单元在任意时刻都可以接管活动单元。还有另一种选择，备份单元可以只在失效发生的时候联机，这就意味着备份单元必须要了解系统的当前状态，这可能会通过检验点和记录事务来实现。
- 服务降级：系统可能使用检验点和回退技术回到先前的状态，然后再提供某种降级版本的服务。
- 修正和继续：当监视软件检测到了数据一致性的问题或者进程暂停时，处理症状本身会比修复故障更加容易。比如，软件可以使用冗余信息来推断如何修正数据错误；又如，诸如实现远程通信之类的系统可能会终止和重新开始一个进程，于是它会放弃一些无效的连接，因为该系统相信客户还会重新发起这种调用，照这样，整体系统的集成将优先于任何独立的调用。
- 报告：系统回到它上一个状态并把问题报告给异常处理单元。作为另外一个选择，系统可能会简单地提醒存在失效，并记录下失效时系统的状态。开发人员或维护人员可以自己决定事后回来修复这些问题。

系统的重要程度决定了我们应当使用哪种决策。有时当有错误以某种方式影响到系统时（例如，当失效发生时），只要将系统停止就可以了。比起等到系统执行完以后再处理故障，在检测到的时候处理会使我们更容易发现错误的原因。而继续让系统执行下去可能会产生其他影响而覆盖了要处理的故障，也可能改写了关键的数据和程序状态信息，从而使我们无法定位故障。

其他一些情况下，立即停止系统来处理故障是高代价、高风险或者是不方便的，这样的策略在医疗设备或者航空系统的软件中是不可思议的。相反地，软件必须使故障造成的损失最小化，然后在对用户造成较少干扰的前提下继续执行其职能。比如，考虑软件控制装配线上一些类似的传输带，如果检测到其中一条传输带上有故障，系统则响起警钟，然后将物件改道发送给其他的传输带，这种方法显然优于完全停止生产直到故障修复的方法。类似地，银行系统在一个进程出现故障时，可以转向备份处理器或者复制这些数据和事务。

有些故障恢复策略依赖于我们对故障定位和故障时间的预测能力。为了在系统设计中创建应急方案，我们必须能够猜测什么可能会出错。有些故障很容易预测到，但是随着系统复杂度的增加，故障分析的难度也会越大。更糟糕的是，执行错误检测和恢复的代码本身也可能存在故障，而它造成的损失是不可修复的。因此，一些错误恢复策略会将可能出现故障的区域分离，而不是去预测实际中会发生的故障。

5.5.5 健壮性

在我们学习开车时，通常都会被告知要防御性地驾驶，这意味着我们不仅仅要遵循驾驶规则和法律，而且要采取预防措施来避免意外的发生，这些意外可能是由于周围环境所引起的，比如道路状况和其他车辆的状况。同样，我们也应该防御地设计软件系统，试着去预测那些可能会导致软件问题的外部因素。如果系统包含了适应环境以及从环境中或者其他单元中的问题中恢复的机制，那么我们称该系统是**健壮的**。

防御地设计系统并不容易，它要求设计人员很细心地投入。比如，我们要遵循一个名为**互相怀疑**（mutual suspicion）的策略，在该策略中，每个软件单元都假设其他软件单元中含有故障。在该模式下，每个单元都要检查它的输入以保证正确性和一致性，并且还要测试输入是否满足单元的前置条件。因此，一个工资表程序在计算一名职员的工资之前应该保证工作时间是非负的；类似地，数据流中的校验和、保护位或者校验位可以提示系统输入数据是否遭到破坏；在分布式系统中，我们周期性地发送"ping"检测进程是否在可接受的时间范围内有回应，据此我们可以得知远程进程和通信网络的状况。在有些分布式系统中，多个计算机执行相同的计算。航天飞机就是采取这样的方式进行操作的，它使用5台相同的计算机同时来决定下一个操作。这种方法和n版本编程不同，所有计算机都运行相同的软件，因此这种冗余不会发现软件中的逻辑错误，但是它可以克服硬件故障和由辐射引起的暂时性错误。正如我们将在本章后面介绍的那样，可以使用故障树分析和故障模式分析来帮助我们识别那些必须被检测到和恢复的故障。

在检测故障时，健壮性策略和可靠性策略是不同的，因为引发问题的原因不同，也就是说，现在的问题存在于我们的软件环境中，而不是软件本身之中。但是，健壮性策略和恢复策略基本上类似：软件可以回退到系统的检查点状态、放弃事务、初始化备份单元、提供降级的服务、处理症状后继续执行进程，或者触发一个异常。

5.5.6 易使用性

易使用性（usability）属性反映了用户能够操作系统的容易程度。用户界面设计大部分都是有关于信息该如何展示给用户以及该如何从用户收集信息的。这些设计决策往往不是体系结构级别上的，所以我们把对它们的详细讨论放在下一章中。但是，用户界面设计中确实有一些决策会显著影响到软件体系结构，需要在这里介绍一下。

首先，用户界面需要放置于自己的软件单元中，或者是自己的体系结构层次中。这种分离使得为不同受众定制不同用户界面变得更加容易，比如拥有不同国籍、不同能力的客户。

其次，一些用户发起的命令需要体系结构的支持，包括一些一般的命令，如取消、撤销、聚合和展示多重视图（Bass, Clements and Kazman 2003）。至少，系统需要一个进程来监听这些命令，因为它们可能在任意时刻产生，这和用户输入命令来应答系统提示有所不同。另外，对于其中的一些命令，系统需要做好准备以后才能接收和执行。例如，对于撤销命令，系统必须维护一个过去状态的链表，然后将它返回给该命令。对于展示多重视图命令，系统必须能够具有多种表现方式，而且要随着日期的改变保持最新性和一致性。总体上来说，我们的设计应该能够检测和响应任何预期的用户输入。

最后，一些系统发起的活动要求系统维护一个环境模型。最明显的一个例子就是在定义好的时间间隔内或特定的日期里由时间触发的活动。例如，心脏起搏器可以被设置成一分钟触发50、60或70次心脏跳动；一个记账系统可以设置自动产生月度账单。这些系统必须记录时间或者天数，才可以实现对时间敏感的任务。同样，过程控制系统，比如一个监视和控制化学反应的系统，需要维护一个受控进程的模型，这样它才能做出明智的决策对特殊的传感器输入做出反应。如果我们封装了该模型，当发明出新的建模技术的时候我们将可以更好地替换该软件单元，或者可以为不同的应用或客户调整该模型。

5.5.7 商业目标

我们或我们的客户希望系统可以体现出某些质量属性，此外，可能还会有相关的重要商业目标需要实现。这些目标中最普遍的就是将开发成本和产品上市时间最小化。这些目标对我们的设计决策也会产生重要影响。

- **购买与开发**：如今，我们越来越有可能购买到我们所需要的主要构件。购买而不是雇员工来开发构件除了可以节省开发时间以外，实际上还可能节省资金。购买来的构件可能会更加可靠，尤其是当它已经存在了一段较长的时间而且通过了很多其他用户的测试的情况下。另一方面，使用第三方或者现成的构件会为我们设计的其余部分增添一些约束，这些约束和系统是如何分解的、它对该构件的接口相关。它还使得我们的系统更易受构件供应商的攻击。另外，如果供应商转行或者该构件进行了演化，那么会导致构件不能与我们的硬件、软件或要求兼容，这种情况对我们来讲是灾难性的。

● 最初的开发成本与维护成本：很多有良好可修改性的体系结构风格和策略也会使设计的复杂度增加，从而也增加了开发系统的成本。因为在首个版本发行时，开发成本已经超过了全部成本的一半，所以我们可以通过提高系统的可修改性来节省开销。然而，复杂度增加可能会推迟系统的发行，而在这期间，我们不会收到对于产品的任何报酬，我们也可能会有把市场交到了竞争者手中的风险，并且，作为可靠的软件供应商，我们的名誉也会遭受风险。因此对于我们开发的每个系统，我们都要在提早交付和易于维护之间做出权衡。

● 新的技术与已知的技术：新的技术、体系结构风格和构件可能需要新的专业知识。过去这种技术突破的例子有面向对象编程、中间件技术和开放式系统标准，一个较近的例子是价格低廉的多处理器的流行。掌握专业知识需要资金，此外，当我们学习使用新技术或者雇用掌握相关知识的新人员时，产品的发行都将会被推迟，最终，我们还必须要自己掌握新技术。但是对于一个给定的项目，在使用新技术时，我们必须决定付出和收回成本的时间以及方式。

5.6 协作设计

不是所有的设计问题都是技术方面的，很多也是社会学上的问题，因为软件系统的设计往往是由开发人员所组成的团队完成的，而不是单独的个人去完成。一个设计团队的协作工作通常是通过将不同的设计部分分配给不同的团队成员实现的。设计团队必须处理几个问题，包括谁最适合设计系统的哪个部分、如何将设计文档化以便每一个小组成员理解他人的设计，以及如何协调设计构件使得它们成为一个有效的运行整体。设计团队必须知道造成设计崩溃的原因（补充材料5-7），并使用团队力量来解决它们。

补充材料5-7　造成设计崩溃的原因

Guindon、Krasner和Curtis研究了19个项目中的设计人员的习惯，确定了造成设计过程崩溃的原因（Guindon, Krasner and Curtis 1987）。他们发现了3大类的崩溃：缺乏设计知识，认知上的局限性，以及前两者兼而有之。

过程崩溃的主要类型有：

● 缺少具体的设计方案；

● 缺少设计过程的元方案，导致为许多设计活动进行了不合理的资源分配；

● 问题优先级选择不合理，导致可选解决方案的选择不合理；

● 在定义解决方案时，难以考虑到所有明确的或推理出的约束；

● 难以在脑海中用多个步骤或多个测试用例对设计进行模拟；

● 难以跟踪和报告解决方案已经推迟的子问题；

● 难以从单个子问题进行扩展或合并解决方案，以形成完整的解决方法。

处理好个人经验、理解能力和偏爱等方面的差异是进行协作设计的主要问题之一。另外一个问题是，有时候人们在小组中表现的行为方式和单独时的行为方式会有所不同。例如，一个由日本软件开发人员构成的小组很可能不爱表达个人的观点，因为他们认为团队协作要比个人的工作重要得多。在日本，开会时气氛融洽非常重要，下级职员一般听从职位更高的同事的意见（Ishii 1990）。Watson、Ho和Raman在比较美国和新加坡使用组件的会议行为时发现了类似的情况（Watson, Ho and

Raman 1994），对美国的小组来讲，平等交流和匿名交换信息是非常重要的，但对重视和谐的新加坡团队来说，这些并没有那么重要。在需要保证交流匿名性的类似情况下，使用组件工具可能是大有裨益的。当然，Valacich 等人报告道，用这种方法保持匿名性可以提高团队的整体表现，但是这也需要进行权衡（Valacich et al. 1992），因为匿名可能会导致小组中个人的责任感降低。因此，在其文化和道德的背景下看待小组的交互作用是很重要的。

外包

当软件产业追求减少成本提高生产率时，越来越多的软件开发活动将会外包给其他公司或部门，其中一些还可能处于国外。在这样的情形下，协作设计小组可能遍布世界各地，理解小组行为就显得更加重要。

Yourdon 指出，这种分布式开发分为 4 个阶段（Yourdon 1994）。

(1) 在第一阶段中，项目是在单个地点和国外的现场开发人员一起进行的。

(2) 在第二阶段中，现场的分析员确定系统的需求。然后，向不在现场的设计和编程人员小组提供需求，以使他们能够继续开发。

(3) 在第三阶段中，不在现场的开发人员构造可用于全球范围的通用产品和构件。

(4) 在第四阶段中，不在现场的开发人员利用他们各自领域中的专业知识，构造出产品。

注意，这个模型与一般建议是相反的，即设计人员应该要和需求分析人员、测试人员以及编程人员反复交流，以增加每个人对系统的理解。当一个开发团队按 Yourdon 模型的步骤进行开发时，在第二阶段很可能会出现问题，因为它要求交流的渠道必须保持通畅以支持迭代式的开发。

时差和不稳定的网络对分布式设计团队也是一种挑战，它增加了协调工作的难度。Yourdon 曾经研究过以外包知识为基础的工作趋势和影响（Yourdon 2005），他报告说分布式的团队往往使用不同的开发过程。外包子队的成员很可能是初级开发人员，他们更倾向于使用当前最佳的常规方法。而成熟的子队往往会使用在过去的工程中被证明有效的老方法。这种过程上的失调可能会成为争议产生的原因。此外，外包子队（特别是**来自国外的**）更加可能会不了解当地的商业规则、客户和法律。

分布式团队中成员之间的交流可以用注释、原型、图形以及其他形式的反馈来加强。但是，这些明确表达的需求和设计必须是无二义的，并且必须包含关于系统如何运作的所有假设。Polanyi 指出，无法用任何一种语言完全说明系统的意图，因为很多细微差别都不是很明显的（Polanyi 1966）。因此，如果信息接受者根据自己的理解和背景解释信息，小组中的交流则可能会出现障碍。例如，对于个人来说，我们会用手势和面部表情传递大量的信息，但当我们通过电子的方式进行合作时这类信息都会丢失（Krauss and Fussell 1991）。

当我们使用多种语言进行交流时，这种难度将会大大增加。例如，在意大利语中描述意大利面食的单词有上百个，阿拉伯人描述"骆驼"的单词有 40 多个，但要解释这些细微差别是极其困难的。Winograd 和 Flores 断言，将某种自然语言完全翻译成另外一种自然语言是不可能的，因为我们不可能形式化地、完整地定义一种自然语言的语义（Winograd and Flores 1986）。因此，构建一个优秀的软件设计的主要挑战是，在看待系统及其环境的方法完全不同的小组成员之间达成共识。这种挑战不仅仅来自于"技术问题的复杂性，而且还来自于用户和系统开发人员在学习创建、开发和表达他们观点时所涉及的社会交互活动"（Greenbaum and Kyng 1991）。

5.7　体系结构的评估和改进

设计是一个迭代的过程：我们提出一些设计决策并且断言它们是否正确，也有可能做出调整和提出更多的决策。在本节中，我们来看一些评估设计及其质量的方法，以及了解在设计完成之前如何对它们进行改善。根据特定的质量属性的实现情况好坏，我们使用这些技术对设计进行评估。

5.7.1 测量设计质量

一些研究人员正在开发评价设计质量的几个关键方面的度量。例如，Chidamber和Kemerer提出了一种用于面向对象设计的通用度量集（Chidamber and Kemerer 1994），Briand、Morasca和Basili提出了用于评估高层设计的度量，包括内聚度和耦合度（Briand, Morasca and Basili 1994），而Briand、Devanbu和Melo在这些思想的基础上，提出了测量耦合度的方法（Devanbu and Melo 1997）。

要了解这些度量是如何揭示设计信息的，我们考虑最后一个研究小组给出的耦合度测量。Briand等人指出，在类似于C++的设计中，耦合度是基于三个不同的特性的：两个类之间的关系（如友元关系、继承关系）、两个类之间的交互类型（如类–属性交互、类–方法交互、方法–方法交互）以及由设计变更产生的连锁反应的轨迹（如一个改变是流向一个类还是从一个类流出）。对设计中的每个类，他们定义了计算该类和其他类或方法之间交互的度量。然后，根据设计和设计产生的系统故障和失效的实证信息，分析耦合度类型和发现的故障类型之间的关系。例如，他们报告，当一个类和另一个类之间存在大量的属性交互时（这个类不是它的祖先、子孙或友元类），得到的结果代码要比通常情况下得到的代码更容易出现故障。类似地，当一个类的友元类中很多方法都依赖于另外一个特定类的方法时，则这个类更容易出故障。通过这样的方法，我们可以设计信息来预测软件的哪个部分最可能出现问题。然后，我们可以在设计阶段采取措施，构造预防故障或容错的方法。我们第一次测试的时候可以把更多的关注点放在设计中最可能出错的部分。

5.7.2 故障树分析

在前面，我们学习了故障识别、故障改正和容错在构建可靠的、健壮的设计中的重要性。在设计的过程中，我们可以用多种技术来识别可能的故障以及确定它们可能的位置。**故障树分析**（fault-tree analysis）最初是为美国Minuteman导弹计划开发的方法，能帮助我们分解设计，寻找可能导致失效的情形。我们构造故障树，列出从结果到原因的逻辑路径，然后根据选择的设计策略，将这些树用于故障改正或容错。

我们从识别可能的失效开始进行分析。虽然识别失效是发生在设计阶段，但是还要考虑可能受到设计、运行甚至是维护影响的失效。我们可以使用一组指导词帮助理解系统是如何偏离既定行为的，表5-1描述了一些可能用到的指导词。我们根据系统所处的应用领域，选择指导词或者检查单。

表5-1 识别可能的失效的指导词

指 导 词	解 　 释
无	没有发送或收到任何数据或控制信号
过多	数据的容量太大或者太快了
过少	数据的容量太小或者太慢了
部分	数据或控制信号是不完全的
额外的	数据或控制信号有另一个构件
早	对时钟来说，信号到的太早了
迟	对时钟来说，信号到的太晚了
之前	信号按照预期的顺序到的太早了
之后	信号按照预期的顺序到的太晚了

接下来，构造一个倒置的树，它的根节点表示我们想分析的失效，其他节点表示事件或者导致根节点的失效发生的故障。图中的边表明节点间的关系。父节点表示为逻辑门操作符：若表示为“与门”，其含义是，要使父节点的事件发生，两个子节点的事件都必须发生；若表示为“或门”，其含义是，一个子节点的事件发生，就足以引起父节点的事件发生。有时候，如果系统包括m个冗余的构件，而n个构件失效才会导致指定的失效，那么该条边就加上n_of_m的标记。值得注意的是，每个节点代表一个独立的事件，否则，分析结果将是不可靠的，尤其是有复合故障的时候。

例如，考虑图5-11所示的故障树，图中显示可能会发生的违反安全性的现象，只要满足以下事件中的任意一个就会破坏安全性：以前的退出没有被识别（保留先前的用户登录），或者未授权的用户访问了系统。至于后一种情况，要以两个基本事件同时发生为前提：一名合法用户的密码泄露了，且从密码泄露到未授权用户企图使用它的时间之内密码没有改变。

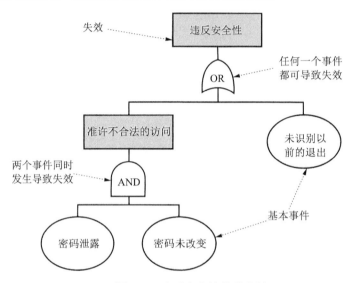

图5-11   违反安全性的故障树

我们所描述的概念可以应用于任何软件或硬件之中。而它的挑战则是识别出关键的系统失效，然后沿着设计逆向跟踪，寻找可能会引起失效的数据或计算。数据流和控制流图可以帮助我们在设计中进行跟踪。如我们在第4章中所见，**数据流图**描述了从一个加工向另一个加工传递数据。相同的思想可以应用到体系结构设计中来，展示什么样的数据在设计的软件单元之间流动。通过这样的方法，如果我们分析的失效是数据相关的，那么我们可以逆向跟踪数据流图寻找影响该数据导致故障的单元。类似地，**控制流图**在软件单元之间传输控制，当应用到设计中的时候，控制流图可以展现执行时控制是如何从一个单元到另一个单元把步骤连接起来的，如果我们分析的失效与计算或质量属性有关，那么我们可以逆向跟踪控制流图寻找该计算中出现的所有单元。

一旦建立了故障树，我们就可以查找设计中的弱点，例如，我们可以得到另外一种树，称为割集树（cut-set-tree），它揭示了哪些事件的组合可以引起失效。在故障树过于复杂或难以视觉分析的情况下，割集树非常有用。构造割集树的规则如下。

(1) 给割集树的顶点分配节点，使得该节点与故障树顶部的第一个逻辑门相对应。

(2) 自顶向下地进行，按以下步骤扩展割集树。

● 扩展或门节点得到两个子节点，分别是或门的两个子节点。

● 扩展与门节点得到一个合成的子节点，由与门的两个子节点组合而成。

● 扩展组合节点中的一个逻辑门产生子节点，并把该组合节点中的其他逻辑门传播到各子节点中去。

(3) 持续进行，直到所有的子节点都是基本事件节点或者基本事件的合成节点。

割集（cut-set）是割集树中子节点的集合。例如，考虑图5-12中左边的故障树。G1是第一个逻辑门，并且它的或条件使它分割为割集树中的G2和G3。依次地，G2分割为G4和G5。因此，它在割集树中的合成则表示为{G4,G5}。继续按这种方法进行，可以发现割集是集合 {A1,A3}，{A1,A4}，{A2,A3}，{A2,A4}，{A4,A5}。割集表示了引起树顶失效所需的事件的最小集合。因此，如果任意一个割集是单元素集合{Ai}，那么单个事件Ai就可以引发该失效。类似地，割集元素{Ai, Aj}表示只有当A*i*和A*j*都发生时,才会产生失效;{A*i*,A*j*,…,A*n*}表示只有当所有的组合事件都发生时,才会发生失效。这样,我们就可以从失效推导出所有可能的原因。

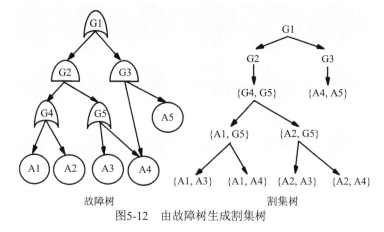

故障树   割集树

图5-12   由故障树生成割集树

261

一旦知道了设计中的失效点,我们就可以重新设计,以减少系统的弱点。当在设计中找到失效时,有几种选择:

- 改正故障;
- 增加构件或条件,预防引起故障执行的条件;
- 增加检测故障或失效和从失效造成的损害中进行恢复的构件;

虽然我们更倾向于选择第一种方法,但它并不总是具有实现的可能性。

我们还可以利用故障树来计算失效发生的概率,只要估计基本事件发生的概率并将这种计算一直沿着故障树向上传播即可。但是,故障树分析也存在一些缺点,首先,构造该图可能很耗时间;其次,很多系统会包含很多依赖关系,因此,分析中的数据流图和控制流图会产生大量的可疑软件单元,除非具有很低的耦合度,否则我们很难将关注点仅仅放在设计中最关键的部分;再者,每个失效需要的前置条件的数量和种类非常多,所以并不总是易于发现,而且也没有度量能够帮助我们找出它们。然而,研究人员仍在继续探索将树的构造和分析过程自动化的方法,在美国和加拿大,故障树分析被应用于航空和原子能的关键项目之中,这些项目的失效风险值得为构造和评估故障树而投入密集、大量的工作。

5.7.3 安全性分析

在第3章中,我们知道了如何使用风险分析去推断项目成本和计划受到威胁的可能性。在设计系统体系结构时,必须要有类似的分析,这里我们将讲述安全性分析。Allen等人将安全性分析描述为6个步骤(Allen et al. 2008)。

(1) 软件特征化。在这第一步中,通过回顾软件需求、业务实例、用例、SAD、测试计划以及其他可用的文档,我们对系统的目标以及实现方式有了比较完整的理解。

(2) 威胁分析。接下来,我们寻找系统会受到的威胁:谁可能会对攻击这个系统感兴趣,以及那些攻击活动可能发生在什么时候?NIST列出了许多威胁的来源,包括黑客、计算机犯罪、恐怖活动、产业间谍和无意或恶意的内部人员(NIST 2002)。威胁活动可能包括产业谍报活动、敲诈、侦听或者通信干扰、系统追踪,等等。

(3) 漏洞评估。当威胁利用了系统漏洞时,安全问题就会浮现出来。漏洞可能是软件设计或代码本身的一个错误。这样的例子包括,在允许访问数据或系统之前未能正确地对人或进程进行鉴定,或者使用了很容易被破解的加密算法。漏洞的原因不仅仅是错误,也可能是由多义性、依赖性或者拙劣的错误处理引起的。Antón等人描述了发现系统漏洞的完整方法(Antón et al. 2004)。

(4) 风险可能性决策。一旦为威胁和漏洞建立文档，对每个漏洞我们都要检查它暴露的可能性大小。我们必须考虑以下四个问题：动机（即某人或某系统为什么具有威胁性）；威胁利用漏洞的能力；漏洞暴露的影响（即破坏性有多大，破坏遗留的时间会持续多久，以及是通过谁）；当前控制可以抵制漏洞暴露的程度。

(5) 风险影响决策。接下来，我们来看如果攻击成功，商业方面受到的影响。哪些资源会受到威胁？功能会损坏多久？识别和补救会花费多少资金？Pfleeger和Ciszek描述了兰德公司的InfoSecure信息安全方法学（Pfleeger and Ciszek 2008），它给出了在考虑商业影响的情况下识别和对各种威胁和漏洞进行排序的指导。级别最高的是业务终止性的，组织和业务都再也不能从攻击中恢复，比如，失去了所有新产品的设计。低一级别的是损害性的：造成了商业上暂时性的损失，虽然很难但不是不可能恢复。比如，丢失了敏感的财务数据，但最终仍可以从备份介质中重新得到。再下面一级是可恢复的：在这个级别上，可能会丢失一些公司福利政策（如人身保险等），这些可以很容易地从保险提供商处获得。最低级别的影响是妨碍，比如不敏感的邮件从服务器上被删除了，这些影响甚至没有恢复的必要。

(6) 风险缓解计划。最后一步是为降低最严重的风险的可能性和后果做计划。InfoSecure是这样安排此计划的：首先为每个风险创建描述它的项目，该项目同时确定了人员影响和方针影响。再考虑资金和额外开销，根据商业影响为各个风险项目赋予优先级。最终要实现的项目列表是基于风险的可能性、缓解的商业影响和资金流动而制作的。

虽然这6个分析步骤可用来评估体系结构设计如何满足了系统的安全需要，但是在后来的开发过程中我们仍可以使用这些步骤。甚至当系统是可操作的时候，进行安全性分析也是非常有用的，因为威胁和漏洞总是随着时间改变，系统应该不断更新以满足新的安全性需求。

5.7.4   权衡分析

通常情况下，会有若干种设计候选项可供我们考虑。实际上，作为专业人员，我们应当去研究这些设计候选项而不是简单地实现我们首先想到的设计，比如，两个体系结构风格到底哪个更适合作为我们设计的基础，我们也许不能在一开始就看清楚，尤其是当要求实现的质量属性彼此存在冲突的时候，或者开发团队中有成员提出了不同却同样有竞争力的设计，那么决定使用哪个设计也是我们的职责。我们需要使用一个基于度量的方法来比较设计候选项，这样，我们才能做出明智的决定，并且可以向他人展示决策的公正性。

1．一个规格说明，多个设计

要了解如何用不同的设计风格解决同样的问题，我们考虑Parnas提出的问题（Parnas 1972）：

> KWIC（上下文中的关键词）索引系统接受一组有序的行：每一行都是一组有序的词，并且每一个词都是有序的字符集合。任何一行都可以通过反复地将第一个词移到行的末尾来进行"循环移位"。KWIC索引系统按照字母顺序输出所有行的循环移位列表。

这样的系统可以用来为文本建立索引，支持快速关键字检索。比如KWIC用于电子图书馆目录（例如，查找所有包含名字"Martin Luther King Jr."的标题）和联机帮助系统（例如，查找所有包含单词"customize"的索引条目）。

Shaw和Garlan提出了4种不同的体系结构设计来实现KWIC：信息库、数据抽象、隐含调用（一种发布-订阅类型）以及管道和过滤器（Shaw and Garlan 1996）。基于信息库的解决方法如图5-13所示。它将问题分解成4个部分的功能：输入、循环移位、按字母排序和输出。因此，系统的功能被分解和模块化。主程序通过顺序调用这4个模块来进行协调。数据集中存放在本地，由不同的构件分别执行计算。但是Parnas指出，这种设计是难以进行变更的。因为计算模块是通过读写操作直接访问或操纵数据的，任何对数据和数据格式的改变都将影响到所有模块。再者，设计中没有一个元素是明显可复用的。

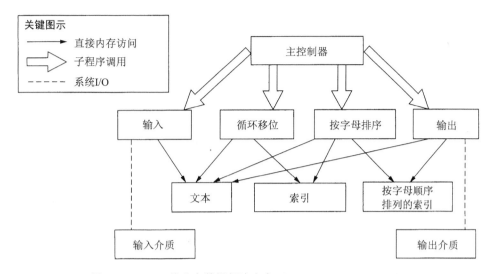

图5-13　KWIC的共享数据解决方案（Shaw and Garlan 1996）

　　图5-14给出了第二种设计的解决方案，它类似地把系统功能性地分解成若干部分，然后通过主程序顺序调用它们执行，但是，计算模块计算得到的数据就存储在该模块本身中。例如循环移位模块负责文本中关键字的索引，而按字母顺序排序的模块负责存储排好序（按字母顺序）的索引，模块之间通过访问方法进行访问，而不是直接访问，因此这些模块就形成了数据抽象。在数据抽象中，方法的接口没有提供任何关于模块数据或数据表达的提示，这使得修改与数据相关的设计决策变得更加容易，且不会影响到其他模块。因为数据抽象模块同时涵盖了数据和数据上的操作，所以这些模块比起第一种设计中的模块更加易于复用。而在底部，修改系统就不那么容易了，因为功能和数据之间有着很高的耦合度。例如，忽略那些循环移位以干扰单词开始的索引则意味着，（1）改善现有的模块使其更加复杂，更加依赖于上下文，更加不利于复用；或者（2）插入一个新模块用来删除那些建立起来但效率低下的无用的索引，并且修改现有的模块来调用新的模块（Garlan, Kaiser and Notkin 1992）。

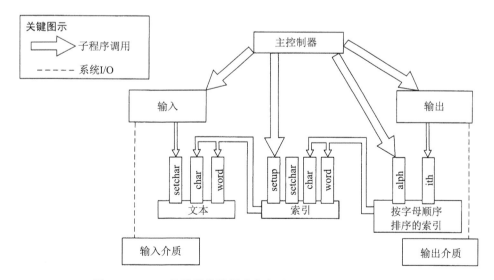

图5-14　KWIC的数据模块解决方案（Shaw and Garlan 1996）

另外，Garlan、Kaiser和Notkin给出了第三种方案（Garlan, Kaiser and Notkin 1992），如图5-15

所示。这种方案中，数据存储在ADT中，它管理泛化数据类型，比如，行和索引集，而不是基于KWIC的数据抽象。由于ADT的一般性，它们甚至比数据抽象有更高的可复用性。而且，数据和数据上的操作都封装在ADT模块中，所以数据表达形式的改变只局限在模块内部。这种设计和第一种设计类似，因为它们都将系统按功能性分解并且将它们模块化成可计算的模块。但是，在这种设计中，很多计算模块是由事件触发的，而不是显式的过程调用，例如，当一行新文本输入时循环移位模块就被激活。此外，通过增加新的可由系统事件触发执行的计算模块，该设计可以很容易地被扩展，而并不需要对现有模块做修改就可以将新模块集成到系统中去。

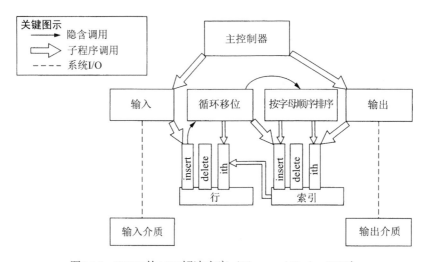

图5-15　KWIC的ADT解决方案（Shaw and Garlan 1996）

隐含调用设计存在一个问题，就是多个计算模块方法可能会同时被同一个事件触发，如果这样，那么所有被触发的方法都会执行，但是以何种顺序执行呢？如果我们不强加一个顺序给它们，那么被触发的方法会以任意的顺序执行，而这可能并不是我们想要的（例如，一个方法如果扩展了新行的宏，另一个方法可以将行插入ADT，那么前者应该在后者之前执行）。然而为了控制执行顺序，我们必须设计出一般性的步骤用于当前和接下来要执行的并且被同一事件触发的方法，况且我们不能总是可以预测将来哪些模块可能会被添加到我们的系统中。

这个问题使得我们有了第四种设计，一种基于管道和过滤器体系结构的方法（见图5-16），它的处理顺序由过滤器模块的顺序控制。这个设计很容易扩展加入新功能，因为我们可以很简单地添加其他的过滤器模块到该顺序中去。并且，由于每个过滤器都是独立的实体，所以我们可以修改某个过滤器而不影响到其他过滤器。这种设计支持模块在其他管道和过滤器应用中的复用，只要输入数据的形式是它所希望的形式（Shaw and Garlan 1996）。过滤器还可以并行执行，在收到输入内容的同时进行处理（尽管按字母顺序排序模块只有在接收到所有输入并且将它们排好序之后，才能输出它的结果）。这种同时处理的方法还可以提高系统性能。和其他设计不同的是，该设计中不存在任何存储数据项的单元，它将数据项从一个过滤器流向另一个过滤器，它传输于整个过程之中。这样，如果要对设计做出改变，比如撤销，其可操作性不是很强，因为需要持续的数据存储空间。除此之外，该设计还会发生空间无效的情况：循环移位再也不能代表原始文本的索引，相反地，它们可能是原始文本中某些行的置换备份。还有，在过滤器输出的结果经过管道到达下一个过滤器时，数据项都将被复制。

可以看出，每一种设计都有其优缺点。因此，需要有一种比较各种不同的设计的方法，使我们能够根据需要选择最佳的设计。

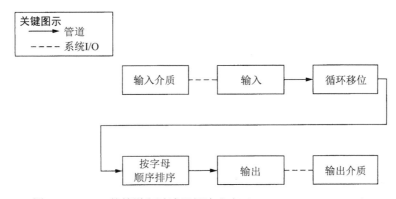

图5-16 KWIC的管道和过滤器解决方案（Shaw and Garlan 1996）

2. 比较表

Shaw和Garlan通过构造一个包含重要质量属性的表，来比较四种设计，如表5-2所示（Shaw and Garlan 1996）。表的每一行表示一个质量属性，每一列表示一种设计风格。单元格中的减号表示该行表示的属性不是那一列设计的一个特性，加号表示该设计有这项属性。从表中可以看出，选择依然不是很清晰。如果想要选择满足我们需要的最佳设计，就必须给属性分配优先级，并生成加权评分。

表 5-2 提议的 KWIC 解决方案比较

属　　　性	共享数据	数据抽象	隐含调用	管道和过滤器
易于改变算法	−	−	+	+
易于改变数据表示	−	+	−	−
易于改变功能	+	−	+	+
好的性能	−	−	+	+
有效的数据表示	+	+	+	−
易于复用	−	+	−	+

　　首先，从各质量属性对于实现客户的需求和我们的开发策略的重要性的角度，我们为每个质量属性分配一个对应的优先级。例如，在等级为1到5的范围内（5表示是最满意的），如果一个设计要复用于其他若干产品，就可以给可复用性赋值为"5"。

　　接着，构造一个矩阵，如表5-3所示。用我们要计算的质量属性标记矩阵中的各行，矩阵的第二列列出我们为各属性确定的优先级，在剩余的列中，我们根据各个设计满足各质量属性的程度，在1（最低满意度）到5（最高满意度）的范围内为每一种设计进行评分。因此，第i行第j列的数值表示了第j列所代表的设计满足第i行所代表的质量属性的程度等级。

表 5-3 提议的 KWIC 解决方案的带权重比较

属　　　性	优先级	共享数据	数据抽象	隐含调用	管道和过滤器
易于改变算法	1	1	2	4	5
易于改变数据表示	4	1	5	4	1
易于改变功能	3	4	1	3	5
好的性能	3	4	3	3	5
有效的数据表示	3	5	5	5	1
易于复用	5	1	4	5	4
总计		49	69	78	62

267

　　最后，将每行的优先级乘以属性的得分再将它们相加，计算出每一个设计的评分。例如，管道和过滤器设计得分为$1×5+4×1+3×5+3×5+3×1+5×4=62$。其他设计的得分我们把它们列在了表5-3

的底部。

在这种情况下，我们可能选择隐含调用的设计。然而，优先级和评分以及属性的选择都是主观的，而且取决于客户和用户的需要以及我们对构造和维护系统的偏爱。可能选择的其他属性包括：

- 模块化；
- 易测试性；
- 安全性；
- 易使用性；
- 易理解性；
- 易整合性。

如果将这些属性（尤其是易整合性）包含在我们的分析中，那么很可能会得到完全不同的结论。其他的计算方法可能产生不同的得分，因此就会得出不同的选择。随着我们对测量设计属性有更多的了解，我们就可以从评分方法中去除一些主观性。但是，设计评估总是会有某种程度上的主观性和专家判断，因为每一个人都有不同的经验和观点。

5.7.5   成本效益分析

权衡分析给我们提供了一种评价设计候选项的方法，但是它只是从设计如何很好地实现了期望的质量属性的角度出发，关注于设计的技术特点。设计的商业特点和它的技术特点同样重要：基于某个设计而实现的系统的效益是否大于实现它所需要的成本？如果有多个竞争设计，那么哪个会给我们带来最多的投资回报？

假设我们要维护一个在线影像租赁公司的目录。用户使用该目录来查找和租借影片，查看影片中的演员和评论。我们使用KWIC来为目录编制索引条目以支持快速的关键字查询，如查询影片名字、演员姓名，等等。但随着使用者数量的增多和目录规模的增大，查询目录的响应时间也显著地增长，以致用户产生了不满。针对这样的情况，我们也有提高系统响应时间的对策，图5-17是经过改变后的系统体系结构的一部分，包括3个重要方面。

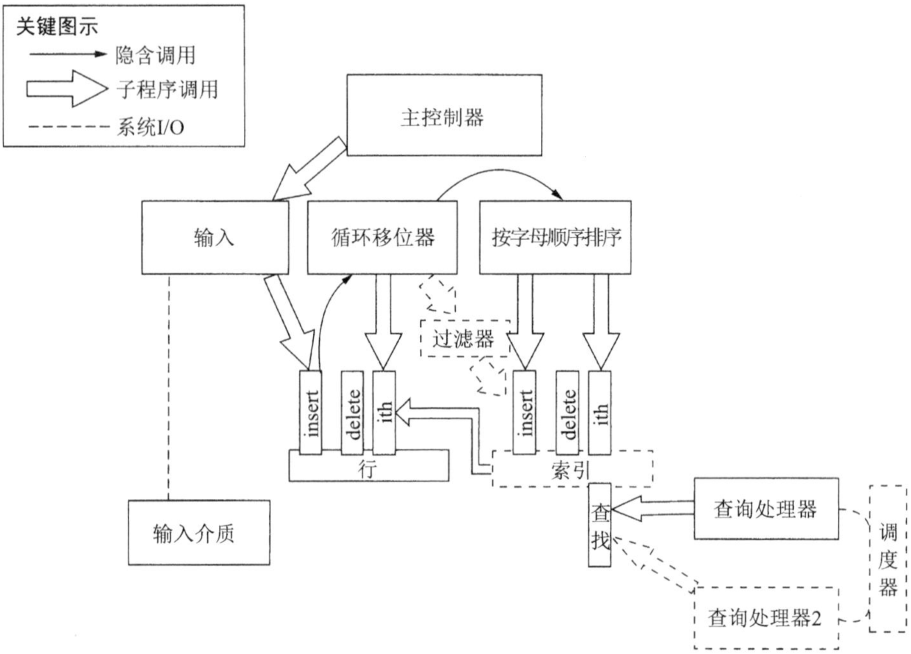

图5-17   KWIC的提议改变

(1) 我们可以去除KWIC索引中一些以干扰单词开头的条目，如冠词（"a，the"）和介词，这就减少了查找索引的数量。但我们必须在循环移位模块和排序索引模块之间增加一层过滤器模块，拒绝那些为干扰单词建立索引的请求。（这种设计引入了过滤器模块，如图5-17中的虚线部分所示。）

(2) 我们可以把索引表示成索引库，每个索引库都将一个关键字和指向含有这个关键字的内容的索引联系起来。这样就减少了得到首次查询结果（即该索引库）之后再执行相同查询的时间。（这种设计改变了索引模块的内部数据表示，如图5-17中的虚线部分所示。）

(3) 我们可以通过增加另外的计算机查询处理器2，来增加服务器的容量，分担查询任务。这样不仅要购买另外的服务器，而且要改变软件体系结构，包括引进调度器来为各个服务器分配任务。（这种设计改变增加了查询处理器2和调度器，如图5-17中的虚线部分所示。）

这3种提议都对查询目录条目的时间消耗有所改善，但哪种才是最有效的呢？

大多数公司从效益和成本的角度来定义一个系统的"有效性"：一个提议的改变会为系统增加多少价值（或者一个新系统会为公司增加多少价值）和这个改变会增加多少实现的成本之间进行比较。**成本效益分析**（cost-benefit analysis）是一种广泛使用的商业工具，用来估计和比较提议的改变所带来的成本和效益。

1．计算效益

成本效益分析通常是将经济效益和经济成本进行比较。因此，如果一个设计的效益是从额外功能中产生的，或者是从质量属性提高的程度中产生的，那么我们将它表达为经济效益。成本往往是一次性的资金消耗，可能还会有持续的操作消耗，但是效益却是贯穿始终的。因此，效益的计算要限定在一段指定的时间内，或者限定在效益开始抵消成本之前的一段时间内。

比如，让我们计算前面的提议所带来的效益，我们将从它们如何很好地提高查询影片目录响应时间的角度出发。假设当前的目录含有70 000个条目，每个条目的平均大小（如每条记录的单词数，包含影片名字、导演姓名、演员姓名等）是70个单词，总共大约500万个循环移位。现在查找和输出所有含有两个关键字的条目平均需要0.016秒，意味着系统每秒钟大概处理60个这样的查询。然而，在高峰时段，系统每秒将要接收多达100个查询，那么我们希望最终系统能具有每秒钟处理200个查询的能力。

表5-4总结了实现这三个设计的效益。从中可以看出，消除干扰单词不会显著地提高系统的性能，主要是因为大部分条目中的单词都是名字，而名字中没有干扰单词。相比之下，增加一个服务器几乎把系统每秒钟可以处理的查询数目翻了倍。而重构排序索引的数据结构提供了最大的效益，因为它减少了搜索空间（对关键字而不是对循环移位），而且搜索结果返回了所有相关的索引，而不是仅仅返回一个。

表5-4 设计提议的成本效益分析

	消除干扰单词	使用索引库	增加服务器
效益			
搜索时间	0.015秒	0.002秒	0.008秒
吞吐量	72个请求/秒	500个请求/秒	115个请求/秒
增加效益	24 000美元/年	280 000美元/年	110 000美元/年
成本			
硬件			5 000美元
软件	50 000美元	300 000美元	200 000美元
商业损失	28 000+美元/年		
第一年总成本	78 000美元	300 000美元	205 000美元

接下来，我们计算这些改进带来的经济价值。因改进而带来的价值取决于系统依赖这种改进的程度，所以价值和系统的质量可能不会成比例地增长。在有些情况下，一个小小的改进带来的价值

可能很小，因为它不能充分解决某个问题；而在其他情况下，一个小小的改进的效果却可能很显著，但再进一步的改进带来的价值可能又会很小。图5-18展示了价值随系统质量属性增长的几种方式。对于给定系统的特定质量属性的价值函数，改进带来的净值就是曲线以下、当前和改进之间的区域。

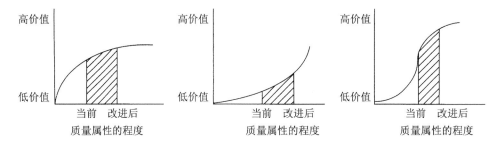

图5-18   改进质量属性所带来的增值（Bass，Clements and Kazman 2003）

为了简单起见，我们假设在有固定顾客且技术支持需求降低的前提下，系统每秒钟内可以处理的额外的请求（最高达200个请求/秒）每增加一个将会为公司每年节省2 000美元。对于这个给定的价值函数，消除干扰单词将为公司每年节省24 000美元，计算过程如下：

（72个请求/秒 – 60个请求/秒）× 2 000美元/年 ＝ 24 000美元/年

增加另外一个服务器将为公司每年节省110 000美元，计算过程如下：

（115个请求/秒 – 60个请求/秒）× 2000美元/年 ＝ 110 000美元/年

而第二个设计选项提高的吞吐量比我们所需要的还多（系统每秒钟最多接收200个请求）。因此，使用索引库带来的增值是可能的最大值：

（200个请求/秒 – 60个请求/秒）× 2 000美元/年 ＝ 280 000美元/年

如果还有更多的属性要去考虑（如更新、重索引、重排目录所需要的时间），那么设计总的经济增值是所有属性上的增值之和。然而单个属性上的增值可能出现负值，因为设计可能在改某个属性的同时是以与其他属性产生冲突为代价的。

2．计算投资回报（Return on Investment，ROI）

改进带来的投资回报是改变带来的效益增值与实现这个改进的成本的比值：

ROI ＝ 效益/成本

使用第3章中描述的技术我们可以估计出改进需要的成本，我们的示例中提议的改进所需的估计成本如表5-4所示。总的来说，ROI为1或者更大则意味着该设计的效益高于它所消耗的成本，ROI的值越高，设计就越有效。

另外一个有用的方法是计算**投资回收期**（payback period）：在累积的效益抵消实现时消耗的成本之前的时间长度。在我们的例子中，重构排序索引模块（设计2）的投资回收期是

300 000美元/280 000美元 ＝ 1.07年 ＝ 约13个月

我们将在第12章中继续讨论这类计算，并研究软件复用中最好的估计投资回报的技术。

5.7.6 原型化

设计中的一些问题可以通过使用原型化得到很好的解答。**原型**（prototype）是我们开发的一种可执行的系统模型，用来解答我们关于系统特定方面的问题。比如，我们可能希望测试在发送信号、同步、协同以及在并发进程间共享数据等方面，协议是否能如预期的那样工作，那么我们可以开发一个原型来完成分支进程以及执行通信协议。这样就可以解决我们现存的问题，增进我们对于进程

交互方式计划的信心。通过使用原型，我们还有可能会得知设计的一些限制（如最小响应时间）。

原型化在设计阶段和在需求阶段所做的工作十分不同。如第4章所述，对于测试有质疑的需求的可行性和开发用户界面来说，原型化是个非常有效的工具。开发原型的过程鼓励我们和客户进行交流，并且在考虑系统需求的时候帮助我们找出不确定因素。只要我们的客户明白原型只是一个探索性模型，而不是一个产品的测试版本，原型化就能很有效地帮助我们和我们的客户理解系统将会有什么样的功能。

在设计阶段，原型化可以用来回答设计方面的问题，比较设计候选项，测试复杂的交互，以及找出需求改变带来的影响。原型忽略了许多实际系统中功能性和性能方面的细节，所以我们可以把关注点集中在系统的某个特定领域中，比如，一个规模较小的开发团队要为每个设计问题开发出一个原型：为用户界面建模的原型，证实购买的构件和我们的设计相兼容的原型，测试两个远程进程之间网络性能的原型，考虑的每个安全性策略的原型，等等。最终，我们的设计是这些单个原型所提供的解答的合成。

如果只是打算使用原型来解决设计的问题，我们可能没有必要像对待真实系统那样仔细地对其进行开发。由于这样的原因，我们常常抛弃原型并从零开始构造实际系统，而不是设法填补原型遗留的"漏洞"，补救一些原型模型中的代码。也就是说，这种**抛弃型原型**（throw-away prototype）意味着要被抛弃掉，开发它的目的只是为了确定提议设计的可行性或指定的特性。事实上，Brooks建议，构造一个系统，抛弃它，然后再构造一个，这样第二个系统就会受益于在构造第一个系统的过程中的学习以及犯过的错误（Brooks 1995）。

272

或者，我们可能希望能够在实际系统中尝试复用部分原型。通过关注原型构件的设计和开发，我们可以在生成一个原型用来回答设计方面问题的同时也向系统提供某些可供使用的构件。这个过程的挑战性在于，我们是否能够保证这种类型的原型仍然是快速的，如果我们不能以比建立实际系统更快的速度建立原型，那么原型也就失去了原有的价值。而且，如果我们为了设计出一个高质量的原型而投入太多的精力，那么我们就太过于关注原型的设计决策和其他特点了，而且我们可能会在考虑其他可选项时思路不再那么开放。

这种方法的一个极端是**快速原型化**（rapid prototyping），在这种方法中，我们逐步地改进原型直到它变成最终的系统。首先，我们从需求中得到最初的原型，它表现为用户界面的最初形式，并且估计了系统对用户输入的响应。在接下来的原型迭代过程中，我们提出系统的设计和实现，提供可以满足最初用户界面的功能。在很多方面，快速原型化类似于敏捷开发的过程，因为系统开发的过程是迭代进行的，并且整个过程中我们都不断从客户那里得到反馈，而不同之处在于最初的原型只是一个用户界面外壳，而不是一个可操作的系统内核。

Boehm、Gray和Seewaldt研究了一些使用快速原型化开发的项目（Boehm，Gray and Seewaldt 1984），他们报告称这些项目和那些使用传统技术的项目的性能表现是差不多的，并且节约了45%的工作量和40%的代码。此外，在系统的速度和效率方面，使用原型开发和使用传统技术开发都差不多。但是，使用快速原型化是具有一定风险的，最大的风险在于当我们向客户展示可操作原型时，会让客户误以为我们的开发已经快接近结束了，另外一个相关的问题就是这可能让客户期望我们最终的系统会与原型有完全相同的性能特征，而这可能是不现实的，因为原型中一些功能被忽略了，原型的规模较小，而且沟通过程中可能会出现延误。此外，由于快速原型化过程中没有建立文档，原型化作为一种开发工具最适用于一些小型的团队开发项目。

5.8 文档化软件体系结构

系统的体系结构在整个开发过程中都有着很重要的地位：它是随后的设计决策、质量保证决策和工程管理决策的基础。同样地，系统开发人员和风险承担人员对系统体系结构能够具有一致的理解是非常重要的。作为关于体系结构设计的信息库，SAD可以帮助我们的开发团队中的各类成员交流观点。

　　SAD的内容很大程度上依赖于它将被使用的方式，也就是说，我们要试着去预测SAD的各类读者想要寻找什么样的信息。顾客想要通过自然语言表达的形式知道系统的行为，设计人员想要知道所开发的软件单元的精确描述，性能分析人员想要知道软件单元、计算平台和系统环境的足够信息以便进行像速度和负载之类的分析。团队中的不同成员都怀着不同的目的来阅读SAD，比如，编码人员阅读SAD是为了了解整体设计，以确保每个设计特征和功能在代码中都有所实现，测试人员阅读SAD是为了确认他们测试了设计的所有方面，维护人员把SAD作为指导，以确保当问题得到了修复、新特性得到了实现的时候，体系结构的完整性也能得到维护。

　　对于这些用户来讲，SAD应该包含下面几个方面的信息。

- 系统综述：这部分作为系统的介绍性描述，考虑了它的主要功能和用途。
- 视图：每个视图都从某个特定的角度传达了关于系统整体设计结构的信息。除了视图，我们的文档还应当包括视图之间的联系，因为视图可能是被所有SAD阅读者阅读的，所以每个部分都要以视图和主要元素及接口的总结为序言，每个技术的细节都要以独立的子部分来描述。
- 软件单元：我们的文档应该包含我们所开发的软件单元的完整目录，还应该包括它们的接口的精确规格说明。此外，我们要为每个软件单元指明它作为一个元素出现于其中的所有视图。
- 分析数据和结果：该部分包含了关于系统体系结构、计算资源和执行环境的充分信息，这样设计分析人员才可以测量设计的质量属性。分析结果也应当记录下来。
- 设计合理性：我们必须为我们的设计决策做出解释和辩解，我们还要记录所选择的设计方案的设计合理性，保证工程管理人员和将来系统的设计人员没有必要重新回顾我们以充足理由抛弃的其他设计候选项。
- 定义、术语表、缩写词：该部分给所有读者提供了文档中使用的技术词汇和领域词汇的一致理解。

　　此外，SAD中必须定义文档的版本号或者发行日期，这样读者们就可以很轻松地确定他们正在使用同一版本的文档，并且该文档是最新的。

　　我们还有一些规范形式或者推荐模板形式的建议，这些建议可以指导我们如何把所有信息组织成有用的技术参考资料。比如，IEEE的软件体系结构文档制作推荐、IEEE标准1471-2000，它们规定了体系结构文档中应该包含哪些信息，但是关于如何将这些信息进行结构化或形式化却讨论得很少。因此，我们要在团队内部开发SAD内容的组织标准，包括文档结构、内容以及各类信息的来源（如该信息是作者自己编写的还是借鉴的）的指导。更加重要的是，这些标准有助于读者了解如何在文档中进行定位，以及如何快速查找信息。和其他参考资料（如字典和百科全书）一样，SAD之类的技术文档很少需要一页一页地进行阅读，大部分用户在使用SAD时会快速查询设计决策。设计决策一开始在文档的某部分进行高层次的描述，然后在文档的其他地方再进行细节化描述，因此，为了方便参阅，我们应该组织好SAD并为它编制索引。

　　正如Bass、Clements和Kazman提到的那样（Bass, Clements and Kazman 2003）：

　　　　一般的技术文档，特别是软件体系结构文档的基本规则之一是，从读者的角度出发进行编写。写起来容易读起来难的文档一般不会被采用，其中"读起来简单"是指从旁观者的角度来讲的，或者在这种情况下，是指从风险承担者的角度来讲的。

　　考虑到SAD的多方面用途，我们要使这唯一的文档满足很多读者，因此，我们可以选择把SAD分成不同但是相关的各类文档，每类文档都针对一类读者对他们进行指导。另一种可选的方法是，我们可以试着把所有信息都合并到单个文档中来，并且指导不同的读者去阅读他们感兴趣的信息。比如，我们可以建议客户阅读系统概述和每个视图的总结。相比之下，开发人员需要阅读一些方面的细节，比如，他们要实现的软件单元、展现了单元和其余单元之间联系的使用视图、任何其他使用该体系结构元素的视图，以及有助于看清单元和其他体系结构元素对应方式的视图间映射。

5.8.1 视图间的映射

SAD中包含多少视图以及哪些视图取决于系统的结构和我们将要测量的质量属性。至少，SAD应该包含一个分解视图来展示设计的构成代码单元，加上一个执行视图展示系统的运行时结构。另外，如果我们想考虑系统的性能的话，为各个计算资源分配软件单元的部署视图也是非常必要的。作为另一种方法，如果每种体系结构风格都提供了考虑系统结构和交互的有效方法，那么我们的文档可以包含各种以不同的体系结构风格为基础的执行视图。比如，如果设计是基于发布-订阅风格的，构件都由事件触发，我们还可以引入一个管道和过滤器视图描述构件被调用的顺序。

因为文档是一系列视图的集合，我们应该展示视图之间是如何联系起来的。如果一个视图描述了另一个更抽象的视图中的一个软件单元，那么它们之间的关系是很直接的。然而，如果两个视图展示了设计的同一个部分的不同方面，并且它们的元素之间没有显而易见的对应关系，那么建立对应的映射是非常必要的。例如，记录在执行视图中运行时构件和连接器与分解视图中的代码单元的映射关系是十分有用的。这样的映射为构件和连接器的实现建立了文档。类似地，记录一个分解视图（如模块视图）中的元素和另一个分解视图（如分层视图）中的元素的映射方式也很有用，这样的映射展示了实现各层时所需要的所有单元。

Clements等人描述了如何把两个视图之间的映射文档建立成表的形式，且通过视图中的元素建立索引（Clements et al. 2003）。对于第一个视图中的每个元素，表中列出了第二个视图中对应的元素，并且描述了这种对应的性质，例如，编入索引的元素实现了其他元素，或者是其他元素的泛化。因为也有可能一个视图中的部分元素和另一个视图中的部分元素之间存在映射，所以我们还应该知道这种对应关系是部分的还是全部的。

275

5.8.2 文档化设计合理性

除了设计决策之外，我们还要为**设计合理性**（design rationale）建立文档，它概述在构建设计的过程中所考虑的关键问题以及做出的权衡。这一指导原理有助于客户和开发人员理解设计的具体部分是如何以及为什么配置在一起。它还能帮助设计人员记住特定决策的基础，从而避免重新回顾这些决策的必要。

合理性的表达往往要考虑到系统需求，比如限定了解决方案空间或者被优化的质量属性的设计约束。SAD中的这一部分列出了经过考虑后抛弃了的候选决策，以及把当前选择的选项视为最好决策的合理性所在。如果一些候选设计相差无几，那么我们也应该对它们进行描述。设计合理性还可能包括了改变决策会带来的潜在成本、效益和后果。

一些良好的实践指示我们也应该为低层设计决策提供合理性，例如软件单元接口或视图结构的细节。还有总体的体系结构决策也一样，比如，体系结构风格的选择。但是我们不需要为我们所做的每个决策的合理性都做出解释。Clements等人对什么时候该为一个决策建立合理性文档提供了下列建议（Clements et al. 2003）。

- 考虑这个选项和做出决定的时候花费了大量的时间。
- 决策对于实现某个需求非常关键。
- 决策看上去是违反直觉的或者会引起疑问。
- 改变决策会花费大量成本。

5.9 体系结构设计评审

设计评审是工程实践中必不可少的一部分，我们以两种方式评估SAD的质量。首先，我们确认设计是否符合客户指定的所有需求，这个过程称为**确认**（validating）该设计。然后我们描述该设计的质量，验证（verification）涉及保证设计是否遵循了良好的设计原则，且该设计的文档是否适合用户的需要。因此，我们确认一个设计是为了保证我们开发了客户想要的（即这是个正确的系统吗），而我们验证文档是为了保证开发人员在开发任务中将会富有成效（即我们正确地开发系统了吗）。

5.9.1　确认

在确认过程中，我们要保证设计描述了需求的所有方面。为了达到这样的目的，我们邀请一些关键人员参与评审：

- 帮助定义系统需求的分析人员；
- 系统设计人员；
- 系统程序设计人员；
- 系统测试人员；
- 系统维护人员；
- 一名调解人员；
- 一名记录人员；
- 其他对此有兴趣的但不涉及此项目的系统开发人员。

实际参与评审的人数取决于系统的规模和复杂性。每一个评审小组成员都应当有权作为其所在组织的代表，能够做出决策和承诺。我们应当保持较少的评审总人数，这样才不会妨碍进行讨论和做出决定。

调解人员引导讨论，但是在项目本身中没有任何既得利益。他鼓励讨论，并作为两种对立观点之间的中间人保证讨论的进行，维护讨论过程的客观性和平衡性。

由于很难做到在讨论的同时又记录主要的观点和结果，因此需要指派某个人为记录人员。记录人员不必参与会议议题，他的唯一任务就是把所发生的记录成文档。然而，记录人员不仅需要速记技术，而且必须拥有足够的技术知识，能理解会议内容并记下相关的技术信息。

不涉及这个项目的开发人员会提供局外人的观点。对给定的设计进行讨论时，因为他们的个人利益没有被牵扯进来，所以他们在评论所提议的设计时比较客观。事实上，他们很可能有比较新颖的想法，而且可能提出对事物的新见解。他们还作为特别的核验者，检查设计的正确性、一致性和是否符合良好的设计惯例。通过参与评审，他们假定自己和设计人员一样，对设计具有同样的责任。这种共同的责任迫使所有参与评审的人仔细审查每一个设计细节。

在评审的过程中，我们要向与会者介绍提议的体系结构。在介绍中，我们必须说明系统具有需求文档中指定的结构、功能和特性。所有人一起确认提议的设计中是否包含必需的硬件、与其他系统的接口、输入和输出。然后我们通过跟踪体系结构中典型的执行路径来确认通信和协同机制是否可以正常工作，并且通过跟踪异常的执行路径来评审我们用来检测和恢复故障及不正确输入的方法。为了确认非功能性需求，我们还要评审那些为预测系统行为而进行的分析的结果，我们也检查所有关于质量属性的设计合理性的文档。

记录人员要记录评审中发现的所有不一致性，并将其作为一个整体交由小组讨论。如果出现了次要问题，我们就在出现的时候予以解决。但是，如果出现了重大故障或误解，就要经过所有人一致同意后再修改设计，并且在这种情况下，还要另外安排一个设计评审来评估新的设计。就像Howell夫妇宁愿重新做房屋的设计图而不愿以后再拆毁地基和墙一样，我们也是如此，宁愿现在在纸上重新设计系统，也不愿以后在编码的时候重做。

5.9.2　验证

一旦客户对提议的产品表示满意，我们就可以开始评价设计和文档的质量。我们通过检查设计来判断它是否遵循了良好的设计原则。

- 该体系结构是模块化的、结构良好的、易于理解的吗？
- 该体系结构的结构和易理解性有无可改进之处？
- 该体系结构能够移植到其他平台上吗？
- 该体系结构的某些方面是可复用的吗？
- 该体系结构支持易测试性吗？
- 该体系结构最大限度地考虑了性能吗？什么方面比较适合？
- 该体系结构是否使用了适当的技术处理故障并防止发生失效？
- 该体系结构可以适应文档里所有预料中的设计改变和扩展吗？

为了保证文档的完整性，评审团还要检查每个引用的软件单元是否都有接口规格说明以及该规格说明是否都是完整的。该团队还必须保证文档中描述了所有设计策略的候选项，如何以及为什么做出这个主要的设计决策。

主动设计评审（active design review）（Parnas and Weiss 1985）是一个特别有效的评价SAD质量和确定它是否包含了正确信息的方法。在主动设计评审中，评审人员应用这个设计文档的方式和开发人员在实践中使用最终文档的方式一样，也就是说，评审人员通过在SAD中寻找信息来回答一些相关问题，而不是在阅读文档时发现问题，后者我们称为**被动评审过程**（passive review process）。在主动设计评审过程中，每个评审人员代表一类使用该文档的读者，根据他们使用文档的不同方式，他们将要回答一些不同的问题。因此，维护人员可能被问道，一个预料中的系统改变将会对哪些软件单元产生影响，而程序设计人员可能会被问道，为什么某个接口的前置条件是必需的。

从大体上来讲，设计评审的关键点是发现错误而不是改正错误。我们要看到，参与评审的人员询问的是关于设计集成方面的问题，而不是关于设计人员的问题。因此，评审很有价值地向所有人强调了我们正在为一个共同的目标而工作。设计评审中的批评和讨论是"忘我的"，因为评论针对的是过程和产品，而不是参与者。因此，评审过程提倡并增强了小组不同成员间的交流。

再者，在评审过程中，故障的改正还比较容易，成本还不高，在这时候发现故障和问题，会使每一个人获益。在抽象的、概念性的阶段进行改变要比实现后改变容易许多。在开发后期，修复故障的大部分困难和成本在于不得不跟踪失效直至它的源头。如果在设计评审时就发现了故障，那么我们将有一个很好的定位设计中问题的机会。但是，如果直到系统运行时才检测到故障，问题的根源可能会有很多：硬件、软件、设计、实现或文档。越早发现问题，找出原因以及修复故障时必须查找的地方就越少。

278

5.10 软件产品线

在本章中，我们一直都在讨论单个的软件系统的设计和开发，但是很多软件公司构建以及销售多种产品，和不同的客户打交道。一些成功的公司分化不同的应用领域，比如商业支持软件或者电脑游戏，由此建立起了自己的声誉和自己的客户群。也就是说，它们声名远扬不仅仅是因为提供了高质量的软件，还因为它们对特定市场中特殊需求的理解。其中很多公司通过在相关产品系列中复用专门技术和软件资源而获得了成功，在这个过程中，它们把开发的成本分散到各个产品中，而且大大缩短了每个产品的上市时间。

设计和开发相关产品的商业策略是以一个共同**产品线**（product line）的元素复用为基础的。公司一开始就把一系列相关产品列入制造和市场的计划中，该计划过程的一部分涉及确定这些产品将如何共享资产和资源。这些产品可能在大小、质量、特征或价格上都大相径庭，但是它们有足够多的共性，可以共享技术（如体系结构、共同的部分、测试包或者环境）、密集的资源（如工作人员、密集的工厂）、商业计划（如预算、发布日程）、市场决策和分布渠道等，从而实现多角度经营。因此，开发一个产品系列的成本和工作量会远远小于单独开发这些产品的总和。产品线这个概念并不是软件所特有的，它多年以来应用于各种制造业。比如，一个汽车公司提供了多种汽车模型，每一种都在自己的乘客和货物空间、马力和燃料耗费问题上各有千秋。各个品牌拥有自己独特的外观、仪表板接口、特征化的包装和豪华的选项；品牌的目标是一个特定的市场以及一个特定的价位。但是其中很多模型都是在同一个基础上建立起来的，使用来自于同一个提供商的共同构件，使用共同的软件，在同一个生产商的工厂中组装，在同一个代理经销商处销售。

建立产品线的一个显著特征是把衍生产品集视为**产品系列**（product family），在开始的时候我们就计划好同时开发它们。一个系列的共性会被描述成可复用资源的集合（包括需求、设计、代码和测试用例），存储在**核心资产库**（core asset base）中。当开发系列中的产品时，我们按需要从库中提取资产。因此，开发过程类似于一个装配线：许多构件的开发不是从零开始，而是可以对核心资产库中的构件进行修改以适应新的需求，然后装配在一起。我们要仔细地规划核心资产库的设计，随着产品系列引入新产品而不断壮大，该设计也会不断演化。

因为产品系列中的产品是相互联系的，所以复用它们的机会远远比复用代码单元的机会大得多。Clements和Northrop描述了为什么核心资产库中会有大量的候选元素（Clements and Northrop 2002）。

- 需求：相联系的产品往往有共同的功能需求和质量属性。
- 软件体系结构：产品线是以一个共同的体系结构为基础的，它满足产品系列的共同需求。各系列产品之间的不同点可以独立化或参数化为体系结构中的变量。比如，可以改变特征、用户界面、计算平台和其他一些质量属性来描述特定的产品需要。
- 模型和分析结果：单个产品的体系结构模型和分析（如性能分析）很有可能是建立在产品线的体系结构分析基础之上的，所以构造正确的体系结构很重要，因为它会影响所有相关产品的性能。
- 软件单元：比起仅仅只复用代码，我们会更多地复用软件单元，它包括重要的设计工作的复用，如接口规格说明、与其他单元的联系和交互、文档、测试用例、支撑代码（即用来支持测试和分析但不随最终产品发布的代码），等等。
- 测试：测试的复用包括测试计划、测试文档、测试数据和测试环境的复用，还可能包括软件单元的测试结果的复用。
- 项目计划：比起从头开始开发的产品，产品系列成员的项目预算和发布日程可能更加精确，因为我们以对过去成员产品的成本和日程的认识为指导，可以估计随后的成员产品的成本。
- 团队组织：因为产品系列成员具有相似的设计结构，所以我们可以复用过去的一些信息，比如，如何把一个产品分解成若干任务，如何把任务分配给各团队以及这些团队需要哪些技术。

根据软件工程研究所（Software Engineering Institute）的产品线名人堂（Product Line Hall of Fame），一些像诺基亚、惠普、波音和朗讯之类的公司，在开发软件时都使用了产品线的方法，它们在开发成本、投放市场的时间和生产力方面都有三到七倍的改善。补充材料5-8描述了一个公司向软件产品线方向的转变。

补充材料5-8   产品线的生产力

　　Brownsword和Clements报告了CelsiusTech AB（一个瑞典海军防御承包商）从定制开发到产品线开发转变的经验（Brownsword and Clements 1996），这个转变是由绝望而激发的。1985年，这家公司，即当时的Philips Elektronikindustier AB公司同时承接了两项重大的合同，一个是来自瑞典海军的，另一个是来自丹麦海军的。公司过去曾设计过类似但更小的系统，结果却造成成本超支和进度拖延，有了这个前车之鉴，高级管理人员怀疑他们是否能够使用公司当前的经验和技术同时满足这两个合同的要求，特别是承诺的（也是固定的）日程和预算。

　　　　这个情景提供了一个新的商业策略的起源：认清潜在的商业机会，它可以
　　销售和建立一个系列的相关系统，而不是一些特定的系统……产品线越灵活、
　　越可扩展，这个商业机会则越大。这些商业促使……建立了这个技术策略。

（Brownsword and Clements 1996）

　　产品线的开发和第一个系统的实例化在同一时间开始,第二个系统的开发在六个月之后开始。这两个系统加上产品线的完成使用了和之前开发单个产品大体上一样多的时间和员工。随后的产品的开发时间更短。平均来讲,这7个系统中70%～80%的软件单元是照原样复用的产品线单元。

5.10.1　战略范围

　　产品线不仅仅是以产品间的共性为基础的,而且还必须具有一套最佳的开发方式。首先,我们使用了战略化的商业计划来确定我们要创建的产品系列。我们运用我们的知识和良好的判断能力来预测市场趋势和对不同产品的需求。然后,划定计划**范围**,这样我们就可以集中于那些有足够多的共性的产品,以确保以产品线方法进行开发。也就是说,从产品线开发系列成员所节约的成本一定会抵消开发(共同)产品线的成本。

　　产品线范围是一个很有挑战性的问题。如果我们努力去找到产品的最佳共性的含义(如坚持复用80%的代码),我们可能会将一些有趣且高利润的产品排除在外,另一方面,如果把任何看上去相关的产品都包含进来,那么我们就降低了衍生产品的共同性,因此也失去了那些原本可节约下来的资金。一个成功的产品线大致介于两个极端之间,它具有一个核心体系结构,用来有力地支撑更多有前景的产品。

　　最后,一个产品线的成功既取决于它本身适应变化的能力,又取决于衍生产品和它的核心资产库之间的重叠程度。为了令人满意地提高生产力,每个衍生的产品体系结构必须以产品线体系结构为起始,从产品线核心资产库中并入一些有意义的软件单元。那么,产品设计就易于适应变化,比如替换构件或者扩展和收缩体系结构。最终的衍生产品与产品线间的共同之处越少,衍生产品的开发将越类似于一个全新的(即非衍生的)产品开发。

281

5.10.2　产品线体系结构的优势

　　产品线体系结构提升了计划中的可修改性,即在体系结构中产品系列成员之间已知的不同点是独立的,所以我们可以更加容易地调整产品以适应新的需求。下面给出了体现产品线可变性的例子。

- **构件替换**：软件单元的实现可以通过任何满足该单元接口规格说明的实现来完成。因此,我们可以通过改变一个或多个软件单元的实现来实例化一个新的软件系列成员。例如,我们可以使用一个层次化的体系结构把产品线的用户接口、通信网络、其他软件构件、计算平台、输入传感器等独立出来,这样,通过重新实现接口层来适应新的接口,我们就可以实例化一个新的系列成员。类似地,通过重新实现关键软件单元,我们可以提高产品性能之类的质量属性。

- **构件特化**：特化是构件替换的一个特例,面向对象设计有力地支持了特化。我们可以将任何类用它的子类替换,子类的方法扩展或重载了父类的方法,因此,我们可以通过创建和使用新的子类来实例化一个新的产品系列成员。

- **产品线参数**：我们可以将软件单元当成产品线体系结构中的参数,这样各种参数可以形成各种系统配置的集合。比如,参数可以用来指定特征组合,然后它们可以被实例化成构件增加或构件替换之类的配置。如果参数是产品线变化的唯一资源,那么我们可以通过设定参数值自动地配置和形成产品。补充材料5-9描述了自动生成产品系列成员的其他形式。

- **体系结构扩展和收缩**：一些体系结构风格,比如发布-订阅和客户-服务器,允许简单特征的增加和减少,这些风格在具有可变特征集的产品线中也十分有用。更一般地来说,我们可以使用依赖图来评估衍生的体系结构。比如,一个可行的产品线的子体系结构和产品线模块的子集以及所有这些模块之间的关系相对应。如果一个扩展对体系结构依赖图的影响只是严格地附加了一种关系,那么我们希望能够限制这种扩展,换言之,我们只寻找那些通过增加新节点来拓展产品线依赖图的扩展,这样,所有新的依赖关系都因新节点而产生。

补充材料5-9   生成式的软件开发

生成式的软件开发（generative software development）（Czarnecki 2005）是产品线开发的一种形式，该方法中，产品根据规格说明自动生成。它分两个阶段进行：首先，"领域工程师"建立产品线，包括生成产品实例的机制；然后，"应用工程师"生成个体产品。

领域工程师定义了**特定领域语言**（domain-specific language，DSL），然后应用工程师使用它来指定需要建立的产品。DSL可以简单到只有参数和支持的参数类型，或者它可以复杂成特定目的的程序设计语言。在前一种情况下，衍生产品的引擎是"构造规则"（选择和聚合前置构件）和"优化规则"（根据参数值的组合来优化代码）的集合。在后一种情形下，生产线包含了一个编译器将DSL程序转变成一个产品，充分使用了产品线体系结构和前置的构件。

为了定制5ESS电话交换机的各个方面，朗讯开发了几条产品线和生成工具（Ardis and Green 1998）。
- **形式**是服务提供方的操作人员和管理人员使用的，用来输入和改变交换相关的客户数据（如电话号码、订购的功能）。
- **账单记录**是每次电话呼叫都生成的。
- **配置控制**的软件用来监视和记录交换机硬件构件的状态，协助构件之间的转变。

朗讯创建了基于GUI的DSL，可以用它来指定客户数据条目的形式、记录账单的内容和硬件的接口规格说明。它构建了编译器和其他工具来产生代码和用户文档。随着客户群从AT&T内部演化到外部以及国际范围内的服务提供商，随着硬件相关技术的发展和功能的增加，这个技术使得朗讯实现了根据客户要求定制电话交换机。

为产品线编写文档和为特定系统的体系结构编写文档不同，因为产品线本身并不是产品，而是一种快速衍生产品的方式。因此，它的文档关注的是能够从产品线衍生产品的范围、产品线体系结构的可变性以及衍生系列成员的机制。对于特定的产品，文档会被削减成描述它是如何区别于产品线体系结构或者如何从产品线体系结构中实例化得到的，我们应从以下几个方面考虑该问题，如指定的功能集、构件实例、子类定义和参数值等。

5.10.3 产品线的演化

在研究了若干产业的例子后，Clements（Bass，Clements and Kazman 2003）总结出，产品线成功的最重要的因素是产品线的理念。也就是说，公司最主要的关注点应该是产品线资产的开发和演化，而不是个别的产品，对产品线的改动也是以提高衍生产品的能力为目标的，并且要保持和以前的产品仍能够兼容（即以前的产品还是可衍生的）。因此，不会有产品离开产品线单独地进行开发和演化。在这种情形下，公司拥有产品线可类比于农民拥有可以下蛋的鹅，公司关注的是鹅的饲养而不是鹅蛋，这样在将来的日子里鹅才能保证金蛋的产量。

5.11 信息系统的例子

那么对于皮卡地里系统来说，合适的软件体系结构是什么呢？当然一个关键构件是可以用来维护电视节目、节目时刻表、插播广告、协议等的信息库。另外，系统应该能够并行处理各种各样的信息查询，这样信息才能保持最新，才能使它们在未来的商业活动中做出重要决策。

一个典型的信息系统或业务处理系统的标准体系结构是n层的客户-服务器体系结构（Morgan 2002），图5-19展示了皮卡地里使用的这种体系结构。其中最底层是数据服务器，它简单地维护了各种信息，包括皮卡地里为了自身业务而必须跟踪的信息和它的竞争者的相关信息。该层的应用编程接口（Application Programming Interface，API）是一些基本的数据查询和更新。中间层包含了应用服务，它提供了更丰富、更基于特定应用的查询功能以及低层数据的更新功能。基于特定应用的查询的例子有，查找所有与皮卡地里节目同一时间播出的其他电视节目。系统的最顶层是用户界面，皮卡地里的管理人员、会计、电视节目编排专员和销售公司通过用户界面来使用该信息系统。

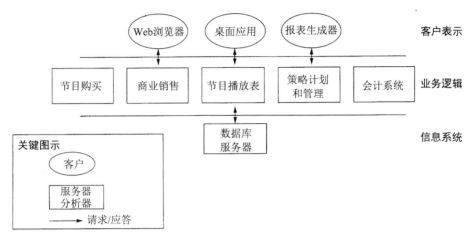

图5-19　皮卡地里系统的n层体系结构

除了系统高层次的体系结构之外，我们还需要为每个构件提供细节，比如，我们需要描述数据服务器所维护的数据和关系、应用层所维护的应用服务以及表示层提供的用户界面。在第4章中我们已经建立了该系统的领域模型，它是我们系统需求的部分产物，是数据服务器上的数据模型的基础，该模型如图5-20所示。随着我们得到了应用服务的各个细节，一些额外的概念和关系也随之出现，我们将使用它们来扩展我们的模型。比如，对于一个与皮卡地里节目同时播出的电视节目的查询，其高层描述可能如下所示。

284

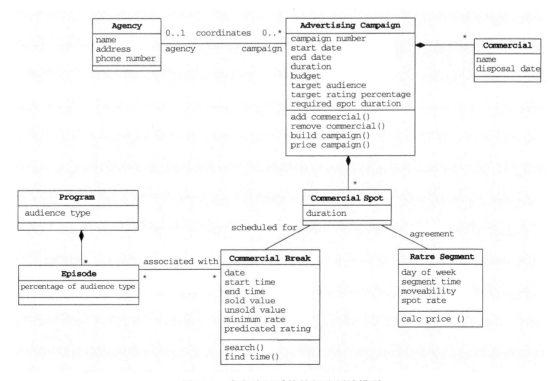

图5-20　皮卡地里系统的部分领域模型

输入: 一集节目
对于每个对手电视节目公司
        对于每个节目表
            如果节目时刻表的日期 = 对手的播出日期
                并且节目的开始时间 = 对手的播出时间
            创建一个对手节目的实例
输出: 对手节目单

|285| 这个功能启发我们要向数据模型中添加新的实体和关系，比如对手公司的概念。每个对手公司播放自己的节目，每个节目都有自己的时间和日期，我们把它们包含到我们的数据模型中来，这样系统就能够处理关于同一时间竞争电视台播出的节目查询，这些新的概念在图5-21中有所展示。

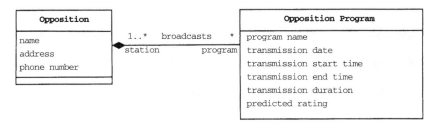

图5-21   新定义的竞争对手公司的节目

另外，我们需要考虑我们的体系结构在多大程度上满足了所有指定的非功能性需求。例如，如果管理电视节目的专员希望使用该系统发现播出时间表如何影响插播广告的预期估价和相应的价格，那么我们的体系结构必须具备撤销的能力。又如另外一个例子，安全性是我们的关注点，我们希望能保证竞争者不能攻击到系统内部来获取皮卡地里的商业计划或提议的价格。

这些模型和描述很明显是在系统的高层次上的，体系结构关注于那些需要考虑到许多构件以及各自接口的设计决策。在第6章中，我们将把关注点限定到各种独立构件的细节设计上，我们可以单独地考虑它们中的每一个。

5.12   实时系统的例子

阿丽亚娜5型火箭事故调查委员会的调查结果声称，阿丽亚娜项目总体上有"只描述随机的硬件失效的……习惯"（Lions et al. 1996）以及假设可能正确的软件就是真正正确的。委员会得出了这样的结论，事故的部分原因归结于阿丽亚娜5型火箭的故障恢复系统的设计方式。阿丽亚娜5型火箭有大量的冗余构件，这些冗余的构件中硬件设备和相关的软件分别都是完全相同的，在大多数情况下，只有其中一个构件是活跃的，其他构件都处于"自动待命"的模式，如果当前活跃的构件失效了，它们要随时准备成为活跃的构件。但是这样的体系结构并不适合该系统，因为硬件失效和软件失效有很大的不同，硬件失效往往是独立的：如果一个硬件单元失效，邻近的硬件不会受到影响而且可以接管任务成为活跃的单元。但是，软件失效往往是逻辑错误，所以一个软件单元的所有备份都有同样的错误，即使软件本身没有潜在的错误，对于一些不正确的输入，所有的备份软件可能也都会有同样的响应行为。由于这些原因，阿丽亚娜5型火箭中的热备冗余系统很可能只从硬件失效中恢复。

|286| 为了了解其中的原因，我们考虑表5-5所给出的软件失效列表（NASA 2004）。这些故障有些是软件本身内部的错误，有些是由输入错误或环境中不正常的事件导致的。不管这些故障是如何产生的，大多数的故障都会对在相同时间处理相同输入（除了，伽马射线异常，对于航天器软件来说这是非常严重的问题）的所有备份软件构件实例产生负面影响。因此，所有备份构件中的软件失效即使是"自动待命"的，但也不太可能是完全独立的。这就是阿丽亚娜5型火箭上失效的惯性参照系统（inertial reference system，SRI）中的情况：两个单元同时遇到了同样的溢出错误。

表5-5 安全相关的软件失效原因（NASA 2004）

软件故障	环境失效
数据采样率	传感器损坏
数据冲突	内存覆盖
不合法的命令	参数丢失
顺序混乱的命令	参数越界
时间延迟，最后期限	不正确的输入
多重事件	能量波动
安全模式	伽马射线

SRI问题的处理方式是阿丽亚娜5型火箭事故的另外一个原因。软件体系结构中的一个关键设计决策是决定哪个构件处理运行时发生的错误。有时产生错误的构件含有有关该错误的信息，因此是最适合处理该错误的构件。然而，如果错误发生在服务构件之中，往往却是由调用该服务的客户构件来决定恢复的方式。这种策略中，客户可以使用上下文中关于期望目标的信息来决定一个恢复计划。在阿丽亚娜案例中，计划的SRI的异常处理策略是记录该错误并停止SRI处理器（Lions et al. 1996）。正如我们在本章前面所见，停止或重启是一个极端的异常处理策略，不建议在关键的系统中使用。其实还有其他可行的恢复策略，比如继续使用受影响的数据变量所允许的最大值，这样可能会保证软件能够很好地工作，使得火箭能够在预期的轨道上运行。

5.13 本章对单个开发人员的意义

在本章中，我们讨论了基于详细表述的需求来设计系统意味着什么。我们已经看到，设计从体系结构的高层开始，高层设计不仅仅基于系统功能和需求约束，而且要考虑到所期望的属性和系统的长期使用（包括产品线、复用和可能的修改）。在你进行设计时，应该记住几个良好体系结构的特性：合适的用户界面、性能、模块化、安全性和容错性。你也可以建立原型来评价各个设计候选项，或者向客户展示可能的产品实现。

我们的目标不是为系统建立理想化的软件体系结构，因为这样的体系结构可能根本不存在，而是在成本和日程约束范围内（在第3章中已讨论）设计出符合客户所有需求的体系结构。

287

5.14 本章对开发团队的意义

设计中涉及很多团队活动。由于设计通常是根据构件进行构造的，因此，构件和数据之间的相互关系必须是明确文档化的。设计过程中的一部分工作是和其他团队成员进行频繁的讨论，这不仅仅是为了协调不同构件之间是如何交互的，而且还为了更好地理解需求以及你所做的每一个设计决策中的含义。

你还必须和用户一起决定如何设计系统的界面。你可能要开发多种原型，向用户展示各种可能性，以此来确定哪些能满足性能需求，或者由你自己评出最佳的"感观"。

你选择体系结构策略和文档的时候，必须要考虑那些阅读你的设计以及必须理解它的人们。视图之间的映射可以帮助解释清楚设计的哪些部分会影响到哪些构件和数据。无论如何，将你的设计清楚、完整地进行文档化是很重要的，文档讨论了你做出的选项以及你做出的选择。

作为团队成员，你还将参与体系结构评审，评价体系结构并提出改进的建议。请记住，你批评的是体系结构而不是设计人员，并且当把自我置于讨论之外时，软件开发才会有最好的效果。

5.15　本章对研究人员的意义

在本章中，体系结构被简单地描述成方框-箭头图，并且我们注意到第4章和第6章中所述的建模技术在为系统建模的时候也是很有用的。然而，仅用图来表示系统还有很多的缺陷。Garlan指出非正式的图不易于评估系统的一致性、正确性和完整性，尤其是当系统规模很大且很复杂的时候，而且随着时间的演化，系统所期望的体系结构的性质不易于检验和实现（Garlan 2000）。因此，很多研究人员正在研究创造和使用正式的语言来表达和分析软件体系结构。这些体系结构描述语言（Architectural Description Language，ADL）包括了三部分：基本结构、标记和软件体系结构的语义表达。很多ADL还有相关的工具用来进行体系结构的语法分析、表示、解析、编译或者模拟。

一种ADL往往是针对一个特定应用领域的，例如，Adage（Coglianese and Szymanski 1993）是针对航空电子导航系统而设计的，Darwin（Magee et al. 1995）支持分布式消息传递系统。同时，研究人员也在寻找可能的方法来将各种体系结构工具集成为高层的体系结构环境，其中某些可能是针对特定领域的。其他的研究还有在ADL概念和基于对象的方法（比如，UML）（Medvidovic and Rosenblum 1999）之间建立映射。

288

另一个比较成熟的研究领域是在各个体系结构风格之间建立联系，因为有时候系统是由各种特定的构件凑成的，DeLine和其他人员正在研究把不同构件集合翻译成一个更连贯的整体的方法（DeLine 2001）。

最后，研究人员正不断地受到"以网络为中心的"系统的挑战，它们很少或几乎没有中央控制，很少有可遵循的标准，而且各个用户的硬件和应用之间的差别非常大。"遍布式计算"同时又增加了该问题的复杂性，用户使用的多种多样的设备可能并不适合交互操作，甚至会在使用的时候有地理位置的改变。如Garlan指出（Garlan 2000），这种情况体现了以下4个方面的问题。

- 必须调整体系结构来适应因特网的规模和可变性。传统意义上来讲，一个人可以"假设事件传输是可靠的，集中式消息传递是充足的，以及为事件定义一个所有构件都能理解的公共词汇是可行的。然而在以因特网为背景的情况下，所有这些假设都是值得怀疑的"。
- 软件必须可以对"动态形成的、特定任务的分布式自治资源集合"进行操作。很多因特网资源是"独立开发且独立维护的，它们甚至可能是暂态的"，但是资源集合可能对各独立的资源并没有控制权。实际上，"对于每个任务来说，随着资源的出现、改变和消失，资源很可能是重新选择和组合的。"因此，我们需要新的技术来在运行时管理体系结构模型、评估它们所描述的系统性质。
- 我们需要灵活的体系结构来适应那些由个人提供的服务，比如账单服务、安全服务和通信服务。这些应用很可能是由本地和远程计算能力组成，并且由每个用户的个人计算机所提供，它们可以是由大量的软件和硬件构成的。
- 终端用户可能希望能够针对个人的特殊需要调整应用自己组装系统。这些用户可能几乎没有任何建立系统的经验，但是他们仍然希望能够保证他们所组装的系统有良好的表现。

我们所设计的系统比以往更大更复杂，Northrop等人关于超大规模系统的报告（Northrop et al. 2006）阐述了我们开发巨型系统的需要，这样的系统有上千个传感器和决策节点，这些节点使用异构的、机会性的网络进行连接，而且要能够适应各种不可预测的环境变化。这些系统需要考虑特殊的体系结构，因为当前的测试技术对它们是无效的。Shaw讨论了为什么这种系统不可能绝对正确，以及用户和开发人员应该放宽他们对正确性的期待，她建议我们以力求系统足够正确而不是绝对正确为目标（Shaw 2002）。

5.16　学期项目

289

设计中的艺术性和创造性与工程中的同样重要。不同的有经验的设计人员可能会采取截然不同的方法来构思并文档化他们的设计，但是，每个结果都是坚实而优雅的设计。我们可以认为设计人员从以任务为中心的设计到以用户为中心的设计是连续的工作。**以任务为中心的设计**（task-centered design）从一开始就让设计人员考虑系统必须完成什么；而**以用户为中心的设计**（user-centered design）是从用户用什么方法与系统交互并执行哪些任务开始的。这两种设计方法不是互相排斥的，实际上常常互为补充。但是，一种设计方法通常会有相对优势。

作为学期项目的一部分，针对Loan Arranger，使用两种不同的体系结构方法：一种是以任务为中心的，另一种是以用户为中心的。你会选择哪种设计风格？比较和对照其结果，哪种体系结构更易于改变？易于测试？易于配置成产品线？

5.17　主要参考文献

有很多关于软件体系结构的优秀书籍。首先应该阅读的是（Shaw and Garlan 1996），它为你如何学习体系结构和设计提供了一个良好的基础。这本书以及其他一些书可作为体系结构风格编目，包括（Buschmann et al. 1996）和（Schmidt et al. 2000）。还有一些书籍描述了各种特殊的体系结构：（Gomaa 1995）讨论了实时系统，（Hix and Hartson 1993）和（Shneiderman 1997）讨论了界面设计，（Weiderhold 1988）讨论了数据库。

对于更加一般性的系统，（Hofmeister, Nord and Soni 1999）以及（Kazman, Asundi and Klein 2001）讨论了如何做出体系结构设计决策。（Clements et al. 2003）和（Krutchen 1995）阐述了为体系结构建立文档的最佳方法。另外，IEEE和其他标准组织发布了很多关于体系结构的标准。

你可以在产品线名人堂的网站上阅读一些产品线的成功案例，该网站由软件工程研究所（SEI）维护。

Scott Ambler详尽地描写了敏捷体系结构和敏捷建模的拥护者的看法，可参阅他的个人网站以及他关于敏捷建模的书籍（Ambler 2002）。

5.18　练习

1. 图5-22中NIST／ECMA环境集成模型（Chen and Norman 1992）表示的是哪一种体系结构风格？

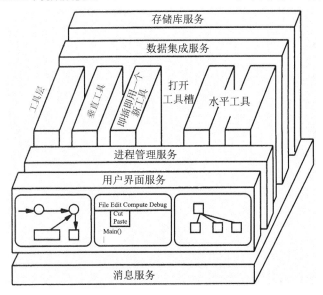

图5-22　NIST/ECMA模型

2. 针对本章中描述的每种体系结构风格，各给出现实世界中可能包含这种风格的一个应用例子。

3. 回顾Shaw和Garlan提出的4种不同的实现KWIC的体系结构风格：信息库、数据抽象、隐含调用（一种发布-订阅类型），以及管道和过滤器（Shaw and Garlan 1996）。这些风格的高层构件可能有高或低的内聚和耦合吗？

4. 给出一个用原型开发但并没有节省大量开发时间的例子。

5. 列举出最适合原型设计的系统的特征。

6. 解释为什么模块化和应用生成器是不可分割的概念。给出一个你使用过的应用生成器的例子。

7. 解释为什么共享的数据体系结构设计方案不易于复用。

8. 参照表5-2列举出评价体系结构时你可能考虑的特征，为下面的每个系统定义你可能会使用的特征的权重：操作系统、文字处理系统和卫星跟踪系统。

9. 很多课程项目要求你独立开发程序。组成一个学生小组对一个这种项目的体系结构进行设计评审。让一些学生扮演客户和用户的角色。对于初步的设计评审，要确保使用非技术的术语表达所有的需求和系统特性。列出评审过程中提出的所有变化。比较在设计时进行改变所花的时间和改变已有程序所花的时间。

10. 某个计算机咨询公司雇用你为会计公司开发计算税收的软件包。你已经根据客户的需求设计了一个系统，并且在体系结构评审中展示你的设计。在评审阶段可能会问到下列哪些问题？解释你的回答。
   a. 它将运行在什么样的计算机上？
   b. 输入屏幕是什么样的？
   c. 会生成什么报表？
   d. 会有多少并发用户？
   e. 使用了多用户操作系统吗？
   f. 折旧算法的细节如何？

11. 对以下描述的每个系统，提出合适的体系结构，解释你将如何把主要功能分派到设计的各个构件中去。
   a. 一个自动银行业务系统，用户可以使用它来存款和取款。
   b. 一个新闻提醒器，提醒每个用户他们各自感兴趣的新闻公告。
   c. 图像处理软件，允许用户使用各种操作来修改图片（如旋转、着色、修剪）。
   d. 一个天气预报应用，分析从许多传感器中搜集的成千上万的数据元素，传感器定期传输新数值。

12. 重新设计上一个练习的自动银行业务系统的软件体系结构来提高性能，另外提出一个提高安全性的设计。第一个设计有没有对安全性产生负面影响，或者第二个设计有没有对性能产生负面影响？

13. 练习11d的天气预报应用是如何发现数据传感器中的故障的，给出你的建议。

14. 把图5-11中的故障树改成割集树。

15. 表5-4显示了三个设计提议的成本效益分析，效益的计算基于预测查询率可以增长到每秒200个查询的峰值，但由于其他在线公司的竞争增加，最近越来越多的预测表明从此查询不会高于150个/秒，那么原来的成本效益分析会受新信息怎样的影响呢？

16. 你的大学想要将检验即将毕业的学生是否真正满足他们各自专业的学位条件的过程自动化，该任务的关键挑战在于每个专业都有自己特殊的学位条件。研究你们学校的3个专业的学位条件，它们之中哪些毕业条件有共性，哪些又是不同的？描述如何泛化可变性，由此可以从相同的生产线中得到检验每个专业的学位条件的过程。

17. 在一个视频显示终端上设计一个简单的全屏幕编辑器。编辑器允许插入、删除和修改文本。可以从文件的某个部分"剪切"文本并"粘贴"到文件的另外一部分。用户可以指定某个文本字符串，而编辑器能够找到该字符串下一次出现的地方。用户可以通过编辑器设置页边距、页的长度以及制表符。然后，评价你的设计的质量。

第 **6** 章

设 计 模 块

本章讨论以下内容：
- 设计原则；
- 面向对象设计启发法；
- 设计模式；
- 异常和异常处理；
- 文档化设计。

在第5章中，我们讨论了创建软件系统高层体系结构的策略和模式，这种设计指出了系统将会有哪些主要构件，以及构件之间将如何协作及共享信息。接下来的步骤是要添加更多的细节，确定在模块级别上如何设计各个独立的构件，这样，开发人员才能够编写代码完成设计。在设计体系结构时，我们有体系结构风格来指导我们的设计工作；但在更加细节化的设计时却不然，提供给我们的把构件分解成模块的现成方法比较少。因此，模块级别的设计比体系结构设计牵涉到更多的即兴创作，它同时取决于创新和对设计方案的持续评估。并且，在进行设计的过程中，要更加关注设计原则和公约（convention）。

在本章中，我们总结了现有的大量模块层设计建议。首先，我们将从设计原则入手。这些原则是一些优秀设计的通用特性，指导人们进行设计。然后，我们会给出若干特别适用于面向对象设计的启发性设计和模式。面向对象表示法和面向对象程序设计语言是特地为了便于编码和使用良好的设计原则而开发的，所以关注如何最大限度地发挥这些技术是很有意义的。我们也关注用足够精确的方式来文档化模块层设计，以便其他开发人员能够轻松地实现设计。

你从过去的编程课程上获得的有关模块级别的设计经验可能有助于你理解本章的内容。在众多开发人员的各种类型系统的开发经验基础上，我们总结出了很多建议，同时，我们根据设计所要达到的质量属性对这些经验进行了选取，比如提高模块化，或者确保健壮性。本章可以帮助你理解为什么某些设计原则和公约是可适用的，以及何时该使用它们。

为了阐明设计的选择、概念和原则，我们介绍了一个示例：皇家服务站，它提供自动化业务服务。这个例子让我们明白设计模块不仅仅应该反映技术选项，还应该反映业务约束和开发经验。这个示例的某些部分是由Guilherme Travassos教授（COPPE/Sistemas at the Federal University of Rio de Janeiro, Brazil）最初开发的，这些例子的更多细节和其他例子可在他的个人网站上获取。

6.1 设计方法

在开发过程的这一刻，我们对客户问题的解决方案已经有了抽象描述，并以软件体系结构设计的形式表现出来。同样地，我们已经有一个把设计分解成软件单元和为系统分配功能性需求的计划。体系结构也指明了约束单元间如何协作的协议，并且精确地确定了每个单元的接口。不仅如此，体系结构设计过程还解决并且文档化了所有已知的关于当前构件的数据共享、协调和同步问题。当然，

293

当我们对独立的软件单元设计有了更多了解时，我们的一些决策会改变。但此时，系统的设计已经足够完整，我们已能够把各个单元的设计当成独立的任务来对待。

实际上，体系结构设计阶段的末期和模块级别设计阶段的初期没有严格界限。很多软件架构师认为，直到系统所有原子模块和接口都被详细指定了，体系结构设计才算完成。但是，出于项目管理的目的，把需要考虑整个系统的设计任务和只关乎个体软件单元的设计任务分开是有利的，因为后者可以被分解成不同的工作任务来分配给独立的设计团队。因此，在体系结构设计阶段，如果我们能越是严格地把工作限制在只确定主要的软件单元和接口的范围内，我们就越能使剩下的设计工作并行化。本章关注于如何具体设计一个已经很好地定义了的体系结构单元，如何把该单元分解成组成模块。

再强调一遍，软件体系结构设计决策类似于准备一顿餐会的决策：餐会的正式程度、客人的数量、菜肴的数量、烹饪的主题（比如，意大利式的或墨西哥式的），或许还有主要的配料（比如，主食中是猪肉还是羊肉，食用哪个季节的蔬菜）。这些决策帮助我们确定可能要做的菜的范围，和体系结构设计的决策的地位一样，它们是整顿餐会的计划和准备的基础，它们在烹饪过程中是不能轻易改变的。在设计中仍然还存在很多未解决的问题：比如，准备哪些具体的菜肴，肉和蔬菜的烹饪方法，补充的配料和调味品。这些次要决策更倾向适用于指定的菜肴而不是整顿餐会。它们可以被独立地制作，或委托给其他的厨师。但是次要决策仍然需要重要的知识和专门技能，这样最终的菜肴才能美味可口，并在约定的时间内准备就绪。

尽管有很多菜谱和指导视频来教你如何从配料着手完成一顿晚餐，但是我们没相应的"设计菜谱"来指导你如何从软件单元的规格说明走到它的模块设计。很多设计方法提倡自顶向下的设计，递归地把设计单元分解成更小的构成单元。但事实上，设计人员会交替使用自顶向下、自底向上、由外到内的设计方法，有时会关注于设计中不太明了的部分，而有时会详细充实设计中他们已经很熟稔的部分。Krasner、Curtis和Iscoe研究了19个项目中设计人员的习惯（Krasner, Curtis and Iscoe 1987），他们指出，当设计人员对解决方法和含义能够充分了解时，他们往往在抽象的设计层次间时上时下地进行设计，这个研究结论也得到了其他证据的认可。举个例子，一个设计团队可能在开始阶段使用自顶向下或者由外到内的方法，以关注系统的输入和期望的输出；还有另一种选择，即首先探究设计中最难、最不明确的一部分，因为隐蔽问题所引发的异常可能会迫使整个设计做出改变，所以这种方法也是有意义的。如果使用敏捷开发的方法，我们将按垂直切片的方式推进开发过程，每次我们都迭代地设计和完成各个功能子集。在任何时候，设计团队若发现某现成的设计方案可能会适用，团队即可转向自底向上的设计方法，尝试使用和调整已有的方案去解决该部分设计。为了简化过度复杂的方案，或者出于某特殊性能的考虑而对设计进行优化，会周期性地重审和修改设计决策，我们将这种活动称为**重构**（refactoring）。

通往最终解决方案的过程本身并不如我们制作的文档重要，文档能帮助其他开发人员理解它。这种理解不仅仅对实现该设计的程序员很重要，对将来要修改它的维护人员、测试人员、确认设计是否能够满足需求的评审人员以及编写描述系统工作的用户手册的专门人员都是非常关键的。一种达到这种理解的方法叫作"伪造合理的设计过程"（faking the rational design process）：编写反映自顶向下的设计过程的设计文档，即使这并不是实际设计过程中使用的方法（Parnas and Clements 1986），正如补充材料6-1所示。我们将在6.8节更加详细地讨论设计文档。

补充材料6-1　"伪造"合理的设计过程

在理想的、方法学的、合理的设计过程中，软件系统的设计应该从高层的规格说明推进到解决方案，并在其中使用一系列的自顶向下、无差错的设计决策，以得到层次化的模块集合。由于某些原因（如不正确的理解、需求的变更、重构或人为错误），从需求到模块的设计工作很少进行得很顺利、直接。虽然如此，Parnas和Clements认为（Parnas and Clements 1986）我们仍应该表现得好像正在按照这样的合理的过程来设计。

● 当我们不确定该如何推进时，该过程可以给我们提供指导。

● 当我们试图参照一个合理的过程时，我们将离真正的合理过程更进一步。

● 对照过程的预期的交付产品，我们可以度量出该项目的进度情况。

Parnas和Clements建议我们通过"在完全按照理想过程的假设下，编写我们将制作出的文档"来模仿这个过程。也就是说，我们根据一个自顶向下的过程把设计决策文档化，通过（1）把软件单元分解成模块，（2）定义模块的接口，（3）描述模块间的相互依赖关系，最终（4）把模块内部的设计文档化。在实现这些步骤时，我们为必须延期实现的设计决策插入预留位置。在以后的时间里，当细节逐步变得清晰明了、被延迟的决策已经确定时，我们用新的内容来替换预留位置。同时，若有新问题呈现出来或设计被修改了，我们也不断更新文档。最后我们得到的文档就好像是一个纯粹自顶向下的线性设计过程的记录。

实际中和理想中的设计过程的区别就好比发掘数学证明的主要过程和后来把它组织成逻辑证明的区别一样。"数学家兢兢业业地修饰他们的证明，结果所展示给人们的证明（换言之，在出版物上的证明）往往和他们最初发现的样子有天壤之别"（Parnas and Clements 1986）。

6.2　设计原则

有了清晰的需求和高层的系统体系结构设计，我们就可着手向设计中添加更多的细节。正如第5章所述，体系结构设计可以表达为体系结构风格，每种风格提供了如何把系统分解成各个主要构件的建议。体系结构风格解决了关于通信、同步和数据共享的一般性问题，但是，一旦我们关注把各独立构件和软件单元分解成模块，我们必须表明不再一般性的功能和性质。相对来说，它是我们的设计所特有的，因此不太可能会有现成的方案可以借鉴。

设计原则是指把系统功能和行为分解成模块的指导方针。它从两种角度明确了我们应该使用的标准：系统分解，以及确定在模块中将要提供哪些信息（和隐蔽哪些信息）。设计原则在进行创新性设计时十分有用，此外它们还有其他用武之地，特别是在设计公约、设计模式和体系结构风格这些设计建议的形成过程中。因此，为了合理有效地使用风格和模式，我们必须理解和欣赏它们所隐含的原则，否则，当定义、修改和拓展模式与风格时，我们极有可能违背了该公约或模式使用和提倡某个原则的初衷。

根据所搜集的经验和观察结果，我们给新的设计建议进行了"编码"，因此本书的软件设计原则有所增加。譬如，Davis提出了201条软件开发原则（Davis 1995），其中许多原则是与设计相关联的。在本书中，我们的讨论限于6个主要的原则：模块化（modularity）、接口（interface）、信息隐藏（information hiding）、增量式开发（incremental development）、抽象（abstraction）和通用性（generality）。这些原则似乎都已经受住了时间的考验，并且在风格和方法学上都彼此独立。融合使用这些原则有助于我们创造出高效、健壮的设计。

295
~
296

6.2.1　模块化

模块化（modularity），也称作**关注点分离**（separation of concern），是一种把系统中各不相关的部分进行分离的原则，以便于各部分能够独立研究（Dijkstra 1982）。**关注点**（concern）可以是功能、数据、特征、任务、性质或者我们想要定义或详细理解的需求以及设计的任何部分。为了实现模块化设计，我们通过辨析系统不相关的关注点来分解系统，并且把它们放置于各自的模块中。如果该原则运用得当，每个模块都有自己的唯一目的，并且相对独立于其他模块。使用这种方法，每个模块的理解和开发将会更加简单。同时，模块独立也将使得故障的定位和系统的修改更加简单（因为对于每一个故障，可疑的模块会减少，且一个模块的变动所影响的其他模块会减少）。

为了确定一个设计是否很好地分离了关注点，我们使用两个概念来度量模块的独立程度：耦合度和内聚度（Yourdon and Constantine 1978）。

1. 耦合度

当两个模块之间有大量依赖关系时，我们就说这两个模块是**紧密耦合的**（tightly coupled）。**松散耦合的**（loosely coupled）模块之间具有某种程度的依赖性，但是它们之间的相互连接比较弱。**非耦合的**（uncoupled）模块之间没有任何相互连接，它们之间是完全独立的，如图6-1所示。

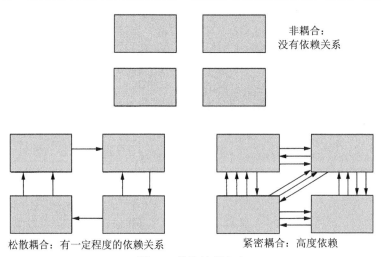

图6-1　模块的耦合度

模块之间的依赖方式有很多种。

- 一个模块引用另一个模块。模块A可能会调用模块B的操作，因此，模块A为了完成其功能或处理，依赖于模块B。
- 一个模块传递给另一个模块的数据量。模块A可能会传递参数、数组的内容或者数据块给模块B。
- 某个模块控制其他模块的数量。模块A可能会将一个控制标记传给B。标记的值会告诉模块B某些资源或子系统的状态，调用哪个进程，或者是否需要调用某个进程。

因此，如图6-2所示，我们可以根据依赖关系的范围（从完全依赖到完全独立）来测量耦合度。

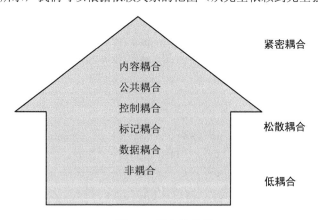

图6-2　耦合的类型

实际上，一个系统不可能建立在完全非耦合的模块上。就像一张桌子和几把椅子一样，尽管是互相独立的，但也可以组成一套餐厅用具。因此，上下文环境可能会间接地耦合那些似乎是非耦合的模块。例如，如果一个功能中止另一个功能的执行，那么这两个不相关的功能就会进行交互（比如，授权认证功能会禁止非授权用户取得受保护的服务），因此，没有必要使模块完全独立，只要尽可能地减少模块之间的耦合度即可。

某些类型的耦合与其他类型相比，是不尽如人意的。最不希望发生的情况是，一个模块实际上修改了另外一个模块。如果出现这样的情况，被修改的模块就完全依赖于修改它的那个模块。我们称之为**内容耦合**（content coupling）。当一个模块修改了另外一个模块的内部数据项，一个模块修改了另一个模块的代码，或一个模块内的分支转移到另外一个模块中的时候，就可能出现内容耦合。在图6-3中，模块B产生并调用了模块D。（在诸如LISP和Scheme的程序设计语言中，这种情况是很可能出现的。）尽管从程序自我改良和程序动态学习来说，能进行自我修改的代码是很强有力的工具，但是我们也很清楚地看到它所带来的影响：模块之间具有高耦合度，它们不能独立地设计和被修改。

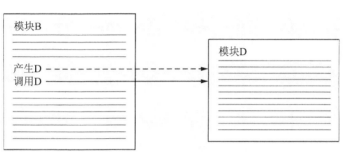

图6-3　内容耦合的例子

通过对设计进行组织，使其从公共数据存储区来访问数据，我们可以在某种程度上减少耦合的数量。但是，依赖关系仍然存在，因为对公共数据的改变意味着需要通过反向跟踪所有访问过该数据的模块来评估该改变的影响。这种依赖关系称为**公共耦合**（common coupling）。就公共耦合而言，很难确定是哪个模块把某个变量设置成一个特定值。图6-4展示了公共耦合是如何运作的。

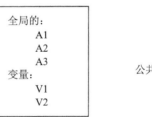

图6-4　公共耦合的例子

当某个模块通过传递参数或返回代码来控制另外一个模块的活动时，我们就说这两个模块之间是**控制耦合**（control coupling）的。受控制的模块如果没接收到来自控制模块的指示，是不可能完成其功能的。控制耦合的设计有一个优点：可以使每个模块只完成一种功能或只执行一个进程。这种限制把从某个模块传送到另外一个模块所必需的控制信息量减到最少，并且把模块的接口简化成固定的、可识别的参数和返回值的集合。

如果使用一个复杂的数据结构来从一个模块到另一个模块传送信息，并且传递的是该数据结构本身，那么两个模块之间的耦合就是**标记耦合**（stamp coupling）。如果传送的只是数据值，不是结构数据，那么模块之间就是通过**数据耦合**（data coupling）连接的。标记耦合体现了模块之间更加复杂的接口，因为在标记耦合中，两个交互的模块之间的数据的格式和组织方式必须是匹配的。因此，数据耦合更简单，而且因数据表示的改变而出错的可能性很小。如果模块之间必须有耦合，那么数据耦合是最受欢迎的。它是跟踪数据并进行改变的简便方法。

面向对象设计中的模块通常有较低的耦合度，因为每个对象模块的定义都包含了它自己的数据和作用于这些数据上的操作。实际上，面向对象设计方法的目标之一就是为了实现松散耦合。然而，基于对象进行的设计并不能保证在最终的设计结果中所有模块之间都有低耦合。例如，如果我们生成一个对象，这个对象存储了公共数据，通过访问它的方法，其他对象可以控制这些公共数据，这样，这些控制对象之间就形成了公共耦合。

2. 内聚度

与度量模块之间的相互依赖性相比，内聚度是指模块的内部元素（如数据、功能、内部模块）的"黏合"程度。一个模块的内聚度越高，模块内部的各部分之间的相互联系就越紧密，与总体目标就越相关。一个模块如果有多个总体目标，它的元素就会有多种变化方式或变化值。例如，一个模块同时包含了数据和例程，并用以来显示那些数据，这个模块可能会频繁更改且以不同的方式变更，因为每次使用这些数据时都需要使用改变这些值的新功能和显示这些值的新方法。我们的目的是尽可能地使模块高内聚，这样各个模块才能易于理解，不太可能更改。图6-5给出了几种类型的内聚。

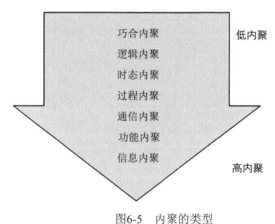

图6-5　内聚的类型

内聚度最低的是**巧合内聚**（coincidental cohesion），这时，模块的各个部分互不相关。在这种情况下，只是由于为了方便或是偶然的原因，不相关的功能、进程或数据处于同一个模块中。例如，一个设计含有若干个内聚的模块，但是其他的系统功能都统统放在一个或多个杂项模块中，这种设计不是我们所期望的。

当一个模块中的各个部分只通过代码的逻辑结构相关联时，我们称这个模块具有**逻辑内聚**（logical cohesion）。如图6-6所示，考虑这样一个模板模块或过程，它根据接收的参数值不同而执行不同的操作。尽管这些不同的操作体现了一定的内聚，它们之间会共享一些程序状态和代码结构，但是这种代码结构的内聚相对于数据、功能或目标的内聚是比较弱的。随着时间的增长，这些操作极有可能会有不同的变化，这些变化也可能包括一些新操作的加入，此时，模块将会变得非常难于理解和维护。

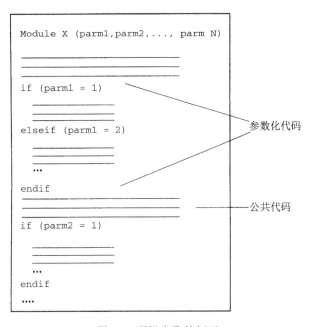

图6-6　逻辑内聚的例子

有时，设计被划分为几个用来表示不同执行状态的模块：初始化、读进输入、计算、打印输出和清除，这样的内聚是**时态内聚**（temporal cohesion），在这种模块中数据和功能仅仅因在一个任务中同时被使用而形成联系。这样的设计会造成代码的重复，因为会有多个模块对关键数据结构都有类似的操作。在这种情况下，对数据结构的改动会引起所有与之相关的模块的变动。在面向对象程序中，对象的构造函数和析构函数有助于避免初始化模块和清除模块中的时态内聚。

通常，必须按照某个确定的顺序执行一系列功能。例如，必须先输入数据，然后进行检查，然后操纵数据。如果模块中的功能组合在一起只是为了确保这个顺序，那么该模块就是**过程内聚的**（procedurally cohesive）。过程内聚和时态内聚类似，但过程内聚有另外一个优点：其功能总是涉及相关的活动和针对相关的目标。然而，这样一种内聚只会出现在模块本身运用的上下文环境中。倘若不知道该模块的上下文环境，我们很难理解模块如何以及为什么会这样工作，也很难去修改此模块。

或者，我们还可以将某些功能关联起来，因为它们是操作或生成同一个数据集的。例如，有时可以将不相关的数据一起取出，因为它们由同一个输入传感器搜集，或者通过一次磁盘访问就可以取到它们。这样围绕着数据集构造的模块是**通信内聚的**（communicational cohesive）。解决通信内聚的对策是将各数据元素放到它本身的模块中去。

我们理想的情况是**功能内聚**（functional cohesion），它满足以下两个条件：在一个模块中包含了所有必需的元素，并且每一个处理元素对于执行单个功能来说都是必需的。某个功能内聚的模块不仅执行设计的功能，而且只执行该功能，不执行其他任何功能。

在功能内聚的基础上，将其调整为数据抽象化和基于对象的设计，这就是**信息内聚**（informational cohesion）。它们的设计目的是相同的：只有当对象和动作有着一个共同且明确的目标时，才将它们放到一起。例如，如果每一个属性、方法或动作都高度互相依赖且对于一个对象来讲都是必需的，那就说这个面向对象的设计模块是内聚的。好的面向对象系统通常有较高内聚的设计，因为每个模块中含有单一的（可能是复杂的）数据类型和所有对该数据类型的操作。

301

6.2.2　接口

在第4章中我们看到，软件系统有一个外部边界和一个对应的接口，通过这个接口软件系统可以感知和控制它的环境。类似地，每个软件单元也有一个边界将它和系统的其余部分分开，以及一个接口来和其他软件单元进行交互。**接口**（interface）为系统其余部分定义了该软件单元提供的服务，以及如何获取这些服务。一个对象的接口是该对象所有公共操作以及这些操作的**签名**（signature）的集合，指定了操作名称、参数和可能的返回值。更全面地讲，依据服务或假设，接口还必须定义该单元所必需的信息，以确保该单元能够正确工作。例如，在上述对象的接口中，对象的操作可能要使用程序库、调用外部服务，或者只有上下文环境符合一定条件时才能被调用，而一旦不满足或违背这些条件中的任何一个，操作将不能如预期那样提供应有的功能。因此，软件单元的接口描述了它向环境提供哪些服务，以及对环境的要求。如图6-7所示，一个软件单元可能有若干不同的接口来描述不同的环境需求或不同的服务，例如，单元所提供的服务取决于用户的权限。

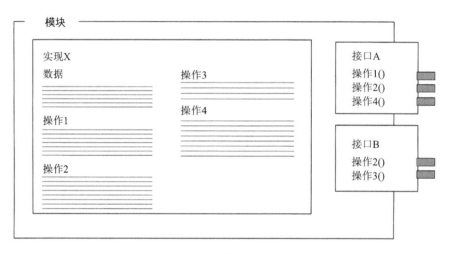

图6-7　接口示例

302

接口是这样一种设计结构，它对其他开发人员封装和隐藏了软件单元的设计和实现细节。比如，我们定义堆栈对象*stack*和操作堆栈的方法*push*和*pop*，而不是直接控制堆栈的变量，我们使用对象和方法而不是堆栈本身来改变堆栈的内容。我们还可以定义**探头**（probe）来向我们提供堆栈的信息（是空是满，栈顶元素是什么），而不需要对堆栈状态做任何改变。

软件单元接口的**规格说明**（specification）描述了软件单元外部可见的性质。正如需求规格说明依照系统边界的实体来描述系统行为一样，接口规格说明的描述只涉及软件单元边界的实体：该单元的访问函数、参数、返回值和异常。一个接口的规格说明需向其他系统开发人员传达正确应用该软件单元的所有信息，这些信息并不仅仅局限于单元的访问函数和它们的签名，还有如下几点。

- 目标：我们为每个访问函数的功能性建立充分详细的文档，以帮助其他开发人员找出最符合他们需要的访问函数。
- 前置条件：我们列出所有假设，又称为**前置条件**（precondition）（例如，输入参数的值、全局资源的状态，或者存在哪些程序库及软件单元），以帮助其他开发人员了解在何种情况下该软件单元才能正确工作。
- 协议：协议的信息包括访问函数的调用顺序、两个构件交换消息的模式。比如，一个调用模块访问共享资源之前需要被授权允许。
- 后置条件：我们将可见的影响称为**后置条件**（postcondition）。我们为每个访问函数的后置条件编写文档，包括返回值、引发的异常以及公共变量（如输出文件）的变化，这样，调用它的代码才能对函数的输出做出适当的反应。

- 质量属性：这里描述的质量属性（如性能、可靠性）是对开发人员和用户可见的。例如，我们软件的一名客户可能想知道是否已经为数据插入或检索优化了相关的内部数据结构。（一种操作的优化往往会降低其他操作的性能。）

理想的情况是，单元的接口规格说明精确定义了所有可接受的实现的集合。但实际中，该规格说明必须足够精确，才能保证任何满足规格说明的实现都是可接受的。例如，操作Find返回列表中一个元素的索引，这个操作的规格说明必须陈述相同元素多次在列表中出现时（例如，可以返回第一次出现的该元素的索引，或任一次出现该元素的索引）、没有找到该元素或者列表为空时会发生什么，等等。另外，规格说明也不能过于严格以避免将一些可接受的实现排除在外，例如，操作Find的规格说明不应该指定操作必须返回第一次出现该元素的索引，因为任何一次都是可以的。

接口规格说明也使得其他开发人员不能深入了解和探究我们的设计决策。初看上去，允许其他开发人员在我们的软件设计的基础上优化他们的代码似乎是合理的，但是这种优化是软件单元之间的一种形式的耦合，它会降低软件的可维护性。如果一名开发人员要依赖于我们的软件的实现方式来编写他的代码，那么他的代码和我们的代码之间的接口就已经改变了：他需要了解更多已有规格说明以外的信息。当我们想对软件做出改动来满足新的实现时，要么我们保持当前接口不变，要么其他开发人员改变他的代码。

软件单元的接口还暗示着耦合的本质含义。如果一个接口将访问限制在一系列可被调用的**访问函数**之内，那么它们之间就没有内容耦合。但如果其中一些访问函数有复杂的数据参数，那么可能会存在标记耦合。为了实现低耦合，我们想将单元的接口设计得尽可能简单，同时也想将软件单元对于环境的假设和要求降至最低，来降低系统其他部分的改变会违背这些假设条件的可能性。

6.2.3 信息隐藏

信息隐藏（information hiding）(Parnas 1972)的目标是使得软件系统更加易于维护。它以系统分解为特征：每个软件单元都封装了一个将来可以改变的独立的设计决策，然后我们根据外部可见的性质，在接口和接口规格说明的帮助下描述各个软件单元。因此，这个原则的名称本身也反映了它的结果：单元的设计决策被隐藏了。

"设计决策"这种说法其实是很笼统的，它可以有很多指代，包括数据格式或数据操作、硬件设备或者其他需要和软件交互的构件、构件之间消息传递的协议，或者算法的选择。因为设计过程牵涉到软件很多方面的决策，所以最终的软件单元封装了各种类型的信息。和第5章所述的分解方法学（例如，功能性分解、面向数据的分解）相比，根据信息隐藏来分解系统是有很大的不同的，因为前者只封装了同种类型的信息（换言之，它们只封装了函数、数据类型或过程）。补充材料6-2阐述了面向对象的设计方法如何很好地实现了信息隐藏。

补充材料6-2　面向对象设计中的信息隐藏

在面向对象设计中，我们将一个系统分解成对象和它们的抽象类型，换言之，每个对象（模块）都是抽象数据类型的实例。从这个角度上讲，每个对象对其他对象隐藏了它的数据表示，其他对象访问给定的一个对象的唯一途径是通过这个对象接口中声明的访问函数。使用这种信息隐藏技术，使得更容易改变对象的内部表示，而不影响系统的其他部分。

然而，数据表示并不是我们可以隐藏的唯一设计决策。因此，为了构建一个信息隐藏的面向对象设计，我们需要扩大对象的概念，以涵盖包括数据类型在内的信息类型。譬如，我们可以在对象本身中封装一个独立的过程，如一个排序算法，或者是一个事件调度器。

对象之间不可能完全非耦合，因为一个对象至少要能知道另一个对象才能实现交互。特别地，一个对象必须识别出另一个对象的名称才能调用它的访问函数。这种依赖意味着，一旦我们改变了一个对象的名称或者对象实例的个数，那么所有调用该对象的单元都要做出相应的改变。当被访问的对象有着特定标识时（如客户的记录），我们无法对这种依赖做出显著的改善，但当访问任意的一个对象时（如某个共享资源的实例），我们可能会避免这种依赖。在6.5节中，我们将讨论有利于消除这种依赖的设计模式。

因为我们想封装可变的设计决策，所以我们必须保证接口本身不涉及设计中可变的部分。以排序算法的封装为例，排序模块可以将输入串排序成有序的输出串，然而该方法却引起了标记耦合（即单元间传递的数据被限制成了字符串）。如果数据格式的可变性是一个设计决策，那么数据格式不应该暴露在模块的接口中。一个更好的设计应该是把数据封装在单个的、独立的软件单元中，而排序模块可以输入和输出任何对象类型，并使用在数据单元接口中声明的访问函数，实现对对象的数据值检索和排序的功能。

通过遵循信息隐藏原则，一个设计将会被分解成很多小的模块，而且，这些模块可能具有了所有类型的内聚，比如：

- 隐藏了数据表示的模块可能是信息内聚的；
- 隐藏了算法的模块可能是功能内聚的；
- 隐藏了任务执行顺序的模块可能是过程内聚的。

因为每个软件单元只隐藏了一个特定的设计决策，所以它们都具有高内聚度。即使是过程内聚，软件单元都隐藏了单个任务的设计。随之而来的结果是大量的模块，这使我们的操作看起来变得难以控制，但是我们会有方法在模块数量和信息隐藏之间做出权衡。在本章的后面，我们将会看到如何使用依赖图和抽象来管理大量的模块集合。

信息隐藏的一个很大的好处是使得软件单元具有低耦合度。每个单元的接口列出了该单元提供的访问函数和需要使用的其他访问函数的集合。这个特征使得软件单元易于理解和维护，因为每个单元相对来说都是自包含的。如果我们能够正确地预测出随着时间的增长设计的哪些部分会有变化，那么随后的维护便会更容易，因为我们能够把变化的位置定位到特定的软件单元。

6.2.4　增量式开发

假定一个软件设计是由软件单元和它们的接口所组成的，我们可以使用单元之间的依赖关系来设计出一个增量式设计开发进度表。首先，我们指定单元间的**使用关系**（uses relation）（Parnas 1978b），它为各个软件单元和它依赖的单元之间建立关联。回顾我们关于耦合的讨论，两个软件单元A和B，它们不彼此调用也可能会互相依赖，例如，单元A依赖单元B构造一个数据结构，并存储在一个独立的单元C中，随后A再访问C。总的说来，如果软件单元A如它接口中描述的那样"需要一个正确的B"，才能完成A的任务，那么我们说软件单元A"使用"软件单元B（Parnas 1978b）。因此，倘若只有单元B正确工作才能保证A也能正确工作，则单元A使用单元B。以上的讨论是假设我们能从单元的接口规格说明中得知系统的使用关系，而当接口规格说明不能完整地描述单元间的依赖关系时，我们需要对每个单元的实现计划有充分认识，才能知道它将使用哪些其他单元。

图6-8将系统的这种利用关系表述成**使用图**（uses graph），图中的节点代表软件单元，有向边从使用其他单元的软件单元出发（如图中的A）指向被使用的单元（如图中的B）。使用图可以帮助我们逐步确定更大的系统子集，对此我们可以增量地进行实现和测试。一个系统子集包括一些有用的子程序、它所使用的所有软件单元、那些软件单元所使用的所有软件单元，一直如此下去……"从概念上来讲，我们从使用图中拉出程序P_1，然后看P_1之下是哪些程序，这些程序就是我们要的子集"（Clements et al. 2003）。因此，我们的系统可以增量构建的程度取决于在早期我们发现的能够实现和测试的小的系统子集的多少程度。

从满足增量式开发的角度考虑，使用图也可以帮助我们确定可改善的设计范围。以图6-8为例，设计1和设计2分别是同一个系统的两种设计。我们用术语**扇入**（fan-in）指代使用某个软件单元的软件单元数量，用**扇出**（fan-out）指代某个软件单元使用其他软件单元的数量。这样，设计1中单元A的扇出为3，在设计2中却为5。一般来说，我们要控制有高扇出的软件单元的数量。高扇出往往表明该软件单元所做的太多，也许可以分解成更小更简单的单元。因此，设计1会比设计2更加合理，因为设计1的构件具有低扇出。另一方面，如果有多个单元执行相似的功能，譬如查找字符串，那么我们更倾向于把它们合并成单个的、有着更一般性的目标的单元，它可以代替原来单元中的任何一个。这样最终的单元就有了高扇入。我们设计一个系统的最终目的之一是创建有着高扇入、低扇出的软件单元。

306

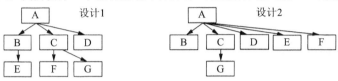

图6-8　两种设计的使用图

再考虑另外一个例子，如使用图6-9a所示，图中的循环指定了互相依赖的单元集合。这种情况不一定总是不利的。如果一个单元所针对的问题本身就是递归的，那么这种包含了彼此递归调用的设计就是非常有意义的。但是，循环太大会使得设计难以支持增量开发：除非循环的所有单元都已开发，否则没有一个单元可以被开发出来（即实现、测试和调试）。再者，我们不可以去建立一个只包含循环中部分单元协作的一部分系统。我们可以尝试使用**夹层法**（sandwiching）（Parnas 1978b）来消除循环。在夹层法中，循环中的一个单元被分解成两个单元，这样分解后的新单元中一个没有必须依赖的单元（如图6-9b中的单元B_2），另一个也没有依赖它的单元（如图6-9b中的单元B_1）。我们可以反复使用夹层法，解除高耦合单元间的相互依赖或者较长的循环链。图6-9c显示了两次使用夹层法的结果，一次用于单元A，一次用于单元B，最终将一个依赖循环转换为两个更短的依赖链。当然，夹层法只有在单元的数据和功能可以被清晰地分离的情况下适用，但事实情况并不总是如此。在6.3节中，我们会介绍一个更加完善的技术，即**依赖倒置**（dependency inversion），它运用面向对象技术将两个单元之间的依赖关系颠倒，从而解除了循环。

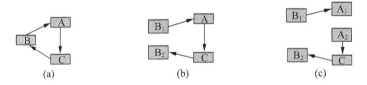

图6-9　在使用图中使用夹层法消除循环

设计良好的使用图应具有树形结构或者是树形结构的森林。在这样的结构中，每棵子树都是系统的一部分，所以我们可以一次一个软件单元地增量开发我们的系统，每个完成的单元都是系统的部分实现。在开发过程中，每一次的增量都会越来越易于测试和修改，因为错误只可能出现在新代码中，而不是在已经过测试和验证的被调用单元中。此外，我们总有一个可运行的系统版本用来展示给客户。而且，系统频繁且可见的进展也鼓舞了开发人员的士气（Brooks 1995）。和其他方法相比，增量式开发有着不可多得的优势，因为前者只有当每个单元都能工作时系统才能工作。

6.2.5　抽象

抽象是一种忽略一些细节来关注其他细节的模型或表示。而在定义中，关于模型中的哪部分细节被忽略是很模糊的，因为不同的目标会对应不同的抽象，会忽略不同的细节。因此，通过回顾我们已经建立起的抽象，理解抽象这个概念将会更加容易。

307

在第5章中我们讨论了分解，图5-5所示是分解层次（decomposition hierarchy）的一个实例：一个经常使用的抽象图,在该图中系统被分解为各个子系统,每个子系统再被分解成更小的子系统,一直分解下去。其中分解的顶层给我们提供了问题系统层次上的纵览,同时对我们隐藏了那些可能会影响我们注意力的细节,有助于我们集中关注我们想要研究和理解的设计功能和特性。当我们观察低一层次的抽象时,会发现更多关于各软件单元的细节,它们牵涉到它的主要元素以及这些元素间的关系。各个抽象层次以这种方式隐藏了它的元素如何进一步分解的方法,而每个元素在接口规格说明中将被一一描述,这是另一种关注元素外部行为和避免元素内部设计细节被引用的抽象类型,这些细节将会在分解的下一个层次中显现出来。

正如我们在第5章中所见,一个系统可能不仅仅只有一个分解方法,我们会创建若干种不同的分解来展示不同的结构,譬如,一种视图可能展示了不同运行进程以及它们内部的联系,另一种视图则展示了分解成代码单元的系统。每个视图都是一种抽象,它强调了系统结构设计的某个方面(如运行时进程)而忽略了其他结构信息(如代码单元)和非结构细节。

第四种抽象类型是虚拟机(virtual machine),例如在层次体系结构中的情况。任一层次i都使用了它下一层次$i-1$层所提供的服务,这样第i层便拥有了强大且可靠的服务,然后向它的上一层$i+1$层提供该服务。回想实际中的层次体系结构,每一层只能访问紧邻它的下一层所提供的服务,而不能访问更低层的服务(当然也不可能访问更高层的服务)。根据以上所述,层次i是将底层细节抽象化,仅向下一层展现它的服务的虚拟机。设计的指导原则是:层次i的服务是它下面各层次所提供的服务的加强,因此也取代了它们。

对于一个特定的模型,一个好的抽象的关键是决定哪些细节是不相关的,进而可以被忽略。抽象的性质取决于开始时我们建立这个模型的初衷:我们想交互哪些信息,或者我们想展示哪个分析过程。补充材料6-3阐述了我们可以如何为有着不同目标的算法建立不同的抽象模型。

6.2.6　通用性

回顾第1章中所述,Wasserman的软件工程原则之一就是**可复用性**(reusability):构造在将来的软件产品中仍可使用的软件单元,旨在通过复用来分摊开发的成本。(**分摊**(amortization)是指,我们在计算软件单元的成本时,是考虑每次使用时的成本,而不是开发项目时的整个成本。)**通用性**(generality)是这样一种设计原则:在开发软件单元时,使它尽可能地能够成为通用的软件,来加强它在将来某个系统中能够被使用的可能性。我们通过增加软件单元使用的上下文环境的数量来开发更加通用的软件单元,下面是几条实现规则。

- 将特定的上下文环境信息参数化:通过把软件单元所操作的数据参数化,我们可以开发出更加通用的软件。
- 去除前置条件:去除前置条件,使软件在那些我们之前假设不可能发生的条件下工作。
- 简化后置条件:把一个复杂的软件单元分解成若干个具有不同后置条件的单元,再将它们集中起来解决原来需要解决的问题,或者当只需其中一部分后置条件时单独使用。

例如,下面列出4个旨在提高通用性的过程接口:

```
PROCEDURE SUM: INTEGER;
POSTCONDITION: 返回3个全局变量的和

PROCEDURE SUM (a, b, c: INTEGER): INTEGER;
POSTCONDITION:返回参数的和

PROCEDURE SUM (a[]: INTEGER; len: INTEGER): INTEGER
PRECONDITION: 0 <= len <= size of array a
POSTCONDITION: 返回数组a中1...len元素的和

PROCEDURE SUM (a[]: INTEGER): INTEGER
POSTCONDITION: 返回数组a中元素的和
```

补充材料6-3 使用抽象

我们可以使用抽象来扩展我们的设计。假定系统的某个功能是重新排列列表L中的元素。设计的最初描述如下：

以非递减顺序重新排列L。

抽象的下一个层次可能是一个具体的算法：

```
DO WHILE I 在 1 和（L的长度）-1 之间：
   设置LOW为L（I），…，L（L的长度）中最小值的下标
   交换L（I）和L（LOW）
ENDDO
```

算法提供了大量附加信息。从中可以得知，用于在L上重新执行排列操作的过程。但是，它还可以更加具体。第三个和最后一个算法确切地告诉我们重排操作是如何工作的。

```
DO WHILE I 在 1 和（L的长度）-1之间
   设置 LOW 为 I 的当前值
      DO WHILE J 在 I+1 和（L的长度）之间：
         IF L（LOW）比 L（J）大
            THEN 设置 LOW 为 J的当前值
         ENDIF
      ENDDO
   设置TEMP 为 L（LOW）
   设置 L（LOW）为 L（I）
   设置 L（I）为 TEMP
ENDDO
```

每一层的抽象都有一个目的。如果只关心L在重新排列前后是什么样子，我们只需要知道第一层抽象。第二个算法提供更多的细节，给出用来执行重排过程的总体情况。如果只关心算法的速度，那么第二层抽象就足够了。但是，如果要为重排操作编写代码，第三层抽象就确切地告诉了我们要发生什么，几乎不需要其他信息。

考虑前面所述的三个重新排列。如果只给你展现第三层，你可能无法立即看出该过程描述的是重排操作。利用第一层抽象，过程的本质就显而易见了。第三层抽象将你的注意力从过程的真实本质上转移开。因此，信息隐藏和抽象保证我们集中考虑某个构件或算法的目的。

在第一个过程中，只有在全局变量的名字和过程体中使用的名字相匹配的时候，该过程才能正常进行。第二个过程不再需要知道求和的实际变量的名字，但将求和的变量严格限制为3个。第三个过程可以对任意个数的变量求和，但是代码要计算这些变量的个数。最后一个过程对它的数组参数中的所有元素求和。因此，过程越通用，我们越能够在一个新的上下文环境中使用它，只需改变它的输入参数而不是修改它的实现。

尽管我们希望总能够开发出可复用的单元，但有时候其他的设计目标会与该目标产生冲突。在第1章中我们看到，正因为软件工程关注的是特定上下文中的软件决策，所以它部分区别于计算机科学。也就是说，我们要对决策做出相应调整来适应特定用户的需要。系统的需求规格说明列出了特定的设计标准（如性能、效率），我们可以通过参照这些标准来优化设计和代码。然而，这种客户化定制往往降低了软件的通用性，这反映了我们必须在通用性（因而，还有可复用性）和客户化之间做出权衡，而我们也没有一般性的法则可以帮助我们平衡这两个相互冲突的目标，我们的选择将取决于环境、设计标准的重要程度，以及一个更通用软件版本的实用效果。

6.3　面向对象的设计

310

软件设计的特征对随后的开发、维护和演化会产生重要影响，因此，为了帮助开发人员更方便地使用上一节所述的开发原则，人们正在不断地研发新的软件工程技术。例如，**设计方法论**（design methodology）提供了一些建议，指导我们如何使用抽象、关注点分离以及接口把系统分解成若干个软件单元，即模块，其中面向对象的方法是最受欢迎、最完善的设计方法。如果一个设计将系统分解成若干个封装了数据和函数的运行时构件，即所谓的**对象**，那么我们就说该设计是**面向对象的**（object oriented）。下面是对象区别于其他构件的特征：

- 对象是唯一**可标识的**运行时实体，它们可以设计为消息或请求的目标。
- 对象是**可组合的**，因为它的数据变量本身可能也是对象，因而封装了对象的内部变量的实现。
- 对象的实现可以通过**继承**的方式被复用和扩展，用来定义其他对象的实现。
- 面向对象的代码可以是**多态的**：可以对多个不同但类型相关的对象都起作用的通用代码。相关类型的对象会对一些相同的消息或请求做出响应，但不同类型的对象会有不同的响应。

在本节中，我们将回顾这些特征以及它们体现的设计选择，并且我们会用启发式的方法来改善这些性质。通过充分利用面向对象的特征，我们创建的设计可以很好地与设计原则相契合。

6.3.1　术语

面向对象系统的运行时结构是一系列**对象**的集合，每个对象都是数据以及用来创建、读取、更改和清除数据的所有操作的内聚的集合。对象的数据称作**属性**，而对象的操作称作**方法**。对象之间通过发送消息、调用彼此的方法进行交互。对象一旦接收到消息，就执行相关的方法读取或修改对象数据，也可能将消息传送给其他对象；方法执行结束后，该对象再把结果发送给请求对象。

从根本上来讲，对象是运行时实体，所以它们往往不会直接出现在软件设计中，相反地，面向对象设计往往是由对象的类和接口构成的。接口声明了外部可访问的属性和方法。通常，这些信息是指公共方法，同时包含了这些方法的签名、前置条件、后置条件、协议要求以及可见的质量属性。因此，和其他接口一样，对象的接口展示了对象对外公开的一面，指定了对象所有的外部可见行为，系统中的其他构件必须通过调用对象接口中声明的方法才能间接地访问某个对象的数据。而一个对象可能会有多个接口，每个接口向外部提供了对数据和对象不同级别的访问，这些接口按照其类型形成层次化关系：若一个接口所提供的服务是另一个接口所提供服务的严格子集，那么我们称前者是后者的**子类型**（subtype），后者则称为前者的**超类型**（supertype）。

311

每个对象的实现细节都封装在各自的类定义中。准确地说，**类**是一种部分或完全实现某抽象数据类型的软件模块（Meyer 1997）。它包含了属性数据的定义、操作这些数据的方法的声明，以及部分或所有方法的实现。因此，实际上来讲，是类模块包含了实现对象数据表示和方法过程的代码。如果一个类没有为它的某个方法提供实现，那么我们称这个类为**抽象类**（abstract class）。在一些面向对象的表示中，包括统一建模语言（Unified Modeling Language，UML），没有将对象的接口和它的类模块分离开，在这样的表示法中，类的定义有公共定义（形成了接口）和私有定义（形成了类的实现）之分。在本章中，我们只考虑接口和类是两个不同实体的情形，因为满足某个接口的对象集一定比实例化某个类的对象集要大得多。在图形表达上，我们用斜体字表示接口或抽象类的名称以及它们未实现的方法的名称，以区别于其他的类。

假设我们要为一个商场设计可以记录所有销售事务的程序。图6-10所示是`Sale`类的部分设计，该类定义了一次销售中的信息属性（如出售商品的列表、商品的价格和营业税）。该类实现了针对事务数据（例如从事务中增加或删除一个产品，计算营业税，取消销售）的一组操作。程序中每个`Sale`对象都是该类的实例：每个对象封装了不同的数据变量和指向类操作的指针。此外，类定义还包含了用来生成新对象实例的**构造方法**（constructor），所以在程序执行期间，我们可以实例化新的Sale对象来记录每次销售的细节。

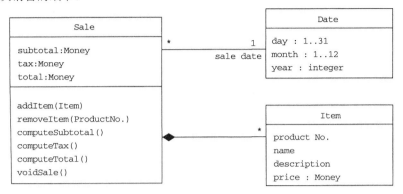

图6-10　Sale类的部分设计

我们还可以使用**实例变量**（instance variable）的值来指代对象，对象是类的一个确值（distinct value），正如"3"是INTEGER数据类型的一个确值。因此，实例变量可以指向运行时不同的对象实例。同样地，整数变量可以用不同的整数值赋值。然而，实例变量和传统程序变量之间有着很重要的区别：我们可以声明一个实例变量是接口类型的，而不是一个特定类的类型（假设接口和类是不同的实体）。在这种情况下，这个实例变量可以指向任何实现该变量（接口）类型的类的对象；除此之外，由于接口之间可能的继承关系，只要一个对象的类可以实现某接口的任意祖先，那么就可以用该接口类型的实例变量指向这个对象。实例变量甚至还可以在程序执行过程中指向各种不同的类的对象。这种灵活性称为**动态绑定**（dynamic binding），因为并不能通过检查代码得知变量引用的是哪个对象。我们依据它们的接口编写操作实例变量的代码，但是该代码的实际行为在程序执行过程中是变化的，它取决于代码所操作对象的类型。

图6-11给出了4种面向对象的结构（类、对象、接口和实例变量）以及结构之间的关系，这些关系用箭头指示，箭头末端的注释表明了关系的多重性（有时也称为"元数"），**多重性**（multiplicity）告诉我们这种项可能存在的数量。比如，实例变量和对象之间的关系是多（*）对一（1）的，即在程序执行的这一刻，多个实例变量可能指向同一个对象。下面是其他值得一提的关系。

- 每一个类都封装了一个或多个接口的实现细节。实现某个接口的类也隐式地（通过继承机制）实现了该接口的所有超类。
- 一个接口由一个或多个类实现，比如，不同的类实现可能强调了不同的质量属性。
- 每个对象都是同一个类的实例，这个类的属性和方法的定义决定了对象拥有哪些数据以及执行哪些方法实现。
- 多个不同类型的实例变量可能会指向同一个对象，只要该对象的类实现（直接或隐式地通过超类）了每个变量的（接口）类型。
- 每个实例变量的类型（即接口）都决定了使用该实例变量可以访问哪些数据和方法。

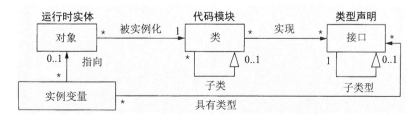

图6-11　面向对象结构元模型

对象实例和实例变量的分离、接口和类定义的分离，都使得我们在封装设计决策、修改和复用设计时拥有了很大的灵活性。

支持复用是面向对象设计的一个很显著的特征。比如，我们可以通过组合构件类来建立新的类，这好比孩子们用积木来堆成不同的结构。使用**对象组合**（object composition）的方法，我们可以通过把类的属性定义成某个接口类型的实例变量来完成类的构造。例如，图6-10中的Sale类使用了组合来维护Item的销售记录，并且使用构件Date对象来记录销售的日期。使用组合的一个好处就是它对模块化的支持，组合而成的类不需要知道那些基于对象的属性是如何实现的，而只能通过它们的接口来操纵它们。因此，我们可以很轻松地将类中的构件替换成其他接口相同的构件。这种技术好比用一块蓝色的积木去替换另一块红色的，只要它们的大小和形状是相同的即可。

此外，我们还可以通过扩展或修改现有类的定义来构造新的类，这种构造方式称为**继承**（inheritance），它直接复用（添加）已有的类定义来获得一个新类。继承好比在一块已有的积木上打孔而得到一种新型的积木。在继承关系中，原有的类被称为**父类**（parent class），创建的新类被称为**子类**（subclass），子类"继承"父类的数据和函数的定义。为了充分理解继承的工作机制，我们假设要创建一个名为Bulk Sale的类来记录大型销售事务，在这种销售中，消费者可以享受折扣优惠。我们扩展通常的Sale类来定义Bulk Sale类，如图6-12所示，然后我们只需提供那些Sale类中没有的定义即可，这些新的定义包括折扣率属性和经修改后能够计算折后总价的方法。任何Bulk Sale类的对象都将由父类Sale和子类Bulk Sale中定义的属性和方法构成。

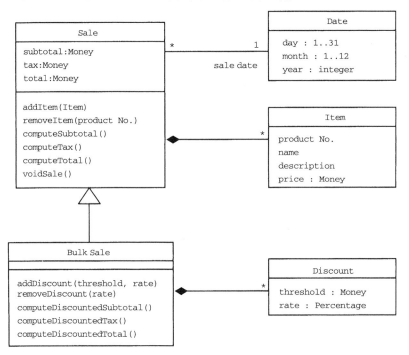

图6-12　继承的例子

面向对象的方法可以实现**多态**（polymorphism），其中，代码是根据与接口的交互来编写的，但是，代码的行为却取决于运行时和接口相关联的对象，以及该对象的方法的实现。不同类型的对象可通过特定于类型的响应对相同的消息做出不同的反应。设计人员和程序员并不需要知道多态代码所控制的对象的确切类型。相反地，他们只需要确保代码和实例变量的接口保持一致。他们根据对象所属的类来指定它将如何响应消息。在Sales项目中，结束一次消费的代码可以简单地向相应的Sale对象请求总价即可，至于总价该如何计算（即使用何种方法以及是否有折扣）将取决于该对象是普通的Sale还是Bulk Sale。

继承、对象组合以及多态是面向对象设计的重要特征，它们使得设计出来的系统在许多方面都是有用的。在接下来的一节中，我们将讨论有效使用这些概念的相关策略。

6.3.2 继承与对象组合

设计中一个关键的决策就是如何最好地组织和关联复杂的对象。在面向对象的系统中，构造大型对象的技术主要有两种：继承和组合。也就是说，可以通过扩展和重载现有类的行为来创建新的类，或者通过组合简单的类来形成一个新类。这两种方法之间的区别可以通过类似于（Bertrand Meyer 1997）的例子体现。如图6-13所示，左边的Software Engineer类定义为Engineer类的子类，它继承了父类的工程能力，图的右边将Software Engineer类定义为因含有构件Engineer对象而具有工程能力的组合类。我们注意到两种方法都可以复用和扩展设计。也就是说，在两种方法中，可复用的代码都可以作为独立的类（即父类或构件对象）来进行维护，新类（即子类或组合对象）通过引进新属性和新方法扩展了类的行为，且没有改变可复用的代码。除此之外，由于可复用的代码封装在独立的类中，我们可以安全地改变它的实现，从而间接更新了新类的行为。因此，在示例中，不管使用的方法是继承还是组合，对Engineer类所做的改变都会自动地在Software Engineer类中实现。

315

图6-13 类继承（左）和对象组合（右）

每一种构造范型都优劣并存。在保持被复用代码的封装性方面，组合的方法优于继承，因为组合的对象仅能通过它声明的接口来访问构件。在我们的示例中，Software Engineer对象只能使用它的构件方法来访问和更新自己的工程能力。相比较之下，根据设计，子类可以直接访问它所继承的属性。组合的最大优点在于它允许动态替换对象构件。对象构件是组合对象的一个属性变量，和其他变量一样，在程序执行的任何时候它的值都可以随时改变。此外，如果构件是根据一个接口来定义的，那么可以用一个不同但类型兼容的对象替换它。在组合而成的Software Engineer类中，我们通过把engCapabilities重新指定到另一个对象，就可以改变它的工程能力，包括方法实现。这种可变性本身也会导致问题，因为使用组合方法设计的系统在运行时可以被重新配置，所以我们很难仅通过研究代码，就能够想清楚或推理出程序的运行时结构。也并不总是能够搞清楚一个对象到底引用了哪些其他对象。组合的另一个缺点就是，对象组合引入了一层间接性，一个构件的方法的每一次访问都必须先访问这个构件对象，这种间接性可能会影响到程序运行时的性能。

相比较而言，如果使用继承的方法，子类的实现在设计的时候就已经确定了并且是静态的。与从组合类进行对象实例化相比，这种对象具有更小的灵活性，因为它们从父类继承的方法不可能在运行时发生改变。再者，由于从父类继承的特性对于子类而言往往是可见的，如果不是可直接访问，理解和预测通过继承方式构造的类将会相对容易些。当然，继承最大的好处就是，通过选择性地覆载被继承的定义，可以改变和特化继承方法的行为。这个特性可以帮助我们快速创建具有新行为的、新的类型的对象。

一般来讲，有经验的设计人员更偏好使用组合而不是继承，因为使用组合可以在运行时很方便地实现构件对象的替换。当实例变量是根据接口而不是具体类来定义的时候，这些变量可以指向可以实现该接口的任意类型的对象，因此，编写客户端代码的时候可以不需要知道所使用的对象的特定类型，甚至不需要知道是哪些类实现了这些对象；客户代码只取决于接口的定义。这样的灵活性使得将来能更加容易地改变和增强系统的能力。例如，在使用组合方法构造 Software Engineer 类时，我们可以使用任何遵循 Engineer 接口的对象来实现它。我们可以定义一个新类 Senior Engineer，或者定义一个比 Junior Engineer 拥有更多能力和职责的子类，然后通过指派属性我们可以把 Software Engineer 提升为具有高级工程能力的类。但是，这种对于组合优于继承的偏好并不是一个一成不变的设计规则，因为有时候把一个对象看成是另一个对象的特化会更加简单。例如，把 Sedan 作为 Car 的子类来建模比把 Sedan 作为具有汽车的性质的组合对象更加合适。不仅如此，由于对象组合引进了一定的间接性，它对系统效率的降低程度可能会大于灵活性所提升的程度。因此，类继承和对象组合之间的选择是一种涉及设计一致性、行为可预测性、设计决策的封装性、运行时性能和运行时可配置性的权衡。

[316]

6.3.3   可替换性

使用继承，并不一定能够导致子类可以出现在父类所出现的地方。大多数面向对象的编程语言，允许子类对继承的方法进行覆载，而不去考虑其结果是否依然符合其父类的接口。因此，依赖于父类的客户端代码在传送一个子类实例时，可能不能正常工作。

考虑 Stack 的一个特化类型 BoundedStack，它只能存放一定数量的元素。子类 BoundedStack 并不仅仅增加了用于记录栈的大小的属性，而且重写了当有元素进入一个状态为满的栈中时 push() 方法的行为（如 BoundedStack 可能会忽略该请求，或者将栈底元素弹出为新元素留出空间）。在这种情况下，BoundedStack 对象并不能完全取代 Stack 对象，因为当栈满的时候它们有不同的行为。

理想的情况是，子类必须保持其父类的行为，这样，客户端代码才能把它的实例也当成其父类的实例来同等对待。**利斯科夫替换原则**（Liskov Substitutability Principle）很好地描述了这一概念。该原则是以它的发明人——面向对象编程和数据抽象的先驱 Barbara Liskov 命名的。根据该原则，当同时满足以下条件时，一个子类对于其父类就是**可替换的**（Liskov and Guttag 2001）。

(1) 子类支持父类的所有方法，并且它们的签名是兼容的。也就是说，子类的方法的参数和返回类型对于父类方法的对应的参数和返回类型，是可替代的，这样，对父类方法的任何调用也会被子类所接受。

(2) 子类的方法必须满足父类方法的规格说明。这两个类的方法行为不一定要完全相同，但是子类必须不违反父类方法的前置条件以及后置条件。

- 前置条件规则：子类的前置条件必须和父类的前置条件相同或者弱于父类的前置条件，这样才能保证在父类可以成功工作的时候子类也能正常工作，我们将这种关系表示为：

$$\text{pre}_{\_parent} \Rightarrow \text{pre}_{\_sub}$$

- 后置条件规则：在父类方法支持后置条件的情况下，子类方法所做的和父类所做的一样多，甚至比父类的还多（也就是说，子类方法的后置条件能包括父类方法的后置条件）。

$$\text{pre}_{\_parent} \Rightarrow (\text{post}_{\_sub} \Rightarrow \text{post}_{\_parent})$$

(3) 子类必须保留父类中声明了的所有性质。比如，在 UML 中，子类继承了父类所有特征以及父类与其他类之间的关联。

[317]

如果以上规则中的任何一个不满足，那么向子类实例发送消息和向父类实例发送消息可能会得到不同的结果。在 BoundedStack 类的例子中，push() 不仅仅是扩展了父类的 push() 方法的后置条件，而且它还有一个和父类不同的后置条件。因此，BoundedStack类的定义违反了后置条件规则，BoundedStack对象是不可以替换一般的Stack对象的。

作为比较，我们考虑Stack的另一个特化类型PeekStack，它允许从栈中取数，而不是仅仅只可以对栈顶元素进行操作。子类PeekStack只引进了一个新的方法peek(pos)，它返回深度为pos的元素的值。因为PeekStack没有重写Stack类中的任何方法，而且新方法peek()不改变对象的属性，所以它满足了所有可替换的条件。

利斯科夫替换原则的主要用途是确定在什么时候一个对象可以安全地被另一个对象所替换。如果我们在使用新的子类来扩展我们的设计和程序时，能遵循这个原则，那么我们就可以确信：现存代码可以不做修改地用于新的子类。虽然具有这些显著的好处，但在我们学习设计模式时，会碰到很多有用的模式和利斯科夫替换原则相抵触。就其他大部分设计原则而言，可替换性并不是一个强制性的规定，相反地，该原则作为指南使用，帮助我们决定什么时候不检查被扩展类的客户端模块，但又能保证它是安全的。任何时候只要遵循了这些原则，我们就可以简化扩展设计的总体任务。

6.3.4 德米特法则

虽然设计指导建议我们，在组合和继承之间应该优先选择组合，但是，这样得到的设计结果却又可能导致类之间形成大量的依赖关系，例如，只要一个类依赖另一个组合类以及它的构件类，这种情况就会发生。在销售事务的例子中，我们再考虑一个新的Bill类，它可以列出顾客一个月内所购买的商品清单。假设我们设计中的每个类仅仅提供控制自己属性的服务，为了打印出售出的商品的列表，generateBill()方法必须跟踪所有正确的Item对象：

```
For CustomerAccount c:
For CustomerAccount c 中的每个Sale c.s:
    For Sale c.s 中的每个Item c.s.i:
      c.s.i.printName();
      c.s.i.printPrice();
```

在这样的设计当中，Bill类可以访问CustomerAccount、Sale和Item类，因此也直接依赖它们，我们必须知道这些类的接口，才能正确地调用正确的方法。更糟糕的是，无论何时只要它们其中任意一个有了变动，我们就必须重新检查generateBill()的实现。

通过把组合类中作用在类构件上的每个方法都包含进来，我们可以降低它们的依赖程度，例如，在Sale类中增加一个printItemList()方法，在CustomerAccount类中增加一个printSaleItems()方法。在这个新的设计中：

- generateBill()方法调用CustomerAccount中的printSaleItems()；
- printSaleItems()调用合适的Sale对象中的printItemList()；
- printItemList()调用合适的Item对象中的打印方法。

这种设计公约称为**德米特法则**（Law of Demeter）（Lieberherr and Holland 1989），它是以一项研究项目Demeter命名的，它还有一个更广为人知的非正式的名字"不要和陌生人说话"的设计原则。这个设计公约的好处在于使用了组合类的客户代码仅仅需要知道组合本身，而不需要知道组合的构件。我们可以使用这两种设计导出的依赖图来说明它们之间的区别和类之间的依赖关系，参见图6-14。一般情况下，遵循德米特法则的设计具有更少的依赖关系，而类之间的依赖关系越少，软件故障往往也就越少（Basili, Briand and Melo 1995），软件也越易于修改（Li and Henry 1993）。

318

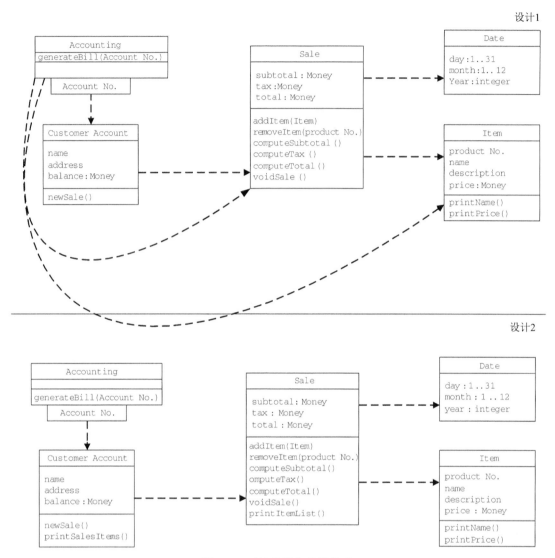

图6-14　对比设计和依赖关系

　　另一方面，这种设计往往会使用**包装类**（wrapper class），以在不改变现有类的实现的前提下增加新功能。例如，我们可以通过和Sale类关联的包装类来增加printItemList()。尽管包装类使得向组合类中增加操作的任务变得轻松了，但同时也会使设计更加复杂以及降低运行时的性能。因此，在决定是否遵循德米特法则的时候，我们要在设计复杂度、开发时间、运行时性能、防止故障和易维护性之间进行权衡。

6.3.5　依赖倒置

　　依赖倒置是我们要讲的最后一个与面向对象设计相关的启发式方法。使用依赖倒置，可以把两个类之间的依赖连接方向进行倒置。比如，如果一个客户类依赖于某个服务器类，我们可运用依赖倒置来修改依赖关系，使得依赖关系反过来成为服务器类依赖于客户类。我们可以使用依赖倒置来消除类形成的依赖循环，正如本章前面我们所看到的那样。或者我们可以重新安排设计，使得每个类只依赖于更加稳定、不太可能会更改的类。

可以通过引入接口来实现依赖倒置。假设我们的设计中，客户类要使用服务器类的方法，如图6-15a所示，客户依赖于服务器。依赖倒置的第一步是创建客户可以依赖的接口，这个接口应该包含用户期望从服务器中获得的所有方法的规格说明。我们修改客户类，使得它使用这个新接口而不是使用服务器类，然后将客户类和接口打包成一个新的客户模块，结果如图6-15b所示。第二步是为服务器类创建包装类（或者修改服务器类），包装类实现第一步中创建的接口，这一步应该会很容易，因为接口是和服务器类的方法规格说明相对应的，结果如图6-15c所示。新增的依赖图中，包装类依赖新的客户包。在原来的设计中，一旦服务器类发生改变，我们都要重新检查和编译客户代码。而在新设计中，客户代码和服务器代码都只依赖于新建的`ClientServerInterface`类，对于任意一方的代码的改变，我们都不需要去检查和重新编译另一方的代码，因此这种设计更易于维护。我们将看到，很多设计模式中都会用到这种依赖倒置的原则。

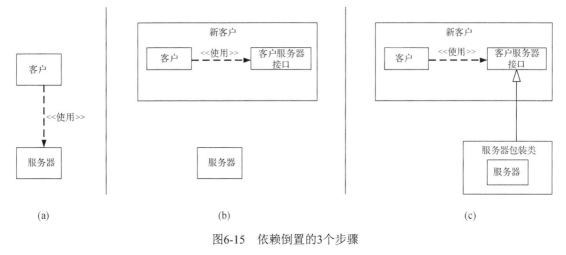

(a)　　　　　　　　　　　(b)　　　　　　　　　　　(c)

图6-15　依赖倒置的3个步骤

6.4　在 UML 中体现面向对象设计

UML是用来描述面向对象解决方案的一套很受欢迎的设计表示法。经过剪裁，它可以适应于不同的开发情形和软件生命周期。实际上，像对象管理小组（Object Management Group）这样的一些组织，已经将UML作为面向对象表示法的标准。在本节中，我们将回顾第4章中介绍的UML结构，并在一个范例中使用它们。若想更加完整地了解UML，可参考（Larman 1998）。

UML可以用来可视化、说明或文档化软件设计。它在描述不同的设计选择，直至最终对设计工件（artifact）进行文档化时，是特别有用的。UML图包括了系统的动态视图、静态视图、约束和形式化。动态视图可以使用用例图、活动列表、表示顺序和通信的交互图以及表明状态及其变化的状态机来描述。静态视图可以使用类图来描述，用来表示关系（关联、泛化、依赖和实现）和可扩展性（约束、标记值和构造性）。另外，静态视图还展示了包图和部署图。约束和形式化可以用对象约束语言（Object Constraint Language，OCL）来表示。

6.4.1　过程中的 UML

因为在开发的任何阶段我们都可以使用面向对象的概念，所以UML可以在软件开发的全部过程中使用。图6-16向我们展示了如何在创建需求规格说明、设计和编码过程中使用UML。我们注意到UML使用了第4章中介绍过的很多表示法。这些表示法每种都显现了系统的某个方面，因此相应地，这种表达也提供了对于问题或解决方案的详细描述。在需求过程中，**用例图**（use case diagram）通过描述系统必须执行的一般过程对系统进行描述。另外，用例还可以体现描述系统如何工作、用户如何与系统交互的场景。**UML活动图**（UML activity diagram）是对这些图的补充，它是一种描述了业务活动的工作流过程模型；**领域模型**（domain model）也是一种补充，它从实体的角度定义了系统的领域。如果要构建一个大型的系统，那么可以用**UML构件图**（component diagram）和**UML部署图**（deployment diagram）来建模软件体系结构。UML构件图说明了运行时的构件以及它们之间的交互；UML部署图说明了如何为构件分配计算资源。

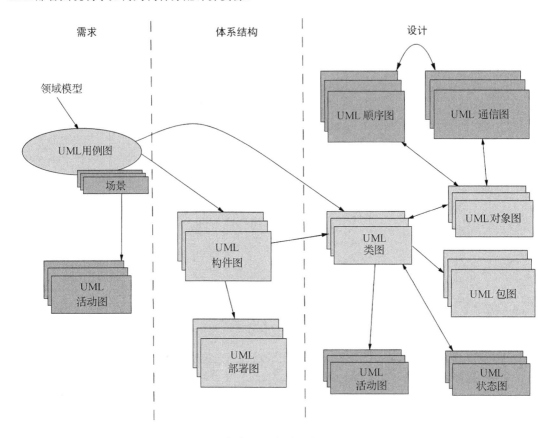

图6-16　如何在开发过程中使用UML

321

　　模块设计首先从设计UML类图（class diagram）开始。首先根据与用户一起勾画出的场景，非正式地定义类以及它们之间的关系；然后随着设计的进展进一步地对它们进行细化。一系列的结构以及对象图将描述类之间的关联关系，包括继承关系。

　　接下来，将对系统的动态方面进行设计。一开始，用简单的**交互图**（interaction diagram）来说明类与类之间的交互方式：顺序图和通信图。**顺序图**（sequence diagram），如第4章所述，展示了对象之间的消息流，将需求中事件的非正式描述形式化。

　　通信图（communication diagram）展示了同样的信息，但它是在对象图的背景下进行描述的。随着理解的不断深入，我们为每个单独的对象分配职责。在这个阶段，我们可以使用**活动图**（activity diagram）（也是一种类型的流程图表示法）来描述复杂的操作。与活动图相呼应，我们用**状态图**（state diagram）来展现一个对象可能具有的所有可能的状态，以及在什么条件下对象会执行其操作。对象从一个状态到另一个状态的转换由消息触发。消息代表的是一个事件，它由一个对象发送给另一个对象。最后，我们将这些类打包，使得设计更加层次化、更便于理解。最终的模型是**包图**（package diagram）。

322

　　在本节的后面部分，我们用UML来为皇家服务站（Royal Service Station）系统创建一个面向对象的设计，补充材料6-4列出了它的需求，图6-17给出了相应的用例图，展示了系统的必要功能，以及与系统交互的主要**参与者**（actor）。

补充材料6-4　皇家服务站需求

1. 皇家服务站为顾客提供三种类型的服务：加油、车辆管理和停车。也就是说，一个顾客可以为他的车加油，可以进行车辆维护，或者能够在停车场中停放车辆。一个顾客可以选择当场付账或是按月账单付账。无论是哪种情况，顾客都可以用现金、信用卡或个人支票支付。皇家服务站根据燃油的价格收取费用，而这个价格又依赖于燃油是否是柴油，是标准的还是高级的。服务的价格是根据部件和劳动力的费用而定的。停车的价格按天、周和月收费。燃油、维护服务、汽车部件和停车的价格都可能变动，只有站管理员Manny可以改动价格。根据他的决定，可以给某指定的顾客以打折的待遇；这个折扣也可能根据不同的顾客有所不同。而且所有支付要缴纳5%的本地营业税。

2. 系统必须跟踪每月的账单情况和服务站的产品以及服务情况。跟踪的结果要报告给站管理员。

3. 站管理员使用系统控制库存。系统会在库存少的时候提出警告，并自动订购新的部件和燃油。

4. 系统将跟踪信用历史，并且对过期的用户发出警告信。账单在顾客购买后的每个月的第一天发给顾客。任何账单只要在期限后90天没有付，就会取消顾客的信用卡。

5. 系统仅用于常规的固定顾客。常规的固定顾客意味着一个顾客可以通过姓名、地址和生日识别，并且他至少在 6 个月中，每个月都在服务站至少有一次消费行为。

6. 系统和其他系统交互时必须能够处理数据需求。信用卡系统用于处理产品和服务的信用卡交易。信用卡系统要使用如下信息：卡号、姓名、到期时间和购买量。在接收这些信息后，信用卡系统证实交易是被允许还是拒绝。部件订购系统接收所需的部件码和数量，返回部件将被发送的日期。燃油订购系统要求对燃油订购进行描述，包括燃油类型、加仑数、站名和站的识别码，它返回燃油将被发送的日期。

7. 系统必须记录税和相关信息，包括每一个顾客付的税，以及每项的税。

8. 站长必须能够按照要求复查税记录。

9. 系统会定期给顾客发送消息，提醒他们车辆维护的时间到了。正常情况下，每6个月需要维护一次。

10. 顾客可以在站停车场中按天租车位。要租车位的用户必须从系统中要求一个可用的车位。站长能够查看有关车位的占用情况的月记录。

11. 系统维护一个统计信息库，可用统计数和顾客姓名访问。

12. 站长必须能够按照需求复查统计信息。

13. 系统能够按要求把打折以及价格的分析情况报告给站长。

14. 系统可以自动通知休眠账户的所有者。也就是，如果顾客超过两个月没有在站内进行消费的话，他会接到系统的通知。

15. 系统不可用时间不能超过24小时。

16. 系统必须对客户的信息进行保密。

6.4.2　UML 类图

为了了解如何使用UML，我们来考虑皇家服务站系统的设计。为了简单起见，我们假设皇家服务站只由一个构件构成，由于规模太小，所以无须体系结构设计。因此，我们可以直接从补充材料6-4的需求出发，产生只有一个模块的系统设计。我们从UML类图开始，这些类图描述了对象类型和它们之间的静态关系。特别地，我们希望能描述对象之间的关系（例如，顾客和账单的关系），以及父类和子类间的关系（例如，柴油是燃油的子类）。我们还希望类图能够描述每个对象的属性、它们各自的行为以及每个类或对象所受的限制。

我们的设计过程从陈述需求开始。我们试着去提取名词，寻找能够为我们第一次确定类而提供建议的条目，我们找到：

- 参与者；
- 物理对象；
- 位置；
- 组织；
- 记录；
- 事务；
- 事物的集合；
- 操作过程；
- 系统将会操纵的事物。

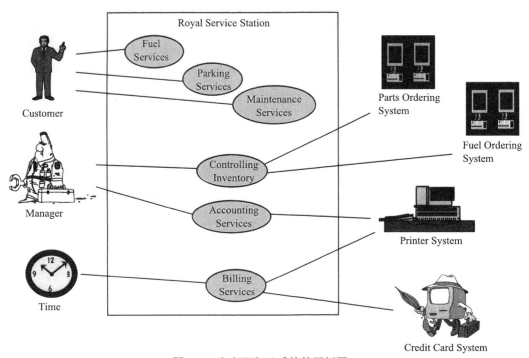

图6-17　皇家服务站系统的用例图

比如，考虑系统的第一个需求这一部分：

一个顾客可以选择在购买时自动付账或是按月账单付账。无论是哪种情况，顾客都可以用现金、信用卡或个人支票支付。皇家服务站根据燃油的价格收取费用，而这个价格又依赖于燃油是否柴油，是标准的还是高级的。服务的价格是根据部件和劳动力的费用而定的。停车的价格按天、周和月收费。燃油、维护服务、汽车部件和停车的价格都可能变动，只有站管理员Manny可以改动价格。根据他的决定，可以给某个指定的顾客以打折的待遇；这个折扣也可能根据不同的顾客有所不同。而且所有的支付活动要缴纳5%的本地营业税。

从上面阐述的需求中，我们可以暂时地提取出几个类：

- 个人支票（pesonal check）；

- 服务（services）；
- 账单（paper bill）；
- 折扣（discounts）；
- 信用卡（credit card）；
- 税（tax）；
- 顾客（customer）；
- 停车（parking）；
- 站管理员（station manager）；
- 维护（maintenance）；
- 购买（purchase）；
- 现金（cash）；
- 燃油（fuel）；
- 价格（prices）。

然后以下面的问题为指导，判断候选类中应该包括哪些类。

(1) 哪些数据需要以某种方式被"处理"？

(2) 哪些条目有多个属性？

(3) 什么时候一个类所拥有的对象不止一个？

(4) 哪些信息是根据需求本身而得出的，而不是从对需求的理解中得到的？

(5) 哪些属性和操作对一个类或对象总是适用的？

回答了这些问题，我们就可以把候选类和对象组织成如表6-1所示。

接下来，我们检查其他需求，看还有什么需要添加到我们已有的属性和类的列表中。例如，第五个需求规定：

> 系统仅用于常规的固定顾客。常规的固定顾客意味着一个顾客可以通过姓名、地址和生日识别，并且他至少在6个月中，每个月都在服务站至少有一次消费行为。

类似地，第9条需求是：

> 系统会定期给顾客发送消息，提醒他们车辆维护的时间到了。正常情况下，每6个月需要维护一次。

因此，我们又有了新的候选类，如常规的固定顾客、姓名、地址以及定期消息。我们修改表6-1，得到包含它们的表6-2。然而，"常规的固定客户"是冗余的，因此我们去掉它。对于整个需求，我们将包括所有的类，如表6-3所示。

接下来，我们来确定哪些行为必须出现在我们的

表6-1　属性和类的初始组织：步骤1

属　　性	类
个人支票	顾客
税	维护
价格	服务
现金	燃油
信用卡	账单
折扣	购买
	站管理员

表6-2　属性和类的初始组织：步骤2

属　　性	类
个人支票	顾客
税	维护
价格	服务
现金	停车
信用卡	燃油
折扣	账单
姓名	购买
地址	维护提醒
生日	站管理员

表6-3　属性和类的初始组织：步骤3

属　　性	类
个人支票	顾客
税	维护
价格	服务
现金	停车
信用卡	燃油
折扣	账单
姓名	购买
地址	维护提醒
生日	站管理员
	过期账单信件
	休眠账户警告
	部件
	账户
	库存清单
	信用卡系统
	部件订购系统
	燃油订购系统

325

326

设计中。我们从需求中提取动词，寻找能使人想到特定行为的条目：

- 祈使动词；
- 被动词；
- 动作；
- 其中的成员关系；
- 管理或拥有；
- 对谁负责；
- 一个组织提供的服务。

327

这些行为将会成为一个类或对象所采取的动作或担负的职责，或者是对其他类或对象所施加的动作，例如，给某个顾客开账单就是一个行为。皇家服务站系统的一部分执行这样的行为（即皇家服务站系统负责开账单），而行为会对顾客产生影响。

为了方便管理对象、类和行为，我们使用UML图来描述它们之间的关系。在设计的初始阶段，我们为皇家服务站系统绘制类框，图6-18给出了17个我们认为在用面向对象方法表示解决方案时可能会用到的类。回顾第4章所述，方框顶部包含了类名，中间部分列出了类的属性，底部列出了类的方法。图6-19总结了表示类之间各种关系的UML表示法。

我们来分析一下皇家服务站问题的初始的解决方案。通过将我们的设计与补充材料6-4中的需求进行比较，我们看到，类图可以得到很大改善。首先，我们可以增加一个抽象类Message，用来将各种类型的信和警告中的共性组合在一起。类似地，我们可以创建抽象类Services，用以泛化服务站提供的各种类型的服务（Fuel、Maintenance和Parking）。通过创建抽象类，我们可以利用面向对象提供的多态机制。例如，price()方法是所有服务类都提供的方法，但是，实际的计算可以是不同的，这取决于购买的是哪种服务。

我们可以通过删除描述相邻系统的类来简化设计（如信用卡系统（Credit Card System）、部件订购系统（Part-Ordering System）和燃油订购系统（Fuel-Ordering System）），因为它们处于我们系统的边界之外。我们也可以删除类Station Manager，因为它与任何其他的类都没有关联。

此外，将discount作为Purchase类的属性是不合适的。折扣率不但取决于顾客本身（可以从相关联的Purchase类中获得），而且与服务也有关。因此，把discount作为关联类会更加合适。

我们的初始设计还存在着其他一些问题：服务类Maintenance、Fuel和Parking都是Purchase类和Inventory类的构件，但实际上根本不会有对象同时是这两个类的构件。还有，我们要维护的库存清单的信息和要跟踪的购买信息是不同的，因此，应该把它们作为两个不同的类。修改后的设计如图6-20所示。

我们不应止步于此。通过继续仔细检查修改后的设计，我们发现，还可以增加一个Vehicle类，使得维护记录和通知可以与要维护的车辆关联起来。我们还需要一些操作来产生需求中所说的报告和检查能力，例如，Account类需要一个操作，允许站管理员按要求检查账户信息。因为这样的分析对一个类的所有对象都适用，而不是单个对象，所以我们在该操作方法名下面添加下划线，标记它们为**类作用域的**（class-scoped）。相似地，Purchase类中的税率也是一个类作用域内的属性：所有的消费行为都使用同样的税率。最后，我们向图中增加了基数，这使得我们对每对类间的关系能有更好的理解；同时，我们指示了每个属性和方法的可见性，可以被访问：**公共的**（+，public）；不可以被其他对象直接访问：**私有的**（−，private）；只能被它的子类访问：**受保护的**（#，protected）。最终的设计如图6-21所示。

328

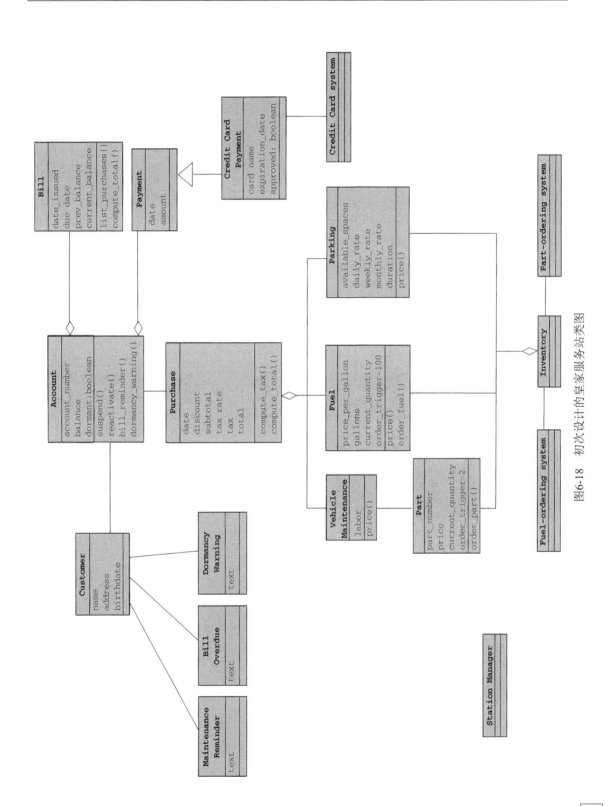

图6-18 初次设计的皇家服务站类图

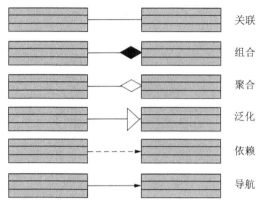

图6-19　类的关系类型

6.4.3　其他 UML 图

　　为了对系统设计进行补充，还需要很多其他的图。首先，每个类必须用**类描述模板**（class description template）进行更详细的描述。模板重复类图中的某些信息：类在整个层次中的位置（根据继承的深度）、输出控制、基数（即类中可能有多少对象），以及和其他类的关联。实际上，模板可部分地从类图自动生成，但模板也指定了类中的操作和公共或私有的接口。下面是我们的设计中Refuel类的类描述模板。

```
Class name: Refuel
        Category: service
        External documents:
        Export control: Public
        Cardinality: n
        Hierarchy:
            Superclasses: Service
        Associations:
            <no rolename>: fuel in association updates
Operation name: price
        Public member of: Refuel
        Documentation:
            // Calculates fuel final price
        Preconditions:
            gallons > 0
            Object diagram: (unspecified)
        Semantics:
            price = gallons * fuel.price_per_gallon
            tax = price * purchase.tax_rate
            Object diagram: (unspecified)
        Concurrency: sequential
        Public interface:
            Operations:
                price
        Private interface:
            Attributes:
                gallons
        Implementation:
            Attributes:
                gallons
        State machine: no
        Concurrency: sequential
        Persistence: transient
```

　　注意，类描述模板奠定了程序设计的基础。换言之，类描述模板包含了程序员将设计实现为代

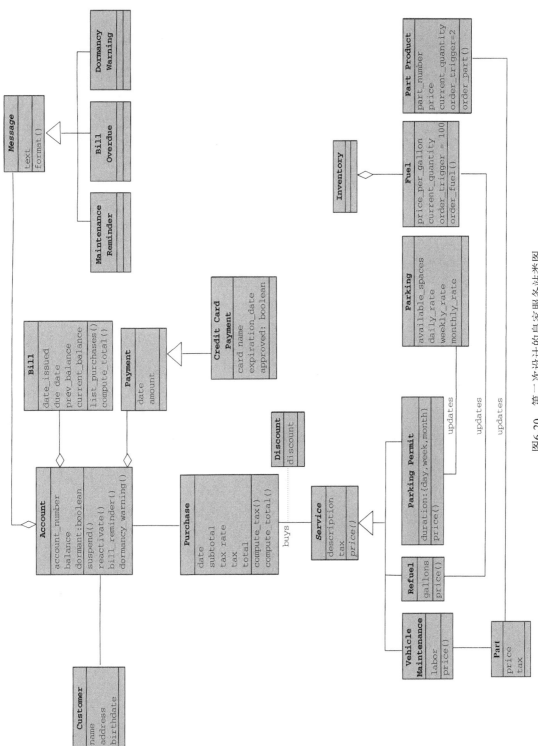

图6-20 第二次设计的皇家服务站类图

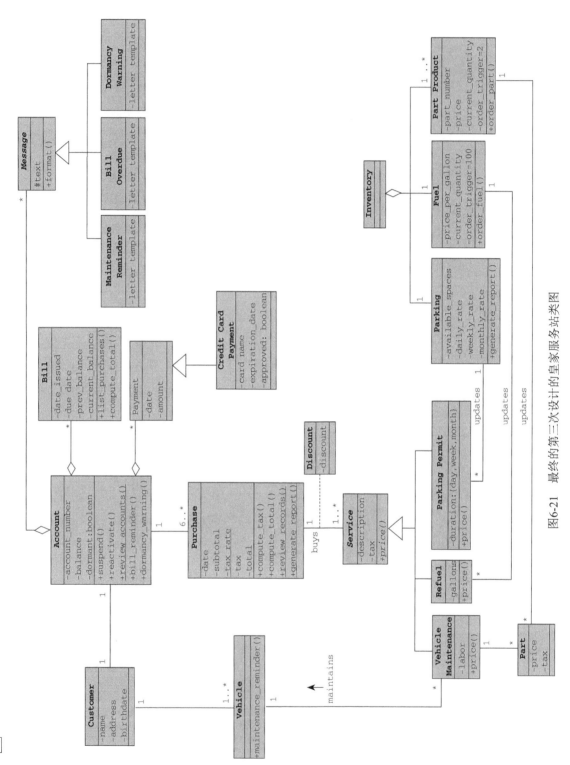

图6-21　最终的第三次设计的皇家服务站类图

码的重要信息。比如，模板中包含了类操作中使用的公式，类模板还将公共接口和私有接口区分开。类的**私有接口**（private interface）是一种限制访问类成员的机制；其他对象不能够看到该类的属性或（某些）方法。类的**公共接口**（public interface）允许访问一些方法，但不可以访问属性，因为公共属性会违反封装性原则。

UML**包图**（package diagram）使得我们可以将系统看成是由包组成的一个较小的集合，而每个包都可以展开为一个由类组成的很大的集合。包图展示了不同包中的类之间的依赖关系。所谓的两个事物之间是**依赖的**（dependent），是指对其中一个事物的定义做出修改也会改变另外一个的定义。比如，一个类向另一个类发送消息，一个类有着另一个类所需要的数据，或者一个类在执行操作时将另一个类作为参数，那么这两个类可能就是依赖的。特别地，当有依赖关系的两个类分别属于两个不同的包时，这两个包也是**依赖的**。和任何优秀的设计一样，我们希望具有较低的耦合度，因此我们希望包与包之间的依赖能够最少。

在测试阶段，包和它们之间的依赖关系显得尤为重要。在第8章和第9章中我们将会看到，我们必须设计测试用例，以测试构件之间所有可能的交互。UML包图可以帮助我们理解这些依赖关系以及创建测试用例。图6-22是皇家服务站的UML包图示例，图中主要有5个包：账户（accounting）、事物（transactions）、服务（services）、库存清单（inventory），以及消息（messages），每个包都是由图6-21中的类构成的，例如，Services包含有5个关键的类：Service、Refuel、Vehicle Maintenance、Parking Permit和维护Part。图中还给出了Services包的内容，展示了类之间以及包之间的关系，但这些一般不会在包图中出现，其中虚线箭头表现了包的依赖关系。例如，Accounting包依赖于Transactions包。正如我们所见，包图展示了系统的高层描述，强调了高层的依赖关系。 333

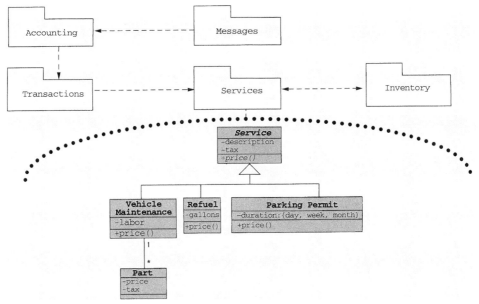

图6-22 皇家服务站的包图

为了给动态行为建模，我们创建**交互图**（interaction diagram）来描述对象如何实现操作和行为。我们往往为每一个用例图创建一个交互图，来说明该用例中那些典型的系统和外部的参与者的消息交换。

交互图有两种：顺序图和通信图。**顺序图**（sequence diagram）展示了活动或行为发生的顺序。在顺序图中，对象用方框表示，位于一条垂直线的顶端，这条垂直线就是该对象的**生命线**（lifeline），生命线上狭窄的方框表明了这段时间内该对象正在执行计算，计算一般发生在接收了一条消息之后。两条生命线之间的箭头表示两个对象之间的消息，它用消息名来标注，有时候还会有发送消息时必须满足的条件。箭头上的星号表示消息会发送很多次，分别传送给不同的对象。如果消息的箭头经过循环回到了原来发送它的对象本身，则表明该对象给自己发送了消息。图6-23是皇家服务站Refuel类的用例所对应的顺序图。

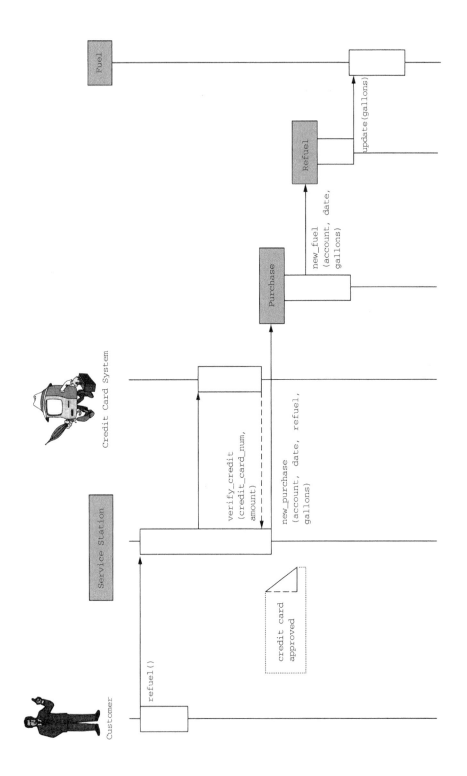

图6-23　Refuel用例的顺序图

通信图（communication diagram）也描述了对象之间的消息顺序，但它是基于对象模型之上的，使用对象之间的链接作为隐含的信道。它和顺序图一样用图标表示对象，用箭头表示消息。然而，和顺序图不同的是，通信图中消息的顺序用编码表示。例如，图6-24中的通信图描述了Parking用例。首先，编号为1的parking()消息由Customer类发送给Service Station类；然后编号为2的check_availability()消息由Service Station类发送给Parking。在这一个用例中总共发送了5个消息。

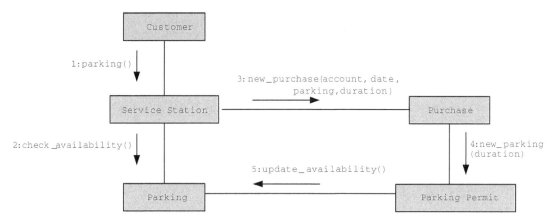

图6-24　Parking用例的通信图

到目前为止，我们使用UML捕捉了单个场景。UML还支持另外两种交互图来为所有对象或操作的动态行为建模，即状态图和活动图。**状态图**（state diagram）展示了对象可能具备的状态、触发状态改变的事件，以及每次状态改变所导致的动作。通常情况下，对象的每个状态都和一个属性值集合相关，当有消息发送或接收时会有事件发生。因此，只有当对象随着属性值和消息的多种改变而有不同的动态行为时，类才需要状态图。

状态图的表示和第4章中介绍的状态转移图类似。如图6-25所示，开始节点由一个黑点表示，结束节点由白色圆点和包含在其中的黑点表示，矩形框表示状态，箭头表示由一个状态转移到另一个状态，转移的条件注明在箭头旁边的括号内。例如，如果账户上90天内没有付费，那么账户就过期了。我们现在可以为皇家服务站构建状态图，图6-25展示了Account类的状态图，图6-26展示了Fuel类的状态图。

我们可以使用**活动图**（activity diagram）来为类中的过程流或活动流建模。当根据条件决定调用哪个活动时，用决策节点来表示这种选择。图6-27给出了UML活动图中使用的表示法。和状态图一样，开始节点由一个黑点表示，结束节点由白色圆点和包含在其中的黑点表示，矩形框表示活动，箭头则表示由一个活动变为另一个活动。在这个例子中，在活动B结束了之后，必须做一个决策。如果一个条件得到满足，X就输出到某个其他类，否则，活动C或活动D（或者同时两者）被调用，活动C和D上方的长水平线表示从一个活动（在本例中指B）发出的消息可以传播给其他活动（在本例中指C和D），然后，C和D分别地、顺序地或者并行地被调用。

我们为Inventory创建活动图，当库存变少的时候执行订购任务。如图6-28所示，该活动图有两个决策：一个是验证燃油是否是充足的，另一个是验证是否还有部件储备。如果库存清单表明任意一个的不足，那么系统会调用活动来订购部件和燃油。我们注意到，水平线允许两个订购活动同时被初始化，这种情形发生在服务站非常忙，而且顾客在同时购买燃油和汽车部件的时候。

336

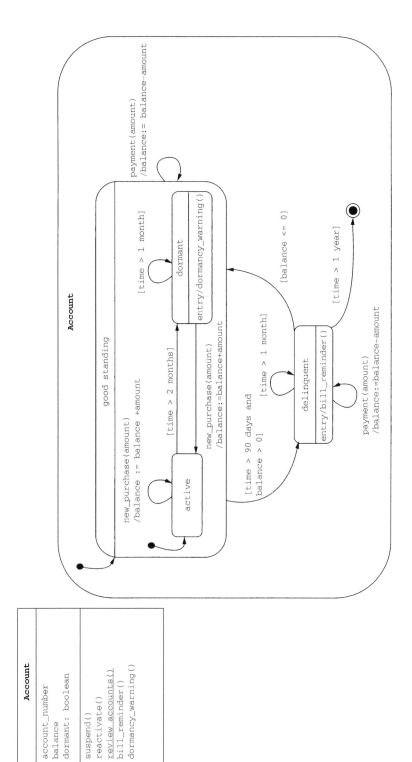

图6-25 Account类的状态图

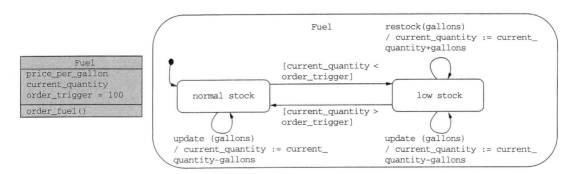

图6-26　Fuel类的状态图

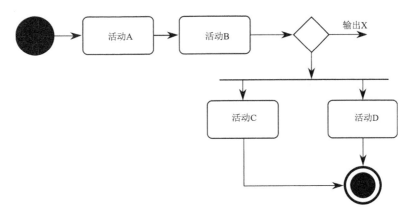

图6-27　活动图表示法

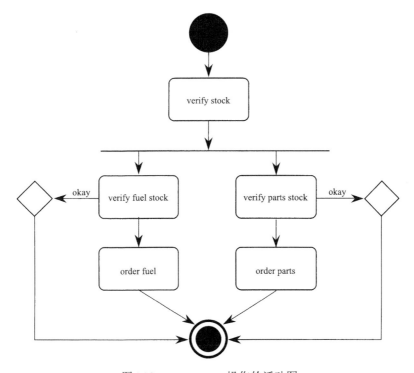

图6-28　Inventory操作的活动图

6.5　面向对象设计模式

正如我们从设计皇家服务站系统获得的经验中所看到的一样，设计本质上是一个创造性活动，期间，我们迭代地设计出可能的解决方案，然后对它们进行评估。我们已经探讨了几个在设计决策中极为关键的设计原则，这些设计原则可作为我们评价设计决策的标准，帮助我们评估设计质量并在各有优势的候选设计中进行选择。虽然这些原则十分有用，但是它们没有为创建或改善设计提供规定性的建议，实际上，也没有任何形式的帮助可以提供这样的建议。但是，我们可以通过学习优秀的设计，利用它们的经验去创建以及评价我们自己的设计。 正如阅读高水准的文学著作可以提高我们的词汇和写作水平一样，仔细研究优秀的设计可以提高我们的设计水平。我们的设计知识和设计经验越丰富，就越有能力在面临新问题时获得解决方法。

当建筑学的学生们学习如何建立物理结构时，他们学会了使用一系列的建筑模式作为新设计的基础建筑模块。同样地，我们可以使用设计模式来帮助我们构建新的软件。Gamma等人给出的设计模式（Gamma et al. 1995）就是一个很好的起点，这些模式将设计经验文档化，方便了我们在学习时能够分别独立地对它们进行研究。每种模式经过调整适应后都可以在新的上下文环境中复用。实际上，一直到软件开发界开始将可复用的设计编写成设计模式之后，体系结构风格以及参考体系结构的可信度才开始增加，进而真正成为一门工程学科。

338
~
339

设计模式（design pattern）编写了设计决策以及最好的实践，它们根据设计原则来解决一些特定的问题，其中一些问题我们已经在本章的前面指出。设计模式和软件库并不相同，它们不是拿来就可以使用的打包的解决方案，而是解决方案的模板，必须针对各种特定的使用情况进行修改和调整。这种调整类似于基本的数据结构的调整方式，例如，队列和链表必须首先被初始化，然后根据每一种使用情况再进行具体化。设计模式提供了比设计原则更具体的指导，但它们又不如软件库或工具箱那样具体和详细。

设计模式的主要目标是提高设计的模块化。实际上，每种模式都封装了特定类型的设计决策。这些设计决策的类型千差万别，从实现一个操作的算法，到对象的初始化方式，再到对象集的遍历顺序，等等。一些设计模式将设计结构化，使得将来设计的进一步改变更易于实现。还有一些设计模式使得程序在运行时更易于改变其结构或行为。表6-4给出了其他由Gamma等人指定的最初的模式和它们各自的目标（Gamma et al. 1995）。

表6-4　Gamma等人（1995）的设计模式

模式名称	目　　的
创建型模式	**类实例化**
抽象工厂	将拥有同一主题的相互依赖的对象组成群体集合
创建者	将构造和表示分离开来
工厂方法	创建对象而不指定其确切的类，把实例化延迟到子类中
原型	根据原型克隆现有对象
单件	对象只能有一个实例，提供单个访问点
结构型模式	**类和对象组合**
适配器	把一个对象的接口包在另一个对象不相容的接口外，使得两种对象都能够一起工作
桥接	将抽象与其实现分离开来
组合	把若干个对象组合成树结构，这样它们可以统一行动
装饰者	动态地增加或覆载责任
外观	提供一个统一的接口，使得使用变得简单
享元模式	类似的对象共享数据/状态，避免创建和控制大量对象
代理	为另外一个对象提供位置以对访问进行控制

（续）

模式名称	目　的
行为模式	**类和对象通信**
职责链	将命令指派到处理对象的链上，允许不止一个对象来处理给定的请求
命令	创建对象来封装动作和参数
解释器	通过将语法表示为语言中的解释语句，来解释特定的语言
迭代器	顺序地访问对象而不暴露其内部表示
中介者	定义一个对象以封装一组对象之间是如何交互的，只提供拥有其他对象详细信息的对象
备忘录	将对象恢复到其先前的状态
观察者	发布/订阅，允许若干对象适当地了解一个事件或状态变化
状态	当内部状态改变时，对象改变其行为
策略	在运行时选择算法集中的一个算法
模板方法	定义一个算法框架，让其子类提供具体行为
访问者	通过将层次化的方法放到一个独立的算法对象中，把算法和对象结构分离开

设计模式充分利用了接口、信息隐藏和多态，它们也常常会很清楚地引入某一间接层。由于模式增加了额外的类、关联以及方法调用，它们有时候看上去会过于复杂。但这种复杂性提高了模块化，甚至是以其他质量属性的降低作为代价的，比如性能或开发的难易程度。出于这样的原因，模式只有在额外获得的灵活性可以抵消额外的开发成本时才真正有价值。

下面让我们来详细讨论一些常用的模式。

6.5.1 模板方法模式

模板方法模式的目标是减少同属于一个父类的几个子类之间的重复代码量。当多个子类对同样的方法有着相似但不是完全相同的实现时，模板方法是非常有用的。该模式将重复的代码结构放置在一个抽象类中，然后让子类继承这个抽象类。更准确地说，是抽象类定义了一个**模板方法**（template method）来实现一个操作中共同的步骤，并且声明了抽象的**原语操作**（primitive operation）来表示变化的部分。当对象的行为取决于正在被调用的对象时，模板方法调用这些原始操作，这些子类重写原始操作以实现模板方法中的变化部分。

要了解模板方法模式是如何工作的，我们以皇家服务站的打印销售记录（包含了服务条目表）为例。每个服务条目都包含了服务条目的描述、价格和税收。打印一个服务条目的描述或税收的代码对于每个服务条目来说都是一样的，但是服务条目价格的计算方法却不尽相同。应用模板方法模式，我们可以创建一个名为 `list_line_item()` 的单独的方法，添加到打印这些条目的 `Services` 类中，这个方法调用了本地的抽象方法 `price()`，每个服务的子类都将重写 `price()` 方法来反映计算该服务价格的方法（例如，上门维护的价格就是新汽车部件和劳务费的总和），当一个特定的对象调用 `list_line_item()` 时，它就会准确地计算价格。设计的结果如图6-29所示。

模板方法模式以这种方式提供了操作的框架，而后再使用子类来填充细节。这种方法允许子类将操作的步骤特化，而不是重写整个操作，并且父类还可以限制方法子类变化的范围。

340

6.5.2 工厂方法模式

工厂方法模式封装了创建对象的代码。正常情况下，我们想要把设计结构化，这样，当模块之间相关联时，它们会依赖接口而不是类的类型。然而，我们不能在对象的创建过程中依赖接口，在此，我们必须调用类的构造函数来创建一个实例对象。通过封装对象的创建代码，设计中的其余部分就可以依赖抽象类型和接口了。

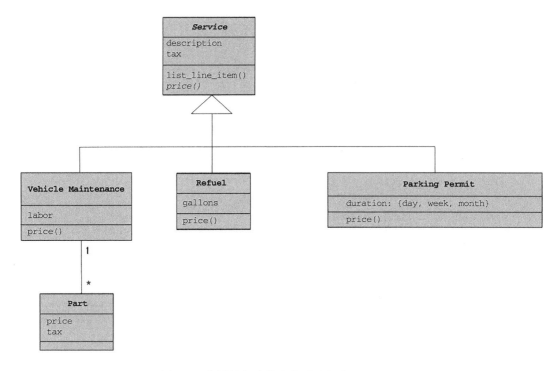

图6-29　将模板方法模式应用于方法price()

工厂方法模式和模板方法模式相似。在工厂方法模式下，类似但不完全等同的方法是实例化对象的构造函数的方法。我们创建一个抽象类来定义一个抽象的构造函数（工厂方法），然后子类覆载工厂方法来构造特定的具体对象。

6.5.3　策略模式

策略模式使得我们可以在运行时选择算法。当有多种算法可用于一个应用，但直到运行的时候才能知道哪个算法最好时，策略模式是很有用的。为了达到这个目的，策略模式先定义了一组算法，每个算法都封装为单独的对象，这样，从应用的角度来看，它们是可以彼此交换的。应用可以看成是客户，它将根据需要来选择具体的算法。

例如，假如我们希望在运行时根据我们接收的登录请求（如UNIX中的rlogin与ssh请求）决定使用哪种用户认证算法。图6-30展示了我们如何使用策略模式来实现几个认证策略，以及如何动态地进行选择。首先，我们把每个策略实现为其类自身的一个方法。不同的策略不大可能具有同样的签名，但是我们可以简化签名，将参数作为局部的成员变量。然后，我们创建一个抽象类Authentication Policy作为所有具体策略类的超类。最后，让User Session类具有一个Authentication Policy类型的成员变量policy，该变量可以被设置成任何具体策略对象。策略的调用可以通过执行该变量的方法实现：

```
policy := new Password(password);
policy.authenticate();
```

6.5.4　装饰者模式

使用装饰者模式可以在运行时扩展对象的功能。当然，在设计时也可以灵活地选择使用继承来创建支持新功能的子类。装饰者模式的关键是，装饰基类的每一个特征（feature）都以这样的方式来构造：

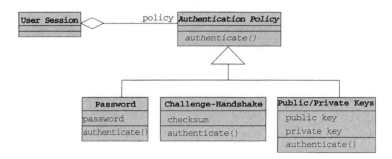

图6-30 用策略模式来延迟认证策略的决策

(1) 装饰者（decorator）是它所装饰的对象的子类；

(2) 装饰者包含一个指向它所装饰的对象的引用。

第一个性质保证了只要原始的对象是可接受的（包括它可能同时也是另外一个装饰者特征的基类的情况），被装饰后的对象就可以被接受。第二个性质保证了每个装饰者都像一个包装器（wrapper）：它提供了一个新的功能，并且仍然可以将原始的对象作为一个构件包含在内。因此，各种继承的装饰可以应用于同样的对象，而它们都给原来的对象添加了一个新的外部包装器。

要了解装饰者模式是如何工作的，我们考虑为某个影像出租公司设计一个简单的信息系统，如图6-31所示。在这个例子中，基对象是一个Account，装饰者是用户可订购的各种不同的影片。抽

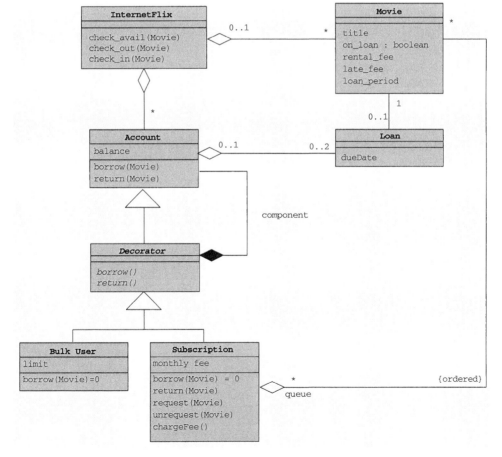

图6-31 用装饰者模式来为Account类增加特征

象类 Decorator 规定为基对象 Account 的子类，它还有个和被装饰账户相对应的成员变量 component，账户中的每个可能的特征都是 Decorator 的子类。一个特征的使用是：通过创建该特征的实例并使其 component 成员为订阅该特征的账户。另一个特征的使用是：通过创建那个特征对象，并使其 component 成员为已经装饰过的账户。这样，可以有任意多个装饰者应用在一个账户上，我们甚至还可以多次重复使用同一个装饰者（对有些影片来说是有意义的）。

6.5.5　观察者模式

观察者模式是发布-订阅体系结构风格的一种应用。在软件需要就某个关键事件来通知多个对象的情况下，并且在我们不想在解决方案中使用硬编码来指明需要通知的是哪个对象的时候，观察者模式是特别有用的。

我们将研究一个简单的、可以提供多种视图的文本编辑器，来了解观察者模式是如何工作的。被编辑的页面可能在一个主窗口中显示，各页面的缩略图标记可以排在正在被编辑的页面边上，使用一个工具条显示文本的元数据（如字体、大小、颜色等）。不同的窗口所代表的视图应该是同步的，这样，可以保证文本的改变会立即反映在相应的缩略图标记中，并且字体大小的改变也会立刻在文本中实现。我们可以这样设计系统：一旦文档发生变化时，就显式地更新每一个视图。但是，我们可以采用更有效的设计：让系统发布更新通知，使模块注册器（register）接收通知。这种类型的设计使用了观察者模式，如图6-32所示。在设计中有几个重要的约束：第一，该设计需要有注册和通知观察者模块的能力；第二，观察者模块必须对通知有一个一致的接口，该接口在 Document Observer 抽象类中进行声明。

6.5.6　组合模式

组合对象（composite object）是异构的（可能也是递归的）对象的汇集，表示一些组合的实体。比如，如图6-33所示的数学表达式类图，它建模为一种节点树形结构，节点代表各种操作符和操作数。组合模式中，组合对象中的每个元素都共用一个统一的接口，图6-33中的抽象类 Expr 就提供了这样的接口。这种模式的一个好处就是客户端模块只和新接口交互，它们不需要知道组合对象的数据节点的结构如何。此外，组合对象的类结构的改变也不会对客户端产生影响。

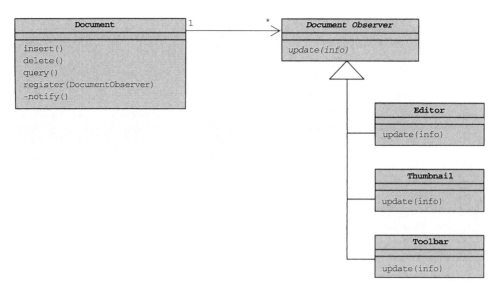

图6-32　用观察者模式来同步编辑器中的视图

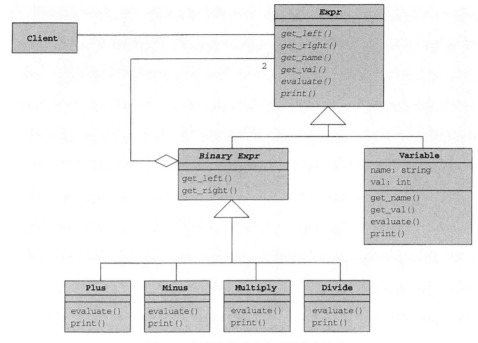

图6-33 用组合模式来表示数学表达式

组合模式是与利斯科夫替换原则相违背的，因为它将组合对象的新接口进行统一的唯一方式是：将所有可能的构件的方法的并集作为组合对象的方法集。因此，子类可能会继承一些没有意义的操作。例如，Variable子类继承了访问左右操作数节点的操作。这样一来，组合模式强调了组合节点的统一性，而忽略了安全性，即每一个组合元素对其可接收的任何消息都应该适当地做出反应。

6.5.7 访问者模式

虽然组合模式降低了客户端模块与组合对象之间的耦合度，但是，它并不能减轻在组合对象上增添新功能的任务。例如，图6-33中的操作分布在各种构件中，这些子操作作为各类构件的方法。每个方法都作为一小部分参与了这个整体操作的计算。增加一个新的操作就需要向组合对象的每个类中增加一个新的方法。

访问者模式通过将这些操作片段集中并封装于自身的类中，就可以缓解这个问题。在访问者模式中，每个操作都实现为抽象类Visitor的一个单独的子类，并且，子类都拥有将这些操作应用于每个构件类型的方法。在图6-34中，这种方法被命名为accept()。该方法把Visitor对象作为参数，而Visitor对象封装了将要执行的操作。

图6-35展示了组合对象和访问者对象是如何合作的。为了计算组合表达式e，我们调用了e的accept()方法，并传递参数Evaluation对象。根据e所属类的类型，accept()方法作出响应调用合适的Visitor方法。例如，Plus类中的方法accept()总是调用VisitPlus()，然后被调用的Visitor方法对e进行操作。随着操作的进行，Visitor操作反复地传递组合对象中的各种元素给accept()方法，这些元素调用Visitor中对应类型的方法，然后这些方法对元素进行操作。

该例子解释了访问者模式并没有解除操作和组合对象之间的耦合；其实，操作的设计取决于组合对象的结构。访问者模式的主要优点是操作更加内聚，并且可以在不触及组合对象代码的情况下增加新的操作。

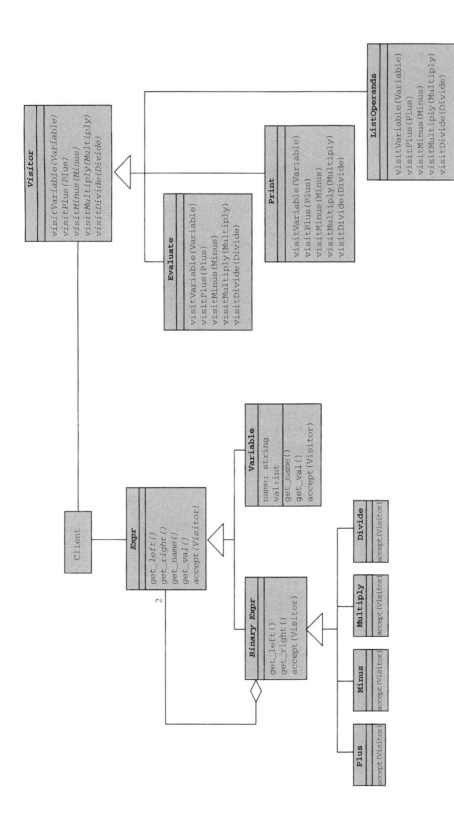

图6-34 用访问者模式来实现组合对象上的操作

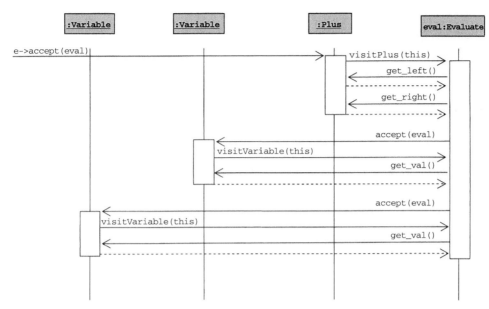

图6-35 访问者操作Evaluate()在表达式e=a+b上的执行

6.6 设计中其他方面的考虑

除了展现出类和接口，要创建一个程序设计我们还需要做一些事情。我们必须考虑一些在体系结构中没有描述的全局性问题。在这一节中，我们将探讨与数据管理、异常处理、用户界面和框架相关的事项。

6.6.1 数据管理

程序设计必须提出存储和恢复持久性对象的方法。数据管理考虑的就是与性能和空间相关的系统需求。根据我们对数据需求和相关约束的理解，我们必须列出对象及其操作的设计，完成这个任务共分4个步骤。

(1) 确认数据、数据结构及它们之间的关系。

(2) 设计管理数据结构及其互相关系的服务。

(3) 找到工具，例如数据库管理系统，来实现某些数据管理任务。

(4) 设计类和类层次，来检查数据管理功能。

虽然面向对象的解决方案有时也会使用传统的文件或关系数据库，但是，它最容易与面向对象的数据库相契合。为了讲清楚其中的缘由，我们考虑皇家服务站的车辆维护和部件的跟踪，如图6-36所示。如果我们使用传统的文件，为了保证能执行系统所需要的任务，我们必须为每个类设置一个文件，然后为各文件之间的连接进行程序设计。而如果使用面向对象的数据库，我们的工作将会更加容易一点，因为类图的结构已经指明了我们需要定义的数据库关系。如图6-36所示，我们必须为模型中的每一个类和每一个关联建立表，例如，我们不仅仅需要一张部件表和一张维护表，还需要为车辆和部件之间的关联建立一张表。这样，面向对象数据库（或对象关系数据库）就为面向对象设计和最终的数据库表之间建立起了紧密的对应关系。

348

6.6.2 异常处理

在第5章中，我们学习了通过预先确认异常（可能导致软件偏离其正常行为的情况）以及包含将系统返回到可接受状态的异常处理，可以进行防御性的程序设计。在实践中，产业中大量已实现的代码都专注于输入验证、错误检查以及异常处理。因为把这些错误检查代码嵌入到正常的程序应用逻辑中，违背了功能性设计整体上的一致性，所以很多程序设计语言支持显式的异常处理结构，这有助于将错误检测和恢复与程序的主要功能分离开来。

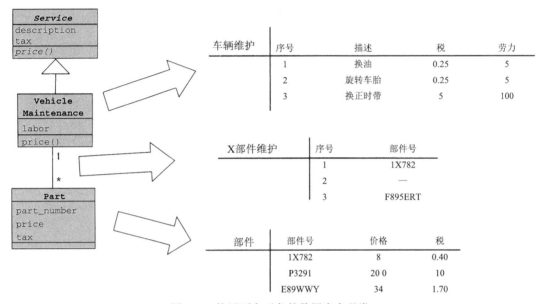

车辆维护	序号	描述	税	劳力
	1	换油	0.25	5
	2	旋转车胎	0.25	5
	3	换正时带	5	100

X部件维护	序号	部件号
	1	1X782
	2	—
	3	F895ERT

部件	部件号	价格	税
	1X782	8	0.40
	P3291	20 0	10
	E89WWY	34	1.70

图6-36　使用面向对象的数据库实现类

（Meyer 1992a）提供了一个例子来展示如何把异常处理嵌入到设计当中。假设我们通过网络来发送一条消息，如果发送过程失效，我们希望能够重新发送，经过100次失效尝试之后则停止发送。可以通过以下方式把这个信息包括在设计中：

```
attempt_transmission (message: STRING) raises TRANSMISSIONEXCEPTION
    // Attempt to transmit message over a communication line using the
    // low-level procedure unsafe_transmit, which may fail, triggering an
    // exception.
    // After 100 unsuccessful attempts, give up and raise an exception
local
    failures: INTEGER
try
    unsafe_transmit (message)
rescue
    failures := failures + 1;
    if failures < 100 then
        retry
    else
        raise TRANSMISSIONEXCEPTION
    end
end
```

在上面的例子中，过程的正常行为全部都在try子句当中。此外，还有另一个选择，我们可以将安全的代码和不安全的代码分离开，只保护try-rescue结构中不安全的代码。这种策略不仅使我们看清了设计中的哪个部分有潜在的不安全性，而且缩小了预期失效的范围。这样的结构允许我们在对应的rescue子句中提供更多的恢复方案。注意，恢复机制也可能会将一个新的异常带入到调用它的代码中。

　　异常有一个很有效的用途，那就是通过弱化模块的前置条件从而增强程序的健壮性。考虑下面一个实现除法过程的接口：

```
division(dividend,divisor: FLOAT): FLOAT raises DIVIDEBYZEROEXCEPTION
    ensure: if divisor=0 then raise DIVIDEBYZEROEXCEPTION,
            else result = dividend / divisor
```

　　通过使用异常，我们可以设计没有前置条件的接口。如果我们没有使用异常，上面的接口将需要一个前置条件来表明该过程只有在除数非零的情况下才能正确工作。那么，我们必须依赖于调用代码不传送一个无效的除数。如果调用代码有疏忽的情况或者不能够正确执行检查，这样的方法则有出现运行时错误的风险。通过使用异常，除法过程无须信赖调用代码，相反地，除法程序自己检查除数的值，如果存在问题则给调用者发布一个明显的警示（以抛出异常的形式）。然而，不是所有的前置条件都能这样容易地被检查的。例如，在执行二叉搜索之前检查列表是否已经正确排好序，这样做是不可能有效率的，因为检查过程会比使用二叉搜索所节省的时间更长；相反，在搜索期间，我们可以执行健全的检查来保证每个遇到的元素对于它前面遇到的元素而言都有正确的顺序。大体上来讲，异常处理是用来消除易检查的前置条件的最有效的方法。

[页边: 350]

6.6.3　用户界面设计

　　让我们进一步研究用户界面的设计。我们必须考虑几个问题。

- 确定谁将与系统进行交互。
- 开发系统可能执行任务的每种方式的场景。
- 设计用户命令的层次。
- 细化用户与系统交互的时序。
- 设计层次中相关的类，以实现用户界面设计决策。
- 把用户界面类集成到整个系统的类层次中。

　　用户界面设计的第一步是以书面的形式展现交互。要做到这一点，可能要确定纸制文档在现有系统中如何流动，这些纸制文档可能会提示在自动化的系统中使用舒适的用户界面。例如，图6-37左边部分给出了Manny使用的皇家服务站的纸制账单。现在，要实现开账单过程自动化，你可以建议使用右边那样的屏幕。

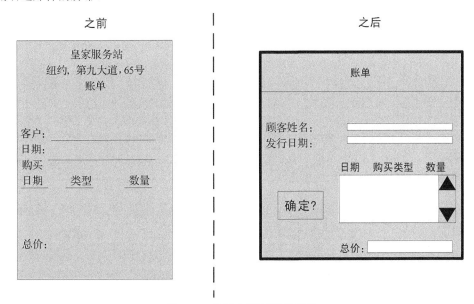

图6-37　从纸上到屏幕的转换

如果Manny同意这样的屏幕设计，下一步就是设计一个或多个类以实现这个屏幕。我们可能会决定使用图6-38所示的设计。注意，这个设计包括一个OK按钮类和一个文本框类。在从Manny的需求中导出用例的时候，这些对象不可能包含在我们与Manny的交谈中。它们反映的是我们的解决方案，而不是Manny的问题。在生命周期中，当你从理解问题的阶段转到生成解决方案的阶段时，对象和类的集合通常会不断增长。这种对类和层次的扩展是在设计解决方案时考虑设计灵活性的另外一个重要原因。

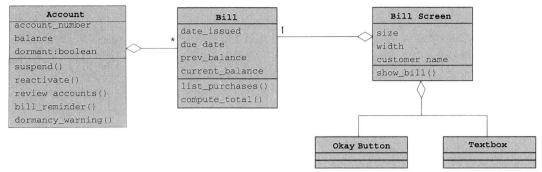

图6-38　新的付账屏幕的一种可能的设计

6.6.4　框架

没有一种设计方法是能够适用于所有情况的。而唯一一个对所有系统都适用的指导方针是：设计要考虑将来的变化。不管要构造的是什么系统，变化都可能在这时或那时发生。有很多技巧与技术可以帮助我们使系统更加灵活和易于维护。例如，**工具箱**（toolkit）是一组互相关联的、可复用的类，它提供了定义良好的功能集。工具箱更像过程型语言中的子例程库，因此，我们可以使用工具箱的按钮和窗口来构造用户界面，而不是自己重新编写代码。

351
~
352

框架和模式也是设计辅助工具。和工具箱不同的是，它们更注重于设计复用而不是代码复用。如同我们在本章前面所看到的，**模式**是抽象体系结构元素的模板，可用来指导生成设计。每种模式都有随之定义的一个上下文和一个驱动原因。上下文解释了模式所适合的情形，驱动原因是上下文中某种程度上可以改变的元素。如果应用的情形和一个模式的驱动原因及上下文相匹配，那么这个模式就非常适合于这个应用。然而，如果它们限制了一个需要很灵活的设计，那么模式就不那么有用了。

框架（framework）是针对特定应用领域的大规模的可复用设计。例如，使用框架来构建图形编辑器、Web应用、以数据库为中心的系统、记账系统以及其他更多的系统。框架往往包含一个实际的代码库，它同样是可复用的。我们可以把框架看成部分完成的应用，只是它少了某些更低层的模块，针对特定的应用，我们可以向框架中加入一些模块来使它成为完整应用或对其进行特化。不像软件产品线，软件产品线是公司开发供自己使用的，框架往往和软件库及工具箱一样是公共可用的资源；软件库是更底层的软件单元，我们可以将它结合在我们的程序中；而软件框架往往是高层体系结构和模块，它的低层的细节需要我们填入。使用框架和工具箱，非专家人员也可以很容易地实现特定的代码以及提高最终代码的质量。

6.7　面向对象度量

一旦我们实现了一个面向对象的系统，我们希望能够度量它的特性。比如，我们知道，存在一些人们所期望的设计特性，诸如低耦合和高内聚，以及其他可以度量的设计复杂度的若干特性。我们希望度量面向对象系统的这些特性，并且希望这些度量在理解、控制和预测系统时能够发挥作用。在本节中，我们将探讨几种面向对象的度量。

6.7.1 面向对象系统规模的度量

在我们从需求分析推进到设计，再推进到编码和测试的过程中，面向对象系统的规模也逐渐增大，在这方面，它们与使用其他范型开发的系统没有区别。但是不同于其他范型，使用面向对象的方法，我们在整个生命周期中都使用相同的或相似的语言，这方便了我们从系统的初始阶段到系统的交付和维护的过程中使用同样的术语来度量系统的规模。

研究人员在测量规模和基于规模进行预测时，已经采用了这种公共的词汇。例如，Pfleeger（1991）在她的工作量估算方法中使用了对象和方法作为基本的规模测量。她发现，在预测构造多个面向对象系统所需的工作量时，她的方法要比COCOMO更为精确。Olsen（1993）将这种技术应用到商业项目中，所得的估算格外准确。在整个开发过程中用同样的术语评价规模的好处很明显：在开发过程中可以再次应用估算技术，可以直接对估算的输入进行比较。换句话说，很容易看到最初的规模是多大，并且随着产品的生命周期的进展也很容易跟踪它的规模。

Lorenz和Kidd描述了其他可以提供更好的细化级别的面向对象规模的度量（Lorenz and Kidd 1994）。他们从9个方面定义了系统规模，不仅反映了系统总的"体积"，而且反映了类的特征是如何影响产品的。首先，他们从用例的角度考虑产品。每个用例都和描述系统执行任务的场景相关联。Lorenz和Kidd计算用例中的场景脚本的数目（NSS）。他们报告说，这个测量与应用规模及测试用例的数量是有相互关系的。因为这个原因，NSS至少有两方面的用处：作为一个规模测度，它可以为估算模型提供输入，以预测项目的工作量或工期；作为测试用例估算，它有助于测试团队准备测试用例以及将资源分配给将来的测试活动。

接着，Lorenz和Kidd计算了系统中**关键类**的数目（即领域类）。这个度量的目的是评估高层设计，给出构造系统需要多少工作量。他们还计算支持类的数目，这一次的目标是低层设计，以及可能需要的工作量。每个关键类的平均支持类数目和子系统的数目对于跟踪正在开发的系统的结构很有用。

Lorenz和Kidd对每个单独的类的规模也给出了定义。一个类的规模是类中所有操作和属性数目的和；这里，我们将继承的功能和类中定义的功能一起计算在内。在评估继承带来的影响的度量上，他们不仅仅考虑了类在继承层次中的深度（根的深度 = 1），而且也将子类覆载（override）的操作数目（NOO）和子类添加的操作数目计算在内。通过这些度量，他们定义了一个特化指数SI（Specialization Index）：

$$SI=（NOO \times 深度）/ （类的方法的总数）$$

在开发的不同阶段我们都可以使用这些度量。如表6-5所示，用例数目和关键类的数目可以在开发早期度量，即在需求分析阶段。这种类型的规模度量与传统开发中用到的需求计算方案相比，更具体更精确，这让必须及早分配资源的项目经理感到满意。

表6-5　不同开发阶段中Lorenz和Kidd的度量

度　　量	阶　　段				
	需求描述	系统设计	程序设计	编码	测试
场景脚本的数目	X				
关键类的数目	X	X			
支持类的数目			X		
每个关键类的平均支持类数目			X		
子系统的数目		X	X	X	
类的规模		X	X	X	
子类覆载的操作数目		X	X	X	X
子类添加的操作数目		X	X	X	
特化指数		X	X	X	X

下面让我们将这些度量应用于皇家服务站的问题。图6-39显示了这个问题的面向对象分析的总览。回顾补充材料6-4和图中的椭圆形，可以看到有6个椭圆形代表了系统中我们预计的6个关键用例。如果使用Lorenz和Kidd度量，我们也可以知道场景脚本的数目为6个。

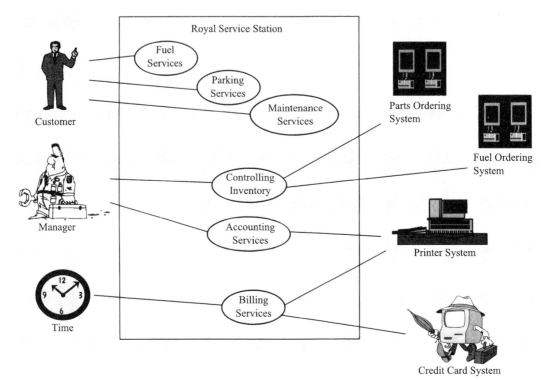

图6-39 皇家服务站的用例图

我们可以通过图6-40所示的系统设计的类层次计算剩余的测量。图6-40中左边的表列出了从该设计得到的5个Lorenz和Kidd度量中每一项的最小和最大值。随着系统的演化，我们可以用这些度量作为基线来评估其增长。

6.7.2　面向对象系统设计质量的度量

Chidamber和Kemerer也为面向对象的开发设计了一套度量方法（Chidamber and Kemerer 1994）。他们的工作更关注设计质量而不是系统的规模，所以Chidamber和Kemerer完善了Lorenz和Kidd的工作。除了像每个类的加权方法、继承的深度和子类的个数这样的规模度量，Chidamber和Kemerer还度量了对象之间的耦合度、类的响应度以及方法中内聚的缺乏程度（LCOM）。表6-6显示了在开发中可以在何处收集和使用各个度量。因为它们得到了广泛应用，并成为其他面向对象的度量比较的对象，所以让我们进一步看一下Chidamber-Kemerer度量的内容。

表6-6 不同开发阶段中Chidamber和Kemerer的度量

度 量	阶 段			
	系统设计	程序设计	编码	测试
每个类的加权方法	X	X		X
继承的深度	X	X		X
子类个数	X	X		X
对象间的耦合度		X		X
类的响应度		X	X	
方法中内聚的缺乏程度		X	X	X

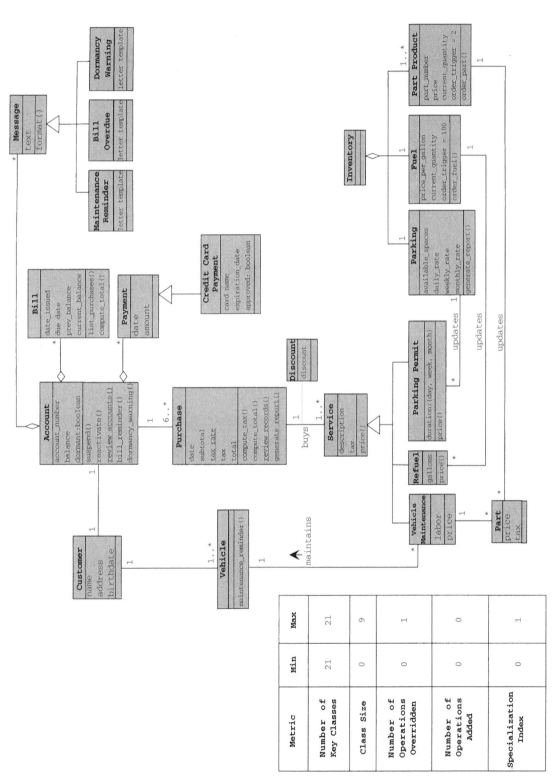

图6-40 皇家服务站的类层次以及Lorenz和Kidd度量

Metric	Min	Max
Number of Key Classes	21	21
Class Size	0	9
Number of Operations Overridden	0	1
Number of Operations Added	0	0
Specialization Index	0	1

从第5章中我们注意到，我们可以对设计质量进行度量，如复杂度。正如我们在第11章中将看到的那样，我们也有一些用来测试一段代码复杂度的方法。Chidamber和Kemerer把复杂度作为一个开放的概念，这样开发人员就可以根据他们的项目来选择一个合适的复杂度的定义。然后，Chidamber和Kemerer用方法的数量n和每个方法的复杂度c为每个类定义了一个权重复杂度度量：

$$每个类的加权方法 = \sum_{i=1}^{n} c_i$$

也就是说，我们将所有方法的复杂度相加起来得到类总的复杂度。如果每个方法的复杂度为1，那么类的复杂度就是类中方法的数目。方法的数目和方法的复杂度展现了构造和维护一个类所需的时间和工作量：方法的数目越多，工作量也越大，对子类的影响也越大。

他们还考虑了类在继承树中的深度（根的深度 = 1）：类在继承树中的深度越大，它继承的方法可能会更多。这种特点也使得类变得更难以理解和维护。另一个度量是从属于给定类的直接子类的数目。这个测量是易维护、易测试和易复用的另外一种指示器。

我们可以将这些概念应用于皇家服务站系统的体系结构中。在图6-41中，我们可以看到与账户、账单和支付有关的部分设计。对于Bill类，加权方法测量的值是2，继承深度和子类数均为0。

账单类Bill和其他对象的耦合度为1，因为账单类只和正在进行交易的账户有关联。然而，从图中指向或出发于代表Account类的框图的箭头总共有5个可知，Account对象与其他相关对象之间的耦合度是5。正如本章前面所提到的那样，在任何设计中我们不希望出现过度的耦合，而希望每个类都具有可能的最大独立程度，以便于我们进行开发、维护、测试和复用。

计算方法中内聚的程度则更为复杂。考虑给定的类C，它有n个方法，从M_1到M_n。假定I_j是方法M_j用到的实例变量的集合。因此，有n个这样的集合，其中每一个集合对应于n个方法中的一个方法。可以定义P为(I_r, I_s)对的集合，其中I_r和I_s没有共享的公共成员，Q是(I_r, I_s)对的集合，其中I_r和I_s至少共享一个公共成员。更形式化地，我们将P定义为：

$$P = \{(I_r, I_s) | I_r \cap I_s = \varnothing \}$$

而Q定义为：

$$Q = \{(I_r, I_s) | I_r \cap I_s \neq \varnothing \}$$

如果$|P|$比$|Q|$大，我们定义方法C的LCOM值为$|P| - |Q|$，否则LCOM值为零。更简单地说，LCOM就是没有共享变量的方法对比有共享变量的方法对在数量上多出的程度。这种度量基于这样的理念：两个方法如果有共享的实例变量，那么它们就是相关的。相关方法的数目越大，类的内聚性就越强。因此，LCOM是一种对类中方法的相对相异性（不相关性）的度量。

还有另外一种度量，即类的响应度。它是指类的对象接收到消息做出响应时，可能会被执行的方法的集合。如果当接收到一个消息时会有很多方法被调用，那么对该类的测试和修改将是非常困难的。所以设计人员应该将类的响应度保持在低水平，而将高值视为一种指示器：需要对该类及其实现进行更多、更仔细的检查。

我们也可以将Chidamber-Kemerer的度量应用于评估设计的改变。图6-42展示了皇家服务站系统模块设计的一部分，它增加了用户界面模块。我们可以从图中看出Bill类的对象间耦合度由1变成了2，但账单、账户和支付的其他度量值保持没变。

度量可以帮助我们确认设计中那些有问题的地方，对于以下列出的每一个度量来说，它们的值越高就表明在对应的代码中出现故障的可能性越大。

- 类的加权复杂度越大（即系统越复杂，就越难于理解）。
- 子类的数目越大（即类层次中的可变性越大，要实现和测试的代码也就越多）。
- 类的继承深度越深（即性质和方法的祖先越多，类就越难于理解）。
- 类的响应度越大（因此要实现和测试的方法也就越多）。

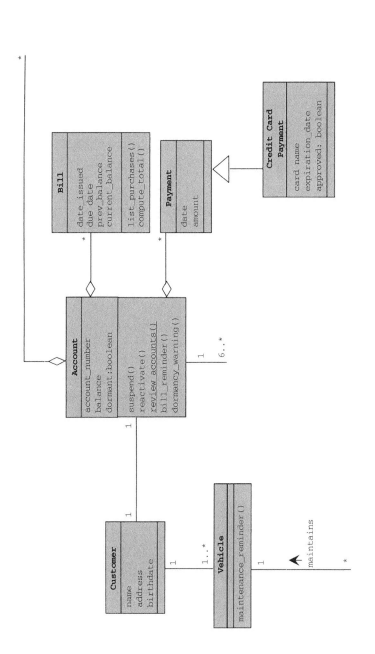

图6-41 将Chidamber-Kemerer度量应用于皇家服务站类设计

度量	Bill	Payment	Credit Card Payment	Account	Customer	Vehicle
加权方法/类	2	0	0	5	0	1
子类的个数	0	1	0	0	0	0
继承的深度	0	0	1	0	0	0
对象间的耦合度	1	2	1	5	2	2

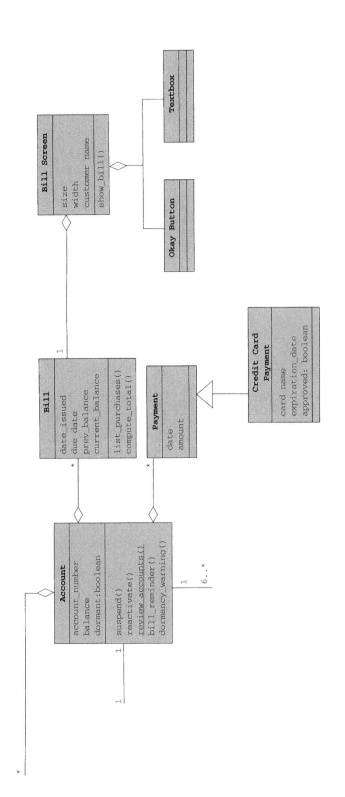

图6-42 将Chidamber-Kemerer度量应用于修改的皇家服务站设计

度量	Bill	Payment	Credit Card Payment	Account	Bill Screen	Okay Button	Textbox
加权方法/类	2	0	0	5	1	0	0
子类的个数	0	1	0	0	0	0	0
继承的深度	0	0	1	0	0	0	0
对象间的耦合度	2	2	1	5	3	1	1

这些指导原则是由Basili、Briand和Melo根据其所做的C++代码的经验性评估提出来的（Basili，Briand and Melo 1995）。Li和Henry也对这些度量进行了研究，在Chidamber和Kemerer初步定义的集合中增加了两个他们自己定义的度量（Li and Henry 1993）。

- **消息传送耦合**（message-passing coupling）：类实现中方法调用的数目。
- **数据抽象耦合**（data abstraction coupling）：被度量的类所使用的，却在系统其他类中定义的抽象数据类型的数目。

Li和Henry说明了如何在维护阶段用这些度量来预测类的变化的规模。

Travossos和Andrade提出了面向对象系统中其他可能的度量（Travossos and Andrade 1999）。我们可以使用一个操作所发送的消息数目来计算平均操作大小。类似地，如果我们能够知道每个消息的平均参数数目，可能是很有用的。也可以使用很多在非面向对象开发中应用得很好的复杂度量，对每个操作本身进行评估。这些测量显示在图6-43中，它们用在了皇家服务站的一个顺序图中。由于所示的操作共有5个消息，所以最大和最小的操作规模都是5。我们可以看到第4个消息需要4个参数，而第一个消息不需要参数，所以平均每个消息需要的参数可以在0到4的范围内变化。

度量	最小	最大
操作大小的平均值	5	5
每个操作的参数个数的平均值	0	4

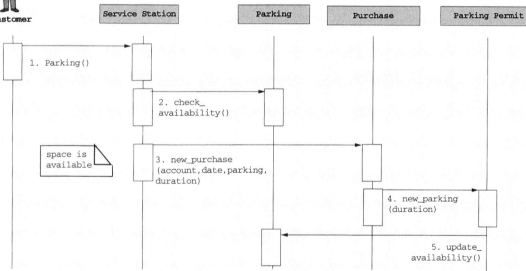

图6-43　根据顺序图得到的测量

我们还可以从类描述中得到度量。例如，考虑Refuel类的模板：

```
Class name: Refuel
        Category: service
        External documents:
        Export control: Public
        Cardinality: n
        Hierarchy:
            Superclasses: Service
        Associations:
```

```
                <no rolename>: fuel in association updates
Operation name: price
    Public member of: Refuel
    Documentation:
        // Calculates fuel final price
    Preconditions:
        gallons > 0
        Object diagram: (unspecified)
    Semantics:
        price = gallons * fuel.price_per_gallon
        tax = price * purchase.tax_rate
        Object diagram: (unspecified)
    Concurrency: sequential
Public interface:
    Operations:
        price
Private interface:
    Attributes:
        gallons
Implementation:
    Attributes:
        gallons
State machine: no
Concurrency: sequential
Persistence: transient
```

从这个模板，我们可以发现Lorenz和Kidd的类规模，即把操作的数目与属性的数目（包括继承的属性）相加。这里，类规模为4。我们还可以根据更传统的度量，诸如**扇入**（fan-in）（调用该类的其他类的数目）和**扇出**（fan-out）（调用其他类的数目），来对一个类进行估算。这样的度量可以帮助我们确定基准并进行跟踪，从而我们就能够观察复杂度的增长并对提出的改变进行评估。

6.7.3　在何处进行面向对象测量

有很多度量面向对象系统的方法，但是，还没有发现"最好"的度量。值得记住的一点是，只有当度量可以用来帮助我们增进对系统理解、预测或控制时，它才是有价值的。本书讨论的任何一个或所有度量，其他文献中的度量，或为自己的项目设计的度量，都可能是有用的，这取决于度量集的易用性和你试图解决的问题的相关性。我们可以分析本章给出的度量，以确定哪些度量最容易从我们描述过的各种面向对象相关文档中获取。

如表6-7所示，这些度量与很多种类型的文档相关，包括用例图、类图、交互图、类描述、状态图和包图。大体上来讲，度量通过突出显示潜在的问题，很好地支持了我们进行的系统开发。正如每种类型的图或图表都揭示了加强我们对问题或解决方案的理解的问题或视角，每一种度量都为我们提供了关于设计质量和设计复杂度的不同视角，这帮助我们在开发和维护过程中预测以及提出软件相关的问题。

表6-7　在何处进行面向对象测量

度　　量	阶　　段				
	用例	类图	交互图	类描述	包图
场景脚本的数目	X				
关键类的数目		X			
支持类的数目		X			
每个关键类的平均支持类数目		X			
子系统的数目					X

（续）

度 量	阶 段				
	用例	类图	交互图	类描述	包图
类的规模		X		X	
子类覆载的操作数目		X			
子类附加的操作数目		X			
特化指数					
每个类的加权方法		X			
继承的深度		X			
子类个数		X			
对象间的耦合度		X			
类的响应度				X	
方法中内聚的缺乏程度				X	
操作大小的平均值			X		
每个操作参数个数的平均值			X		
操作的复杂度					
公共和保护的百分比		X		X	
数据成员的公共访问		X		X	
根类的个数		X			
扇入/扇出		X			

6.8 设计文档

在第5章中，我们讨论了如何在软件体系结构文档（SAD）中发现系统体系结构的细节。SAD是连接需求和设计的桥梁。同样，程序设计是连接体系结构设计和代码的桥梁，它充分详细地描述了模块，使得程序员可以以与SAD一致的方式实现这些模块，并且可以体现良好的设计原则以及最终产品中用户想看到的东西（即符合了需求）。

我们有很多编写文档的方法。这很大程度上取决于开发人员个人的喜好与经验，也取决于程序员和维护人员的需要，因为他们的工作要依赖于仔细而完整的文档。在本节中，我们探讨一个特别的创建文档的方法，称作按合同设计。该方法使用文档的目的不仅仅是用来描述设计，而且是用来鼓励开发人员之间的交互。

在日常生活中，当一个团体把服务或产品委托给另一个团体时，他们之间会建立合同。每个团体都应当承担责任并且都希望能够获得利益：供应商在一定的时间内提供服务或产品（一种责任）并且希望获得报酬（一种利益），而客户接受服务或产品（一种利益）并且必须付款（一种责任）。他们之间利用合同把所有利益和责任都显式地表达出来。在软件开发中，合同就是模块提供者和用户之间所达成的协议，如图6-44所示。

在**按合同设计**（design by contract）的方法中，每个模块都有一个接口规格说明，精确地描述了该模块应该做的事情。Meyer提出按合同设计有助于确保模块之间可以正确地互操作（Meyer 1997）。这个规格说明，又称为**合同**（contract），控制了模块和模块以及模块和其他系统之间的交互方式。这样的规格说明并不能保证模块的正确性，但是它为测试和验证提供了一个清晰一致的基础。合同涵盖了相互的义务（前置条件）、利益（后置条件）以及一致性的约束（称作**不变量**）。综合起来，合同的这些性质称为**断言**（assertion）。

作为模块提供者，只要满足以下情况，我们就支持合同。

- 我们的模块（至少）提供了接口规格声明中的所有的后置条件、协议以及质量属性。

363

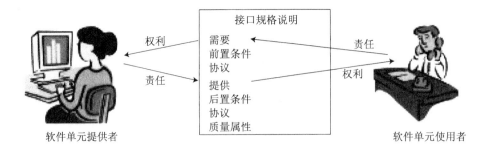

图6-44　软件提供者和使用者之间的设计合同

- 我们的代码对环境所提出的需求不会超过接口中的前置条件和协议中所陈述的要求。

作为软件单元的使用者,只要满足以下情况,我们就支持合同。

- 我们的代码只有在单元指定的前置条件和协议满足时才会使用该软件单元。
- 我们的代码对软件单元的行为所作出的假设不会超出其接口中的后置条件、协议和不变量所做的陈述。

在我们维护软件系统的时候,接口可以继续发挥作用:一个软件单元可以被任何新的实现所替换,只要该实现符合该单元接口的规格说明。因此,合同可以帮助我们坚持可替换性设计原则。

比如,一个软件单元负责维护一个按键对元素建立索引的字典。软件单元的提供者负责提供维护字典内容的相关操作,而软件单元的使用者负责正确地调用这些操作。例如,要向字典中插入一个新条目:

(1) 客户端既要保证该字典是未满的、该元素具有有效的键,还要保证该字典没有其他元素使用该键作索引。

(2) 提供者把元素插入字典。

(3) 如果要插入的元素有不正确的或重复的键,则不采取任何动作。

我们可以通过把职责更加精确化来形式化地描述合同。Meyer提出一种格式(Meyer 1992a),在该格式中使用require子句指定方法的前置条件,且使用ensure子句指定方法的后置条件:

```
//实现数据抽象的字典,在字符串String和元素Element之间建立映射
  local
    Count: INTEGER
    capacity: INTEGER
    dictionary: 把键映射到元素的函数
insert(elem:Element; key: String)
    //将elem插入字典中
    require: cout<capacity and key.valid() and not has(key)
    ensure: has(key) and retrieve(key) == elem
retrieve(key: String): Element
    //返回键索引的元素
    require: has(key)
    ensure: result = dictionary(key)
```

合同还指定了类的不变量,它是实例变量在每次方法调用后都不变的性质,包括在构造方法构造了每一个属于该类的对象之后。例如,上面的字典任何时候都不该有重复的条目:

```
invariant: forall(key1, Element1) and (key2, Element2)in dictionary,
        if key1<>key2 then Element1<>Element2
```

类的不变量对于测试设计的正确性和测试设计变化特别有用。

我们可以为所有类型的设计建立合同。比如,假设我们正使用数据抽象来设计一个面向对象的系统,该系统控制流入水库和流出大坝的水流。我们可能有对象类,例如,Dam、Reservoir和River。

我们可能提出一些关于对象的问题，例如，水库is_empty和is_full；我们可能发出命令，如empty或者full。我们的设计可以指定前置条件和后置条件。例如，我们可以如下写道：

```
local
   gauge: INTEGER
   capacity: INTEGER
fill()
   //向水库注水
   require: in_valve.open and out_valve.closed
   ensure: in_valve.closed and out_valve.closed and is_full
is_full():BOOLEAN
   //检查水库是否已满
   ensure: result == (0.95 * capacity <= gauge)
```

我们可以将合同与随后的实现作比较，以从数学上证明两者的一致性。另外，合同的断言提供了测试的基础。测试人员可以对所有的类逐个地确定其中每一个操作对每一个断言的影响。再者，当设计以某种方式变化了，我们可以对每一个断言进行检查，看看它是因该变化减弱了还是加强了。

6.9 信息系统的例子

在第5章中我们了解了如何为皮卡地里系统构造客户-服务器的体系结构。但是第5章的设计仅仅考虑了将系统初步分解为主要的构件。现在，我们需要对单个构件进行更加细节化的描述，这样，程序员才能把体系结构中的元素实现为代码。比如，设计需要更多有关于如何处理节目播出时间相近但不完全相同的情况的信息，在我们的例子中，从晚上9:00到10:30之间的皮卡地里的节目可能和从晚上8:00到10:00之间、晚上10:00到11:00之间的节目有重叠。我们还必须决定如何处理故障。在本例中，对手时间表可能包含了无效日期，如2月31日，或者无效时间，如2 900小时。我们最底层的细节应该包含模块接口的规格说明，这样才可以将单个模块分配给程序员进行编码和测试。然而，这个例子说明，我们必须考虑以及结合各种互补的设计技术，才能形成满足所有客户需求的解决方案。

当我们把设计分解成模块时，可能需要重新进行组织，把一些数据和操作组合成模块，以改善整个设计的内聚性和耦合性。比如，在第5章的最后，我们确定了许多皮卡地里数据库将要维护的领域元素和关系，包括图6-45所示的Opposition Program概念。然而，我们仔细观察该模型，会发现大量原本以为不相关的概念其实有很多共通之处，特别地，和皮卡地里电视节目相关的信息以及操作和竞争对手播出的节目的相关信息是相同的。图6-46向我们展示了如何把这些概念以及它们各自的关联集成为一个单独的Program类。经过这样的重构，我们避免了实现和测试同一个概念的不同版本这样的额外工作，也避免了将来修改或改进时需要维护同一个类的两不同版本的麻烦。

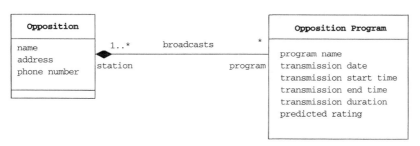

图6-45 皮卡地里的竞争对手播出的竞争节目的数据模型

总体来说，无论我们是在设计一个正在开发的系统还是在增强一个现有的软件系统，都需要不断评估和重构设计的模块结构，以达到使模块间的耦合最小化的目的。

366

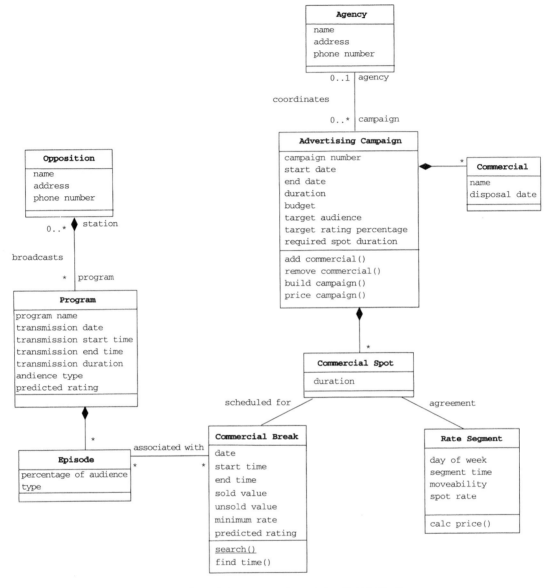

图6-46   集成皮卡地里节目和对手节目的数据模型

6.10 实时系统的例子

面向对象开发的提倡者经常会宣扬对象的复用潜力。正如我们已经看到的那样，阿丽亚娜5型火箭的系统复用了阿丽亚娜4型火箭的惯性参照系统（SRI）。如果阿丽亚娜5型火箭是用面向对象方法实现的，那么复用的方式要么是组合要么是继承。在组合的方法中，将SRI看作是黑盒，由主系统调用，并返回适当的值供阿丽亚娜5型火箭系统的其他部分使用。在继承的方法中，SRI的结构和行为都是公开可见的，尽可能多地从父类那里继承结构和行为。组合的方法不可能预防发生灾难，因为黑盒无法使得溢出问题变得可见。另一方面，基于继承的复用可能会将SRI设计的弱点暴露在阿丽亚娜5型火箭的设计人员面前，于是，他们可能会采取预防措施。

6.11　本章对单个开发人员的意义

本章讨论了程序设计以及一些支持程序设计的面向对象开发过程。我们已经看到，我们需要模块化的设计，它可以使得开发团队并行地进行设计、实现和软件单元的分别测试工作。每一个单元都是根据接口进行描述；而接口对其他程序员展示了使用该单元所需要了解的信息，同时也隐藏了那些将来可能会改变的设计决策。这样的接口必须不仅仅要涵盖功能，还要包括它的质量属性，这样，其他程序员才能确定这些单元是否能够满足他们的需求，包括非功能性的需求。

我们展示了一些有用的设计原则，帮助我们的设计具有模块化、可复用性和安全性；还展示了一些支持这些设计原则的设计模式。同时，我们也介绍了一些可以常用于测量面向对象工件的规模和设计特征的度量。这些度量不仅可以帮助我们预测在开发、测试和维护过程中的资源分配，而且也可以在系统变得复杂难懂时发出警告。

367
~
368

6.12　本章对开发团队的意义

设计过程使用一种便于交流的通用语言来描述系统构件，面向对象是一个尤其具有吸引力的设计基础，因为它使得我们能够从系统的诞生到交付期间都使用相同的术语来描述和推断我们的系统：类、对象和方法。这种专用术语的一致性使得你在设计完成之前就能够预测系统规模和结构。它简化了不同工件之间的可跟踪性，你可以看到需求中的领域对象如何变成设计中的对象，进而成为代码中的对象的过程。

一致的表示法使得你的团队更容易理解使用一个对象或类的含义——尤其是当你使用其他人的面向对象的构件来构造系统的时候。而且，一致性还可以帮助维护人员以及测试人员更加容易地编写测试用例和监测发生的变化。因为需求、设计和代码都以相同的方法表示，所以对需求或设计的变化所造成的影响进行评估是比较容易的。

6.13　本章对研究人员的意义

在软件工程研究中，程序设计和面向对象的方法一直都是重要的研究领域。设计原则是改善设计的启发式方法，但是，是否遵循了设计原则就一定能够使系统在整个生命周期中具有一致的高质量的代码呢？这方面的研究还做得比较少。类似地，虽然面向对象的方法已经被广泛接纳，但是，在质量方面，尤其是安全性方面，还没有与其他开发范型进行过严格的比较。实际上，传统的系统评估方法对面向对象来说是不合适且不充分的。基于行代码的项目预测正在被考虑了类和分层的预测方法所替代。特别地，故障预测方面的研究已经产生了新的、更面向对象的方法，用来估算设计或代码中还有多少剩余的问题。

另一些研究者正在探索利用面向对象的最佳特性的最佳方法。层次的深度应该为多少？在什么情况下使用组合的设计比使用继承的设计更容易复用？使用继承和多态的最佳方法是什么？与上述研究紧密相关的是，研究者们还在不断努力寻找度量面向对象开发过程和产品的良好方法。

6.14　学期项目

回顾Loan Arranger系统的需求。当实现为面向对象的需求时，会发生什么样的变化？这些变化如何使系统易于改正或改变？接着，回顾面向对象系统的特性，哪些特性对Loan Arranger系统有益？最后，为Loan Arranger开发一个面向对象的设计，并将它与你最初的设计进行比较。哪个设计更易于测试？哪个设计更易于改变？为什么？

369

6.15   主要参考文献

　　有一些优秀的书能够很好很详细地指导我们应该如何使用面向对象的方法来思考系统。Gamma
等人的著作（Gamma et al. 1995）概述了如何根据设计模式认识系统。参考文献（Jacobson et al. 1995）、
（Rumbaugh et al. 1991）和（Booch 1994）提供了关于如何说明、设计以及编码面向对象系统的详细
信息。以上三种方法奠定了UML的基础。UML经典的著作有*The UML User Guide*（Booch, Rumbaugh
and Jacobson 2005）以及*The UML Reference Manual*（Rumbaugh, Jacobson and Booch 2004）。此外，
（Larman 2004）提供了如何使用UML的入门知识。（Binder 2000）描述了你想知道的任何关于测试面
向对象系统的内容，书中包含了大量的经典例子和反例。

　　经典的面向对象度量的参考书包括（Chidamber and Kemerer 1994）、（Li and Henry 1993）以及
（Lorenz and Kidd 1994）。（Travassos and Andrade 1999）把面向对象度量的目标与面向对象开发的一
些有效的指导原则紧密地结合起来。

6.16   练习

1. 皇家汽车服务站经理Manny准备扩展他们的服务，使之包括洗车服务。这将是一个自动化系统。客户
   选择洗车的方式并注明车的类型。系统计算费用并在控制面板上显示应付金额。然后客户支付洗车费。
   支付结束后，如果洗车正忙的话，系统就会提示客户必须等待，否则，系统提示客户将车驶进洗车间。
   请问，如何对图6-21所示的类图进行修改才能提供这种新服务。
2. Lorenz和Kidd的特化指数的意义是什么？高特化指数的含义是什么？低特化指数的含义又是什么？产
   品演化时，体现在指数上的主要变化是什么？
3. 面向对象的方法可以适用于开发任何系统吗？面向对象方法的优势是什么？它的缺点是什么？给出一
   个不适合使用面向对象方法作为开发策略的例子。
4. 如果两个软件单元中一个向另一个传递复杂的数据结构（如方法调用中的参数），那么这两个软件单元
   之间存在着标记耦合。给出一种可以改进标记耦合的设计方法。
5. 在阿丽亚娜5型火箭的设计中，开发人员有意识地决定忽略7个异常处理中的3个。该决定的法律含义和
   道德含义是什么？谁在法律和道德上对造成的灾难负责？测试人员应该为没有发现这个设计缺陷而受
   到责难吗？
6. 请针对本章所列出的各种类型的内聚性，各编写一个构件的描述来展现这种内聚。
7. 请针对本章所列出的各种耦合，各举出两个构件之间存在这种耦合的例子。
8. 针对你在其他课程中开发的项目，使用多层相互连接的构件画出软件的系统图。系统的模块化程度如
   何？它体现了哪种类型的耦合？构件是内聚的吗？你能否对该系统进行重构，以增加构件的内聚度且
   减少构件间的耦合度？

370

9. 一个系统是否能够完全"消去耦合度"？也就是说，能否降低耦合的程度，直到构件之间不存在任何耦合？
   为什么？
10. 是否存在不能做到完全功能内聚的系统？为什么？
11. 对于第1章中质量模型的每个质量属性而言，解释优秀设计的特性对产品质量有何影响。例如，耦合度、
    内聚度和模块化是如何影响可靠性和可跟踪性的？
12. 递归构件就是调用自身或者通过某种方式访问自身的构件。按照本章中提到的设计指导原则，递归构
    件是好的还是比较拙劣的思想？为什么？
13. 针对你以前做过的较复杂的设计，指出模块的抽象程度（根据补充材料6-3），每个抽象有何用处？
14. 请给出一个作为英法字典的模块的接口规格说明。模块必须提的功能有：供增加新词、查找法文单词
    的发音，以及返回所输入的英文单词对应的法文单词。

15. 下面的过程接口应该怎样重新设计才能提高通用性？

    ```
    PROCEDURE sort (a[] : INTEGER )
    ```
    ensure: 重新排序使元素成非降顺序

16. 考虑一个模块，它接收两个整数数组，然后创建一个新数组。新创建的数组的各元素的值是输入的两组数组的对应元素的和。这个模块可能会发生怎样的失效？如果该模块可以从失效中恢复，那么它可能是如何恢复的？

17. 无经验的面向对象的程序员通常会实现下面这样的类层次，其中，Stack类定义为List类的子类：

    ```
    CLASS List {
        data: array [1..100] of  INTEGER;
        count: INTEGER := 0;
    METHODS
        insert(pos: 1..100;value: INTEGER);
            require: 在列表的pos位置处插入一个值
        delete (pos: 1..100);
            ensure: 把列表中位置pos处的值删除
        retrieve(pos:1..100): INTEGER;
            ensure: 返回列表中位置为pos处的值
    }
    CLASS Stack   EXTENDS List{
    METHODS
      push(value:INTEGER)
          ensure: 把值加入栈顶
      pop(): INTEGER;
          ensure:把值从栈顶删除并返回栈顶
    }
    ```
    试着解释为什么这不是一个良好的继承。

18. 考虑下面的接口规格说明，对其中的每一对，说明一个接口是否可以替换另一个，并给出理由。

    a. **require**: val值不在列表list中。

       ensure: list列表中的所有值都加上val。

    b. **ensure:** val值在列表list中，则列表list不做任何改变；否则，列表list把所有值都加上val。

    c. **ensure:** list列表中的所有值都加上val。

    d. **require:**列表list已排好序。

       ensure: list列表中的所有值都加上val，列表list是排好序的。

19. 对于18（a）可以有另外一种表述（a′），如下所示。它声明了异常，而不是要求列表不含有要插入的元素：

    a′. exception: 如果val值在list列表中，则抛出异常DuplicateElem。

       ensure: list列表中的所有值都加上val。

    哪个规格说明更好，a还是a′，为什么？

20. 试着使用异常处理重写6.8节中的规格说明。

21. 假设你将在两种模块中选择其中一种并在你的设计中使用它，这两种模块都可以找出一个整数数组中的最小值，当输入的数组为空时，其中一个模块返回可表达的最小整数，另外一个要求输入的数组不能为空。哪个模块更好？为什么？

22. 考虑一个简化的面向对象的银行业务系统的设计，如图6-47所示。要求可以在银行中开设账户，可以向账户中存入或取出现金。可以通过账号访问对应的账户。在设计中使用装饰者模式，试着给它增加两个新的特性：

    a. 透支保护：余额为零时，允许客户提取现金；提取现金的总额是信用卡提前预设好的信用额度。

    b. 交易费：对每次存款和取款业务向客户收取固定的费用。

23. 如果银行必须向政府税收部门汇报所有超过10 000美元的业务（存款和取款），在练习22的基础上，请使用观察者模式构造一个类用来监控所有的账户交易。

图6-47 练习6-22和练习6-23中的银行系统的设计

第 7 章

编 写 程 序

本章讨论以下内容：
- 编程的标准；
- 复用的指导原则；
- 用设计安排代码框架；
- 内部文档和外部文档。

迄今为止，我们学到的技能有助于我们理解客户和用户的问题以及为其设计高层解决方案。现在，我们要集中于用软件来实现解决方案。也就是说，要编写实现设计的程序。这项任务可能令人感到畏惧，原因有以下三条。第一，设计人员可能没有处理平台和编程环境的所有特性。易于用图表描述的结构和关系并不是总能够直截了当地编写成代码。第二，我们必须以这样一种方式编写代码：不仅要在再次使用代码进行测试的时候便于自己理解，而且当系统随着时间演化时，也便于他人理解。第三，在创建易于复用的代码的同时，还必须利用这些特性：设计的组织结构、数据结构、程序设计语言的概念。

显然，可以用很多方法来实现设计，并且有很多可用的语言和工具。我们不能指望本书涵盖所有这些内容。本章只给出一些流行的程序设计语言的例子，但是，指导原则通常适用于任何实现。也就是说，本章不是教你如何编写程序，而是解释一些你在编写代码时应当记住的软件工程实践。

7.1 编程标准和过程

在职业生涯中，你可能会从事很多不同的软件项目开发，使用各种工具和技术编写许多应用领域的代码。其中一些工作也可能会涉及评估已有的代码，因为你想替换或修改它，或在另一个应用中复用它。你也将会参与正式的或非正式的评审，来检查你和他人的代码。这些工作不同于你上课时所做的编程。课堂上，你的工作是独立完成的，因此，老师可以判断它的质量并给出改进的建议。但是，在更广泛的现实世界中，大多数软件是由团队开发的，而且需要进行各种工作以生成高质量的产品。即使在编写代码本身时，也会涉及很多人，并且需要大量的协作和协调。因此，要让他人不仅能够理解你编写的代码，而且能理解你为什么编写这些代码以及这些代码如何配合他们的工作，这一点是非常重要的。

由于这些原因，在开始编写代码之前，你必须了解你的组织机构的标准和过程。很多公司坚决要求他们的代码符合某种风格、格式和内容标准，这样代码和相关的文档对每一个读者就会非常清晰。例如，补充材料7-1描述了微软关于编程标准的方法。

补充材料7-1 微软的编程标准

Cusumano和Selby研究了微软的软件开发（Cusumano and Selby 1995，1997）。他们指出，微

软试图在保留黑客通常表现出的创造性和个性的同时，将软件工程实践的某些方面融入其软件开发周期。因此，微软必须找出"组织和协调单个成员所做的工作，同时又允许他们在开发阶段中拥有足够的保持创造性以及演化产品细节的灵活性"的方法。由于市场压力和变化的需要，微软的开发团队反复设计构件、构建构件并测试构件。例如，当团队成员对产品将做什么了解更多时，他们会修改特征的类型和细节。

但是，灵活性并不排除标准。几乎所有在一个物理地点工作的微软开发团队都使用共同的开发语言（通常是C和C++）、共同的编码风格以及标准的开发工具。这些标准有助于团队交流，讨论不同设计方案的利与弊以及问题的解决。微软还要求其团队收集一个小的测度集，包括什么时候发生失效，以及什么时候发现并修改潜在的故障等相关信息。这些测度指导什么时候继续开发、什么时候交付产品这样的相关决策。

7.1.1　对单个开发人员的标准

标准和过程能够帮助你组织自己的想法并避免犯错误。一些过程包括编写代码文档的方法，使得它更清晰且易于遵循。这样的文档使得你在离开和重返你的工作时，不会失去所做工作的线索。标准化的文档还有助于查找故障并做出改变，因为它阐明了哪部分程序执行哪些功能。

标准和过程还有助于将设计转化成代码。根据依照标准组织的代码，可以维护设计构件和代码构件之间的一致性。因此，设计中的变化就很容易在代码中实现。类似地，由硬件或接口说明的变化所导致的对代码的修改也是简单明了的，且出错的可能性也降到了最小。

7.1.2　对其他开发人员的标准

一旦编写完代码，其他人就可能通过各种方式使用它。例如，正如我们在后面几章中看到的，可能有一个单独的小组对代码进行测试，或者可能有另一组人要将你的软件和其他程序集成在一起构建、测试子系统乃至最终完整的系统。即使系统已经完成并且正在运行，也可能需要进行改变，可能是因为故障，或可能是因为客户希望改变系统执行功能的方式。你可能不是维护或测试小组的成员，因此组织、按格式编写代码以及编写代码文档，使他人易于理解它做什么以及如何工作，是很重要的。

例如，假定你的公司生产的每一段程序的开头都有一节来描述程序的功能以及与其他程序的接口。开头一节看起来可能像这样：

```
*****************************************************
*
* COMPONENT TO FIND INTERSECTION OF TWO LINES
*
* COMPONENT NAME: FINDPT
* PROGRAMMER: E. ELLIS
* VERSION: 1.0 (2 FEBRUARY 2001)
*
* PROCEDURE INVOCATION:
*   CALL FINDPT (A1, B1, C1, A2, B2, C2, XS, YS, FLAG)
* INPUT PARAMETERS:
*   INPUT LINES ARE OF THE FORM
*       A1*X + B1*Y + C1 = 0 AND
*       A2*X + B2*Y + C2 = 0
*   SO INPUT IS COEFFICIENTS A1, B1, C1 AND A2, B2, C2
* OUTPUT PARAMETERS:
*   IF LINES ARE PARALLEL, FLAG SET TO 1.
*   ELSE  FLAG = 0 AND POINT OF INTERSECTION IS (XS, YS)
*
*****************************************************
```

这块注释告诉它的读者代码做什么，并给出方法的概述。对在寻找可复用构件的人来讲，这块注释所包含的信息足以帮助他们决定这段代码是否就是要找的代码。就跟踪失效来源的人而言，这块注释所具有的细节足以帮助他们决定是否这个构件可能是产生失效的"罪魁祸首"或"同谋"。

阅读这样一块注释的维护程序员将更容易发现需要进行改变的构件。一旦确定这样的构件，如果数据名称是清楚的而且接口定义明确，维护程序员就能确保所需的改变不会对代码的其他部分产生任何无法预料的影响。

现有的自动化工具能够对代码进行分析，以确定该构件调用了哪些过程以及哪些过程调用了该构件。也就是说，工具生成的文档将调用它的构件和它调用的构件联系起来。使用这样的信息，对系统的修改就相对直观。在本章的最后，我们分析标准和过程的一个例子，以了解如何使用它们来指导编程工作的。

7.1.3　设计和实现的匹配

最关键的标准就是需要在程序设计构件和程序代码构件之间建立直接的对应关系。如果设计的模块化没有反映在代码中，整个设计过程就没有什么价值了。诸如低耦合、高内聚、定义明确的接口这样的设计特性，也应该是程序的特性。这样，就很容易从设计到代码对算法、函数、接口和数据结构进行跟踪，从代码到设计也是如此。

请记住，系统的总体目标可能在整个软件生命周期中始终保持一致。但是随着时间的推移，当客户确定增强和修改系统的时候，它的特性也可能会随之改变。例如，假定你是设计用于汽车的计算机辅助显示系统的团队成员之一。你们构造的系统可能永远是汽车的一个部件，但是菜单和输入设备可能会改变，也可能会增加新的特征。这些改变首先要在高层设计中进行，然后通过低层设计追踪到必须修改的代码。因此，设计和代码之间的一致性是根本性的。在后面的章节中，我们将看到，如果没有通过这些标准建立起来的链接，就无法进行测试、维护和配置管理。

7.2　编程的指导原则

程序设计包含大量创造性。请记住，设计是对每个构件的功能或目的进行指导，但是，程序设计人员在把设计实现为代码时具有很大的灵活性。设计或需求规格说明可能要求使用某种程序设计语言，这也许是直接的（由于设计人员或客户的指定），也许是间接的（由于使用某种概念）。这里不讨论特定语言的指导原则，因为关于这个主题有很多好书。我们讨论几种适用于一般编程的指导原则，而不是特定语言的。

不管使用何种语言，每个程序构件都至少包括3个主要方面：控制结构、算法以及数据结构。下面我们来详细地讨论每一个方面。

7.2.1　控制结构

体系结构和设计提出了构件的诸多控制结构。将设计转换成代码时，我们希望能够保留它们。就一些体系结构而言，例如隐含调用和面向对象设计，控制是基于系统状态和变量发生的变化的。在其他的、更为过程化的设计中，控制依赖于代码本身的结构。不管是什么类型的设计，你都要使自己的程序结构能够反映出设计的控制结构，这一点是非常重要的。不应该让读者在代码之间急剧跳转，在要返回的代码段上做标记，以及怀疑他们是否遵循了正确的路径。他们应当集中于程序正在做什么，而不是集中于控制流。因此，许多指导原则和标准建议，代码应该编写得使你很容易地从上到下阅读一个构件。

我们讨论一个例子，来看一下重组（restructure）是如何帮助理解的。看看下面的程序。它的控制在程序的语句之间来回跳转，使得它难以理解。

```
        benefit = minimum;
        if (age < 75) goto A;
        benefit = maximum;
        goto C;
        if (age < 65) goto B;
        if (age < 55) goto C;
A:      if (age < 65) goto B;
        benefit = benefit * 1.5 + bonus;
        goto C;
B:      if (age < 55) goto C;
        benefit = benefit * 1.5;
C:      next statement
```

通过重新安排代码，我们可以用一种更易于理解的格式完成同样的事情：

```
if (age < 55) benefit = minimum;
elseif (age < 65) benefit = minimum + bonus;
elseif (age < 75) benefit = minimum * 1.5 + bonus;
else benefit = maximum;
```

当然，严格的自上而下的流程并不总是可能的或实际可行的。例如，到达循环的结束可能会扰乱流程。但是，在任何可能的时候让必需的动作紧跟在生成它的决定之后，这总是有益的。

我们在前几章中看到，模块化是一个好的设计属性，贯穿于代码中的模块化也具有同样的优点。根据模块化的块来构建程序，可以在不同的层次隐藏实现细节，使得整个系统易于理解、测试和维护。换句话说，我们将某个程序构件本身看作是模块化的。在增强可理解性的同时，还可以使用宏、过程、子例程、方法和继承来隐藏细节。再者，代码构件越是模块化，就越容易维护和在其他应用中对其进行复用。可以将修改与特定的宏、子例程或其他子构件隔离开。

因此，在编写代码时，要牢记通用性是一种优点，不要让你的代码太过特殊。例如，某一时刻在80个字符构成的文本中搜索字符串的构件其输入参数包括字符串的长度和要找的字符，那么，这个构件还可以再次用于在任何长度的字符串中搜索任意字符。同时，不要让构件过分通用化，从而影响其性能和对它的理解。

其他设计特性也要转换到代码构件，例如耦合性和内聚度。在你编写程序时，记住使用参数名称和注释来展现构件之间的耦合度。例如，假定你正在编写某个用于计算所得税的构件：它使用总收入值和其他构件提供的扣除额。不要这样写代码的注释：

```
Reestimate TAX
```

最好这样写：

```
Reestimate TAX based on values of GROSS_INC and DEDUCTS
```

第二种注释解释了该计算是如何与其他构件中的数据项联系在一起的。

你的代码必须能让读者看清楚在构件之间传递的是哪些参数（如果有参数的话）。否则，测试和维护将会非常困难。换句话说，构件之间的依赖关系必须是可见的。由于同样的原因，就像系统构件的设计要彼此隐藏信息一样，程序中的子构件之间也应该彼此隐藏具体的计算细节。例如，在前面的字符串搜索程序中，文本搜索构件必须包含关于如何寻找特定字符的信息。但是，调用它的构件没有必要知道是怎样找到该字符的，只要知道字符被找到了以及在哪儿找到的就可以了。这种信息隐藏使得你可以改变搜索算法而不打扰代码的其他部分。

7.2.2　算法

程序设计通常会指定一类算法，用于编写某些构件。例如，设计可能会告诉你使用QuickSort（快速排序），或者可能列出快速排序算法的逻辑步骤。但是，在将算法转换成代码时，根据实现语言和硬件的约束，你仍有很大的灵活性。

其中一个需要重点关注的地方是实现的性能或效率。直觉上，你要使代码运行得尽可能快。但是，使代码更快运行可能会伴随一些隐藏的代价。

- 编写更快代码的代价。可能会使代码更加复杂，从而要花费更多的时间编写代码。
- 测试代码的时间代价。代码的复杂度要求有更多的测试用例或测试数据。
- 用户理解代码的时间代价。
- 需要修改代码时，修改代码的时间代价。

因此，执行时间在整个代价因素中只是很小的一部分。你必须在执行时间与设计质量、标准和客户需求之间平衡考虑。尤其是，不要牺牲代码的清晰性和正确性来换取速度。

如果速度对实现来说很重要，你就必须了解你所使用的编译器是如何优化代码的。否则，优化可能只是让看起来更快的代码实际上变慢了。要了解这种互相矛盾的情况是如何发生的，我们做一个假设：你正编写实现一个三维数组的代码。为了提高效率，你决定创建一维数组来实现三维数组，自己计算所有的索引。因此，你的代码按如下方法计算这个变量，以求出三维数组中任何一个元素的位置：

```
index = 3*i + 2*j + k;
```

但是，编译器可能是在寄存器里计算数组索引的，因此，执行的时间很少。如果编译器在寄存器中使用加法递增技术，而不是对每次位置计算都用加法和乘法，那么，一维数组技术可能会导致实际上执行时间的增加！

7.2.3 数据结构

编写程序时，你应该安排数据的格式并存储数据，使得数据管理和操纵更为直观。有几种使用数据结构的技术提出应该怎样对程序进行组织。

1. 保持程序简单

程序的设计可能会指定使用某些数据结构来实现功能。通常，选择这些结构是因为它们适合于整体方案：促进信息隐藏和对构件接口的控制。一个构件内部的数据操纵可能会以类似的方式影响你对数据结构的选择。例如，重组数据可以简化程序的计算。我们通过一个例子来了解这一点是怎样做的。假定你要编写程序来计算联邦所得税应付税款的金额，应征税的收入金额将作为给定的输入参数。

(1) 对于收入的第一个10 000美元，税率为10%。

(2) 对于收入在10 000美元和20 000美元之间的部分，税率为12%。

(3) 对于收入在20 000美元和30 000美元之间的部分，税率为15%。

(4) 对于收入在30 000美元和40 000美元之间的部分，税率为18%。

(5) 对于收入超过40 000美元的部分，税率为20%。

因此，如果某人应征税收入为35 000美元，那么就要支付第一个10 000美元的10%（即1 000美元），下一个10 000美元的12%（即1 200美元），接着一个10 000美元的15%（即1 500美元），以及剩下5 000美元的18%（即900美元），总共的应付税额是4 600美元。要计算税款，你可能在构件中包含读入应征税收入的代码，然后使用这个算法：

```
tax = 0.
if (taxable_income == 0) goto EXIT;
if (taxable_income > 10000) tax = tax + 1000;
else{
   tax = tax + .10*taxable_income;
 goto EXIT;
}
if (taxable_income > 20000) tax = tax + 1200;
else{
```

```
    tax = tax + .12*(taxable_income-10000):
    goto EXIT;
}
if (taxable_income > 30000) tax = tax + 1500;
else{
    tax = tax + .15*(taxable_income-20000);
    goto EXIT;
}
if (taxable_income < 40000){
    tax = tax + .18*(taxable_income-30000);
    goto EXIT;
}
else
    tax = tax + 1800. + .20*(taxable_income-40000);
EXIT: ;
```

但是，我们可以为每一个表示纳税义务的等级定义一个纳税表，如表7-1所示，其中对每个等级使用一个基数和一个百分比。

表7-1　纳税表样例

等　　级	基　　数	百分比
0	0	10
10 000	1 000	12
20 000	2 200	15
30 000	3 700	18
40 000	5 500	20

使用这个表，就可以大大简化我们的算法：

```
for (int i-2; level=1; i <= 5; i++)
    if (taxable_income > bracket[i])
        level = level + 1;
tax = base[level]+percent[level]*(taxable_income-bracket[level]);
```

注意上述代码是怎样做到这一点的：它是通过改变定义数据的方式对计算进行简化。这种简化使得程序更易于理解、测试和修改。

2. 用数据结构来决定程序结构

在纳税表的例子中，定义数据的方式规定了如何执行必要的计算。总体而言，数据结构会影响程序的组织和流程。在某些情况下，数据结构也会影响语言的选择。例如，LISP被设计成列表处理器，它包含使它处理列表时比其他语言更具吸引力的结构。类似地，Ada和Eiffel包含可以处理称为异常的不可接受状态的机制。

如果一个数据结构是这样定义的：识别一个初始元素，然后根据前面定义的功能生成后续的元素，则称这种数据结构是**递归的**（recursive）。例如，**有根树**（rooted tree）是由节点和连线组成的图，因此下列条件成立。

(1) 树中仅有一个节点指定为根。

(2) 如果删除从根发出的连线，那么得到的图是一组互不相交的图，其中每一个图都是一棵有根树。

图7-1说明了一棵有根树，而图7-2说明了删除有根树的根后如何得到一组较小的有根树。每棵较小的树的根都是先前与较大的有根树的原始根相连的节点。因此，有根树是根据它的根和子树进行定义的，是一个递归定义。

Pascal之类的程序设计语言允许使用递归过程，用以处理递归数据结构。对这种类型的数据，你可能更喜欢使用递归过程，因为递归的使用增加的是编译器管理数据结构所承受的负担，而不是程序的负担。递归的使用可能使实际的编程更加容易，或者可能使程序更易于理解。因此，一般来讲，在决定用哪一种语言实现设计时，应该仔细考虑数据结构。

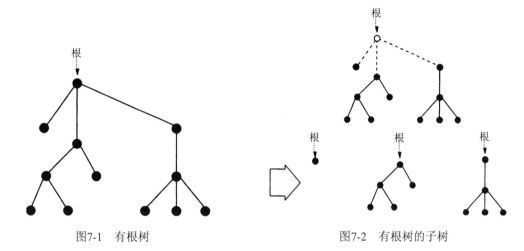

图7-1 有根树   图7-2 有根树的子树

7.2.4 通用性指导原则

有几种全局策略对于在代码中保持设计质量是很有用的。

1. 局部化输入和输出

程序读取输入或产生输出的那些部分是高度专用的，并且必须反映隐含的软件和硬件的特性。由于这种依赖关系，执行输入和输出功能的这部分程序有时难以测试。事实上，如果硬件或软件发生改变，它们是最可能发生改变的部分。因此，将构件的这一部分局部化使其与其余的代码分离开来是有很大好处的。

局部化的又一个好处就是对整个系统的泛化。系统范围内的其他关于输入的执行功能（诸如重新安排数据格式或类型检查）可以包含在特定的构件中，以减轻其他构件的负担，从而消除重复。类似地，将输出功能放在一个地方可以使系统更易于理解和改变。

2. 包含伪代码

通常，设计会为每个程序构件安排一个框架。然后，使用你的创造力和专门知识来构建实现设计的代码行。例如，设计可以独立于特定的语言，使你在使用特定的语言概念时有很多选择。因为设计是关于程序构件要做什么的一个概要，所以按阶段从特定设计转到代码是有益的，而不要直接将设计转换到代码。

伪代码可以使设计适应你所使用的语言。通过采用概念和数据表示而不用立即涉及每个命令的细节，你可以进行试验并确定哪种实现方法是最合适的。这样，经过最少量的重写工作可以对代码进行重新安排和重组。例如，假设文本处理系统构件的设计规定：

```
COMPONENT PARSE_LINE:
 Read next eighty characters.
    IF this is a continuation of the previous line,
       Call CONTINUE
    ELSE determine command type.
    ENDIF
 CASE of COMMAND_TYPE
    COMMAND_TYPE is paragraph: Call PARAGRAPH.
    COMMAND_TYPE is indent: Call INDENT.
    COMMAND_TYPE is skip line: Call SKIP_LINE.
    COMMAND_TYPE is margin: Call MARGIN.
    COMMAND_TYPE is new page: Call PAGE.
    COMMAND_TYPE is double space: Call DOUBLE_SPACE.
```

```
      COMMAND_TYPE is single space: Call SINGLE_SPACE.
      COMMAND_TYPE is break: Call BREAK.
      COMMAND_TYPE is anything else: Call ERROR.
   ENDCASE
```

该设计可以用多种方式来实现，这取决于所选择的语言和程序员的偏好。在将设计转换成代码的第一个阶段，你可以检查每种类型的命令，以确定在对它进行编码的时候会包含什么。使用中间伪代码，可以用下面的方式描述想要代码做什么：

```
PARAGRAPH:
    Break line, flush line buffer. Advance one line between
    paragraphs. If fewer than 2 lines left on page, eject. Set
    line pointer to paragraph indent.
INDENT:
    Break line, flush line buffer. Get indent parameter. Set
    line pointer to indent parameter, set left margin to indent.
SKIP_LINE:
    Break line, flush line buffer. Get line parameter. Advance
    (parameter) lines or eject if not enough space left on
    current page.
MARGIN:
    Break line, flush line buffer. Get margin parameter. Set
    line pointer to left margin. Set right margin to margin.
PAGE:
    Break line, flush line buffer. Eject page. Set line
    pointer to left margin.
DOUBLE_SPACE:
    Set interline space to 2.
SINGLE_SPACE:
    Set interline space to 1.
BREAK:
    Break line, flush line buffer. Set line pointer to left
    margin.
```

但是，通过重新检查这段伪代码，你会看到可以对这些步骤进行重组，从而使某些公共的功能彼此相接：

```
FIRST:
    PARAGRAPH, INDENT, SKIP_LINE, MARGIN, BREAK, PAGE:
        Break line, flush line buffer.
    DOUBLE_SPACE, SINGLE_SPACE:
        No break line, no flush line buffer.
SECOND:
    INDENT, SKIP_LINE, MARGIN:
        Get parameter.
    PARAGRAPH, BREAK, PAGE, DOUBLE_SPACE, SINGLE_SPACE:
        No parameter needed.
THIRD:
    PARAGRAPH, INDENT, SKIP_LINE, MARGIN, BREAK, PAGE:
        Set new line pointer.
    DOUBLE_SPACE, SINGLE_SPACE:
        New line pointer unchanged.
FOURTH:
        Individual actions taken.
```

这样描述这些命令之后，可以看出FIRST和THIRD的动作集将应用于同一组命令。另外注意：除了命令是PARAGRAPH，在所有情况下行指针都依赖于左页边距。使用这个信息，可以编写更详细的伪代码：

```
INITIAL:
    Get parameter for indent, skip_line, margin.
    Set left margin to parameter for indent.
    Set temporary line pointer to left margin for all but
        paragraph; for paragraph, set it to paragraph
        indent.
LINE_BREAKS:
    If not (DOUBLE_SPACE or SINGLE_SPACE), break line, flush
        line buffer and set line pointer to temporary line
        pointer.
    If 0 lines left on page, eject page and print page header.
INDIVIDUAL CASES:
    INDENT, BREAK: do nothing.
    SKIP_LINE: skip parameter lines or eject.
    PARAGRAPH: advance 1 line; if < 2 lines on page, eject.
    MARGIN: right_margin = parameter.
    DOUBLE_SPACE: interline_space = 2.
    SINGLE_SPACE: interline_space = 1.
    PAGE: eject page, print page header.
```

最后，你准备用代码实现设计：

```
//initial: get parameters
if ((command_type==INDENT)||(command_type==LINE_SKIP)
        ||(command_type==MARGIN))
   parm_value=get_parm(input_line);
if (command_type = INDENT)
   left_margin:=parm_value;
if (command_type==PARAGRAPH) temp_line_pointer=paragraph_indent;
   else temp_line_pointer=LEFT_MARGIN;
//break current line, begin new line
if (not((command_type==DBL_SPC)||(command_type==SNGL_SPC))){
    break_and_flush_line( ) ;
    if (lines_left==0)
       begin_new_page();
    line_pointer=temp_line_pointer ;
)
//actions for individual commands
switch(command_type){
   case LINE_SKIP:
      if (lines_left > parm_value)
      for (i=1; i<parm_value; i++)
          advance_line();
      else begin_new_page();
   case PARAGRAPH:
      advance_line();
      if (lines_left < 2)
         begin_new_page( ) ;
   case MARGIN: right_margin=parm_value;
   case DBL_SPC: interline_space=2;
   case SNGL_SPC: interline_space=1;
   case PAGE: begin_new_page
}//end switch
```

|384|

因此，伪代码被用作构造代码的框架。用这种方式设计简化代码时，注意设计的组织结构已经做了多次改变。这样的变化必须向设计人员报告并且经过设计人员同意，这样才能文档化和维护需求、设计和编码之间的链接。

3. 改正和重写，而不是打补丁

在编写代码时，就像在准备学期论文或创作艺术作品一样，通常要写一个大致的草稿。然后，对它进行仔细的改正和重写，直到对结果感到满意为止。如果你觉得控制流盘根错节，判定过程难以理解，或者无条件的分支难以消除，那么就该重新返回到设计了。重新检查设计，搞清楚你遇到的问题是设计中固有的问题，还是从设计转换为代码的问题。在选择算法和进行分解的时候，再次考虑如何表示和组织数据。

4. 复用

有两种类型的复用：**生产者复用**（producer reuse）是指正在设计的构件要在以后的应用中进行复用；**消费者复用**（consumer reuse）是指正在使用的构件是原先为其他项目开发的构件（Barnes and Bollinger 1991）。某些公司有部门范围或公司范围的复用计划，并配有评估和改变构件的标准。补充材料7-2描述了朗讯公司（Lucent）的一个计划。这些计划的成功为我们提出了复用的指导原则。如果你是当前项目的一个消费者，那么对于将要复用的构件，要检查4个关键特性。

(1) 构件执行的功能或者提供的数据是你需要的吗？

(2) 如果需要进行小的修改，修改工作是否比从零构造构件的工作要少？

(3) 构件是否进行了良好的文档化？如果是，是否不必逐行验证构件的实现代码你就能理解该构件？

(4) 有完整的构件测试和修改历史的记录吗？如果有，你能确定它没有故障吗？

你还必须评价为使你的系统与复用的构件进行交互所需要编写的代码量。

补充材料7-2　朗讯公司中用于复用的构件选择

朗讯公司发起了一个公司范围内复用软件构件的计划（McClure 1997）。因而，工作站软件开发部建立了复用委员会，以设计为其复用库选择候选构件的策略。委员会由7人组成，代表部门中的所有小组。委员会创建了构件的编目，并形成了一个矩阵。该矩阵描述了所有过去的和计划的项目的特征。接着，对每一个特征，根据这样几条进行评价：它是否已经实现并且仍然需要；是否已经实现但不再需要；是否没有实现但是仍然需要。那些多个项目需要的共同特征就是复用的目标。事实上，其中一些已经重新进行了设计，以使它们复用性更好。

委员会每个星期会面2小时来对构件进行选择，审查已经进入构件库的构件的设计文档，以及监控部门项目中的复用级别。

另一方面，如果你是可复用构件的生产者，应该记住这样几件事情。

● 使用参数并且预测类似于系统将要调用该构件的条件，使你的构件通用化。

● 分离依赖性，使得可能改变的部分与可能保持不变的部分隔离开来。

● 保持构件接口是通用的且是定义明确的。

● 包含任何发现的故障和修正的故障的相关信息。

● 使用清晰的命名约定。

● 文档化数据结构和算法。

● 保持通信和错误处理部分的分离，并使它们易于修改。

7.3　文档

很多公司或组织机构的标准和过程主要是附加了一组程序的描述。**程序文档**（program documentation）是向读者解释程序做什么以及如何做的书面描述，**内部文档**（internal documentation）是直接书写在代码中的描述性素材，所有其他的文档都是**外部文档**（external documentation）。

7.3.1　内部文档

内部文档包含的信息是面向阅读程序源代码的那些人的。因此，它提供概要信息以识别程序，描述数据结构、算法和控制流。通常情况下，这种信息以一组注释的形式放在每个构件的开始部分，称为**头注释块**（header comment block）。

1. 头注释块

就像一个好的新闻报道要包括"谁""什么""哪里""何时""如何"和"为什么"一样，你必须在每个构件的头注释块中包含下列信息。

(1) 构件名字是什么。

(2) 谁编写了这个构件。

(3) 构件应该装配在整个系统设计中的哪个地方。

(4) 构件是在何时编写和修改的。

(5) 为什么要有这个构件。

(6) 构件是如何使用数据结构、算法和控制的。

我们可以对其中的每一条信息进行更为深入的分析。

首先，构件的名称必须在文档中显著表示。接着是头注释块标识编写者及其电话号码或电子邮件地址。这样，维护和测试小组就可以联系到编写者，以提出问题或取得意见。

在系统的生命周期中，或者是为了改正错误，或者是因为需求变化和增加，都经常要更新和修改构件。正如我们将在第11章中看到的那样，对变化的跟踪是很重要的，所以程序文档应当记录一个日志，记下所做的变化以及谁做的改变。

因为构件是更大的系统的一部分，头注释块中应该指明如何将它装配到构件层次中。有时候用图表示这一信息，其他时候只要进行简单的描述就可以了。头注释块中还应该解释如何调用该构件。

需要更详细的信息来解释构件是如何完成它的目标的。头注释块应该列出：

● 名称、类型、每个主要数据结构和变量的意图；

● 逻辑流、算法和错误处理的简短描述；

● 预期的输入和可能的输出；

● 帮助测试的工具，以及如何使用它们；

● 预期的扩充或改正。

组织标准通常要指定头注释块的顺序和内容。下面的例子说明了一个典型的头注释块可能包含的内容：

```
PROGRAM SCAN: Program to scan a line of text for a given
character
PROGRAMMER: Beatrice Clarman (718) 345-6789/bc@power.com
CALLING SEQUENCE: CALL SCAN(LENGTH,CHAR,NTEXT)
    where LENGTH is the length of the line to be scanned;
    CHAR is the character sought. Line of text is passed
    as array NTEXT.
VERSION 1: written 3 November 2000 by B. Clarman
REVISION 1.1: 5 December 2001 by B. Clarman to improve searching
    algorithm.
PURPOSE: General-purpose scanning module to be used for each
    new line of text, no matter the length. One of several text
    utilities designed to add a character to a line of text,
    read a character, change a character, or delete a character.
DATA STRUCTURES: Variable LENGTH - integer
    Variable CHAR - character
    Array NTEXT - character array of length LENGTH
ALGORITHM: Reads array NTEXT one character at a time; if
    CHAR is found, position in NTEXT returned in variable
    LENGTH; else variable LENGTH set to 0.
```

2. 其他程序注释

头注释块用作对程序的介绍，很像解释一本书的引言。读者通读程序时，附加的注释能够对他们有所启发，帮助他们理解你在头注释块中描述的意图是如何在代码中实现的。如果代码的组织反映了结构良好的设计，如果语句的格式清晰，如果标记、变量名和数据的名称都具有描述性而且易于区分，那么所需的附加注释就会比较少。也就是说，遵循简单的关于代码格式和结构的指导原则可以使得代码成为其自身的信息源。

即使在结构清晰、书写良好的代码中，注释也占有重要的地位。虽然代码的清晰性和结构使得需要其他注释的量降到最小，但是无论何时，当可以把有益信息加入构件时，附加的注释都是有用的。除了对程序正在做什么为程序提供逐行的解释外，注释还可以将代码分解成表示主要活动的段。接着，每个活动还可以分解成更小的步骤，每一步只有几行代码。程序设计的伪代码可用于此目的，并可以嵌入到代码中。同样，当修改代码时，程序员应该更新注释以反映代码的变化。这样，注释就建立起了随着时间进行的修改的记录。

注释能够反映实际代码的行为是很重要的。另外，要确保注释增加的是新信息，而不是陈述从你使用的良好的标记和变量名就可得到的显而易见的信息。例如，这样写没有用：

388

```
// Increment i3
i3 = i3 + 1;
```

通过这样写就可以实质性地增加更多的信息：

```
// Set counter to read next case
i3 = i3 + 1;
```

理想情况下，变量名应该能够解释活动：

```
case_counter = case_counter + 1;
```

通常，你是从设计转向伪代码来开始编码的，而伪代码又能为你的最终代码提供一个框架以及一个注释的基础。一定要在编写代码的同时书写注释，而不是在之后，这样你才能同时体现设计及你的意图。对难以注释的代码要加以小心，这种困难性通常意味着在完成编码之前应该对设计进行简化。

3. 有意义的变量名和语句标记

选择能够反映变量和语句的用途及含义的名字。这样写：

```
weekwage = (hrrate * hours) + (.5)* (hrrate) * (hours - 40.);
```

比这样写对读者更有意义：

```
z = (a * b) + (.5) * (a) * (b - 40.);
```

事实上，weekwage可能根本不需要注释，你也不太可能引入故障。

类似地，字母式的语句标记应该告诉读者程序的标记部分是干什么的。如果标记必须是数字式的，那么确保它们按照升序排列，而且根据相关的目的组织在一起。

4. 安排格式以增强理解

注释的格式能够帮助读者理解代码的目标以及代码是如何实现目标的。声明的缩进和间隔能够反映基本的控制结构。注意像这样的未缩进代码：

```
if (xcoord < ycoord)
result = -1;
elseif (xcoord == ycoord)
if (slope1 > slope2)
result = 0;
else result = 1;
elseif (slope1 > slope2)
result = 2;
elseif (slope1 < slope2)
result = 3;
result = 4;
```

389

可以通过使用缩进及重新排列来使其更加清晰：

```
if (xcoord < ycoord) result = -1;
elseif (xcoord == ycoord)
    if (slope1 > slope2) result = 0;
            else result = 1;
elseif (slope1 > slope2) result = 2;
elseif (slope1 < slope2) result = 3;
else                result = 4;
```

除了使用格式来显示控制结构以外，Weinberg还推荐，安排语句的格式，使得注释处于页面的一边而语句处于另一边（Weinberg 1971）。这样，在测试程序时可以盖住注释，从而不会被可能不正确的文档误导。例如，可以只看页面的左边部分来阅读下面的代码（Lee and Tepfenhart 1997），而不用看右边的注释。

```
void free_store_empty()
{
    static int i = 0;
    if(i++ == 0)                           //guard against cerr
                                           //allocating memory
        cerr << "Out of memory\n";         //tell user
    abort();                               //give up
}
```

5. 文档化数据

就程序的读者而言，最难以理解的事情之一就是数据的组织和使用方式。在解释代码的动作时，尤其是当系统处理很多具有不同类型和目的，以及不同标记和参数的文件时，数据地图是非常有用的。这个数据地图应该对应于外部文档中的数据字典，这样读者就可以从需求到设计直至编码跟踪数据操纵。

面向对象的设计最小化或消除了其中的一些问题，但是，有时这种信息隐藏让读者难以理解数据的值是如何变化的。因此，内部文档应该包含对数据结构及其使用的相关描述。

7.3.2 外部文档

尽管内部文档是简要的，并且是在适合程序员的层次上书写的，但那些可能永远不看实际代码的人希望阅读外部文档。例如，设计人员在考虑修改或者改进时，可能会评审外部文档。另外，外部文档让你有机会从更广的范围内解释一些事情，而不只是在你的程序注释的范围内可能是合理的。如果你认为头注释块是程序的概述或者概要，那么外部文档就是全面的报告。它用系统的视角，而不是某个构件的视角回答同样的问题——"谁"、"什么"、"哪里"、"何时"、"如何"和"为什么"。

由于软件系统是根据相互关联的构件来构造的，外部文档通常包括系统构件的概述，或者若干组构件（如用户界面构件、数据库、管理构件、地速计算构件）的概述。图及其伴随的叙述性描述说明构件中数据是如何被共享的，以及如何被一个或多个构件使用。一般来讲，概述描述了如何从一个构件向另一个构件传递信息。对象类和它们的继承层次在这里解释，这些是定义特定类型或数据类别的原因。

外部构件文档是整个系统文档的一部分。在编写构件时，构件结构和流程的很多基本原理已经在设计文档中详细地加以描述。从某种意义上来讲，设计是外部文档的骨架，而叙述性描述讨论代码构件的细节，它是外部文档的血肉。

1. 描述问题

在代码文档的第一节，应该解释这个构件解决的是什么问题。这一节描述可供选择的解决方案以及为什么选择特定方案。问题描述不是重复需求文档，相反，它是对背景的概要讨论，解释什么时候调用构件以及为什么需要它。

390

2. 描述算法

一旦搞清楚构件存在的原因，就应该强调算法的选择。应该解释构件使用的每一个算法，包括公式、边界或特殊条件，甚至它的出处或对它的参考书或论文的引用。

如果算法处理的是特例，就一定要讨论每一种特例并解释它是怎样处理的。如果由于认为不会碰到某些特例而不做处理，就要解释基本原理并描述代码中任何相关的错误处理。例如，某个算法可能包括一个公式，其中一个变量除以另外一个变量，文档应该强调其中分母可能为0的情况，指出什么时候可能发生这种情况以及代码如何处理它。

3. 描述数据

在外部文档中，用户或程序员应该能够在构件的层次查看数据流。数据流图应该伴随有相关的数据字典引用。就面向对象的构件而言，对象和类的概述中应该解释对象的总体交互。

7.4　编程过程

这一章讨论指导原则、标准和文档。程序员遵循什么样的过程能确保生产的代码是高质量的？直到最近，编程过程还不是多数研究的重点。正如Whittaker和Atkin指出的，软件工程研究人员通常假定，给定一个好的设计，任何程序员都可以将设计转换成可靠的代码（Whittaker and Atkin 2002）。但是，好的代码不仅需要好的设计，也需要技巧、经验以及巧妙的想象和好的问题求解。要理解什么样的过程支持好的编程实践，我们从分析如何解决问题开始。

391

7.4.1　将编程作为问题求解

Polyà编写了一本关于问题求解的经典书籍（Polyà 1957）。他指出，要发现好的解决方案，应该有4个不同的阶段。

(1) 理解问题。

(2) 制定计划。

(3) 执行计划。

(4) 回顾。

要理解问题，就要分析问题的每一个要素。什么是知道的？什么是不知道的？什么是可能知道的？什么是不可能知道的？这些问题同时强调数据和关系。如同一个好的系统分析员根据系统边界设计问题、确定边界内是什么以及边界外是什么，一个好的问题求解人员必须理解要解决的问题的条件。因此，一旦能够定义问题的条件，我们就要问条件是否能够得到满足。

有时，画图有助于增强理解。程序员通常通过画流程图或图来增强理解。这些图用来说明，当在动态分配的数据结构上执行各种操作时，该结构如何改变状态。这样的描述有助于确定条件的各个部分，甚至可能将问题分解为更小、更易跟踪的问题。在某种程度上，这种为加深理解而进行的再组织称为"微设计"活动：仔细地观察程序设计，以及将程序设计再组织为更易于理解的部分（与设计原先安排的代码框架相比）。

下一步，制定计划来确定如何能够从已知知识得到问题的解决方案。数据与未知知识的联系是什么？如果不能立即搞清楚联系，那么是否存在与其他理解较好问题类似的方法？正是在这里我们试着根据模式考虑当前问题：是否存在一个或一组模式，可以使之适用于我们的问题？

我们可以用以下几种方法来找出合适的解决办法。

- 确定相关问题：有可以用于解决问题的数据、算法、库和方法？
- 重新陈述问题：关键定义是什么？问题可以被泛化或更特化使得它更易跟踪吗？能够简化所做的假设吗？
- 分解问题：问题的基本要素是什么？可以对问题进行分类，使得可以分别处理每一类数据吗？

Perkins提出进行"头脑风暴"以及达到他所称的"就是它了（eureka）"的效果：认识到最佳解决方案（Perkins 2001）。他希望我们遍览许多不同的可能性，扩展我们的思想使我们考虑甚至是难以置信的场景。我们还可以寻找异常信号的细小线索，它表示一个可能的解决方案行不通的原因。除了重新组织问题，Perkins建议通过检查每一个假设和意见，做到"去伪存真"。他告诉我们要将创造性看作是怀疑一切的一种微妙的形式，我们用创造性来怀疑提出的解决方案，并发现问题的更好的解决方案。

一旦选定解决方案的计划，Polyà告诉我们要逐步执行。我们必须验证解决方案（这里指我们的程序）是正确的。如果有必要，我们可以使用第8章和第9章介绍的技术来评估每一个步骤，确保每一条逻辑语句都遵循前面的步骤。当解决方案完成时，我们回顾并检查它，修正有争论的部分。同时，我们评估解决方案是否适用于其他的情形。该解决方案是否可以复用？可以将其用于解决不同的问题吗？它是否应该成为模式的基础？

任何提倡这些步骤的程序设计过程都可以加快我们发现好的解决方案的速度。好的过程需要程序库、良好的文档以及自动化工具的支持。正像将在后面章节中看到的那样，复用库、变更管理以及事后分析也可以改进过程，尤其是通过对成功经验的总结和失败教训的分析，以及将分析得来的建议编码到产品和过程中，使得编程在下一轮变得更容易。

7.4.2 极限编程

在第2章中，我们学习了敏捷方法及其编程原理，称为极限编程。在极限编程中，有客户和程序员这两种类型的参与者。客户代表最终系统的用户，他们执行下列活动。

- 定义程序员将要实现的特征，使用故事描述系统工作的方式。
- 详细地描述当软件准备就绪时他们将要运行的测试，以验证是否正确实现了所描述的故事。
- 为故事及其测试分配优先权。

程序员编写代码依次实现故事，这些工作是依据客户指定的优先权进行的。为了帮助客户，程序员必须估算完全实现一个故事将花费多长时间，这样客户就可以规划验收测试。每过两星期进行一次计划，这样，客户和程序员之间就会建立起信任。Martin指出，极限编程不只是客户和程序员之间的对话，在他们进行结对编程时，程序员之间也有对话，他们并排坐于工作站旁并且协作开发一个程序（Martin 2000）。

7.4.3 结对编程

结对编程的概念是敏捷方法技术的一个极端，因此，我们在这一章对其进行更深入的分析。在结对编程中，一对程序员（下称程序员对）使用一个键盘、一台显示器和一个鼠标。程序员对中的每一个人都承担一个非常特定的角色。一个人是"飞行员"或"驾驶员"，他控制计算机并且实际编写代码。另一个人是"领航员"，评审"飞行员"的代码并提供反馈。这两个小组成员定期交换角色。

结对编程据称具有很多优点，包括提高生产率和质量。但是，其证据并不充分，并且通常是模棱两可的。例如，Parrish等人研究了使用结对编程对生产率产生的影响（Parrish et al. 2004），研究中的程序员具有平均10年的工作经验。该研究按照程序员对同一天开发同一模块的程度来测量程序员间的协作。Parrish和他的同事发现，"高度一致（high-concurrency）的程序员组合，尽管他们是经验丰富的、经过方法学训练的程序员，但其生产率相当低。"再者，该研究发现，相对于早期模块，程序员对在后期模块上的生产率不会更高。然而，软件工程研究所（Software Engineering Institute）的（评估个人软件过程的）报告指出，使用传统方法的程序员经过更多的编程工作，其在生产率和质量方面的表现会变好。他们得出的结论是：程序员对一起工作并不能自然而然地提高生产率。Parrish和他的同事提出，有一些关于结对编程的基于角色的协议能够帮助弥补结对编程中的自然生产力的损失。

其他研究（诸如（Cockburn and Williams 2000）、（Nosek 1998）以及（Williams et al. 2000））指出，相比较于传统的个人编程，结对编程有助于更快地产生代码并具有较低的故障密度。但是，Padberg和Müller发现，结对编程的成本效益比取决于这些优点实际有多大（Padberg and Müller 2003）。尤其是，他们强调结对编程只有在强大的市场压力下才能获益，这种情况下，为了下一次发布，项目经理鼓励程序员快速地实现下一组特征。Drobka、Noftz和Raghu给出了两种相互矛盾的结果（Drobka，Noftz and Raghu 2004）：在一项研究中，极限编程团队比使用传统方法的编程团队生产率提高51%，而在另一项研究中，后者的生产率反而比前者高64%。这些研究中，许多是小型的、非实际的项目，其他的可能受到霍索恩效应（Hawthorne effect）的影响，其行为改进不是因为更好的过程，而是因为将注意力集中在参与者身上。我们将在第14章学习怎样根据相异的且通常是相互冲突的证据来做出决策。

结对编程的其他好处似乎是显而易见的。在一个新手编写代码的时候，让一个年长的、有经验的程序员给其提供建议可能是一个有效的经验学习过程。在开发的时候，让另一双眼睛评审代码有助于在早期发现错误。但是，Skowronski指出，结对编程会抑制问题求解的基本步骤（Skowronski 2004）。他声称，程序员对之间必需的交互会扰乱对问题的关注。"敏捷方法可能将善于问题求解的人员置于次要的位置，把中心舞台让给说得很好但是缺乏必要的分析技能的编程团队成员，让他们进行困难的设计和编码任务"（Skowronski 2004）。再者，正如Polyà（Polyà 1957）和Perkins（Perkins 2001）指出的那样，好的问题求解人员需要时间独处，以仔细思考、制定他们的计划并且分析他们的可选方案。结对编程并没有将这样的安静时间考虑进去。

7.4.4 编程向何处去

394

和大多数事物一样，答案可能是"凡事中庸而行"。Drobka、Noftz和Raghu描述他们在4个关键任务项目中使用极限编程的情况（Drobka，Noftz and Raghu 2004）。他们发现，需要增加额外的步骤来调整极限编程，使其适应大规模、关键任务的软件。例如，若没有体系结构指导原则，每一个程序员对整个体系结构应该是什么都有各自的看法，并且各自的看法有很大的不同。因此，高层体系结构文档可当作一个路线图来帮助开发人员进行计划。研究人员发现，定义基线体系结构、使用文档化的场景来帮助描述关键抽象、定义系统边界是至关重要的，这要胜于使用分配了优先权的故事。最后，文档用于帮助团队成员之间的交流。严格的敏捷方法倡导避开文档，但是Drobka、Noftz和Raghu发现文档是很重要的。设计评审同样如此，它确保正在构建的软件可能在30年以上的跨度内是可维护的。

因而，在将来，编程可能是倡导了数十年的好的实践和敏捷方法倡议者支持的灵活方法的融合。我们将在第14章看到，软件工程师们正在定义软件工程知识体系，这一体系描述为了生产高质量软件，好的软件工程师应该掌握的信息和实践。

7.5 信息系统的例子

回想一下第6章，我们讨论了皮卡地里系统的模块设计。其中一个方面就是查找关于竞争频道的电视节目，这样才能在广告活动中使用相关的信息。其结果是设计一个模块来表示电视节目（Programs）。根据我们的数据模型，类Program将会具有以下几个属性：节目名、播出日期、播出开始时间、播出结束时间、观众类型和预计收视率。我们要编写一个C++函数来查找在与一些给定的皮卡地里电视节目的Episode相同的档期播出的所有竞争对手节目。其中一个必须做的决策就是如何将一个Episode的相关信息传递给该函数。有几种参数传递方式可供我们选择，包括传值、传指针或传引用。

若Episode的信息是按值传递参数的，Episode的实际值不会改变。相反，会对它进行复制，然后把它放进局部栈。一旦方法终止，这个方法就不再能够访问该局部值。使用这种方法的一个优点是调用构件不必存储和恢复参数的值。但是，如果参数很大，传值就会占用大量的时间和空间。再者，如果方法必须改变参数的实际值，就不能使用这种技术。如果我们实现按值传递参数的方法，其C++代码看起来可能如下：

```
void Match:: calv(Episode episode_start_time)
{
first_advert = episode_start_time + increment;
// The system makes a copy of Episode
// and your program can use the values directly.
}
```

395

另外一种选择是按指针传递参数，这种方法不会复制参数，而是会接收指向Episode实例的指针。如果按指针传递，参数可以被改变，并且改变后的值在例程终止之后继续存在。参考代码可能像下面这样：

```
void Match:: calp(Episode* episode)
{
episode->setStart (episode->getStart());
// This example passes a pointer to an instance of Episode.
// Then the routine can invoke the services (such as setStart
// and getStart) of Episode using the -> operator.
}
```

最后，参数可以按引用传递。按引用传递参数类似于按指针传递参数（例如，参数的值可以被改变），但是，该参数及其服务可被访问，就像按值传递了一样。代码可能像下面这样：

```
void Match:: calr(Episode& episode)
{
episode.setStart (episode.getStart());
// This example passes the address of Episode.
// Then the routine can invoke the services (such as setStart
// and getStart) of Episode using the . operator.
}
```

一旦决定了处理参数传递的方式，就应该同时在内联注释和外部文档中文档化你的选择。这样，其他可能复用或更新你的代码的程序员将会理解你的低层设计决策，并使新的代码和以前的代码相一致。

7.6 实时系统的例子

我们已经看到，阿丽亚娜5型火箭的一个主要问题在于需要适当地处理故障和失效。这些情况可能会影响到实现语言的选择。Coleman等人讨论了几种面向对象的语言以及它们处理失效的能力（Coleman et al. 1994）。

在第6章中，我们学习了一种流行的处理故障的方法——引发一个异常。一个**异常**（exception）就是一个条件，当检测到异常时，系统的控制就会转到特定的代码区域，称为异常处理器。**异常处理器**（exception handler）依次调用修改错误的代码，或者至少要把系统转向一个比异常状态更可接受的状态。按合同设计通常在合同中包含特定的异常处理行为。

Eiffel语言（Meyer 1992b）包括显式的异常处理机制。我们在6.6节说过，在方法执行时，如果一个异常产生，那么称为**援救代码**（rescue code）的特殊代码就会被调用，以解决出现的问题。我们必须做出援救代码如何工作的设计决策。有时候，援救代码修改错误并试着重新执行这个方法。其他时候，援救代码完成它的工作，然后将控制传给其他的异常处理器。如果问题不能被修复，那么系统就转回到一个能优雅且安全终止的状态。在按合同设计中，合同包括前置条件、断言和后置条件。为了处理异常，Eiffel语言还包括其他后置条件，这些条件是用来说明当断言为假的时候，系统

396

应该处于什么状态。因此，如果阿丽亚娜5型火箭代码是用Eiffel语言实现的，那么在它使火箭偏离轨道之前，它包含的后置条件就能终止SRI子系统。

另一方面，C++编译器没有标准的异常处理器。Coleman等人指出（Coleman et al. 1994），Eiffel风格的异常处理代码可以这样实现：

```
try
  {
  }
catch (...)
  {
  // attempt to patch up state
  // either satisfy postcondition or raise exception again
  }
```

不管选择什么样的语言和异常处理策略，使用一个系统范围的策略，而不是在每个构件中使用不同的方法，这一点是很重要的。方法的一致性会使问题更容易解决，更容易跟踪失效找到它的根源。由于同样的原因，保存尽可能多的状态信息很有用，这样可以重建导致失效的条件。

7.7　本章对单个开发人员的意义

本章讨论了实现程序的若干指导原则，并且指出在编写代码时应该考虑下列事项。
- 组织机构的标准和指导原则。
- 复用其他项目中的代码。
- 编写代码，使其能够复用于将来的项目。
- 用低层设计作为最初的框架，从设计到编码的过程中运用多种迭代。
- 使用系统范围的错误处理策略。
- 在程序内使用文档，并使用外部文档解释代码的组织结构、数据、控制和功能以及设计决策。
- 在代码中保持高质量的设计属性。
- 根据设计的各个方面提出选择实现语言的建议。

有很多优秀的书籍为你选择的特定实现语言提供专门的建议。

397

7.8　本章对开发团队的意义

虽然大部分编码是单个开发人员的工作，但是，所有编码工作的完成必须服从你的团队。使用信息隐藏允许你仅仅暴露构件的基本信息，让你的同事可以调用或复用它们。标准的使用增强团队成员之间的交流，公共设计技术和策略的使用则让代码更易于测试、维护和复用。

7.9　本章对研究人员的意义

在编程的许多方面都需要进行大量研究。
- 需要更多关于优秀程序员素质的相关信息。在不同的程序员之间，生产率可以有10倍的变化，而且质量也有很大的不同。进一步理解哪些特性有助于快速开发高质量的代码，有利于我们将开发人员训练得更有效和高效。
- 要确定最具复用潜力的构件是困难的。需要有测度和评估来帮助我们理解哪些构件属性是最佳的复用预测器。
- 仍然需要对语言特性及其对产品质量的影响进行进一步的研究。例如，Hatton说明，为了使软件更加安全和可靠，应该避免使用C语言的某些非标准的方面（Hatton 1995）。

- 自动化工具总是有助于自动生成代码、管理代码库、实现设计合同（design contract）以及提供标准代码结构的模板。研究人员不仅要继续构造新的工具，而且要对在大型项目中工具的实际使用情况进行评估。

7.10 学期项目

在前面几章中，我们已经研究了Loan Arranger系统的需求，并且设计了几种实现所描述问题的解决方案。现在是实现系统的时候了。有几个地方值得特别关注，因为它们看起来要比需求所描述的更困难。一个是要允许4个贷款分析员同时使用系统。这个需求应该已经向你暗示：Loan Arranger的设计必须使得当某些贷款被认为是一个贷款组合时，要对它们加锁。实现这种方案的最佳方式是什么？怎样实现才能在给定时间内很容易地改变系统所允许的分析员数量？

在实现组合算法（bundling algorithm）时，会出现第二个实现的难点：你的代码将怎样找到满足标准的最佳组合？请记住，你必须在短时间内对用户做出响应。

最后，你对语言的选择是如何影响满足性能需求的能力的？

7.11 主要参考文献

有几本提供了编程指导原则的好书：（Kernighan and Plauger 1976，1978）、（Hughes，Pfleeger and Rose 1978）、（Barron and Bishop 1984）、（Bentley 1986，1989）和（McConnell 1993）。

复用库在世界范围内都可得到。其中一些较为流行的复用库有：
- ASSET（软件工程技术资产源）；
- CARDS（可复用的国防软件的中心档案库）；
- COSMIC（计算机软件管理和信息中心）；
- DSRS（国防软件库系统）；
- 希尔（Hill）空军基地的软件技术支持中心。

这些机构的联系方式和其他复用资源可以在本书的网页上找到。

7.12 练习

1. 在任何一种语言中，如果某个语句有到程序中多个地方的分支，根据变量的值，控制流转向其中的一个地方，那么就称它为**计算情况**（computed case）类型的语句。讨论计算情况语句的优缺点。尤其是，它如何影响控制流、可维护性和可复用性？

2. 如果一个人编写了一个构件，而其他人对构件进行了修改，如果构件失效了，谁应该对此负责？复用其他人的构件的法律和道德含义是什么？

3. 列表是可以递归定义的数据结构。给出列表的递归定义。如果熟悉有递归过程的编程语言（如LISP或PL/I），解释在这样的语言里，是如何在列表中加入或删除一个元素的？

4. 举一个例子，说明与不能处理递归的语言相比，能够处理递归的语言是如何使列表处理更易于理解的。

5. 请你写一个打印万年历的程序。用户输入想要打印的年份，输出是那一年的日历。讨论内部数据表示是如何影响编写程序的方式的。举出几个这样的问题中可能使用的数据结构的例子。（提示：你的数据结构是不是累积的？闰年是如何处理的？）

6. 计算二次方程的根的标准算法通常要求在你的代码中考虑几种特例。写出这种算法的适当注释，使得通过这样的注释很容易看出不同的情况是怎样处理的。写出相关的外部文档来解释这个算法。

7. 找出你所熟悉的计算机操作系统的分页算法。写出算法的外部文档，向用户解释分页是怎样完成的。

8. 考虑你在另外一门课程中作为项目提交的程序。能用本章提出的建议对它进行改进吗？如果可以，如何改进？使用这些建议会让程序更高效还是更低效？

9. 在你的组织机构的所有应用中使用同样的标准化语言或工具的优缺点是什么？

399
~
400

10. 当代码构件是由工具自动生成的或者是从库中复用的时候，编码、文档和设计标准怎样执行？

11. 如何文档化一个面向对象程序的控制流？

第 8 章

测 试 程 序

本章讨论以下内容：
- 故障的类型以及如何对其进行分类；
- 测试的目的；
- 单元测试；
- 集成测试策略；
- 测试计划；
- 什么时候停止测试。

　　一旦完成了程序构件的编码，就是应该对它们进行测试的时候了。有很多种类型的测试，本章和第9章将向你介绍若干种测试方法，以便能向客户交付高质量的系统。进行测试的时间并不是发现故障的第一时间，我们已经看到，需求和设计评审是如何帮助我们在开发的早期检查出存在的问题。但测试的重点是发现故障，有很多方法可以使测试工作更高效和有效。在本章，我们讨论测试单个构件，然后将它们集成起来检查接口。在第9章，我们集中讨论将系统作为一个整体的评价技术。

8.1　软件故障和失效

　　在理想情况下，程序员具有炉火纯青的技能，生产的每个程序在每次运行时都能适当工作。不幸的是，这种理想并不现实。造成这两者之间差距的原因有这样几个：首先，许多软件系统要处理大量的状态和复杂的公式、活动以及算法；除此之外，在客户不能确定到底需要什么的时候，我们自己做主使用工具来实现客户对系统的设想；最后，项目的规模和所涉及的人员数目也会增加复杂性。因此，故障的存在不仅仅是与软件相伴而生的，也是用户和客户意料之中的。

　　当谈到软件失效时，它究竟意味着什么呢？通常我们是指该软件没有做需求描述的事情。例如，规格说明可能规定该系统仅当用户被授权查看数据时才响应特定的查询。如果程序对未授权用户做出响应，我们就说这个系统失效了。这种失效可能是由下面的原因造成的。

401

- 规格说明可能是错误的，或者遗漏了某个需求。规格说明可能没有准确地陈述客户想要的或需要的。在这个例子中，客户可能实际上想要把授权分为几类，每一类有一种不同类型的访问权限，但是这种需要并没有在规格说明中陈述清楚。
- 对于指定的硬件和软件，规格说明中可能包含不可能实现的需求。
- 系统设计中可能包含故障。也许是数据库和查询语言设计的原因使得系统不可能对用户进行授权。
- 程序设计中可能包含故障。构件描述中可能包含不能正确处理这种情况的访问控制算法。
- 程序代码可能是错误的。程序对算法的实现可能是不恰当的或不完整的。

因此，这种失效是系统某些方面的一个或多个故障造成的。

　　无论程序员编写程序的能力有多强，很明显，程序都可能会含有各种各样的故障，我们应该进行检查，以确保正确地编写了构件。许多程序员把测试看作是对其程序能够适当执行的一个证明。然而，证明正确性这样的思想实际上与测试的想法是相反的。我们之所以测试程序是要证明错误的存在。因为我们的目标是发现错误，只有当发现了错误或者由于测试过程而使得失效发生，一个测试才被认为是成功的。**故障识别**（fault identification）是确定由哪一个故障或哪些故障引起失效的过程，而**故障改正**（fault correction）或**故障去除**（fault removal）则是修改系统使得故障得以去除的过程。

　　在已经完成编码并进行程序构件测试的时候，我们希望规格说明是正确的。而且，在使用了前面几章中介绍的软件工程技术之后，我们已经尽量确保系统及其构件的设计能够反映需求，并为合理的实现打下了坚实的基础。但是，软件开发周期的各个阶段不仅仅涉及我们的计算技能，还涉及我们的交流技能和人际关系。软件中的故障完全有可能是由早期开发活动中的误解造成的。

　　软件故障不同于硬件故障，这一点很重要。桥梁、大楼及其他工程建筑可能由于劣质材料、不良设计而导致失效，或可能由于构件磨损导致失效。但是，在软件中，循环不会在几百次的迭代之后用坏，参数也不可能从一个构件传递到另一个构件时减弱。如果一段特定代码没有适当地工作，并且如果问题的根源不是硬件失效，那么我们可以肯定代码中存在着故障。由于这样的原因，许多软件工程师拒绝使用"bug"来描述软件故障，将故障称作"bug"可能暗示着：这个故障是从开发人员无法控制的外部来源漫游进了代码。在构建软件的过程中，我们使用软件工程实践来控制我们编写的代码的质量。

402

　　在前面几章中，我们研究了许多实践，它们有助于将规格说明和设计的过程中引入的故障减到最少。在这一章，我们研究将程序代码本身故障的出现可能减到最少的技术。

8.1.1　故障的类型

　　在编码完程序构件之后，我们通常要对代码进行检查，以找出故障并立刻去除它们。当不存在明显的故障时，我们就测试程序，通过创造一些条件，使代码不能像计划的那样做出反应，看一看能否发现更多的故障。因此，知道我们正在查找什么类型的故障是很重要的。

　　算法故障（algorithmic fault）是指：由于处理步骤中的某些错误，使得对于给定的输入，构件的算法或逻辑没有产生适当的输出。这些故障有时仅通过通读程序［称为**桌上检查**（desk checking）］，或者通过提交我们期望程序在其平常工作过程中接收的、来自于每一个不同类别数据的输入数据，就能很容易地找出来。典型的算法故障包括：

- 分支太早；
- 分支太迟；
- 对错误的条件进行了测试；
- 忘记了初始化变量或忘记了设置循环不变量；
- 忘记针对特定的条件进行测试（例如可能出现除数为零的情况）；
- 对不合适的数据类型变量进行比较。

　　当检查算法故障时，我们也可以查找**语法故障**（syntax fault）。这里，我们期望确保适当地使用了编程语言的概念。有时，一个看起来无足轻重的故障，可能导致灾难性的后果。例如，Myers指出，美国首次金星太空任务的失败就是由于Fortran程序中的do循环中少了一个逗号造成的（Myers 1976）。幸运的是，编译器可以为我们捕获许多语法故障。

　　计算故障（computation fault）和**精度故障**（precision fault）是指，一个公式的实现是错误的，或者计算结果没有达到要求的精度。例如，将整数与定点数或浮点数变量一起用在一个表达式中，可能会产生不可预料的结果。有时，不适当地使用浮点数、未预料到的舍位或者操作的顺序都可能导致低于可接受的精度。

文档故障（documentation fault）是指，文档与程序实际做的事情不一致。通常，文档从程序设计导出，对程序员想要程序做什么提供非常清晰的描述，但是，那些功能的实现是有问题的。这样的故障可能导致在程序生命周期的后期大量产生其他故障，因为多数人在检查代码进行修改时，都倾向于相信文档。

需求规格说明通常详细说明系统的用户数目、设备数目和通信需要。通过使用这些信息，设计人员通常对系统特性进行剪裁，使得系统的处理不超过需求描述中的最大负载。这些特性在程序设计中表现为对队列长度、缓冲区大小、表的维度等的限制。当填充这些数据结构时如果超过了它们规定的能力，**压力故障**（stress fault）或**过载故障**（overload fault）就发生了。

类似地，**能力故障**（capacity fault）或**边界故障**（boundary fault）是指，系统活动到达指定的极限时，系统性能会变得不可接受。例如，如果需求指定系统必须处理32个设备，则必须在32个设备都处于活动状态时对该程序进行测试，以监测系统性能。而且，还应该在处于活动状态的设备多于32个的时候（如果这样的配置是可能的），对系统进行测试，看一看会发生什么样的情况。通过测试并记录系统在超过其额定负载时的反应，测试小组可以帮助维护小组理解将来提高系统能力的可能性。能力条件还应该用相关的磁盘访问数、中断数、并发运行的任务数以及类似的与系统相关的测量来检查。

在开发实时系统时，一个关键的考虑因素是几个同时执行的或按仔细定义的顺序执行的进程之间的协调问题。当协调这些事件的代码不适当时，会出现**计时故障**（timing fault）或**协调故障**（coordination fault）。这类故障难以识别和改正的原因有两个：首先，对于设计人员和程序员来讲，通常很难预见到所有可能的系统状态；其次，由于计时和处理中涉及太多的因素，在一个故障发生后也许不可能重现该故障。

吞吐量故障（throughput fault）或**性能故障**（performance fault）是指，系统不能以需求规定的速度执行。这些是不同类型的计时问题：时间约束是根据客户需求写入系统性能中，而不是根据协调的需要。

正如我们在设计和编程中已经看到的，我们非常关心系统能够确保从各种失效中恢复。**恢复故障**（recovery fault）是指，当系统遇到失效时，不能表现得像设计人员希望的或客户要求的那样。例如，如果系统处理期间出现掉电，系统应该以一种可接受的方式恢复；比如，将所有文件恢复到它们失效前的状态。就有些系统而言，这种恢复可能是指通过使用一个后备电源使得系统继续照样处理。就另一些系统而言，这种恢复意味着系统保存一个事务日志，允许它在电源复原时继续处理。

就许多系统而言，一些硬件和相关的系统软件在需求中就规定了，并且要根据那些复用的或购买的程序的规格说明对构件进行设计。例如，如果用一个规定的调制解调器进行通信，其驱动器产生调制解调器期望的命令、从调制解调器读取接受的命令。但是，当提供的硬件和系统软件实际上并没有按照文档中的操作条件和步骤运作时，**硬件和系统软件故障**（hardware and system software fault）就可能会出现。

最后，应该评审代码以确保它遵循组织机构的标准和过程。**标准和过程故障**（standards and procedure fault）可能并不总是会影响程序的运行，但是可能会培育一种环境，使参与人员达到一种共识：在测试和修改系统的时候可能会产生故障。由于一名程序员未能遵循必需的标准，就可能使得其他人难以理解代码的逻辑或发现解决问题所需的数据描述。

8.1.2 正交缺陷分类

不仅对在代码中发现的，而且对在软件系统的任何地方发现的各种故障进行分类和跟踪，这是很有用的。历史信息可以帮助我们预测代码可能含有什么类型的故障（帮助指导我们的测试工作），而某种类型故障的聚集（cluster）可以向我们发出警告：应该重新考虑我们的设计甚至是需求。很多组织机构进行统计故障建模和因果分析，这两者都依赖于对故障的数目及其类型分布的理解。例如，IBM公司的缺陷预防过程（Defect Prevention Process）（Mays et al. 1990）寻找并文档化每个问题出现的根本原因，该信息用来提示测试人员应该寻找哪种类型的故障，它减少了软件中的故障数目。

IBM公司的Chillarege等人开发了一种故障跟踪方法（Chillarege et al. 1992），称为**正交缺陷分类**（orthogonal defect classification），其中，故障被分为不同的类别，这些类别共同勾画出开发过程的哪些部分需要关注，因为它们是产生很多故障的原因。因此，分类方案必须是产品无关的和组织无关的，并且可适用于开发的所有阶段。表8-1列出构成IBM公司分类的故障类型。当使用这种分类时，开发人员识别的不仅有故障类型，还包括它是一个疏漏型故障还是一个犯错型故障。**疏漏型故障**（fault of omission）是指当代码的某些关键方面被遗漏时所造成的后果。例如，当没有对变量进行初始化时，可能产生的故障。**犯错型故障**（fault of commission）是指不正确的故障。例如，变量初始化为错误的值。

表8-1　IBM公司正交缺陷分类

故障类型	含　　义
功能	对能力、终端用户、产品接口、与硬件体系结构的接口或全局数据结构造成影响的故障
接口	通过使用调用、宏、控制块或参数列表与其他构件或驱动程序交互时出现的故障
检查	程序逻辑中的故障，不能在数据和值使用之前对它们进行确认
赋值	数据结构或代码块初始化中出现的故障
计时/串行化	计时共享或实时资源所涉及的故障
构建/包/合并	故障的出现是因为信息库、管理变化或版本控制中的问题引起的
文档	影响发布或维护记录的故障
算法	涉及算法或数据结构的效率或正确性的故障，但不涉及设计

正交缺陷分类的关键特征之一是其正交性。也就是说，如果被分类的任何一项都只属于一个类别，则分类方案是**正交的**（orthogonal）。换句话说，我们想要以一种没有歧义的方式跟踪系统中的故障，这样，每一类故障数目的汇总信息才是有意义的。如果一个故障可能属于多个类，就失去了测度的意义。同样，故障分类必须是清晰的，使得任何两名开发人员都可能用同样的方式对某一特定的故障进行分类。

故障分类，比如IBM公司的和惠普公司的（见补充材料8-1），通过告诉我们在哪些开发活动中发现哪些类型的故障来帮助我们改进整个开发过程。例如，对于构建系统时使用的每一种故障识别或测试技术，我们可以构建查找到的故障类型的特征描述（profile）。从而，根据系统中预计会出现的故障种类以及发现这些故障的活动，我们可以构建我们的故障预防和故障检测策略。Chillarege等人通过向我们展示设计评审的故障特征描述与代码评审的故障特征描述之间的巨大差异，来阐明IBM公司对这一概念的使用（Chillarege et al. 1992）。

补充材料8-1　惠普的故障分类

Grady描述了惠普的故障分类方法（Grady 1997）。在1986年，惠普的软件度量委员会识别了用于跟踪故障的几个类别。该方案逐渐成为图8-1所示的内容。开发人员通过对发现的每个故障选择3种描述符来使用这种模型：故障起源（即故障是在何处被引入到产品中的）、故障类型及模式（即信息是被遗漏的、不清楚的、错误的、被改变的，还是可能使用更好的方式完成的）。

406

惠普公司的每个部门单独跟踪其故障，然后用与图8-2类似的饼状图汇总统计信息。不同部门的故障特征描述通常有很大的区别。故障特征描述有助于开发人员计划处理部门中常见故障的特定类型的需求、设计、编码和测试活动。总的效果是随着时间的推移故障数减少了。

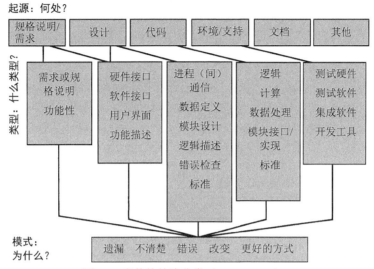

图8-1　惠普的故障分类（Grady 1997）

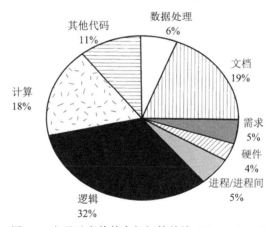

图8-2　出现于惠普某个部门的故障（Grady 1997）

8.2　测试的相关问题

在很有把握地向客户发布能正确工作的系统之前，要完成多种测试。有些测试依赖于正在测试的对象：构件、一组构件、子系统或整个系统。其他的测试依赖于我们想要了解的事情：系统能否按照设计、需求、客户的期望进行工作？本节讨论其中一些问题。

8.2.1　测试的组织

在开发一个大型系统的时候，测试通常分为若干阶段。首先，将每个程序构件与系统中其他构件隔离，对其本身进行测试。这样的测试称为**模块测试**（module testing）、**构件测试**（component testing）或**单元测试**（unit testing）。它们验证，针对设计预期的输入类型，构件能否适当地运行。单元测试应尽可能在受控的环境下进行，使得测试小组能够对被测试构件输入预定的一组数据，并且观察将产生哪些输出动作和数据。另外，测试小组还要针对输入和输出数据，检查其内部数据结构、逻辑和边界条件。

当对这些构件都已经完成了单元测试之后，下一步就是确保构件之间接口的正确定义和处理。**集成测试**（integration testing）是验证系统构件是否能够按照系统和程序设计规格说明中描述的那样共同工作的过程。

一旦我们能够确保构件之间的信息传递是与设计相符的，就要对系统进行测试以确保它具有期望的功能。**功能测试**（function test）是对系统进行评估，以确定集成的系统是否确实执行了需求规格说明中描述的功能。其结果是一个可运转的系统。

回想一下，需求文档化的方式有两种：最初使用客户的术语，而后又作为开发人员可以使用的软件和硬件需求。功能测试将正在构建的系统与开发人员的需求规格说明进行比较。而**性能测试**（performance test）将系统与这些软件和硬件需求的剩余部分进行比较。当测试在客户的实际工作环境中成功地执行时，它会产生一个**确认的系统**（validated system）。

性能测试完成后，开发人员确定系统是按照对系统描述的理解运行的。下一步就是与客户交换意见，以确定系统是按照客户的期望运转的。与客户一起执行**验收测试**（acceptance test），其中，根据客户的需求描述对系统进行检查。在完成验收测试之后，验收的系统安装在将要使用的环境中。最后的**安装测试**（installation test）是确保系统将按照它应该的方式来运行。

图8-3说明了这些测试步骤之间的关系。无论被测试的系统的规模有多大，每一步描述的测试类型对于确保系统适当运行都是必不可少的。在这一章，我们主要介绍单元测试和集成测试，其中，先单独测试构件，然后将这些构件合并成一个更大的、运转的系统。在第9章，我们将讨论测试过程中剩余的步骤，统称为**系统测试**（system testing）。在后面的步骤中，系统被看作是一个整体而不是单独部分的简单合成。

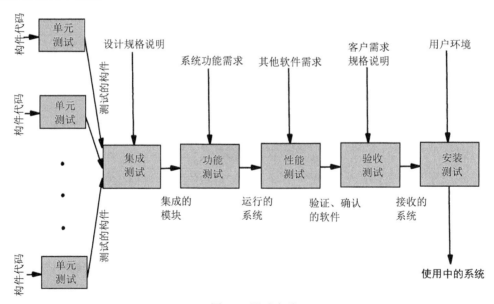

图8-3　测试步骤

8.2.2　对测试的态度

新程序员不习惯将测试看作是一个发现的过程。作为学生，我们都是根据老师给出的规格说明编写程序。在设计完程序之后，编写代码并且对其进行编译，以确定是否存在任何语法故障。当提交程序供老师评分时，我们通常会交给老师一个程序清单、用于测试输入的数据以及说明程序如何处理输入的输出结果。代码、输入和输出成了代码正确运行的证明，并且我们通常会对输入进行选择，以使老师相信，代码是按照课堂作业指定的那样运行的。

我们可能仅仅将程序视作问题的解决方案，而没有考虑问题本身。如果是这样，我们的测试数据就可能是经过选择的，目的是说明某种情况下的正面结果，而不是表明它没有故障。用这种方式编写和给出的程序是我们编程技能的证明。因此，从心理上讲，我们可能认为对我们的程序的批评是对我们的能力的批评。用以说明我们的程序正确运行的测试，是向我们的老师证明我们的技能的一种方式。

但是，在为客户开发系统时就不同了，他们对系统在某些条件下能够适当运行并不感兴趣，相反，他们感兴趣的是确保系统在所有条件下都适当运行。因此，作为开发人员，无论故障出现在系统的何处，也无论是谁引起这些故障，我们的目标应该是尽可能多地去除故障。在开发过程中，当故障被发现时，并不会伤害感情或自尊。因此，许多软件工程师采用一种称为"**忘我编程**（egoless programming）"的态度，把程序看作一个更大系统的构件，而不是那些编写它们的人的财产。当发现一个故障或出现一次失效时，忘我开发团队关注的是修改故障，而不是谴责某个开发人员。

8.2.3 谁执行测试

即使用忘我方法开发一个系统，有时也难以从测试过程中排除个人感情。因此，我们通常使用一个独立的测试小组来测试系统。这样，避免了故障的个人责任与尽可能多地发现故障的需要之间的冲突。

另外，还有几个因素证明独立测试小组的有效性。首先，在解释设计、确定程序逻辑、编写描述性文档或实现算法时，可能会无意中引入故障。显然，如果认为代码不能按照规格说明执行，开发人员不会提交代码进行测试。但是，开发人员可能与代码太过紧密以至于不能保持客观，不能识别出更多的细微故障。

再者，独立的测试小组可以在整个软件开发过程中参与构件的评审。这个小组可以是需求和设计评审小组的一部分，可以独立地测试代码构件，并且可以在系统集成时以及把系统交付给客户验收时测试该系统。这样，测试可以与编码并行进行，测试小组可以在构件完成时对其进行测试，并且可以在编程人员继续编写其他构件的时候，开始拼装这些已经测试过的构件。

409

8.2.4 测试对象的视图

在仔细讨论单元测试之前，考虑一下测试的基本方法。当测试一个构件、一组构件、子系统或系统时，关于测试对象（即测试的构件、一组构件、子系统或系统）的视图可能会影响测试进行的方式。如果从外部观察测试对象，将其看作是一个不了解其内容的**闭盒**（closed box）或**黑盒**（black box），那么，我们的测试就是向闭盒提供输入数据，并记录产生的输出。在这种情况下，测试的目标是确保每一种输入都被提交，并且观察到的输出与预期的输出相匹配。

这种测试有优点也有缺点。优点是闭盒测试免于受强加给测试对象内部结构和逻辑的约束。但是，不可能总是用这种方式进行完备的测试。例如，假设一个简单的构件接受3个数字 a、b、c 作为其输入，产生下面这个方程式的两个根或者消息"没有实数根"作为其输出：

$$ax^2 + bx + c = 0$$

不可能通过向该构件提交所有可能的三元组（a, b, c）来测试该构件。这种情况下，测试小组也许可以选择有代表性的测试数据，来说明所有可能的组合都能被适当处理。例如，可以对测试数据进行选择，使其对每一组 a、b、c，包含正数、负数和零的所有组合，有27种可能性。如果了解求解二次方程式的知识，我们可能会倾向于选择使得判别式 b^2-4ac 分别为正数、零或负数的值（在这种情况下，我们是在猜测构件是如何实现的）。但是，即使在每一类中都没有找出故障，也不能保证该构件就是无故障的。因为一些细微的问题也会导致该构件在特定的情况下失效，诸如舍入误差或不兼容的数据类型等。

对于某些测试对象，测试小组不可能生成一组证明所有情况下功能正确的、有代表性的测试用例。回想一下第7章中的那个构件，它接受调整的总收入作为输入，产生应付的联邦所得税额作为输出。我们可能有一个纳税表，对某些给定的输入，说明预期的输出，但是我们通常可能并不知道税款是怎样计算的。计算税款的算法依赖于税的等级，而等级限制和相关联的百分比都是该构件内部处理的一部分。把这个构件看成是一个闭盒，我们就不能足够了解处理以进行明智的选择，因此也就不能选择具有代表性的测试用例。

为了克服这个难题，我们可以改为将该测试对象看成是一个**开盒**（open box）（有时称为**透明盒**或**白盒**），然后可以根据测试对象的结构用不同的方式来进行测试。例如，可以设计执行构件内所有语句或所有控制路径的测试用例，以确定测试对象是否是适当运作的。但是，正如我们将在本章的后面部分看到的那样，采用这种方法可能是不切实际的。

例如，一个有很多分支和循环的构件，就要检查很多路径。一个具有大量迭代或递归的构件，

410

即使其逻辑结构相当地简单，仍然很难对它进行完全的测试。假设一个构件的逻辑构造为循环nm次，如图8-4所示。如果N和M每一个都等于100 000，则一个测试用例要循环100亿次来执行所有的逻辑路径。我们可以使用一种测试策略，只执行几次循环、只检查少量的相关情况来表示整个可能性。这个例子中，可以为I选择一个小于N的值、一个等于N的值和一个大于N的值。类似地，也考虑让J的值小于M、等于M以及大于M，并且让J的3种值与I的3种值进行组合。通常情况下，该策略可以基于数据、结构、功能或几种其他的标准。

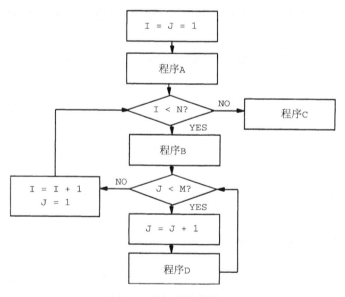

411

图8-4   逻辑结构的例子

当决定如何进行测试时，我们不必仅仅只是选择开盒测试或闭盒测试。我们可以把闭盒测试看成是测试连续统（continuum）的一端，而将开盒测试看作是其另一端。任何测试的基本方法都可能处于测连续统两端之间的某个地方。补充材料8-2向我们说明某些方法（如盒式结构方法）是如何组合测试连续统内的几个点来从几个角度处理一个构件的。通常，测试方法的选择依赖于诸多因素，包括：

- 可能的逻辑路径数目；
- 输入数据的性质；
- 涉及的计算量；
- 算法的复杂性。

补充材料8-2 盒式结构

针对信息系统测试的盒式结构方法把白盒测试视图和黑盒测试视图的概念结合在一起，并对其进行扩展（Mills, Linger and Hevner 1987；Mills 1988）。这个技术开始于黑盒视图，并通过逐步求精将其扩展为状态盒（state box），再将其扩展为透明盒（clear box）。

一个对象的黑盒视图是所有可能情况下其外部行为的一个描述。这个对象（一个构件、子系统或完整的系统）是根据其接受的刺激（stimulus）及其接受刺激的历史（stimulus_history）来描述的，刺激历史是指它在过去如何对刺激做出反应（response）的记录。因此，我们可以把每个响应描述为一个转移：

(stimulus, stimulus_history→response)

下一步，通过加入状态信息，从黑盒导出其状态盒描述。每种转移书写为：

(stimulus, old_state→response, new_state)

最后，透明盒描述添加一个实现状态盒的过程，也就是说，它描述刺激和旧状态（old state）如何转移到响应和新状态（new state）。

(stimulus, old_state→response, new_state) by procedure

该过程是根据时序、交替、迭代和并发来编写的。从黑盒到透明盒的前进不仅对于测试有用，而且对于设计构件也是有用的，有助于把高层描述转换成低层描述（更细致地描述设计）。

8.3 单元测试

如果我们的目标是发现构件中的故障，那么如何开始测试呢？这个过程类似于在课程作业中测试程序时使用的过程。首先，通过通读程序对代码进行检查，试着找出算法、数据以及语法中的故障。甚至可以将代码与规格说明进行比较，与设计进行比较，以确保已经考虑了所有相关情况。接着，编译代码，排除任何剩余的语法故障。最后，开发测试用例，以证明是否将输入适当地转换成了所期望的输出。单元测试完全遵循这些步骤，我们这里依次分析每一个步骤。

8.3.1 检查代码

由于设计描述有助于编码并文档化每一个程序构件，因此，程序反映你对设计的解释。文档用文字和图解释程序应该做什么。因此，请一个客观的专家小组来评审代码及其文档，以找出误解、不一致和其他的故障，这样做是很有帮助的。该过程称为**代码评审**（code review），它类似于前面几章中讨论的需求和设计评审。构成的小组，是由程序员本人和三四名技术专家组成的。该小组以一种有组织的方式研究程序，以找出故障。技术专家可以是其他程序员、设计人员、技术文档撰写人员或者项目管理人员。设计评审小组包括客户代表，而代码评审小组并不包括来自客户的组织机构的人员。客户表述需求并认可提出的设计方案。只有当我们能够证明系统作为一个整体能按照他们的描述运转时，他们才会对实现感兴趣。

412

1. 代码走查

有两种类型的代码评审：代码走查（code walkthrough）和代码审查（code inspection）。在**走查**中，程序员向评审小组提交代码及其相关文档，然后评审小组评论它们的正确性。在走查的过程中，程序员领导并且掌控讨论。讨论的气氛是非正式的，注意力是集中在代码上，而不是集中在编码者身上。虽然项目管理人员也可能在场，但走查对程序员的业绩评价并没有影响，它是与测试的总目标相一致的：发现故障，但是不必修改它们。

2. 代码审查

IBM公司的Fagan首次提出了代码审查的概念，它与走查类似但是更正式一些（Fagan 1976）。在

审查中，评审小组按照一个事前准备好的关注问题清单来检查代码和文档。例如，该小组可能检查数据类型和结构的定义与使用，看它们的使用是否与设计一致，是否与系统标准和过程一致。该小组可能评审算法和计算的正确性和效率，可能比较注释和代码，以确保它们是精确的和完备的。类似地，也可能检查构件之间接口的正确性。该小组甚至可能根据内存使用率或处理速度，来估算代码的性能特性，为评价它们是否符合性能需求做准备。

审查代码通常包括若干步骤。首先，召开小组会议，讨论代码概述和审查目标的描述。然后，小组成员单独准备第二次小组会议。每名审查人员研究代码及其相关文档，记录发现的故障。最后，在小组会议上，小组成员报告他们发现的故障，记录在讨论个人发现的过程中发现的额外错误。有时，个人发现的故障被认为是"假阳性"（false positive）的：似乎是故障，但实际上审查小组认为并不是真正的问题。

审查小组成员的选择是根据审查目标进行的，有时，一个小组成员将扮演不止一个角色。例如，如果审查旨在验证接口的正确性，那么该小组应该包括接口设计人员。由于目标是审查的焦点，因此，要由一个小组主持人（不是程序员）来担任会议的领导，他在会议过程中使用一组需要回答的关键问题。如同走查一样，审查评价的是代码而不是编码者，并且其结果并不反映在业绩评价中。

3. 代码评审取得的成就

你可能对让一个小组来检查你的代码这种做法感到不舒服。但是，评审在检测故障方面显得格外成功，并且通常是组织机构中的一个强制措施或最好的实践。请记住，一个故障在开发过程中发现得越早，它就越易于纠正，耗费的代价也就越少。在构件层次上发现问题，要比等到测试的后期发现问题好。在那时，问题的根源可能已经远不如当初那么清晰。实际上，正因为这个原因，Gild（Gild 1988）、Gilb 和 Graham（Gilb and Graham 1993）建议要审查早期的开发制品，例如规格说明和设计，而不仅仅是代码。

一些研究人员调研了评审识别故障的范围。在 Fagan 进行的一项试验中（Fagan 1976），最终检测到的系统故障中，有 67% 是在单元测试之前使用审查发现的。在 Fagan 的研究中，第二组程序员编写了类似的程序，他们使用的是非正式的走查而不是审查。在前 7 个月的运行过程中，审查小组的代码比走查小组的代码失效次数少 38%。在 Fagan 的另一项试验中，在系统开发过程中发现的故障总数中，设计和代码审查中发现了其中的 82% 的故障。早期故障检测可以节省开发人员的大量时间。其他研究人员报告了他们使用审查的结果。例如，Ackerman、Buchwald 和 Lewski 指出，在一个 6 000 行的商业应用中，所有故障中的 93% 是通过审查发现的（Ackerman, Buchwald and Lewski 1986）。

Jones 广泛地研究了程序员的生产率，包括故障性质、发现和修改故障的方法（Jones 1977）。通过对 1 000 万行的历史代码进行分析，他发现，代码审查去除了故障总数中多达 85% 的故障。在 Jones 研究的技术中，没有其他哪一种技术能像代码审查这样成功，实际上，连已知故障的一半都未能去除。Jones 根据所做的最近调研（Jones 1991），提出了典型的审查准备时间和会议时间，如表 8-2 所示。

表8-2 典型的审查准备时间和会议时间（Jones 1991）

开发制品	准备时间	会议时间
需求文档	每小时25页	每小时12页
功能的规格说明	每小时45页	每小时15页
逻辑规格说明	每小时50页	每小时20页
源代码	每小时150行代码	每小时75行代码
用户文档	每小时35页	每小时20页

Grady 说，在惠普，对审查的计划通常花费 2 小时，随后的小组会议花费 30 分钟（Grady 1997）。接着是个人的准备时间，包括 2 小时发现故障的时间和 90 分钟记录个人发现的时间。小组大约花 30 分

钟时间用于集体讨论相关的发现、推荐要采取的行动。在故障被修改之后，审查会议的主持人再花费另外的半小时来编写和发布一个总结文档。补充材料8-3描述了Bull信息系统有限公司的软件开发人员是如何调研减少审查所需资源的同时又维持其效果的方法。

补充材料8-3 审查中的最佳小组规模

Weller分析了来自Bull信息系统有限公司3年的审查数据，差不多7 000次审查会议的测度包括了11 557个故障和14 677页设计文档的相关信息（Weller 1993）。他发现，一个3人审查小组的准备速度比4人审查小组准备速度慢，但是在审查会议上与4人审查小组的工作效率是相同的。他提出，是准备速度，而不是小组规模，决定了审查的效果。他还发现，一个小组的效果和效率取决于他们对产品的熟悉程度，对产品越熟悉，审查效果就越好，审查效率就越高。

另一方面，Weller发现，好的代码审查结果可能会造成假象。在一个有12 000行C语言代码的项目中，需求和设计都没有进行评审，审查从代码开始。但是在单元测试和集成测试的过程中，需求不断地演化，代码规模在这段时间几乎增加了一倍。通过代码审查数据和测试数据之间的比较，Weller发现，代码审查识别了大部分编码或低层设计的故障，但测试发现了大部分需求和体系结构的故障。因此，代码审查并没有涉及系统中变化的真正根源，并且其结果也不能表示真实的系统质量。

Jones对其大规模的项目信息库中的数据进行了汇总，对评审和审查如何发现故障给出相对于其他发现活动的不同描述（Jones 1991）。因为产品的规模变化很大，表8-3给出交付的产品中每千行代码的故障发现率。该表清楚地说明与其他技术相比较，代码审查能够发现更多的故障。但是，研究人员还在继续调研是否某种类型的活动能够比其他活动发现更多类型的故障。例如，审查更擅长于发现代码故障，但是原型化更擅长于识别需求问题。

表8-3 发现活动过程中找到的故障（Jones 1991）

发现活动	每千行代码发现的故障
需求评审	2.5
设计评审	5.0
代码审查	10.0
集成测试	3.0
验收测试	2.0

在Fagan发表了他在IBM公司审查代码的指导原则之后，许多其他组织，包括惠普（Grady and van Slack 1994）、ITT和AT&T（Jones 1991），都将审查用作推荐的或标准的实践。对审查成功应用的描述不断地出现在文献中，本书的配套网站中引用了其中的一些文献。

414
~
415

8.3.2 证明代码正确性

假定你编码完成了构件，已经检查完毕，并且构件经过了小组评审。测试的下一步是用一种更结构化的方式仔细检查该代码，以确定其正确性。就单元测试的目的而言，如果一个程序适当地实现了设计指定的功能和数据，并能与其他构件正常交互，那么这个程序是**正确的**。

研究程序正确性的一种方式是将代码看作是对逻辑流的陈述。如果我们能用一种形式化的、逻辑的系统（例如，一系列关于数据的语句和蕴涵式）来重写程序，那么就可以测试这种新型表达式的正确性。我们用设计来解释正确性，并且希望表达式能够遵循数学逻辑的规则。例如，如果能把程序公式化为一组断言和定理，就可以说明定理为真蕴涵着代码是正确的。

1. 形式化证明技术

我们来讨论形式化证明是如何进行的。我们通过一系列步骤把代码转换成相应的逻辑表示：

(1) 首先，书写断言来描述该构件的输入和输出条件。这些语句是逻辑变量的组合（每一个变量为真或为假），这些逻辑变量由表8-4显示的逻辑连接符连接。

表8-4 逻辑连接

连 接	例 子	含 义
与	$x\&y$	x与y
或	$x\vee y$	x或y
非	$\neg x$	非x
蕴涵	$x\rightarrow y$	如果x则y
等价	$x=y$	x等于y
全称量词	$\forall xP(x)$	对所有的x，条件$P(x)$为真
存在量词	$\exists xP(x)$	对至少一个x，$P(x)$为真

例如，假设一个构件接受一个大小为N的数组T作为其输入，构件产生一个等价的数组T'作为其输出，构成T'的元素按升序重新排列。我们可以把输入条件写成如下断言：

$$A_1: (T是一个数组)\&(T的大小是N)$$

类似地，可以把输出写成如下断言：

$$A_{end}: (T'是一个数组)\&(\forall i \text{ if } i < N \text{ then } (T'(i) \leq T'(i+1)))$$
$$\&(\forall i \text{ if } i \leq N \text{ then } \exists j\,(T'(i) = T(j))\,\&\,(T'的大小是N))$$

(2) 接着，画出描述这个构件逻辑流的流程图。在图中，在发生转换的地方用圆点作上标记。

图8-5展示了该构件逻辑流的流程图，其中，使用冒泡法对T用升序重新排列。在图8-5中，用两个突出的圆点显示了转换发生的地方。用一个星号标记的点可以以下面的方式用断言来描述：

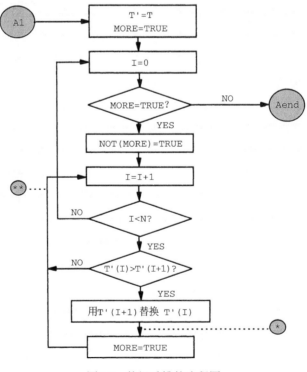

图8-5 数组重排的流程图

$$[(\text{not}(more)=\text{true})) \,\&\, (i < N) \,\&\, (T'(i) > T'(i+1))]$$
$$\to [\text{用}T'(i+1)\text{替换}T'(i)]$$

类似地，由两个星号标记的点可以写成：

$$[(\text{not}(more) = \text{true})) \,\&\, (i \geqslant N)] \to [(T'(i)\text{排序}]$$

(3) 从这个断言，我们产生一系列待证明的定理。从第一个断言开始，以及从一个转换转到另一个转换，我们的工作确保如果一个断言是真的，那么下一个断言就是真的。换句话说，如果第一个断言是A_1，并且第一个转换点是A_2，那么我们的第一个定理是：

$$A_1 \to A_2$$

如果A_3是下一个转换点，那么第二个定理是：

$$A_2 \to A_3$$

这样，我们说明定理如下：

$$A_i \to A_j$$

其中，A_i和A_j是流程图中相邻的转换点。最后一个定理说明：最后一个转换点的条件为"真"蕴涵其输出断言为真：

$$A_k \to A_{\text{end}}$$

或者，我们可以沿着流程图的转换点逆向推理，从A_{end}开始，找出前面的转换点。首先证明：

$$A_k \to A_{\text{end}}$$

然后是：

$$A_j \to A_{j+1}$$

如此进行，直到我们证明

$$A_1 \to A_2$$

两种方法的结果是相同的。

(4) 然后，我们查找流程图中的循环，并对每一个循环指定一个if-then断言。

(5) 这时，我们已经识别了所有可能的断言。为了证明程序的正确性，我们查找出所有由A_1开始在A_{end}终止的路径。通过跟随其中的每一条路径，我们跟随了代码说明的输入条件为真导致输出条件为真的所有路径。

(6) 在识别了所有的路径之后，针对每一条路径，我们必须根据该路径的转换，严格地证明输入断言蕴涵输出断言，从而验证这条路径为真。

(7) 最后，我们证明程序能够终止。

2. 正确性证明的优点和缺点

按上面描述的方式，通过构造自动化的或手工的证明，我们可以发现代码中的算法故障。另外，这种证明技术为我们提供了对程序的形式化理解，因为我们研究的是它所隐含的逻辑结构。经常使用这种方法使我们更集中于指定数据、数据结构和算法规则时的严密性、精确性。

但是，这样的严密性也要付出一定代价。在建立和进行证明的时候，需要做很多工作。例如，冒泡排序构件的代码比其逻辑描述和证明要小得多。在很多情况下，证明代码的正确性比编写代码本身要花更多的时间。而且，构件越大、越复杂，涉及的逻辑图就可能越庞大，涉及的转换就越多，需要验证更大量的路径。例如，非数字程序可能比数字程序逻辑上更难于表示。并行处理难以操作，复杂的数据结构可能会导致非常复杂的转换语句。

注意，证明技术仅仅是基于输入断言如何根据逻辑规则转换成输出断言来进行的。证明该程序在逻辑意义上是正确的并不意味着软件中没有故障。实际上，这种技术可能不会发现以下故障：设计中的、与其他构件的接口的、对规格说明的解释中的、程序设计语言的语法和语义中的或者文档中的。

最后，我们必须承认，并非所有的证明都是正确的。在数学的历史上，多次出现过一个证明曾经很多年都被认为是正确的，但后来却被证明是错误的。对特别复杂的证明，总是可能论证它是非法的。

3. 其他证明技术

在实现测试程序的时候，逻辑证明技术忽略了程序设计语言的结构和语法。因此，从某种意义上来讲，这种技术证明构件的设计是正确的，而构件的实现却不一定是正确的。有其他一些技术考虑了语言的特性。

有一种这样的技术，称为**符号执行**（symbolic execution），用符号代替数据变量来模拟代码的执行。可以把测试程序看成是具有一个由输入数据和条件决定的输入状态。当每行代码执行时，该技术检查它的状态是否发生改变。每个状态改变被保存，并且程序的执行被看成是一系列的状态改变。因此，程序中的每条逻辑路径都对应于一个有序的状态改变序列。每条路径最终的状态应该是一个输出状态。如果每个可能的输入状态都能产生适当的输出状态，该程序就是正确的。

我们讨论一个例子来看一下符号执行是如何进行的。假设正在测试下面这几行程序：

```
a = b + c;
if (a > d) taskx();   // PERFORM TASKX
else tasky();         // PERFORM TASKY
```

符号执行工具将注意到条件 $a>d$ 可能为真也可能为假。传统的代码执行将涉及 a 和 b 的具体值，而符号执行工具记录两个可能的状态：$a>d$ 为假或者 $a>d$ 为真。符号执行不是测试 a 和 d 的大量可能的值，而是仅仅考虑这两种情况。这样，大量的数据就被划分为不相交的等价类或等价类别，并且仅仅只考虑代码对每一类数据如何反应。只考虑表示符号的数据的等价类，大量地减少了证明中需要考虑的情况的数量。

但是，同逻辑定理证明一样，这种技术也有许多缺点。进行一个证明所花费的时间可能要比编写代码本身的时间更长，并且正确性的证明不能保证程序没有故障。再者，该技术依靠通过对程序路径中的条件改变进行仔细的跟踪。虽然该技术能实现某种程度的自动化，但是，对于大规模或复杂的代码可能仍然需要检查许多状态和路径，这是一个耗时的过程。自动化的符号执行工具很难跟踪循环的执行流程。另外，只要在代码中用到了下标和指针，分割等价类就会变得更加困难。

4. 自动定理证明

一些软件工程师通过开发一些工具，尝试着自动化证明程序正确性的过程，工具的输入有：

- 输入数据和条件；
- 输出数据和条件；
- 将要测试的构件的代码行。

自动工具的输出可能是该构件正确性的一个证明，或者是一个反例，此时，显示构件不能正确转换为输出的一组数据。自动化定理证明器包含编写构件所用语言的信息，因此，语法和语义规则是可访问的。遵循程序的步骤，定理证明器用几种方式识别路径。如果平常的推理和演绎规则因太烦琐而不能使用，则有时可用一种启发式的解决方案来代替。

这种定理证明软件并不是轻而易举能够开发出来的。例如，该工具必须能验证是否正确使用了一元和二元操作（如加、减、非），也涉及相等和不相等这样的比较，也必须考虑更复杂的定律，如交换率、分配率和结合率。把这样的程序设计语言表述为一组前提，然后从中导出定理，这是非常困难的。

假定这些困难都可以克服。对于除了最简单构件以外的其他任何构件来讲，使用反复实验的方式来构造定理实在是太过耗时。因此，人们希望使用一种与人交互的方式来指导定理证明器。利用开发专家系统时经常采用的方法，可以让定理证明器与其用户一起工作来选择转换点并跟踪路径。因此，该定理证明器并没有真正生成证明，相反，它是检查用户给出的证明轮廓。已经开发出基于符号执行的工具来评估小程序中的代码，但是还没有通用的、独立于语言的、自动化的符号执行系统。

假定存在足够快的机器和能处理复杂问题的实现语言，那么究竟是否能够构建出理想的定理证明器呢？理想的定理证明器能够读入任何程序，并产生相应的输出：证实代码正确性的陈述或故障的位置。这样的定理证明器应该能够确定，对于任意输入数据，代码中任意一个语句是否会被执行。不幸的是，永远也不可能构建出这样的定理证明器。可以证明（例如，Pfleeger and Straight 1985），构造这样一个程序，等价于图灵机的停机问题。停机问题是无解的，这意味着不仅没有该问题的解决方案，而且永远也不可能找到解决方案。如果仅仅用于没有分支的代码中，定理证明器是有解的。但是，这种限制使得工具仅仅适用于所有程序的一个非常窄的子集。因此，尽管非常需要，但是任何自动化定理证明器都只能接近于理想。

8.3.3　测试程序构件

证明代码正确性是软件工程师渴望追求的一个目标。因而，人们进行了大量的研究工作来开发相应的方法和自动化工具。但是，在近期，开发小组更可能关注测试他们的软件，而不是证明他们的程序的正确性。

1. 测试与证明

在证明程序正确性的过程中，测试小组或程序员仅仅考虑代码及其输入和输出条件。人们用数据的分类和设计中描述的条件来看待该程序。因此，证明可能不涉及代码的执行，而是理解程序内部发生了什么。

但是，客户持有不同的观点。要向他们证明程序是正确运转的，我们必须向他们说明，从程序外部来看代码是如何执行的。从这种意义上说，测试是一系列的试验，其结果成为判断在给定情况下程序将如何运转的基础。证明告诉我们程序将运转在设计和需求所描述的假设环境下，而测试告诉我们程序如何在实际操作环境下运转的相关信息。

2. 选择测试用例

要测试一个构件，我们选定输入数据和条件，让构件操纵该数据，然后观察输出。我们选择输入使得输出能证明代码的某个行为。**测试点**（test point）或**测试用例**（test case）是用于测试程序的输入数据的一个特定选择。**测试**是测试用例的有限集合。应该如何选择并定义测试，来使我们自己和客户相信，不仅是对测试用例而且是对所有的输出，程序都是正确运转的？

首先，确定测试的目标。接着，选择测试用例并定义旨在满足特定目标的测试。目标可能是证明所有的语句都适当地执行，也可能是说明代码执行的每一个功能都是正确完成的。目标决定我们为了选择测试用例而如何对输入进行分类。

根据测试目标，可以把代码看成是闭盒或开盒。如果把它看成是闭盒，我们为其提供所有可能的输入，然后将其输出与需求期望的输出进行比较。但是，如果将代码看作是开盒，则可以使用一种更为谨慎的测试策略，来检查代码的内部逻辑。

回想一下计算二次方程式根的构件的那个例子。如果测试目标是证明代码是适当运行的，我们可能选择这样的测试用例，其系数a、b和c的代表性的组合为：负数、正数和零。或者我们可以根据系数的相对大小来选择组合。

- a大于b，b大于c。
- b大于c，c大于a。
- c大于b，b大于a。

但是，如果我们认可该代码的内部工作方式，我们可以看到代码的逻辑取决于判别式b^2-4ac的值。那么，我们选择表示判别式是正、负和零的测试用例。我们也可以包含非数值数据的测试用例，例如，可以输入字母F作为系数，以判断系统是如何对非数值输入做出反应的。包括3种数值的实例在内，我们共有4种互斥类型的测试输入。

照这样，根据测试目标，我们把输入分割为等价类。也就是说，数据的分类应该满足下面这些标准。

(1) 每个可能的输入都属于这些类中的一个。也就是说，这些类覆盖了整个输入的集合。

(2) 没有输入数据属于多个类。也就是说，等价类是不相交的。

(3) 如果把某个特殊的类成员用作输入时，执行代码证明有一个故障，那么把该类的其他成员用作输入时，也可以检测到同样的故障。也就是说，该类的任何元素都代表该类的所有元素。

要断定能满足第3个限定并不总是容易的或者是可行的。我们可以放松第3个需求，即如果一个数据元素属于一个类并揭示了一个故障，则这个类的每一个其他元素揭示同样故障的概率将比较高。

闭盒测试的缺点是不确定性：是否所选择的测试用例将会揭示某个特定的故障。另一方面，开盒测试总是使得对代码的内部处理太过专注。我们可能会陷于测试程序做了什么之中，而不是考虑该程序应该做什么。

可以将开盒测试和闭盒测试结合起来生成测试数据。首先，通过把程序看作闭盒，可以用该程序的外部规格说明来生成初始测试用例。这些用例不仅应该考虑预期的输入数据，还应该考虑输入和输出的边界条件以及无效数据的几种情况。例如，如果构件被编码时要求一个正数的输入值，可以针对下面每种情况生成一个测试用例。

- 一个非常大的正整数。
- 一个正整数。
- 一个正的、定点小数。
- 一个大于0但小于1的数。
- 0。
- 一个负数。
- 一个非数字字符。

可以有意选择一些不适当的数据对它们进行测试，以检查代码是否能适当地处理不正确的数据。

接着，通过查看该程序的内部结构，我们增加其他一些用例。例如，可以增加测试用例来测试所有分支以及执行尽可能多的路径。如果涉及循环，可以包含循环一次、循环多次的测试用例，以及一次也不循环的测试用例。还可以检查算法的实现。例如，如果程序进行三角计算，可以包含测试三角函数极端情况的测试用例，诸如0、90、180、270和360度的角。或者使用使分母为0的输入。

有时系统会"记住"先前测试用例的条件，因此，这时需要测试用例的序列。例如，当系统实现一个有限状态机时，代码必须记住先前的系统状态，先前状态加上当前输入决定了下一个状态。类似地，实时系统通常是中断驱动的，测试执行的是一组测试用例，而不是单个测试用例。

3. 测试的完全性

要进行测试，就要决定如何以一种使人信服的方式来证明测试数据展现了所有可能的行为。看一下我们都有哪些选择。

要完全地测试代码，我们可以基于代码操纵的数据，至少使用下面几种方法中的一种来选取测试用例。

- **语句测试**（statement testing）：在某个测试中，构件中的每条语句至少执行一次。
- **分支测试**（branch testing）：对代码中的每个判定点，每个分支在某个测试中至少选择一次。
- **路径测试**（path testing）：通过代码的每条不同的路径在某个测试中至少执行一次。
- **定义使用的路径测试**（definition-use path testing）：从每个变量的定义到该定义的使用的每一条路径，都在某个测试中得到执行。
- **所有使用的测试**（all-uses testing）：测试集至少包含从每一个变量的定义到通过其定义可到达的每一个使用的一条路径。
- **所有谓词使用／部分计算使用的测试**（all-predicate-uses/some computational-uses testing）：对于每一个变量以及该变量的每一个定义，测试至少包含从变量定义到其每一个谓词使用的一条路径。如果还有此描述没有覆盖的定义，那么加入计算使用，使得每一个定义都被覆盖。
- **所有计算使用／部分谓词使用的测试**（all-computational-uses/some predicate-uses testing）：对于每一个变量以及该变量的每一个定义，测试至少包含从变量定义到其每一个计算使用的一条路径。如果还有此描述没有覆盖的定义，那么加入谓词使用，使得每一个定义都被覆盖。

还有其他类似的测试类型，诸如所有定义使用、所有谓词使用以及所有计算使用。Beizer描述了这些测试策略的相对强度（Beizer 1990），如图8-6所示。例如，测试所有路径强于测试从定义到使用的所有路径。一般而言，策略越强，涉及的测试用例就越多。我们总是必须在测试的可用资源和我们选择的策略的完整性之间做出权衡。

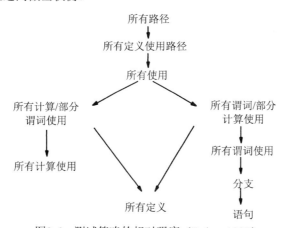

图8-6 测试策略的相对强度（Beizer 1990）

423

我们在测试的时候，使用一个策略可能会比使用随机测试的方法做得更好。例如，针对含有已知故障的7个数学程序，Ntafos对随机测试、分支测试与所有使用测试进行了比较（Ntafos 1984）。他发现，使用随机测试发现了79.5%的故障，使用分支测试发现了85.5%的故障，而使用所有使用测试发现了90%的故障。

要了解测试策略对测试用例的数目有何影响，考虑图8-7中的例子，它说明了要测试的构件中的逻辑流。由菱形或矩形表示的每一个语句都进行了编号。语句测试要求测试用例执行从编号1到7的语句。通过选择X大于K使其产生正的RESULT，我们可以按以下顺序执行语句：

1-2-3-4-5-6-7

因此，一个测试用例就足够了。

对分支测试，我们必须识别所有的判定点，表示为图8-7中的菱形。有两个判定点：一个是用于决定X与K之间的关系，另一个是用于决定RESULT是否是正数。两个测试用例将执行路径：

1-2-3-4-5-6-7

和

1-2-4-5-6-1

并且至少遍历每个分支一次。第一条路径使用了第一个判定点的YES分支，而第二条路径使用了其
NO分支。同样，第一条路径使用第二个判定点的YES分支，而第二条路径使用其NO分支。

424

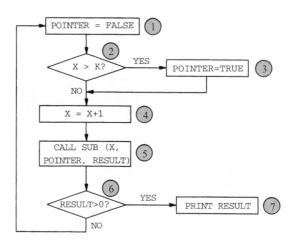

图8-7 逻辑流

如果要执行通过程序的每一条可能的路径，则需要更多的测试用例。路径

1-2-3-4-5-6-7
1-2-3-4-5-6-1
1-2-4-5-6-7
1-2-4-5-6-1

覆盖了所有的可能路径：两个判定点中，每一个有两个选择，每一个选择是一个分支。

在这个例子中，语句测试需要的测试用例比分支测试需要的少，依次地，分支测试需要的测试
用例比路径测试需要的少。一般而言，这种关系都能成立。再者，程序越复杂，所需的路径测试用
例越多。练习4研究了判定点结构和顺序与通过代码的路径数目之间的关系。

在单元测试的过程中，还可以采用许多其他的测试策略。例如，安全应用通常通过跟随每个可
能的事务到其结束来进行测试，采用的策略称为**事务流测试**（transaction flow testing）。要了解测试
策略的全面讨论，参见参考文献（Beizer 1990）。

8.3.4 技术比较

Jones比较了几种类型的故障发现方法（Jones 1991），来确定哪些方法最有可能发现哪种类型的
故障。表8-5给出他的调查结果，该表按照产生故障的开发活动进行组织。例如，如果在代码中找到
一个故障，但是该故障是由需求说明中的问题引起的，那么就把它列入"需求"一栏中。

表8-5 按照故障起源进行组织的故障发现百分比（Jones 1991）

发现技术	需 求	设 计	编 码	文 档
原型化	40	35	35	15
需求评审	40	15	0	5
设计评审	15	55	0	15
代码审查	20	40	65	25
单元测试	1	5	20	0

Jones还研究了哪些类型的故障去除方法最适合于捕捉哪些类型的故障（Jones 1991）。表8-6说明，评审和审查在发现设计和代码的问题方面是最有效的，但是原型化最适合于识别需求中的问题。补充材料8-4说明为什么最好使用一组不同的技术来发现故障。

表8-6　故障发现技术的有效性（Jones 1991）

	需求故障	设计故障	代码故障	文档故障
评审	合格	优秀	优秀	好
原型	好	合格	合格	不适用
测试	差	差	好	合格
正确性证明	差	差	合格	合格

425

补充材料8-4　CONTEL IPC的故障发现效率

Olsen描述某公司中的一个使用C、Objective-C、汇编程序和脚本编写的含有184 000行代码的系统的开发，该系统为金融团体提供自动化支持（Olsen 1993）。他跟踪了各种活动过程中发现的故障，并且发现如下差别：17.3%的故障是在系统设计审查的过程中发现的，19.1%的故障是在构件设计审查的过程中发现的，15.1%的故障是在代码审查的过程中发现的，29.4%的故障是在集成测试的过程中发现的，16.6%的故障是在系统测试和回归测试的过程中发现的。只有0.1%的故障是在系统实际运行时才揭示出来的。因此，Olsen的工作说明，在开发过程中使用不同技术来找出各种故障的重要性；要捕获所有错误，仅仅依靠一种方法是远远不够的。

8.4　集成测试

当一些单个构件能够正确运转、达到我们的目标，并且我们对此满意时，我们就将它们组合成一个运转的系统。这种集成是经过计划和协调的，使得失效发生时，我们能够对导致引起失效的原因有所了解。另外，构件测试的顺序会影响对测试用例和工具的选择。就大型系统而言，有些构件可能处于编码阶段，有些构件可能处于单元测试阶段，还有些构件集合可能结合在一起进行测试。测试策略解释构件为什么以及如何组合在一起对运转的系统进行测试。这种策略不仅会影响集成的时机和编码的顺序，而且还影响到测试成本和测试完全性。

系统再次被看成是构件层次，其中每一个构件都属于设计中的某一层。我们可以自顶向下进行测试、自底向上进行测试或者把这两种方法结合起来。

8.4.1　自底向上集成

通过合并构件来测试较大型系统的流行方法称为**自底向上测试**（bottom-up testing）。当使用这种方法的时候，每一个处于系统层次中最低层的构件首先被单独测试。接着要测试的是那些调用了前面已测试构件的构件。反复地采用此方法，直到所有的构件都被测试完毕。当很多底层构件是常被其他构件调用的通用实用例程（utility routine）的时候，当设计是面向对象的时候，或者当系统集成大量独立的（stand-alone）复用构件的时候，自底向上的方法是很有用的。

例如，考虑图8-8中的构件和层次。要用自底向上方法测试这个系统，我们首先要测试最低层的构件：E、F和G。因为我们还没有现成的构件能调用这些最低层的程序，我们要编写特定代码来辅助集成。**构件驱动程序**（component driver）是调用特定构件并向其传递测试用例的程序。对这个驱动程序编写代码很容易，因为它很少需要复杂的处理。但是这里要当心，要确保适当定义该驱动程序与测试构件的接口。有时，测试数据可以由方便定义数据的专用语言自动提供。

426

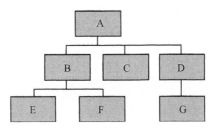

图8-8   构件层次的例子

在我们的例子中，对E、F和G中的每一个构件，都需要编写一个构件驱动程序。当这3个构件能够正确运转，并且我们对此满意时，上移至紧接着的更高一层。与最低层构件不同，这个与最低层构件紧接着的构件并不是单独测试的。而是要将它们与它们调用的（已经进行了测试的）构件组合起来。既然这样，我们将B、E和F组合在一起测试。如果发生了问题，我们知道引起该问题的原因或者在构件B中，或者在B和E的接口中，或者在B和F的接口中，因为E和F本身都能正确地运行。假如已经测试了B、E和F，但没有单独地测试E和F，我们就不能如此容易地定位问题的根源。

类似地，我们对D和G进行测试。因为C没有调用其他构件，我们可以单独测试它。最后，我们一起测试所有的构件。图8-9显示了测试序列和它们之间的依赖关系。

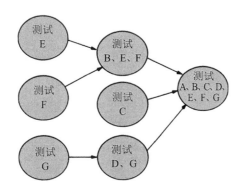

图8-9   自底向上测试

427

在一个功能分解的系统中进行自底向上的测试时，一个人们通常抱怨的问题是，顶层构件通常是最重要的，但却是最后测试的构件。顶层指导主要的系统活动，而底层通常执行更为普通的任务，例如，输入和输出功能或重复的计算。顶层更概括，而较低层次更为具体。因此一些开发人员感到按照首先测试底层的方式，主要故障的发现就会推迟到测试的后期。再者，有时顶层的故障反映的是设计中的故障，显然，这些问题应该在开发中尽快改正，而不是等到最后期。最后，顶层构件通常控制或影响计时。当系统的大部分处理都依赖于计时的时候，就很难自底向上地测试系统。

另一方面，对面向对象程序来讲，自底向上的测试通常是最为明智的选择。每次，一个对象与前面已经测试过的对象或对象集组合起来。消息从一个对象发送给另一个对象，测试确保对象做出正确的响应。

8.4.2   自顶向下集成

很多开发人员更喜欢使用**自顶向下的方法**（top-down approach），这种方法在很多方面都是自底向上的逆过程。顶层构件，通常是一个控制构件，是独立进行测试的。然后，将被测构件调用的所有构件组合起来，作为一个更大的单元进行测试。重复执行这种方法，直到所有的构件都被测试。

正在测试的构件可能会调用还没有经过测试的别的构件，因此我们需要编写一个**桩**（stub），这是一种专用程序，用于模拟（测试时）缺少构件时的活动。桩应答调用序列，并传回输出数据，使测试过程得以继续进行。例如，如果要调用一个构件来计算下一个可用的地址，但是这个构件还没有经过测试，那么，它的桩可以传回一个准备好的地址，其目的仅仅是为了让测试继续进行。像构件驱动程序一样，桩不必太复杂，逻辑上也不必是完备的。

图8-10说明了如何对我们的例子进行自顶向下的测试。只有顶层构件A是独立测试的，测试时需要使用表示构件B、C和D的桩。构件A一旦经过测试，将与其下一层构件进行组合，即对A、B、C和D一起测试。在这一阶段的测试中，可能需要表示构件E、F或G的桩。最后，对整个系统进行测试。

图8-10　自顶向下测试

如果构件的最低层执行输入和输出操作，桩可能与它们代替的实际构件几乎相同。在这种情况下，要改变集成次序，以便在测试序列中更早地包含输入和输出构件。

自顶向下设计和编码的许多优点也适用于自顶向下测试。当使用自顶向下设计将功能局部化于特定的构件之后，自顶向下的测试使得测试小组可以沿着执行序列从控制的最高层向下到适当的构件，一次执行一项功能。因此，可以依据被检查的功能来定义测试用例。再者，任何关于功能可行性的设计故障或主要问题都可以在测试的早期进行处理，而不是等到测试的后期。

还要注意的是，自顶向下测试并不需要驱动程序。另一方面，编写桩有可能会比较困难，因为它们必须允许测试所有可能的情况。例如，假设在一个地图绘制系统中，构件Z使用构件Y输出的纬度和经度来执行计算。设计规格说明指定Y的输出总是处于北半球。由于Z调用Y，当Z是自顶向下测试的一部分时，可能还没有对Y进行编码。如果编写一个桩来产生0到180之间的一个数，使得对Z的测试能继续进行，那么，如果设计发生变化，要求其输出包含南半球的地理位置，则必须对这个桩进行修改。也就是说，该桩是测试的一个重要部分，并且它的正确性可能会影响测试的有效性（validity）。

自顶向下测试的一个缺点是测试中可能需要大量的桩。当系统最低层包含很多实用例程时，就可能出现这种情况。避免这一问题的一个方法是，对策略稍加修改。修改后的自顶向下方法在进行合并之前对每一层中的构件进行单独的测试，而不是一次性地包含完整的一层。例如，使用修改后的方法测试我们的例子系统，可以首先测试A，接着依次测试B、C和D，然后把这4个构件合并起来测试第一层和第二层，然后再单独测试E、F和G，最后，把整个系统组合起来进行测试，如图8-11所示。

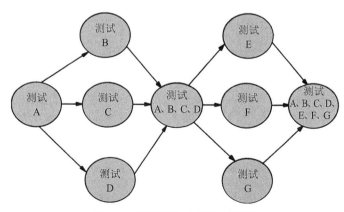

图8-11　修改后的自顶向下测试

对每一层中的构件进行单独的测试会引入另一难题：对每个构件，既需要桩，又需要驱动程序，从而导致更多的编码和潜在的问题。

8.4.3 一次性集成

当所有构件都分别经过测试，再将它们合在一起作为最终系统进行测试，看看这个系统是否能一次运行成功。Myers将这种方式称为**一次性测试**（big-bang testing）（Myers 1979），图8-12说明了对于我们的例子是如何进行的。很多程序员将一次性集成方法用于小型系统，但是，这种方法对大型系统并不实用。实际上，由于一次性集成测试存在着若干缺点，因此，在任何系统中都不推荐使用它。首先，它同时需要桩和驱动程序来测试独立的构件；其次，因为所有的构件是一次性地进行合并，很难发现引起失效的原因；最后，很难将接口故障与其他类型的故障区分开来。

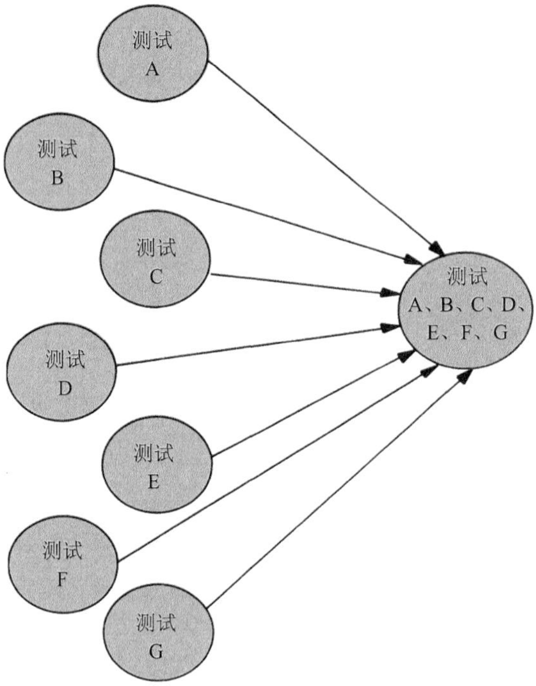

图8-12 一次性集成测试

8.4.4 三明治集成

Myers将自顶向下策略与自底向上策略结合起来，形成了**三明治测试**（sandwich testing）方法（Myers 1979）。这种方法将系统看成有三层，就像一个三明治：目标层处于中间，目标上面有一层，目标下面有一层。在顶层使用自顶向下方法，而在较低的层次使用自底向上方法。测试集中于目标层，目标层是根据系统特性和构件层次结构来选择的。例如，如果底层包含了很多通用实用程序，目标层可能是它上面的一层，其中大部分构件使用这些实用程序。这种方法使得在测试的开始就能用自底向上测试来验证实用程序的正确性。因而就不需要编写实用程序的桩，因为实际的实用程序已经可用了。对于我们的例子，图8-13描述了一种可能的三明治集成序列，其中目标层是中间层构件B、C和D。

三明治测试允许在测试的早期进行集成测试。通过在最开始就对控制和实用程序进行测试，它还将自顶向下测试和自底向上测试的优点结合起来。但是，在集成之前，它没有单独的、完全的测试构件。经过修改的三明治方法的一个变种，允许在将较上层的构件和其他构件合并之前，先对这些较上层的构件进行测试，如图8-14所示。

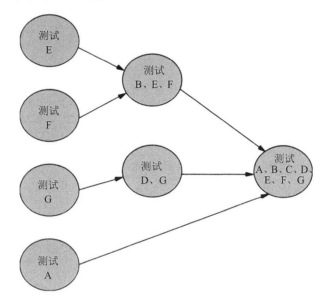

图8-13 三明治测试

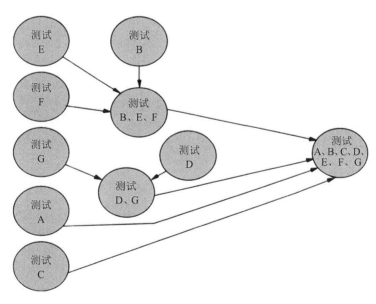

图8-14 改进的三明治测试

8.4.5 集成策略的比较

集成策略的选择不仅依赖于系统特性，而且依赖于客户的期望。例如，客户可能希望尽可能早地看到一个运转的版本，因此，我们可以采用一个可在测试过程早期产生一个基本的运作系统的集成进度表。这样，在其他程序员进行测试的同时，一些程序员进行编码，从而使得测试和编码阶段可以同步进行。Myers采用矩阵的形式，如表8-7所示，表示基于几种系统属性和客户需要的若干策略的比较（Myers 1979）。补充材料8-5解释了微软的市场压力驱动的策略。

表8-7   集成策略的比较（Myers 1979）

	自底向上	自顶向下	修改的自顶向下	一次性	三明治	修改的三明治
集成	早	早	早	迟	早	早
基本运转程序的时间	迟	早	早	迟	早	早
需要的构件驱动程序	是	否	是	是	是	是
需要的桩	否	是	是	是	是	是
在开始的工作平行性	中	低	中	高	中	高
测试特定路径的能力	易	难	易	易	中	易
计划和控制顺序的能力	易	难	难	易	难	难

补充材料8-5   微软进行的构建

　　微软的集成策略，基于尽快产生运作的产品的需要，是市场驱动的（Cusumano and Selby 1995, 1997）。它使用许多小的、并行的小组（每一个小组由3至8名开发人员组成），实行一种"同步且稳定"的方法。该过程在设计、构建和测试构件之间迭代进行，同时，客户也参与到测试过程中。他们经常性地对产品的所有部分进行集成，以确定什么能运转以及什么不能运转。

　　随着开发人员对产品能做什么和应该做什么有更多的了解，微软的方法允许其小组改变规格说明的特征。有时，改变的特征集多达30%或者更多。基于特征，产品和项目被划分成各个部件（part），不同的小组负责不同的特征。其中，特征被划分为最关键的、期望的和最不关键的，开发人员根据这样的划分来定义、确定里程碑。特征小组按日同步进行两项工作：构建产品以及发现和修改错误，如图8-15所示。从而，首先开发和集成最重要的特征，并且每个里程碑包含了"缓冲时间"，以处理意外的复杂性或延时。如果进度安排必须缩短，则从产品中删掉最不重要的特征。

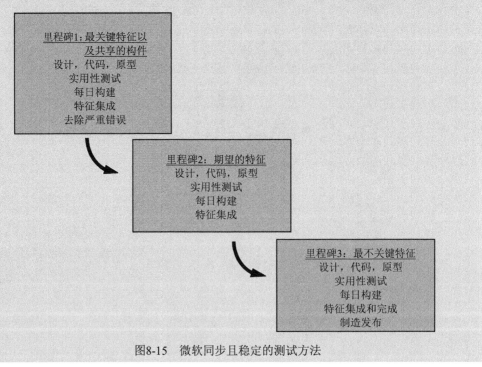

图8-15   微软同步且稳定的测试方法

　　无论选择什么样的策略，测试的每个构件都只合并一次。而且，绝不要为了简化测试而修改构件。桩和驱动程序是单独的、新的程序，而不是现有程序的临时修改。

8.5　测试面向对象系统

我们所描述的许多测试系统的技术都适用于所有类型的系统，包括面向对象的系统。但是，应该采取几项额外措施，确保使用的测试技术能够处理面向对象程序的特性。

8.5.1　代码测试

Rumbaugh等人建议，通过提问下面几个问题，来开始测试面向对象系统（Rumbaugh et al. 1991）。

- 如果期望代码有一个唯一值，有能产生一个唯一结果的路径吗？
- 如果具有许多可能的值，有选择一个唯一结果的方法吗？
- 还有未经处理的有用用例吗？

下一步，确保对类和对象进行检查，看是否存在对象和类的过度和不足：遗漏对象、不必要的类、遗漏或不必要的关系、不正确的关系或属性安排。Rumbaugh等人提供了一些指导方针（Rumbaugh et al. 1991），可以帮助你在测试过程中确定这些条件。他们指出，如果出现下面的情况，就可能会遗漏对象。

- 发现不对称的关联或泛化。
- 发现一个类中存在异质的属性和操作。
- 一个类扮演两个或更多的角色。
- 一个操作没有合适的目标类。
- 发现两个关联有同样的名字和目的。

如果一个类没有属性、操作或关联，这个类就是不必要的。类似地，如果一个关联含有的是冗余的信息或者如果没有操作将其用作一条路径，则该关联也是不必要的。如果不能准确地定义角色名（相对于其位置来讲过于宽泛或太狭窄），则关联的安排可能有误。或者，如果需要通过一个对象的属性值访问该对象，可能是把属性放错了地方。对以上的这些情况，Rumbaugh等人提出了一些改变设计的方法以对其进行补救（Rumbaugh et al. 1991）。

Smith和Robson建议，测试应该处理多个不同的层次：功能、类、聚集（协作对象的多组交互）和整个系统（Smith and Robson 1992）。传统的测试方法适用于功能，但很多方法并没有考虑测试类所需要的对象状态。至少，你的测试应该跟踪一个对象的状态和该状态的改变。测试的过程中，要注意并发和同步问题，并确保对应的事件是完全的、一致的。

8.5.2　面向对象测试和传统测试之间的区别

Perry和Kaiser详细讨论了面向对象构件的测试，尤其是那些从其他应用复用的构件（Perry and Kaiser 1990）。面向对象的性质通常被认为有助于将测试工作量减到最小，但事实并非总是如此。例如，封装隔离了分别开发的构件。人们很容易认为，如果一些程序员复用的构件没有变化，而另一些复用的构件做了一些改动，那么，只需要测试修改的代码即可。但是，"隔离时被充分测试的程序可能在组合时没有被充分地测试"（Perry and Kaiser 1990）。实际上，他们说明，当我们增加新的子类或修改已有的子类时，我们必须重新测试它从每一个祖先超类那里继承的方法。

他们也研究了测试用例的充分性。就过程语言而言，我们可以使用一组测试数据来测试一个系统。当系统有了改变时，我们可以测试改变是否正确，并且用已有的测试数据来验证另外的、剩余的功能是否仍然一样。但是，Perry和Kaiser指出，这种情况不适用于面向对象系统（Perry and Kaiser 1990）。当子类用一个同名的局部定义的方法替代一个继承的方法时，必须对重载的子类重新进行测试，并且可能要用不同的测试数据集合。Harrold和McGregor描述了一种使用面向对象系统测试用例的历史来尽量减少额外测试量的技术（Harrold and McGregor 1989）。他们首先测试没有父类的基类，测试策略是单独测试每项功能，然后测试这些功能之间的交互。接着，他们提供增量更新父类的测试历史的算法，只有新的属性或继承模式影响到的那些属性才会被测试。

Graham从两方面对面向对象测试和传统测试之间的差别进行了总结（Graham 1996a）。首先，她指出面向对象的哪些方面使得测试更加容易，哪些方面使得测试更加困难。例如，对象都趋向于小粒度，并且平常存在于构件内的复杂性常常转移到构件之间的接口上。这种区别意味着，其单元测试较为容易，但集成测试一定会涉及面更广。正像我们所看到的，封装通常被认为是面向对象设计的一个好的特性，但是它也需要更广泛的集成测试。

类似地，继承使得需要更多的测试。如果出现下面的情况，继承的功能就需要额外的测试：

- 继承的功能被重定义。
- 继承的功能在导出的类中具有特定行为。
- 该类中的其他功能被假定是一致的。

图8-16描述了Graham对这些区别的看法。

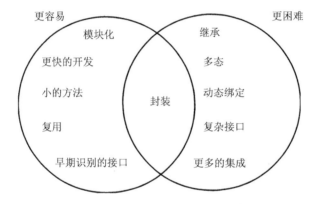

图8-16　面向对象系统的测试中更容易的部分和更困难的部分（Graham 1996a）

Graham还讨论了受面向对象影响的测试过程的步骤。图8-17是一个Kiviat图（或者称为雷达图），它对面向对象测试和传统测试之间的区别进行比较。灰色多边形表示需求分析和验证、测试用例生成、源代码分析和需要专门处理的覆盖分析。灰线距离图的中心越远，表明面向对象测试和传统测试之间的区别越大。

- 需求可能在需求文档中表述，但是，几乎没有什么工具支持表述为对象和方法的需求的验证。
- 同样，帮助测试用例生成的大多数工具并不能处理用对象和方法表述的模型。
- 大多数源代码测度的定义是针对过程代码，而不是针对对象和方法。如环路复杂性的传统度量在评价面向对象系统的规模和复杂性时几乎起不到作用。随着时间推移，当研究人员提出有效的面向对象测度并经过检验之后，这一点区别将会消除。
- 由于对象的交互是复杂性的根源，代码覆盖测度和工具在面向对象测试中的作用要比在传统测试中的作用小。

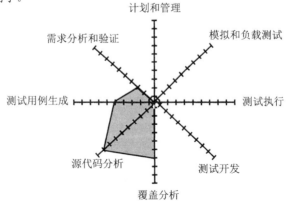

图8-17　测试领域的主要区别：面向对象测试的不同之处（Graham 1996a）

8.6　测试计划

正如我们所见，测试构件以及将它们集成在一起构建系统会涉及很多方面。全面而仔细的测试计划有助于对测试进行设计和组织，从而确信我们正在适当地、全面地进行测试。

测试过程的每一步都必须是经过计划的。实际上，在开发的生命周期中，测试过程有其自己的生命期，并且它可以与许多其他的开发活动并行进行。尤其是，必须对下列测试步骤进行计划。

(1) 制订测试目标。

(2) 设计测试用例。

(3) 编写测试用例。

(4) 测试测试用例。

(5) 执行测试。

(6) 评估测试结果。

根据测试目标，我们可以得知要生成哪些类型的测试用例。而且，测试用例的设计是成功测试的关键。如果测试用例不具有代表性，并且没有完全地执行证明该系统正确性和有效性的功能，则测试过程的其余步骤都是没有用的。

因此，进行测试的开始是评审测试用例，以验证它们是正确的、可行的，提供了期望的覆盖程度，证明了期望的功能。一旦进行了这些检查，就可以实际地执行测试了。

8.6.1　计划的目的

我们使用测试计划来组织测试活动。测试计划考虑测试的目标、测试策略或项目期限所规定的进度安排。系统开发的生命周期要求多种层次的测试：开始是单元测试和集成测试，接着是证明整个系统的功能性。**测试计划**（test plan）描述我们将以何种方式向客户证明软件运转正确（即软件没有故障并且执行需求中指定的功能）。因此，测试计划不仅强调单元测试和集成测试，还包括系统测试。计划是对整个测试活动的指导，解释由谁进行测试、为什么进行测试、如何执行测试，以及测试的进度安排。436

要制订测试计划，我们就必须了解需求、功能规格说明、系统设计和代码的模块层次结构。随着每一个系统元素的开发，我们可以将所了解的知识应用于选择测试目标、定义测试策略和产生测试用例集。因此，测试计划是随着系统本身的开发而制订的。

8.6.2　计划的内容

测试计划开始于测试目标，强调从单元测试、功能测试到验收测试，进而到安装测试的每一种类型的测试。因此，系统测试计划实际上包含一系列测试计划，其中针对要管理的每一种类型的测试，都有一个对应的测试计划。接着，测试计划考虑如何进行测试，以及用什么标准确定何时测试完成。要知道何时测试结束并不总是很容易的。从我们给出的代码例子中可以看出，要执行输入数据和条件的每一种组合是不可能的或不切实际的。采用选择所有可能数据的一个子集的方法，不可避免地会增加遗漏测试某种特定类型故障的可能性。这种完备性与成本、时间的现实性之间的权衡，就是要对测试目标进行折中。在本章的后面，我们会讨论如何估算代码中仍然存在的故障数目，以及识别易于发生故障的代码。

当测试小组能够认识到已经达到测试目标时，我们说该测试目标是**定义明确的**（well-defined）。然后，我们决定如何将构件集成为一个运转的系统。我们在构件层考虑语句、分支和路径覆盖，并在集成层考虑自顶向下策略、自底向上策略和其他测试策略。将构件合并为一个整体的计划有时称为**系统集成计划**（system integration plan）。

针对测试的每一个阶段，测试计划详细描述执行每个测试所使用的方法。例如，单元测试可能是由非正式走查或正式审查组成的，随后是分析代码结构，接着是分析代码的实际性能。计划指出任何自动化的支持，包括使用工具所必需的条件。这些信息帮助测试小组计划活动并安排测试进度。

每一种测试方法或技术还附有一份详细的测试用例列表。计划还解释将如何生成测试数据，以及如何获取相关输出数据或状态信息。如果使用数据库跟踪测试、数据和输出，则还要描述该数据库及其使用。

因此，在阅读测试计划的时候，我们会对将要如何执行测试以及为什么执行测试有一个完整的认识。通过在设计系统时编写测试计划，就会迫使我们理解系统的整体目标。实际上，有时测试的视角会鼓励我们对设计中问题的本质和适当性进行思考。

很多客户在需求文档中制定测试计划的内容。例如，美国国防部在系统正在构建时，向开发人员提供自动化数据系统的文档标准。这些标准这样解释测试计划：

> 测试计划是指导测试的一个工具，并且包含事件顺序的进度安排，以及影响一个完整[自动化数据系统]的全面测试所必需的素材列表。文档中，针对部分工作人员使用非技术语言，而对操作人员使用适当的术语（Department of Defense 1977）。

第9章将详细讨论这个测试计划的例子。

8.7 自动测试工具

有许多自动化工具可以帮助我们测试代码构件。本章提到了几种自动化工具，例如，自动定理证明器和符号执行工具。但总体来讲，在测试过程中有些地方使用工具是有用的，但测试工具并不是必需的。

8.7.1 代码分析工具

有两类代码分析工具：静态分析和动态分析。**静态分析**（static analysis）是在程序没有实际执行时使用的分析工具，当程序运行时进行的是**动态分析**（dynamic analysis）。每种类型的工具都会报告代码本身或正在运行的测试用例的相关信息。

1. 静态分析

有若干种工具能在源程序运行之前对它进行分析。检查程序或一组构件的正确性的工具可以分为以下4种类型。

(1) **代码分析器**：自动地评估构件的语法。如果出现语法错误、如果一个概念（construction）是易出现故障的或者如果出现未定义的项，则高亮显示该语句。

(2) **结构检查器**：它将提交的构件作为输入，生成一张描述构件逻辑流的图。该工具检查结构方面的缺陷。

(3) **数据分析器**：它检查数据结构、数据声明和构件接口，然后指出构件间不合适的链接、冲突的构件定义以及不合法的数据使用。

(4) **序列检查器**：它检查事件序列。如果以错误的时序对事件进行编码，则高亮显示该事件。

例如，代码分析器能够产生一张符号表，记录变量第一次定义的地方以及什么时候被使用，以支持诸如定义使用测试的测试策略。类似地，结构检查器能够阅读程序并且确定所有循环的位置，标记永远不会被执行的语句，指出循环中间出现的分支，等等。当分母可能被设为0时，数据分析器可以通知我们；它还能检查是否适当地传递了子例程参数。系统的输入和输出构件可能会被提交给序列检查器，以确定事件是否以适当的序列进行编码。例如，序列检查器可以保证所有文件在修改之前都已经打开。

很多静态分析工具的输出都包含测度和结构特性，以便我们能够更好地理解程序属性。例如，流程图通常附有一张通过程序的所有可能路径的列表，使得我们能够为路径测试策略来计划测试用例。它还为我们提供有关扇入和扇出的信息、程序中的操作符和操作数的数目、判定点的数目、若干代码结构复杂性测量结果。图8-18是关于静态分析程序的输出的一个例子。这个例子将一段特定代码的发现结果与一个大型历史信息数据库进行比较。比较结果不仅包含有嵌套深度、耦合和判定点等测度，还包含潜在故障和未初始化的变量信息。类似这样的描述使我们能够了解测试的难易程度，并就可能的故障发出警告，而我们可能希望在正式测试运行之前改正这些故障。

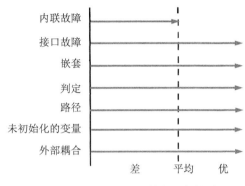

图8-18 静态分析的输出

2. 动态分析

很多时候，系统难以测试的原因是几个并行操作并发地执行，实时系统尤其如此。在这些情况下，难以预测条件并生成具有代表性的测试用例。通过保存条件的"快照"（snapshot），自动化工具使得测试小组能够在程序的执行过程中获取事件的状态。有时，将这些工具称作**程序监控器**（program monitor），因为它们监视并报告程序的行为。

监控器能够列出一个构件被调用的次数或一行代码被执行的次数。测试人员从这些统计数字可以得知测试用例对语句或路径的覆盖情况。类似地，监控器也可以报告是否包括了一个判定点到所有方向上的分支，从而提供有关分支覆盖的信息。监控器还可以报告汇总统计信息，提供执行测试用例集所覆盖的语句、路径和分支的百分比的高层视图。当根据测试目标说明覆盖时，这些信息是很重要的。例如，伦敦空中交通控制系统的合同要求，测试必须具有100%的语句覆盖（Pfleeger and Hatton 1997）。

其他信息可能有助于测试小组评估系统的性能。例如，可以针对特定变量生成统计信息：其初始值、最终值、最小值、最大值。可以在系统内定义断点，这样，当一个变量达到或超过某个确定值的情况出现时，测试工具会进行报告。有的工具在到达断点时停止，使得测试人员能够检查内存的内容或某个特定数据项的值，有时在测试进行的过程中还可以改变某些值。

就实时系统而言，在执行过程中尽可能多地获取某个特定状态或条件的信息，可以在执行后用来提供关于测试的额外信息。可以从断点向前或向后跟踪控制流，并且测试小组可以检查同时发生的数据变化。

8.7.2 测试执行工具

迄今为止，我们所描述的工具都集中于代码。还有另外一些工具可以用于对测试本身进行自动化计划和运行。就当今大多数系统的规模和复杂性而言，要完全地测试一个系统，需要处理数量巨大的测试用例，因此，自动化测试执行工具就显得非常必需了。

1. 获取和重放

当计划测试时，测试小组必须在测试用例中指定，测试行动将提供什么样的输入、期望得到什么样的输出。**获取与重放**（capture-and-replay）或**获取与回放**（capture-and-playback）工具在测试运行时获取击键、输入和响应，并且将期望的输出与实际的输出进行比较。该工具将相关差异报告给测试小组，获取的数据能够帮助测试小组对差异之处进行跟踪，以找到其根源。这种类型的工具在

439

发现并修改故障之后特别有用，能验证所做的修改是否已经改正了故障，同时没有在代码中引入其他故障。

2. 桩和驱动程序

在前面的集成测试中，我们了解了桩和驱动程序的重要性。有一些商用工具可以帮助你自动生成桩和驱动程序。但是，测试驱动程序不仅仅是执行某个特定构件的简单程序，它能够：

(1) 对所有适当的状态变量进行设置以便为某个给定的测试用例做准备，然后运行测试用例；

(2) 模拟键盘输入和其他对条件的数据相关的响应；

(3) 比较实际输出和期望的输出并报告差异；

(4) 跟踪执行过程中遍历了哪些路径；

(5) 重新设置变量以准备下一个测试用例；

(6) 与调试包进行交互，以便需要时在测试过程中跟踪和修改故障。

3. 自动化的测试环境

测试执行工具可以与其他工具集成在一起构成综合测试环境。通常，我们这里描述的工具是与测试数据库、测量工具、代码分析工具、文本编辑器、模拟工具和建模工具相连接的，以尽可能地让测试过程自动化。例如，数据库可以跟踪测试用例，存储每个测试用例的输入数据，描述期望的输出，记录实际的输出。但是，发现一个故障的证据并不等同于定位一个故障。测试总是会需要必要的手工工作来跟踪故障以找到其根源所在，虽然自动化能提供一定的帮助，但是并不能替代这种必要的人为作用。

8.7.3 测试用例生成器

测试依赖于仔细的、完全的测试用例定义。由于这样的原因，自动化测试用例生成过程是很有用的，这样使得我们可以确保我们的测试用例覆盖了所有可能的情况。有几种类型的工具可以帮助我们进行这项工作。**结构化测试用例生成器**（structural test case generator）基于源码的结构生成测试用例。它们列出路径、分支或语句测试中的测试用例，并且通常包含启发式信息，以帮助我们得到最好的覆盖。

其他的测试用例生成器有基于数据流的，基于功能的测试（即执行可能影响某个给定功能的完成的所有实现的语句），以及基于输入域中每个变量的状态的测试。还有其他一些工具，它们生成随机测试数据集，通常用于可靠性建模（将在第9章介绍）。

8.8   什么时候停止测试

正如在前面章节中已经指出的，可以用很多方式测量软件质量。评价一个构件的优点的一种方法是根据它所包含的故障数。显然，认为最难发现的软件故障也是最难改正的故障，这似乎是很自然的；认为最容易改正的故障在首次检查代码时就能被检测出来，这也似乎是合理的。但是，Shooman和Bolsky发现，事实并非如此（Shooman and Bolsky 1975）。有时，发现微不足道的故障会花费大量时间，并且，很多这样的问题没有被注意到，或者直到测试过程的某个阶段才会显现出来。另外，Myers报告称（Myers 1979），随着检测到的故障数目的增加，更多的未检测到的故障存在的概率会增加，如图8-19所示。如果一个构件中有很多故障，我们希望能在测试过程中尽早发现它们。然而，该图说明，如果在开始就发现大量的故障，那么可能仍会有大量未检测到的故障。

除了与我们的直觉相矛盾外，这些结果还使得我们很难知道在测试的过程中，什么时候停止寻找故障。我们必须估算剩余的故障数目，这不仅是为了了解什么时候停止寻找更多的故障，而且是为了使我们对正在开发的代码树立某种程度的信心。故障数目还表明，如果剩余的故障在系统交付之后被检测到，所需要的可能的维护工作量会有多少。

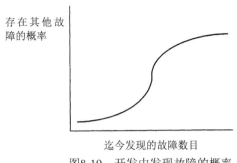

图8-19 开发中发现故障的概率

8.8.1 故障播种

Mills开发了一种称为**故障播种**（fault seeding）或**错误播种**（error seeding）的技术（Mills 1972），用以估算程序中故障的数目。其基本前提是测试小组的一名成员在程序中有意地插入（或"播种"）一定已知数目的故障，其他小组成员则尽可能多地查找故障。播种的故障中，未被发现的数目作为程序中剩余的故障总数（包括原有的非播种故障）的一个指示器。也就是说，检测到的播种故障的数目与总的播种故障的数目之间的比率，应该与检测到的非播种故障的数目与总的非播种故障的数目之间的比率相同：

$$\frac{检测到的播种故障的数目}{总的播种故障的数目} = \frac{检测到的非播种故障的数目}{总的非播种故障的数目}$$

因此，如果在一个程序中插入100个故障，而测试小组仅发现70个故障，则代码中可能还遗留30%的原有故障。

我们可以更形式化地表达这样的比率。设S表示置于程序中的播种故障数，N为原有（非播种的）故障数。如果n是测试过程中检测到的非播种故障的实际数目，且s是测试过程中检测到的播种故障数目，则原有故障总数目的估算值为

$$N = Sn/s$$

这种方法虽然简单、实用，但是它要假定播种故障与程序中的实际故障是同种类型的而且复杂性相同。然而，在发现故障之前，我们并不知道典型的故障是什么样的，因此，很难使播种故障能代表实际的故障。增加使播种故障具有代表性的一种方法是，根据过去的类似项目中的代码历史记录来进行故障播种。但是，这种方法仅在以前构建过类似的系统时才有用。正像我们在第2章中指出的，看起来类似的事物实际上在我们意识不到的方面可能会有很大区别。

为了克服这个障碍，我们可以使用两个独立的测试小组来测试同一个程序，分别将其称为测试小组1和测试小组2。设x为测试小组1检测到的故障数，y为测试小组2检测到的故障数。有些故障会被两个小组都检测到，将这类故障的数目设为q，因此，有$q \leq x$并且$q \leq y$。最后，设n为程序中所有的故障总数目。我们想要估算n的值。

可以通过计算每个小组（测试小组1和测试小组2）发现的故障数占故障总数目的比来测量每个小组的测试有效性。因此，测试小组1的测试有效性E_1可以表示为

$$E_1 = x/n$$

测试小组2的测试有效性E_2可以表示为

$$E_2 = y/n$$

小组测试有效性测量的是小组在存在的一组故障中检测出故障的能力。因此，如果一个小组能够发现一个程序中一半的故障，则它的有效性是0.5。考虑小组1和小组2都能检测到的故障，如果我

442

们假定小组1在程序的任何部分发现故障的有效性与在其他部分发现故障的有效性都是一样的, 就可以探讨小组1发现的故障集与小组2发现的故障集之间的比率。也就是说, 小组1发现了小组2发现的 y 个故障中的 q 个故障, 因此, 小组1发现故障的有效性是 q/y。换句话说,

$$E_1 = x/n = q/y$$

但是, 我们知道 E_2 等于 y/n, 因此, 可以推导出下面的求 n 的公式:

$$n = q / (E_1 \times E_2)$$

我们已经知道了 q 的值, 并且可以使用 q/y 估算 E_1、q/x 估算 E_2, 因此, 有足够的信息来估算 n。

要了解如何使用这种方法, 我们假定有两个小组测试同一个程序。小组1发现了25个故障, 小组2发现了30个故障, 其中, 小组2发现的故障中有15个与小组1发现的故障相同。因此, 我们有:

$$x = 25$$
$$y = 30$$
$$q = 15$$

小组1的有效性, 即 E_1 的估算值为 q/y, 等于0.5, 这是因为小组1发现了小组2发现的故障中的15个故障。类似地, 小组2的有效性 E_2 的估算值为 q/x, 等于0.6。因此, 我们对 n 的估算值, 也就是程序中的故障总数的估算值为15/(0.5×0.6), 等于50个故障。

在测试计划中定义的测试策略指导着测试小组决定什么时候停止测试。测试策略可以使用这种估算技术来决定什么时候测试是完全的。

8.8.2　软件中的可信度

可以使用故障估算得知我们正在测试的软件的可信度。**可信度**（confidence）通常用一个百分数来表示, 它说明软件无故障的可能性。因此, 如果说一个程序无故障的可信度是95%, 则表示该软件无故障的概率是0.95。

假定要在一个程序中播种 S 个故障, 并且断言该程序中实际只有 N 个故障。对该程序进行测试, 直到发现了所有 S 个播种故障。如前所述, 如果 n 表示测试过程中发现的实际的故障数, 那么可信度级别可以按如下方式计算:

$$C \begin{cases} = 1 & n > N \\ = S/(S - N + 1) & n \leqslant N \end{cases}$$

例如, 假定我们断言一个构件是无故障的, 意味着 N 的值为0。如果在代码中播种10个故障, 测试后发现了所有的10个播种故障, 但没有发现原有故障, 那么可以用 $S=10$ 和 $N=0$ 计算可信度级别。因此, C 等于10/11, 则可信度级别为91%。如果需求或合同要求可信度级别为98%, 则需要播种 S 个故障, 其中, $S/(S-0+1) = 98/100$。求解该等式, 可以得出必须使用49个播种故障, 并且继续测试直至发现了所有的49个故障（但没有发现原有故障）。

这种方法有一个重要的问题: 直到所有的播种故障被检测到之前, 不可能预测可信度级别。Richards对其进行修改, 可以用检测到的播种故障数估算可信度级别, 而不管是否已经找出了所有的故障（Richards 1974）。在这种情况下, C 可以这样计算:

$$C \begin{cases} = 1 & n > N \\ = \dbinom{S}{s-1} \Big/ \dbinom{S + N + 1}{N + s} & n \leqslant N \end{cases}$$

这些估算假定所有故障被检测到的概率相等, 这种假设可能实际上并不成立。但是, 有很多其他的估算技术考虑到这些因素。这样的估算技术不仅使我们了解程序可能的可信度, 而且具有附带的好处。很多程序员试图断定每一个发现的故障都是最后一个。如果可以估算剩余的故障数目, 或

者如果知道必须发现多少故障才能满足可信度需求，我们就会有继续测试发现下一个故障的动力。

这些技术在评估要复用的构件的可信度时同样有效。我们可以探讨构件故障的历史，尤其是如果使用了故障播种，使用这样的技术无须再次测试复用的构件就可以判定其可信度级别。或者可以对该构件播种故障，并且使用这些技术建立可信度级别的基线。

8.8.3　其他的停止测试的标准

测试策略自身可以用来设置测试停止的标准。例如，在做语句、路径或分支测试时，可以跟踪需要执行多少语句、路径或分支，并且根据还需要测试的语句、路径或分支数目来确定测试的进度。

很多自动化工具可以计算这些覆盖值。考虑实现一个计算机游戏的代码（Lee and Tepfenhart 1997）：

```
LISTING                                    BRANCH    STATEMENT
                                                     NUMBER
void                                                 1
Collision::moveBall(Ball *ball)                      2
{                                                    3
    ball->change_position(final_loc(),upperLeft());  4
    int sf = 1;           //speed factor            5
    for(int i = 0; i<number_hit(); i++)      1 - 2   6
    {                                                7
      Obstacle *hitptr=                              8
         (Obstacle *) obj(i)->real_identity();       9
      sf *= hitptr->respond_to_being_hit(this);     10
    }                                               11
    Point v = rebound(ball->get_velocity());        12
    if(v.X() == 0 )                          3 - 4  13
        v.X(1);                                     14
    if(v.Y() == 0 )                          5 - 6  15
        v.Y(-1);                                    16
    ball->change_velocity(sf*v);                    17
}                                                   18
```

如上所示，一个工具可以将关于分支在何处的表示加入到列表中。因此，分支1是在i处于循环参数内时（语句6）选择的路径，分支2是i不在循环参数内时选择的路径，分支3是当$v.X$等于0时（语句13）选择的路径，分支4是$v.X$不等于0时选择的路径，如此等等。自动化工具能够计算测试覆盖的所有路径，在这个例子中，有2^3即8条可能的路径。因此，随着测试的进行，该工具可能会产生表8-8和表8-9所示的报告，由此我们可以了解要进行路径或分支覆盖，还有多少条路径没有遍历。

表8-8　路径遍历总结

测试用例	路径数目	本次测试			累积值		
		调用	遍历的路径	%覆盖	调用	遍历的路径	%覆盖
6	8	1	4	50	5	6	75

表8-9　没有执行的路径

测试用例	遗漏的路径	总　数
6	1 2 3 4	4

8.8.4　识别易出故障的代码

有很多种技术利用过去类似应用中的故障历史来帮助识别易出故障的代码。例如，一些研究人员在开发和维护的过程中跟踪在每个构件内发现的故障数目。他们同时收集关于每一个构件的测度，例如规模、判定点的数目、操作符和操作数的数目或者修改的次数。然后，他们生成方程式以提示最易出故障的构件的属性。这些方程式可以用于提示哪些构件应该首先被测试，或者在评审或测试过程中应该对哪些构件进行额外的仔细检查。

　　Porter和Selby建议使用分类树来识别易出故障的构件（Porter and Selby 1990）。分类树分析是一种统计技术，它对大批测度信息进行排序，创建一棵判定树来说明哪些测度是某些特定属性的最好预测器。例如，假定我们收集组织机构中构建的每个构件的测度数据，使之包含规模（用代码行数表示）、代码中不同路径的数目、操作符的数目、嵌套深度、耦合度和内聚度（评分标准从低到高为1到5）、编码构件的时间、构件中发现的故障数目，等等。我们使用分类树分析工具分析含有5个或5个以上故障的构件的属性，并与那些故障数少于5个的构件相比较。其结果是类似于图8-20的一棵判定树。

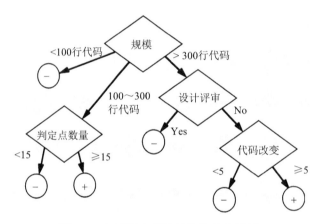

图8-20　识别易出故障的构件的分类树

　　这棵判定树可用于帮助我们判定当前系统中有哪些构件可能含有大量故障。依据判定树，如果一个构件有100行到300行代码，并且至少有15个判定点，那么，它可能是易出故障的构件。或者如果该构件有300行以上的代码，没有经过设计评审，至少改变了5次，那么，它也可能是易出故障的构件。当测试资源有限时，可以使用这种分析帮助我们确定测试的目标。或者我们可以安排对这样的构件的审查，以便在测试开始之前找出问题。

8.9　信息系统的例子

　　假定我们要生成测试皮卡地里系统中的构件的测试用例，并且选取的测试策略是计划执行构件中的每一条路径。我们可能决定编写测试脚本来描述输入和期望的输出，且测试过程将包含对每个测试用例的实际输出和期望输出之间的比较。如果实际输出确实与期望输出相同，那么就一定意味着该构件没有故障吗？并不是这样的。我们可能会碰到Beizer所说的构件中巧合的正确性（Beizer 1990）。要理解其原因，考虑具有下面结构的一个构件：

```
CASE 1:  Y: = X/3;
CASE 2:  Y: = 2X-25;
CASE 3:  Y: = X MOD 10;
ENDCASE;
```

　　如果测试用例将15用作x的输入，期望y的输出为5，而实际上产生的y值也等于5，但我们并不知道执行的是哪一条路径。当x值是15时，每种情况中y的值都是5。由于这样的原因，必须为测试用例增加标记，以帮助测试小组确定代码实际执行的是哪条路径。这个例子中，在测试用例运行的时候，对于跟踪哪些语句确切地被执行这个方面,路径覆盖工具会非常有用。

由于皮卡地里系统是一个信息系统,我们实际上可能更愿意使用数据流测试策略而不是结构化的策略。我们可以使用数据字典,这样很容易识别每个数据元素,然后考虑每个元素可能的值。像定义使用测试这样的策略可能是最合适的。跟踪构件中每一个数据项,寻找该数据元素值改变时的情况,然后验证改变是否正确。很多自动化工具支持这样的测试:数据库的信息库(repository)、测试用例生成器、指出数据值中每一个变化的测试执行监控器。实际上,测试小组可能希望将包含数据字典的数据库与其他工具链接起来。

8.10 实时系统的例子

阿丽亚娜5型系统经历了大量的评审和测试。根据Lions等人的报告(Lions et al. 1996),用4种方式对飞行控制系统进行了测试。

(1) 设备测试。

(2) 箭载计算机软件测试。

(3) 阶段化集成测试。

(4) 系统确认测试。

阿丽亚娜5型测试的总体思想是在每一层检查前一层没有达到的目标。这样,开发人员希望提供对每个子系统和集成系统的完全覆盖测试。我们讨论一下事故发生后进行的调查,来看一看为什么在软件鉴定过程中进行的测试没有在实际飞行前发现SRI问题(我们将在第9章研究集成测试和确认测试)。

调查人员的报告称,"没有执行任何测试来验证当SRI在倒计时、飞行时间程序和阿丽亚娜5的轨道上时能否正确工作"(Lions et al. 1996)。实际上,SRI软件的规格说明在它的功能需求中没有包含阿丽亚娜5型的轨道数据。换句话说,没有在需求文档中讨论阿丽亚娜5型火箭的轨道与阿丽亚娜4型火箭的轨道之间有什么区别。调查人员指出,"这样一个关于局限性的声明,对每个关键任务的设备都应该是强制性的,它本该用来识别与阿丽亚娜5型火箭轨道的任何不一致之处。"

因为其根源在需求中,本该在开发过程的早期就注意到这个问题。实际上,评审是设计和编码活动的一个组成部分,调查人员指出,评审应该"在所有层次上进行,并且包含项目的所有主要合作者(以及外部专家)。"他们的结论是:

> 显然,并没有在评审中对SRI软件的局限性进行充分的分析,并且也没有意识到测试覆盖并不足以揭示这种局限性。没有人意识到让校正软件在飞行过程中运转的可能含义是什么。在这些方面,其采用的评审过程是导致失败的主要因素。(Lions et al. 1996)

因此,阿丽亚娜5型火箭开发人员依靠的是不充分的评审和测试覆盖,对软件可信度的认识是不正确的。

有多种方式来增加完全的评审和测试覆盖的可能性。一种是在评审过程中包含一名非专家人员。这样的参与者将会对其他评审人员的许多想当然的但通常是错误的假设提出质疑。另一种是检查测试用例的完整性,或者是请一名外部人员对它们进行评审,或者是用形式化技术来评价覆盖的程度。正像我们将在第9章中看到的,阿丽亚娜5型火箭的开发人员本来有其他机会可以在测试的过程中发现SRI的问题,但是却从他们的安全网中漏掉了。

8.11 本章对单个开发人员的意义

本章描述了许多可以用来单独测试代码构件的技术,以及在与你的团队成员的构件集成时进行测试的技术。理解故障(需求、设计、代码、文档或测试用例中的问题)与失效(系统运作时出现的问题)之间的区别对单个开发人员来讲是非常重要的。测试是找出故障,有时候通过强制代码失

447

效，然后寻找根源。单元测试是单独地测试每个构件的开发活动，集成测试以一种有组织的方式将构件组合在一起，来帮助你在组合的构件一起进行测试时隔离故障。

测试的目标是发现故障，而不是证明其正确性。实际上，没有发现故障并不能保证正确性。有许多手工的或自动化的技术可以帮助你发现代码中的故障，还有一些测试工具能告诉你已经做了多少测试以及什么时候停止测试。

8.12   本章对开发团队的意义

448

测试既是一个个人活动，也是一个团队活动。一旦编写完一个构件，开发团队的部分成员或所有成员就要对其进行审查，以寻找那些编写构件的人不易察觉的故障。研究文献清楚地表明，在开发过程的早期，通过审查来发现故障是非常有效的。但是也同样表明，其他技术能够发现通常被审查遗漏的故障。因此，就单个开发人员而言，与其团队以忘我的方式一起工作，并使用多种处理方法在开发中尽早地发现故障是非常重要的。

集成测试也是一个团队活动。在选择集成策略、计划你的测试、生成测试用例以及运行测试的过程中，你必须与其他团队成员进行合作。自动化工具在这些活动中很有用，它们能帮助你和你的团队成员详查测试结果，以识别问题和分析引起问题的原因。

8.13   本章对研究人员的意义

研究人员继续对与测试有关的大量重要问题进行研究。

- 审查是有效的，但可以通过各种方式使其变得更有效。研究人员正在寻找一些最佳方式来选择审查小组成员、评审开发制品以及进行小组会议中的交互，以发现尽可能多的故障。一些研究人员正在比较使用小组会议和不使用小组会议的区别，以了解小组会议真正能够达到什么样的目标。
- 研究人员继续尝试着了解哪种技术最适合于发现哪种故障。
- 与只是在前几年构建的系统相比，我们正在构建的系统要复杂得多，规模也要大得多。因此，用自动化工具支持测试变得越来越重要。研究人员正在着眼于定义测试用例、跟踪测试和评价覆盖完整性的方式，以及在这些活动中自动化工具所扮演的角色。
- 测试资源通常是有限的，尤其是受限于市场驱动的产品的进度安排。研究人员继续寻找识别易发生故障构件的方法，使得测试能首先针对这些构件进行。类似地，就安全攸关的系统而言，研究人员正在构建模型和工具，以确保对最关键的构件能进行完全的测试。

8.14   学期项目

需要对Loan Arranger进行大量的测试，因为该系统对于FCO经济健康度是至关重要的，客户希望能够尽快交付该软件。制定一个测试Loan Arranger的测试策略，在策略中使用最少的资源。证明你的策略的合理性，解释你如何知道什么时候停止测试，以及什么时候将该系统转交给客户。

8.15   主要参考文献

449

测试一直是几种期刊和杂志专刊的主题，包括*IEEE Software*的1991年3月刊和*Communications of the ACM*的1988年6月刊。*Communications of the ACM*的1994年9月刊讨论了测试面向对象系统中的特殊考虑因素。*IEEE Software*的2000年1月／2月刊强调为什么测试这么难。另外，*IEEE*

*Transactions on Software Engineering*经常刊载根据他们发现的故障的种类对不同测试技术进行比较的文章。

有几本详尽描述测试的好书。（Myers 1979）是一本经典教材，描述了测试的基本方法以及几种专门技术。（Beizer 1990）提供了一个优秀的关于测试考虑因素和技术的综述，附有对这个领域内主要文章的引用。Beizer于1995年出版的书特别关注于黑盒测试。（Hetzel 1984）也是一本有用的参考书，（Perry 1995）、（Kit 1995）以及（Kaner，Falk and Nguyen 1993）也同样如此。（Binder 2000）是一本关于测试面向对象系统的全面指南。

有许多优秀论文描述审查的使用，包括（Weller 1993 and 1994）和（Grady and van Slack 1994）。Gilb和Graham关于审查的书（Gilb and Graham 1993）是一本优秀的、全面的实践指南。研究人员不断地细化审查技术，并把审查技术扩展到其他过程制品中，诸如需求。要了解这些工作的例子，可参见（Porter et al. 1998）和（Shull et al. 2000）。

有许多自动化测试工具可用于你的程序。软件质量工程（Software Quality Engineering）在它的网页上提供了各种各样的资源，并发行了一个电子时讯"StickyMinds"，含有最近的测试工具的相关信息。它还组织了几个一年一次的会议，包括美国东海岸的STAR（软件测试、分析和评审）和西海岸的STARWest。在销售商网站上可以找到特定工具的相关信息，例如Cigital和Rational软件。Cigital站点还包含测试资源的一个数据库。Fewster和Graham的书（Fewster and Graham 1999）讨论软件测试自动化所涉及的问题。

其他由IEEE计算机学会和美国计算机学会（ACM）发起的与测试有关的会议可在他们的网站上查到相关描述。此外，美国质量学会举行每年一次的世界软件质量大会，讨论的关键问题是测试和质量控制。

8.16 练习

1. 检查图8-1所示的惠普分类方案中的故障类别。这是一个正交分类吗？如果不是，解释其原因，并提出使其成为正交分类的方法。

2. 设P是一个程序构件，它读入具有*N*个记录的列表以及记录键（record key）上的范围条件。来自记录键记录的前7个字符是记录的关键字。P读入记录键并产生一个输出文件，该文件只包含记录键处于规定范围内的那些记录。例如，如果范围是从"JONES"到"SMITH"，那么，输出文件由所有记录键按字典顺序排在"JONES"到"SMITH"之间的记录组成。请将输入和输出条件书写为用于证明P正确性的断言。写出关于P的逻辑流的一个可能的流程图，并识别其转换点。

3. 完成本书中图8-5所示例子的证明。换句话说，写出对应于该流程图的断言。然后，找出从输入条件到输出的路径。证明这些路径是定理。

4. 假设一个程序包含*N*个判定点，其中每一个都有两个分支。针对这样一个程序，执行路径测试需要多少测试用例？如果在每一个判定点有*M*个选择，那么进行路径测试需要有多少测试用例？程序的结构能减少测试用例的数目吗?举出一个例子支持你的答案。

5. 将一个程序流程图看作有向图，其中的菱形和方框是节点，它们之间的逻辑流箭头是有向边。例如，可以将图8-7中的程序绘制成图8-21所示的有向图。证明一个程序的语句测试等价于找出图中包含所有节点的一条路径。证明分支测试等价于找出一个路径集合，其中路径的并集覆盖图中所有边。最后，证明路径测试等价于找出通过该图的所有可能路径。

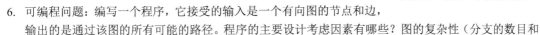

图8-21　图8-7中程序的图

6. 可编程问题：编写一个程序，它接受的输入是一个有向图的节点和边，输出的是通过该图的所有可能的路径。程序的主要设计考虑因素有哪些？图的复杂性（分支的数目和

450

环的数目）是如何影响你使用的算法的？

7. 图8-22说明了一个软件系统中的构件层次。分别描述用自底向上方法、自顶向下方法、 改进的自顶向下方法、一次性集成方法、三明治方法和改进的三明治方法对构件进行集成测试的顺序。

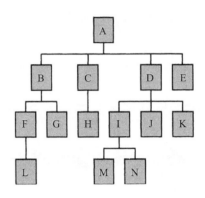

图8-22　构件层次的例子

8. 说明为什么能够将图8-19解释为：如果你在编译时发现代码中有很多故障，你就应该丢弃你的代码，并重新编写。

9. 图8-19中图的行为的可能解释有哪些？

10. 在一个程序中播种25个故障。在测试的过程中，检测到18个故障，其中有13个是播种故障，5个是原有故障。Mills对程序中剩余的未检测到的原有故障数的估算是多少？

11. 你断言，你的程序无故障的可信度级别是95%。测试计划要求你一直测试到发现所有的播种故障。要证明你的断言，在测试之前你必须在程序中播种多少个故障？如果由于某些原因你不愿意发现所有的播种故障，那么，根据Richards的公式需要多少个播种的故障？

12. 讨论关键业务系统、安全攸关系统以及一个其失效将不会严重地影响生命、健康或业务的系统这三者的测试之间的区别。

13. 给出一个需要仔细测试同步问题的面向对象系统的例子。

14. 如果由一个独立的测试小组进行集成测试，并且在测试完成之后，代码中遗留了一个关键故障。就法律和道德上而言，谁应该对这个故障造成的损失负责？

15. 假定你要构建一个由三个构件组成的税收准备系统。第一个构件创建屏幕表格，允许用户键入名字、地址、税收标识号码和财务信息；第二个构件使用税收表和输入信息来计算当年应缴税额；第三个构件使用地址信息打印联邦、州（或省）和城市税款表格，包括应缴税额。描述你用来测试这个系统的策略，并概述测试计划中的测试用例。

测 试 系 统

本章讨论以下内容：
- 功能测试；
- 性能测试；
- 验收测试；
- 软件可靠性、可用性和可维护性；
- 安装测试；
- 测试文档；
- 测试安全攸关的系统。

系统测试与单元测试和集成测试有很大不同。当对构件进行单元测试时，你可以完全控制测试过程。其中，你创建自己的测试数据、设计你自己的测试用例，并亲自运行测试。当集成构件时，你有时独自工作，但通常是与测试小组或开发团队中的一些人合作。但是，当测试系统时，你要与整个开发团队一起工作、协调你做的工作并接受测试小组组长的指导。在这一章，我们讨论系统测试过程：它的目的、步骤、参与者、技术和工具。

9.1 系统测试的原则

单元测试和集成测试的目标是确保代码适当地实现了设计，也就是说，程序员编写代码完成设计人员的设计。系统测试的目标与上述两者有很大不同，它要确保系统能做客户想要它做的事情。要理解如何满足这个目标，我们首先必须理解系统中的故障来自何处。

9.1.1 软件故障根源

回想可知，仅当在特定的条件下，软件故障才会引起失效。也就是说，故障可能存在于代码中，但是如果这段代码从未被执行过，或者如果这段代码由于执行时间不够长或这段代码恰好处于有问题的配置中，我们可能根本看不到软件失效。因为测试不可能执行每一个可能的条件，所以我们把发现故障作为我们的目标，希望在这个过程中，我们可以去除导致实际系统使用过程中失效的所有故障。

在开发或维护过程中的任何阶段，例如需求、设计、代码构件或文档中，都可能存在故障。图9-1说明了每个开发活动中故障的可能原因。尽管我们希望能尽早地发现和改正故障，但系统测试告诉我们，故障在集成测试之后仍然可能存在。

在开发的早期或后期（诸如当改正一个新发现的故障时），都可能将故障引入系统。例如，有缺陷的软件可能是由于需求中的故障造成的。不管模棱两可的需求是因为客户不确定自己的需要造成的，还是因为我们误解了客户的意图，其结果都是一样的，即系统没有按照客户希望的方式运行。

同样的交流错误也可能发生在系统设计的过程中。我们可能对需求产生误解，从而编写不正确的设计规格说明。或者我们理解该需求，但是规格说明的措辞不当，使得后来阅读该说明并使用该设计的人误解了它。类似地，我们可能对特性和关系做了一些假设，然而该设计的其他读者并没有了解这些假设。

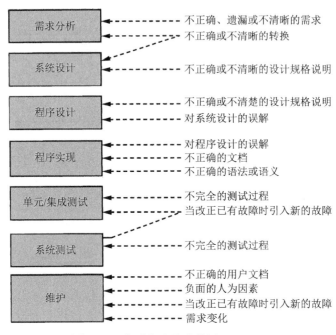

图9-1   开发过程中故障的原因

类似的事情可能导致程序设计故障。当把系统设计转换成程序设计规格说明的更低层的描述时，错误的解释是很常见的。在最初与客户讨论系统目标和功能时，程序员是被排除在外的几类人员之一。既然程序员只是负责一棵"树"而不是整个"森林"，就不能指望他们发现在开发周期最初的步骤中就存在的设计故障。由于这样的原因，需求评审和设计评审对于确保最终系统的质量是至关重要的。

开发团队中的程序员和设计人员也可能没有使用适当的语法和语义来记录他们的工作。在程序运行之前，编译器或汇编器能够发现一些故障，但是它们无法发现语句形式正确但不符合程序员或设计人员意图的那些故障。

一旦开始程序构件测试，在修改程序以解决某些问题的时候，往往会在无意之中引发其他问题。这些故障通常很难检测到，因为仅当执行某些功能或在一定的条件下，它们才会出现。如果不经意地加入一个新故障时那些功能已经被测试过，那么该新故障可能直到开发周期的后端才会被注意到，而这时它的源头可能已经不清楚了。如果我们复用其他应用中的代码，并且对其进行修改以适合当前的需要，这种情况就可能发生。代码设计的细微差别可能并不明显，而我们对代码的改变可能实际上造成的损害要大于带来的好处。

例如，假定你正在测试构件A、B和C，首先分别测试每个构件。当对这3个构件一起测试时，你发现A将一个参数错误地传递给C。在修改A时，你确定这个参数传递现在是正确的，但是你增加的代码错误地设置了一个指针。由于可能没有回头再次单独测试A，直到测试进行到后期之前，你可能都不会发现新的故障，而在后期已经很难看出A是故障的罪魁祸首。

同样，维护也可能引入新的故障。系统增强需要改变需求、系统体系结构、程序设计和实现本身，因此，在描述、设计和编码增强的时候可能会引入多种故障。另外，由于用户不理解系统是怎样设计的，系统也可能不能正常运行。如果文档不清晰或者不正确，也可能产生故障。包括用户认知行为在内的人为因素，对于理解系统、解释其讯息和需要的输入起着重要的作用，对系统不满意的用户可能不会适当地使用系统功能或最大限度地发挥系统的作用。

测试过程应该有足够的完全性，使每一个人都对系统功能感到满意，包括用户、客户和开发人员。如果测试是不全面的，故障仍可能检测不到。正如我们已经看到的，越早检测出故障越好，早期检测到故障更易于改正，并且改正的代价更小。因此，全面的、更早的测试不仅有助于快速检测出故障，而且更易于找出原因。

图9-1显示出故障的原因，但并不是故障的证据。因为测试旨在尽可能多地发现故障，关心的是故障可能存在于何处。如果我们了解故障产生的原因，那么在我们测试系统的时候，就有了关于应该在何处查找故障的线索。

9.1.2　系统测试过程

测试系统包括以下几个步骤。
(1) 功能测试。
(2) 性能测试。
(3) 验收测试。
(4) 安装测试。

图9-2说明了这些步骤。每一步的侧重点都不同，并且一个步骤的成功依赖于它的目标或目的。因此，对系统测试的每一步骤的目的进行评审是非常有用的。

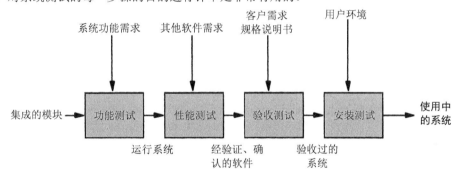

图9-2　测试过程的步骤

1. 过程目标

首先测试的是系统执行的功能。针对一组构件，开始先单独测试其中的每一个构件，然后把它们集成在一起进行测试。**功能测试**检查集成的系统是否按照需求中指定的那样执行它的功能。例如，一个银行账户程序包的功能测试用于验证这个包是否能正确地存款、取款、计算利息、打印余额，等等。

一旦测试小组确信功能按指定的要求实现之后，**性能测试**将集成的构件与非功能系统需求进行比较。这些需求包括安全性、精确性、速度和可靠性，它们约束了系统功能的执行方式。例如，银行账户程序包的性能测试评估计算速度、计算精度、必需的安全性预防措施和对用户查询的响应时间。

此时，系统按照设计人员的意图运作，我们将其称为**验证过的系统**（verified system），它是设计人员对需求规格说明的解释。接着，通过评审需求定义文档，我们将系统与客户的期望进行比较。如果我们相信构建的系统满足了需求，那么系统就称为**确认过的系统**（validated system），也就是说，我们已经验证需求被满足了。

迄今为止，所有的测试都是由开发人员根据他们对系统及其目标的理解进行的。客户也要测试系统，以确保它符合他们对需求的理解，而客户对需求的理解可能与开发人员有所不同。这种测试称为**验收测试**，它向客户保证，构件的系统就是客户想要的系统。验收测试有时在实际环境中进行，但通常在不同于目标地点的测试设备下进行。由于这样的原因，还可能需要最后的**安装测试**，使得用户能够执行系统功能并记录在实际环境中可能引起的其他问题。例如，一个海军系统可能在开发地点进行设计、构建和测试，它可能按一艘船的方式进行配置，但开发并不是在真正的船上。一旦完成了在开发地点的测试，可能要在最终使用系统的各种船上进行另一组安装测试。

2. 构建或集成计划

理想情况下，在程序测试之后，可以将一组构件集合看作是单个实体。因此，正像我们前面介绍的那样，在系统测试的头几个步骤中，可以从各个视角评估这一组构件。然而，在把大型系统作为一个巨大的构件集进行测试时，有时会难以处理。实际上，对这样的系统，通常选择阶段化的开发方法，这是因为更小的部分更易于构建和测试。我们在第1章讨论过，可以将一个系统视作嵌套的层次或子系统的集合。每一层至少负责执行它包含的那些子系统的功能。类似地，我们可以把测试系统划分成子系统的嵌套序列，然后每次对一个子系统进行系统测试。

子系统的定义是基于预先确定的标准。通常，子系统的划分是根据功能进行的。例如，我们在第8章讨论过，根据最关键功能、期望功能和不重要功能，微软把产品划分成3个子系统。类似地，一个路由呼叫的电信系统可以按下面的方式划分子系统。

(1) 在本地局内路由呼叫。

(2) 在区号内路由呼叫。

(3) 在一个州、省或区内路由呼叫。

(4) 在一个国家内路由呼叫。

(5) 路由国际呼叫。

每一个更大的子系统包含它前面的所有子系统。系统测试开始于对第一个系统的功能测试。当所有的局内功能测试成功之后，继续测试第二个系统。类似地，依次测试第三、第四和第五个系统，其结果实现了对整个系统的成功测试。但是，与仅仅集中于最大的系统相比，递增测试使得故障检测和改正更加容易。例如，在对州、省或区内的呼叫进行功能测试的过程中发现的问题，可能是由于处理州而不是地区区号或交换信息的代码引起的。因此，可以缩小搜索范围，因为故障的原因是子系统3的代码，以及受子系统3影响的子系统1或2中的那部分代码。如果这个问题在对所有子系统进行集成的时候才被发现，我们不可能轻易地查明问题可能的根源。

递增测试需要仔细计划。测试小组必须创建一个**构建计划**（build plan）或**集成计划**（integration plan）来定义要测试的子系统，并且描述如何、何处、何时和由谁进行测试。我们在集成测试中讨论过的许多问题必须通过构建计划解决，包括集成的顺序以及是否需要桩或测试驱动程序。

有时，构建计划的一个层次或子系统被称为一次**旋转**（spin）。旋转有编号，最低的层次称为**旋转0**。就大型系统而言，旋转0通常是最小的系统，有时甚至就是在主机上的操作系统。

457

例如，电信系统的构建计划可能包含一个类似于表9-1的进度安排。该构建计划按照编号、功能内容和测试进度安排来描述每一次旋转。如果旋转n测试成功，而旋转$n+1$中出现一个问题，那么该问题的根源最可能与旋转n和旋转$n+1$之间的差别有关，即从一个旋转到下一个旋转增加的功能。如果两个连续的旋转之间的差别很小，那么我们要寻找问题根源的地方就相对较小。

表9-1　电信系统的构建计划

旋　　转	功　　能	测试开始	测试结束
0	局内	9月1日	9月15日
1	区号内	9月30日	10月15日
2	州/省/区内	10月25日	11月5日
3	国内	11月10日	11月20日
4	国际	12月1日	12月15日

旋转号及其定义主要取决于我们的资源和客户的资源。这些资源不仅包括硬件和软件，还包括

可用的时间和人员。最小的系统放在最早的旋转中进行测试，接下来应尽可能早地通过集成最重要或最关键的功能，来定义后面的旋转。例如，考虑图9-3所示的星形网络。星形网络的中心是一台计算机，接收几台更小的计算机发送的消息，这几台计算机都从传感器获取数据，然后传送它们以便进行处理。因此，中心计算机的主要功能是转换和接收来自周边计算机的消息。既然这些功能是整个系统的关键，就应该在早期的旋转中进行测试。实际上，可以按下面的方式定义旋转。

458

- 旋转0：测试中心计算机的一般功能。
- 旋转1：测试中心计算机的消息转换功能。
- 旋转2：测试中心计算机的消息接收功能。
- 旋转3：以独立模式测试每一台周边计算机。
- 旋转4：测试周边计算机的消息发送功能。
- 旋转5：测试周边计算机的消息接收功能。

依次类推。

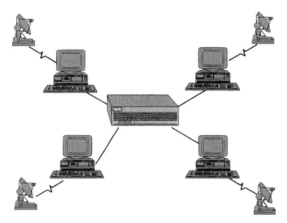

图9-3 星形网络的例子

旋转定义还取决于系统构件以独立模式运作的能力。模拟一个系统中缺少的部分，可能比将它归入一次旋转中更加困难。因为各部分之间的相互依赖性，有时需要的模拟代码与已有代码一样多。要记住我们的目标是测试系统。构建和使用测试工具所需的时间和工作量最好用于测试实际的系统。这种权衡类似于在单元测试和集成测试的过程中选择测试方法：在测试程序的过程中，开发大量桩和驱动程序所需要的时间，可能与测试它们模拟的原先的构件所花的时间一样多。

9.1.3 配置管理

我们通常根据旋转（如前所述），或者根据子系统、功能，或者根据其他使测试更易于进行的分解方法（将在本章的后面介绍这些测试策略），分阶段或分部分地对系统进行测试。但是，系统测试还必须考虑到若干种可能的系统配置。**系统配置**（system configuration）是向特定客户交付的一组系统构件。例如，一个数学计算包可能使用基于UNIX机器的系统配置进行销售，而另一种系统配置可能是基于Windows机器的，还可能有基于Solaris系统的配置。根据特定种类的芯片或可用的特定设备，系统运行配置可以做进一步的区分。通常，我们开发可以在每一种配置上运行的核心软件，并且使用第5章、第6章和第7章中描述过的原则，将不同配置之间的差别隔离在少量的独立构件中。例如，构件A、B和C中可能包含了核心功能，那么，配置1包括A、B、C和D，而配置2是A、B、C和E。

开发和测试这些不同的配置需要**配置管理**（configuration management）。配置管理控制不同系统配置之间的差别，将风险和错误减少到最低程度。我们已经在前面的章节中看到，配置管理小组是如何确保需求、设计或代码中的变化反映在文档中以及变化影响到的其他构件中的。在测试的过程中，配置管理尤为重要，它协调测试人员和开发人员间的工作。

1. 版本和发布

某个特定系统的一个配置有时称为一个**版本**（version）。因此，一个软件包的第一次交付可能由若干版本组成，每个版本针对软件将使用的一种平台或环境。例如，航空软件可能这样构建：版本1运行于海军飞机，版本2运行于空军飞机，而版本3运行于商业客机。

当测试和使用软件时，会发现需要改正的故障，或者需要对最初的功能做少许增强。一个新的软件**发布**（release）是一个改进了的系统，用于替代原来的系统。通常，软件系统用版本n、发布m或版本$n.m$来描述，其中，编号反映系统在成长和成熟的过程中所处的位置。有时，版本n是用来替代版本$n-1$的，发布m是用来替代发布$m-1$的。（"版本"这个词具有两种不同的含义：每一种类型的平台或操作系统可以称为一个版本，或者一个版本可以表示产品系列中不同阶段的一个产品。通常需要根据使用它的上下文来理解该术语。例如，厂商提供的版本3可能是基于UNIX平台的产品，而版本4是基于Windows平台上的，每个版本提供的功能是一样的。）

在向用户发布使用之前，配置管理小组负责确保每一个版本或发布都是正确稳定的，并且所进行的变化是准确及时的。准确性是非常关键的，因为我们希望避免在改正现有故障的同时生成新的故障。同样，及时性也很重要，因为故障的检测和改正是与测试小组搜寻其他故障同时进行的。因此，那些设法修复系统故障的人员，应该使用反映系统当前状态的构件和文档进行工作。

当进行分阶段开发的时候，对版本进行跟踪和控制就显得尤为重要。正如在前面章节中指出的，**产品系统**（production system）是已经经过测试的满足客户需求的一部分的一个版本。在用户使用产品系统的时候，具有更多特征的下一个版本也在开发。这个**开发系统**（development system）是正在构建和测试的版本。当测试完成之后，开发系统替代产品系统成为新的产品系统。

例如，假设一个发电站要实现控制室功能的自动化。发电站操作人员已经习惯于手工进行每一项工作，对使用计算机工作感到非常担忧。因此，决定分阶段构建系统。第一阶段几乎与手工方法一样，但它可以使发电站操作人员做一些自动保存记录的工作。第二阶段在第一阶段的基础上增加几个自动化功能，但是有一半的控制室功能仍然是手工的。后面的阶段在前面阶段的基础上，不断有选择地增加自动化功能，直到实现所有功能的自动化。通过使用这种方式扩展自动化系统，发电站操作人员可以逐渐习惯新系统并对新系统感到满意。

在分阶段开发的任何时刻，电站操作人员使用的都是经过充分测试的产品系统。与此同时，进行下一阶段的开发工作，即测试开发系统。当开发系统经过全面的测试并准备供发电站操作人员使用时，它就成为产品系统（即发电站操作人员使用它进行工作），同时我们进行下一阶段的工作。当工作于开发系统的时候，我们在当前产品或运作系统的基础上增加新的功能，从而形成新的开发系统。

当一个系统成为产品系统的时候，可能会出现问题并把这些问题报告给我们。因此，一个开发系统通常有两个目的：一个是增加下一阶段的功能，另一个是改正前面版本中发现的问题。一个开发系统因而包含增加新的构件以及改变现有的构件两个方面的工作。然而，这个过程中会将故障引入已经测试过的构件中。在我们编写构建计划和测试计划的时候，应该注意这种情况，并考虑控制变化的需要（从一个版本和发布到下一个版本和发布实现的变化）。另外的测试能确保开发系统的表现至少与当前产品系统一样好。但是，必须确切地记录从一个版本到下一版本的代码发生的变化，这样我们可以对问题进行跟踪以发现其根源。例如，如果使用产品系统的用户报告了一个问题，我们必须知道使用的代码的版本和发布。各个版本的代码之间可能有很大的不同。如果我们使用了错误的版本和发布，那么可能永远也找不到故障的原因。更糟糕的是，我们可能认为已经发现了故障，改变代码的时候引入了新的故障却没有真正地修复旧的故障。

2. 回归测试

正像我们在第8章中看到的，测试的目的是识别故障，而不是改正故障。但是，希望发现故障之后尽快地找出其原因，进而改正故障，这是很自然的。否则，测试小组不能判断系统是否具有适当的功能，并且一些故障的持续存在可能会阻止进一步的测试。因此，任何测试计划都必须包含一组针对故障修改以及故障发现的指导原则。但是，正像前面指出的，在测试过程中改正故障可能会在修复已有故障的同时引入新的故障。

回归测试用于识别在改正当前故障的同时可能引入的新故障。**回归测试**（regression test）是用于新的版本或发布的一种测试，以验证与旧版本或发布相比，它是否仍然以同样的方式执行相同的功能。

例如，假设版本m的功能测试是成功的，进而对版本$m+1$进行测试，其中，$m+1$具有m的所有功能及一些新功能。你要求改变$m+1$中的几行代码，以修改较早测试中发现的故障。现在必须改变代码以使$m+1$的测试能够继续进行。如果测试小组遵循严格的回归测试策略，则测试应该包括下面这些步骤。

(1) 插入你的新代码。

(2) 测试被新代码影响的功能。

(3) 测试m的基本功能，以验证它们仍能适当工作（实际的回归测试）。

(4) 继续$m+1$的功能测试。

这些步骤确保增加新代码不会对以前的测试产生负面效果。补充材料9-1说明不进行回归测试的后果。

补充材料9-1 不进行回归测试的后果

没有适当地进行回归测试可能带来严重后果。例如，Seligman（Seligman 1997）和Trager（Trager 1997）报道，由于从北方电信购买的软件中的问题，167 000加利福尼亚人为毫无根据的本地电话呼叫支付了667 000美元。纽约市的客户也经历了类似的问题。

问题是由软件升级到DMS—100电话交换机时出现的一个故障造成的。该故障使记账接口使用了电话公司办公室中错误的区号（公司办公室使用多个区号）。其结果是本地呼叫要按长途呼叫付费。当客户抱怨时，当地电话公司告诉他们，问题在于长途载波，长途载波把客户呼叫送回了本地电话公司！本地电话公司花了大约一个月的时间才发现引起问题的原因并修复了故障。如果北方电信对软件升级进行全面的回归测试，包括检查是否正确地使用了区号，则记账错误问题就不会发生。

通常，回归测试包含从前面层次的测试中复用最重要的测试用例，如果你在测试计划中指定回归测试，就应该说明再次使用哪些测试用例。

3. delta、单独文件和条件编译

控制版本和发布的方式主要有3种，其中每一种都涉及管理测试过程中的配置。有些开发项目更喜欢为每一个不同的版本或发布保留**单独文件**（separate file）。例如，一个安全系统可能有两种配置：版本1用于将所有数据存储在主存中的机器，版本2用于具有较少内存的机器，在某种情况下，数据必须导出到磁盘中。系统的基本功能可能是相同的，都由构件A_1到A_k处理，但是，在版本1中，内存管理由构件B_1完成，在版本2中，内存管理由构件B_2负责。

假设在B_1中发现的一个故障也存在于B_2中，并且必须用同样的方式修复。或者假设必须在B_1和B_2中都添加某一功能。同时改正两个版本可能会比较困难。所需的改变不太可能相同，但是在用户的眼中其结果必须是相同的。为了处理这个难题，我们可以指定一个特定的版本为主版本，而定义所有其他的版本是主版本的变种。那么，对于每一个其他版本（主版本的变种），我们只需存储它与主版本之间的差别，而不是存储所有构件。这个差别文件就称为delta，它包含描述如何将主版本转换到不同版本的编辑命令。我们说"运用一个delta"将主版本转换成它的变种。

使用delta的优点是，对公共功能的改变只需改变主版本。再者，delta需要的存储空间要远小于完整版本所需的存储空间。但是，使用delta也有很大缺点，如果主版本丢失或毁坏，那么所有的版本都会丢失。更重要的是，有时候，将每一个变种表示为从主版本到它的转换是非常困难的。例如，考虑一个包含如下代码的主版本：

```
...
26    int  total = 0;
...
```

461

delta文件定义了用新代码代替第26行代码的一个变种：

```
26     int  total = 1;
```

462 但是，假定要改变主版本文件，即在第15行和第16行之间增加一行代码。那么第26行变成了第27行，运用delta就会替换错误的代码行。因此，需要更完善的技术来维护主版本与其变种之间的一致性，并且正确地运用delta。

delta在维护发布时尤其有用。将第一次发布看作是主系统，随后的发布记录为发布1的一组delta。

第3种控制文件差别的方法是使用**条件编译**（conditional compilation）。即单个代码构件代表所有的版本。条件语句让编译器来决定哪些语句适用于哪些版本。因为共享的代码只出现一次，我们对所有版本只进行一次改正。但是，如果版本之间的差异非常复杂，源代码可能很难阅读和理解。再者，对大量的版本来讲，条件编译可能难以管理。

条件编译只强调代码。但是，单独文件和delta不仅可以用于代码控制，还可以用于控制其他开发制品，如需求、设计、测试数据和文档。补充材料9-2阐明了差别文件和单独文件是如何帮助组织和改变大系统的。

补充材料9-2　delta和单独文件

AT&T大部分UNIX版本配备的源代码控制系统(SCCS)可用于控制项目的软件基线，还可用于管理其他与项目相关的文档，当然这些文档必须是文本格式的。SCCS使用delta方法，支持多个版本和发布，并且程序员可以在给定时间内向系统请求获得任意版本或发布。将基线系统连同转换一起存储。也就是说，对一个给定的构件，SCCS将该构件版本1.0的基线代码、版本1.0转换到版本2.0的delta以及版本2.0转换到版本3.0的delta都存储在一个文件中。类似地，SCCS可以存储不同的发布，或者版本和发布的组合。因此，总是可以使用或修改任何给定的发布或版本，SCCS所需做的只是运用合适的delta从基线导出所需的发布或版本。但是，因为下一个版本或发布的delta是基于前一个版本的，所以改变中间版本或发布可能会引起问题。另一方面，SCCS处理多个发布和版本中的灵活性意味着，厂商可以用SCCS同时支持多个版本和发布。

程序员使用"get"命令来请求SCCS产生的版本或发布。如果该程序员在命令中使用"-e"开关，则表明要对该构件进行编辑，SCCS就会为将要使用它的用户锁住该构件，直到被改变的构件被检入（check in）为止。

Ada语言系统（ALS）是一个编程环境，配置管理是其设计时的一个关键的设计因素（Babich 1986）。它并不信奉某一个特定的配置管理策略。相反，它使用类似于UNIX的命令支持配置管理工具。与SCCS不同，ALS把修改存储在单独的、不同的文件中。另外，除了当前版本和发布之外，ALS还冻结其他所有版本和发布。也就是说，一旦将新版本或发布提供给用户，就永远不能修改已有的版本和发布了。

463 ALS支持把相关的发布或版本组成一个变种集。这些变种可能是基于一个产品版本和几个开发版本的，也可能是基于一个带有几个后续发布的版本的。ALS还使用属性信息对每个文件加标记，例如创建日期、将其检出的人员名称、最后测试日期，甚至还有该文件的目的。系统还对关联进行管理，使得可以对一个系统中的所有文件或一个变种集中的所有文件进行标注。

ALS的访问控制方案支持对指定人员（允许阅读、重写、添加或执行文件中数据的人员）加锁。该系统还可以授权某些工具访问一个文件或与一个文件进行交互。

---

4. 变化（变更）控制

配置管理小组与测试小组紧密合作，以对测试的各个方面进行控制。对系统任何一部分的任何改变，首先要经过配置管理小组的批准；之后，对适当的构件进行改变，并将这些变化录入文档中；然后，配置管理小组通知可能受到影响的所有人员。例如，如果一个测试导致对需求的修改，那么，需求规格说明、系统设计、程序设计、代码、所有相关文档、甚至测试计划本身可能都需要修改。

因此，修改系统的某一部分可能会影响到从事系统开发的每一个人。

当多名开发人员改变同一个构件的时候，变更控制就会更加复杂。例如，假设在测试的过程中出现了两个失效。Jack被指派找出第一个失效的原因并对其进行修改，而Jill负责找出第二个失效的原因并改正它。虽然两次失效起初看起来毫不相干，但Jack和Jill发现，其根源都指向一个名为initialize（初始化）的构件。Jack可能从系统库中删除initialize构件，并对其进行修改，然后把改正后的版本再放回库中。同时，Jill对最初的版本进行修改，然后用自己的版本替换Jack改正过的版本，因而取消了Jack所做的工作！虽然回归测试可能会揭示Jack负责的故障仍然没有改正，但是他所花费的工作量和时间却浪费了。

要解决这个问题，配置管理小组就要进行变更控制。配置管理小组监视代码和文档库，当开发人员进行修改时，要求他们必须"检出"副本。在我们的例子中，在Jack用他改正、测试过的版本替换原有版本之前，Jill将不能获得initialize的副本。或者配置管理小组可以采取另外的办法将Jack和Jill的版本合并成一个版本，如果这样，合并的版本就要进行回归测试，以确保两个失效都已消除。

另一种确保所有项目成员处理的都是最新文档的方法是保持每个单独的、明确的副本在线。通过只更新这些副本，我们可以避免通常由于分发新的或修改过的页面而导致的时间滞后。但是，配置管理小组仍然要保持一定程度的控制，以确保对文档的改动确切地反映了对设计和代码所做的改动。要进行改变，我们可能仍然不得不"检出"一个版本，并且如果别人正在处理它们时，我们会被告知这些文档已被锁住或不可用。补充材料9-3说明微软如何使用源代码的私有副本，使得开发人员在把变化并入每日构建（the day's build）之前，能够对变化进行单独测试。

464

补充材料9-3　微软的构建控制

Cusumano和Selby报告，微软开发人员必须在每天下午特定的时间之前，将他们的代码放入产品数据库（Cusumano and Selby 1997）。然后，项目小组在第二天上午之前重新编译源代码，并创建当前产品的一个新的构建。如果代码中有故障，造成不能编译或运行以致不能产生新的构建，则必须立刻对其进行修复。

构建过程本身分为若干个步骤。首先，开发人员从保留主版本的中心地点检出源代码文件的一个私有副本。接着，对该私有副本进行修改，以实现或改变某些特征。一旦进行了改变，就对具有新的或改变过的特征的私有构建进行测试。当成功地完成测试之后，把具有新的或改变过的特征的代码放入主版本中。最后，进行回归测试，以确保开发人员的改变没有无意中影响其他功能。

单个开发人员可能在必要的时候（根据需要，有时是每日，有时是每周）才会将所做的改变合并在一起，但"构建的主管"每天都要使用当天源代码文件的主版本生成产品的完整版本。针对每一个产品和每一个市场，都要进行这些每日构建。

9.1.4　测试小组

正像我们将要看到的，虽然开发人员主要负责功能和性能测试，但是客户却在验收测试和安装测试中发挥了很大的作用。因此，负责所有测试的测试小组是同时由来自两方面的人员组成的。通常，项目的程序员不参与系统测试，因为他们对实现的结构和意图太熟悉了，并且可能难以认识到实现和必需的功能或性能之间的区别。

因此，测试小组通常是独立于实现人员的。理想情况下，某些测试小组成员已经是有经验的测试人员。通常，这些"专业测试人员"以前曾是分析员、程序员和设计人员，只不过他们现在专门测试系统。测试人员不仅熟悉系统规格说明，而且熟悉测试方法和工具。

专业测试人员（professional tester）组织并运行测试。从测试开始阶段，随着项目的进展，到设计测试计划和测试用例，他们都参与其中。专业测试人员与配置管理小组合作，提供文档和其他一些将测试与需求、设计构件和代码紧密结合起来的机制。

专业测试人员集中于测试开发、方法和过程。由于测试人员对需求的细节可能不像编写需求的人那样精通，所以测试小组还要包含熟悉需求的人。**分析员**（analyst）参与最初需求定义和规格说明，让他们参与测试是非常有益的，因为他们理解客户定义的问题。许多系统测试将新系统与初始需求进行比较，而分析员则深刻了解客户的需要和目标。因为分析员曾经与设计人员一起构造解决方案，他们也了解系统是如何解决问题的。

系统设计人员（system designer）使测试小组的工作更具目的性。设计人员将我们的提议看作一个解决方案及其解决方案的约束。他们还了解系统是如何划分为功能或与数据相关的子系统的，并且了解系统应该怎样运作。当要设计测试用例和确保测试覆盖的时候，测试小组可以请求设计人员来帮助他们列出所有的可能性。

因为测试和测试用例与需求和设计有直接、紧密的联系，所以测试小组中要包含一名**配置管理代表**（configuration management representative）。当出现失效或变化请求的时候，配置管理专家安排该变动，使其反映在文档、需求、设计、代码或其他开发制品中。实际上，改正一个故障所引起的变化可能导致对其他测试用例或对测试计划的大部分的修改。配置管理专家实现这些变化，并协调测试的修改。

最后，测试小组还包含**用户**（user）。他们最具资格对使用者的爱好、是否易于使用和其他人为因素进行评价。有时，用户在项目早期阶段很少发表意见。参与需求分析阶段的客户代表可能并不打算使用系统，但是与那些将要使用系统的人有工作联系。例如，客户代表可能是管理那些将使用系统的人的管理人员，或者是发现了一个不直接与其工作相关的问题的技术代表。但是，这些代表可能与实际问题的关系不大，因此其需求描述可能不准确或不完整。客户可能并不了解重新定义需求或增加需求的必要性。

因此，要构建的系统的用户是最根本的，尤其是，如果在最初定义系统需求时他们没有参与。一个用户由于每天受到某个问题的影响，因而可能对该问题很熟悉，那么在评价该系统，验证它是否解决了该问题方面，这个用户的作用是极其重要的。

9.2 功能测试

系统测试是从功能测试开始的。我们前面讨论的测试集中于构件和构件之间的交互，功能测试则不考虑系统结构，而集中于功能。从现在开始，我们讨论的测试方法属于闭盒测试，而不是开盒测试。我们不必知道正在执行哪个构件，相反，必须知道系统应该做什么。因此，功能测试是基于系统功能性需求的。

9.2.1 目的与职责

每个功能都可以与完成该功能的那些系统构件关联起来。对于某些功能，实现这样功能的构件可能是整个系统。与一个功能相关联的动作集合称为**线程**（thread），因此，功能测试有时称为**线程测试**（thread testing）。

从逻辑上讲，相对于一个大的构件集，在一个小的构件集中更容易找出问题的原因。因此，若要方便地进行测试，就需要仔细地选择功能测试的顺序。可以用嵌套方式定义功能，就像在层次中定义旋转一样。例如，假设一个水质监控系统的需求指定，当水质的4种特性（溶解氧、温度、酸度和放射性）发生大的变化时，系统要能够监控。这个需求规格说明可能将确认水质变化作为整个系统众多功能中的一个。但是，就测试而言，我们可能想把监控看作4个单独的功能。

- 确认溶解氧发生的变化。
- 确认温度发生的变化。
- 确定酸度发生的变化。
- 确定放射性发生的变化。

然后，单独测试每项功能。

有效的功能测试应该具有很高的故障检测概率。在功能测试中，我们使用与单元测试一样的指导原则。也就是说，一个测试应该：

- 具有很高的故障检测概率；
- 使用独立于设计人员和程序员的测试小组；
- 了解期望的动作和输出；
- 既要测试合法输入，也要测试不合法输入；
- 永远不要为了使测试更加容易而去修改系统；
- 制定停止测试标准。

功能测试是在谨慎、受控的情形下进行的。而且，因为我们一次测试一个功能，所以如果需要的话，实际上可以在整个系统构建之前开始功能测试。

功能测试将系统的实际表现与其需求进行比较，因此，功能测试的测试用例要依据需求文档进行开发。例如，对于一个字处理系统而言，可以通过检查下面的系统处理方式对其进行测试。

- 文档创建。
- 文档修改。
- 文档删除。

在每一类处理方式中，对不同的功能进行测试。例如，可以通过检查下列功能对文档修改进行测试。

- 增加一个字符。
- 增加一个单词。
- 增加一段文字。
- 删除一个字符。
- 删除一个单词。
- 删除一段文字。
- 改变字体。
- 改变字体大小。
- 改变段落格式等。

9.2.2 因果图

如果我们能够从需求自动生成测试用例，那么测试将会更加容易。IBM就这样做了（Elmendorf 1973，1974），他们把用自然语言编写的需求定义转换为一种可用于生成功能测试的所有测试用例的形式化规格说明。这样生成的测试用例没有冗余，也就是说，测试用例测试的功能不会重复。另外，该过程可以发现需求中存在的不完整或含义模糊的部分。

该过程对需求的语义进行检查，并将输入和输出之间或输入和转换之间的关系重新表述为逻辑关系。输入称为**原因**（cause），输出和转换称为**结果**（effect）。其结果是一张反映这些关系的布尔图，称为**因果图**（cause-and-effect graph）。

我们向最初的图中增加表示语法规则、反映环境约束的相关信息。然后，把这张图转换成一张判定表。判定表的每一列对应于功能测试的一个测试用例。

创建因果图需要几个步骤。首先，将需求分离，使得每个需求都描述一个单独的功能。然后，描述所有的原因和结果。编了号的原因和结果用因果图中的节点表示。原因处于图的左边，而结果在右边，我们使用图9-4所示的表示法绘制因果图中的逻辑关系。可以用额外的节点来简化该图。

我们从头到尾演示一个例子，来看一下如何构造这种图。假设我们正在测试一个水位监控系统，该系统向有关机构提供洪水控制的相关报告。系统某项功能的需求定义如下。

系统向大坝操作人员发送有关湖泊水位安全性的消息。

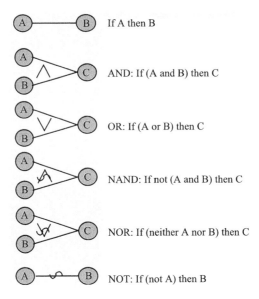

图9-4 因果图的表示法

与该需求相对应的设计描述如下。

输入：该功能的语法为LEVEL（A，B）。

其中A是坝内水位高度(米)，而B是最近24小时时段内降雨的厘米数。

处理：该功能计算水位是在安全范围内，还是过高或者过低。

输出：屏幕显示如下消息之一。

(1) "LEVEL=SAFE"，此时水位处于安全范围以内或低于安全范围。

(2) "LEVEL=HIGH"，此时水位高于安全范围。

(3) "INVALID SYNTAX"。

输出取决于计算的结果。

我们可以把这些需求分离为5个"原因"。

(1) 命令"LEVEL"的前5个字符。

(2) 该命令包含两个参数，参数用一个圆括号括起来并用逗号隔开。

(3) 参数A和B是使得水位计算结果为LOW的实数。

(4) 参数A和B是使得水位计算结果为SAFE的实数。

(5) 参数A和B是使得水位计算结果为HIGH的实数。

我们还可以这样描述3个"结果"。

(1) 屏幕上显示消息"LEVEL=SAFE"。

(2) 屏幕上显示消息"LEVEL=HIGH"。

(3) 打印出消息"INVALID SYNTAX"。

这些都表示为因果图的节点。但是，该功能包括对参数的验证，用以确保参数传递是正确的。为了反映这一点，建立两个中间节点。

(1) 命令语法上是正确的。

(2) 操作数语法上是正确的。

我们可以画出原因和结果之间的关系，如图9-5所示。注意，连到左边结果的虚线表示只能产生一个结果。可以用其他表示法为因果图提供额外信息。图9-6给出其中一些可能的表示法的例子。

因此，通过这张图，可以得知：

- 是否能且只能调用一组条件中的一个条件；
- 是否至多只能调用一组条件中的一个条件；
- 是否至少能调用一组条件中的一个条件；
- 是否一个结果屏蔽了另一个结果的效果；
- 是否调用一个结果时必须调用另一个。

这时，要根据因果图的信息来定义一张判定表。在判定表中，每一个原因和结果表示为一行。在我们的例子中，判定表中的5行表示原因，3行表示结果。判定表的列对应于测试用例。我们通过检查每个结果并列出导致该结果原因的所有组合来定义列。

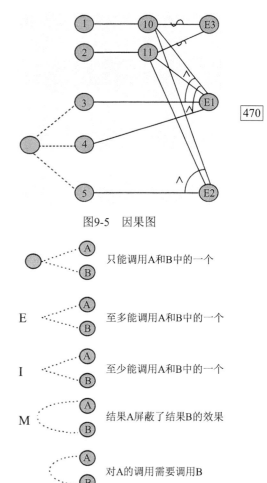

图9-5 因果图

在LEVEL例子中，通过检查指向因果图中结果节点的线的数目，可以确定判定表的列数。在图9-5中，有两条线指向E3，每一条对应于一列。有4条线指向E1，但是只有两种组合产生结果。每种组合在判定表中表示为一列。最后，只有一种组合导致结果E2，因此将它表示为判定表的第5列。

判定表的每一列表示原因和结果的一组状态。当调用某一特定的组合时，我们跟踪其他条件的状态。当一个原因被调用或为真时，将该原因的条件在表中表示为I；或者当一个原因被禁止或为假时，用一个S表示。如果我们不关心一个原因是否被调用或禁止，可以用X标记为"不关心"状态。最后，用A表示一个特定的结果未出现，用P表示它出现。

就测试LEVEL功能而言，表9-2中的5个列显示了其调用的原因和产生的结果之间的关系。如果原因1和原因2为真（即命令和参数都合法），那么结果取决于原因3、4或5是否为真。如果原因1为真而原因2为假，则可以确定结果，因此我们不需原因3、4或5的状态。类似地，如果原因1为假，我们就不再关心其他原因的状态了。

图9-6 额外的表示法

表9-2 因果图的判定表

	测试1	测试2	测试3	测试4	测试5
原因1	I	I	I	S	I
原因2	I	I	I	X	S
原因3	I	S	S	X	X
原因4	S	I	S	X	X
原因5	S	S	I	X	X
结果1	P	P	A	A	A
结果2	A	A	P	A	A
结果3	A	A	A	P	P

注意，理论上我们能产生32个测试用例：每个原因都有两种状态，5个原因就有2^5种可能性。因此，使用因果图能够有效地减少必须考虑的测试用例的数目。

总体而言，利用我们关于原因的知识来去除某些组合，可以更大程度地减少测试用例的数目。例如，如果测试用例数目很多，我们可以为每种原因的组合分配一个优先级，这样，就可以去除优先级低的组合。类似地，我们可以去除那些不太可能发生的组合，或者那些测试起来经济上不合算的组合。

除了减少需要考虑的测试用例的数目之外，因果图还能帮助我们预测系统执行的可能的结果。
同时，通过因果图还可以发现某些组合造成的无意的副作用。但是，因果图对包含时间延迟、迭代
或循环的系统并不实用，这些系统对一些处理的反馈做出反应，以执行其他处理。

471

9.3　性能测试

在我们确定系统能执行需求所要求的功能之后，就要考虑这些功能执行的方式。因此，功能测
试针对的是功能需求，而性能测试针对的是非功能需求。

9.3.1　目的和职责

系统性能是根据客户规定的性能目标来测量的。这些性能目标表示为非功能需求，例如，功能
测试已经说明，根据火箭推进力、天气情况、相关传感器和系统信息，测试的系统能够计算火箭的
轨道。性能测试则根据对用户命令的响应速度、结果的精确度、数据的可访问性等客户的性能规定，
检查计算的效果。

性能测试由测试小组进行设计和执行，并将结果提供给客户。因为性能测试通常涉及硬件和软
件，硬件工程师可能会参与测试小组。

9.3.2　性能测试的类型

性能测试是根据需求进行的，因此，测试的类型由非功能性需求的种类决定。

- **压力测试**（stress test）是当系统在短时间内到达其压力极限时，对系统进行的测试。如果需
  求规定，系统将处理高达某个指定数目的设备或用户，则压力测试在所有设备或用户同时处
  于活动状态的时候，测试系统的性能。有的系统通常是在低于其最大能力的情况下运作的，
  但是，在某个峰值时间，系统会受到严重压力。对于这样的系统，压力测试尤为重要。
- **容量测试**（volume test）强调的是处理系统中的大量数据。例如，检查所定义的数据结构
  （如队列或栈）是否能够处理所有可能的情况。另外，对字段、记录和文件进行检查，看它
  们的大小是否能容纳所有期望的数据。还要确保当数据集到达最大限度时，系统能适当地
  做出反应。
- **配置测试**（configuration test）分析需求中指定的各种软件和硬件配置。有时要构建的系统将
  供各种各样的用户使用，系统实际上要提供一系列的配置。例如，我们可能定义一个供单个
  用户使用的最小系统，其他供另外一些用户使用的配置则可在这个最小系统的基础上进行构
  建。配置测试评估所有可能的配置，确保每一种配置都能满足需求。
- 当一个系统与其他系统交互时，需要进行**兼容性测试**（compatibility test）。它检查接口功能
  是否按照需求执行。例如，如果该系统要与一个大型数据库通信以检索信息，那么可以用兼
  容性测试检查数据检索的速度和精确性。
- 当正在测试的系统要替代一个现有系统的时候，就必须进行**回归测试**（regression test）。回归
  测试保证新系统的表现至少与老系统一样好。回归测试总是在分阶段开发的过程中使用。
- **安全性测试**（security test）确保安全性需求得到满足。它测试与数据和服务的可用性、完整
  性和机密性相关的系统特性。
- **计时测试**（timing test）评估涉及对用户的响应时间和一个功能的执行时间的相关需求。如
  果一个事务必须在规定的时间内完成，则执行这个事务，对其进行测试，验证是否满足需
  求。计时测试通常与压力测试一起进行，检查系统处于极度活跃的时候，是否还能满足计
  时需求。
- **环境测试**（environmental test）考察系统在安装场所的执行能力。如果需求中包括系统对高
  温、潮湿、移动、化学物质、水分、可携带性、电场、磁场、断电或任何其他的场所相关环

472

境特性的容忍度，那么，环境测试确保系统在这些条件下能够正确运行。

- **质量测试**（quality test）评估系统的可靠性、可维护性和可用性。这些测试包括计算平均无故障时间（mean time to failure）和平均修复时间（mean time to repair）以及发现和修复一个故障的平均时间。质量测试有时难以进行。例如，如果一个需求指定一个很长的平均失效间隔时间（mean time between failures），让系统运行足够长的时间来验证所必需的平均时间可能是不可行的。

- **恢复测试**（recovery test）强调的是系统对出现故障或丢失数据、电源、设备或服务时的反应。我们使系统丧失一些系统资源，看看它是否能适当地恢复。

- **维护测试**（maintenance test）是为帮助人们发现问题的根源提供诊断工具和过程的需要。我们可能必须提供诊断程序、内存映射、事务跟踪、电路图和其他辅助工具。我们要核实这些辅助工具是否存在以及它们是否能适当地运行。

- **文档测试**（documentation test）确保我们已经编写了必需的文档。因此，如果需要用户指南、维护指南和技术文档，则要核实这些材料是否存在以及它们包含的信息是否一致、准确和易于阅读。再者，有时需求会指定文档的格式和读者，我们就要评估这些文档是否符合要求。

- **人为因素测试**（human factors test）检查涉及系统用户界面的需求，例如，检查显示屏幕、消息、报告格式和与易用性有关的其他方面。另外，还要对操作人员和用户过程进行调查，以了解它们是否遵从易用性需求。这些测试有时称为**可使用性测试**（usability test）。

其中许多测试比功能测试更加难以管理。需求必须明确而且详细，需求质量通常可以通过性能测试的难易程度反映出来。除非一个需求是清晰的、易于测试的（根据第4章的定义），否则测试小组很难知道什么时候满足了该需求。实际上，要了解如何管理一个测试甚至可能更困难，因为成功的标准是不明确的。

9.4 可靠性、可用性以及可维护性

性能测试中的一个最关键的问题是确保这个系统的可靠性、可用性和可维护性。因为其中每一个系统特性并不总能够在交付前直接测量，因此，这种保证尤为困难。我们必须使用间接的测量来估算系统的可能特性。由于这样的原因，这一节仔细讨论对系统的可靠性、可用性和可维护性的测试。

9.4.1 定义

要理解可靠性、可用性和可维护性的含义，考虑一下一辆汽车的例子。如果一辆汽车在大部分时间内都能正常工作，我们认为这辆汽车是可靠的。我们完全理解汽车的有些功能可能会不起作用、磨损了的部件需要修理或替换。但是，我们希望一辆可靠的汽车在需要任何维护之前，能够工作很长一段时间。也就是说，如果这辆汽车在维护期的间隔内，长时间保持一贯的、满意的状态，这辆汽车就是可靠的。

可靠性是指一段时期内的行为，而可用性描述的是一段时间内某一特定时刻的事物。如果你能够在需要的时候使用汽车，那么这辆汽车就是可用的。这辆汽车可能已经用了20年了，并且只进行过两次维护，我们就称这辆汽车具有高可靠性。但是，如果你需用车时，它碰巧还在维修店，那么它仍是不可用的。因此，有些事物可能是高可靠的，但在特定时刻可能是不可用的。

假定你的汽车既是可靠的又是可用的，但是制造它的公司不再进行生产了。这种情况意味着当汽车出故障时（当然，这种情况是很少发生的），维护人员很难找到替换的零部件。因此，汽车要在修理店中待上很长一段时间。这种情况下，你的汽车可维护性很差。

同样的概念也适用于软件系统。我们想要系统在相当长的时间内一贯地、正确地运行，当需要它时它是可用的，如果失效则可以快速、方便地修复。正式地讲，**软件可靠性**（software reliability）

是指一个系统在给定的时间间隔内、在给定条件下无失效运作的概率。我们用0到1之间的数值表示可靠性：如果一个系统是高度可靠的，则其可靠性测量接近1；而一个不可靠的系统，其可靠性测量接近于0。为了能更准确地反映系统的使用情况，可靠性是根据一段执行时间进行测量的，而不是实际时间（即不是时钟时间）。

类似地，**软件可用性**（software availability）是指在给定的时间点上，一个系统能够按照规格说明正确运作的概率。更正式地说，它是指假定必需的外部资源都是可用的，该系统在一个给定时刻能够完全运行的概率。一个完全启动的运行系统的可用性为1；一个不能使用的系统的可用性为0。可用性是在时钟时间的某一时刻进行测量的，而不是在执行时间上进行测量。

同样，**软件可维护性**（software maintainability）是在给定的使用条件下，在规定的时间间隔内，使用规定的过程和资源完成维护活动的概率。它的取值范围也是在0到1之间。软件维护与硬件维护有很大不同：硬件维护通常要求在维护期间系统处于不可用状态，但是软件维护有时可以在系统启动、运行期间进行。

因为可靠性、可用性和可维护性是根据失效来定义的，因此，一旦系统完成或运转，就必须对其进行测量。软件工程师通常将已知失效与新的失效区分开来，也就是说，在确定可靠性时，我们只对新的失效进行计数，而不考虑那些已知的却还没有修复的失效。

另外，我们通常为每个失效指派一个严重性级别，以获取它对系统产生的影响。例如，美国军方标准MIL-STD-1629A将失效严重性级别分为4级。

(1) 灾难性的：可能导致死亡或系统损失的失效。

(2) 危急的：可能导致严重伤害或导致任务不能完成的主要系统损坏的失效。

(3) 边缘性的：可能造成轻度伤害或导致延迟、可用性损失或任务水平降低的轻度系统损坏的失效。

(4) 轻微的：失效的严重程度不足以引起伤害或系统损坏，但是会导致进度安排之外的维护或修复。

9.4.2　失效数据

当获取软件失效的相关信息时，我们对软件本身设置了若干假设。尤其是，我们假设当软件失效时，我们会发现问题的根源并能够修复。但是，改正本身可能会引入新的故障，或者它们可能无意中创造条件（以前没有经历过），使得其他故障引起失效。从长期看，我们希望看到软件的可靠性有所改进（也就是说，我们希望失效之间的间隔时间越来越长）。但是，从短期看，我们有时会遇到较短的失效间隔时间。

我们可能对一个系统进行监控，并记录失效间隔时间，以便得知可靠性是否在增加。例如，如表9-3所示，它列出一个命令控制系统在使用模拟的实际操作环境系统进行内部测试的过程中，相邻失效之间的执行时间（以秒为单位）（Musa 1979）。图9-7用图形的方式显示出这些数据，从中可以看出，因为失效间隔时间总体上是增加的，长期可靠性的增长是明显的。

注意，时间的变化很大，经常会出现很短的时间间隔，即使是在接近数据集末端的地方也是如此。从这样的数据中，我们可以获得有关系统可靠性的什么样的信息呢？我们如何利用这些数据来预测下一次失效发生在什么时候呢？在能够回答这些问题之前，必须理解不确定性。

在任何一个失效数据集中，都固有地存在大量的不确定性。即使我们完全了解存在于软件中的所有故障，也不能肯定下一次失效将在什么时候发生。由于我们不知道软件将会如何使用，所以无法预测下一次失效。我们不知道确切的输入，也不知道软件将以什么样的顺序使用这些输入，因此，不能预测哪个故障将触发下一个失效。我们把这种不确定性称为**第一类不确定性**（type-1 uncertainty），它反映了系统将如何被使用的未知性。因此，在任一时刻，下次失效发生的时间是不确定的。我们可以将第一类不确定性看作是一个随机变量。

表9-3 失效间隔时间（从左到右逐行阅读）

3	30	113	81	115	9	2	91	112	15
138	50	77	24	108	88	670	120	26	114
325	55	242	68	422	180	10	1146	600	15
36	4	0	8	227	65	176	58	457	300
97	263	452	255	197	193	6	79	816	1351
148	21	233	134	357	193	236	31	369	748
0	232	330	365	1222	543	10	16	529	379
44	129	810	290	300	529	281	160	828	1011
445	296	1755	1064	1783	860	983	707	33	868
724	2323	2930	1461	843	12	261	1800	865	1435
30	143	108	0	3110	1247	943	700	875	245
729	1897	447	386	446	122	990	948	1082	22
75	482	5509	100	10	1071	371	790	6150	3321
1045	648	5485	1160	1864	4116				

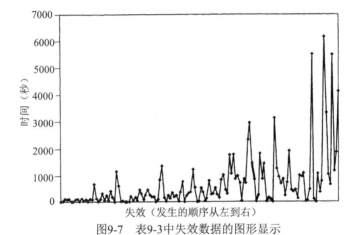

图9-7 表9-3中失效数据的图形显示

第二个模糊的区域称为**第二类不确定性**（type-2 uncertainty），它反映我们对去除故障的效果缺乏了解。当修复一个故障的时候，我们并不知道所进行的改正是否是完整的、成功的。而且即使已经正确地修复了这个故障，也还是不知道失效间隔时间的改进有多少。也就是说，不能确定我们的改正在多大程度上增加了软件可靠性。

476

9.4.3 测量可靠性、可用性和可维护性

我们希望将可靠性、可用性和可维护性表示为软件的属性，用0到1（0表示不可靠、不可用或不可维护，1表示完全可靠、完全可用、完全可维护）之间的数字对其进行测量。为了得到这些测量，我们对失效数据的属性进行研究。假定我们要获取失效数据，并且已经发现$i-1$个失效。我们可以把这些失效间隔时间或失效发生时间记录为$t_1, t_2, \cdots, t_{i-1}$。这些数值的平均值即为**平均无故障时间**（Mean Time to Failure，MTTF）。

假定已经修复每一个潜在的故障，并且系统再次运行。我们可以用T_i来表示还未观察到的下一次失效的发生时间，T_i是一个随机变量。当我们对软件可靠性进行陈述的时候，实际上是在对T_i做概率性陈述。

有几种其他的与时间相关的数据对于计算可用性和可维护性来讲是很重要的。一旦发生一次失效，就需要耗费额外的时间来查找并修复造成失效的故障。从**平均修复时间**（Mean Time to Repair，MTTR）可以得知，修复一个有故障的软件构件需要花费的平均时间。我们可以将这种测量与平均

无故障时间结合起来，从中得知系统不可用的时间会有多长。也就是说，用**平均失效间隔时间**（Mean Time Between Failures，MTBF）来测量可用性，计算公式为：

$$MTBF=MTTF+MTTR$$

一些实践人员和研究人员基于这些手段，针对可靠性、可用性和可维护性，提出一些测量。例如，考虑系统可靠性和平均无故障时间之间的关系。当系统越来越可靠时，它的平均无故障时间应该增加。我们希望将MTTF用在一个测量中，当MTTF很小的时候，测量值接近于0，而当MTTF越来越大的时候，其值接近于1。利用这种关系，可以定义系统的可靠性测量为：

$$R=MTTF / (1+MTTF)$$

因此，它的数值范围是从0到1。同样，可以按如下公式测量可用性，使MTBF最大，从而提高可用性：

$$A=MTBF / (1+MTBF)$$

当一个系统可维护时，我们希望它的MTTR达到最小。因此，可以按如下公式测量可维护性：

$$M=1 / (1+MTTR)$$

在不能直接测量失效的时候，其他研究人员使用代理测量来获取对可靠性的理解，例如故障密度（即每千行代码中的故障数目或每个功能点中的故障数目）等。Voas和Friedman等研究人员认为，对于软件可靠性来讲，重要的不是检测到的故障或失效的总数，而是整个系统隐藏未检测到故障的能力（Voas and Friedman 1995）。

477

9.4.4　可靠性稳定性和可靠性增长

我们希望从可靠性测量得知，随着发现和修复故障，软件是否有所改进（即失效的频率更小了）。如果失效间隔时间保持不变，则称其具有**可靠性稳定性**（reliability stability）。如果失效间隔时间增加了，则称其具有**可靠性增长**（reliability growth）。但是，预测一个系统将在什么时候失效是非常困难的。因为硬件可靠性与软件可靠性有很大的不同，对硬件失效的预测比对软件失效的预测要稍容易一些，如补充材料9-4所述。硬件失效是概率性的，我们可能不知道失效的准确时间，但是可以说一个硬件在给定的一段时期内可能失效。例如，如果知道一个轮胎磨坏的平均时间是10年，那么，我们知道这个轮胎失效的概率不会在第3652天（距10年差1天）为0，而在第3653天就变为1。实际上，当购买这个新轮胎之后，随着我们拥有的时间逐渐接近于10年，它的失效概率从0缓慢地向1增加。我们可以用曲线图表示其概率随着时间的增加情况，曲线形状将取决于轮胎的制造材料、轮胎设计、驾驶类型、车辆重量等。我们使用这些参数来对可能的失效进行建模。

补充材料9-4　硬件可靠性和软件可靠性之间的区别

Mellor对硬件失效为什么与软件失效有着本质的差别予以解释（Mellor 1992）。当复杂硬件的一个部件损坏或不再能像指定的那样运行的时候，该硬件就失效了。例如，一个逻辑门可能停滞在了0或1上，或者一个电阻短路。其原因是物理上的（例如，腐蚀或氧化），而故障发生在某一时间内的特定时刻。要修复这个问题，需要修理或替换一个部件，系统随之可以重新恢复到它以前的状态。

但是，软件故障可能长期存在于一个产品之中，只有在将故障转变为失效的条件存在时，才会被激活。也就是说，故障是潜伏着的，并且除非软件设计进行改变以改正潜在的问题，否则，该系统将在同样的条件下不断地失效。

由于软硬件故障造成的影响之间的这种差别，对软件可靠性和硬件可靠性的定义必须加以区别。当硬件修复之后，会回到它以前的可靠性水平，硬件的可靠性得到了维护。但是，在软件修复之后，它的可靠性实际上可能会增加或降低。因此，硬件可靠性工程的目标是可靠性稳定，而软件可靠性工程的目标是可靠性增长。

建模软件失效时，我们采用类似的方法，定义时间t的一个**概率密度函数**（probability density function）f，写作$f(t)$，它描述我们对该软件何时可能失效的理解。例如，假设我们知道，在未来的24小时内的某一时刻，一个软件构件将会失效（因为缓冲区最终将会溢出），并且，在任何一个1小时的时间间隔中，失效的可能性都是相同的。24小时有86 400秒，因此，可以用秒来测量时间t，定义概率密度函数为：对于0到86 400之间的任意t，$f(t)=1/86\,400$，对于大于86 400的任意t，$f(t)=0$。我们把这个函数称为f在0到86 400的时间间隔内是**均匀的**，因为该函数在这段时间间隔中取值相同，如图9-8所示。

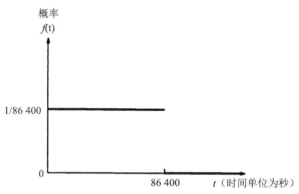

图9-8 均匀密度函数

但是，并非所有概率密度函数都是均匀的，而理解和测量可靠性时的难题之一就是以一个适当的概率密度函数的形式来获取失效行为。也就是说，我们可以定义一个函数$f(t)$，用它来计算一个软件构件在一个给定时间段$[t_1, t_2]$中将会失效的可能性。因为这种概率是在时间段两端之间曲线下面的面积，t_1和t_2之间失效的概率为

$$\int_{t_2}^{t_1} f(t)\mathrm{d}t$$

特别地，**分布函数**（distribution function）$F(t)$是这一积分在0到t时间段的积分值，是软件在时间t之前失效的概率，而我们定义**可靠性函数**（reliability function）$R(t)$为$1-F_i(t)$，它是软件到时间t为止正确运行的概率。

9.4.5 可靠性预测

我们可以用关于失效和失效时间的历史信息来构造简单的可靠性预测模型。例如，用表9-3中Musa的数据，可以把前两次失效时间求平均值来预测第三次失效时间，用这种办法来预测下一次失效时间。也就是说，我们从表中观察到$t_1=1$，$t_2=30$，因此，我们预测失效时间T_3将是t_1和t_2的平均值：31/2=15.5。可以对每个观察值t_i不断地进行这种运算，因此得到：

- 对于$i=4$，有$t_2=30$和$t_3=113$，因此T_4是71.5；
- 对于$i=5$，有$t_3=113$和$t_4=81$，因此T_5是97。

等等。图9-9中标有"av2"的灰色曲线是用这种方法得出的预测结果。我们可以对这种技术进行扩展，使其包含更多的历史数据。该图还显示了用前10次失效时间（av10）以及用前20次失效时间（av20）的预测结果。

但是，研究人员已经提出更为复杂的可靠性模型，它们反映在我们找出并修改故障的时候对软件行为做出的假设。例如，有的模型假定，不管修复哪一个具体的故障，系统行为的改变是相同的。但是，有的模型则认识到，故障不同，则改正的效果也不相同。例如，对每一个改正，我们可能有不同的概率密度函数，特别是当具有稳定性增长的时候。如Fenton和Pfleeger指出，对任何系统的预测都必须包括以下3个要素（Fenton and Pfleeger 1997）。

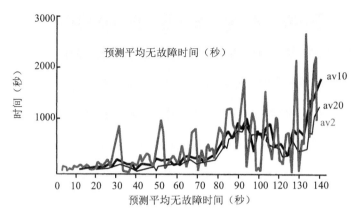

图9-9　根据过去历史预测下次失效时间

- 预测模型，它给出对该随机过程的一个完整的概率规格说明（例如，函数$F_i(T_i)$和对连续时间的独立性的假设）。
- 推理过程，根据$t_1, t_2, \cdots, t_{i-1}$的值推理模型的未知参数。
- 预测过程，把模型和推理过程结合起来，以预测将来的失效行为。

在这一节中，我们讨论两种流行的可靠性预测模型。要了解更多的模型和更详细的信息，请参阅参考文献（Fenton and Pfleeger 1997）。

优秀的可靠性模型明确地处理可靠性的两种不确定性。通过假定每一个故障都是随机遇到的来处理第一类不确定性，因此，用一个指数分布来描述下次失效的时间。例如，摩托罗拉公司在它的零失效测试方法（补充材料9-5）中使用了指数分布。因此，通过各个可靠性模型处理第二类不确定性的方式，我们可以区分不同的可靠性模型。

480

补充材料9-5　摩托罗拉公司的零失效测试

摩托罗拉公司使用一种称为"零失效测试"的简单模型，该模型是从一个失效率函数推导出来的（Brettschneider 1989）。该模型假定到时间t为止的失效次数为

$$ae^{-b(t)}$$

其中a和b是常数。从该模型我们可以得知，为了满足可靠性目标，必须测试这个系统多少小时。因此，该模型需要3个输入：预期的平均失效次数目标（*failures*）、目前为止观察到的测试失效总次数（*test-failures*）、到最后一次失效为止的测试执行小时总数（*hours-to-last-failure*）。零失效测试小时数的计算为：

$$\frac{\left[\ln(failures/(0.5+failures))\right] \times (hours\text{-}to\text{-}last\text{-}failure)}{\ln\left[(0.5+failures)/(test\text{-}failures+failures)\right]}$$

例如，假设你正在测试一个33 000行的程序。到目前为止，测试时间总计500小时，在此期间已经出现了15次失效。在测试的最后50小时的时间内，没有报告失效。你的目标是保证每千行代码的平均失效次数是0.03。根据已有的信息，预期的平均失效次数是0.03次失效除以1 000行代码乘上33 000行代码，结果为1。使用前面的公式，要达到目标所需的测试小时数为

$$\frac{\left[\ln(1/1.5)\right] \times 450}{\ln(1.5/16)} = 77$$

因此，如果你能在最后一次检测到的失效后77小时之内没有发现更多的失效，那么就应该达到了希望的可靠性等级。既然已经测试了50小时，你只需再测试27小时即可。但是，如果在这27小时之内又发生了一次失效，则你必须继续测试、重新计算，并且重新计时。

1. Jelinski-Moranda模型

Jelinski-Moranda模型是最早而且可能也是最著名的可靠性模型（Jelinski and Moranda 1972）。它假定没有第二类不确定性。也就是说，该模型假设对故障的改正是完美的（修复了引起失效的故障，而且没有引入新的故障）。Jelinski-Moranda还假定，对任何一个故障的修复对可靠性改进的效果都是一样的。

为了了解Jelinski-Moranda模型是否真实地描绘了失效，假定我们正在检查一个有15个故障的软件，其中0.003表示修复每个故障使可靠性增加的程度。表9-4列出到第i次失效的平均时间以及模拟的失效时间集合（用模型中的随机数产生）。当i接近15（最后一个剩余的故障）时，失效时间变得越来越长。换句话说，第二列根据过去的历史信息告诉我们到第i次失效的平均无故障时间，而第三列告诉我们，根据Jelinski-Moranda模型，到下一次失效（即第i次）的平均无故障时间的预测值。

481

表9-4 Jelinski-Moranda连续的失效时间

i	第i次失效的平均时间	第i次失效的模拟时间
1	22	11
2	24	41
3	26	13
4	28	4
5	30	30
6	33	77
7	37	11
8	42	64
9	48	54
10	56	34
11	67	183
12	83	83
13	111	17
14	167	190
15	333	436

广为使用的**Musa模型**是根据Jelinski-Moranda模型，使用执行时间来获取失效间隔时间的。它还包含了日历时间，以估算何时能达到可靠性目标（Musa, Iannino and Okumoto 1990）。Musa把可靠性和项目管理结合起来，鼓励项目经理在许多环境中使用可靠性建模，特别是在电信方面。

2. Littlewood模型

Littlewood模型比Jelinski-Moranda模型更为实际，因为它把修复每一个故障对可靠性改进的贡献看作是一个独立的随机变量。将这种贡献假设为伽马分布。Littlewood在他的分布中使用了两种不确定性的来源，因此称他的模型为**双重随机**（doubly stochastic）模型。相对于对可靠性具有较小作用的故障，Littlewood模型倾向于较早地遇到和排除对可靠性具有较大贡献的故障，表示随着测试过程的进行，回报逐渐减小。Jelinski-Moranda模型使用指数分布来表示发现的故障数目，而Littlewood模型则使用Pareto分布。

9.4.6 操作环境的重要性

我们将在第13章中比较和对照几种可靠性模型的精确性。在此，我们讨论一个常见的假设：假定在使用条件一样的情况下，一个模型在过去是精确的，那么在将来也是精确的。通常，我们的预测是基于测试过程中出现的失效。但是，测试环境可能并没有反映实际的或典型的系统使用。

当用户具有不同的系统使用方式、不同的经验水平和不同的操作环境时，就更难获得真实性。例如，一名初次使用电子表格或会计程序包的用户不太可能像一名有经验的用户那样使用快捷方式和复杂技术，每种用户的失效特征图都可能有很大不同。

482

Musa通过预测用户与系统典型的交互解决这个问题，他使用**操作特征图**（operational profile）描述随着时间的推移用户可能的输入。理想情况下，特征图是输入的一个概率分布。当测试策略基于操作特征图时，测试数据反映了概率分布。

通常，将输入空间划分成一些不同的类，然后给每一类分配一个概率，这个概率描述了这一类中的输入被选择的可能性，从而创建了一个操作特征图。例如，假定一个程序允许你运行3种不同菜单选项：create（创建）、delete（删除）和modify（修改）。我们从对用户的测试中决定，选择create的频率是选择delete或modify的频率的两倍（delete和modify被选择的频率相同）。我们可以将create的概率分配为0.5，delete为0.25，modify为0.25。那么，我们的测试策略随机地选择输入，使得一个输入为create的概率是0.5，delete为0.25，而modify为0.25。

这种**统计测试**（statistical testing）策略至少有两个好处。

(1) 测试集中于最可能使用的系统部分，从而产生一个用户发现更为可靠的系统。

(2) 基于测试结果的可靠性预测，可以给我们一个精确的可靠性预测结果，与用户看到的一样。

但是，要正确地进行统计测试并不是一件容易的事。定义操作特征图既没有简单的方法也没有可重复的方式。我们在本章后面部分将会看到，净室软件开发是如何将统计测试与其结合起来构建高质量软件的。

9.5   验收测试

当功能测试和性能测试完成之后，我们确信，系统满足在软件开发的初始阶段过程中指定的所有需求。下一步要询问客户和用户，他们是否持有同样的观点。

9.5.1   目的和职责

迄今为止，作为开发人员，我们已经设计了测试用例并完成所有的测试。现在，客户要领导测试并定义用于测试的测试用例。验收测试的目的是使客户和用户能确定我们构建的系统真正满足了他们的需要和期望。因此，验收测试的编写、执行和评估都是由客户来进行的，只有当客户请求某个技术问题的答案时，才会需要开发人员的帮助。通常，那些参与需求定义的客户雇员在验收测试中扮演着很重要的角色，因为他们理解客户想要构建的系统是什么样的。

9.5.2   验收测试的种类

客户可以用3种方式评估系统。在**基准测试**（benchmark test）中，客户准备一组代表在实际安装后系统运作的典型情况的测试用例。针对每一个测试用例，客户评估系统的执行情况。由实际用户或执行系统功能的专门小组来负责进行基准测试。无论在哪种情况下，测试人员都要对需求很熟悉，并且能够评估系统实际执行情况。

基准测试通常用在客户有特殊的需求时进行。客户会要求两个或更多的开发团队根据规格说明生产系统。基于基准测试的成功情况来选择购买其中一个系统。例如，一家客户可能要求两个通信公司都安装一个语音和数据网络。对每个系统都进行基准测试。两个系统可能都满足需求，但是其中一个可能比另一个运行的速度更快、更易于使用。客户根据系统满足基准标准的情况，来决定购买哪一个系统。

试验性测试（pilot test）在试验的环境中安装系统。用户在假设系统已经永久安装的情况下执行系统。基准测试包括用户使用的专用测试用例，而试验性测试依赖系统的日常工作来测试所有的功能。客户通常准备一个建议的功能列表，每位用户都设法在日常的工作过程中包含这些功能。但是，与基准测试相比，试验性测试没有那么正式和结构化。

有时，在向客户发布一个系统之前，先让来自自己组织机构或公司的用户来测试这个系统。在客户进行实际的试验性测试之前先"试验"这个系统，这样的内部测试称为**α测试**，而客户的试验称为β测试。当要向大范围的客户发布系统时，经常使用这种方法。例如，首先在我们自己的办公室中对一个新版本的操作系统进行α测试，然后用专门选择的客户组来进行β测试。我们设法选择那些能代表系统所有使用方式的客户组来进行β测试。（补充材料9-6警告我们使用beta版本作为"真正的"系统的危险性。）

补充材料9-6　不恰当地使用beta版本

1997年7月，在美国国家航空航天局（NASA）运送旅行家（Sojourner）探测设备到火星去的探路者（Pathfinder）登陆车出现了问题。探路者的软件使它能够在火星登陆、释放旅行家飞行器以及负责地球和登陆车之间的通信。然而，由于在任务切换时出现了与栈管理和指针有关的失效，探路者不断地重置，因而在这段时间内的工作中断了。

旅行家包含一个简单的串行任务处理80C85控制器，它运作得非常好。但是，NASA需要更复杂的软件来管理探路者更复杂的功能。在设计的过程中，NASA首先选择目标处理器，然后找到在它上面运行的软件。结果，NASA选择了IBM R6000处理器的新型耐辐射版本，类似于PowerPC上的处理器。这个32位芯片很有吸引力，因为使用针对该芯片的商用实时操作系统将会避免构建定制软件所需的开销。因此，NASA的下一步是确定探路者使用的操作系统。

有几种操作系统可供选择，NASA选择了加州阿拉米达Wind River Systems公司的VxWorks。当做出这个选择的时候，VxWorks经过了测试，可在PowerPC平台用于商业销售。然而，针对R6000的版本还未就绪。结果，利用C代码的可移植性，Wind River Systems公司把VxWorks操作系统的PowerPC版本移植到了R6000上。这个移植的产品于1994年交付给了NASA。

当VxWorks的R6000版本完成的时候，该操作系统还有一些重大问题没有解决，但NASA冻结了探路者版本5.1.1的配置。因此，探路者的软件实际上是构建在操作系统的β测试版本之上的，而不是构建在经过充分测试的、健壮的操作系统之上的（Coffee 1997）。

即使只是为一个客户开发系统，试验性测试通常也需要少量的该客户的潜在用户。我们所选的用户，其活动应该能代表以后使用该系统的其他大多数用户的活动。可能会选择一个地点或组织机构对其进行测试，而不是让所有预期用户进行测试。

如果一个新系统要替代现有系统，或者该新系统是分阶段开发的一部分，就可以使用第3种验收测试。在**并行测试**（parallel testing）中，新系统与先前版本并行运转，用户逐渐地适应新系统，但是继续使用与新系统的功能相同的老系统。这种逐步过渡的方法使得用户能够将新系统与老系统进行比较和对照。它还使持怀疑态度的用户能够通过比较两种系统执行的结果以及验证新系统是否和老系统一样高效和有效，来树立对新系统的信心。从某种意义上讲，并行测试还包含用户执行的兼容性测试和功能测试。

9.5.3 验收测试的结果

选择哪种验收测试由被测试系统的类型和客户的偏好来决定。实际上，可以将几种方法或所有方法组合在一起使用。用户进行的测试有时会发现需求中规定的客户期望与我们实现的系统不一致的地方。换句话说，验收测试是客户验证是否"想要的就是构建的"的很好的时机。如果客户满意，系统则会按照合同规定的那样予以接收。

在现实中，验收测试所揭示的问题不只是需求差异。验收测试还使得客户能够确定，无论需求文档中是否指定，他们真正想要的到底是什么。请记住，开发过程中的需求分析阶段使客户有机会向我们解释要解决什么样的问题，而系统设计是我们提出的解决方案。直到客户和用户实际使用该系统进行工作之前，他们不可能真正知道这个问题是否真的解决了。实际上，使用系统进行工作有助于客户发现他们没有意识到的问题（甚至是新的问题）。

我们已经在前面的章节中了解到，快速原型可用于在整个系统实现之前，帮助客户更好地理解解决方案。然而，原型通常是不切实际的或者构建的费用过于昂贵。再者，在构建大型系统的时候，从初始的规格说明到第一次见到构建的原型系统甚至是原型系统的一部分，有时会拖很长的一段时间。在这段时间中，客户的需求可能会在某些方面发生变化。例如，联邦的条例、关键开发人员甚至是客户业务的本质都有可能发生变化，从而影响最初问题的本质。因此，需求可能需要变化不仅是因为开发初期中不恰当的需求说明，还因为客户可能决定问题已变化并且需要一个不同的解决方案。

在验收测试之后，客户告诉我们哪些需求还没有得到满足以及由于需求变化而必须删除、修改或增加哪些需求。配置管理人员确定这些改变，并记录引起的设计、实现和测试的修改结果。

9.6　安装测试

最后一轮测试是在用户的场所安装系统。如果验收测试已经是在实地进行，就不一定需要安装测试了。但是，如果验收测试的条件与实际场所的条件不同，那么还必须进行额外的测试。要开始进行安装测试，就要在用户环境中配置系统，将正确数量和种类的设备连接到主处理器上，并建立与其他系统的通信。为文件分配空间，指派到适当功能和数据的访问。

安装测试要求我们与客户一起工作，来确定在现场需要进行什么测试。可能需要进行回归测试以验证系统已经被正确地安装，并且在现场工作的情况与测试前是一样的。所选择的测试用例要能够使客户确信系统是完备的，并且所有必需的文件和设备都已备齐。测试集中于两件事情：安装系统的完备性；验证任何可能受场所条件影响的功能和非功能特性。例如，对一个在要到海外航行的船上工作的系统所进行的测试，就必须证明该系统不受恶劣天气状况或船只航行的影响。

当客户对结果满意之后，测试就结束了，此时可以正式交付系统。

9.7　自动化系统测试

在第8章描述的测试工具中，很多在系统测试中也是有用的，另外一些是用于测试大量构件组的，或用于帮助同时测试硬件和软件。

模拟使我们能够集中评价系统的某一部分，而同时又描绘系统其他部分的特性。**模拟器**（simulator）将设备或系统的所有特性呈现给一个系统，而不需要具有实际可用的设备或系统。就像飞行模拟器使你能够在不使用实际飞机的情况下学会驾驶飞机一样，设备模拟器使你在这台设备目前不存在的情况下也能够学会控制一台设备。这种情况经常发生，尤其是在软件不是在现场开发的时候，或者当该设备与软件是并行开发的时候。

例如，假定某一厂商正在构建一个由硬件和软件组成的新的通信系统，与此同时，软件工程师正在为其开发驱动程序。要测试还没有完成的设备是不可能的，因此，可以用该设备的规格说明来构建一个模拟器，从而使我们能够测试预期的交互。

类似地，如果一个特定的设备放置于客户或用户的工作场所，而测试是在另一个地方进行的，这时，模拟器就特别有用。例如，如果你正在构建一个汽车导航系统，那么可能不需要实际的汽车来测试软件，可以让系统与一个汽车模拟器交互。实际上，有时一个设备模拟器比设备本身更为有用，因为模拟器可以存储说明设备在测试各个阶段中的状态的数据。因此，当失效发生时，模拟器能报告它的状态，这样可能有助于找出造成失效的故障。

还可以把模拟器看作测试系统必须交互的其他系统。如果需要传递消息或访问数据库，模拟器提供用于测试的必要信息，而不用复制整个其他系统。模拟器还有助于压力测试和容量测试，因为可以对模拟器编程，以便为系统装载大量数据、请求或用户。

总体来讲，模拟器使你能够控制测试条件。这种控制使你能够执行那些原本危险或者不可能的测试。例如，使用模拟器，可以使导弹制导系统的测试变得简单、安全得多。

设计测试用例时也可以借助自动化。例如，Cohen等人描述了开发于Bellcore的一个自动化高效测试生成器（AETG），使用组合设计技术生成测试用例（Cohen et al. 1996）。在他们的组合设计方法中，生成的测试覆盖了测试参数的所有双路、三路和n路组合。例如，为了覆盖所有的双路组合，如果x_1是一个参数的有效值，而x_2是另一个参数的有效值，那么有一个测试用例，其中的第一个参数取值为x_1，而第二个参数取值为x_2。在一个试验中，最终发布的测试需求有75个参数，测试有10^{29}种可能的组合。研究人员使用AETG，只产生了28个测试用例就覆盖了所有的双路参数组合。在另一个试验中，用他们的技术产生的测试用例，其构造块覆盖和判定覆盖好于随机测试产生的相应覆盖。而第三项研究表明，这个自动化系统发现了严重的需求和代码故障，而使用其他的测试手段并没有发现这些故障。补充材料9-7介绍了测试自动化改进测试过程的另一个例子。

补充材料9-7　汽车保险报价系统的自动测试

Mills介绍他的公司是如何使用自动化来测试一个汽车保险报价系统的(Mills 1997)。每个系统包含大约90个保险商和产品的风险预测，使得保险中介能提供有关汽车及其驾驶员的信息以及接收保险费的相关报价。输入包括50个字段，例如年龄、驾驶经验、英国的哪一地区、使用类型、发动机排量以及驾驶员数目。这些信息把申请人划分为20个地区、20多种车辆分组、5种使用类型、3类保险责任范围和15个年龄组。报价系统跟踪10个保险系统的14个产品，其中每一个系统至少每月都要进行更新。

因此，完全测试该报价系统所需的测试用例的数目是非常庞大的，并且测试过程的大部分工作要用来确定需要多少测试用例。Bates进行的计算表明，测试National Westminster银行的系统的5 000个条件，需要21 000个脚本（Bates 1997）。因为对每一个脚本手工测试要花3分钟的时间，因此，一个人在一个平台上进行这个测试要花费7.5个月的时间！对于Mills描述的保险系统来讲（它包括更多的条件和测试脚本），这种情况显然是不可接受的。开发人员做过估算，在批处理模式下他们最多能测试100到200个测试用例，而保险公司指示开发人员运行100个随机测试报价。但是，通过使用自动化测试，第三方测试人员每月、对每个客户、在每个报价系统上运行30 000个计划的测试报价。而测试过程提早一星期完成！Mills报告，除了速度之外，自动化测试与手工测试之间的最大区别是，在测试过程更早的阶段发现许多故障，从而在发布系统的下一个版本之前留有更多的时间来修复它们。

9.8　测试文档

测试可能会很复杂，也可能会很困难。系统的软件和硬件都可能增加这种困难性，使用系统的过程也同样可能增加这种困难性。另外，分布或实时系统在跟踪、计时数据和进程以得出关于性能的结论的时候，也需要大量信息。最后，当系统规模很大，有大量人员参与开发和测试的时候，会使协调变得很困难。为了控制测试的复杂性和难度，我们使用完整的、详细设计的测试文档。

需要几种类型的文档。**测试计划**（test plan）描述系统本身以及测试所有功能及特性的计划。**测试规格说明和评估**（test specification and evaluation）详细描述每一个测试，以及为测试针对的每一个特征定义评估标准。然后，**测试描述**（test description）为每一个单独的测试提供测试数据和过程。最后，**测试分析报告**（test analysis report）描述每一个测试的结果。图9-10展示了测试文档与测试过程之间的关系。

9.8.1　测试计划

第8章讨论了在为整个测试活动安排测试模式时，测试计划所起的作用。现在讨论如何用测试计划来指导系统测试。

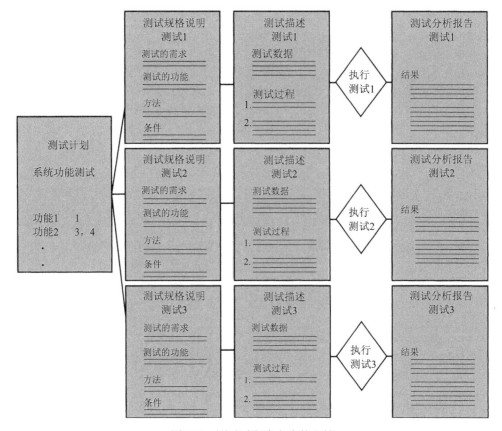

图9-10 测试过程中产生的文档

图9-11举例说明了一个测试计划的组成部分。测试计划的开始部分是陈述测试目标，测试目标应该：

- 指导测试的管理；
- 指导测试过程中需要的技术工作；
- 制订测试计划以及安排进度，包括指定所需设备、组织机构的需求、测试方法、期望的结果和用户倾向；
- 解释每个测试的本质和范围；
- 解释测试将如何全面地评价系统功能和性能；
- 文档化测试输入、详细的测试过程和预期的结果。

接下来，测试计划引用开发过程中产生的其他主要文档。尤其是，该计划要解释需求文档、设计文档、代码构件、代码文档和测试过程之间的关系。例如，可以有一个配合所有文档的命名或编号方案，这样，需求4.9反映在设计构件5.3、5.6和5.8中，并由过程12.3来测试。

这些初始部分之后紧跟的是系统概要。因为测试计划的读者可能一直没有参与前面的开发阶段，系统概要告诉读者测试进度安排和事件的相关背景。系统概要不必详尽，它简略描述主要的系统输入和输出以及主要的转换。

一旦测试处于系统的背景下，测试计划就要描述要使用的主要测试和测试方法。例如，测试计划将功能测试、性能测试、验收测试以及安装测试区分开。如果可以根据某些标准对功能测试作进一步的划分（例如子系统测试），测试计划就要安排测试的总体组织结构。

在解释构件测试之后，测试计划强调事件的进度。进度包括测试地点以及时间框架。测试进度通常描述为里程碑图表或者活动图，它包括：

488
~
489

(1) 总的测试周期;

(2) 对测试的主要细分以及它们的开始和停止时间;

(3) 所有的预备需求（例如，对系统的倾向或熟悉程度、用户培训和测试数据的生成）以及每一项所需要的时间;

(4) 准备和评审测试报告所需的时间。

如果测试将在几个地点进行，则测试计划要包含每个地点的进度。用图表说明在每个地点进行的测试所必需的硬件、软件和人员以及每种资源所需的工期。请注意，特殊的培训或维护也需要如此。

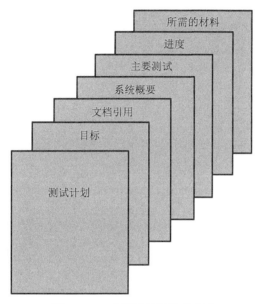

图9-11 一个测试计划的各部分

测试计划根据可交付产品（例如，用户手册或操作员手册、样例列表、磁带）以及由测试场所提供的材料（例如，特殊测试设备、数据库表或存储介质）来确定测试素材。例如，如果测试要使用数据库管理系统来构建样例数据库，则在测试小组到达之前，可能需要测试场所的用户先定义数据元素。类似地，如果测试小组需要安全性或私密性方面的防范措施，则在测试开始之前，测试场所的人员可能要先获得他们的密码或采用专用的访问机制。

490

9.8.2 测试规格说明和评估

测试计划描述将测试划分为针对特定项的单个测试的整体分解方案。例如，如果要测试的系统的处理分布在若干台计算机上，则其功能测试和性能测试可以进一步划分为对每个子系统的测试。

对每一个单独测试，为其编写一个测试规格说明和评估。在规格说明的开始，列出将要由测试来证明是否能够得到满足的需求。这一节还引用需求文档，并解释测试的目的。

一种观察需求和测试之间对应关系的方法是使用表或图表，如表9-5所示。请注意，列在顶部的需求引用了它们在需求文档中的编号，左边的功能是对应的X所在的那一列的需求。

表中列出的是测试涉及的系统功能。可以用同样的方式来描述性能测试。性能测试图表不是列出功能需求，而是列出与访问速度、数据库安全性等相关的需求。

通常，一个单独测试实际上是一组更小的测试，这些更小的测试合在一起说明需求是否得到满足。在这种情况下，测试规格说明表示的是更小的测试与需求之间的关系。

每个测试都采用一组方法，并由一种测试原理作为指导。但是，测试原理和方法可能受其他需求和测试实际情况的限制。规格说明明确了这些测试条件，下面是其中一些可能的条件。

- 该系统使用的是来自用户或设备的实际输入？还是由程序或代理设备生成的特定实例？
- 测试覆盖标准是什么？
- 将如何记录数据？
- 有针对测试的计时、接口、设备、人员、数据库或其他限制吗？
- 如果测试是由一系列更小的测试组成的，那么这些更小的测试以什么样的顺序执行？

如果要在评价之前处理测试数据，则测试规格说明中就要讨论相应的处理。例如，当系统产生了大量数据的时候，有时就会对输出使用数据缩减技术，以便更适合于评价其结果。

表9-5   测试–需求对应表

测　　试	需求2.4.1： 生成和维护数据库	需求2.4.2： 选择性地检索数据	需求2.4.3： 产生专用的报告
1. 增加新记录	X		
2. 增加字段	X		
3. 改变字段	X		
4. 删除记录	X		
5. 删除字段	X		
6. 创建索引		X	
根据下面条件检索记录：			
7. 单元数目		X	
8. 水深		X	
9. 顶棚高		X	
10. 地被植物		X	
11. 浸透率		X	
12. 打印整个数据库			X
13. 打印目录			X
14. 打印关键字			X
15. 打印模拟总结			X

491

　　每个测试都附有说明该测试在什么时候完成的方法。因此，紧随规格说明之后的是对如何知道什么时候测试结束以及相关需求得以满足的讨论。例如，测试计划可以说明输出结果处于什么样的范围就算是满足需求了。

　　紧随结束准则之后的是评估方法。例如，可能对测试过程中产生的数据进行手工收集和比较，之后，测试小组对其进行审查。另一种方法是，测试小组可以用自动化工具对其中一些数据进行评估，然后，审查总结报告或与预期输出进行逐项比较。补充材料9-8描述的效率和有效性测量可以用来评价测试的完全性。

补充材料9-8   测量测试的有效性和效率

　　测试计划和报告的一个方面是测量测试的有效性。Graham提出，可以根据在一个给定测试中，用发现的故障数目除以发现的故障总数（包括那些在测试之后发现的故障）来测量测试的有效性（Graham 1996b）。例如，假定集成测试中发现了56个故障，整个测试过程中发现了70个故障。那么，根据Graham对测试有效性的测量，集成测试的有效性是80%。但是，假定在发现70个故障之后交付了系统，而在实际运作的前6个月中又发现了另外70个故障。那么，集成测试找出了140个故障中的56个，其测试有效性仅为40%。

　　可以用几种方式来调整这种评估特定测试阶段或技术效果的方法。例如，可以给失效分配一个严重性级别，并且通过这个级别来计算测试的有效性。这样，集成测试在发现引起危急性失效的故障时可能是50%有效的，而在发现引起轻微失效的故障时可能是80%有效的。另一种方法是将测试有效性与根本原因分析结合起来，这样我们可以描述是否在开发中尽可能早地发现了故障的有效性。例如，集成测试可能发现80%的故障，但是其中一半属于设计问题的故障本可以更早地找出来，例如，在设计评审的过程中这些故障就应该被发现。

　　测试效率可以这样计算：用测试中发现的故障数目除以执行测试所需的工作量，得到表示每人一小时发现的故障数目的值。效率测量有助于我们理解发现故障的成本以及在测试过程的不同阶段发现它们的相对成本。

　　有效性和效率测量在测试计划中都可能很有用，我们希望基于过去的测试历史最大化我们的有效性和效率。因此，当前测试的文档应该包含能让我们计算有效性和效率的测量。

9.8.3　测试描述

　　对测试规格说明中定义的每一个测试都要编写一个测试描述。测试描述文档可以用作执行测试的指南。这些文档必须详细、清晰，包括：

- 控制手段；
- 数据；
- 过程。

文档的开始是对测试的总体描述。接着要指出是通过自动化手段还是手工手段来启动和控制测试。例如，数据可能是通过键盘手工输入的，但是，接着可能由自动化的驱动程序执行要测试的功能。另一种方法是整个过程可能都是自动化的。

　　可以将测试数据视作几个部分：输入数据、输入命令、输入状态、输出数据、输出状态和系统产生的消息，对每一部分都加以详细描述。例如，提供的输入命令要描述测试小组应该如何启动、停止或挂起测试，如何重复或恢复未能成功的或不完整的测试，或者如何终止测试。类似地，测试描述必须对消息加以解释，以使测试小组能够理解系统状态并且控制测试。只要有可能，就要说明测试小组怎样才能够区分失效是由于输入数据、不适当的测试过程造成的，还是由于硬件运转异常造成的。

　　例如，对于一个SORT例程的测试，其测试数据可能如下：

```
INPUT DATA:
Input data are to be provided by the LIST program. The program
generates randomly a list of N words of alphanumeric characters;
each word is of length M. The program is invoked by calling
      RUN LIST(N,M)
in your test driver. The output is placed in global data area
LISTBUF. The test datasets to be used for this test are as
follows:
Case 1: Use LIST with N=5, M=5
Case 2: Use LIST with N=10, M=5
Case 3: Use LIST with N=15, M=5
Case 4: Use LIST with N=50, M=10
Case 5: Use LIST with N=100, M=10
Case 6: Use LIST with N=150, M=10
INPUT COMMANDS:
The SORT routine is invoked by using the command
        RUN SORT (INBUF,OUTBUF) or
        RUN SORT (INBUF)

OUTPUT DATA:
If two parameters are used, the sorted list is placed in OUTBUF.
Otherwise, it is placed in INBUF.

SYSTEM MESSAGES:
During the sorting process, the following message is displayed:
        "Sorting...please wait..."
Upon completion, SORT displays the following message on the
```

```
screen:
        "Sorting completed"
To halt or terminate the test before the completion message is
displayed, press CONTROL-C on the keyboard.
```

通常将测试过程称为**测试脚本**（test script），因为它向我们逐步描述测试是如何执行的。严格定义的一系列步骤使我们能够对测试进行控制，这样当我们设法发现问题的原因时，如果有必要，就可复制条件、重现失效。如果由于某些原因测试被中断，我们必须能够继续进行测试，而不必从头开始。

例如，测试（在表9-5中列出的）"改变字段"功能的部分测试脚本可能如下：

```
Step N:     Press function key 4: Access data file.
Step N+1:   Screen will ask for the name of the date file.
            Type `sys:test.txt'
Step N+2:   Menu will appear, reading
                * delete file
                * modify file
                * rename file
            Place cursor next to `modify file' and press
            RETURN key.
Step N+3:   Screen will ask for record number. Type '4017'.
Step N+4:   Screen will fill with data fields for record 4017:
                Record number: 4017     X: 0042 Y: 0036
                Soil type: clay         Percolation: 4 mtrs/hr
                Vegetation: kudzu       Canopy height: 25 mtrs
                Water table: 12 mtrs    Construct: outhouse
                Maintenance code: 3T/4F/9R
Step N+5:   Press function key 9: modify
Step N+6:   Entries on screen will be highlighted. Move cursor
            to VEGETATION field. Type 'grass' over 'kudzu' and
            press RETURN key.
Step N+7:   Entries on screen will no longer be highlighted.
            VEGETATION field should now read 'grass'.
Step N+8:   Press function key 16: Return to previous screen.
Step N+9:   Menu will appear, reading
                * delete file
                * modify file
                * rename file
            To verify that the modification has been recorded,
            place cursor next to 'modify file' and press RETURN
            key.
Step N+10:  Screen will ask for record number. Type '4017'.
Step N+11:  Screen will fill with data fields for record 4017:
                Record number: 4017     X: 0042 Y: 0036
                Soil type: clay         Percolation: 4 mtrs/hr
                Vegetation: grass       Canopy height: 25 mtrs
                Water table: 12 mtrs    Construct: outhouse
                Maintenance code: 3T/4F/9R
```

494

测试脚本中的步骤都是有编号的，并且标明相关联于每一个步骤的数据的引用。如果没有在别的地方对它们进行过描述，我们就要在这里说明如何准备测试数据或测试场所。例如，可能要详细描述必需的设备设置、数据库定义和通信连接。接着，这个脚本确切地解释在测试的过程中将发生什么。我们报告按下的键、显示的屏幕、产生的输出、设备的反应以及其他现象。我们解释预期的结果或输出，以及如果预期的结果与实际的结果不同，向操作人员或用户提供操作指南，告诉他们应该怎么做。

最后，测试描述解释结束测试所需的活动序列。这些活动可能是阅读或打印关键数据、终止自动化的过程或者关掉部分设备。

9.8.4 测试分析报告

当一个测试执行完成后，我们对其结果进行分析，以确定测试的功能或性能是否满足了需求。有时，仅仅证明一个功能就足够了。可是，大多数情况下，这个功能会有相关性能约束。例如，仅仅知道能对某一列排序或求和是不够的，我们还必须测量计算的速度，并注意其正确性。因此，测试分析报告是必需的，原因如下。

- 文档化测试的结果。
- 如果一个失效发生，则这个报告提供重现该失效（如果必要的话）以及发现并修复问题根源的必要信息。
- 提供确定是否开发项目得以完成的必需信息。
- 树立对系统性能的信心。

没有参与测试但是熟悉系统其他方面及开发的人可能会阅读测试分析报告。因此，报告包含关于项目的一个简短总结、它的目标及其针对该测试的相关参考文档。例如，在测试报告中提及与该测试中执行的功能相关的需求、设计和实现文档。报告还简要说明测试计划和规格说明文档中与该测试相关的部分。

介绍完这些内容之后，测试分析报告列出要证明的功能和性能特性以及描述实际的结果。描述的结果包括功能、性能以及数据的测量，指出是否目标需求得到满足。如果发现了故障或缺陷，要讨论它造成的影响。有时我们用严重性级别的测量来评估测试结果。这种测量有助于测试小组决定是继续测试，还是等到故障改正之后再进行测试。例如，如果在显示屏幕的上端出现无效字符，那么我们可以一边查找这个失效的原因并对其进行改正，一边继续进行测试。但是，如果一个故障导致系统崩溃或者数据文件被删除，则测试小组就可能决定中断测试，直到这个故障修复为止。

9.8.5 问题报告表

回想我们在第1章讲过一个故障，是系统制品中可能导致系统失效的一个问题。故障是由开发人员发现的，而体验失效的却是用户。在测试的过程中，我们使用**问题报告表**（problem report form）来比较故障和失效的相关数据。**差异报告表**（discrepancy report form）是描述实际系统的行为和属性与我们预期的不相符的这类情况的问题报告。它说明我们预期的结果、实际发生的情况以及导致失效的环境。**故障报告表**（fault report form）说明故障是如何发现和修复的，通常与差异报告表的内容相对应。

每一个问题报告表都应该就它所描述的问题回答如下几方面。

- **位置**：该问题发生在什么地方？
- **发生时间**：什么时候发生的？
- **症状**：表现是什么？
- **最终结果**：后果是什么？
- **机制**：它是如何发生的？
- **原因**：发生的原因是什么？
- **严重性**：用户或业务受到的影响有多大？
- **成本**：它的代价有多大？

图9-12是一家英国公司的实际故障报告表。请注意，每一个故障都分配一个故障号，并且开发人员记录他们接到问题发生的通知日期以及找到并修复这个问题的日期。因为开发人员不会立刻处理每一个问题（例如由于其他的问题具有更高的优先级），所以还要记录修复这个故障所需的实际小时数。

故障号	故障告知日期	系统区域	故障类型	故障修复日期	修复耗费的小时数
...	...	...	...	...	...
F254	92/14	C2	P	92/17	5.5

图9-12 故障报告表

然而，这个故障报告表遗漏了大量数据。总体而言，故障报告表应该就列出的问题提供如下详细信息（Fenton and Pfleeger 1997）。

- 位置：系统内的标识符，例如模块名或文档名。
- 发生时间：故障的产生、检测和改正发生在哪些开发阶段。
- 症状：报告的错误消息类型或揭示故障的活动（例如，测试、评审或审查）。
- 最终结果：该故障所造成的失效。
- 机制：故障根源是如何产生、检测和改正的。
- 原因：导致该故障的人为错误类型。
- 严重性：引用导致的失效或潜在失效的严重性。
- 成本：查找并改正故障所花费的时间或工作量，可以包含在开发更早期识别故障时的成本分析。

请注意，故障的这些方面的信息反映出开发人员对故障所产生的对系统的影响的理解。另一方面，差异报告应该反映用户关于故障所引起的失效的看法。虽然问题是一样的，但是答案却大不相同。

- 位置：用户观察到失效的安装地点。
- 发生时间：CPU时间、时钟时间或其他相关的时间测量。
- 症状：故障消息或失效的类型。
- 最终结果：关于失效的描述，例如“操作系统崩溃”“服务质量降低”“数据丢失”“错误输出”和“无输出”。
- 机制：事件链，包括导致失效的按键命令和状态数据。
- 原因：引用导致失效的可能故障。
- 严重性：对用户或业务的影响。
- 成本：修复的成本再加上潜在业务损失所带来的代价。

图9-13是一张实际的差异报告表，被误称为“故障”报告。它强调我们列出的许多问题，并在描述失效方面做得很好。但是，它只列出了改变的项，而没有描述造成失效的原因。理想情况下，该表格应该引用一个或多个故障报告，使我们能够知道哪些故障引起哪些失效。

FAULT REPORT　　**S.P0204.6.10.3016**

ORIGINATOR: Joe Bloggs

BRIEF TITLE: Exception 1 in dps_c.c line 620 raised by NAS

FULL DESCRIPTION　Started NAS endurance and allowed it to run for a few minutes. Disabled the active NAS link (emulator switched to standby link), then re-enabled the disabled link and CDIS exceptioned as above. (I think the re-enabling is a red herring.)　(during database load)

ASSIGNED FOR EVALUATION TO:　　DATE:

CATEGORISATION: 0 ① 2 3 Design Spec Docn
SEND COPIES FOR INFORMATION TO:
EVALUATOR:　　DATE: 8/7/92

CONFIGURATION ID	ASSIGNED TO	PART
dpo_s.c		

COMMENTS: dpo_s.c appears to try to use an invalid CID, instead of rejecting the message. AWJ

ITEMS CHANGED

CONFIGURATION ID	IMPLEMENTOR/DATE	REVIEWER/DATE	BUILD/ISSUE NUM	INTEGRATOR/DATE
dpo_s.c v.10	AWJ 8/7/92	MAR 8/7/92	6.120	RA 8-7-92

COMMENTS:

CLOSED

FAULT CONTROLLER:　　DATE: 9/7/92

图9-13　空中交通控制系统开发中的差异报告（Pfleeger and Hatton 1997）

我们需要问题报告表包含更完整的信息，以便我们能够评估测试和开发实践的有效性和效率。尤其是当我们的资源有限时，问题报告列出的历史信息有助于我们理解哪些活动可能引起故障以及哪些实践擅长于发现和修复故障。

9.9　测试安全攸关的系统

在第1章中，我们讨论了其失效可能造成人员伤亡的几个真实系统的例子。这样的系统被称为**安全攸关**（safety-critical）的系统，因为它的失效造成的后果相当严重。Anthes报道了许多有关软件失效造成不可挽回损失的其他例子（Anthes 1997）。例如，1986—1996年，美国食品和药品管理局归档了450份报告，它们描述了医疗设备中的软件故障，有24份描述的是导致伤害或死亡的软件。其中一些报道的问题如下。

- 静脉注射泵在没有注射液的情况下运行，结果把空气注入了病人体内。
- 当病人的心脏停止跳动时，监控器没有发出警报。
- 呼吸机对病人进行事先没有安排的辅助呼吸。
- 数字显示屏上显示的是一个病人的名字，病历内容却是另一个病人的医疗数据。

这些问题并不一定意味着软件质量下降，相反，体现出安全攸关系统中软件的比例在增加。

不幸的是，我们并不总是能够理解软件开发过程是如何影响我们构建的产品特性的，因此，我们很难确保安全攸关的系统是足够安全的。尤其是，我们并不了解每种实践或技术对提高产品可靠性能发挥多大作用。同时，客户要求系统达到极端高的可靠性。

例如，空中客车A320是一种摇控飞行的飞机，这意味着其至关重要的功能是由软件控制的。由于飞机不允许其摇控系统软件发生失效，因此，它的系统可靠性需求是故障率为每小时10^{-9}（Rouquet and Traverse 1986）。软件需求甚至会更加苛刻。

规定的失效率意味着该系统在10^9小时内最多只允许一次失效。换句话说，系统在100 000年的运行期间，最多只可以失效一次。我们说，当一个系统在10^9小时内最多只能出现一次失效时，这个系统具有**极端高可靠性**（ultra-high reliability）。很明显，通常的稳定性评价技术不能用于这样的情形。这样做意味着系统要（至少）运行100 000年，并同时要跟踪失效行为。因此，必须寻找其他能够确保软件可靠性的实践方法。

图9-14告诉我们另一种考虑极端高可靠性问题的方式，它是我们根据一个运作系统的失效数据绘制的图形。为了修复引起的失效，改变了系统软件和硬件的设计。在测试进行的过程中，图中使用Littlewood-Verrall模型计算出当前的失效发生率（Rate of Occurrence of Failure，ROCOF）。虚线是手工拟合的，它清楚地表明回报逐渐降低：因为线段的倾斜度越来越平缓，失效发生的频率越来越低。也就是说，必须测试更长的一段时间才能使系统再次发生失效，因此，可靠性在增加。

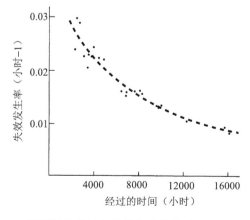

图9-14　从Musa数据集导出的失效发生率估算（Fenton and Pfleeger 1997）

　　然而，从图上根本看不出最终的可靠性将会怎样，我们无从得知这条曲线会趋近于0，还是会到达一个非0的值（因为我们在修复旧故障的同时，引入了新故障）。即使有信心系统能达到极端高的可靠性，我们仍然需要测试格外长的一段时间来证明我们的信心。

　　实际上，即使一个程序经过长时间的测试也没有发生失效，我们仍然不会得到我们需要的保证。Littlewood已经证实，如果一个程序无失效工作了x小时，那么它在下一个x小时继续无失效工作的可能性是50:50。像空中客车A320这样的飞机显然需要软件零失效地运行数十亿小时（Littlewood 1991）。因此，即使该系统确实已经达到了其可靠性目标，我们也不能在可接受的时间内确信这一点。

　　确保非常高的可靠性是很困难的，但是，如果我们希望继续在安全攸关的系统中使用软件，那就必须面临这个关键的挑战。许多软件工程师提出，我们应该对需求、设计和编码进行形式化验证。但是，对自然语言进行形式化评估是不可能的事情，并且如果我们将自然语言转换为数学符号，可能会丢失重要的信息。即使对规格说明和设计进行形式证明也不是简单的事情，因为证明中有时也会犯错误。因此，巴尔的摩天然气电力公司（补充材料9-9）等依靠一系列质量保证技术，尽可能多地发现或预防故障。补充材料9-10列出另外一些增加安全性的工业方法。同时，研究人员一直在寻找有助于开发人员理解和确保可靠性的其他方法。我们将讨论其中3种技术：设计多样性、软件安全性案例和净室方法。

补充材料9-9　巴尔的摩天然气电力公司的软件质量实践

　　马里兰州的巴尔的摩天然气电力公司（BG&E）在开发控制它的两个核反应堆的安全攸关软件时，并没有使用特殊的工具或技术。但是，管理人员希望通过完全的需求定义检查、执行质量评审、仔细的测试、完备的文档以及严格的配置控制来确保高可靠性。

　　为了确保能够在早期发现所有的问题，对该系统进行了两次评审。信息系统组和核电站设计工程组一同进行设计评审、代码评审和系统测试。

　　美国政府已经颁布了针对核电站的联邦质量保证标准，BG&E的内部信息系统组开发的软件必须遵守这些条例。此外，当将厂商提供的软件用作控制系统的一部分时，BG&E会将一个审计小组派到厂商的开发地点，以确保厂商方具有一个遵守条例的软件质量保证计划（Anthes 1997）。

补充材料9-10　构建安全攸关软件的建议

Anthes提出了构建和测试安全攸关系统的若干步骤，并被工业界顾问所倡导（Anthes 1997）。

- 承认测试不能去除所有故障或风险。
- 不要混淆安全性（safety）、可靠性和保密性（security）。一个100%可靠的系统仍然可能既不保密也不安全。
- 将组织机构中的软件和安全机构紧密地联系在一起。
- 构建和使用安全的信息系统。
- 灌输安全性的管理文化。
- 假定用户能犯的每一个错误都可能真的出现。
- 不要假定低概率、高危害事件不会发生。
- 强调需求定义、测试、代码和规格说明评审以及配置控制。
- 对短期成本的考虑不能影响对长期风险和成本的考虑。

9.9.1　设计多样性

　　第5章中介绍的设计多样性基于一个简单的原理。同一系统是根据同一个需求规格说明，但是按照不同的设计，用几种独立的方法构建的。每个系统与其他系统并行运行，当一个系统的结果不同于其他系统时，通过投票策略调整活动。其隐含的假设是，对于一个给定的需求，5个开发小组中有3个或3个以上的小组编写出不正确的软件的情形是不大可能发生的（Avizienis and Kelly 1984）。有几个系统都已经使用这种技术来构建，包括为美国航天飞机和空中客车A320开发的软件（Rouquet and Traverse 1986）。但是，有实证性证据表明，独立开发的软件版本并不会独立地失效，多样性设计并不总是能提供比单个版本更高的可靠性。

例如，Knight和Leveson进行了一项试验，其中，独立地开发了软件系统的27个版本（Knight and Leveson 1986）。他们检查了每个系统中发现的故障，发现有一些共同的故障发生率很高。Knight和Leveson推测，由于培训软件开发人员在设计中使用常用的技术和方法，不同的设计人员和开发人员犯了同样类型的错误。Eckhardt和Lee根据改变不同输入难度的想法，讨论了一个理论上的场景，证实了这些实证性研究结果（Eckhardt and Lee 1985）。

Miller指出，即使我们构建独立失效的冗余的系统，我们仍必须设法估算任意两个版本之间的相关性（Miller 1986）。他说明，这种证明与对随之产生的系统进行黑盒测试一样困难，因此，他认为这是一个实质上不可能的任务。

500 ~ 501

9.9.2 软件安全性案例

测试必须与软件设计和实现关联起来。我们可以对设计进行检查以帮助我们定义测试用例以及确定什么时候我们已经考虑了所有可能的场景。Fenelon等人指出，我们应该通过列出系统目标、调查设计满足这些目标的程度，并且确保系统实现与设计相匹配，来考虑安全攸关系统的质量（Fenelon et al.1994）。总的来讲，我们希望系统是**安全的**，即不会发生事故或损失。我们可以对这个安全性目标进行分解，对设计的每一个构件分配失效率或约束，先达到每一个较低层的目标，将这些目标"积累起来"，最终达到整个系统的安全性目标。通过这种方式，我们为系统做出**安全性案例**（safety case），明确软件要达到的安全攸关系统的性能目标的方式。

可以从4个不同的视角对一个系统进行分析：知道原因或不知道原因，知道后果或不知道后果。在每种情况下，我们希望在产生正常行为的情形和导致潜在的失效的情形之间建立某种联系。表9-6列举出在每一种情况下我们可以采取的步骤。在设计的过程中使用这些分析，可以帮助我们计划避免失效的方式；在测试的过程中使用这些分析，可以帮助我们识别重要的测试用例。

表9-6 进行安全性分析的视角

	已知原因	未知原因
已知后果	系统行为的描述	演绎分析，包括故障树分析
未知后果	归纳分析，包括失效模式和后果分析	试探性分析，包括危险和可操作性研究

我们在第5章中看到，故障树分析是如何帮助我们检查可能的后果、跟踪故障以回溯到其根源的。**失效模式和后果分析**（Failure Mode and Effect Analysis，FMEA）是对故障树的补充，它从已知的失效模式推出未知的系统后果。**危险**（hazard）是一个系统状态，与正好满足的条件一起，将导致一个事故。**失效模式**（failure mode）是一种情形，使得危险发生。例如，阿丽亚娜4型火箭 SRI的溢出是一个危险，它没有引发阿丽亚娜4型火箭失效，因为相关条件并未出现（但是这些条件在阿丽亚娜5型火箭中出现了）。阿丽亚娜5型火箭的失效模式是当SRI运行时间长于设计预期的时间时的情形。

FMEA是一种劳动密集型的方法，它基于分析人员的经验。通常在FMEA中，我们对软件设计进行一个初始的分析，把可能导致失效的模式抽取出来。然后，分析基本失效模式结合在一起是如何导致实际失效的。补充材料9-11介绍， FMEA是如何与其他技术一起，对Therac-25的安全性进行改进的。

补充材料9-11　安全性和Therac-25

在1985年6月到1987年1月之间，有6个众所周知的事故都与一种名为Therac-25的放射治疗仪有关，这些事故中的伤亡都是由于严重的过量用药引起的。Leveson和Turner详细介绍了这种仪器、事故和软件问题，所有设计和构建安全攸关系统的软件工程师都应该阅读他们的这篇文章（Leveson and Turner 1993）。

Therac-25中的软件是由一个人编写的，使用了PDP-11汇编语言，复用了以前仪器Therac-6中的代码。该软件中有的部分在一个模拟器上进行了测试，但是大部分都是作为更大系统的一部分进行测试的，多数进行了集成测试（也就是说，单元测试和软件测试极少进行）。

加拿大Atomic Energy有限公司（AECL）对Therac-25系统进行了一项安全性分析。AECL首先进行失效模式和后果分析，以确定导致严重危险的单个失效。然后，为了确定多重失效并对结果进行量化，还进行了故障树分析。最后，聘请了一名外部顾问，对与最严重危险相关的软件功能进行详细的代码审查，电子束扫描、能量选择、电子束停止和剂量校准。AECL最后的报告对Therac-25的硬件提出了10点改变意见，包括支持能量选择和电子束扫描的软件控制的互锁。

Leveson和Turner介绍了这些问题潜在的原因，它是一个很难再现的计时故障。他们指出，大多数与计算机有关的事故都是由需求故障导致的，而不是代码故障，他们列出了Therac-25违背的几个基本的软件工程原则。

- 在开发进行的同时就应当准备文档，而不是开发完成之后。
- 软件质量保证的实施应该是开发过程中的一个组成部分，这些实践活动应该包括早期设置的、用来评价中间产品的标准。
- 简单的设计比复杂的设计更易于理解、编码和测试。
- 软件设计应该能预测失效并获得有关失效的信息。
- 假定系统测试可以找出所有软件问题是不切实际的。在将软件与硬件集成在一起之前，应该对软件在构件层和系统层上广泛地进行测试，并进行正式的分析。

危险和可操作性研究（hazard and operability study，HAZOPS）是一种有组织的分析，用于预测系统危险并提出避免或应对这些危险的手段。英国的Imperial Chemical Industries公司在20世纪60年代开发了一种技术以分析一家新化学工厂的设计，HAZOPS就是根据这种技术发展而来的。HAZOPS使用指导词作为广泛的评审过程的一部分，结合对构件处理过程中的控制流和数据流的分析，来帮助分析人员确定危险。表9-7是一个系统的指导词的例子，其中数据和信号控制的事件计时对于任务协调是很重要的。

502
~
503

表9-7　HAZOPS指导词

指　导　词	含　义
无	没有发送或收到任何数据或控制信号
过多	数据的容量太大或者太快了
过少	数据的容量太小或者太慢了
部分	数据或控制信号是不完全的
额外的	数据或控制信号有另一个构件
早	对系统时钟来说，信号到得太早了
迟	对系统时钟来说，信号到得太晚了
之前	信号按照预期的顺序到得太早了
之后	信号按照预期的顺序到得太晚了

Fenelon等人使用称为SHARD的方法对HAZOPS进行修改，使之适用于软件的情形。他们将他们的指导词建立在对危险的3种观察之上（Fenelon et al. 1994）。

(1) 服务提供。软件在不应该提供一个服务时提供了服务，或者在它应该提供服务的时候没有提供服务：疏漏型错误／犯错型错误。

(2) 计时。提供服务过早或过晚：早／晚。

(3) 服务价值。服务是不正确的，容易或难以看到故障：明显错误／隐蔽错误。

这种框架被扩展为大量指导词，如表9-8所示。

表9-8　SHARD指导词

流		服务提供		失效类别计时		服务价值	
协议	类型	疏漏型错误	犯错型错误	早	晚	隐蔽错误	明显错误
池	布尔	没有更新	多余更新	—	老数据	固定……	—
	值	没有更新	多余更新	—	老数据	错的容限	超出容限
	复杂	没有更新	多余更新	—	老数据	不正确	不一致
通道	布尔	无数据	额外数据	早	晚	固定……	—
	值	无数据	额外数据	早	晚	错的容限	超出容限
	复杂	无数据	额外数据	早	晚	不正确	不一致

一旦确定了失效模式，我们开始寻找可能的原因和后果。当发现一个有意义的原因和后果时，接着寻找避免该原因或缓解该后果的策略。在测试的过程中，可以选择测试每一种失效模式的测试用例，从而能观测系统适当的反应（即不会导致重大失效）。

504

9.9.3　净室方法

20世纪80年代中期，IBM的研究人员提出了一种新的软件开发过程，旨在利用高生产率的小组生产高质量的软件。他们的过程称为**净室方法**（cleanroom），体现芯片生产中用到的以使故障降到最少的思想（Mills，Dyer and Linger 1987）。

1. 净室方法原理和技术

净室方法提出了两个基本原理。

(1) 根据规格说明证明软件，而不是等待单元测试发现故障。

(2) 产生零故障或接近零故障的软件。

应用这些原理时还结合了本章和前面章节中讨论过的几种技术。首先，使用第8章介绍的盒式结构来说明软件。系统定义成一个黑盒，然后细化成状态盒，再细化成一个透明盒。盒式结构促使分析人员在开发生命周期的早期找出需求中的遗漏，从而更易于修改故障，代价也更小。

接着，将透明盒说明转化为一个想要的功能，如果合适，可以用自然语言或数学语言表述。一个正确性定理定义了一个关系，它根据想要的每个功能的控制结构描述功能的正确性，用3种正确性条件中的一种表示。

例如，常用结构的正确性条件可以表示成问题表（Linger日期不详）：

```
Control structures:        Correctness conditions:
Sequence                   For all arguments:
    [f]
    DO
        g:                 Does g followed by h do f?
        h
    OD
Ifthenelse
    [f]
    IF p                   Whenever p is true
    THEN                       does g do f, and
        g                  whenever p is false
    ELSE                       does h do f?
```

```
                        h
                    FI
            Whiledo
                [f]                     Is termination guaranteed, and
                    WHILE p             whenever p is true
                    DO                      does g followed by f do f, and
                        g               whenever p is false
                    OD                      does doing nothing do f?
```

项目小组评审这些关系，用正确性形式化证明来验证这些正确性条件。例如，一个程序和它的部分证明可能如下（Linger日期不详）：

```
Program:                        Subproofs:
[f1]                            f1 = [DO g1;g2;[f2] OD] ?
DO
        g1
        g2
        [f2]                    f2 = [WHILE p1 DO [f3] OD] ?
        WHILE
            p1
            DO [f3]             f3 = [DO g3;[f4];g8 OD]?
                g3
                [f4]            f4 = [IF p2 THEN [f5] ELSE [f6] FI]?
                IF
                    p2
                THEN [f5]       f5 = [DO g4;g5 OD] ?
                    g4
                    g5
                ELSE [f6]       f6 = [DO g6;g7 OD] ?
                    g6
                    g7
                FI
                g8
        OD
    OD
```

这种验证代替了单元测试，而单元测试在这里是不允许的。在这一阶段中，软件根据它的规格说明得到证明。

最后一步是统计使用测试，其中根据本章前面介绍的使用概率来随机选择测试用例。将其结果用在一个质量模型中，以确定期望的平均无故障时间和其他质量测量。IBM的研究人员认为，传统的覆盖测试以随机的顺序发现故障，而统计测试在改进系统总体可靠性上更为有效。Cobb和Mills报告称，统计测试在延长MTTF上的有效性是覆盖测试的20多倍（Cobb and Mills 1990）。

2. 净室方法的前景

已经有很多对净室方法进行的实证性评估。例如，Linger和Spangler指出，IBM的净室方法小组已经高效生产了30万行代码，故障率为每千行代码2.9个故障。他们宣称，用传统方法开发出的代码故障率为每千行代码30~50个故障，而用净室方法开发的代码极大地降低了故障率。而且，"经验表明，正确性验证之后剩下的故障通常是简单的故障，很容易在统计测试中发现，而不是传统开发中经常遇到的隐藏很深的设计和接口故障"（Linger and Spangler 1992）。报告的结果是根据不同小组的实际工作得出的，这些小组成员从3人到50人不等，用过程语言和面向对象语言开发了许多不同类型的应用程序。

NASA Goddard宇航中心的软件工程实验室（SEL）对净室方法进行了严格测试，进行了一系列受控的试验和案例研究，以确定净室方法中的某些关键元素是否像宣传的那样起作用。从表9-9的结果中可以看到，净室方法似乎在小项目上表现很好，但在较大的项目上则不然。因此，SEL的净室方法过程模型经过了演化。特别是，SEL过程模型之前仅用于少于50 000行代码的项目，经过改进的模型则可以适用于更大的项目。另外，SEL开发人员不再使用可靠性建模和预测，因为他们的预测几乎没有数据基础。Basili和Green指出（Basili and Green 1994），这些在飞行动力环境下进行的研究使他们确信，净室方法的关键特征导致了较低的故障率、较高的生产率、更完善更一致的代码构件集和开发人员工作量的重新分布。不过，他们提醒人们，SEL环境不同于IBM的，而净室方法必须根据它的使用环境进行剪裁。

表9-9　NASA的SEL研究结果（Basili and Green 1994）©1996 IEEE

特　　性	试　　验	案例研究1	案例研究2	案例研究3
团队规模	3人开发小组（10个试验小组，5个控制小组）；相同的独立测试人员	3人开发小组；2人测试小组	4人开发小组；2人测试小组	14人开发小组；4人测试小组
项目规模和应用	1500 行 Fortran 代码；研究生实验课程的消息系统	40 000行Fortran代码；飞行动力、地面支持系统	22 000行Fortran代码；飞行动力、地面支持系统	160 000行Fortran代码；飞行动力、地面支持系统
结果	净室方法小组使用了更少的计算机资源、更成功地满足了需求，而且按进度交付的百分比更高	与环境基线相比，项目在设计中花费的工作量百分比更高、使用更少的计算机资源，而且得到了更高的生产率和可靠性	与前面的趋势一样，项目达到了更高的可靠性，但生产率与基线生产率相同	项目可靠性仅仅稍高于基线，而生产率低于基线

3. 谨慎对待净室方法

虽然大多数文献指出，净室方法改进了软件质量，但是Beizer指出，需要谨慎地对待这些结果（Beizer 1997）。他认为，净室方法没有单元测试，这增加了失误的危险，与"已知的测试理论和共识相矛盾。"根据Beizer所说，"除非你执行了一个有'臭虫'的代码，否则不可能发现一个'臭虫'。"而传统的净室方法仅仅依靠统计测试来验证可靠性，没有任何种类的单元测试。而且，统计测试本身也可能产生误导，补充材料9-12对此做了解释。

507

补充材料9-12　利用统计测试何时会产生误导

操作测试假定，在最常使用的操作和最常出现的输入值中，故障出现的概率最高。Kitchenham和Linkman指出，这种假设在一个特定的操作范围内是成立的，但是在一个系统的整套操作中则不然（Kitchenham and Linkman 1997）。为了了解原因，他们描述了一个例子，其中一个操作发送打印文件请求给4台打印机中的一台。当请求被接收后，不是所有的打印机都一定可用。可能发生3种情况。

(1) 一台打印机可用，没有内部打印队列。这种情况称为"非饱和"（nonsaturated）条件。

(2) 没有打印机可用，没有打印队列；必须启动一个内部队列，把请求放入该队列中。这种情况称为"转移"（transition）条件。

(3) 没有打印机可用，打印队列已经存在，而打印请求被放到队列中。这种情况称为"饱和"（saturated）条件。

根据经验我们可以知道，饱和条件的出现概率为79%，非饱和条件占20%，而转移条件占1%。假定每个条件的失效概率均为0.001，那么每种模式对总的失效概率的贡献为：非饱和条件是$(0.001) \times (0.20) = 0.000\ 2$，饱和条件是$(0.001) \times (0.79) = 0.000\ 79$，而转移条件是$(0.001) \times (0.01) = 0.000\ 01$。假设有3个故障，每个故障与一种条件有关。Kitchenham和Linkman证明（Kitchenham and Linkman 1997），检测出每个故障的机会为50%，而且必须运行$0.5 / 0.000\ 2 = 2\ 500$个测试用例，才能检测到非饱和条件故障，需要$0.5 / 0.000\ 01 = 500\ 000$个测试用例才能检测到转移条件故障，检测出饱和条件的故障需要$0.5 / 0.000\ 79 = 633$个测试用例。因此，根据操作情况的测试将检测到最多的故障。

然而，他们指出，转移情况通常是最复杂而且最容易出现失效的情况。例如，虽然起飞和着陆只占飞机操作的一小部分，这些操作模式却是很大一部分失效的原因。因此，假设在饱和和非饱和条件下，选择一个引起失效的输入状态的概率都是0.001，但是转移条件下的概率是0.1。那么每种模式对总的失效概率的分布是，非饱和条件为$(0.001) \times (0.20) = 0.000\ 2$，饱和条件为$(0.001) \times (0.79) = 0.000\ 79$，而转移条件为$(0.1) \times (0.01) = 0.001$。像前面一样转换成测试用例，需要2500个测试用例来检测一个非饱和条件下的故障，633个测试用例来检测饱和条件故障，但只需500个测试用例来检测一个转移故障。换句话说，利用操作情况将使我们把重点放在对饱和模式的测试上，而实际上应该把重点放在对转移故障的测试上。

Beizer指出，净室方法没有对照下列情况进行过测量。

- 通过提出覆盖目标进行的正确的单元测试。
- 由测试技术培训过的软件工程师进行的测试。
- 由使用测试设计和自动测试技术的机构进行的测试。
- 正确的集成测试。

而且，净室方法假定我们擅长测量软件可靠性。然而，Lyu的可靠性手册（Lyu 1996）中总结的可靠性文献表明，可靠性工程存在许多问题。特别是，我们已经看到，对好的建模来讲操作情况是最基础的，而我们不能确保操作情况是准确的，甚至不能保证它是有意义的。

Beizer介绍了评价净室方法的24个经验研究的结果，其中包括Basili和Green的研究（Basili and Green 1994），Beizer指出，它们都有严重的缺陷。

- 研究的对象知道他们正在参与一个试验，因此Hawthorne效果可能会影响结果。也就是说，参与者知道他们的产品会被评价，这个事实可能已经导致了质量的提高，而不是净室方法技术本身的作用。
- 测试人员的"控制"小组对正确的测试方法没有经过培训或者没有这方面的经验。
- 没有用覆盖工具或自动技术来支持测试。
- 没有对欺骗进行控制，因此有可能实际上把净室方法用在了已经调试过的程序上。

经过对比，Beizer指出没有哪个研究指出当前的测试理论在数学上有缺陷。由于Beizer发现了经验观察的证据并不可信，他提出，对经验观察的回顾性分析可以消除一些偏见（Vinter 1996）。为了比较两种方法，可以用第一种方法开发软件，记录在开发过程中和第一年使用中发现的所有故障。然后，把第二种方法应用于代码，看看它是否发现了第一种方法中已经发现过的故障。同样，也可以把第一种方法回顾性地用于使用第二种方法开发的系统。

在这场争论中哪一方会取胜现在还没有定论。但是Beizer提出了一些重要的问题，教导我们不仅要对被建议用于解决质量和生产率的主要问题的那些软件工程技术保持怀疑态度，而且对用来说服我们一种技术优于另一种技术的评价也要保持怀疑态度。我们必须谨慎地检验我们的理论和假设以及我们的软件。

9.10   信息系统的例子

本章讨论的概念对皮卡地里系统的开发人员有实际的意义。测试人员必须选择一种方法，决定如何进行系统测试、什么时候停止系统测试以及预计有多少故障和失效。这些都不是容易回答的问题。例如，到底哪种故障密度是人们期望的或可接受的？文献并没有明确讨论这类问题。

- Joyce（1989）报道，NASA航天飞机的航空电子设备系统的故障密度是每千行代码0.1个故障。
- Jones（1991）宣称，处于前沿的软件公司的故障密度为每千行代码0.2个故障，或者对于每一个功能点，用户报告的失效不超过0.025个。
- Musa、Iannino和Okumoto（1990）描述了一个关于可靠性的调查，发现在关键系统中的平均故障密度是每千行代码1.4个故障。

- Cavano和LaMonica（1987）提到军用系统的调查，指出故障密度范围是每千行代码5.0～55.0个故障。

因此，设置故障密度目标或计算停止标准是很困难的。像补充材料9-13指出的那样，判定质量时将硬件和软件类比有时并不适合。实际上，明智的做法是，针对在某些方面与皮卡地里相似的一些过去的项目（语言、功能、小组成员或设计技术），检查其故障和失效的记录。他们可以构建故障和失效行为模型、评价可能的风险并且根据测试中获得的数据做出预测。

补充材料9-13　"六西格玛"为什么不适用于软件

当想到高质量系统时，我们通常使用硬件类推的方法来证明，成功的硬件技术同样适用于软件。但是，Binder解释了为什么一些硬件技术不适合于软件（Binder 1997）。特别地，考虑这样一个想法：构建软件，使之符合众所周知的"六西格玛"质量约束。制造零部件有一定的范围或公差，只要在这个范围内，就认为它们达到了设计目标。例如，如果一个零部件的重量要求是45毫克，实际上，我们可以接受重量为44.9998 mg到45.0002 mg的零部件。如果零部件的重量超出了这个范围，则认为它是有故障的或有缺陷的。六西格玛的质量约束主张在10亿个零部件中，我们希望只能有3.4个零部件超出可接受的范围（即每10亿个零部件中不超过3.4个零部件是有故障的）。随着产品中零部件数目的增加，得到零故障产品的机会也在下降，因此，一个无故障的由100个零部件组成的产品（其中零部件按照六西格玛约束设计）的概率是0.999 7。针对这种质量下降，我们可以减少零部件数目、减少每个零部件关键约束的数目并简化把单个零部件组装在一起的过程。

但是，Binder指出这种硬件类推并不适用于软件，原因有3个：过程、特性和唯一性。首先，由于人是易变的，因此，在软件过程中，从一个"部件"到另一个"部件"，不可避免地包含大量不可控制的变数。其次，软件可能符合要求也可能不符合要求。符合与否并不存在程度区别，不能分为不符合、有一点符合、大部分符合、完全符合。符合是双方面的，它甚至不能与单个故障建立起关联，有时，一个失效是由很多故障造成的，我们通常不知道一个系统中到底有多少个故障。再者，一个失效可能是由于一个与之交互的、不同的应用造成的（例如，当外部系统向正在测试的系统发送了错误的消息）。最后，软件不是批量生产的，"这样做是不可想象的：如果你试图用同样的开发过程构建数千个相同的软件构件，且只选出几个样品检测是否符合标准，在此之后，如果这个过程产生太多未满足需求的系统，则试着修改该过程。我们可以通过一个机械过程生产数百万的副本，但是这与软件缺陷是无关的……六西格玛被用作一个口号，而它仅仅意味着某些（主观的）非常低的缺陷水准，已经丧失了精确的统计意义"（Binder 1997）。

有许多变量与皮卡地里的系统功能有关，因为广告时段的价格取决于许多不同的特性：一星期中的星期几、一天中的什么时间、竞争的节目、重复广告的数目和种类等。因此，需要考虑很多不同的测试用例，可以用自动测试工具来生成以及跟踪测试用例及其结果。

Bach建议，在选择测试工具时应该考虑以下几个因素（Bach 1997）。

- 能力：这个工具具有必需的所有关键特征吗（尤其是在测试结果确认和管理测试数据及脚本方面）？
- 可靠性：这个工具能长期在不发生失效的情况下运转吗？
- 最大生产量：这个工具能在不发生失效的情况下，在大范围的工业环境下运转吗？
- 可学习性：能在短期内掌握这个工具吗？
- 可操作性：这个工具是易于使用还是它的特征让人感觉很麻烦很困难？
- 性能：这个工具在测试计划、开发和管理的过程中能节省时间和金钱吗？
- 兼容性：这个工具在你的环境下能够运转吗？
- 非干扰性：这个工具以实际的方式模拟了一个实际的用户吗？

Bach提醒我们，不要只依靠用户手册中的描述或者产品演示中的功能。为了考虑每一个因素，在一个真实的项目中使用这个工具、了解它在环境中如何运行是非常重要的。生成所有可能的测试用例是一个冗长乏味的过程，皮卡地里的开发人员应该在他们的环境中对若干种工具进行评估，然后选择一种能让他们从烦琐过程中解脱出来的工具。但是，在区分测试用例和确定哪些因素是重要的过程中，没有工具能够帮上忙，要靠开发人员自己来完成这些工作。

9.11　实时系统的例子

在前面的章节中我们已经看到，需求中的问题和不充分的评审是阿丽亚娜5型火箭惯性参照软件SRI失效的一个原因。评估这次失效的委员会还考虑了模拟可能发挥的预防性作用。他们指出，要在飞行中把SRI分离出来单独进行测试是不可能的，但是，从另一方面考虑，软件或硬件模拟本可以产生与预测的飞行参数有关的信号。调查人员们认为，如果在验收测试中采用了这种方法，原本可以揭示失效的条件。

另外，用一个功能模拟设施进行测试和模拟，旨在认证：

- 引导、制导和控制系统；
- 传感器的冗余性；
- 每级火箭的功能；
- 箭载计算机软件是否与飞行控制系统兼容。

利用这个设施，工程师对整个飞行进行了闭环模拟，包括地面操作、遥测流程和发射器动态。他们希望验证指定的轨道是否正确，以及使用内部发射器参数、大气参数和装置失效是否会影响轨道。在这些测试中，并没有使用真正的SRI，而是用专门开发的SRI模拟软件。对真正的SRI只进行了一些开环测试，并且仅仅是针对电子集成和通信一致性的测试。

调查人员指出：

> 不强制在给定层次上对子系统的所有部件进行测试，即使这样做很完美。有时，这实际上是不可能的，或者，完全地或以具有代表性的方式执行它们是不可能的。这些情况下，用模拟器代替它们是合理的，但是只有在仔细检查以前的测试层已经完全地覆盖了这个范围之后，才能进行这种替代。（Lions et al. 1996）

实际上，调查报告描述了使用SRI的两种方法。第一种方法的模拟是准确的，但是，其代价可能很高。第二种方法较为廉价，但是它的准确性取决于模拟的准确性。然而，在这两种情况下，大部分电子元件和所有的软件都可以在实际的操作环境中得到测试。

那么为什么SRI没有在闭环模拟中使用呢？首先，人们认为SRI已经达到了设备级别的要求。其次，阿丽亚娜5型火箭箭载计算机的制导软件的精确性取决于SRI的测度。但是，通过使用测试信号不可能达到这种精度：模型模拟失效模式被认为比该模型更好。最后，SRI的操作中基本时间间隔为1 ms，但是功能模拟设施的基本时间间隔为6 ms，这进一步降低了模拟的精确度。

调查人员发现，这些理由在技术上都是合理的。但是他们还指出，系统模拟测试的目的不仅仅是验证接口，还包括验证针对特定应用的整个系统。他们的结论是：

> 这种假定一定是有风险的：假定像SRI这样的关键设备已经通过自身的认证，或经过前面阿丽亚娜4型火箭上的使用而得到了确认。虽然人们希望模拟具有很高的精确度，但在功能模拟设施系统的测试中，对精确度进行折中以达到所有其他的目标，包括证明像SRI这样的设备的系统集成的适宜性显然更好。制导系统的精确度可以通过分析和计算机模拟进行有效的证明。（Lions et al. 1996）

9.12 本章对单个开发人员的意义

本章讨论了软件测试中的很多主要问题，包括与可靠性和安全性相关的问题。作为单个开发人员，你应该从系统生命周期的一开始就预先为测试做准备。在需求分析的过程中，你应该考虑那些体现状态信息的功能，以及如果有失效发生，能够帮助你找出其根本原因的相关数据。在设计的过程中，你应该使用故障树分析、失效模式和因果分析以及其他技术，来避免失效或者减轻失效造成的后果。在设计和代码审评的过程中，可以构建一个安全性案例，以确保你的软件是高度可靠的并将产生一个安全的系统。在测试的过程中，可以仔细地考虑所有可能的测试用例，并在适当的时候采用自动化工具，以及确保你的设计考虑了所有可能的危险。

9.13 本章对开发团队的意义

作为单个的开发人员，你可以采取措施保证设计、开发和测试的构件是按照规格说明运转的。但是，测试中出现的问题通常是构件之间接口方面的问题造成的。集成测试在测试构件的组合时是很有用的，但是系统测试加入了更多的实际情况，让失效发生的机会更多。在这种类型的测试中，开发小组必须保持交流渠道的畅通，让所有假设都清楚明了。开发团队必须仔细检查系统的边界条件和异常处理。

像净室方法这样的技术，在开发盒式结构、设计和进行统计测试时，需要大量的小组计划和协调。验收测试中涉及的活动需要与客户和用户紧密地合作。当他们进行测试并找出问题时，你必须尽快地确定原因，以便使测试得以继续。因此，虽然开发中某些部分是个人的任务，而系统测试则是一个合作的、群体的任务。

9.14 本章对研究人员的意义

现实中的测试方法远不止本章描述的这些。继续进行的实证性研究有助于我们理解哪些种类的测试发现哪些类型的故障。将实证性研究与"测试理论"相结合，有望使测试的性价比更好。

Hamlet指出，研究人员需要考虑如下几个关键问题（Hamlet 1992）：

- 在可靠性测试中，把系统划分成几部分以指导测试的做法可能并不比随机测试好。
- 我们需要更好地理解"软件是可靠的"是什么含义。有可能状态爆炸（即创建了大量测试用例，会使状态的数量非常巨大）并不像我们认为的那样严重。或许可以把相关的状态分组，然后从各组中抽取样本测试用例。
- 我们或许可以刻画那些测试用例数目不是特别高的程序和系统。我们可以认为，与那些测试用例高得令人无法想象以致无法执行的系统相比，这些系统是更"可测试的"。
- Voas和Miller定义了一种技术，用来检查状态对数据状态变化的"敏感度"（Voas and Miller 1995）。不敏感的故障很难在测试中检测到。研究人员必须研究敏感度与测试难度的关系。

另外，研究人员还应该区分发现故障的测试和增加可靠性的测试。一些研究人员，例如Frankl等人（Frankl et al. 1997），已经证明，用于第一个目标的测试并不总是能满足第二个目标。

9.15 学期项目

我们已经讨论了，设计的种类不像想象的那样多种多样。将你的设计和班上其他同学或小组的设计进行比较。这些设计有什么不同之处？有什么相同之处？对每种测试，设计中的相同点或不同点是有助于代码中故障的发现还是会阻碍代码中故障的发现？

9.16 主要参考文献

*IEEE Software*有几期专刊的重点就是本章讨论的主题。1992年6月刊和1995年5月刊的主题是可靠性，1991年3月刊的重点是测试，2007年5月刊讨论的是测试驱动的开发。

每年的软件工程国际会议论文集通常会有介绍测试理论最新进展的优秀论文。例如，（Frankl et al.1997）仔细研究了改进可靠性的测试和发现故障的测试之间的区别。有关测试的好的参考书有（Beizer 1990）、（Kaner, Falk and Nguyen 1993）以及（Kit 1995）。每一本书都根据行业经验提供了具有现实意义的观点。

有几家评估软件测试工具和出版这些工具性能概要的公司。例如，英格兰的Grove咨询公司、佛罗里达的软件质量工件及弗吉尼亚的Cigital和Satisfice定期对测试技术和测试工具进行分析。可以在网络上找到这些资源及其他资源，帮助你进行需求分析和确认、计划和管理、模拟、测试开发、测试执行、覆盖度分析、源代码分析和测试用例生成。

软件可靠性和安全攸关的系统正受到越来越多的关注，有许多很好的文章和书籍讨论了这些关键问题，如（Leveson 1996，1997）。另外，英国约克大学计算机科学系的可独立计算系统中心正在开发评估软件可靠性的技术和工具。可以从该中心主任John McDermid那里获得更多的信息。

可用性测试是非常重要的。一个正确、可靠但难以使用的系统，实际上可能比一个易于使用但不可靠的系统更糟。可用性测试和更普遍的可用性问题在（Hix and Hartson 1993）中有更深入的讨论。

9.17 练习

1. 考虑一个两次扫描汇编程序的开发。概述它的功能，并介绍你将如何测试它，使得在检查下一个功能之前对每一个功能都进行了完全的测试。提出一个用于开发的构建计划，必须同时设计构建计划和测试，解释如何同时设计。

2. 认证是从外部对一个系统正确性的认可。通常将这个系统与一个预先定义好的性能标准进行比较从而确认该系统。例如，美国国防部根据一个很长的功能规格说明列表，对一个Ada编译器进行测试之后，认证了该编译器。在本章的术语中，这样的测试是功能测试、性能测试、验收测试，还是安装测试？解释是或不是的原因。

3. 当你开发一个构建计划时，必须考虑开发人员和客户都可用的资源，包括时间、人员和资金。举出一个资源约束的例子，其中资源会影响为系统开发而定义的构造块的数目。解释这些约束是如何影响构建计划的。

4. 假定一个数学家的计算器有计算直线斜率和截距的功能。定义文档中的需求是："该计算器将接受格式为Ax+By+C=0的等式作为输入，输出斜率和截距。"这个需求的系统实现是功能LINE，其语法为LINE(A, B, C)，其中A和B是x和y的系数，而C是等式中的常数。结果是D和E的打印输出，其中D是斜率，E是截距。把这个需求写成一组原因和结果，并画出对应的因果图。

5. 在第4章中，我们讨论了需求的可测试性的必要性。解释为什么可测试性对性能测试是重要的。举例说明你的解释。

6. 字处理系统、工资单系统、银行自动柜员机系统、水质监控系统、核电站控制系统分别需要哪种类型的性能测试？

7. 空中交通控制系统可以设计成为一名用户或多名用户服务。解释这样一个系统为什么会有不同的配置，并概述如何设计一组配置测试。

8. 一个制导系统将安装在一架飞机上。当设计安装测试时必须考虑什么问题？

9. 补充材料9-14中给出的这则由CNN发布的新闻介绍了一个软件特征，如果正确实现了该特征，则可能避免1997年8月韩国航空公司801航班在关岛的坠毁事件。哪种类型的测试可以保证该特征在关岛机场附近适当范围的区域内正确运作?

补充材料9-14 软件故障困扰关岛机场雷达系统

1997年8月10日

网上公布时间: 10:34 a.m. EDT (14:34 GMT)

关岛,阿加尼亚(CNN)——调查人员星期天发表评论,雷达系统本来可以对上星期在关岛坠毁的那架韩国喷气式飞机的高度过低发出警告,但是,该系统当时受一个软件故障困扰而错过了这一良机。这个名为FAA Radar Minimum Safe Altitude Warning的系统可以向地面的工作人员发出警告,随后工作人员能够通知飞行员飞机飞得太低了。但是,调查这次坠毁的联邦调查人员认为,关岛上的美国军事基地上的系统最近被修改过,显然,将一个故障引入到了软件中。美国国家运输安全委员会(National Transportation Safety Board)的调查人员认为,这个故障不是这次坠毁(死亡225人)的罪魁祸首,但是它本应提醒飞行员把飞机提升到较高的高度。

"可能……一个预防措施"

"这不是原因——但它本可能成为一个预防措施。"George Black这样说,他是NTSB的成员之一。一名导航控制操作员告诉调查人员,在坠毁之前他没有收到警告,之后,调查人员只得仔细研究该系统。美国航空管理局发觉了这个错误。

这个高度报警系统可以覆盖一个半径为55海里(约102公里)的圆形区域。然而,由于软件被修改过,该系统仅仅覆盖了一英里(约1.6公里)宽的圆形地带。801航班坠毁时不在覆盖区域内。

Black说,修改这个软件是为了防止系统给出太多的故障警告。"修改得太多了,"他说。

还不太清楚这个故障已经存在了多久或者自从修改之后已经在这个机场着陆了多少架飞机。调查人员指出,由于FAA提供了类似的软件给美国的其他机场,他们正在检查是否其他的机场也可能受到影响。

航空公司为飞行员辩护

软件故障的新闻传来时,韩国航空公司的官员正在为驾驶坠毁的波音747飞机的飞行员辩护,认为他是一名经验丰富的飞行员,驾驶该飞机绰绰有余。新闻报道指出了飞行员过失的可能性。"Park Yong-chul是一名经验丰富的飞行员,几乎有9 000小时的飞行记录,"韩国航空公司在一次声明中这样说道。该声明还表明了Park本星期的飞行日程安排和休息时间导致了这场事故。他在最后一次飞行之前有32小时40分钟的休息。

韩国航空801航班于周三清晨坠毁在了俯瞰关岛国际机场的一个山坡上。机上有254人,包括23名机组人员。调查人员称,只有29人幸免于难。调查人员认为,飞行员在坠毁时完全掌控着该飞机,他们正在检查山脉数据和飞行记录,以了解他为什么飞得如此地低。

调查人员说,即使没有报警系统,这名飞行员手边也有其他一些工具,这些工具也可以告诉他飞机太接近山坡了。"这只是一部分,"首席调查员Gregory Feith说,"这些工具应该是有帮助的,据我们所知,这不是坠毁的原因。"

存在的其他问题

报警系统不是该机场FAA设备中唯一存在故障的部分。"滑翔道"是引导飞机到跑道上的一个着陆设备,由于日常维护也未能提供服务。航空公司说已经知道没有这个设备了。

航空公司的声明指出,各种设备问题加上糟糕的天气,导致了这次坠毁事故。"我们还没有排除由暴风雨引起高度忽然改变的可能性,滑翔道的故障或其他因素组合起来也可能是导致这场事故的原因,"韩国航空公司这么说。

星期六,一架飞机在接近关岛机场时飞过了机场跑道,但是设法稳定了下来,然后在第二次降落时安全地着陆了。这架飞机在第一次接近跑道时为什么会错过跑道,原因还不清楚。

很多岩石的阻挡、坠毁地点的陡峭地形和许多尸体的碎片,阻碍了韩国航空坠机的清理工作。

本报道由美联社和路透社协助,通信记者Jackie Shymanski。

10. 有时如果不使用设备模拟器就不能进行测试。请对此举例说明。举出另一个例子来说明为什么需要系统模拟器。

11. 讨论图9-15中的差异报告表，通过阅读该表可以回答有关失效的哪些问题。

```
┌─────────────────────────────────────────────────────────────┐
│                                                               │
│    差异报告表                                                 │
│                                                               │
│    DRF编号：_____    测试人员姓名：_____    │
│    日期：_____         时间：_____    │
│    测试编号：_____                                 │
│    发生失效时的脚本步骤：_____                     │
│    失效描述：_____     │
│    _____   │
│    _____   │
│                                                               │
│    失效发生前的活动：_____     │
│    _____   │
│    预期的结果：_____     │
│    _____   │
│    受影响的需求：_____     │
│    _____   │
│    失效对测试的影响：_____     │
│    _____   │
│    失效对系统的影响：_____     │
│    _____   │
│                                                               │
│    严重级别：                                                 │
│    （低）    1        2        3        4        5（高）       │
│                                                               │
└─────────────────────────────────────────────────────────────┘
```

图9-15　差异报告表举例

12. 一个工资单系统的设计要求在该公司工作的每名员工都有一个雇员信息记录。每个星期对雇员记录更新一次，记录该雇员本星期工作的小时数。每两星期打印一次汇总报表，显示从会计年度开始的总工作小时数。每月每名雇员的该月收入被转到他的银行账户中。对照本章所介绍的每一种类型的性能测试，介绍它们是否适用于该系统。

13. Willie's Wellies PLC公司委托Robusta Systems公司为其开发一个基于计算机的系统，以测试整个橡胶鞋生产线的强度。Willie's公司有9家工厂，分别位于世界上不同的地方，而每个系统都要根据工厂规模进行配置。解释在验收测试完成之后，Robusta公司和Willie's公司为什么应该进行安装测试。

14. 编写一个测试本章描述的LEVEL功能的测试脚本。

15. 我们在本章建议用平均无故障时间来测量可靠性，用平均失效间隔时间来测量可用性，用平均修复时间来测量可维护性。这些测量与本章给出的定义一致吗？也就是说，如果将可靠性、可用性和可维护性定义为概率，与使用那些度量相比，我们得到的结果一样吗？如果不一样，能够将一种度量转化为另一种度量吗？还是两者之间存在着根本的、不可调和的差别？

16. 假定一个安全攸关的系统失效了，致使多人丧生。当调查失效的原因时，调查委员会发现，测试计划没有考虑可能引起系统失效的原因。谁应该对此负责：测试人员（由于没有发现遗漏的情况）、测试计划人员（由于没有编写一个完整的测试计划）、管理人员（由于没有检查该测试计划）还是客户（由于没有执行一个完全的验收测试）？

17. 如果一个系统的极端高可靠性需求意味着这种可靠性永远也不可能被验证，那么究竟是否该使用这个系统呢？

18. 有时，客户雇用一个独立的机构（与开发机构独立）来进行独立的验证和确认（V&V）。验证和确认人员检查开发中包含的过程和产品在内的所有方面，以确保最终产品的质量。如果使用了一个独立的验证和确认小组进行测试，而该系统仍然发生了一次重大的失效，谁应该对此承担责任：管理人员、验证和确认小组、设计人员、编码人员还是测试人员？

19. 在这一章中，我们介绍了两种函数：分布函数$F(t)$和可靠性函数$R(t)$。如果一个系统的可靠性随着测试和修改得到了改进，这些函数的曲线图将会有什么变化？

20. 补充材料9-6介绍了VxWorks软件的两个版本，一个是针对68000芯片的，而另一个是针对R6000芯片的。解释为两种不同的芯片构建一个系统时有关的配置管理问题。配置管理策略能否帮助厂商把68000版本移植到R6000上？

21. "测试先知"是一个假想的人或机器，能判断在什么时候实际的测试结果与期望结果一样。解释在开发测试理论中引入"测试先知"的必要性。

22. 概述测试皮卡地里系统的一个构建计划。

518

第**10**章

交 付 系 统

本章讨论以下内容：
- 培训；
- 文档。

本章我们已经接近于系统开发的尾声。从前面几章中，我们了解到如何认识问题、设计解决方案、实现解决方案并对之进行测试。现在，要向客户呈现我们的解决方案，并确保系统能够持续正常地工作。

很多软件工程师以为系统交付只是一种形式，就像剪彩典礼或交付计算机钥匙一样。但是，即使对于"交钥匙系统"（开发人员将系统移交给客户，但并不负责维护），交付也不仅仅只是把系统安置就位。这段时间，正是我们帮助用户理解产品、并使其轻松使用产品的时候。如果没有成功地交付系统，用户将不能正确地进行使用，并且可能对系统的表现感到不满意。无论哪种情况，用户都不能有高生产率或有效地进行工作，而我们构建高质量系统所花费的心血也将白白浪费。

本章研究能够成功从开发人员转向用户的两个关键问题：培训和文档。在设计系统的时候，我们计划并开发"助手"来帮助用户学会使用系统。伴随系统的还有用户用于解决问题或查阅进一步信息的文档。可以在本书的网页上找到这些文档的相关例子。

10.1 培训

使用系统的人有两种：用户和操作员。这两者之间的关系就像驾驶员和技工的关系一样。汽车的主要功能是运输，驾驶员可以驾驶汽车从一个地方到达另一个地方。而技工对汽车进行维修并提供支持，使驾驶员能够驾驶该汽车。技工可能从来没有实际驾驶过汽车，但是如果没有技工的辅助功能，汽车根本就不能工作。

同样，**用户**（user）执行系统的主要功能，以帮助解决需求定义文档中描述的问题。因而，用户是客户的问题解决者。但是，系统通常还有支持主要系统功能的辅助任务。例如，一个辅助功能可能是定义谁能够访问系统；另一个辅助功能是定期创建重要数据文件的备份副本，以使系统能够从失效中恢复。实际上，**操作员**（operator）执行这些功能的目的是支持主要的工作。表10-1给出用户和操作员职能的一些例子。

表10-1　用户和操作员职能

用户职能	操作员职能
操纵数据文件	授予用户访问权限
模拟活动	授予文件访问权限
分析数据	执行备份
交流数据	安装新设备
绘制图形和图表	安装新软件
	恢复损坏的文件

10.1.1　培训的种类

有时，同一个人既是用户又是操作员。但是，用户和操作员的任务目标有很大不同，所以，每一种培训工作针对的是系统的不同方面。

1. 用户培训

用户培训主要是基于系统的主要功能以及用户使用它们的需要对用户进行的培训。例如，如果一个系统管理的是法律公司的记录，则必须对用户进行培训，使其能够使用记录管理功能：创建和检索记录、修改和删除条目等。另外，用户必须能够浏览并访问到特定记录。如果使用密码保护信息或者防止意外删除，则用户还要学会特殊的保护功能。

同时，用户不必了解系统的内部操作。他们可以对一组记录进行排序而不必知道排序是希尔排序、冒泡排序还是快速排序。访问系统的用户也不必知道有谁在同时访问该系统，或者访问的信息存储在哪个磁盘上。因为这些都是支持功能，而不是主要功能，因此，只有操作员关心它们。

用户培训介绍主要的功能，以便用户理解这些功能是什么以及如何执行它们。培训将使用现有系统如何执行功能与以后用新系统将如何执行功能联系起来。这样做是很困难的，因为为了了解新系统，用户通常被迫改变自己熟悉的活动（心理学研究中称为**任务干扰**）。新活动与旧活动之间类似，但实际上细微的差别可能妨碍用户的学习，所以在设计培训的时候必须把这种困难也考虑进去。

520

2. 操作员培训

操作员培训的重点是熟悉系统的支持功能。该培训针对的是系统是如何工作的，而不是系统做些什么。此时，不太可能发生任务干扰，除非操作员曾使用过非常相似的系统。

在两种层次上对操作员进行培训：如何启动和运行新系统；如何支持用户。首先，操作员学习如何配置系统，如何授权或拒绝对系统的访问，如何分配任务大小或磁盘空间，以及如何监控和改进系统性能等诸如此类的事情。然后，操作员集中于开发的系统的细节：如何恢复丢失的文件或文档，如何与其他系统通信，以及如何调用各种支持过程。

3. 特殊培训需求

常常在一系列集中而完整的课程中，对用户和操作员的系统使用进行培训。培训通常从基础部分开始：如何配置键盘，如何进行菜单选择等。这些功能都会慢慢引入并仔细介绍。这种完整的培训在系统交付的过程中提供给将要使用系统的那些人。

但是，常常由于后来工作安排的变动，新的用户可能会替换培训过的用户。这时必须为他们提供培训，以说明系统是如何工作的。

有时用户需要温习在最初的培训中没有理解的东西。即使最初的培训易于理解，用户和操作员也可能很难吸收所学的每一样东西。用户通常希望复习在最初培训课程中学过的一些功能。

回想一下你学习第一种程序设计语言时的情形，你就可以意识到这种需求。那时，你学习了所有的合法命令，有些命令的语法和含义会记得很牢，而有些则不。为了掌握这种语言，你需要常常翻阅笔记本或课本来复习不常用的命令。

不常使用系统的用户也会遇到类似的问题。对那些不经常使用的系统功能，培训中学到的知识很容易会忘记。例如，考虑一个大公司的字处理系统。该系统的主要用户是天天录入文档并将其从一个地方发送到另一个地方的打字员。经常使用该系统使打字员熟悉大多数功能。而公司总裁可能每周仅使用该系统一两次，用来创建文档或备忘录，这些文档由一名打字员翻译成最终的形式。对不常使用系统的用户的培训与标准用户培训有所不同，总裁不必了解该系统的所有特殊特征。对不经常使用系统的用户，培训可以只针对基本文件创建和修改功能。

操作员也会遇到同样的困难。如果一个系统功能是每半年把档案资料存储到一个单独磁盘中，而操作员在6个月没有执行这项功能后，可能会忘记存档过程。如果不复习培训内容，用户和操作员都倾向于仅仅执行使他们感到轻松的功能；他们可能不会去使用另外一些能使他们更有效率、生产率更高的功能。

类似地，可以为那些有特殊需要的人设计专门的培训课程。如果一个系统生成图表和报告，一些用户可能需要了解如何创建图表和报告，而另一些用户仅仅只想访问已有的图表和报告。培训就

521 可以只教授有限的系统功能，或者只是复习整个系统活动中的一部分。

10.1.2　培训助手

可以用多种方式进行培训。但是，无论如何进行，都必须一直向用户和操作员提供信息，而不只是在系统首次交付时提供信息。如果有时候用户忘记如何访问文件或如何使用新的功能，培训应该包含发现并学会这些信息的方法。

1. 文档

每一个系统都有正式的文档，这些文档为培训提供支持。文档包含适当有效地使用系统所必需的所有信息。在系统运行之时，用户和操作员都可以访问到单独的手册或者是联机文档。系统手册通常类似于汽车驾驶员手册，用于遇到问题或有疑问的时候进行参考。

在你发动引擎开始驾驶之前，你可能不会一页页地阅读驾驶员手册。同样，用户和操作员在要使用系统之前，也不会总是阅读培训文档。实际上，一项研究表明，在一个密集的培训计划中，只有10%～15%的用户阅读了整个手册（Scharer 1983）。6个月之后，没有其他人阅读用户手册，并且附有修订信息的增补页也并没有记录到手册当中。在这种情况以及其他情况下，用户可能更愿意使用定义明确的图元、联机帮助、演示以及询问同班级学员来学习系统是如何工作的。

2. 图元和联机帮助

设计一个系统时，要让它与用户交互的界面使得系统功能易于理解。大多数基于计算机的系统在使用图元来描述用户对系统功能的选择上，都遵循Apple和Xerox风格。一次点击鼠标选择一个图元、再次点击调用一个函数。关于这样的系统培训相对简单，因为通过查看图元而不是回忆命令和语法，更容易记住功能。

类似地，联机帮助也使得培训更加容易。用户可以查看额外功能的目的和使用，而不必花费时间在纸面文档中搜寻。更复杂的联机帮助是使用超媒体技术，这使得用户在需要进一步理解的时候，可以深入研究相关联机文件。然而，正如补充材料10-1所述，与其他的软件系统一样，自动化培训系统也需要同样的维护。

补充材料10-1　培训系统也是软件

基于计算机的培训通常也包含复杂的软件，并且也有不利的一面，记住这一点是很重要的。Oppenheimer指出，由于用户"集中于如何操纵软件，而不是关注手头的主题，因此学习效果可能是降低了，而不是增加了。"他解释说，模拟等技术的使用可能会隐藏我们做出的很多假设，而不是使这些假设更加明确并且鼓励我们对其提出疑问。其结果是，用户将问题表面化了，而没有意识到这些问题能改变他们的工作环境（Oppenheimer 1997）。

522

---

3. 演示和上课

演示和上课使培训增添了个性化，并且用户和操作员对此响应积极。用户的需要是最为重要的，演示或上课可以将重点放在系统的某一特定方面。通常将演示和上课组织为一个系列讲座，以便这一系列讲座中的每一次上课都集中讲授系统的某一功能或某一方面的概念。

相比较于纸制文件或联机文档，演示和上课可以更为灵活和生动。用户可能更喜欢"看图讲故事"的方式，借此，他们可以试着练习演示的功能。演示可以在正式的教室进行。但是，基于计算机或基于Web的培训在演示和讲授系统概念和功能方面已经做得很成功了。

有些培训计划将各种形式的多媒体利用起来。例如，用于演示功能的视频光盘、录像带或网站。因此，学生可以在自己的计算机上对演示的功能进行试验。其他教学软件和硬件，使教师可以监控每个学生正在做的事情，或者通过控制某个学生的系统来演示特定的鼠标点击或键盘敲击。伦敦帝国理工学院的需求实验室就采用这种技术。

演示和上课通常能够从多方面巩固学生所学的知识。就一个功能如何执行来讲，听、读、看会更容易记住功能和技术。对许多人来讲，口头讲座比文字资料使他们集中注意力的时间更长。

演示和上课能够成功的一个关键因素是给用户反馈。培训员无论是在录像带中、网上、电视上还是亲自做培训，都要提供尽可能多的鼓励。

4. 专家用户

有时仅仅观看演示或者参加课程是不够的，需要一种角色模型（即指定某个学员扮演专家的角色）来使他们相信自己能够掌握系统。因此，把一名或多名用户和操作员指定为"专家"是非常有益的。专家在其他用户之前参加培训，然后作为教室里的演示者或助教。这样，其他学生会感到更加轻松，因为他们知道专家就是掌握这些技术的用户。专家指出，在哪些地方他们曾遇到一些困难，并且克服了这些困难。因此，专家使学生相信，没有不可能学会的事情。

在正式的培训期结束之后，专家用户还可以是不固定的教师。他们作为顾问回答问题，并在出现问题时帮助解决问题。很多用户在课堂上提问题时会感到不自在，但是，对于同样的问题，他们会毫不犹豫地向一个更精通的用户请教。

专家用户向系统分析员反馈用户对系统的满意程度、进一步培训的需要以及失效的发生。有时，用户很难向分析员解释为什么需要改变系统或增强系统。专家了解用户和分析员双方的语言，因此，能够帮助避免经常发生在用户和分析员之间的交流问题。

10.1.3　培训的指导原则

培训只有在满足用户和操作员的需要并且适合他们能力的情况下，才能称得上是成功的。个人的偏好、工作风格以及组织机构的压力都会对培训是否成功产生影响。例如，一个经理可能不希望部门秘书知道他不会打字或拼写，一名员工对于在班里纠正上司的错误可能会感到尴尬或不自在。一些学生更愿意通过阅读来学习，一些则喜欢通过听课，还有一些两种方式都喜欢。

个性化的系统通常能适应不同的背景、经验和偏好。完全不熟悉某一具体概念的一名学生，可能想要花很多时间来学习它；另一名学生却可能因为对这个概念很熟悉而略过它。即使键盘使用技能也可能成为其中的一个因素：一名有经验的打字员可以更快地完成需要大量打字的练习。根据不同的背景，可以针对不同类型的学生使用不同的训练单元。知道如何使用键盘的用户可以略过关于打字的单元，而精通计算机概念的操作员则不必再学习关于外围设备概念的单元。可以为那些已经熟悉某些功能的用户开发相应的复习单元。

应该将培训课程中的材料或演示划分为几个讲座单元，每个单元的内容应该是有限的。一个单元若含有太多的材料，学员可能会难以接受。因此，多个短期讲座要比一个更长的讲座更可取。

最后，学生的地理位置可能会决定培训的种类。如果系统安装在遍及世界的数百个地点，可能会需要一个基于Web的系统，或者是运行于实际安装系统的基于计算机的培训系统，而不是将所有预期用户集中到一个场所进行培训。

10.2　文档

文档是整个培训的一部分。不仅对于培训，而且对系统的成功，文档的质量和种类都可能是非常关键的。

10.2.1　文档的种类

在设计培训和制订参考文档的过程中，要考虑几方面的因素。其中，每一个因素对于文档是否会被成功使用都具有决定性作用。

1. 考虑读者

一个基于计算机的系统会被各种各样的人使用。当出现问题或者提出进行改变的时候，除了用户和操作员以外，开发团队的其他成员和客户职员也都会阅读文档。例如，假定分析员正在与客户讨论，决定是构建一个新系统还是修改现有系统。为了了解当前系统在做什么以及如何做，分析员要阅读系统综述。给分析员阅读的综述与为用户写的综述是不同的，分析员必须了解计算细节，而用户对此是不感兴趣的。类似地，操作员需要的描述对用户来讲并不重要。

524 例如，S-PLUS包（位于华盛顿西雅图的MathSoft公司生产，3.0版）附带了几本书，其中包括*Read Me First*。每本书的目的不同，针对的读者也不同。*Read Me First*的最开始是文档路线图，它只有简短的4页，对文档中包含的其他每一本书进行介绍。

- *A Gentle Introduction to S-PLUS*是为初级计算机用户编写的。
- *A Crash Course in S-PLUS*是为有经验的计算机用户编写的。
- *S-PLUS User's Manual*解释如何开始、操纵数据以及使用高级的图形工具。
- *S-PLUS Guide to Statistical and Mathematical Analysis*论述统计建模。
- *S-PLUS Programmer's Manual*介绍S和S-PLUS程序设计语言。
- *S-PLUS Programmer's Manual Supplement*提供具体软件版本的相关信息。
- *S-PLUS Trellis Graphics User's Manual*介绍一种特殊图形的特征，作为对统计分析的补充。
- *S-PLUS Global Index*提供对大量文档的交叉索引。

我们必须针对预期的读者来设计一整套文档。可以针对用户、操作员、系统支持人员或其他读者来编写手册和指南。

2. 用户手册

用户手册是针对系统用户编写的参考指南或教程。手册应该是完整且易于理解的，因此，它有时会以分层的方式讲述系统：先介绍总体目标，然后进展到详细的功能描述。首先，手册介绍其目的，以及引用的其他系统文档或文件（可能含有更详细的信息）。这些基本信息格外有用，它可以使用户确信，文档包含了他们要找的那些信息。为方便参考，还要包含手册中用到的特殊术语、缩略语、首字母缩略词。

接着，手册更详细地描述系统。系统概要包括以下内容。

(1) 系统的目的或目标。

(2) 系统的能力和功能。

(3) 系统的特征、特性和优点，包括对系统所做工作的清晰展示。

概要只需要有几段的内容就足够了。

例如，*S-PLUS User's Manual*的第一节是"如何使用本书"。其第一段解释S-PLUS的目的："一种用于数据分析的强大工具，提供数据分析、现代统计技术的方便特征，能够创建自己的S-PLUS程序"（MathSoft 1995）。接下来，它列出用户将从这本书中学到的关键技术。

525
- 发出S-PLUS命令。
- 创建简单数据对象。
- 创建S-PLUS函数。
- 创建和修改图形。
- 操纵数据。
- 定制S-PLUS会话。

每个用户手册都有必要用图例来配合文字描述。例如，一张描述输入及其来源、输出及其目的地以及主要系统功能的图，以便用户理解系统是做什么的。类似地，该图还要带有一段关于所用设备的叙述性描述。

应该依次描述系统功能，它与软件本身的细节无关。也就是说，用户应该学习系统做什么，而不是怎么做。

无论系统执行什么功能，用户手册的功能描述至少应该包括下列要素。

- 描述主要功能及其相互关系的图。
- 根据用户期望看到的屏幕及其目的、每个菜单选项或功能键选择的结果，对每项功能进行描述。

- 每项功能期望的所有输入的描述。
- 每项功能可能创建的所有输出的描述。
- 每项功能可能调用的特定特征的描述。

例如，通过说明S-PLUS系统既处理图形又进行统计，其用户手册对S-PLUS系统的主要部分进行解释。然后，展开叙述每项功能，以便用户能够理解它们。《S-PLUS用户手册》首先描述图形功能：

- 散点图。
- 一页多图。
- 直方图。
- 盒形图。
- 组的分割符号。
- 图例。
- 正态概率图。
- 成对散点图。
- 笔刷。
- 三维图形。
- 更详细的图像工具。
- 其他图。

然后介绍统计功能：

- 连续数据的单样本和双样本问题。
- 方差分析。
- 广义线性模型。
- 广义可加模型。
- 局部回归。
- 基于树的模型。
- 生存分析。

如果不能快速方便地找到所需信息，那么无论这本用户手册是多么完整或详细，也是毫无用处的。质量很差的用户手册会导致不能轻松使用系统的用户产生挫败感，因而不能尽可能有效地使用系统。因此，任何有利于增强可读性或有利于获取信息的技术都是有用的，例如术语表、标签、编号、交叉引用、颜色编码、图以及多重索引。例如，一个功能键表格比对它们布局的叙述性描述更加易于理解。类似地，像表10-2这样的简单图表能够帮助用户找到合适的按键组合。

526

表10-2　命令行编辑键（MathSoft 1995）

动　　作	按　　键
撤销前面的命令	↑
下一个命令	↓
向回撤销第10个命令	Page up
撤销发出的第1个命令	Ctrl + Page down
向前撤销第10个命令	Page down
撤销最后一个发出的命令	Ctrl + Page up
行尾	End
行首	Home
后退一个词	Ctrl + ←
前进一个词	Ctrl + →
清除命令行	Esc
删除光标左边的字符	Backspace
删除光标右边的字符	Delete

（续）

动　作	按　键
在光标处插入字符	键入要输入的字符
选择光标左边的字符	Shift + ←
选择光标右边的字符	Shift + →
选择到行尾的字符	Shift + End
选择到行首的字符	Shift + Home
搜索选择的文本	F8
将选择的文本复制到剪贴板	Ctrl + Delete
将选择的文本剪切到剪贴板	Shift + Delete
删除选择的文本	Delete

3. 操作员手册

操作员手册使用与用户手册相同的形式向操作员提供资料。阅读者是操作员手册与用户手册两者之间的唯一区别：用户想要知道系统功能和使用的细节，而操作员希望了解的是系统性能和访问权限的细节。因此，操作员手册介绍硬件和软件配置、授予用户访问权限和拒绝用户访问的方法、添加或删除系统外围设备的过程以及复制或备份文件和文档的技术。

对于用户，系统是以分层的方式来呈现的，对操作员也是如此。首先描述系统综述，接下来是关于系统目的和功能的详细描述。操作员手册与用户手册有时可能会有一定程度的重叠，因为即使操作员永远不执行系统功能，他们也必须了解它们。例如，操作员可能永远不会创建电子表格，以及从电子表格生成图形和图表。但是，了解系统具备这样的能力使操作员能够更好地理解如何支持系统。例如，操作员可能学习实现电子表格和图形功能的软件例程以及用于绘制和打印图形的硬件。如果用户报告图形功能出现问题，操作员就可以知道是使用支持功能补救这个问题，还是通知维护人员来解决这个问题。

4. 系统概况指南

有时你只是想要了解系统能做什么，而不需要了解每一个功能的细节。例如，你是一个大型公司审计部门的领导，你可以通过阅读系统描述来确定该系统是否符合你的需要。这种系统描述不必描述每一个显示屏幕及其上面的选项。但是，其详细程度应该使你能够确定，对于你公司的需要来讲，它是否完整或准确。

系统概况指南就是针对这种需求的。它的读者是客户，而不是开发人员。系统概况指南类似于系统设计文档，它以客户能够理解的语言描述问题的解决方案。另外，系统概况指南还描述系统硬件和软件配置以及系统构造的基本原理。

系统概况指南类似于汽车经销商散发给预期客户的印制精美的非技术性小册子。小册子介绍汽车发动机的型号和大小、车体的类型和大小、性能统计数据、燃料经济性、标准配置和可选配置等。客户在决定是否购买汽车时，可能并不会对燃料喷射器的确切设计感兴趣。类似地，一个介绍自动化系统的系统概况指南不必描述用来计算分配给下一条记录地址的算法或用来访问该记录的命令。相反，该指南仅需描述创建和访问一条新记录所必需的信息。

一个好的系统概况指南包含交叉引用。如果指南的读者想要了解关于某个功能实现的确切方式的进一步信息，可以去找用户手册中相应页的引用。另一方面，如果读者想要了解关于系统支持的更多信息，可以参考操作员手册。

5. 教学软件和自动化系统的概述

一些用户更喜欢通过实际的系统功能进行学习，而不是阅读关于如何执行功能的描述。对这些用户，可以为他们开发相应的教学软件和自动化系统概述。用户调用逐步解释系统主要功能的软件或过程。有时将文档与特定的程序组合起来，用户首先阅读该功能的有关信息，接着在程序中练习下一步来执行其功能。

6. 其他的系统文档

在系统交付的过程中，还可以补充很多其他的系统文档。一些是系统开发过程中的中间产品。例如，需求文档是在需求分析之后编写的，并在必要的时候进行更新。系统设计文档记录系统设计，程序设计文档中描述程序设计。

实现的细节在我们第7章介绍的编程文档中已经加以描述。但是，还有一个文档可以帮助那些将要维护和增强系统的人。**程序员指南**是与用户手册相对应的技术部分。就像用户手册以分层的形式展现系统一样，程序员指南从系统概述到功能描述，给出如何进行软件和硬件配置的总体概述。紧接着是详细的软件构件描述，以及它们与执行的功能之间的联系。或者是因为失效发生了，或者是因为必须改变或增强一个功能，程序员都要找到执行某个具体功能的代码。为了帮助程序员定位这些代码，程序员指南与用户手册是交叉引用的。

程序员指南还强调使维护人员可能确定问题发生根源的相关信息。它描述如诊断程序的运行、执行代码情况或内存分段情况的显示、调试代码的布局以及其他工具等的系统支持功能，我们将在第11章中更深入地研究维护技术。

程序员指南还有助于维护人员实现系统增强。例如，假定要在一个通信网络中增加一个新站点。程序员指南指出处理通信的那些代码模块，它还解释可用于更新代码和相应文档的工具。

10.2.2　用户帮助和疑难解答

为了确定一个问题的原因，并在必要时寻求帮助，用户和操作员需要参考相关文档。系统可以提供多种类型的用户帮助，包括参考文档和联机帮助文件。

1. 失效消息参考指南

如果系统检测到一个失效，就会以一种统一的方式通知用户和操作员。例如，如果用户键入两个名字或数字，诸如"3x"，在它们中间没有操作符或其他语法元素，S-PLUS 3.0会产生下面的失效消息：

```
> 3 x
Syntax error: name ("x") used illegally at this point:
3 x
```

或者可能会告诉你某个表达式不是一个函数：

```
> .5(2,4) Error: "0.5" is not a function
```

回想一下，系统设计提出了发现、报告以及处理失效的基本方法。设计中包含各种各样的系统失效消息，并且用户文档列出所有可能的消息和它们的含义。只要有可能，失效消息就会指出引起失效的故障。但是，有时失效的原因是未知的，或者屏幕上、报告中没有足够的空间来显示全部的消息。因此，**失效消息参考指南**（failure message reference guide）就成为最后的手段，它必须完整地描述失效。屏幕上的失效消息可能包括下列信息。

(1) 当失效发生时，正在执行的代码构件的名称。

(2) 当失效发生时，正在执行的构件中源代码行号。

(3) 失效的严重性和它对系统的影响。

(4) 任何相关系统内存或数据指针的内容，例如寄存器或栈指针。

(5) 失效属性，或失效消息编号（以便交叉引用失效消息参考指南）。

例如，出现在用户屏幕上的一个失效消息可能如下：

```
FAILURE 345A1: STACK OVERFLOW
OCCURRED IN: COMPONENT DEFRECD
AT LINE: 12300 SEVERITY:
WARNING REGISTER CONTENTS: 0000 0000 1100 1010 1100 1010 1111 0000
PRESS FUNCTION KEY 12 TO CONTINUE
```

用户利用失效编号在参考指南中进行查找，一条失效消息可能如下：

失效 345A1：栈溢出。

当一个记录定义的字段大于系统的能力时出现该问题。定义的最后一个字段将不会包含在记录中。你可以用维护菜单中的维护记录功能修改记录的大小，以防止将来发生这种失效。

请注意，失效消息反映出处理故障和失效的某种特定理念。另一种可选的系统设计方案可能是从失效中自动恢复（或者通过提示用户，或者通过修改记录大小）。在上面给出的例子中，是让用户来解决这个问题。

2. 联机帮助

很多用户更愿意使用随手可得的自动化的帮助，而不是通过查找参考指南来寻求帮助。一些系统提供联机帮助功能。通常，屏幕通过菜单选项或者是标有"帮助"的功能键来提供帮助功能，当需要帮助或额外的信息时就可以使用它们。

通过选择另一个图元或按下另一个键，可以显示更详细的信息。一些系统还为你指向某个支持文档中的某页，这样，你就可以从自动化系统直接获得信息，而不必在文档中搜索了。

3. 快速参考指南

快速参考指南（quick reference guide）走的是中间路线。它是系统主要功能及其使用的总结，设计为一两页的备忘录，用户或操作员可以把它放在工作站上。通过使用这种指南，就可以找到常用或主要的功能，而不必先去阅读描述每个功能冗长的解释。当你必须记住特殊的功能键定义或使用代码和缩写词（例如UNIX命令）时，这样的指南就会特别有用。在某些系统中，通过按下一个功能键即可在屏幕上使用快速参考指南。

530

10.3 信息系统的例子

皮卡地里系统可能拥有许多很熟悉电视节目或广告销售的用户，但他们不一定精通计算机的概念。由于这样的原因，系统应该有大量的用户文档和帮助功能。很多人更喜欢在工作中学习，而不是参加多天的培训班。所以，皮卡地里系统的培训可以使用实际的系统屏幕联机进行。

例如，用户必须学会如何改变广告价格、选择价格为某个客户计算广告费用，并在系统屏幕上找到其他信息。培训系统可以给用户呈现实际皮卡地里系统的屏幕，如图10-1所示。然后，可以增加培训软件来让用户理解每个系统功能的本质和目的。假定用户正在阅读点击率屏幕，如图10-1所示。通过点击单词"Spot Rates"，则会自动显示一个训练屏幕，它描述该词的含义，并指向与点击率功能相关的其他帮助文件。

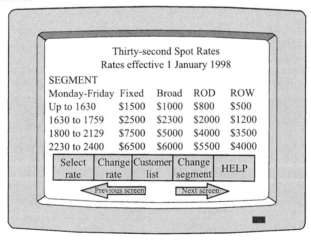

图10-1 皮卡地里系统屏幕

这种培训方法不仅对新用户有用，对那些断断续续地使用系统的用户也很有用。这些用户需要被提醒费用如何改变，以及大体上如何执行系统功能。所以，实际上，在系统生命周期内，任何人在任何时间都可以得到培训。

请注意，这种类型的培训软件是非常复杂的。它必须与皮卡地里系统交互，使得正常的功能得以执行，还要为培训练习提供额外的解释和操作方法。因此，培训和文档不是可以事后补做的工作。在系统设计的时候，也必须对它们进行设计，而当系统完善和改变的时候，也必须对它们进行维护。培训软件可能会耗费大量的开发时间。应该对整个培训软件都进行计划和跟踪，就像通常的项目管理活动一样。实际上，培训和文档通常被认为是系统的特征，在需求文档中描述并与系统的其他部分一起开发。

|531|

10.4　实时系统的例子

检查阿丽亚娜5型火箭失效原因的调查人员指出，对复用的阿丽亚娜4型火箭软件的一些假设并没有在文档中加以描述：

> SRI的系统规格说明没有指出对选取的实现方案的操作限制。这种有关限制的声明，对每一个关键任务的设备都是强制性的，本可以用于识别与阿丽亚娜5型火箭发射任何不一致的地方。（Lions et al. 1996）

因此，对阿丽亚娜4型火箭软件的复用强调了完整的系统文档的必要性。阿丽亚娜5型火箭的设计人员在考虑复用来自阿丽亚娜4型火箭的SRI代码时，本应该通过阅读得知代码中固有的所有假设。尤其是，阿丽亚娜4型火箭的文档本应该澄清这样一个事实：SRI代码并不打算像在阿丽亚娜5型火箭上运行那样长的时间。也就是说，阿丽亚娜5型火箭的设计人员本应该在阿丽亚娜4型火箭的SRI设计文档中了解到其设计决策，并对其进行仔细研究。将设计决策放入文档，比让设计者阅读代码和理解其功能及限制要容易得多。

10.5　本章对单个开发人员的意义

在这一章，我们讨论了支持系统交付所必需的培训和文档。作为一名开发人员，你应当记住：
- 应该在项目的开始对培训和文档工作进行计划，并对其进行跟踪。
- 培训和文档资料软件应该与正规的系统软件集成在一起。
- 所有的培训和文档资料单元、文档都应该考虑不同的读者的各种需要，如用户、操作员、客户、程序员以及其他与系统交互或使用系统的人员。

10.6　本章对开发团队的意义

开发团队决不能把培训和文档的准备工作放到最后去做。需求分析一完成，就可以开始计划培训和文档了。实际上，用户手册应该从需求开始编写，与此同时，测试人员为系统和验收测试编写脚本。因此，培训人员和文档编写人员应该与所有开发人员保持经常的联系，以便系统需求和设计所发生的变化能够在文档和培训材料中得到体现。

再者，对培训和文档资料更新的相关计划可以及早进行。开发团队可以从中央位置的某几处访问到更新的信息，或从互联网、Web站点上把它们自动地下载给用户。尤其是文档资料应该是最新的，并要及时报告相关事项，例如，已知的故障（以及工作区）、新的功能、新的故障改正以及其他与失效有关的信息。更新还可以提醒用户和操作员即将进行的培训课程、复习进修课程、常见问题、用户组会议以及其他对用户、操作员和程序员有用的信息。

|532|

10.7   本章对研究人员的意义

关于教育和培训，已有大量的研究工作。在为相关软件系统设计培训和文档时，软件工程研究人员应明智地对此进行研究。我们需要对以下方面有更多的了解：

- 用户和操作员偏爱什么类型的培训和文档资料。
- 人机界面和记忆之间的关系。
- 人机界面和个人学习偏好之间的关系。
- 就那些需要信息的人而言，快速高效地获得这些信息的有效途径。

研究人员可以研究新的方法，鼓励用户间的交互。例如，一个在线用户组可以帮助用户了解新的技巧、交换有关定制应用程序和工作区的信息以及了解使用它们的最有效方法。

10.8   学期项目

为Loan Arranger系统编写一本用户手册。读者是贷款分析员。在你的用户手册中，要引用其他你认为应该可用的文档，例如联机帮助。

10.9   主要参考文献

美国培训与开发学会（American Society for Training and Development，ASTD）支持召开有关培训的会议，开设培训课程，提供培训和开发的相关信息。ASTD还出版了杂志*Training and Development*。（Price 1984）和（Denton 1993）是两本关于如何为计算机系统编写文档的有价值的书。

10.10   练习

1. 原型化允许用户在实际系统完成之前，对系统的工作模型进行实验。试解释如果原型化在培训中产生了任务干扰，它会对工作效率有怎样的影响。
2. 给出一个系统的例子，其用户培训和操作员培训是相同的。
3. 自动化系统的用户不必熟悉计算机的概念。但是，对于大多数操作员而言，了解计算机知识是很有益处的。在什么情况下，自动化系统的用户可以不必了解计算机系统的原理？这种"不必了解"是优秀系统设计的一个标志吗？举出例子来说明你的回答。
4. 检查你所在学校或工作单位的计算机系统的用户文档资料。它们是否清晰且易于理解？一个不太懂计算机的用户能理解它们吗？失效消息易于解释吗？有与用户手册分开的失效消息列表吗？是否易于在文档资料中查到相关主题？若要改进这些用户文档，你会做出怎样的改变？
5. 假定一个系统失效处理的理念是在后台解决问题而不告知用户。在一个安全攸关的系统中，如果发生了失效而不告诉用户，那么试说明在法律和道德上这样做有什么问题？该系统应该报告失效以及它的改正动作吗？
6. 表10-3是摘自一个实际的BASIC解释器参考指南的一些失效消息。针对用户或操作员，评论其清晰性、信息量以及是否合适。

表10-3   BASIC失效消息

编　　号	消　　息
23	行缓冲区溢出 试图在一行中输入过多字符

（续）

编　号	消　息
24	设备超时
	你指定的设备此时不可用
25	设备故障
	输入了不正确的设备名
26	FOR语句没有NEXT
	FOR语句没有匹配NEXT语句
27	缺纸
	打印机缺纸
28	不可打印错误
	当前没有相应失效消息
29	WHILE没有WEND
	WHILE语句没有匹配WEND语句
30	WEND没有WHILE
	WEND语句没有匹配WHILE语句
31~40	不可打印错误
	当前没有相应失效消息

534

第**11**章

维护系统

本章讨论以下内容：
- 系统演化；
- 遗留系统；
- 影响分析；
- 软件再生。

在前面几章中，我们研究了如何构建系统。但是，系统的交付并不意味着其生命周期的结束。我们在第9章中看到，即使在系统构建之后，最终系统通常也会不断地变化。因此，我们现在面临的挑战是如何维护一个持续演化的系统。首先，我们回顾一下系统在哪些方面可能发生变化。然后，研究维护系统涉及的活动和人员。维护过程可能会很困难。我们研究其中涉及的一些问题，包括维护成本的本质以及维护成本是怎样逐步上升的。最后，我们讨论在系统演化的过程中，有助于提高系统质量的一些工具和技术。

11.1 变化的系统

当系统运转之时，也就是说，当系统在实际生产环境中被用户使用时，系统开发就完成了。系统运转之后，任何针对系统改变所做的工作，都被认为是**维护**（maintenance）。很多人把软件系统的维护看作是硬件维护：修复或预防损坏及零部件不能正常工作的情况。但是，不能以同样的方式看待软件维护。下面讨论其中的原因。

软件工程的目标之一是开发能够准确定义问题、设计系统（作为解决方案）、实现一组正确有效的程序以及测试系统（目的是发现故障）的相关技术。这个目标与硬件开发人员的目标是类似的：生产一个符合规格说明的可靠的、无故障的产品。就系统维护而言，硬件维护集中于更换磨损的零部件，或者使用技术来延长系统的寿命。然而，在软件中，循环结构在一万次循环之后也不会磨损，分号也不会从语句的末端脱落下来。与硬件不同，软件并不会损坏，也不需要定期维护。因此，软件系统不同于硬件，我们不能根据硬件来类推软件工程相应的一些方面。

11.1.1 系统的类型

软件系统和硬件系统最大的差别在于：软件系统处于变化之中。除了最简单的情况以外，我们开发的系统都是演化的系统。也就是说，在系统的生命周期中，系统的一种或多种特性通常会发生变化。Lehman描述了一种根据程序如何变化对它们进行分类的方法（Lehman 1980）。在这一节，我们讨论他的分类方法是如何应用到系统中的。

客户可能决定用不同的方式进行某项工作，系统本身的性质也可能发生变化，无论因为哪种情况，软件系统都可能会发生变化。例如，考虑一个计算公司的工资扣除额和发放工资单的系统。该系统依赖于公司所处地区（市、州、国家）的税收法和有关条例。如果税收法发生变化，或者公司的地点迁到别的地方了，系统都需要进行修改。因此，即使过去系统一直运转得令人满意，还是需要进行修改。

为什么有些系统更易于发生变化？大体上，我们可以根据系统与其运作环境之间的关系来描述该系统。与程序将事物抽象后进行处理不同的是，现实世界包含了不确定性的事物和我们没有完全理解的概念。就其需求而言，一个系统越是依赖于现实世界，变化的可能性就越大。

1. S系统

有些系统是由规格说明形式化定义的，并且是由规格说明导出的。在这些系统中，特定问题都是由它应用的整个环境来规定的。例如，客户要求我们构造一个系统，这个系统针对一个给定的矩阵集，在满足某种性能约束的情况下，执行矩阵的加、乘和逆运算。这个问题是完全定义的问题，并且存在一种或多种正确的解决方案。解决方案众所周知，所以开发人员不用考虑解决方案的正确性，他们关心的是如何正确地实现解决方案。以这种方式构造的系统称为**S系统**（S-system）。这样的系统是静态的，不容易适应问题中产生的变化。

如图11-1所示，S系统解决的问题是与现实世界相关的，而现实世界是会发生变化的。但是，如果现实世界发生了变化，其结果就是一个必须进行规格说明的全新问题。

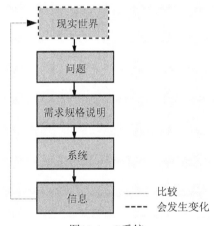

图11-1　S系统

2. P系统

计算机科学家通常使用S系统来定义抽象的问题，然后开发相关系统来解决这些问题。但是，要完全地描述现实世界的问题并不总是很容易的，有时甚至是不可能的。在很多情况下，针对一个问题的理论上的解决方案是存在的，但是，要实现该解决方案却是不现实或不可能的。

例如，考虑一个下国际象棋的系统。由于完全地定义了下棋规则，因此也就等于完全地定义了问题。在走每一步棋的时候，一种方案可能是对所有可能的棋子移动以及移动后的结果进行计算，从而决定走下一步棋的最佳选择。但是，用今天的技术，要想完全地实现这样一个方案是不可能的。每一步棋的可能走法太多，无法在现实的时间内计算出结果。因此，必须开发一种更为实际可行的近似解决方案。

要开发这种解决方案，我们首先要抽象地描述问题，然后，根据我们的抽象描述编写系统的需求规格说明。以这种形式开发的系统称为**P系统**（P-system）。因为它是基于问题的实践的抽象，而不是基于一个完全定义的规格说明。如图11-2所示，P系统比S系统更加具有动态性。在P系统中，解决方案产生的信息与问题进行比较，如果信息有任何不合适的地方，就会要改变问题抽象，然后修改需求，设法使最终的解决方案更加接近于现实。

因此，在P系统中，需求是近似的。解决方案部分依赖于分析员（分析员编写需求）的解释。即使可能存在准确的解决方案，P系统的解决方案还是会受到其生产环境的调整。在S系统中，如果规格说明是正确的，那么解决方案就是可接受的。但是，在P系统中，只有结果在问题所处的现实世界中是有意义的,解决方案才是可接受的。

在P系统中,很多事情都可能发生变化。在将输出信息与实际问题进行比较的时候,如果出现不一致,则可能对抽象进行改变,或者可能改变需求,因而实现也会相应地受到影响。不能将改变后的系统视作一个新问题的新解决方案。相反,它是为了找出更适合于现存问题的解决方案,对旧解决方案的修改。

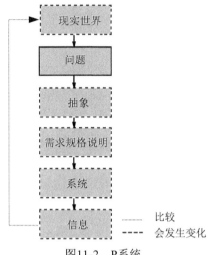

图11-2   P系统

3. E系统

在考虑S系统和P系统的时候,认为现实世界的状况是保持稳定的。但是,第三类系统考虑了现实世界本身是处于变化之中的这一本质特性。**E系统**(E-system)是融入现实世界中的系统,并随着现实世界的变化而改变。其解决方案是基于对抽象过程建立的模型。因此,该系统是它所建模的世界的一个组成部分。

例如,考虑一个预测国家经济情况健康度的系统,其基础是描述经济如何运行的一个模型。该问题所处的环境是变化的。其次,由于没有完全理解经济情况,所以随着理解的加深,这个模型也会发生变化。最后,随着抽象模型发生变化,我们的解决方案也会发生变化。

图11-3说明了E系统的可变化性,以及对现实世界环境的依赖性。S系统不太可能发生变化,P系统会发生一些变化,可是在E系统中,变化可能几乎是永恒的。再者,E系统的成功完全取决于客户对系统表现的评估。因为E系统处理的问题不可能完全由规格说明指定,所以,只能在实际的运行条件下对该系统进行评判。

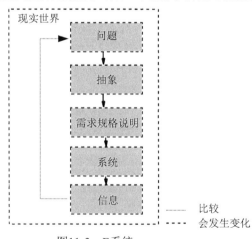

图11-3   E系统

这样的系统分类告诉我们哪些系统要素会发生变化。可变化的系统要素的数目越大，需要系统维护的可能性就越高。尤其是，由于问题可能会发生变化，所以E系统的解决方案就可能需要持续完善。

11.1.2 在系统生命周期过程中发生的变化

根据系统的分类（S、P或E）对系统进行研究，我们可以从中看到，开发过程中的哪些地方可能会发生变化，以及变化对系统有着怎样的影响。就其本质而言，S系统问题是完全定义的问题，不太可能发生变化。要解决一个类似的问题，我们对S系统得进行修改，但修改的结果是一个全新问题的解决方案。如果一个S系统的表现是不可接受的，那么通常是因为它解决了一个错误的问题。我们可以通过重新定义问题并给出新的问题描述来进行处理，然后，开发一个新的解决方案，而不是对旧系统进行修改。

P系统是问题的近似解决方案，当我们识别出差异或遗漏的时候，可能就要对其进行改变。实际上，当我们将系统产生的信息与建模的实际情况进行比较和对照时，我们可能会改变P系统，以确保它是经济的、有效的。

就P系统而言，模型近似于所陈述问题的解决方案。因此，变化可能发生在开发过程中的所有阶段。首先，抽象可能会发生变化。换句话说，我们改变问题的抽象描述，然后相应地改变需求规格说明。然后，修改系统设计，重新实现并对变化的部分进行测试。最后，修改近似系统以及程序文档，可能还需要进行新的培训。

E系统使用抽象和模型来近似表示一种情形，所以，E系统至少要经历P系统可能发生的那些变化。实际上，它们的本质更加易变，因为问题也可能发生变化。由于处于变化的活动中，E系统可能需要系统本身具有能够适应变化的特性。

表11-1列出了所有类型系统变化的例子。例如，在需求分析过程中的需求变化可能会导致规格说明的改变，对技术设计的修改可能导致系统设计的改变，并且也许会导致对最初的需求进行改变。因此，在开发的任何阶段中发生的变化都可能影响之前的结果以及后续的阶段。

表11-1　举例说明软件开发过程中的变化

进行最初改变的活动	需要随之改变的制品
需求分析	需求规格说明
系统设计	体系结构设计规格说明 技术设计规格说明
程序设计	程序设计规格说明
程序实现	程序代码 程序文档
单元测试	测试计划 测试脚本
系统测试	测试计划 测试脚本
系统交付	用户文档 培训助手 操作员文档 系统指南 程序员指南 培训课

有关系统开发的软件工程原则也会使维护中的改变更加容易。例如，将设计和代码构件模块化，以及交叉引用构件与需求，就可以容易地从需求变化跟踪到受其影响的构件，直至跟踪到必须重新进行的测试。类似地，如果一个失效发生了，就能够识别包含造成失效的构件，然后在所有层次（设计、编码和测试）上进行改正，而不仅仅是在代码中改正。因此，软件工程原则不仅能够促进好的

设计和正确的代码，而且能够提高快速、易于变化的能力。

11.1.3 系统生命周期跨度

作为软件工程师，要设法构建可维护产品，首先要回答的问题是：是否在第一次就能够正确地构建一个系统。换句话说，如果我们使用高内聚、低耦合的构件，如果文档是完整的并且是最新的，如果整个系统是交叉引用的，我们还需要维护阶段吗？不幸的是，答案是肯定的。原因在于系统自身的本质特性。正像我们已经看到的，不可能保证P系统和E系统不需要改变。实际上，我们必须假设它们会发生变化，然后在构建系统的时候设法使它们更易于改变。

接着，下一个必须回答的问题一定是：我们预期会有多少变化？同样，答案取决于系统的本质特性。S系统的变化很少或不会发生变化，P系统的变化更多一些，而E系统则很可能持续地变化。由于这个原因，很多软件工程师更喜欢将开发过程的维护阶段称为**演化阶段**（evolutionary phase）。所谓**遗留系统**（legacy system），是在更早期构建的系统，那时的需求和环境与现在不同。正像我们将要看到的，随着技术和业务需要的发展，我们必须对遗留系统进行评估并帮助它们演化。在某些时候，因为不再需要遗留系统，我们可能决定用一个全新的系统来替换它，或简单地弃之不用。

1. 开发时间与维护时间

要知道演化阶段预期会持续多长时间，我们可以参考其他项目的开发和维护时间。根据（Parikh and Zvegintzov 1983），一般的开发项目花费1到2年的开发时间，但是需要额外的5到6年的维护时间。按照工作量来计算的话，超过一半的项目编程资源都花费在维护上。Fjeldstad和Hamlen进行的一项调查给出类似的划分：25个数据处理组织机构指出，他们将平均39%的工作量花在开发上，而另外61%则花在维护（改正、修改以及用户支持）上（Fjeldstad and Hamlen 1979）。最近的调查发现类似的情况，并且很多开发人员采用80/20规则：20%的工作量用于开发，而80%则用于维护。

2. 系统演化与系统退化

当一个系统需要进行重大和持续的改变时，我们必须决定是放弃旧系统好，还是要构建一个新系统来替换它好。要做出这样的决定，必须回答这样几个问题。

- 是否维护的成本太高了？
- 系统的可靠性可以接受吗？
- 在合理的时间内，系统不再能够适应进一步的变化吗？
- 系统性能还能超出规定的约束吗？
- 系统功能只能起到有限的作用吗？
- 其他具有同样功能的系统是否更好、更快、更便宜？
- 维护硬件的成本很高，有足够的理由用更便宜、更新的硬件来替换现有的硬件吗？

如果其中一些问题或所有的问题的答案都是肯定的，则可能意味着是考虑用新系统替换旧系统的时候了。与系统开发和维护（即从系统创建到系统引退）相关的整个成本，称为**生命周期成本**（life-cycle cost）。通常，我们根据旧系统、修改的系统和新系统之间的生命周期成本的比较，来决定是维护、重新构建还是进行替换。

3. 软件演化法则

系统随着时间的推移会发生哪些变化，理解这些问题能够帮助我们进行维护决策。我们感兴趣的是规模、复杂性、资源和易维护性方面的变化。通过研究大型系统是如何变化的，我们可以对系统的演化趋势有更多的了解。例如，补充材料11-1介绍了贝尔大西洋公司的一个大型系统的演化。

补充材料11-1　贝尔大西洋公司用一个演化的系统替换3个系统

1993年，贝尔大西洋公司（现在是Verizon）用销售服务谈判系统（SaleService Negotiation System，SSNS）来取代操作员用来接受新电话服务的订单的3个遗留系统。系统的最初目标是将错误减少到最低限度，以及减少客户服务代表与客户所花费的通话时间。但是，在销售代表使用该系统的过程中，管理机构意识到，该系统的最大潜力是提供屏幕提示，从而在贝尔大西洋公司产品可能满足客户需要的时候提醒代表。从接受订单到基于需求的销售，系统的目标发生了变化。

SSNS的订单处理很像由系统支配的会谈。当客户代表输入关于客户的更多信息的时候，SSNS向代表提示相关产品。因此，当贝尔大西洋公司扩展它的产品和服务线的时候，SSNS必须相应地进行扩展。SSNS已经被扩展到能处理记账信息、通过远程数据库验证地址和信用卡、生成发给客户的自动服务确认信，以及向代表提供有关服务问题的信息。

系统还用普通的英语替换了原始的命令。大多数命令以前要在一本20卷的手册中查找，现在可以通过联机的方式查找。系统在某些州进行了定制，因为每个州管理电话服务的方式是不同的。一些管理机构要求贝尔大西洋公司在会谈的开始公开详细而准确的产品信息，因此，在必要的时候，对系统进行了剪裁来满足不同的需要。

系统最初是用C和C++编写的，为了向移动客户提供intranet版本，在20世纪90年代末，用Java改写了该系统。当条例、产品、技术以及业务需要发生变化的时候，SSNS必须随之演化（Field 1997a）。

在Lehman的整个职业生涯中，他观察了系统演化时的行为，用5条程序演化法则总结了他的发现（Lehman 1980）。

(1) 持续的变化。使用的程序持续地经历变化，或逐渐变得不可用。改变或退化过程一直持续，直到用一个重新创建的版本来替换该系统所花费的成本更低为止。

(2) 递增的复杂性。随着持续地对一个演化的程序进行改变，程序的结构恶化了。表现出的症状是，它的复杂性增加了，除非进行维护或减少复杂性方面的工作。

(3) 程序演化的基本法则。程序演化服从于一种动态性，它造就了编程过程，因而造就了全体项目和系统属性的测量以及随着统计上的确定趋势和不变性的自我调节。

(4) 组织稳定性的守恒（不变的工作率）。在一个程序的活动周期中，编程项目的总体活动性在统计上是不变的。

(5) 熟悉程度的守恒（可感知的复杂性）。在一个程序的活动周期中，一个演化的程序的一系列连续发布的内容（改变、增加、删除）在统计上是不变的。

第1条法则说的是，大型系统永远都不会是完全的，它们会持续地演化下去。当出现增加更多的特征、施加更多的约束、与其他系统交互、支持更多数量的用户等情况时，系统在随之成长。由于它们所处的环境发生了变化，也会对它们进行改变：被移植到其他的平台上或用一种新语言编写。

第2条法则告诉我们，随着系统的演化，大型系统会变得更加复杂，除非我们采取措施来减少这种复杂性。很多时候，复杂性增加的原因是，我们为了修复问题必须仓促地打补丁。我们不会花费时间来维护设计的优雅性以及自始至终保持代码中方法的一致性。

根据第3条法则，软件系统展现出我们可以测量和预测的有规律的行为和趋势。确实，很多软件工程研究人员都将他们的研究精力放在寻找软件开发和维护的这些"普遍真理"上，很像物理学家寻求大统一理论那样。

第4条法则说的是，组织机构的属性（例如生产率）不会有大的起伏。Lehman用Brooks的观察结果（Brooks 1995）来支持这一法则。也就是说，在某些时刻，资源和输出已经是最优化的，那么增加更多的资源也不会显著地改善输出。类似地，第5条法则说的是，经过一段时间以后，以后发布的效果不会对整个系统的功能产生多少作用。

541
~
542

11.2 维护的本质

在开发系统的时候，我们主要关注的是生产能够实现需求并且正确运转的代码。在开发的每一阶段，我们的团队要一直引用更早阶段生产的工作产品。设计构件紧紧依附于需求规格说明，代码构件要服从于设计（通过交叉引用和评审），而测试是要查明功能和约束是否符合需求和设计。因此，开发伴随着仔细的、受控的回顾。

维护则不同。作为维护人员，我们不仅回顾开发产品，而且通过与用户和操作员建立一种工作关系，来了解他们对系统运转的满意程度。我们还要向前看，预测可能会出错的事情，考虑业务需求的变化所带来的功能上的变化，以及考虑硬件、软件或接口的改变所带来的系统的变化。因此，维护具有更广的范围，需要跟踪和控制的内容更多。下面，我们研究保持系统平稳运行所需的活动，并指出由谁来执行这些活动。

维护活动和角色

维护活动类似于开发活动：分析需求、评估系统和程序设计、编写和评审代码、测试变化以及更新文档。因此，完成维护的人员（分析员、程序员和设计人员）具有类似的角色。但是，因为要进行改变，通常需要对代码的结构和内容非常熟悉，程序员在维护中比在开发中所起的作用更大。

维护同时集中于系统演化的以下4个主要方面。

(1) 维护对系统日常功能的控制。

(2) 维护对系统修改的控制。

(3) 完善现有验收的功能。

(4) 防止系统性能下降到不可接受的程度。

1. 改正性维护

要控制日常的系统功能，维护就需要小组对故障导致的问题立即做出反应。针对这些问题所进行的处理，称为**改正性维护**（corrective maintenance）。当发生失效时，就会引起我们的注意。维护小组找出失效的原因，进行改正，并根据需要对需求、设计、代码、测试序列以及文档做出相应改变。通常，最初的修改是临时性的，即为保持系统运行所采取的一些应急措施，但不是最好的修复。可以在以后通过设计和代码实现长远的改变，以纠正更普遍的问题。

例如，用户可能会告诉我们，打印的报告中一页上的行数太多。编程人员确定，造成这个问题的原因是打印机驱动程序存在设计故障。作为应急的修改措施，小组成员向用户演示在打印前，如何通过设置报告菜单上的参数来重置每页的行数。最终，维护小组重新设计、重新编码，并且重新测试打印机驱动，以便它能够在不需要用户干预的情况下正确地工作。

2. 适应性维护

有时，对系统的一部分进行的改变会要求改系统的其他部分。**适应性维护**（adaptive maintenance）实现这种改变。例如，假定一个数据库管理系统是一个更大的软硬件系统的一部分，这个数据库管理系统要升级为一个新版本。在这个过程中，编程人员发现，磁盘访问例程需要添加额外的参数。增加这个额外参数就是一种适应性改变，它并没有改正错误，仅仅只是使系统能够适应于演化。

类似地，假定为了增强一个编译器，我们给它添加一个调试器。我们必须改变菜单、图元或者功能键定义，以便使用户能够选择调试器选项。

适应性维护也可用于硬件或环境中发生的变化。如果一个系统最初的设计是考虑在干燥、稳定的环境中工作，而现在决定要用在坦克或潜水艇中，则该系统必须改变以能够适应移动、复杂电磁条件以及潮湿的环境。

3. 完善性维护

在我们维护系统的时候，对文档、设计、代码以及测试进行检查，以寻找改进的机会。例如，由于系统要增加功能，初始的、清晰的、表驱动的设计可能变得难以理解。利用基于规则的方法进行重新设计，可以增强将来的可维护性以及使我们在将来更易于增加新的功能。**完善性维护**（perfective maintenance）是为了对系统某些方面进行改进而做出的改变，这些改变完全不是因为出现故障。完善性维护的例子还包括：改变文档以阐明相关事项，改变测试集以增加测试覆盖，修改代码和设计以增强可读性。

4. 预防性维护

类似于完善性维护，**预防性维护**（preventive maintenance）是改变系统的某些方面，以预防失效的发生。它可能包括：增加类型检查、增强故障处理，或在情况语句中增加"catch-all"语句，以确保系统能够处理所有可能的情况。当程序员或代码分析人员发现一个实际的或潜在的故障，而这个故障还没有造成失效之前，进行的维护称为预防性维护，它在造成损害之前采取措施改正故障。

5. 谁进行维护

在系统运转之后，并不总是由开发系统的小组来维护这个系统。通常，会使用单独的维护小组确保该系统正常运行。使用单独的维护小组有积极的作用也有消极的作用。开发小组熟悉代码、设计、其背后的原理以及系统的关键功能。如果开发人员知道正在构建的系统是他们将要维护的系统，他们会用一种易于维护的方式来构建这个系统。

但是，开发人员有时过分自信于他们对系统的理解，不愿意即时更新文档。缺乏对书写和修改文档的关心可能导致要投入更多的人员或资源来处理一个问题。这种情况导致从问题发生到问题解决会有很长的间隔时间。很多客户不会容忍这样的拖延。

通常，会指派一个由分析员、程序员和设计人员（有时包括开发团队的1或2名成员）组成的单独的小组作为维护小组。新上手的小组可能会比原来的开发人员更加客观。单独的小组可能会更易于将一个系统应该如何运转与它是如何运转的区别开来。如果开发人员知道其他人将根据他们的文档进行工作，开发人员会更加注意文档和编程标准。

6. 小组责任

维护系统涉及所有的团队成员。通常，用户、操作员或客户代表与维护小组接触。分析员或程序员确定哪些部分代码受到影响、对设计产生的影响以及进行必要改变所需要的可能资源（包括时间和工作量）。小组要进行以下活动。

(1) 理解系统。

(2) 在系统文档中找到信息。

(3) 保持系统文档是最新的。

(4) 扩展现有功能，以适应新的或变化的需求。

(5) 为系统增加新的功能。

(6) 发现问题或系统失效的根源。

(7) 找到并改正故障。

(8) 回答关于系统运作方式的问题。

(9) 重构设计和代码构件。

(10) 重新编写设计和代码构件。

(11) 删除不再有用的设计和代码构件。

(12) 维护对系统所做的改变。

此外，维护小组的成员与用户、操作员和客户代表一起工作。首先，他们设法理解以用户语言表达的问题。然后，将该问题转换为对修改的请求。变化请求描述了系统现在如何工作、用户希望系统如何工作以及需要什么样的修改。一旦设计或代码经过修改和测试，如果必要的话，维护小组就要重新培训用户。因此，维护涉及与人以及软件和硬件的交互。

7. 维护时间的使用

有各种不同的报告讨论了维护人员是如何在上述几种类型的维护中使用时间的。Lientz和Swanson调查了487个数据处理组织机构的经理，发现如图11-4所示的分布情况，大部分的工作量用于完善性和适应性维护上（Lientz and Swanson 1981）。后来其他的研究也指出类似的分布。但一个给定机构的分布取决于很多事情，包括该系统是S系统、P系统还是E系统，以及业务需求改变的速度。

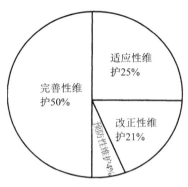

图11-4　维护工作量的分布

11.3　维护问题

维护一个系统是很困难的。因为系统已经在运转，维护小组必须在改变系统的需要和保持系统对用户可访问的需要之间进行平衡。例如，升级一个系统可能会要求系统对用户关闭几个小时。但是，如果系统对于用户的业务或运转是至关重要的，则不可能让用户在几个小时内放弃使用该系统。例如，不能将一个生命维持系统从病人身上切断，然后让维护人员来改变它的软件。维护小组必须寻找一种能够实现改变而不用打扰用户的方法。

11.3.1　人员问题

有很多人员上和组织上的原因使得维护难以进行。维护人员必须担当问题和它的解决方案之间的调解人，修补和剪裁软件，以确保解决方案在系统改变时真正解决了问题。

1. 有限的理解力

除了平衡用户需求和软硬件需求之外，维护小组还要应对人类认识的局限性。一个人研究文档、抽取与要解决问题相关的资料的速度是有限的。再者，我们通常要寻找比解决问题真正所需的还要多的线索，加上日常办公室琐事造成的精力分散等因素，我们的生产率肯定会很有限。

Parikh和Zvegintzov指出，理解要修改的软件要花费47%的软件维护工作量（Parikh and Zvegintzov 1983）。每当改变一个构件时，都需要检查一系列接口，因此，就可以理解这个数字为什么这么高了。例如，如果一个系统有 m 个构件，我们要改变其中 k 个构件，那么，下面公式计算的结果表示进行影响分析和正确性分析所需评估的接口数目（Gerlich and Denskat 1994）：

$$k(m-k)+k(k-1)/2$$

因此，即使只改变一个系统构件中的一行代码，要保证这次改变没有直接地或间接地影响到系统的其他部分，也可能需要上百次测试。

用户理解有时也存在问题。Lientz和Swanson发现，超过一半的维护程序员的问题源自于用户缺乏技能或理解不够（Lientz and Swanson 1981）。例如，如果用户不理解系统如何运作，他们在报告问题产生的结果时，可能会给维护人员提供不完整的甚至是误导的数据。

这些结果阐明了清晰、完整的文档和培训的重要性。维护小组也需要高超的"人文技巧"。正像我们在第2章中看到的，有各种不同的工作风格。维护小组必须理解思维和工作风格的不同之处，并且在交流的时候能够灵活应对。

2. 管理的优先级

维护小组要权衡系统需要和用户管理要求。管理的优先级通常会超越技术优先级。管理人员有时会将维护和增强看得比构建新应用更为重要。换言之，公司有时必须将重点放在业务能够照常执行上，而不是去研究新的可替换的系统。但是，有时管理人员鼓励维护人员修改一个旧系统，同时用户却强烈要求增加新的功能或构建一个新系统。类似地，急于将产品推向市场可能会怂恿开发人员或维护人员迅速实现一个快速的、不优雅的、没有很好测试的变更，而不是花时间遵循好的软件工程实践。其结果是一个打补丁的、难于理解的且日后难于修改的系统。

3. 士气

Lientz和Swanson的研究（Lientz and Swanson 1981）指出，维护过程中出现的11.9%问题源于低士气和低生产率。士气不高的一个主要原因在于通常将维护人员当作"二等公民"。程序员有时认为，设计和开发一个系统比维持系统运行更具技巧性。但是，正如我们所看到的，维护人员处理的问题是开发人员从没见到过的。维护人员不仅要精通编写代码，还要善于与用户协作、预测变化以及跟踪。跟踪一个问题以找出其根源、理解大型系统的内部运作以及修改系统的结构、代码和文档，都需要高超的技巧和百折不挠的毅力。

一些开发团队将程序员轮流安排到几个不同的维护和开发项目，使他们有机会做各种事情。这种轮流安排有助于避免大家瞧不起维护性编程。但是，这通常会要求程序员同时参与几个项目的工作。这种要求会导致优先级的冲突。在维护的过程中，8%的问题源自于程序员一次陷入很多的头绪，从而不能够以足够长的时间集中解决一个问题。

547

11.3.2 技术问题

技术问题也会影响维护的生产率。有时，这些技术问题是开发人员和维护人员以前所做的工作遗留下来的；有时，它们源自于实现所采用的特殊的范型或处理方法。

1. 制品和范型

如果设计的逻辑不是显而易见的，维护小组可能难以确定设计是否能够处理提出的改变。一个有缺陷的或僵化的设计，可能需要花费更多的时间来理解、改变以及测试。例如，开发的系统中可能包含一个仅仅能够处理磁带输入和输出的构件，要对磁盘访问，就必须做较大的改变，因为磁盘并不受限于磁带的顺序访问原则。类似地，开发人员可能没有预测到变化，将字段和表的大小固定下来，使得它们难以修改。许多开发人员只用两个字符表示年份，这就会出现"千年虫问题"，这是一个很好的例子，说明简单的、缺乏弹性的设计决策对维护造成的影响会有多大。

维护面向对象的程序也可能会出现问题，因为设计中通常会包含通过继承模式高度互连的构件。必须很小心地进行递增的改变，因为改变可能会导致一连串类的改变，这些类隐藏了其他类，或者以冲突的方式重新定义了对象。补充材料11-2更为具体地描述了维护面向对象系统要考虑的设计权衡。

补充材料11-2　维护面向对象系统的优缺点

Wilde、Matthews和Huitt研究了维护面向对象系统和维护面向过程的系统的不同之处。他们指出面向对象的几项优点（Wilde, Matthews and Huitt 1993）。

- 维护单个对象类的变化可能不会影响到程序的其他部分。
- 维护人员可以方便地复用对象，只需编写少量的新代码。

但是，面向对象也有一些缺点。

- 由于程序中含有大量的对象，面向对象技术可能会使程序更难于理解。由于非局部化——程序方案散布在很多不连续的程序片段中，很难洞悉最初设计人员的意图。
- 由于同样的原因，一个程序中的多个部分使得人们很难理解整个系统的行为。
- 继承使得难以跟踪依赖性。
- 动态绑定使得不可能确定哪一种方法将被执行，所以维护人员必须考虑所有的可能性。
- 通过隐藏数据结构的细节，面向对象系统通常将程序功能分布在几个类中。因此，很难发觉和解读交互的类。

总体而言，不充分的设计规格说明以及低质量的程序和文档，会耗费几乎10%的维护工作量。硬件需求也会花费类似的工作量：获得足够的存储空间以及一定的处理时间。作为一名学生，你会遇到这样的挫折：要解决一个问题却无权访问工作站，或者不得不重复地拨号以获得远程访问权限。当硬件、软件或数据不可靠时，同样会出现问题。

2. 测试的困难性

当没有时间对系统进行测试时，测试也会成为一个问题。例如，一个航空预定系统必须在所有时间内连续不断地可用。要说服用户停止2小时使用系统来进行测试是很难做到的。当一个系统执行关键的功能时（例如空中交通控制或病人监护），脱机进行测试可能是不行的。在这种情况下，通常在复制的系统上进行测试，然后将测试过的改变传到生产系统上。

除了时间可用性问题以外，也可能没有好的或合适的可用测试数据来测试所做的改变。例如，可能要对一个地震预报系统进行修改，以接受正在开发的传感设备发送的信号。这就必须对测试数据进行模拟。由于科学家也不完全了解地震是如何发生的，因此，很难生成精确的测试数据。

最重要的是，测试人员并不总是能够很容易地预测设计或代码改变所造成的影响并为其做好准备。尤其是当不同的维护小组成员处理不同的问题时，这种不可预测性就会存在。如果Pat在为解决数据溢出问题而修改一个构件的同时，Dennis为修复一个接口问题也在修改同样的构件，那么两个变化组合在一起实际上可能引起一个新的故障。

11.3.3　必要的妥协

维护小组总是在一组目标与另一组目标之间进行权衡。正像我们已经看到的，在系统对用户的可用性与实现修改、改正以及增强之间，可能会出现冲突。因为失效是在无法预期的时间出现的，维护人员要时刻意识到这种冲突。

对计算机专业人员来讲，只要改变是不可避免的，就会出现另外一种冲突——软件工程原理与方便性和成本之间相互竞争。通常，可以用以下两种方法中的一种来解决一个问题：一种是快速但不优雅的解决方案，它能解决问题但与系统设计或编码策略并不一致；另一种方法涉及面更广但更优雅，它与生成系统其余部分的指导原则一致。正如我们前面指出的那样，程序员可能被迫在优雅性和设计原理方面做出妥协，因为改变必须立即进行。

当进行这样的折中时，有几个有关的事情会使将来的维护更加困难。首先，用户或操作员的抱怨通常会引起维护人员的注意。这些人员不太可能在设计和代码背景下理解问题，而仅仅只是在日常操作的背景下理解问题。其次，仅仅通过立即修改故障来解决问题。维护小组没有得到许可来修改系统或程序设计，以使整个系统更容易理解，或使所进行的改变与其余系统构件保持一致。这两个因素合在一起迫使维护小组将快速修改作为其有限的目标。维护小组被迫把资源集中在他们可能了解很少的问题上。

维护小组还必须解决另一种冲突。当要开发一个系统来解决最初的问题的时候，它的开发人员有时会在不改变设计和代码的情况下，设法解决类似的问题。这样的系统通常会运行很慢，因为通用代码必须考虑大量的情况和可能性。为了提高性能，系统可以包含专用构件，通过牺牲通用性来换取速度。这种专用构件通常较小，因为它们不需要考虑所有可能发生的事情。最终系统的改变可以很容易地进行，只需花费一定时间代价来修改或增强系统或程序设计。当决定如何以及为什么进行修改或改正时，维护小组必须在通用性和速度之间进行权衡。

其他可能影响维护小组所采取的方法的因素包括：

- 失效的类型；
- 失效的关键性或严重性；
- 需要进行的改变的难度；
- 要改变的构件的复杂性；
- 必须进行的改变所处的物理地点数目。

从所有这些因素可以得知，维护人员具有双重责任。首先，维护小组要理解系统的设计、代码、测试原理以及结构。其次，要对如何进行维护以及如何组织最终的系统建立起一套基本原则。通过在长期目标和短期目标之间做出权衡，维护小组决定什么时候要以牺牲质量来换取速度。

11.3.4 维护成本

维护一个系统出现的所有问题是造成软件维护高额成本的原因。在20世纪70年代，软件系统的大部分预算花在开发上。到了20世纪80年代，开发与维护的花销之间的比例颠倒过来了，各种估算都说明，一个系统的维护成本占其整个生命周期成本的40%～60%（即从开发到维护，直至系统最终引退或被替换）。当前有估算指出，在21世纪，维护成本可能已经增至整个系统生命周期成本的80%。

1. 影响工作量的因素

除了已经讨论的问题之外，还有很多其他的因素会对维护一个系统所需的工作量构成影响。下面是一些可能的因素。

- 应用类型。与计时对其正常运行不重要的那些系统相比，实时的、高度同步的系统更加难以改变。我们必须小心地确保对一个构件的改变不会影响到其他构件的计时。类似地，对有严格定义数据格式的程序的改变，可能需要对大量数据访问例程进行额外的改变。 [550]

- 系统新颖度。当一个系统实现新的应用，或者采用新的方法执行共同的功能的时候（如补充材料11-3中描述的系统），维护人员就不能简单地依靠他们的经验和对系统的理解来发现和修复故障。需要花费更多的时间来理解设计、查找问题的根源，以及测试修改过的代码。在很多情况下，当旧的测试数据不存在时，必须生成新的测试数据。

- 人员更替和维护人员的可用性。要理解和改变一个系统，需要花费大量时间。如果小组成员例行公事地被轮换到其他组，如果小组成员离开组织机构去从事其他项目，或者小组成员被要求同时维护几个不同的产品，这些都会对维护的工作量产生影响。

- 系统生命周期跨度。与那些生命期很短的系统相比，一个旨在长期运行的系统很可能需要更多的维护。快速地进行修改以及不注重更新文档，对于生命期短的系统可能是可以接受的，但这样的习惯对于长期的项目可能是致命的，它使得其他小组成员难以进行后续的改变。

- 对变化的环境的依赖性。与P系统相比，S系统通常需要更少的维护，而P系统又比E系统需要更少的适应性和增强。尤其是对于一个依赖于其硬件特性的系统，如果对硬件进行修改或替换，很可能需要更多的改变。 [551]

- 硬件特性。不可靠的硬件构件或者不可靠的销售商支持，都可能使得跟踪一个问题的根源更加困难。

- 设计质量。如果一个系统不是由独立的、内聚的构件组成的，由于所做的改变可能会对其他构件产生意想不到的影响，发现和修改问题的根源可能是错综复杂的。

- 代码质量。如果代码的结构杂乱无章，或者没有推行其体系结构的指导原则，则可能难以查找故障。另外，语言本身也可能使发现和修复故障很困难，较高级的语言通常会增强可维护性。

- 文档质量。未文档化的设计或代码使得搜寻一个问题的解决方案几乎是不可能的。类似地，如果文档难以阅读，甚至是不正确的，则维护人员可能会难以对故障进行跟踪。

- 测试质量。如果使用了不完整的数据进行测试，或者没有预料到变化的影响，那么进行修改和增强就可能会引起其他的系统问题。

补充材料11-3　大通曼哈顿如何平衡管理和技术需要

到20世纪90年代后期，大通曼哈顿的中部市场银行集团已经获得纽约大都市地区的小型公司和中型公司的商业银行服务的一半市场份额。为了了解谁是他们的客户、他们使用哪家银行的产品，以及如何鼓动他们将来购买更多的产品，该公司开发了关系管理系统（RMS）。该系统为销售人员提供一个单独的界面，可以访问到多种类型的中型市场客户数据，如信用卡结余以及交易等。RMS还在大通曼哈顿的遗留应用中加入PC／LAN／WAN技术，以便能够让客户代表随时了解他们的客户信息。

该系统最初是Chemical银行1994年开发的一个应用。1996年，当Chemical与大通合并时，大通决定修改Chemical的系统，用在合并后的银行中。RMS系统经过了多次演化。它与另一个Chemical的系统Global Management System合并，然后又与其他系统组合，从而消除了重复，并连接了硬件平台和业务办公室。接着，还开发了RMS的基于Windows的图形用户界面，并对系统进行修改，使其能运行电子表格，使用Microsoft产品打印报表。然后，集成Lotus Notes，以便仅仅通过一个Notes应用就能提交数据变化。RMS的某些部分正在其他的大通曼哈顿银行业务单元中实施，系统在intranet上交付，为银行的移动销售大军提供远程访问支持（Field 1997b）。

2. 建模维护工作量

如同开发一样，我们要估算维护一个软件系统所需的工作量。Belady和Lehman是设法用预测模型获取维护工作量建模的首批研究人员之一（Belady and Lehman 1972）。他们注意到，大型系统随着时间推移所出现的系统退化。一系列的改变和增强通常会导致系统活动的碎片，并且随着每一轮的维护修改，系统规模会不断增长。

就每一个大型系统而言，维护人员必须成为系统某些方面的专家。也就是说，每个小组成员必须擅长于某一特定方面的功能或性能，例如数据库、用户界面或者网络软件。这种专门化有时使得小组没有多面手，没有一个人能从整个系统范围理解系统应该如何运行，以及它与需求有着怎样的联系。人员专门化通常导致在维护上投入的资源呈指数级增长，需要更多的人手来处理增长的系统，需要为他们提供可用的机器和时间。并且，小组成员间还需要更多的交流，来对他们关于"其他系统构件或功能如何执行"的理解进行双重检查。

同时，由于下面两个原因，系统通常会变得更加复杂。首先，当改正一个故障时，修复本身可能会引入新的系统故障。其次，当进行改正时，系统结构改变了。由于很多修改的目的有限，都只是为了解决具体问题，因此，构件的耦合和内聚、面向对象系统的继承结构通常都退化了。

Belady和Lehman用下面的方程式来计算工作量：

$$M=p+K^{c-d}$$

其中，M是一个系统花费的总的维护工作量；p表示总体生产工作量，包括分析、评估、设计、编码以及测试；c是由于缺乏结构化的设计和文档所引起的复杂性；d表示维护小组对软件的熟悉程度；d削弱了c；最后，K是一个常量。通过将该模型与实际项目中的工作量关系进行比较来确定K，K称为**经验常量**（empirical constant），因为它的值依赖于环境。

Belady-Lehman方程式表示决定维护工作量的因素之间的一个非常重要的关系。如果一个系统没有遵循软件工程原理进行开发，c的值将会很高。另外，如果维护时不了解软件本身，d的值将会很低。其结果是，维护的成本呈指数级增长。因此，为了节约维护成本，最佳方法是使用好的软件工程实践构建系统，并给维护人员时间让他们熟悉软件。

目前一些工作量和进度模型使用了许多Belady和Lehman提出的因素来预测维护成本。例如，COCOMO II用一个$size$变量计算维护工作量，按如下公式计算（Boehm et al. 1995）：

$$size=ASLOC(AA+SU+0.4DM+0.3CM+0.3IM)／100$$

变量$ASLOC$测量要改变的源程序代码行数，DM表示要修改的设计的百分比，CM表示要修改的代码的百分比，IM表示要集成的（如果有的话）外部代码（例如复用的代码）的百分比。SU是一个比例尺度，表示理解软件所需的工作量，如表11-2所示。例如，如果软件是高度结构化、清晰并且自描述的，则软件理解的耗费仅为10%。如果它是未文档化的"意大利面条"式的代码，则软件理解的耗费是50%。

表11-2 软件理解性的COCOMO II评分

	非 常 低	低	一 般	高	非 常 高
结构化	非常低的内聚度、高耦合度、"意大利面条"式代码	中等程度的低内聚度、高耦合度	相当好的结构化;有一些地方较弱	高内聚度、低耦合度	很强的模块化,信息隐藏在数据和控制结构中
应用清晰度	程序和应用的观点之间不匹配	程序和应用之间存在相互联系	程序和应用之间存在适当的相互联系	程序和应用之间存在很好的相互联系	程序和应用的观点之间清晰匹配
自描述	晦涩的代码;没有文档,或者晦涩的、陈旧的文档	一些代码有注释性的标题;有一些有用的文档	代码有适量的注释、标题以及文档	很好的注释和标题;有用的文档;有一些地方较弱	自描述代码;文档是最新的,良好组织的,并附有设计原理
SU增量	50	40	30	20	10

553

COCOMO II还包含对评价代码和进行修改所需工作量的评分,如表11-3所示。需要的测试和文档越多,所需的工作量也越多。

表11-3 评价和同化工作量的COCOMO II评分

评价和同化增量	评价和同化工作量的级别
0	无
2	基本的构件搜索和文档
4	一些构件测试和评估文档
6	较多的构件测试和评估文档
8	大量的构件测试和评估文档

我们提到的有关开发过程中的估算的诸多事项,也同样适用于与维护有关的估算。尤其是,最佳估算都是根据过去类似项目的整个历史记录得来的。另外,当项目和产品的属性发生变化后,也应该重新进行估算。既然遗留系统在持续地演化,估算也应该定期地进行。

11.4 测量维护特性

我们已经讨论了使得软件易于(或难于)理解、增强或改正的若干软件特性,在交付软件时用这些因素来测量软件,可以预测软件的可维护性。在维护的过程中,测量能够指导我们的活动,帮助评估改变所带来的影响,或者评价几种提出的改变或方法的相对优点。

可维护性并不只限于代码。它可描述很多软件产品,包括规格说明、设计以及测试计划文档。因此,对于希望维护的所有产品,都需要相关的可维护性测量。

我们可以用两种方式来考虑可维护性:反映软件内部的视图和反映软件外部的视图。正像我们在本书中定义的那样,可维护性是一个外部的软件属性,因为它不仅取决于产品,而且取决于执行维护的人员、支持文档和工具以及软件的用法。也就是说,若不在给定环境下监控软件行为,我们不可能测量它的可维护性。

另一方面,在软件实际交付之前,我们可能想要测量可维护性,以便了解处理任何可能出现的问题所需的资源。就这种类型的测量而言,我们使用内部软件属性进行测量(例如那些与结构相关的属性)并保证它们预测了外部测量。由于这种方法不是直接的测度,我们必须权衡间接方法的实

554 用性与外部方法的准确性。

11.4.1   可维护性的外部视图

为了用平均修复时间来测量可维护性（正如我们在第9章见到的），对每个问题，我们需要仔细记录如下信息：

- 报告问题的时间；
- 由于行政管理延迟而损失的时间；
- 分析问题所需要的时间；
- 指定进行哪些改变所需要的时间；
- 进行改变所需要的时间；
- 测试改变所需要的时间；
- 记录改变所需要的时间。

图11-5说明，在一家大型英国公司中，各软件子系统所用的平均修复时间。在识别引起大多数问题的子系统和计划预防性维护活动时，这种信息是很有用的（Pfleeger, Fenton and Page 1994）。用一张这样的图表来跟踪平均修复时间，我们可以得知，系统是变得更可维护还是变得更不可维护。

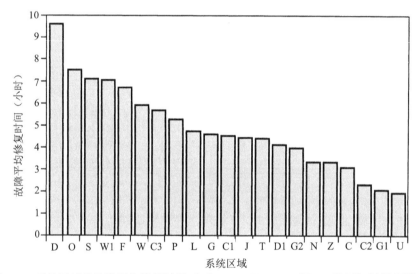

图11-5   系统区域的故障平均修复时间（Pfleeger，Fenton and Page 1994）©1996 IEEE

其他的（依赖环境的）测量也可能是很有用的：

- 实现改变的总时间与实现的变化的总数目之比；
- 未解决问题的数目；
- 花费在未解决问题上的时间；
- 引入新故障的变化所占的百分比；
- 为实现一个改变而修改的构件数。

这些测量共同描绘出维护活动的等级以及维护过程的有效性。

11.4.2   影响可维护性的内部属性

很多研究人员已经提出了与可维护性相关的内部属性的测量。例如，前面几章描述的复杂性测量通常与维护工作量存在相互联系。也就是说，代码越复杂，维护所需的工作量就越大。相互联系与测量并不相同，记住这一点是很重要的。但是在结构很差、文档很差的产品和它们的可维护性之间，有着明显、直观的联系。

环路数目

维护过程中最经常使用的测量是环路数目，这是由McCabe首次定义的（McCabe 1976）。**环路数目**（cyclomatic number）是通过测量经过代码的线性无关的路径数来获取源代码结构复杂性的一个方面的测量。它基于图论概念，计算过程如下：把覆盖代码转换为等价的控制流图，然后用该图的性质来确定度量。

要了解如何进行环路数目的计算，我们考虑下面这段摘自（Lee and Tepfenhart 1997）的一段C++代码：

```
Scoreboard::drawscore(int n)
{    while(numdigits-> 0) {
          score[numdigits]->erase();
     }
     // build new score in loop, each time update position
     numdigits = 0;
     // if score is 0, just display "0"
     if (n == 0) {
          delete score[numdigits];
          score[numdigits] = new Displayable(digits[0]);
          score[numdigits]->move(Point((700-numdigits*18),40));
          score[numdigits]->draw();
          numdigits++;
     }
while (n) {
          int rem = n % 10;
          delete score[numdigits];
          score[numdigits] = new Displayable(digits[rem]);
          score[numdigits]->move(Point(700-numdigits*18),40));
          score[numdigits]->draw();
          n /= 10;
          numdigits++;
     }
}
```

在图11-6的左边显示的是控制流图。通过给每一个菱形或方框分配一个节点，然后像最初的图中那样，用边将每一个节点连接起来，就可以重新绘制这个控制流图。其结果是一个含有n个节点和e条边的图，如图11-6右图所示。在我们的例子中，n等于6，e等于8。根据图论的知识得知，通过这张图的线性无关路径数目是

$$e-n+2$$

在我们的例子中，其路径数目是4。McCabe证明了环路数目比代码中判定语句的数目多1 。如果考虑上面的这个代码段，我们会看到2个while语句和1个if语句，所以，环路数目一定是3加1，也就是4。根据图来计算环路数目的一种简单方法是，考虑如何将该图从平面分割成几个片段。在我们的例子中，右边的图分为3个部分（三角形、半圆、三角形右边的不规则图形），再加上剩余部分。因此，该图将平面分成了4个部分，分成的部分数目就是环路数目。

就一个构件的设计而言，我们也可以进行相似的计算，所以，在开始编码之前，通常也用环路数目来评估几种可选的设计方案。在其他情况下，环路数目也是十分有用的。由环路数目可以得知，若要覆盖路径，就需要测试多少条无关路径，因此，通常对其进行测量，并用来确定测试策略。

在维护中，根据无关路径的数目（即判定数目加1）可以得知，当检查或改变一个构件时，需要理解和跟踪多少内容。因此，很多研究人员和实践人员发现，考虑对构件的或系统的环路数目的改变和修复所造成的影响时，它是非常有用的。如果改变或修复使得环路数目增长很大，那么，维护人员可能希望重新考虑为改变或修复进行的设计。确实，根据Lehman关于软件演化的第二条法则预测，随着系统的演化，环路数目（以及其他复杂性测量）将会增加。

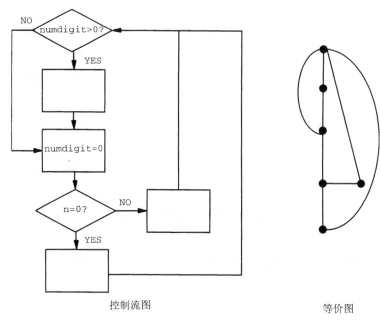

控制流图　　　　　　　　　　　　　　　　等价图

图11-6　环路数目计算的例子

在使用这种测量或其他测量来表示所有的软件复杂性时，我们应当谨慎行事。判定的数目或路径的数目的增加，确实会使代码更加难以理解，但是，还有其他没有体现在其结构中的属性也影响着复杂性。例如，面向对象程序的继承层次可能相当复杂，而当离开其背景研究单个构件时，则难以搞清楚分支的情况。研究人员不断地寻找定义和测量复杂性的更好方法，来帮助我们构建简单、易于维护的系统。

11.4.3　其他的产品测量

有很多的产品属性能帮助我们理解可维护性以及预测可能的问题根源。一些组织机构使用基于构件的测量（例如规模）规则。例如，Möller和Paulish说明，在西门子公司中，较小的构件（根据代码行数）比较大的构件的故障密度更高（见补充材料11-4）（Möller and Paulish 1993）。其他研究人员使用了嵌套深度、操作符和操作数的数目以及扇入和扇出这样的信息来预测维护质量。补充材料11-5描述了惠普公司用来创建可维护性指标的一种方法。

补充材料11-4　故障行为模型

　　Hatton和Hopkins研究了NAG的Fortran科学子例程库，它包含1 600个例程、总计25万行的可执行代码（Hatton and Hopkins 1989）。20多年来，该例程库已经经过了15个发布，因此，它有着大量的维护历史可以用来进行检查。然而，令他们震惊的是，他们发现，按照比例，较小的构件比较大的构件包含了更多的故障（其中，用静态路径数目来测量规模）。

　　Hatton继续从其他研究人员那里寻找类似的证据。他注意到，Möller和Paulish（Möller and Paulish 1993）报告在西门子公司出现了同样的现象，这时是用代码行来测量规模的。Withrow（Withrow 1990）在Unisys研究Ada代码时描述了同样的行为，与Basili和Perricone（Basili and Perricone 1984）研究NASA Goddard的Fortran产品时所发现的一样。

　　但是，Rosenberg指出，这些报告的结论都是基于比较规模和故障密度得出的（Rosenberg 1998）。由于密度是按照由故障数目除以规模来测量的，因此，规模同时是两个被比较的因素的一部分。这样，在两个因素之间有着一个很强的负相关，它掩盖了故障和规模之间的真实关系。Rosenberg警告说，在对其使用统计技术之前，需要充分理解测量的定义。

补充材料11-5　惠普公司的维护测量

Oman和Hagemeister建议，可以从3个维度对可维护性进行建模：正在维护的系统的控制结构、信息结构和布局、命名和注释。他们为每一维定义了度量，然后把它们组合在一起，构成整个系统的可维护性指标（Oman and Hagemeister 1992）。

Coleman等人在惠普公司中使用可维护性指标来评估几个软件系统的可维护性（Coleman et al. 1994）。首先，用大量的度量校准该指标，并用环路数目、代码行数、注释数以及Halstead定义的工作量进行计算，得出一个修剪后的多项式指标（Halstead 1977）。然后，把该多项式应用于由第三方开发、包含236 000行C代码的714个构件。该可维护性分析产生构件的一个等级排序，来帮助惠普公司找到那些难以维护的构件。其结果符合惠普维护人员对维护困难程度的直观感觉。

该多项式还可以用于比较在规模、模块数目、平台和语言上都相似的两个软件系统。结果再次证实了惠普工程人员的直觉。在以后的几项分析中，该多项式同样与维护人员的直觉一致。但是，这种测度还提供了另外一些信息，用来支持是"自己做还是购买"的决策、找出要进行预防性和完善性维护的构件以及评价再工程的效果。

Porter和Selby使用一种称为分类树分析的统计技术，来识别哪些产品测量是在维护过程中可能遇到的接口错误的最佳指示器（Porter and Selby 1990）。这种由数据分类分析得到的判定树，给出了基于过去历史的可测量的约束。

- 如果设计过程中有4~8次修改和至少15个数据绑定，则它提示，很可能会发生接口错误。
- 如果一个构件的主要功能是文件管理，而它在设计中又经过了9次以上的修改，则该构件可能会出现接口问题。

这些建议都特定于具体的数据集，并没有确定为适用于任何组织的普遍指导原则。但是，这种技术可以应用到任何测量信息的数据库。

就文本产品而言，可读性会影响可维护性。著名的可读性测量是Gunning的Fog指标F，由如下公式定义：

$$F = 0.4 \times \frac{词的数目}{句子的数目} + 三个以上音阶的词占的百分比 （包含三个）$$

据称，该测量大致等同于一个人能够轻松地阅读并理解一篇文章所需要的在学校受教育的年数。对大型文档，该测量通常是选取一段文本样本来计算的（Gunning 1968）。

其他的可读性测量是特定于软件产品的。De Young和Kampen定义了源代码的可读性R（De Young and Kampen 1979），如下所示：

$$R = 0.295a - 0.499b + 0.13c$$

其中，a是变量的平均规范化长度（一个变量的长度是变量名中的字符数目），b为包含语句的行数，c是McCabe的环路数目。该公式是对可读性主观评估的数据进行回归分析而得出的。

11.5　维护技术和工具

减少维护工作量的一种方法是，从开始就按质量标准构建系统。设法将好的设计和结构强加进一个已经构建的系统，不如一开始就正确地构建系统，后者更加成功。但是，除了好的实践，还有其他一些增强可理解性和提高软件质量的技术。

11.5.1　配置管理

要了解变化以及它们对系统其他构件造成的影响并不是一件容易的事。系统越复杂，一个变化所影响的构件就越多。由于这样的原因，配置管理（在开发过程中占有很重要的地位）在维护过程中也是非常关键的。

1. 配置控制委员会

因为很多维护变化是由客户和用户提出的（当发生失效或要求增强时），因此，要成立一个**配置控制委员会**（configuration control board）来监督变化的过程。该委员会由来自所有相关方的代表组成，包括客户、开发人员以及用户。每一个问题都按照下面的方式进行处理。

(1) 当用户、客户或开发人员发现问题时，将问题的症状记录在一张正式的变化控制表中。或者将客户、用户或开发人员要求进行的增强一一记录下来，包括：新功能、旧功能的改变或者删除已有的功能。与第9章介绍的失效报表类似，该表格必须包含这样的信息：系统是如何运转的、问题或增强的本质特性是什么、要求系统如何运转。

(2) 将提出的变更报告给配置控制委员会。

560

(3) 配置控制委员会开会讨论该问题。首先，他们确定，提出问题反映的是未满足需求，还是要求进行增强。这个决定通常影响到谁将为实现变化所必需的资源支付费用。

(4) 针对报告的失效，配置管理委员会讨论可能的问题根源。针对请求的增强，委员会讨论改变很可能影响到的系统部分。在这两种情况下，程序员和分析员可能会介绍改变的范围和实现它们预计需要多长时间。控制委员会给改变请求分配优先级别或者严重性级别，程序员或者分析员负责进行适当的系统改变。

(5) 指派的分析员或程序员查找问题的根源，或者请求的变更所涉及的构件，然后确定需要进行的改变。程序员或分析员使用一个测试副本而不是系统的运转版本进行工作，实现并测试所进行的改变，以确保它们正常运转。

(6) 程序员或分析员与程序资料员合作，使所做的改变安装在运转的系统中，并且更新所有的相关文档。

(7) 程序员或分析员归档变更报告（详细描述所有的改变）。

2. 变更控制

过程中最关键的步骤是第6步。在任何时刻，配置管理小组都必须了解系统中每一个构件或文档的状况。因此，配置管理应该强调人员（其行动会影响到系统）之间的交流。Cashman和Holt指出，我们必须始终对如下问题做到心中有数（Cashman and Holt 1980）。

- 同步：变更是何时进行的？
- 标识：由谁进行的改变？
- 命名：系统的哪些构件被改变了？
- 认证：正确地进行了变更吗？
- 授权：是谁授权进行的改变？
- 行程安排：变更通知了哪些人？
- 取消：谁能取消改变请求？
- 委托：谁负责进行改变？
- 估价：改变的优先权是什么样的？

请注意，这些问题是管理问题而非技术问题，必须使用过程来谨慎地管理变化。

遵循下面几个惯例有助于变更管理。首先，给系统的每个工作版本分配一个标识码或标识号。在修改一个版本的时候，为每一个最后被改变的构件分配一个修改码或修改号。记下每一个构件的版本或状况以及所有改变的历史。于是，在系统生命期的任一时刻，配置管理小组都能够识别运转系统的当前版本以及使用的每个构件的修改号；小组也可以找出不同的修改有什么不同、谁进行的修改以及为什么进行修改。

561

从学生的角度来看，这些配置管理惯例似乎是不必要的。课堂上做的项目通常是由一个人单独管理或者很少的几个程序员管理，用口头交流就能跟踪修改和增强。但是想象一下，在一个有200个构件的系统的开发和维护中，使用同样的技术将会产生怎样的混乱。通常，大型系统的开发都是独立的小组同时开发系统的不同方面，有时这些小组位于城市的不同地方甚至位于不同的城市。当由于误解而导致系统失效时,配置管理小组必须能将系统恢复到其先前稳定的状态。只有当配置管理小组知道到底谁在什么时候对哪一个构件做了什么样的改变的情况下,才能做到这一步。

11.5.2 影响分析

传统的软件生命周期认为,在软件部署之后,维护才算开始。但是,软件维护依赖于用户需求,并且开始于用户需求。因此,好的软件开发原则既适用于开发过程,也适用于维护过程。由于好的软件开发要支持软件变化,所以,软件产品生命期的自始至终,都必须考虑变化。再者,一个似乎很小的改变通常实际上会有很大的影响(因此实现起来代价更大)。**影响分析**(impact analysis)是对与变化相关的多项风险进行的评估,包括对资源、工作量和进度所造成的影响进行的评估。

系统中各方面的变化所造成的后果,可以在由此导致的不充分或过期的文档、不正确或不完整的补丁软件、结构很差的设计或代码、不符合标准的制品以及其他方面中看到。由于复杂性的增加、开发人员理解修改的代码所需时间的增加、变化对系统其他部分的副作用的增加,问题会变得更加复杂。这些问题增加了维护成本,而管理将会使这样的成本处于可控制的范围内。我们可以使用影响分析来帮助控制维护成本。

Pfleeger和Bohner研究了测量提出的变化所造成的影响,用来确定风险并权衡几个选择方案的若干方法(Pfleeger and Bohner 1990)。他们描述了一种包含测量反馈的软件维护模型。图11-7解释了当请求一个变化时要执行的活动,其中底部带标注的箭头表示测度,它向管理人员提供可以用来决定何时和如何进行改变的信息。

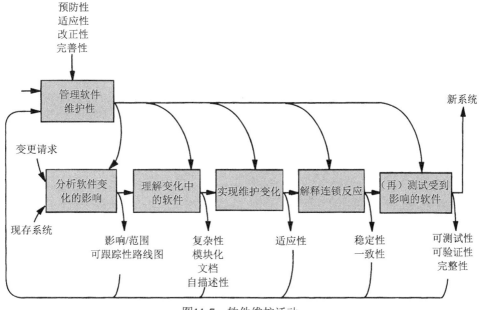

图11-7 软件维护活动

工作产品(workproduct)是其变化有重要影响的开发制品。因此,需求、设计和代码构件、测试用例以及文档都是工作产品。一个工作产品的质量可能影响到其他工作产品的质量,所以改变它们可能会有重要的影响。我们可以评价变化对所有工作产品的影响。对每一个工作产品,**垂直可跟踪性**(vertical traceability)表示工作产品中各部分之间的关系。例如,需求的垂直可跟踪性描述系统需求之间的相互依赖关系。**水平可跟踪性**(horizontal traceability)表示工作产品集合的构件之间的关系。例如,每个设计构件可跟踪到实现这个设计的代码构件。我们需要这两种类型的可跟踪性来理解在影响分析的过程中评价的全部关系集合。

我们可以用有向图来描述垂直可跟踪性和水平可跟踪性。一个**有向图**（directed graph）就是一个对象集合，其中，对象称为**节点**（node），关联的节点有序对的集合称为**边**（edge）。边的第一个节点称为**源节点**（source node），第二个节点称为**目的节点**（destination node）。这些节点表示文档、物品以及其他制品所包含的信息。在每一个制品中，每个节点表示一个构件。例如，可以把设计表示为节点的集合，其中一个节点表示一个设计构件，需求规格说明中的每个需求也表示为一个节点。有向边表示工作产品中的以及工作产品之间的关系。

图11-8说明如何确定相关工作产品之间的图形关系和可跟踪性链接。先检查每一个需求，在需求和实现该需求的设计构件之间画一条连线。接着，将每一个设计构件与实现它的代码构件连接起来。最后，将每一个代码模块与测试它的测试用例集连接起来。图中最后的连线展现出工作产品之间的关系。

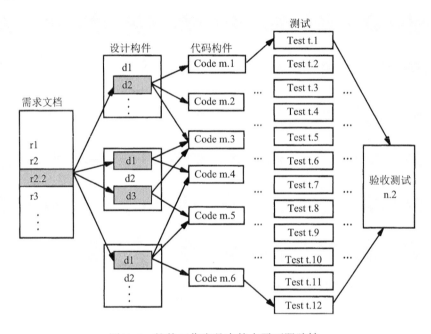

图11-8　软件工作产品中的水平可跟踪性

图11-9说明总体可跟踪性图的可能情形。每一个主要的过程制品（需求、设计、代码和测试）表示为一个包含其构件节点的方框。每一个方框内的实线边表示方框内各构件的垂直可跟踪性关系。方框间的虚线边表示系统的水平可跟踪性链接。补充材料11-6介绍了爱立信公司是如何使用这种方法的。

补充材料11-6　将可跟踪性用于现实世界的系统中

Lindvall和Sandahl将Pfleeger和Bohner的可跟踪性方法用于爱立信无线电系统的一个面向对象的开发项目中（Lindvall and Sandahl 1996）。结果，他们构造了用于可跟踪性的一个二维的框架。第一维保存被跟踪的项。例如，他们实现了5种可跟踪性：

- 对象到对象；
- 关联到关联；
- 用例到用例；
- 用例到对象；
- 二维的对象到对象（含有继承）。

第二维保存跟踪是如何进行的:

- 使用明确的链接;
- 使用对各种文档的文本引用;
- 使用相同和相似的名称和概念;
- 使用系统知识和领域知识。

形成链接的过程就是发现和改正问题的过程,也是澄清系统多方面的含义的过程。他们从研究中得出这样一个结论:"如果可跟踪性是在项目一开始就强调的一个质量因素,那么文档将会更清晰、更加一致,设计人员之间会得到更好的理解、投入项目的精力会更加集中,而产品的维护将会更少地依赖于个别专家。"但是,其中的一些可跟踪性工作要耗费很大的工作量。Lindvall和Sandahl指出,至少有两种情形需要很大的工作量:

- 没有工具支持跟踪链接的情况下跟踪一些项(例如关联到关联可跟踪性);
- 在部分不一致或者文档不足的模型中进行跟踪。

大量证据表明,一些复杂性的测量是说明可能的工作量和故障率的很好的指示器(Card and Glass 1990)。可以对这种思想进行扩充,将其应用到可跟踪性图的特性,来评价提出的变化会产生的影响。例如,考虑图11-9中每个方框内的垂直可跟踪性图。可以对节点的总数目、进入一个节点(目的节点)的边的数目(称为该节点的**入度**)和一个节点(源节点)发出的边数(称为**出度**)、加上环路数目等,在变化之前和之后对其进行评估。如果图的规模和复杂性随着变化增加了,对应的工作产品的规模和复杂性也很可能增加了。配置控制委员会根据这样的信息,可能会决定用另一种方式来实现这个变化或者根本不进行改变。即使管理人员决定进行改变,使用这种基于测度的图形将会使我们对涉及的风险理解得更加透彻。

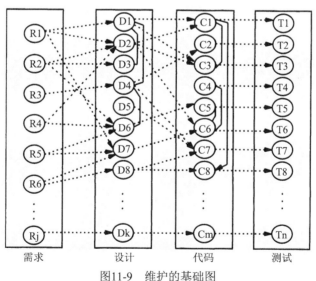

图11-9　维护的基础图

564
～
565

垂直可跟踪性测量是产品测量,反映了对所维护的每一个工作产品的改变所造成的影响。而水平可跟踪性图的特性的度量,表示了变更的过程视图。针对每一对工作产品,我们可以构成表示两者之间关系的一个子图:一个连结需求和设计,另一个连结设计和代码,第三个将代码和测试用例联系起来。然后,测量规模和复杂性关系,以确定造成的不利影响。再者,我们可以查看整个水平可跟踪性图,以了解改变后的总体可跟踪性是更加困难了还是更加简单了。Pfleeger和Bohner考虑覆盖图的最小路径集,如果改变后生成路径数目增加了,则系统很可能会更加难以处理、维护。类似地,如果节点的入度和出度大量增加了,则系统在将来可能更加难于维护(Pfleeger and Bohner 1990)。

11.5.3 自动化维护工具

跟踪所有构件和测试的状态是一项令人畏惧的工作。幸运的是，有很多自动化工具可以帮助我们维护软件。我们在这里介绍几种工具，本书的网站有到这些工具的演示和厂商网址的链接。

1. 文本编辑器

文本编辑器在很多方面对维护都是有用的。首先，编辑器可以将代码或文档从一个地方复制到另一个地方，避免复制文本时出现错误。其次，正如我们在第9章中看到的，一些文本编辑器能跟踪基线文件的变化，将其存储于一个单独的文件中。其中很多编辑器对每个文本条目标记时间戳和日期戳，并且在必要时提供从文件的当前版本回滚到以前版本的方法。

2. 文件比较器

维护过程中一个有用的工具是**文件比较器**（file comparator），它比较两个文件，并报告它们的差异。我们通常用它来确保两个推测时是相同的系统或程序确实是相同的。该程序读入两个文件，然后指出它们的差异。

3. 编译器和链接器

编译器和链接器通常包含能够简化维护和配置管理的一些特征。编译器用于检查代码的语法故障，很多情况下会指出故障的位置和类型。某些语言的编译器，如Modula-2和Ada，还检查分别编译的构件之间的一致性。

当代码编译正确之后，链接器（也称为链接编辑器）将代码与运行程序所需的其他构件链接起来。例如，在C语言中，链接器将*filename.h*文件与对应的*filename.c*文件连接起来。或者，链接器能够指出子例程、库和宏调用，自动地生成必要的文件以形成一个可编译的整体。一些链接器还跟踪每个所需构件的版本号，使得只有合适的版本才会连接在一起。这种技术有助于在测试改变时避免因使用一些系统或子系统的错误副本而引起问题。

4. 调试工具

利用调试工具，我们能够逐步地跟踪程序的逻辑、检查寄存器和内存的内容、设置标记和指针，并通过这些来辅助维护工作。

5. 交叉引用生成器

在本章的前面部分，我们指出了可跟踪性的重要性。自动化的系统能够生成并存储交叉引用，使开发小组和维护小组都能够更严格地控制系统修改。例如，一些交叉引用工具可以作为系统需求的信息库，并且还存储到与每一个需求相关的其他系统文档和代码的链接。当提出对一个需求的变更后，我们可以使用这个工具得知哪些需求、设计和代码构件将会受到影响。

一些交叉引用工具包含一组称为验证条件的逻辑表达式。如果所有的表达式产生一个"真"值，则代码满足生成它的规格说明。这个特征在维护过程中特别有用，利用它，我们能够确信改变的代码仍然符合它的规格说明。

6. 静态代码分析器

静态代码分析器计算代码结构属性的信息，如嵌套深度、生成路径的数目、环路数目、代码行数目以及不可达到的语句等。我们可以在构建正在维护的系统的新版本的时候，计算这些信息，以便了解它们是否变得更大、更复杂、更难以维护。这种测度还有助于我们在几种可选方案中做出决定，尤其是在我们重新设计现有代码的一部分时。

7. 配置管理库

如果没有控制变化过程的信息库，配置管理是不可能进行的。这些信息库可以存储问题报告，包括每个问题的具体信息、报告它的组织机构以及修复它的组织机构。一些信息库使用户能够在他们使用的系统中监视所报告问题的状况。其他的，如补充材料11-7描述的工具，可以实现版本控制和交叉引用。

补充材料11-7 Panvalet

Panvalet是IBM大型机上使用的一个流行工具。它考虑了源代码、对象代码、控制语言以及运行一个系统所需的数据文件。文件具有不同的文件类型，不同的文件可以彼此关联。利用这种性质，开发人员可以在一个文件、给定类型的所有文件或者整个文件库中改变一个字符串。

Panvalet控制的不仅仅是一个系统的一个版本，所以，一个文件可以有多个版本。一个版本被指定为产品版本，并且不允许任何人改变它。要修改这个文件，开发人员必须创建该文件的一个新版本，然后在新的文件上进行修改。

Panvalet将文件按层次的结构进行组织，并且它们之间是交叉引用的。一个文件的每一个版本都与版本的信息目录关联起来：关于产品版本的状况、最后一次访问与更新的日期、文件中语句的数量以及对文件执行的最后一次操作的类型。当文件被编译之后，Panvalet自动地将最后一次修改的日期和版本号放到编译器列表和对象模块中。

Panvalet还有报告、备份、恢复的特征以及三层安全访问机制。当文件长期未被使用时，Panvalet能够将它们归档。

567

11.6 软件再生

在很多拥有大量软件的组织机构中，对这些系统进行维护是一个挑战。我们通过一个例子来解释其中的原因。例如，一个保险公司要提供一种新型人寿保险产品。要支持该产品，公司想要开发用于处理保险单、保险客户的信息、保险精算信息以及记账信息的软件。这样的保险单可能要保存多年。有时，在最后一个保险客户死亡并且索赔都得到支付之前，软件是不可能引退的。结果，保险公司很可能会在各种不同的平台上，用多种实现语言支持很多不同的应用。这种情况下，组织机构必然很难决定如何使系统更易于维护。组织机构可能有多种选择：从增强系统到用新技术完全替换现有系统。每种选择都希望在成本尽可能低的情况下保持或者提高软件质量。

软件再生（software rejuvenation）通过设法提高现有系统的总体质量来应对这种维护挑战。它回顾系统的工作产品，设法得到额外的信息，或者用更易于理解的方式重新对它们进行安排。软件再生要考虑的内容包括：

- 文档重构；
- 重组；
- 逆向工程；
- 再工程。

当对一个系统进行**文档重构**时，我们对源代码进行静态分析，给出更多的信息，以帮助维护人员理解和引用代码。静态分析不对实际的代码进行任何转换，仅仅是导出信息。但是，**重组**（restructure）通过将结构不好的代码转换为结构良好的代码，真正地改变了代码。这两种技术都仅仅集中于源代码。对一个系统进行**逆向工程**（reverse engineer），是指从源代码返回到它之前的产品，根据代码重新创建设计和规格说明信息。再进一步就是**再工程**（reengineering），它是指首先对现有系统进行逆向工程，接着再对其进行"正向工程"，改变规格说明和设计以完成逻辑模型；然后，根据修改过的规格说明和设计生成新的系统。图11-10说明了这4种类型的软件再生之间的关系。

当然，指望从给定的一段源代码中能够重新创建出所有的中间工作产品是不可能的。可以将这样的任务比喻为从一张成人的照片重建出其孩子的照片。然而，还是可以增强和建立一些工作产品的基本特征的。能从最终产品中抽取出多少信息，取决于以下几个因素（Bohner 1990）：

- 使用的语言；
- 数据库接口；
- 用户界面；

568

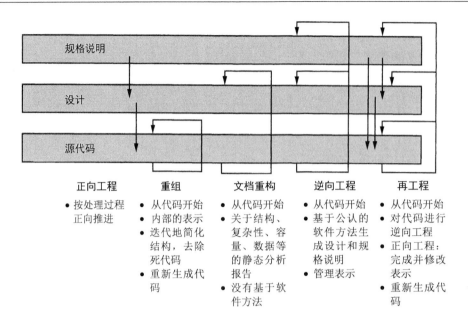

图11-10 软件再生的分类（Bohner 1990）

- 到系统服务的接口；
- 到其他语言的接口；
- 领域成熟度和稳定性；
- 可用的工具。

维护人员的能力、知识以及经验在成功的解释和使用信息方面也起着很重要的作用。

11.6.1 文档重构

文档重构是指对源代码进行静态分析以产生系统文档。我们可以检查变量使用、构件调用、控制路径、构件规模、调用参数、测试路径以及其他相关的测量，来帮助我们理解代码是做什么的以及是如何做的。静态代码分析产生的这些信息可以用图形或文本来表示。

图11-11阐明文档重构的过程。典型情况下，维护人员进行文档重构的第一步是将代码提交给一个分析工具，其输出可能包括：

- 构件调用关系；
- 类层次；
- 数据接口表；
- 数据字典信息；
- 数据流表或数据流图；
- 控制流表或控制流图；
- 伪代码；
- 测试路径；
- 构件和变量的交叉引用。

可以用图形、文本以及表格式的信息来评价一个系统是否需要重组。但是，因为在规格说明和重构的代码之间没有对应关系，所以，产生的文档反映的是"是什么"，而不是"应该是什么"。

569

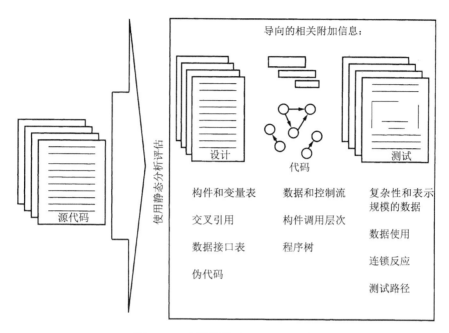

图11-11 文档重构（Bohner 1990）

11.6.2 重组

重组的目的是使软件更易于理解和改变。工具通过解释源代码以及用内部形式表示源代码来帮助我们完成这一任务。接着，利用转换规则来简化内部表示，其结果被改写为结构化的代码。尽管某些工具只产生源代码，但还有其他一些工具有更多的支持功能：生成结构、容量、复杂性以及其他信息。这些测度可随后用于确定代码的可维护性，评估重组的效果。例如，我们希望复杂性测量能够表明重组后的复杂性降低了。

图11-12解释重组中的三个主要活动。首先，使用静态分析得到表示代码的语义网或有向图。这样的表示不一定非要易于人阅读，因为它通常只用于自动化工具。

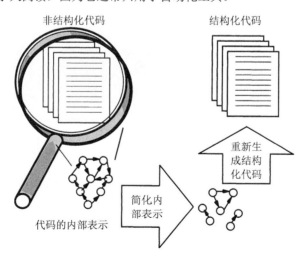

图11-12 重组（Bohner 1990）

接着，基于转换技术，通过一系列的简化对这种表示进行细化。最后，对细化的表示进行解释，并用它生成结构化的等价的系统代码（通常是使用相同的编译器）。

11.6.3 逆向工程

像文档重构一样，逆向工程从源代码得到软件系统的规格说明和设计信息。但是，逆向工程不仅仅如此，它尽量基于软件规格说明和设计方法恢复工程性信息，并随后以某种方式存储这些信息，以使我们能够对其进行处理。抽取出来的信息没有必要是完整的，因为很多源代码构件通常与一个或多个设计构件关联在一起。由于这样的原因，经逆向工程得到的系统可能实际上比原来的系统所含的信息要少。

借助图形工作站和存储管理工具，很多逆向工程的工作都可以被自动化。我们可以显示和操纵图形设计，并能控制通过工具收集来的并放在一个库中的数据。

图11-13描述逆向工程的过程。首先，将源代码提交给一个逆向工程工具，该工具对结构加以解释，命名相关信息，并以与文档重构很相似的方式构造输出。标准结构化分析和设计方法可以用来作为一种很好的交流机制，清楚地说明逆向工程信息，例如数据字典、数据流、控制流，以及实体-联系-属性图。

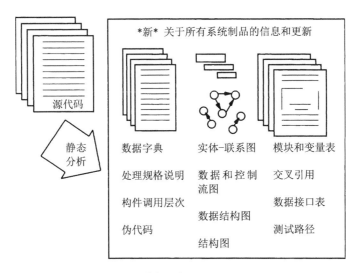

图11-13　逆向工程（Bohner 1990）

逆向工程的关键在于它从详细的源代码实现中抽取抽象规格说明的能力。但是，要使逆向工程能被广泛使用，仍然存在一些主要的障碍。其中的一个问题是实时系统的逆向工程。由于频繁的性能优化，实现和设计之间的对应关系比较少。当极其复杂的系统中使用了简略的或含义不全的命名习惯时，就会出现第二个问题。当使用工具对这种系统进行逆向工程时，建模信息几乎没有什么价值。

当期望很低的时候，逆向工程通常比较成功。也就是说，工具在确定所有相关的数据元素以及对特定构件的调用方面，会做得很好。它们能够显示复杂的系统结构，并且能够识别出与设计标准不一致和违背设计标准的地方。

11.6.4 再工程

再工程是逆向工程的扩展。逆向工程抽取出信息，而再工程在不改变整个系统功能的前提下，生产新的软件源代码。图11-14阐明再工程所包含的步骤。首先，对系统进行逆向工程，将系统表示为内部形式，并根据当前说明和设计软件的方法，用人工或计算机的方式进行修改。接着，修改并完成软件系统模型。最后，根据新的规格说明或设计生成新系统。

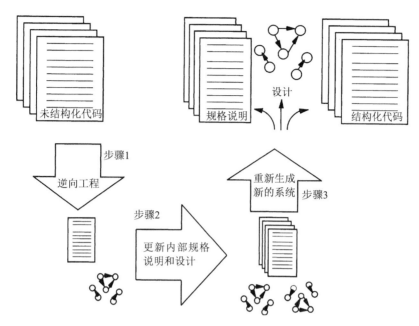

图11-14 再工程（Bohner 1990）

再工程过程的输入包括源代码文件、数据库文件、屏幕生成文件以及类似的与系统相关的文件。当再工程的过程完成时，生成全部系统文档，包括规格说明和设计以及新的源代码。

因为在可预见的未来，不太可能出现完全自动化的再工程，所以，再工程的过程必然是自动转换和人工工作相结合。我们可以手工完善不完整的表示，一名有经验的设计人员可以在新系统生成之前增强设计。补充材料11-8讨论再工程一个系统所需的工作量，以及哪些工作必须由手工完成。

572

补充材料11-8　再工程的工作量

美国国家标准和技术研究院（the U.S. National Institute of Standards and Technology，NIST）研究了13 131行COBOL源语句的再工程结果。该系统包括批处理过程，没有使用商业现货产品。他们用自动转换对该系统进行了再工程。Ruhl和Gunn报告称，整个再工程的工作量是35人月（Ruhl and Gunn 1991）。

Boehm等人指出，对于同样类型系统的再工程，最初的COCOMO模型估算的工作量是152人月，很显然，其精确性是让人无法接受的。结果，基于其他再工程研究，对COCOMO II进行了修订，使之包含一个表示自动转换的因子（Boehm et al. 1995）。该模型计算出，自动转换工作的代码是2 400行源语句每人月。

NIST的研究指出，能够被自动转换的代码量随着应用类型的不同而发生变化。例如，96%的批处理可以被自动转换，但是使用数据库管理系统的批处理应用中，只有88%能够被自动转换。相比之下，Ruhl和Gunn发现，只有一半的交互式应用能够被自动转换（Ruhl and Gunn 1991）。

573

11.6.5　软件再生的前景

由于软件维护并不总是像新软件的开发那样吸引实践者，所以，软件再生没有得到像新软件开发那样多的关注。但是，软件再生也取得了一些显著的进展。商用逆向工程的工具能够部分地恢复软件系统的设计，它们可以识别、展现、分析源代码中的信息，但是它们不能重组、获取以及表示没有直接出现在源代码中的设计抽象。

源代码中包含最初设计的信息并不多，所以，其他的设计信息必须通过推理进行重组。因此，最成功的逆向工程的例子一直出现在深刻理解的、稳定的领域中，例如信息系统。在这样的领域中，典型的系统通常是标准化的，语言（通常是COBOL）相对简单并且结构良好，还有许多领域专家。

在其他领域，只有使用代码中的信息、现有的设计文档、人员的经验以及对问题域的综合知识，才可能进行设计恢复。要理解和重组一个完整的设计，需要理解问题域非正式的语言知识和应用域的术语。因此，当技术和方法能获取规则、策略、设计决策、术语、命名习惯以及其他非正式信息时，软件再生就会取得进展。正像我们将在第12章看到的，事后分析将帮助我们记录这类信息。

同时，设计表示法的形式化和领域模型的引入，将丰富我们理解和维护软件系统时可以使用的信息。我们可能会期望改进转换技术以支持更多的应用领域，更完整的表示将促使再工程更大程度的自动化。

11.7　信息系统的例子

我们现在分析一下皮卡地里系统与现实世界的关系，来确定皮卡地里系统是一个S系统、P系统还是E系统。倘若皮卡地里系统是一个S系统，那么它要解决的问题就被完全地指定，这样的系统是静态的，难以适应问题中发生的变化。但是，很明显，问题本身可能发生很大的变化。例如，英国政府颁布的广告条例可能随着新法律的通过和旧法律的废除发生变化；或者，电视公司的价格策略可能会发生变化；再或者，它可能实行特殊的促销手段来吸引新的广告客户。因此，软件不可能是一个S系统。由于S系统缺乏灵活性，每当现实世界约束发生变化，就需要开发一个全新的系统。

倘若皮卡地里系统是一个P系统，其解决方案将基于对问题的抽象。确实，确定广告时间成本的任何方法，都是基于电视节目各种特性的模型，包括一天的时段、一周的哪一天以及销售的其他广告时段的数目。但是，P系统要求一个稳定的抽象。也就是说，模型不会发生变化，只有模型的相关信息会变化。显然，在皮卡地里系统中，随着新的广告策略的提出，或者随着竞争频道引起的模型变化，其模型都会发生改变。

[574]

在S系统和P系统中，现实世界的情形保持稳定。但是，E系统会随着现实世界的变化而变化，它是它所建模的世界的一个组成部分。皮卡地里软件显然就属于这种情况，因为特定的广告策略的成功可能实际上会影响模型本身。例如，假定皮卡地里系统采用最初的广告策略，在每周五晚上的9点到11点，从其竞争对手那里夺得了广告客户，那么，电视公司的主管可能会决定扩大盈利空间（广告客户们离开竞争对手转而签约皮卡地里）。因此，公司调整其价格，采取当前模型中并不存在的特别的促销手段。例如，对于既在星期六晚上9点又在星期五晚上8点播放商业消息的广告客户，可能给予特殊的报价。因此，在现实世界和抽象之间，存在着持续的交互。皮卡地里必然是一个E系统。

维护中的设计的含义特别清楚。初始的皮卡地里设计必须是非常灵活的，并且随着系统的演化，设计的质量不容许下降。而且，电视公司主管可能想要给皮卡地里软件增加一个模拟功能，以便他们能查看所提出的策略变化的效果如何。

11.8　实时系统的例子

通常用平均失效间隔时间来测量可维护性，因此，预防或减少失效应该是维护小组的一个主要目标。达到这个目标的一种方式是详细检查系统的失效策略。也就是说，我们必须问自己，对处理失效的最佳方式所做的假设是什么，然后，看看我们是否能够通过改变这些假设来降低失效率。

在阿丽亚娜5型火箭爆炸后，调查报告指出，开发人员将重点放在减少随机失效上。也就是说，惯性参照系统（就像所有的软件）的开发人员得到的指导是，如果检测到任何异常，就停止处理器。当惯性参照系统失效时，其失效的原因是设计故障，而不是随机故障引起了失效。因此实际上，根据系统规格说明，停止处理是正确的，但是，根据火箭的任务，停止处理却是不正确的。

调查委员会在其报告中强调了这一事实。它指出：

虽然检测到了异常，但是由于认为软件在出故障之前一直是正确的，因此，对异常处理得不合适。调查委员会有理由相信，阿丽亚娜5型火箭的软件中其他设计也接受了这样的观点。委员会支持与之相反的观点：在用当前公认的最好实践方法能证明它是正确的之前，软件应该被认为是有故障的。（Lions et al. 1996）

因此，阿丽亚娜软件的下一个关键步骤是改变失效策略，并且实现一系列增强的预防性措施。甚至，委员会明确地描述了这一任务：

这意味着，必须对关键软件（从某种意义上讲，是指软件的失效使其任务处于风险之中）进行非常详细的检查，异常行为必须加以限制，并且合理的备份策略必须将软件故障考虑进去。（Lions et al. 1996）

575

阿丽亚娜5型火箭也是说明测试和变更控制困难性的一个很好的例子。很明显，欧洲航天局不可能每改变一次软件，就发射一枚火箭进行测试，所以，测试维护性改变是用一系列复杂的模拟来评估新的或改变后的代码的效果。类似地，由于一些软件（如惯性参照系统）存在多个版本（例如，一个是阿丽亚娜4型火箭的版本，一个是阿丽亚娜5型火箭的版本），因此，必须使用变更控制和配置管理来确保一个版本的改变不会无意中损害另一个版本的功能或性能。阿丽亚娜4型火箭使用的惯性参照系统按要求完成了任务，但阿丽亚娜5型火箭的SRI所需的改变可能并不适合于阿丽亚娜4型火箭。

11.9 本章对单个开发人员的意义

这一章介绍了软件维护中的关键问题。我们还了解了维护中同时涉及的与技术和人员相关的问题。维护人员不仅必须了解软件现在的状况，还要了解它以前的状况，以及它在将来将怎样演化。我们学到的主要经验有以下几点。

- 系统与现实世界联系越紧密，变化的可能性就越大，也就越加难以维护。
- 除了软件开发人员的工作以外，维护人员还有很多工作要做。他们要不停地与客户和用户交互，不仅要了解业务需求，而且要了解软件开发。他们也需要成为好的"侦探"：完全地测试软件，并跟踪到故障的根源。
- 测量可维护性是一件困难的事情。要得到可靠的可维护的度量，就必须对系统的外部行为进行评估，并且跟踪平均失效间隔时间。但是，等到系统失效就太迟了，因此，可以基于过去的历史，使用代码的内部属性（如规模和结构）来预测一个软件系统可能失效的部分。在这个过程中，可以借助于静态代码分析器。
- 影响分析建立需求、设计、代码和测试用例之间的联系，并对其进行跟踪。它帮助我们评估一个构件的变化对其他构件的影响。
- 软件再生包括文档重构、重组、逆向工程以及再工程。总体目标是明确隐藏的信息，使得我们能够用它来改善设计和代码结构。尽管完全的软件再生在近期内是不太可能的，但是，在那些成熟的、已经深刻了解的领域中（如信息技术领域），软件再生应用得很成功。

11.10 本章对开发团队的意义

维护无疑是一个团队活动。当检查一个构件，改变并测试这个构件，以及将修改后的构件重新用于正在运行的系统的时候，需要进行大量的协调工作。再者，很多故障都是由构件间复杂的交互引起的，因此你必须与团队成员进行交流，以从整体上了解软件与其环境是如何相互合作的。

576

在维护过程中，人际交往的技能显得格外重要。当寻找一个问题的原因时，你必须与你的同事、用户和客户交谈，他们每一个人的工作风格可能都不尽相同（如第2章所述）。所以你必须学会如何从文档和他人那里，以可能的最有效的方式，用你对工作风格的理解来获得你所需要的信息。

11.11　本章对研究人员的意义

维护是一个成熟的研究领域。如果我们能更好地预测可能的故障来源，很多维护活动就会变得更加容易或更有效。研究人员正在探索基于产品信息来测量可维护性的更好方法。他们正在开发新的模型，用于揭示产品、过程和资源之间的相互关系。类似地，这些模型将有助于我们了解维护一个系统需要多少工作量，以及什么时候是让一个遗留系统引退或者再生的适当时机。

构建协助维护过程的工具的相关研究工作也在继续进行。随着研究人员获取更多的经验性数据，再工程工具、变更控制和配置管理库以及项目历史数据库都可能会变得更复杂。

最后，研究人员将继续讨论Lehman提出的软件维护的普遍法则（Lehman 1980）。他们急迫地想要了解软件工程理论是否能证实实践中的经验性结论，即软件系统演化的行为是持续的，并且是可预测的。

11.12　学期项目

分析你在Loan Arranger中开发的所有的制品（需求、设计、代码、测试计划、文档）。它们的可维护性如何？如果必须重新设计Loan Arranger，你应该做哪些不同于以往的工作以使产品更易于维护？

11.13　主要参考文献

关于软件维护的新教材很少，但可以在期刊或会议文集中找到大部分信息。*IEEE Software* 1990年1月刊的主题是维护、逆向工程和设计恢复；1995年1月刊集中于遗留系统；1993年1月刊有一篇由Wilde、Matthews和Huitt撰写的好文章,是关于面向对象系统特殊的维护问题的。*Communications of the ACM*的1994年5月刊是关于逆向工程的专刊。*Software Maintenance：Research and Practice*是一本专门讨论维护问题的期刊。

577

IEEE计算机学会出版社出版了一些维护相关主题的优秀教程，包括Arnold（Arnold 1993）的软件再工程，以及Bohner和Arnold（Bohner and Arnold 1996）的影响分析。

Samuelson（Samuelson 1990）探索了逆向工程隐含的法律问题，提出了这样的问题：这种做法是否等于盗窃他人的思想。

由IEEE和ACM发起的软件维护国际会议（International Conference on Software Maintenance）每年举办一次。可以订购IEEE计算机学会出版社过去的文集，还可以通过计算机学会的网站了解将要召开的软件维护国际会议的相关信息。

11.14　练习

1. 将下列系统分类为S系统、P系统或者E系统。对每一个系统，解释为什么它属于这样的一个类别。识别该系统的哪些方面可能发生变化。
   a. 空中交通控制系统。
   b. 微机的操作系统。
   c. 浮点加速系统。
   d. 数据库管理系统。
   e. 计算数的质因子的系统。
   f. 系统的功能是发现比给定数大的第一个质数。
2. 解释为什么构件间的高度耦合会使维护非常困难。
3. 解释为什么系统的成功很大程度上依赖于系统开发过程中生成文档的质量。

4. 有些计算机科学的课程可能会要求构建一个学期项目，开始是一个小系统，然后不断地增强，直到结果完成。如果你做过这样的项目，复习你的笔记。定义和理解问题花了多长时间？实现代码花了多长时间？比较表11-2的分类和你的项目的估算时间，评论不同之处的利与弊。

5. 讨论为什么维护编程可能比新的开发更具有挑战性。为什么一个好的维护程序员必须有良好的"人际交往能力"？一个维护程序员应该有的其他特性有哪些？

6. 分析你的课程项目中的一个大型程序。为了方便他人维护程序，你必须增加什么样的文档？讨论在程序开发的时候编写这个补充文档的利与弊。

7. 从你的朋友那里复制一个大型程序（大于1 000行代码）。设法选择你不熟悉的程序。它的文档有多大的用处？将文档和代码进行比较，说明文档的准确程度怎么样？如果指派你来维护这个程序，你还另外需要哪些文档？程序的规模对维护有着怎样的影响？

8. 像上一道题一样，检查你的一个朋友的程序。假定你想要改变代码，你必须对改变的结果进行回归测试，以确保程序仍将能够正常运行。测试数据和测试脚本对你是可用的吗？讨论保留用于维护的正式测试数据集和脚本的必要性。

9. 解释为什么单入口单出口的构件会使维护过程中的测试更加容易。 [578]

10. 复习优秀软件设计的特点。针对每一个特点，解释它是有助于还是妨碍软件再生。

11. 阿丽亚娜5型火箭的软件是一个S系统、P系统还是E系统？

12. McCabe的环路数目能使我们按构件的质量对其进行排序吗？也就是说，我们能总说一个构件比另一个构件复杂吗？指出不能用环路数测量的软件复杂性的某些方面。

13. 假定你在维护一个大型的安全攸关软件系统。你先使用像Porter或Selby这样的模型来预测哪些构件最有可能失效。接着，仔细地检查这些识别出的构件，并对其中的每一个构件进行预防性和完善性维护。不久，系统经历了灾难性的失效，造成了生命财产的严重损失。最后，故障的根源是你的模型没有识别的构件。你犯错误的原因是忽略了考虑其他构件吗？

14. 下面是一家英国组织机构的配置管理工具的标准版本和配置控制功能列表。解释每一个因素在促进易维护性方面发挥的作用。

   a. 记录版本以及对版本的引用。

   b. 检索任何要求的版本。

   c. 记录关系。

   d. 记录该工具控制访问的版本和没有控制的版本之间的关系。

   e. 控制安全性和记录授权。

   f. 记录对一个文件的改变。

   g. 记录一个版本的状态。

   h. 配置版本的辅助功能。

   i. 连接一个项目控制工具。

   j. 产生报表。

   k. 控制发布。

   l. 控制自身。

   m. 归档和检索不常使用的文件。 [579]

第 **12** 章

评估产品、过程和资源

本章讨论以下内容：
- 特征分析、案例研究、调查以及试验；
- 测度和确认；
- 能力成熟度、ISO 9000以及其他过程模型；
- 人员成熟度；
- 评价开发制品；
- 投资回报。

在前面几章中，我们已经学习了开发和维护基于软件的系统中的各种活动。工业界和政府机构的例子说明，软件开发人员使用大量不同的方法和工具，来引发和说明需求、设计和实现系统，并在系统演化的时候对其进行测试和维护。如何决定使用哪种技术或工具？如何评估所做工作的有效性和效率，使得我们能够知道是否有所改进？在给定的情形下，什么时候一种技术比另一种更加合适？以及如何证明我们的产品、过程和资源具有期望的特性（如质量）？在这一章，我们研究评估产品、过程和资源的相关技术。在第13章，将介绍基于下面讨论的技术进行改进的例子。

12.1 评估的方法

作为专业人员，我们喜欢评估产品和生产产品所用的方法。我们使用的评估技术与其他学科使用的方法类似：测量产品、过程和资源的主要方面，然后用这些信息来确定产品是否满足了生产率、性能、质量以及其他想要的属性的目标。但是存在大量相关的研究类型，因此，理解哪一种是最合适的是非常重要的。

我们可以认为一项评估技术包含以下4类中的一种。

(1) 特征分析。

(2) 调查。

(3) 案例研究。

(4) 正式的试验。

12.1.1 特征分析

最简单的评价类型是**特征分析**（feature analysis），用来对各种产品的属性进行评分和排列，以便知道应该购买哪个工具或使用哪种方法。例如，我们可能想要购买一个设计工具，因此，我们列出工具应该具有的5种主要属性。

(1) 友好的用户界面。

(2) 能够处理面向对象的设计。

(3) 检查一致性。

(4) 能够处理用例。

(5) 在UNIX系统上运行。

接着，挑出3种候选工具，并按从1（不满意）到5（完全满意）的标准对各项属性评分。然后，检查得分，也许根据每个标准的重要性算出这个总分（每一个属性的重要性乘以评分标准，然后求和），如表12-1所示。最后，根据这些得分，我们选择t-OO-1作为设计工具。

表12-1 设计工具评分

特　　征	工具1：t-OO-1	工具2：ObjecTool	工具3：EasyDesign	重　要　性
友好的用户界面	4	5	4	3
面向对象的设计	5	5	5	5
一致性检查	5	3	1	3
用例	4	4	4	2
在UNIX上运行	5	4	5	5
得分	85	77	73	

特征分析必然很主观，并且评分表现出评分者的偏见。特征分析有效地缩小了要购买工具的范围，但是，并没有真正依据因果关系对行为进行评估。例如，特征分析在确定哪种设计技术能够最有效地帮助我们构建完整、一致的设计方面，就根本不起作用了。既然如此，我们希望进行受控的研究，以便能够理解其中的因果关系。

581

12.1.2　调查

调查（survey）是一种回顾性研究，它设法证明某种给定情况下的关系和结果。调查通常运用于社会科学，例如，根据民意测验判断人们对某一类问题的看法，或者人口统计学家进行人口调查以判断人口趋势和关系。软件工程调查与此类似，它也记录数据，以确定项目参与者对某一方法、工具或技术的反应是怎样的，或者用其确定趋势或关系。我们也能够获取产品或项目的相关信息，记录构件规模、故障数目、花费的工作量等。例如，可以将来自面向对象项目的调查数据与来自基于过程的项目调查数据加以比较，看一看二者是否存在重大的差异。

进行调查的时候，我们通常不能控制手头的情形。因为调查是一种回顾性研究，我们只能记录某种情形的信息，将其与相似的情形进行比较，但是我们不能操纵可变因素。因此，需要案例研究和试验。

12.1.3　案例研究

案例研究和正式的试验通常都不是回顾性研究。它们提前决定想要研究的内容，然后计划如何获取数据以支持研究。在案例研究（case study）中，确定可能影响活动结果的关键因素，随后记录下它们：输入、约束、资源以及输出。相比较而言，正式试验（formal experiment）是一种严格的、受控的研究，它确定并操纵活动的关键因素，记录它们对结果的影响。

案例研究和试验都包含一系列步骤：概念、假设、设计、准备、执行、分析、分发以及决策。进行假设尤其重要，因为它指导我们确定测量对象以及如何对结果进行分析。在研究中，对项目的选择要慎重，这些项目要能够代表组织机构或公司中的典型情况。

案例研究通常将一种情形和另一种情形进行比较，例如，将使用一种方法或工具的结果与使用另一种方法或工具的结果进行比较。为了避免偏见以及确保测试的是我们假设的关系，可以使用下面3种方式中的任何一种来组织我们的研究：姐妹项目、基线或者随机选择。

我们通过一个例子来比较这三类案例研究的区别。假定你的组织机构想修改其代码审查的方式。你决定进行一项案例研究，来评价一种新审查技术的使用效果。为此你选择两个项目（称为姐妹项目），其中每一个都是组织机构中典型的项目，并且计划要测量的自变量具有相似的值。例如，这两个项目可能在应用领域、实现语言、规格说明技术以及设计方法上都是相似的。接着，对第一个项目用当前的方法进行审查，对第二个项目使用新的方法。通过选择尽可能相似的项目，可以尽可能多地进行控制。这种情况使你能够通过控制结果中的差别，找出审查技术的差别所在。

但是，如果不能找出两个足够相似的项目作为姐妹项目，可以将新的审查技术与一个一般**基线**（baseline）进行比较。这时，你的公司或组织机构从各种项目收集数据，而不考虑这些项目之间有何不同。除了前面提到的变量信息之外，还可以包括描述性测量数据，例如产品规模、花费的工作量、发现的故障数目等。然后，通过计算数据库中数据的集中趋势和分散趋势，你就能够对公司中典型的"平均"情况有所了解。你的案例研究是使用新的审查技术完成一个项目，然后将该结果与基线进行比较。在某些情况下，你可能从组织机构的数据库中选择一个项目子集，这个项目子集类似于使用新审查技术的项目。此外，这个子集增加了你对研究控制的程度，使你更加确信结果中的差别是由审查技术的不同引起的。

我们并不总是有条件找到两个或多个项目来进行研究，尤其是在检查一种首次使用的新技术或工具的时候更是如此。在这种情况下，可以使用**随机选择**（random selection）把单个项目分为若干部分，其中，一部分使用新技术而其他部分不使用。此时，案例研究就是大量的控制，因为我们在进行分析的时候利用了随机选择和复制。然而，这不是一个正式试验，因为项目不是在公司或组织机构的其余项目中随机选择的。我们随机使用代码构件的审查技术（旧的或新的审查技术），这种随机选择有助于减少试验错误和平衡混杂因素（也就是那些结果彼此影响的因素）。

在被研究的方法可能具有多种数值的情况下，随机选择特别有用。例如，我们可能想要确定是否准备时间会影响到审查的有效性。我们记录准备时间、构件规模和发现的故障。然后就可以研究增加准备时间是否会导致更高的检测率。

12.1.4　正式试验

正式试验是受控最多的研究类型，（Fenton and Pfleeger 1997）对此进行了详细的讨论。在一个**正式试验**中，通过操纵自变量的值来观察因变量的变化，以确定输入是如何影响输出的。例如，我们可以检查某种工具或技术对产品质量或程序员生产率的影响；或者，我们可以设法发现准备时间和审查有效性之间的关系。

在正式试验中，可以使用几种方法来减少偏见和消除混杂因素，以便于更可信地评估因果关系。例如，随机化可用来确保试验主题的选择没有任何与选择技术相关的偏见。通常，我们测量一个活动的复制实例，以便在结果中使用多个数据集来增加可信性。换言之，当我们看到某件事情多次（而不是一次）产生同一个结果时，我们会更加确信这个结果肯定是由于这个原因引起的，而不是偶然现象。

正式试验要仔细进行设计，以使我们观察的实例尽可能地具有代表性。例如，如果一个项目中有新手、熟练程序员和专家程序员，而我们正在比较两种技术，设计试验时就要考虑让这3类程序员两种技术都使用。然后，将程序员和技术组合后的6种结果进行比较。

12.1.5　准备评估

无论选择哪种评估技术，都包含几个关键的步骤，以确保我们集中于并识别出合适的变量。

1. 假设的设置

评估的第一步就是决定要调研的内容，将它表示为我们想要检验的假设。也就是说，我们必须确切地指明想知道的是什么。该**假设**（hypothesis）是试验性理论或推测，它解释了我们要探索的行为。例如，我们的假设可能是：

用净室方法比用SSADM方法能产生更优质的软件。

　　无论是检查过去的记录以评价一个特定的小组使用每种方法的情况（一个调查），或者是对我们的组织机构使用净室方法时的一个"快照"进行评估（案例研究），或者对使用净室方法的项目与使用SSADM的项目进行详细、受控的比较（正式试验），都是在检验收集的数据是否证实了或否认了我们做出的假设。

　　在有可能的情况下，我们就会用量化的术语来陈述假设，这样就很容易得知假设是得以证实了，还是被否认了。例如，我们可以把"质量"定义为发现的故障数目，将假设重新陈述为：

　　　　用净室方法生产的代码比用SSADM方法生产的代码有更低的故障率（每千行代码的故障数）。

　　对假设进行量化通常会导致代理测量的使用。也就是说，为了确认要测量的因素或方面（例如，质量）的一个数值，我们必须用与那个因素相关的事物（例如，故障）来间接地测量该因素。因为代理是一种间接测量，就可能存在这样的危险：代理中出现的变化与在原始因素中出现的变化并不是一样的。例如，故障可能没有精确地反映软件质量：在测试过程中找出大量的故障，可能意味着测试进行得非常完全，最终产品几乎没有故障；或者可能意味着开发十分马虎，很可能产品中还剩余有更多的故障。类似地，交付的代码行数可能没有精确地反映完成产品需要的工作量，因为测量没有考虑像复用或原型化这样的事项。因此，连同量化的假设一起，我们要证明测量和它们想要反映的因素之间的关系。只要有可能，在使用量化的术语时，要尽可能地直接和明确。

2. 保持对变量的控制

　　一旦我们有了明确的假设，就必须确定哪些变量可能影响它的正确性。然后，对于每一个识别的变量，确定我们对它控制的程度。例如，如果我们要研究一种设计方法对软件质量的影响，但不能控制谁在使用哪一种设计方法，那么，我们就通过进行案例研究来证明其结果。只有在我们能够直接、精确、系统地操纵行为时，才进行正式试验。因此，如果我们能控制谁使用净室方法，谁使用SSADM，以及什么时候在何处使用，那么就可以进行试验。这种类型的操纵可以在一种"玩具"环境中进行，在这个环境中，我们将事件组织起来模拟它们在真实世界中的表现；或者在一个事件实际发生的"实战"环境中对其进行监控。

　　在试验中，我们对自变量采样，以便能表示所有可能的情况。但是在案例研究中，我们选择对参与的组织机构及其项目来说是典型的那些变量采样。例如，一个语言效果的试验会选择一组项目来覆盖尽可能多的语言。但是，案例研究可能选择在组织机构的项目中使用最多的一种语言。

3. 使研究具有意义

　　可以用调查、案例研究以及试验对软件工程的很多领域进行分析。使用正式试验而不是案例研究或调查的一个关键动因是，试验的结果通常更具可归纳性。也就是说，如果用调查或案例研究来了解在某个组织机构中的情况，其结果只适用于该组织机构（或者与之非常类似的组织机构）。但是，由于正式试验是仔细控制的，并且对控制变量的不同值进行了比较，其结果通常可以适用于更普遍的团体和组织机构。记住这一点很重要：我们不可能控制每一件事情，软件工程试验并不像生物学或化学试验。当研究的结果用于一个新的情形时，必须考虑控制的限制和无法控制的情况。

12.2 选择评估技术

　　Kitchenham、Pickard和Pfleeger指出，研究方法之间的区别也反映在范围上（Kitchenham, Pickard and Pfleeger 1995）。就其本性而言，因为正式试验需要大量的控制，它们往往比较小，涉及少数人员或事件。我们认为这种试验是"小范围研究"。案例研究通常考虑典型的项目，而不是设法获取所有可能情况的信息，可以认为是"典型情况研究"。而调查设法在大量项目中广泛调查相关情况，可以认为是"大范围研究"。

12.2.1　关键选择因素

有若干指导原则能够帮助我们决定是进行调查、案例研究还是正式试验。正如你已经看到的，控制是我们进行决策的关键要素。如果我们能够高度控制可能影响结果的变量，那么采用正式试验。如果不能控制，则应该选择案例研究。但是，即使控制的程度满足了技术方面的考虑，还必须要考虑实践方面的因素。也许理论上我们有可能控制变量，但实际上由于成本和风险，这种控制是不可行的。例如，安全攸关的系统可能会使试验具有高度风险，因此，采用案例研究可能会更加可行。

Kitchenham、Pickard和Pfleeger指出（Kitchenham，Pickard and Pfleeger 1995），在研究实现某个独立存在的任务的可选方法时，正式的试验格外有用。例如，你可以进行试验以确定在说明需求方面VDM方法是否比状态图更好。此时，可以将独立存在的任务与开发过程的其余部分隔离开，但是，任务仍然以通常的代码开发方式嵌入其中。同样，可以对这种独立存在的任务立刻进行判断，所以试验不会拖延项目的完成。另一方面，如果自变量引起的过程改变的范围很大、要求在很高的层次上测量影响、涉及太多要控制和测量的因变量，案例研究比正式试验更为合适。

另一个考虑因素是我们能够在多大程度上复制我们正在研究的基本情形。例如，假定我们要研究语言对最终软件的影响。我们能够每次用不同的语言多次开发同样的项目吗？如果复制是不可能的，那么我们就不能进行正式试验。但是，即使复制是可能的，复制的成本也可能让我们望而却步。例如，如果要进行的研究复制成本很低，那么试验比案例研究更为合适。类似地，如果我们不能控制（即控制的难度很大），那么应该考虑案例研究。

12.2.2　相信什么

研究报告包含案例研究、调查和正式试验的结论。但是，要知道哪个结论适用于你的环境并不是件容易的事情。例如，考虑这样一个决策：从COBOL语言转移到第4代语言（4GL）上。4GL并不像看起来那样直观。在20世纪80年代，Misra和Jalics（Misra and Jalics 1988）、Verner和Tate（Verner and Tate 1988）以及Matos和Jalics（Matos and Jalics 1989）进行了几项有趣的研究，用COBOL和各种4GL来实现相对简单的业务系统应用，以比较它们之间的使用情况。这些研究的发现很有趣，但是相互冲突。一些研究表明，使用4GL生产率提高了4～5倍；而另一些研究发现，提高只有29%~39%；还有一些研究表明，4GL的对象代码性能降低了15～174倍，但是在某些情况下，结果却相反：4GL产生的代码比等价的COBOL快6倍!

在结果互相冲突的时候，我们怎么知道应该相信哪一项研究呢？可以使用一系列问题来了解如何排序这些研究（如图12-1中的游戏板所示）。从这些问题的答案可以得知，什么时候能够具有足够的信息来得出各种因素之间关系的正确结论。假定项目团队想要提高生产代码的质量。你想要确定能提高质量的因素，以便项目团队能够使用合适的技术或工具来生成更好的代码。首先，你决定通过计算每千行代码的故障数目来测量质量。然后，你决定，每千行代码的故障数目小于5的系统就是一个高质量的系统。接着，通过群体研究找出影响代码质量的因素（群体研究分析开发人员不同群体的特性以确定变量之间的关系）。比如，在另一个组织机构中进行的调查表明，当开发人员使用一种设计工具时代码质量有所改进。你如何知道这个结论是正确的呢？该研究可能已经落入了表12-2所示的陷阱中。

陷阱1是混杂因素，从中不可能得知两个因素中的哪一个导致了观察到的结果。例如，如果新的编程人员从来没有使用过该开发工具，而有经验的程序员却总是使用它，就不可能知道有经验的程序员编写的代码在现场发生的失效较少是由于使用了该工具还是因为他们的经验。因此，当因素混杂在一起的时候，有可能是其他的因素使质量得到提高。如果不能排除混杂因素，则必须进行更仔细的研究，如图12-1的方框E所示。

表12-2　评估中常见的陷阱（Liebman 1994）

陷　阱	描　述
1. 混杂因素	另一个原因引起此结果
2. 原因还是结果	该因素可能是处理的一个结果，而不是其原因
3. 偶然性	碰巧出现这样的结果，虽然只有很小的可能性，但它存在
4. 同质性	找不到链接，因为所有主题的因素具有同样的级别
5. 错误分类	找不到链接，因为你没能正确地分类每个主题因素的级别
6. 偏见	研究的选择过程或管理无意间使结果带有偏见
7. 太短	短期效果不同于长期效果
8. 错误的数量	该因素本应产生影响，但是研究中未用到它
9. 错误的情形	该因素具有想要的效果，但不在研究的情形下

A. 项目团队希望提高其代码质量。你的工作是找出哪些因素能够提高高质量。**转向B、C或D。**

B. 群体研究。你发现开发人员使用某种设计工具的项目质量更高。该工具对你有帮助吗，还是使你掉入陷阱1？**转向E。**

C. 代表性研究。高质量代码总是结构良好的。好的结构是高质量的一个原因吗，还是使你掉入陷阱2？**转向E。**

D. 案例研究。管理人员报告称，高质量代码的项目只使用了有大学学位的程序员。大学学位是必需的吗，还是使你掉入了陷阱1、2、3、5或6？**转向E。**

E. 该测试了，而不是该描述了。**转向F。**

NON-TRIVIAL PURSUITS

F. 案例控制调查。识别出已经开发出的高质量代码的项目，接着找出类似的但代码质量不高的项目。然后比较相关因素的值。**转向G或H。**

O. 你成功了！你证明了因素X和质量之间的一个链接。向你的团队报告。

K. 抱歉。你没有在因素X和质量之间发现链接。陷阱3、4或5可以解释其原因。找出另一个因素来研究以及重新表示你的假设。

L. 祝贺你！你发现了因素X和质量之间的链接。陷阱1和3仍可以解释该结果。等待更多的研究来证实"全部证据"，或**转向M。**

M. 试验。你创建了一个好的用于研究该因素是否与质量存在链接的试验设计。借助于复制、随机选择和本地控制，大多数陷阱都不会成为问题。**转向N或O。**

G. 毫无价值。具有高质量代码的项目与代码质量不高的项目没有明显不同的特性。陷阱3、4或5可能具有模糊的链接。**转向F再试一次。**

N. 未成功。在所有处理的组中，质量都是一样的。有可能该因素与质量之间没有链接，或者你被陷阱3、7、8或9影响了。**返回I。**

J. 预期研究。在开发前、开发过程中以及开发后收集大量项目的信息，然后对数据进行分析，以了解哪些因素导致高质量的代码。这里很少会存在偏见，因为你是在知道质量结果之前收集数据的。**转向K或L。**

I. 再多进行几项案例研究和调查。有些并没有发现你的链接（可能由于陷阱），但是大多数发现了该链接。如果你研究的情形不常见，你必须依靠"全部证据"来证明你的案例。否则，**转向J。**

H. 干得好！你找到了一个链接。在一项研究中，因素X导致了高质量的代码。但是你的结果可能受到陷阱1、3或6的影响。等待更多的研究来证实你的发现。**转向I。**

图12-1　调查和评估（Liebman 1994）

　　但是，假定你转而考虑代表性研究（方框C），也就是说，你选择一个有代表性的项目或产品的样本来进行研究。例如，通过考虑组织机构已经生产的一段典型的代码，你发现高质量的代码总是结构良好的。那么，好的结构是高质量的一个原因吗？或者是你混杂了原因和结果（陷阱2）？实际上，好的结构可能是其他一些行动的结果（例如设计工具或编辑器的使用），它本身并不是原因。因此，必须进行更仔细的研究，从描述性的研究转向测试假设。

　　或者，假定你发现文献中一个案例研究指出，具有高质量代码的项目只使用了获得大学学位的程序员。在你得出"大学学位在你的组织机构中是必需的"这样的结论之前，必须决定该结果是否掉入陷阱1、2、3、5或6。也就是说，高质量可能是由混杂因素引起的，可能是由于混淆了原因和结果，或是偶然的。或者高质量代码可能是错误分类的结果，也许公司的所有开发人员都获得了大学

587

学位，因此获得学位可能与任何其他因素有相互关系。最后，研究可能是带有偏见的，研究所选择的程序员可能仅仅是因为他们获得了大学学位才被选中的（即研究没有考虑没有学位的开发人员），所以对学位和高质量之间的关系，我们不能得出正确的结论。

因而，我们转而进行具有更高控制程度的研究。像方框F指出的那样，假定你确认已经开发了高质量代码的项目，接着找出具有相似特性但代码质量低的项目。然后，比较相关因素的值，以了解是否有一个或多个因素能够把高质量项目和低质量项目区分开。如果具有高质量代码的项目的特性与低质量代码项目的特性没有重要区别，那么可能是由于陷阱3、4或5使它们之间的链接变得模糊。也就是说，碰巧导致代码无差别的这种很小的可能性出现了；或者对于每一个因素，所有主题具有同样的级别；或者对某些因素进行了错误的分类。

另一方面，你可能发现是因素X导致了高质量的代码。如果你确信研究的结果没有受到混杂因素、偶然性或者偏见的影响，那么你可能想要等待更多的研究来证实你的发现。

假定你进行了更多的案例研究和调查，或者你在文献中发现了一些这方面的研究实例。其中有一些没有展示因素X和质量之间的链接（可能是由于陷阱），但是其中的大多数展示了两者之间的链接。如果你研究的这些因素所处的情形是极少见的（例如，应用域是新的或是解决问题的方法极少使用），那么你必须根据"全部证据"来证明你的理由。也就是说，你必须假设大多数时间你能够根据因素X来提高代码的质量。

如果所处的情形并不少见，那么可以进行预期研究。首先，在开发前、开发的过程中和开发后收集大量项目的相关信息。然后，对数据进行分析，看看是哪些因素导致了高质量的代码。这种类型的研究中出现偏见的可能性不大，因为是在知道结果质量之前收集因素相关的数据的。如果发现因素X和质量之间没有链接，偶然性、同质性或者错误分类（陷阱3、4或5）可能是原因所在。在这时，如果你肯定你没有受到这些陷阱的影响，那就是该修改你的假设的时候了。

或者，假定你发现X和质量之间存在链接。该链接仍然可能是混杂因素或偶然性的结果，你可能想要等待更多的研究通过"全部证据"来证实你的发现。但是，如果你想要更强的证据来证明是X导致了高质量，可以进行一个正式试验。通过使用好的试验设计以及仔细地控制因素，可以研究是否因素X与质量之间存在链接。通过使用例如复制、随机选择和本地控制等技术，可以避免表12-2中的大部分陷阱。

当试验完成以后，你可能会发现，在所有处理的组中质量都是相同的。因此，或者该因素与质量无关，或者你受到了偶然性和陷阱7、8或9的影响。你可能需要进行更多的研究。如果你的试验确实证明了因素X和质量之间的链接，你可以向项目团队报告你的发现。

因此，在了解不同的过程、产品和资源因素是如何影响软件质量的时候，每一种不同类型的实证性研究都在起着部分作用。研究的类型和数量取决于时间、成本、实用性和必要性。尤其是控制越多，研究越有效。要理解一组案例研究与一组试验之间的区别，可以考虑美国民事审判和犯罪审判之间的区别。就民事审判而言，陪审团必须确定大多数证据支持原告。也就是说，只要51%的证据支持原告，则陪审团就裁决支持原告。然而，在一个犯罪审判中，陪审团必须找出确实的证据，也就是说，陪审团必须相当肯定被告是有罪的。同样，如果你相信转向一项新技术或工具的全部证据已经足够令人信服，那么，使用一组案例研究就可以了。但是，如果成本或质量的考虑（例如那些涉及构建安全攸关或关键业务的系统）要求你必须有无可辩驳的证据，那么也许应该寻求试验来支持你的决策，或者甚至自己进行试验。

你可以将游戏板及其研究陷阱作为指导原则，对软件技术做出决策。但是，软件工程中并不总是会出现容易控制的情形，所以你必须面对现实和注重实效。研究人员控制他们所能控制的因素，同时理解无法控制的因素的可能效果，以研究行动的效果。你可以对他们报告的结论进行评估，适当地将它们应用于你自己的环境中。通过学习有关研究资料或自己进行研究，你可能会发现软件开发中的关系，它们能够帮助你做出决策并构建更好的产品。

12.3 评价与预测

评价总是包含测度。我们获取信息来将不同的自变量和因变量的值分开，并操纵信息来增强理解。另外，测度帮助我们将典型从不平常的情形中分离出来，或者定义基线和设置目标。

正式来讲，**测量**（measure）是从真实的经验世界中的一组实体和属性到其数学表示或模型的映射。例如，考虑一组人群和他们的属性，如身高、体重和头发颜色。然后，我们可以定义映射，它保持人的性质及关系。例如，我们可以说Hughie的身高有2 m，Dewey的身高是2.4 m，而Louie的身高是2.5 m。然后，可以用数学处理这些数字或符号以获得真实世界更多的信息及理解。在这个例子中，我们知道了这三个人的平均身高是2.3 m，因此，集合中有两个人的身高是高于平均值的。

类似地，可以将头发的颜色映射到集合{褐色，金色，红色，黑色}中，这些符号不一定必须是数字。我们可以用头发-颜色映射生成分布，从中得知67%的样本的头发颜色是褐色，而33%的头发颜色是黑色。（Fenton and Pfleeger 1997）介绍了测度理论的形式化框架和描述。

已有大量软件的测量可以用来获取产品、过程或资源属性的相关信息。Fenton和Pfleeger介绍了其中很多测量的出处和应用。找出最适合于你的目标的测量可能是很困难的，因为可以用不同的方式来测量或预测同样的属性（如成本、规模或复杂性）。例如，我们在第5章中看到，测量设计复杂性的方法有很多。测量的概念似乎都有些混乱：同样的事物有不同的测量，而有时一种测量甚至可能意味着彼此相反的事物！混乱的原因通常是缺乏软件测量确认。也就是说，测量实际上并没有获得我们要寻找的属性信息。

要理解软件测量确认，考虑以下这两种系统（Fenton and Pfleeger 1997）。

(1) 测量系统，它用来评价现有实体，通过数值形式刻画一个或多个属性。

(2) 预测系统，它用来预测将来实体的某些属性，包括与预测过程相关的一个数学模型。

非正式地讲，如果一个测量精确地刻画了它声称要测量的属性，我们称这个**测量是有效的**。另一方面，如果一个预测系统能够做出精确的预测，则这个**预测系统是有效的**。因此，不仅测量与预测系统不同，而且它们的确认概念也是不同的。

12.3.1 确认预测系统

在给定环境中，我们使用实证的方法设置精确度来确认一个预测系统。也就是说，将模型的表现和已知的数据在给定的环境中进行比较。首先针对预测规定一个假设，然后考虑数据，看看该假设是否被支持。例如，我们可能想知道对于给定类型的开发项目，COCOMO是否有效。可以使用表示这种类型的数据，然后评价COCOMO在预测工作量和工期方面的精确性。这种类型的确认被软件工程界广泛接受。例如，补充材料12-1讨论了可靠性预测模型的评估。

补充材料12-1 软件可靠性预测的比较

第9章讨论了可靠性预测，并介绍了在实际工作时帮助开发人员预测一个系统可靠性的几种技术和模型。软件工程文献中讨论了更多的技术和模型，这些文章说明了在给定项目或特定领域中，如何成功地使用模型。

但是，在一个给定的环境中哪种模型是最好的？目前还没有更多的文章来讨论这个问题。Lanubile讨论了与意大利巴里大学的Visaggio合作进行的研究，他们重复进行了过去的研究，将各种技术应用到27个Pascal程序中。这些程序是根据同一个信息系统规格说明开发的，包含118个研究的构件（Lanubile 1996）。如果在测试一个构件时发现其中存在故障，Lanubile和Visaggio就定义该构件是高风险的；如果没有发现故障，则定义该构件是低风险的。然后，使用扇入、扇出、信息流、环路数目、代码行数以及注释密度等自变量，检查了7种技术的假阴性（将高风险构件错误地分类为低风险构件）、假阳性（将一个低风险构件错误地分类为高风险构件）、完全性（实际分类正确的高风险构件的百分比），以及浪费的审查（分类不正确的构件的百分比）。

在118个构件中，2/3的构件用于定义和调优模型，剩余的1/3用于确认。这是一种典型的方法。构建模型的数据称为**配合数据**（fit data），而剩余的数据用于测试模型，称为**测试数据**（test data）。表12-3所示的结果表明，这些技术都不擅长将有故障的构件和没有故障的构件区别开来。实际上，Lanubile和Visaggio将这些结果与对每个构件用掷硬币的方法得到的结果（"正面"表示高风险，"背面"表示低风险）进行比较，发现没有一个模型能在不花费大量工作量的前提下找出高风险构件。他们注意到，"仅仅发布具有正面结果的实证性研究，可能会让实践人员怀有不切实际的期待，但很快随之而来的是期待幻灭"。他们进一步指出，"无论最简单的还是最复杂的预测模型，只有用在局部过程来选择能够作为有效预测器的度量时，才是有价值的"。

表12-3 对预测模型进行比较的结果（Lanubile 1996）© 1996 IEEE

建模技术	预测 有效性	假阴性的 比例（%）	假阳性的 比例（%）	错误分类的 比例（%）	完全性 （%）	总的审查 （%）	浪费的审查 （%）
判别式分析	p=0.621	28	26	54	42	46	56
主分量分析＋判别式分析	p=0.408	15	41	56	68	74	55
逻辑回归	p=0.491	28	28	56	42	49	58
主分量分析＋逻辑回归	p=0.184	13	46	59	74	82	56
逻辑分类模型	p=0.643	26	21	46	47	47	47
层次化的神经网络	p=0.421	28	28	56	42	49	58
全息网	p=0.634	26	28	54	47	51	55
头或尾	p=1.000	25	25	50	50	50	50

在对模型进行确认的时候，可接受的精确度取决于若干因素，包括进行这个评估的人员。进行评估的新手可能不如有经验的评估人员那样精确。关于给定模型，还要考虑**确定预测系统**（deterministic prediction system，对一个给定的输入总是得到同样的输出）和**随机预测系统**（stochastic prediction system，给定一个输入，输出可能随概率变化）之间的区别。

在随机模型中，要考虑一个围绕实际值的错误窗口，并且窗口的宽度可以变化。如果预测系统的软件成本估算、工作量估算、进度估算以及可靠性具有较大的误差，我们就认为它们是非常随机的。例如，你可能会发现，在某些确定的情况下，组织机构的可靠性预测的精确性在20%以内，也就是说，下次故障的预测时间与实际时间相差在20%以内。我们用**接受范围**（acceptance range）来描述该窗口：预测值和准确值之间的最大差额。因此，20%是你使用模型的接受范围。根据你的环境，你可能会发现窗口范围太宽以至于不能接受。例如，窗口太大，使得不能有效地维护计划。考虑到软件开发的不确定性，其他管理人员可能对一个大的接受范围感到更舒服。在使用一个预测系统之前，必须事先声明什么样的范围是可接受的。

当设计试验或案例时，模型是一个相当困难的问题，因为它们的预测可能影响到结果。也就是说，预测成了目标，而研究人员努力去实现目标，这种努力是不论有意还是无意的。当用到成本和进度模型时，这种效果是很常见的，并且项目经理把预测变成了要完成的目标。因此，试验评估模型有时被设计成"双盲"试验，参与者在试验完成之前并不知道预测的是什么。而另一方面，因为用平均无故障时间测量的可靠性在软件能实际使用之前是不可能被评估的，有的模型（如可靠性模型）不会影响输出。因此，连续失效之间的时间不可能用与管理项目进度和预算一样的方式进行"管理"。

预测系统不一定复杂才有效。例如，Fuchs指出，澳大利亚的天气预报在基于前一天的天气状况进行预测时，有67%的精确度。而使用复杂的计算机模型后，仅仅增加了3%的精确度（Fenton and Pfleeger 1997）!

12.3.2 确认测量

确认软件的测量与确认预测系统有很大不同。我们想要确信测量是否获取了它应该获取的属性性质。例如，环路数目是否测量了规模或复杂性？**表示条件**（representation condition）是指测量的数值之间的关系，它们对应于真实世界中属性的关系。因此，如果我们定义一个关于高度的测量，那么就必须确保当James比Suzanne高时，James的身高测量大于Suzanne的身高测量。要确认一个度量，就要证明对于测量及其对应的属性，其表示条件成立。

例如，假定一个研究人员定义一个测量m，并用它来测量程序的长度。要确认m，我们必须构建描述程序和一个函数的形式化模型，这个函数将我们对长度的直觉保持在描述程序的关系中。现在，可以进行检查，看看m的行为是否和预期的一样。例如，假定我们将两个程序P_1和P_2连接为一个程序，其长度是P_1和P_2的长度之和。那么m应该满足

$$m(P_1, P_2)=m(P_1)+m(P_2)$$

同样，如果程序P_1比P_2长，那么

$$m(P_1)>m(P_2)$$

可以用这种方法确认很多长度测量，包括代码行数、操作符和操作数的计数以及分号的计数。确认可以确保正确地定义了测量，以及测量与实体在真实世界的行为是一致的。在确认测量的时候，要在即将使用的环境中对其进行检查，这一点是很重要的。个别测量可能对一个目标是有效的，但对另一种目标却是无效的。例如，环路数目用于测量独立路径数目时是有效的，而在测量易理解性方面却是无效的（参见补充材料12-2）。

补充材料12-2　代码行数和环路数目

代码行数很显然是程序规模的一个有效测量。然而，它并不是复杂性的一个有效测量，也不是精确的复杂性预测系统的一部分。Fenton和Pfleeger解释道，故障并不取决于代码行数测量，而是与不精确的复杂性定义有关（Fenton and Pfleeger 1997）。尽管复杂性通常描述为能够影响可靠性、可维护性、成本等的属性，其定义的模糊是复杂性研究中的一个问题。

但是复杂性问题并没有妨碍代码行数成为除了规模以外其他有用的属性测量。例如，假定在代码行数多与单元测试故障数目高之间存在着随机关联。这种关系可能有助于我们选择一种测试策略以及减少风险。

另外，许多研究说明在代码行数和环路数目之间有着重要的相关性。这种相关性能证明环路数目会随着规模的增长而增长吗？如果环路数目是一个规模的测量，那么代码的规模越大，代码就会越复杂。很容易构造出这个假设的一个反例。如果仔细检查说明环路数目和代码行数之间关系的数据，我们看到的是，在一个构件内判定的数目通常会随着代码长度而增加。

12.3.3 对确认的紧迫需求

测量可能用于两种目的，即作为属性测量及预测系统的输入。例如，代码行数可以测量程序规模，有时它也可用作故障的预测器。但是，测量只可以具有其中的一个用途，而不能同时具有这两个用途。我们不应该因为一个测量不是预测系统的一部分就把它作为不正确的而拒绝它。如果一个测量对评价是有效的，我们称它为**狭义有效的**（valid in the narrow sense）或者**内部有效的**（internally valid）。很多属性是内部有效的，并且可用于预测。如果一个测量是内部有效的，并且也是预测系统的一部分，则该测量是**广义有效的**（valid in the wide sense）。

假定我们要证明一个具体的测量是广义有效的。首先，设置一个假设，指出该测量与某个属性之间的特定关系。然后，进行一个仔细受控的试验，说明实证数据确认了该关系。这种证据必须不仅仅是统计相关的，还必须能证明因果关系。例如，我们可能主张，对模块化的测量是关于成本的一个很好的预测器。要证明该测量是有效的，必须对模块和开发成本之间的关系进行建模。该模型必须说明使模块化和成本相互连接以及影响它们的所有因素。接着，必须说明模块中的变化总是对成本有着明显的影响。只有这样，我们才能够断定模块的测量是否与开发成本的测量一样。

统计相关性与因果关系并不是一样的，软件工程师有时会忘记这一点。其原因就像结婚与离婚有非常强的相关性，但是这不意味着"已婚"是离婚的一个有效测量！同样，尽管模块化与开发成本之间也许存在着统计相关性，但模块化可能不是确定开发成本的唯一因素。人们很愿意测量那些已经存在并且易于测量的事物，但是作为科学家，必须建立模型并获取复杂的关系。

Courtney和Gustafson给出了一个具有说服力的统计学上的理由，说明为什么我们必须警惕相关性方法（Courtney and Gustafson 1993）。无组织的相关性研究可能会识别出伪关联。例如，对一个0.05的显著程度，在20次中，我们可能有1次会得到一个显著的伪相关。所以，如果我们有5个自变量，检查在它们之间10个可能的相关对，有0.5的概率会得到一个伪相关！在像这样的情况下，对一个关系的原因没有做任何假设，我们实际上不能相信这种关系不是虚假的。

593
~
594

12.4 评估产品

我们已经看到，软件开发中生产出大量的制品，如需求、设计、代码构件、测试用例、测试脚本、用户指南、交叉引用等。针对每一种情况，我们可以检查一个产品，以确定它是否具有我们想要的属性。也就是说，可以询问一个文档、文件或系统是否具有某种属性，例如完整性、一致性、可靠性或者可维护性。可以使用质量的概念，例如第1章介绍的McCall模型，为我们的问题提供一个框架。

12.4.1 产品质量模型

有几种质量模型提出了将不同的质量属性紧密地联系在一起的方法。每种模型都有助于我们理解每一方面是如何影响到整体的。通常，我们只关注故障和失效。从这些模型我们可以得知，质量具有更广泛的含义。当评估开发产品的质量时，我们必须更全面地看待问题。

1. Boehm的模型

有很多软件质量模型，Boehm和他的同事构建了其中非常著名的一种模型，如图12-2所示。它类似于McCall的模型，因为它提出了特性的层次结构，其中每一种特性都会影响到整体质量（Boehm et al. 1978）。请注意，如同McCall模型一样，Boehm关于成功软件的概念包含了用户的需要和期望。但是，Boehm还包含了硬件性能的特性，这一点是McCall模型中没有的。下面详细地介绍Boehm的模型。

Boehm的模型首先说明了软件的一般效用。因此，Boehm和他的同事断言，软件系统最重要的是必须有用。如果不是这样，那么它的开发就是在浪费时间、金钱和精力。我们可以用几种方式考虑效用——对应于系统交付后仍然涉及的不同类型用户。

第一种类型的用户是最初的客户。如果系统做了客户想要它做的事情，则客户就会对系统效用满意。但是，可能还有其他人想要在另外的机器上或另外的地点使用该系统。因此，系统还必须是**可移植的**（portable），以便系统能从一台机器移植到另一台机器上，而且仍然能够正确运行。在另一种略微不同的意义下，该系统也应该是可移植的。有时，总体配置是相同的，但是硬件或软件被升级到一个新的型号或版本。该系统也应该能够被移植到新的或不同的型号或版本中，而不妨碍系统的功能。例如，对于同一种程序设计语言，如果其编译器被另一种编译器所替代，系统的功能不应该有所退化。这个升级或改变了的系统涉及的用户是系统第二种类型的用户。

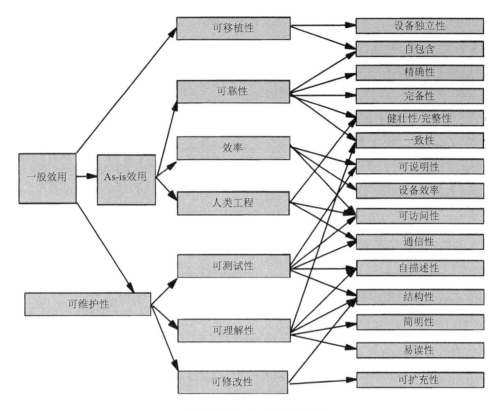

图12-2 Boehm的质量模型

最后，第三种类型的用户是维护系统的程序员。当客户需求发生变化或检测到错误时，他们可以实现所需的变化。程序员必须能够找到错误的源头、找出执行某个具体功能的模块、理解代码以及修改代码。

所有这三种类型的用户都希望系统是可靠的、有效的。正如在第9章指出的，**可靠性**（reliability）意味着系统在很长时期内运行正常而没有发生失效。根据Boehm的模型，很多软件特性都会影响到可靠性，包括精确性、健壮性以及完备性。尤其是，如果系统产生的结果达到正确的精确度时，我们说该系统具有**完整性**（integrity），它是可靠性必需的一个属性。再者，如果同样的输入数据集在同样的条件下多次提交给系统，其结果应当是十分相似的，这种特性称为功能的**一致性**（consistency）。

同时，系统应该按客户需要确定的那样，及时地产生结果或执行功能。因而，在需要时数据应该是可访问的，而且系统应该在一个合理的时间内对用户的动作做出反应。

最后，用户和程序员必须感到系统易学、易用。这种符合人类工程学的因素有时可能是最关键的。一个系统可能很擅长于执行功能，但是如果用户不能理解如何使用它，则该系统就是失败的。

因此，Boehm的模型称，高质量的软件是能够满足用户以及实际程序员的需要的软件。它反映了对质量的一种理解。

595
~
596

- 软件做了用户想要它做的事情。
- 软件正确有效地使用了计算机资源。
- 软件易于用户学习和使用。
- 软件是设计良好的、代码良好的，并且易于测试和维护。

2. ISO 9126

20世纪90年代早期，软件工程界尝试将关于质量的很多见解都融入一个模型中，而且这个模型能够作为测量软件质量的一个世界范围的标准。其结果就是ISO 9126，它是一个层次结构的模型，具有6个影响质量的主要属性（International Standardization Organization 1991）。图12-3对该层次结构给予了解释，表12-4列出了其主要属性的定义。

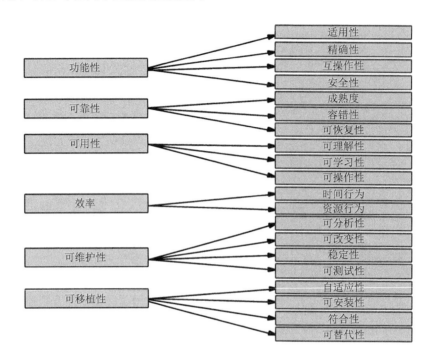

图12-3   ISO 9126质量模型

表12-4   ISO 9126质量特性

质量特性	定 义
功能性	针对存在的功能集及其规定的性质的一组属性。这些功能满足规定的或隐含的需求
可靠性	软件在规定的一段时间内和规定的条件下，保持其性能水平能力的一组属性
可用性	与使用系统所需的工作量有关，并且与规定的或隐含的用户群对这种使用的单个评价也有关的一组属性
效率	在规定条件下软件性能与所用的资源量之间关系的一组属性
可维护性	进行指定的改变（可能包括软件的改正、改进或者软件对环境变化、需求和功能规格说明变化的适应性）所需工作量的一组属性
可移植性	表示软件从一种环境转移到另一种环境的能力（包括组织的、硬件的或软件的环境）的一组属性

该标准推荐直接测量右边的特性，但是它没有详细说明如何进行测量。

ISO模型与McCall、Boehm等人提出的模型的一个主要区别是，ISO层次结构是严格的：右边的每一个特性都严格与左边的一个属性相联系。再者，右边的特性与用户如何看待软件有关，而与内部开发人员的看法无关。

这些模型，与其他一些模型一样，有助于清楚地表述在所使用的软件中，我们重视的到底是什么。但是没有一个模型能够解释其中的道理：为什么包含这些特性而不是其他特性？为什么某个属性出现在层次结构中某个地方？例如，为什么这些模型中没有一个模型包含安全性（safety）？为什么可移植性在ISO 9126模型中是一个顶层特性，而不是一个子特性？此外，对于如何将低层特性组合成高层特性以产生更为全面的质量评价方面，也没有给出相关指导原则。这些问题使我们很难确定一个给定的模型是否完整或一致。

3. Dromey的模型

Dromey提出了一种构造基于产品的质量模型的方法来解决这些问题,其中,最低层的特性都是可测量的(Dromey 1996)。其技术依据有以下两项。

(1) 很多产品性质看来会影响软件质量。

(2) 哪些低层属性会影响高层属性?除了少量偶尔的、经验性的证据外,几乎没有正式的依据。

Dromey提出一种构建质量模型的通用技术。他指出,产品质量在很大程度上是由组成产品的构件(包括需求文档、用户指南和设计以及代码)的选择、构件实际的性质、构件组成部分的实际性质决定的。此外,他使用下列4种性质对实际的质量分类。

(1) 正确性性质。

(2) 内部性质。

(3) 上下文性质。

(4) 描述性性质。

接着他提出,高层质量属性只能是那些有高优先级的属性(随项目的不同而变化)。他在一个例子中考虑了8种高层属性的组合:ISO 9126的6种属性,加上可复用性和过程成熟度。可复用性属性由下面的属性组成:

- 机器无关性;
- 可分离性;
- 可配置性。

而过程成熟度属性包括:

- 客户倾向;
- 良好定义;
- 保证;
- 有效性。

为了使这些特性更加切合实际,Dromey将这些属性与他的框架组合在一起,获得了如图12-4所示的链接。然后,他根据该框架评估每一种类型的软件构件,图12-5给出了两个例子。该模型按以下5个步骤进行。

(1) 标识一组高层质量属性。

(2) 标识产品构件。

(3) 对每一个构件,标识和分类最重要的、实际的、与质量有关的性质。

(4) 提出一组将产品性质和质量属性链接起来的公理。

(5) 评价该模型,标识其弱点,细化或重新创建该模型。

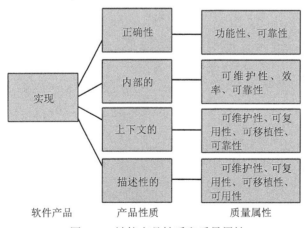

图12-4 链接产品性质和质量属性

显然，可以用这些步骤来创建需求、设计、代码以及其他开发产品的模型，其中每一个模型都将反映产品和项目的目标。

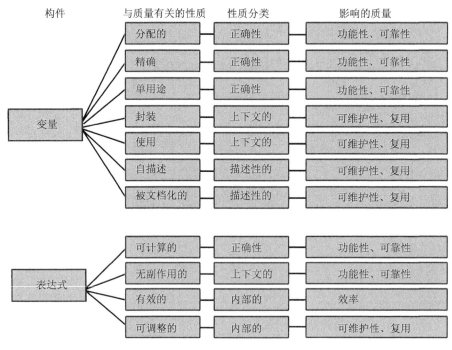

图12-5　产品性质以及它们对质量的影响

12.4.2　建立基线和设定目标

评估或评价产品的另一种方法是将其与一个基线进行比较。**基线**（baseline）以某种可测量的方式描述一个或一类组织机构中一般的或典型的结果。例如，我们可以说，一个公司中一般的或典型的项目有30 000行代码；在审查中，典型的项目组织在每千行代码中发现1个故障；在测试中，每千行代码中发现3个故障。因此，30 000行代码是该公司的基线规模，并且每千行代码含有3个故障是测试的基线故障发现率。将其他项目与基线进行比较，可得知代码规模是更小还是更大，故障发现率是更好还是更差。

基线对于管理预期是很有用的。当某个具体值接近于基线时，就不会警告我们有异常行为。而当某些值与基线差异很大时，我们通常需要调查这种情况发生的原因。有时，这种差异有其充分的理由，但有时，这种差异向我们发出了警告，某些方面需要改正或改变。

目标（target）是基线的一个变种。项目经理通常将目标设定为定义的最小可接受行为的方式。例如，一个公司可能声称，在开发人员能够证明他们已经去除了95%的可能故障之前，不会交付这个产品。或者一个组织机构可能会设定一项系统开发的目标：该系统有50%的构件能够复用于后续的项目中。若目标是在基线的基础上设定的，它们就是合理的，这样，系统目标不会与实际情况相差太远而无法实现。

美国国防部用目标来评估软件。国防部分析了美国政府和工业界的项目开发情况，将项目分级为低、中等和优秀。根据他们的发现，分析人员推荐了与国防部签订合同的软件项目的目标以及构成所谓"管理失职"的指示性能级别，如表12-5所示。也就是说，如果一个项目证明一个属性接近或者超过失职级别，那么，国防部就怀疑该项目中有严重错误。

表12-5 管理美国国防部项目的量化目标（NetFocus 1995）

项　　目	目　　标	失职级别
错误去除效率	＞95%	＜70%
最初故障密度	＜4每功能点	＞7每功能点
超过风险预留的成本超支	0%	≥10%
总需求变动（功能点或等价的项）	＜1%每月平均	≥50%
总的程序文档	＜3页每功能点	＞6页每功能点
人员更新比率	1%~3%每年	＞5%每年

12.4.3　软件可复用性

复用要求我们评估来自当前和以前的开发项目中的产品，以确定它们是否符合我们将要构建的下一个系统期望的类型和质量。因此，在这里深入讨论可能影响评估的一些与复用相关的事项。

我们构建的许多软件系统彼此之间是相似的。例如，每一个公司都可能有会计系统、人事系统，可能还会有记账系统。在类似用途的系统之间有很多共同的地方，例如，每一个人事系统都包含与公司雇员相关的数据和功能。不是每一个系统都需要重新创建，相反，我们可以后退一步，对其他系统中的构件进行评估，并且确定它们是否可以被修改甚至整个复用到下一个系统中。即使在应用有很大差异的时候，我们也必须分析是否还有必要编写另一个排序例程、搜索构件或屏幕输出程序。软件研究人员认为，在提高生产率和降低成本方面，复用具有巨大的潜力，复用技术的一些应用成果使他们更具信心。

1. 复用的类型

谈到**软件复用**（software reuse），我们是指重复使用软件系统的任何部分，包括文档、代码、设计、需求、测试用例和测试数据等。Basili提倡把维护看作复用：拿一个现有系统，复用它的某些部分以构建下一个版本（Basili 1990）。同样，他建议，过程和经验也可以被复用，就像任何有形的或无形的开发产品一样。

从复用者的视角来看有两种复用：**生产者复用**（producer reuse）创建可复用的构件，而**消费者复用**（consumer reuse）是在以后的系统中使用它们（Bollinger and Pfleeger 1990）。作为消费者，我们可以使用整个产品，而不用对它进行修改（称为**黑盒复用**），或者对其进行修改，使之符合特殊需要（称为**透明盒复用**）。在我们使用数学库中的例程，或者用预定义的构件集合来构建图形界面的时候，通常使用黑盒复用。黑盒复用中一个重要的问题是，能否证实复用的模块是以一种可接受的方式执行所要求的功能。如果该构件是代码，则要确保它是不会造成失效的；如果该构件是一个测试集，则要确保它完全执行了想要它完成的功能。

透明盒复用（有时称为**白盒复用**）更为常见但是仍然存在争议，因为理解并修改一个构件的工作量必须要少于编写一个新的、等价的构件的工作量。为了解决这个问题，很多可复用构件在构建时使用了许多参数，使得它们从外部视图更易于剪裁，而不是迫使开发人员来理解其内部结构。

软件工程中所取得的一些进展使得复用更加可行。其中一项是重视和采用面向对象开发（OOD）。因为OOD有利于软件工程师围绕不变的构件进行设计，因此，设计和代码中的很多部分都可以应用于多个系统。促进复用的另一项进展是工具更加完备，涵盖了整个开发生命周期。包含为一个系统开发的构件的库的工具可以促进在后续的系统中复用这些构件。最后，语言设计也能够促进代码复用。例如，Ada提供了支持打包的软件重组机制，其参数化技术使软件更加通用。

复用的方法可能是组合式的，也可能是生成式的。**组合式复用**（compositional reuse）将复用的代码看作是一组构造块，自底向上进行开发；它围绕可用的复用构件来构造系统的其他部分。就这种类型的复用而言，构件是存储在一个库（通常称为**复用库**，reuse repository）中的。必须对这些构件进行分类或编目，并且必须提供一个检索系统来扫描和选择构件，以供新系统使用。例如，复用库可能包含一个将12小时格式的时间转换为24小时格式的时间的例程（即将9:54 p.m.转换为21:54）。类似地，Genesis数据库管理系统生成器包含一些构造块，使我们能够构造一个满足需要的数据库管理系统（Prieto-Díaz 1993）。

另一方面，**生成式复用**（generative reuse）针对具体的应用领域。也就是说，构件是专门针对某一具体应用需求设计的，并将在以后用于类似的应用中。例如，NASA开发过大量跟踪运行在轨道上的卫星的软件。它可能要求分析星历表数据的构件在NASA的几个系统中是可复用的。但是，由于其他领域不太可能需要它们，因此这些模块并不适于作为通用的复用库。生成式复用据称具有很高的潜在回报，而实践上则集中于特定领域的应用生成器上。在这些生成器中，最著名的是Lex和Yacc，它们帮助我们生成词法分析器和语法分析器。

在这两种复用中，其根本的活动是**领域分析**（domain analysis）。它是分析一个应用领域的过程，来确定领域的共性以及描述方式（Prieto-Díaz 1987）。组合式复用依靠领域分析来识别一大类系统中的公共的较底层功能。生成式复用需要更多主动的分析活动。领域分析试图定义一个一般的领域体系结构，并且指定体系中构件之间的接口标准。

这些思想导致两种不同的复用概念：水平复用和垂直复用。**垂直复用**（vertical reuse）是指同一个应用领域中的复用，而**水平复用**（horizontal reuse）是指跨多个领域的复用。复用NASA的星历表例程是一种垂直复用。从一个图形包数据库系统中复用一个排序程序则是水平复用。

因此，根据不同的目标，可以用多种方式来看待复用。表12-6阐明了很多种选择。

表12-6　复用的各个方面（Prieto-Díaz 1993）

内　容	范　围	模式（mode）	技　术	意　图	产　品
思想和概念	垂直的	计划的和系统的	组合式	黑盒，保持原样	源代码
	水平的		生成式		设计
制品和构件		特定的，机会主义的		透明盒，修改的	需求
					对象
过程、技能和经验					数据
					过程
模式（pattern）					文档
体系结构					测试

2. 复用技术和构件检索

复用的一个最大障碍是需要在大量的软件产品中进行搜索，以找出最适合于具体需求的软件产品。这项工作就像是在一堆废旧图书中筛选而不是到图书馆去查找。其解决方案是**构件分类**（component classification），它根据分类方案将可复用构件进行组织和编目。

可以按照层次方案对构件进行分类，这很像图书馆中组织图书的方式。将顶层类别分成子类别，每个子类别再依次划分为更小的子类别，依此类推，如图12-6所示。但是，这种方式不够灵活，新的主题只能在最底层才能够方便地加入。再者，还需要大量的交叉引用，例如，必须能够在报告下面找到文本处理例程，同时也能在编辑下面找到这个例程。

这个问题的一种解决方案是Prieto-Díaz的**刻面分类**（faceted classification）策略（Prieto-Díaz and Freeman 1987）。每个构件是通过称为"刻面"

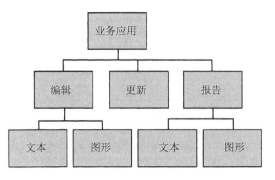

图12-6　一个层次分类方案的例子

的特性的一个有序列表来描述，而不是使用层次方案。**刻面**（facet）是一种描述符，有助于标识构件，而刻面的集合使得我们能一次标识几种特性。例如，可复用代码的刻面可以是：

- 应用域；
- 功能；
- 对象；
- 程序设计语言；
- 操作系统。

用这5个刻面构成的一个条目来标识每一个代码构件。因而，一个例程可能标记为

```
<switching system , sort , telephone number , Ada , UNIX>
```

分类系统由一个**检索系统**（retrieval system）或**库**（repository）作为支撑，它是一种自动化的库，可以根据用户的描述搜索以及检索一个构件。库通常有一个同义词汇编，来帮助我们理解分类中用到的术语。例如，这些同义词汇编可能告诉我们试着用"search"来代替它的同义词"look up"。另外，库应该解决**概念封闭性**（conceptual closeness）的问题，检索出与想要的构件相似但不完全相同的刻面值。例如，如果没有找到"modify"构件，它可以指向"add"和"delete"这些类似的构件。

检索系统还可以记录用户请求的相关信息。某种类型的大量未得到满足的请求，可能会促使库管理员建议编写特定类型的构件。例如，如果几名用户需要将日期从美国格式（11/05/98或November 5，1998）转换成欧洲格式（05/11/98或5 November 1998），但现在并没有这样的构件，库管理员可能会保证创建一个这样的构件。类似地，如果很多开发人员都在搜索绘制几何图形的构件，但是没有可用的构件，库管理员可能会标识合适的候选构件，并把它们加入到库中。

最后，检索系统可以保留构件的描述性信息，帮助我们确定选择哪一个构件。构件来源（如在哪里购买的或由什么项目开发的）、构件的可靠性（发现的故障数目或无失效运行的小时数）或以前的使用情况等信息可能会使我们确信使用某个构件而不是其他构件。补充材料12-3讨论了如何测量构件的可复用性。

补充材料12-3　测量可复用性

如何对一个候选构件进行分析，断定它是否应该放入复用库中？当对构件进行测量时，很多管理人员都想有一套简单的度量，来辨别它是否可以复用。但是，找到一套合适的测度并非表面上那么容易。测量必须针对一个目标，通常是与质量、生产率或上市的时间相关的。而且它们还要反映提问者的观点，开发人员与高层管理人员的看法会有所不同。（Pfleeger 1996）描述道，对于"要测量什么"这样一个简单的问题，是如何产生100多个可能的测度的，显然，这是一个不可接受的测度数目。

但是，即使列出了好的测度，又怎么知道每个测度有什么局限性呢？是否一个小构件的可复用性就比一个大构件更好？最好是复用复杂的代码而不是复用简单的代码吗？人们正在用很多方法研究这类问题。一些组织机构考虑过去的历史，以确定最可复用构件的特性。而另外一些组织机构则根据"工程判断"来选择测度。最有前途的是康特尔技术中心使用的一种方法，其中的自动化的库是用刻面分类来组织的。这个库跟踪与查询相关的信息，例如，哪种描述符是最常用的。它还记录一个构件何时被选用了、何时被检查了但没有选用以及何时满足了一个查询但没有被检查。然后，库管理员与用户交谈，了解为什么没有使用某些构件以及为什么大量使用其他一些构件。与人员交互结合在一起，测量使得管理员能够在刻面分类中增加新的同义词、对构件进行修改使它们可复用性更好、删除开发人员不再使用的构件（这减少了搜索时间）以及找出库中还没有但是需要的新构件。

---

3. 复用的经验

在大量复用软件方面，一些公司和组织机构已经取得了成功。所有成功情况的一个共性是忠实

的、无条件的管理支持（Braun and Prieto-Díaz 1990）。这样的支持是必需的，因为生产者复用会带来额外的开销，在消费者复用节省的开销超过它之前，管理层必须要忍受这种额外的开销。再者，对于那些习惯于从零开始编写软件的开发人员来讲，复用通常似乎是极端的和危险的。显然，复用涉及了很多社会的、文化的和法律的问题，也涉及了技术的问题。

604～605

雷神公司关于复用经验的报告是最早的一批报告之一（Lanergan and Grasso 1984）。导弹系统部门的信息处理系统组织机构观察到，其60%的业务应用设计和代码都是冗余的，因而，它是标准化和复用的最佳候选。他们制定了一个复用计划，检查了5 000多行的COBOL源程序，将其分为3类主要的模块：编辑、更新和报告。雷神公司还发现，大部分业务应用都属于这3个逻辑结构之一。他们对这些结构进行标准化，并创建了可复用构件库。新的应用程序是这些标准软件结构的变种，是通过组装库中的构件构建而来的。他们对软件工程师进行培训和考试，使他们能够使用库，能够认识到什么时候可以复用一种结构来构建新的应用。复用是强制性的。这样，他们进行了6年的代码复用之后，雷神公司报告称，一个新系统包含了平均60%的复用代码，生产率提高了50%。

GTE的复用计划是文献中报告的最成功的复用计划之一。GTE数据服务建立了一个资产管理计划，用以发展公司中的复用文化。该计划类似于我们迄今所讨论的那些计划。它首先分析现存系统、标识可复用的资产。任何可能被部分或全部复用的软件产品都是候选资产。然后在一个自动化的库管理系统中对资产集合分类和编目。另外，他们建立若干小组对库进行维护、促进复用以及支持复用。

- 管理支持小组：提供复用的发起、资金和政策。
- 识别和鉴定小组：识别潜在的复用区域，并识别、购买和确认加入到集合中的新的可复用构件。
- 维护小组：维护和更新可复用的构件。
- 开发小组：创建新的可复用构件。
- 复用人员支持小组：协助和培训复用人员，测试和评估可复用的构件。

GTE使用激励和奖励机制，而不是让复用成为强制性的活动。对每一个被接受到库中的构件，将付给其程序员100美元，而且当他们的构件在一个新的项目中复用后，则会付给该构件的程序作者相应的费用。还建立了"月复用者"奖金，向达到了复用目标的管理人员发放奖金或增加预算。在该计划的头一年，GTE报告称，它的项目中有14%的复用，其价值等于节省了150万美元（Swanson and Curry 1987）。

Novel日本公司雇有大约100名软件工程师着手进行了复用计划，他们也使用了现金奖励机制。他们按每行代码5美分向复用构件的开发人员支付，而每当一个构件被复用时，它的创建者则会每行代码得到1美分。在1993年，该计划花费了公司1万美元，这远远少于编写等价的代码所花费的成本（Frakes and Isoda 1994）。

全世界范围内都启动了各种复用计划，其中大多数集中于代码复用。补充材料12-4描述了日本的几项复用成果。欧洲空间局以及美国国防部等政府机构都拥有带有构件库的制度化的复用计划。惠普、摩托罗拉和IBM这样的商业公司也在复用上投入重金。而欧盟发起了几个协作的复用工作，包括Reboot和Surprise。但是，Griss和Wasser提醒我们，有效的复用需要的既不是广泛的实行，也不是复杂的自动化（Griss and Wasser 1995）。

补充材料12-4　日本大型机制造厂商的软件复用

20世纪末，日本的大多数软件开发都是由大型机生产商及其分支机构完成的，所以，这些公司也是我们发现软件复用最多的地方。到20世纪80年代末，NEC、日立、富士通和东芝都建立了支持复用的集成软件开发环境。

NEC在东京的软件工程实验室通过分析它的业务应用，来开始它的复用计划。NEC标准化了32个逻辑模板和130个常用算法。然后，建立起一个支撑复用库对它们进行分类、编目、文档化并使它们可用。这个库是NEC软件工程体系结构的一部分，目的是在所有开发活动中强制推行复用。NEC报告称，他们使用了3个大规模项目进行受控试验，复用软件的项目的平均生产率比没有复用的项目提高了近6倍，产品的平均质量几乎提高了两倍（NEC 1987）。

日立也把重点放在了使用COBOL和PL/1的业务应用上。该公司使用称为Eagle的集成软件环境，它使软件工程师能够复用标准化程序模式和功能性过程（约1 600个用于输入输出数据转换和确认的数据项和例程）。这些模式被用作模板，开发人员修改模板以添加代码。然而，生成的代码与总代码行数的比例在0.60～0.98之间（Tsuda et al. 1992）。

富士通为其电子交换系统建立了一个信息支持中心（ISC）。ISC是一个正规的库，配备了系统分析员、软件工程师、复用专家和交换系统领域专家。该库有一个引用桌面、设计人员和编码人员之间的交叉引用、软件归档以及商用软件。通过在所有的设计和软件评审中包含ISC人员，所有软件项目都必须在它们的开发周期内使用ISC。在ISC计划创建之前，300个项目中仅有20%能按期完成。自从该计划开始之后，70%的项目都能按时完成（Fujitsu 1987）。

4．收益、成本和复用成功

在整个软件开发过程中，复用都会提高生产率和质量。不仅可以通过减少编码时间提高生产率，而且也可以通过减少测试和编写文档的时间来提高生产率。其中一些能够最大限度地减少成本的方法是复用需求和设计，因为它们能够产生连锁反应：例如，设计复用自动包含代码复用。再者，复用构件可以提高性能和增加可靠性，因为在放入库之前，这些构件已经经过优化和证明了。

复用的长期收益是改进了系统互操作性。复用涉及的标准化可能产生一致的接口，这更易于构造出正确交互的系统。尤其是基于可复用构件库的快速原型更加有效。

只有一些零星的证据说明复用所带来的改进。一些研究人员已经发表复用对软件开发的正面效果的评述，但几乎没有文献讨论其中的陷阱和不足。Lim给出了一个很好的复用分析的例子，介绍了惠普公司的复用工作（Lim 1994）。他对两个大型的复用计划的仔细评价说明了，复用能显著提高质量和生产率，而上市的时间明显减少。表12-7总结了他的研究结果。

表12-7 惠普公司的质量、生产率和上市时间（Lim 1994）©1996 IEEE

项目特性	惠普公司项目1	惠普公司项目2
规模	1 100行无注释的源程序语句	700行无注释的源程序语句
质量	减少51%的故障	减少24%的故障
生产率	增加57%	增加40%
上市时间	无可用数据	减少42%

他还比较了3个项目中复用的成本和生产代码的成本。表12-8显示了他的研究结果，其研究结果表明，在创建和使用可复用的代码过程中，实际上会有明显的附加成本。因此，必须在可复用构件带来的质量和生产率的提高及其需要的额外投资之间做出权衡。

表12-8 惠普公司生产和复用代码的成本（Lim 1994）©1996 IEEE

	空中交通控制系统（%）	菜单和表格管理系统（%）	图形固件（%）
创建可复用代码的相对成本	200	120~480	111
复用的相对成本	10~20	10~63	19

Joos深入讨论了启动一个复用计划的管理方面的问题（Joos 1994）。她在解释摩托罗拉试验性复用研究时指出，复用需要优良的培训、优秀的管理预期并获得前期对复用的承诺。补充材料12-5介绍了NTT复用成功的关键因素。

> **补充材料12-5　NTT复用成功的关键因素**
>
> 日本电话电报公司（NTT）在它的软件实验室中启动了一个软件复用项目，该项目持续了4年的时间，涉及600名工程师。在他们实现复用的时候，对管理的重要性有深刻体会。他们发现，他们成功的关键因素有（Isoda 1992）：
> - 高层管理承诺；
> - 选择适当的目标领域；
> - 基于领域分析系统地开发可复用模块；
> - 对复用工作进行持续数年的投资。

Pfleeger通过明确阐述一组并不像先前描述的那样成功的复用计划的经验，向我们讲述了复用的各种故事。她指出了几个关键教训（Pfleeger 1996）。

- 复用目标应该是可测量的，以便我们能够知道是否达到了复用目标。
- 复用目标可能冲突，管理人员必须在早期明确地解决冲突。例如，如图12-7所示，部门经理的复用目标可能和项目经理的目标冲突，所以复用永远无法进行。
- 不同的视角可能产生不同的问题。程序员会提出特定的技术问题，如"这个排序例程是使用C++编写的吗？"而副总裁关心的重点是整个公司和它在市场中的位置，他的问题可能是"至今我们省钱了吗？"即使问题基本相同，也可能得到不同的答案。不同的观点反映了参与者在复用计划中的不同地位。
- 每一个组织机构都必须决定某些关键的问题由哪一级提出、由哪一级回答。例如，谁为复用付费？当在一个项目上的花费希望在将来的项目中得到回报时，必须体现公司的选择和意图。谁拥有可复用的构件？由某些级别确定谁拥有它们、谁负责维护它们和谁构建这些构件。另一些级别必须负责复用库的构造、人员、复用库支持以及产生的测度数据。这些问题与业务组织方式紧密联系在一起，从而对得失的考虑与投资和杠杆策略联系在一起。这些问题和答案必须通过测度来支持，因此了解谁在提问以及谁需要答案是很重要的。
- 在开发过程中集成复用过程，否则参与者不知道应该什么时候进行复用。
- 将度量与复用过程紧密结合在一起，以便你能够测量你的过程并对其加以改进。要根据业务目标来确定测量的内容。

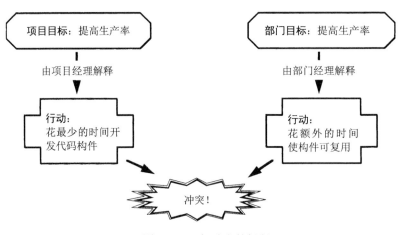

图12-7　目标冲突的解释

Pfleeger还提出了若要复用成功就必须回答的问题（Pfleeger 1996）。

- 复用的模型适合于组织机构和目标吗？
- 成功的标准是什么？

- 如何调整当前的成本模型，以便考虑一组项目而不是单个项目？很多节约潜在成本的决策需要使用涉及若干个项目的成本估算技术。但大多数商用成本模型都集中于单个项目，而不是需要论证复用投资的一组项目。因此，为了支持复用决策，需要能够集成多个项目各方面的修改过的成本模型或新成本模型。

- 如何将会计学中的常用概念（例如投资回报）用在复用上？那些公司的高层管理人员将复用投资与其他商业投资等同看待。他们想要讨论的是复用的选项、指标以及投资回报，而不是构件数目、语言或库搜索技术。重要的是，软件工程师应该能够将复用的语言转换成会计学的语言，以便能够将复用投资与公司其他可能的投资计划进行比较。

- 谁负责构件质量？该方案必须经过分析和组织，使其符合公司文化。当一名复用构件的作者离开公司时会出现什么样的情况？当构件演化或产生多个版本时会发生什么样的情况？在最初接受一个构件到构件库中以及当构件随时间变化对其进行维护时，构件设置的质量标准是什么？

- 谁负责过程质量和维护？就复用而言，要做的不仅仅是建立库和添加构件。必须有人监控复用的级别，确保好的构件被识别、正确地标记和经常地使用。必须有人去掉未被使用的构件，对其进行分析，以确定为什么它们未被使用。另外，必须有人评估领域分析过程，以确定被选为目标的构件是否真正高度可复用。必须有人研究复用对公司底线的影响，以确定投资回报以及将来的复用政策。这些活动可能发生在公司的不同层次，它们被认为是一个复用计划中必不可少的部分。

12.5 评估过程

本书介绍的很多软件工程实践都涉及旨在以某种方式对软件进行改进的过程。一些过程，如审查或净室，被认为是直接地、显著地改进了产品。其他过程，如配置管理或项目管理，则通过更好地控制以及更好地理解我们的行动如何影响最终代码，间接地影响着产品。

执行一个过程所需的工作量是变化的。一些过程涉及整个软件开发生命周期，而另一些则集中于少量的活动。无论哪种情况，都不能浪费工作量。我们希望过程既有效又高效。例如，我们在第8章中看到，通过比较测试中发现的故障数目和整个生命周期活动中发现的故障总数，可以评估测试的有效性。图8-20中的分类树说明，其设计经过评审的大型构件不太可能含有很多故障。对分类树进行的分析说明，设计评审过程是有效的。还有一些用来评估过程对其生产的产品的影响以及对生产产品的人员影响的技术，在本章中，我们对这些技术加以分析。

12.5.1 事后分析

每个项目都由一系列过程组成，每一个过程都旨在满足某一特定的目标。例如，需求工程活动的目的是以一种能够让需求一致、完整的方式来获取和编写需求。评审技术针对的是在测试活动之前有效地发现故障。评价过程的一种方法是收集大量的数据，不仅应该在开发的过程中收集这些数据，在项目结束之后也应进行收集。因而，我们可以对数据进行分析，以确定是否满足我们的目标，并寻找需要加以改进的地方。

Petroski提醒我们，虽然我们可以从成功的项目中学到很多经验，但是从失败中能获得的经验更多（Petroski 1985）。需要用失效数据来呈现"平衡图"，并根据它来构建模型，因此，进行事后分析对好的软件工程实践来说是非常重要的。补充材料12-6列出了很多从"经验教训"中得到的好处。

补充材料12-6　有多少组织机构进行了事后分析

Kumar调查了462家中等规模的开发信息管理系统软件的组织机构（选自加拿大Dunn和Bradstreet索引的前500页）（Kumar 1990）。在92家给予回应的组织机构中，超过1/5的组织机构都

610

没有进行事后分析。而在进行了事后分析的那些组织机构中，只对不到一半的项目进行了事后分析。Kumar问项目经理为什么没有进行更多的事后分析。回答是：没有可用的人员、缺乏有资格的人员、没有评估标准、有工作压力。但是，那些给出回应的组织机构指出了事后分析的若干好处。

- 证实了安装的系统满足系统需求。
- 给系统开发人员提供了反馈。
- 证明了采用、继续使用或终止所安装系统的合理性。
- 对必要的系统变更加以澄清，并设置优先权。
- 将系统职责从开发人员移交到用户。
- 向管理员报告系统的有效性。
- 评估和细化系统控制。
- 提供反馈以修改开发方法。
- 证实系统的经济回报。
- 停止开发项目。
- 提供反馈以修改项目管理方法。
- 评估项目人员。

事后分析（postmortem analysis）是对项目所有方面（包括产品、过程和资源）在其实现后进行的评价，其目的是识别在将来的项目中可以改进的方面。事后分析通常在项目结束后的短期内进行。但是，Kumar的一项调查指出，分析可以在交付前到其后的12个月内的任何时间进行（见表12-9）。

表12-9　什么时候进行实现后评估

时　　期	回应的百分比（共92家组织机构）
恰在交付前	27.8
交付时	4.2
交付后1个月	22.2
交付后2个月	6.9
交付后3个月	18.1
交付后4个月	1.4
交付后5个月	1.4
交付后6个月	13.9
交付后12个月	4.2

正如Collier、DeMarco和Fearey指出（Collier，DeMarco and Fearey 1996）的，"在复杂的系统中，尤其是大型的、长期的项目中，发现哪些行为需要改变并不是一件微不足道的事情。"他们提议进行积极的、不指责任何人的事后分析，鼓励参与者之间相互交流。根据对1 300多名项目成员进行的多于22次的事后分析，他们给出了一些建议。事后分析过程由以下5部分组成。

(1) 设计并公布要进行一项项目调查，以收集不危及机密性的数据。

(2) 收集客观的项目信息，如资源耗费、边界条件、进度预测和故障计数。

(3) 召开一次问询会议，收集调查中遗漏的信息。

(4) 针对项目的部分参与者，开展一个项目历史日，回顾项目事件和数据，找出关键知识。

(5) 发布结果，重点是获得的经验教训。

1. 调查

调查是事后分析的起点，因为对它的回答指导着事后分析的其余部分。它定义分析的范围，使我们能够获得与项目团队成员兴趣直接相关的信息。执行调查有3个指导原则：不要询问超过你的需要的问题、不要询问诱导性的问题、保持匿名。第一个指导原则尤其重要。我们希望将被调查人员回答调查问题的时间减到最少，以便更多的项目成员有可能完成和返回调查问卷。

补充材料12-7是来自Collier、DeMarco和Fearey进行的调查问卷的一部分（Collier, DeMarco and Fearey 1996）。这个调查反映了团队成员的选择和看法。

补充材料12-7　Wildfire调查中的简单调查问题
(Collier，DeMarco and Fearey 1996)© 1996 IEEE

Wildfire Communications进行了一次调查来协助进行事后分析。本章"主要参考文献"一节给出了指向整个调查的Web链接。该调查包括8类问题，带有如下的例子。

第1类：支持和目标
问题样例：项目是否自始至终都清楚地定义了责任的划分？
[ ]总是　[ ]有时　[ ]很少　[ ]从没有

第2类：期望和交流
问题样例：与项目有关的会议有效地利用了你的时间吗？
[ ]总是　[ ]有时　[ ]很少　[ ]从没有

第3类：问题决议
问题样例：你有权参与可能影响你工作的问题的讨论吗？
[ ]总是　[ ]有时　[ ]很少　[ ]从没有

第4类：信息访问
问题样例：进度变化以及相关决策包含了合适的人员吗？
[ ]总是　[ ]有时　[ ]很少　[ ]从没有

第5类：产品规格说明
问题样例：项目定义是由合适的人完成的吗？
[ ]总是　[ ]有时　[ ]很少　[ ]从没有

第6类：工程实践
问题样例：构建过程对你工作的构件区域是有效的吗？
[ ]总是　[ ]有时　[ ]很少　[ ]从没有

第7类：宏观景象
问题样例：考虑到上市时间的约束，在该产品特征、质量、资源和进度之间做出了正确的权衡吗？
[ ]总是　[ ]有时　[ ]很少　[ ]从没有

第8类：人员统计
问题样例：你在该项目中的主要职责是什么？
[ ]质量保证　[ ]开发　[ ]市场　[ ]项目管理　[ ]文档

在执行调查问卷之前，必须考虑将结果列成表格。有时，表格和分析过程会提示如何重述一个问题，以对该问题加以澄清或对它进行扩充。再者，对每一个项目都会问到这些问题，因此，必须确保这些问题的表述不依赖于任何具体项目的特性。在大量项目中收集到的这些回答，使我们能了解趋势、关系以及需要改进的地方。

2. 客观信息

接着，需要收集客观的信息对在调查中表述的观点加以补充。再者，我们希望用容易进行项目之间比较的那些简单的方法来收集数据。Collier、DeMarco和Fearey提出了3种测度：成本、进度和质量（Collier, DeMarco and Fearey 1996）。例如，成本测度可能包括：

- 主要角色或活动所报告的每人每月的工作量；

- 总代码行数，按功能能测量会更加适合；
- 按功能改变或增加的代码行数；
- 接口数目：总的、增加的、改变的或删除的。

测量进度可能包括一个原始进度的报告、引起进度事故的原因的历史记录以及进度预测的精确性分析。最后，可以用开发活动中发现的故障数目以及故障发现率和修复率来测量质量。

理想情况下，大多数的信息都已经具备，它们是在开发和维护的过程中收集的。但是，有些组织机构的测量工作做得更好。一旦他们认识到只要花费非常少的额外工作来收集和维护数据就可以回答很多重要的问题，他们就会受到事后分析过程的鼓励，在下一个项目中做得更多。而且，重复的测度比一次性的数据获取更加有用。相比较于开发过程中或开发末期的一次快照，测度规模或进度随着时间发生的变化使开发团队能够更好地理解项目进展。所以，即使在事后分析人员不能够收集到他们想了解的所有信息时，当前的问题仍然能够推动日后项目的改进。

3. 问询会议

问询会议允许团队成员报告项目中做得好的方面以及做得不好的方面。同时，项目领导可以进行更深层次的研究，设法找出产生正面影响和造成负面影响的根本原因。通常，团队成员会提出调查问题中没有覆盖的问题，这会揭示出开发过程中不可见的重要关系。例如，团队成员可能会指出对某些客户使用的具体需求方法所带来的问题，因为使用那种方法很难获取用户的假设。或者测试人员可能会讨论，必须在与运作平台不同的开发平台上评价性能时遇到的问题。

问询会议的组织形式应该比较松散，由一名会议主席鼓励与会者，并保持讨论不偏离主题。对于非常大的项目团队，问询会议最好组织成一系列较小的会议，使得每一次会议的参与者不超过30人。问询会议的一个重要好处在于，能让团队成员将不满发泄出来，并使他们将注意力转向项目改进活动上。

4. 项目历史日

与问询会议有所不同，项目历史日包含有限的参与者。该项目历史日的目的是识别项目中经历的关键问题的根本原因。因此，参与者只包括那些对出现进度、资源和质量差距的原因有所了解的人。因此，历史日小组成员可能包括开发团队以外的人，市场代表、客户、项目经理和硬件工程师都是很好的候选人。

参与者通过回顾他们知道的与项目相关的每一件事为历史日做准备，包括他们的通信联系、项目管理图表、调查信息、测度数据以及其他可能与项目事件有关的任何事项。项目历史日的第一个正式活动是评审一组进度预测图表，如图12-8所示。对每个关键的项目里程碑，该图说明与里程碑本身实际完成的日期相比较，什么时候就里程碑的完成做的预测。例如，在这个图中，某人于1995年7月预测将在1997年1月完成里程碑，该预测在1996年1月未发生变化。但随着时间接近1997年1月，进度预测变为1997年7月。然后，在1997年7月并没有达到里程碑，于是又预测将在1998年1月达成里程碑。最后，终于在1998年1月真正达到了里程碑。从进度预测图的走势可以得知，估算中存在的一些过于乐观或过于悲观的情况。这有助于我们理解进行更准确估算的必要性。理想情况下是一条水平线。

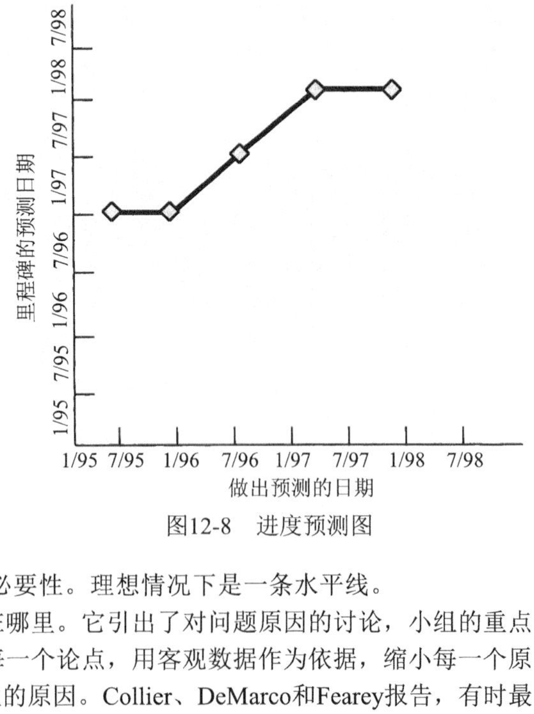

图12-8 进度预测图

可以将进度预测图作为例子，说明问题出现在哪里。它引出了对问题原因的讨论，小组的重点是给出造成问题原因的一个详尽列表。然后，对每一个论点，用客观数据作为依据，缩小每一个原因列表，直到小组认为确切地理解了每个问题产生的原因。Collier、DeMarco和Fearey报告，有时最初的原因列表会多达100项，需要花费数小时来分析真正发生了什么（Collier, DeMarco and Fearey 1996）。在项目历史日结束时，小组会得到一份大约有20个根本原因的原因关系等级排列列表。

5. 发布结果

最后一步是与项目团队的其他成员共享这些成果。共享成果不用再召开会议了，只需项目历史日的参与者给项目经理、同事和其他开发人员写一封公开信即可。公开信由4个部分组成。引言是项目描述，解释项目的总体类型及其独特之处。例如，这封信可能解释该项目是构建一个电信记账系统，信里还说明了该公司的一些重要信息，这个项目首次使用了Eiffel语言和一组支持面向对象设计的工具。

接着，这封信总结事后分析的所有正面结果。这些结果可能不仅描述了进行得比较好的方面，也包括可以在将来用于其他项目的一些工作。例如，这个项目可能已经生产了可复用的代码、新的工具或成功使用Eiffel的一些技巧。它们在以后的类似开发中可能是有用的。

然后，这封信总结阻碍团队实现目标的3个最差因素。通常，这3个因素在项目历史日创建的分级原因列表中排在前3项。

最后，这封信提出一些改进活动。Collier、DeMarco和Fearey提出，小组选择一个重要问题，其重要性要求这个问题在另一个项目开始之前必须加以解决（Collier，DeMarco and Fearey 1996）。这封信应该清晰地描述这个问题，并给出如何解决该问题的建议。问题描述和解决方案应该有客观测度的支持，以便开发人员能评价问题的严重程度，并在情况改进后跟踪其变化。

Arango、Schoen和Pettengill提供了一种更加广泛地用于发布事后分析结果的方法（Arango, Schoen and Pettengill 1993）。他们在Schlumberger公司工作期间，一直在考虑复用项目的每一部分，包括获得的经验教训。Schlumberger公司的研究人员开发了一种称为项目书和技术书的技术，其他项目的开发人员可以访问它们，从而共享经验、工具、设计、数据、思想以及对公司其他人可能有用的任何事项。通过使用这些技术，我们可以互相学习、从每一个项目中都有所提高，避免了总是犯同样的错误却不知道原因何在。 616

12.5.2 过程成熟度模型

在20世纪80年代，受IBM所做工作的鞭策，一些组织机构开始将软件开发过程作为一个整体来研究，而不是仅仅集中于单个活动。一些研究人员试图刻画出使一个过程有效的特性。这样的工作衍生出了**过程成熟度**（process maturity）的概念，其中，开发过程中融入了反馈和控制机制，使得能够按时完成高质量的产品，而极少出现管理方面的问题。

1. 能力成熟度模型

能力成熟度模型（Capability Maturity Model，CMM）由美国软件工程研究所（SEI）开发，用来帮助国防部评估其承包商的质量。CMM受到了Deming工作（Deming 1989）的启发，开始称为**过程成熟度模型**（process maturity model）。过程成熟度模型根据组织机构对开发过程中的110个问题的回答，将其评为从1（低）到5（高）依次5个等级。图12-9总结了从低到高的成熟度等级。

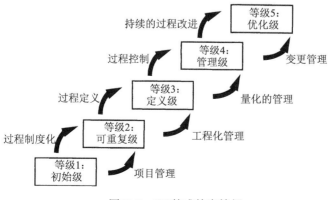

图12-9 SEI的成熟度等级

表12-10列举了等级2 (可重复级) 评价所需要的12个问题。如果这些问题中有一个回答是"否",则自动地将该组织机构评为等级1, 而不管其他98个问题的答案如何。

表12-10 过程成熟度模型中等级2需要回答的问题

问题编号	问 题
1.1.3	软件质量保证职能是否有一个独立于软件开发项目管理的管理报告渠道
1.1.6	涉及软件开发的每个项目是否都有软件配置控制职能
2.1.3	在接受委托开发合同以前,是否有一个正式的过程用以进行软件开发的管理评审
2.1.14	是否有用来估算软件规模的正式过程
2.1.15	是否有用来产生软件开发进度的正式过程
2.1.16	是否有用来估算软件开发成本的正式过程
2.2.2	随着时间的推移,对于每一个软件配置项,都对其配置文件进行维护了吗
2.2.4	是否收集了软件代码错误和测试错误的相关统计信息
2.4.1	高层管理人员是否有一种机制用来对软件开发项目的状态进行定期的、经常的评审
2.4.7	软件开发一线管理人员是否签字同意了他们的进度表和成本估算
2.4.9	是否有一种控制软件需求变更的机制
2.4.17	是否有一种控制代码变更的机制

这种方法存在很多问题,因此,开发了CMM来解决这些问题并替代过程成熟度模型。但是,最初的过程成熟度模型中的许多基本原则仍然被保留:CMM使用调查问卷来评价开发项目的成熟度,并要求提供证据来证实答案,以及制定一个五分制的评分系统。也就是说,CMM描述了一些原则和实践,并设想这些原则和实践能够帮助生产出更好的软件产品。该模型将它们分为5个级别,提供更多过程可见性和控制的途径,以及改进最终产品的更好途径。可以用两种方式使用该模型:潜在的用户使用该模型以识别供应商的强项和弱项,软件开发人员使用该模型来评价他们自己的能力并建立改进的途径。

617

在5个能力等级中,每一个都与一组**关键过程域**(key process area)相关联。组织机构应该重点关注这些关键过程域,将它们作为其改进活动的一部分。成熟度模型的第1级为**初始级**(initial),它描述一个特别的甚至是混乱的软件开发过程。也就是说,该过程的输入是未清楚定义的,当期待输出时,从输入到输出的转换是不确定的、难以控制的。由于缺乏足够的结构性和控制,相似的项目可能在生产率和质量方面有很大的不同。就这一级的过程成熟度而言,甚至难以记录或描绘整个过程,该过程是非常不确定的、定义不清晰的,以至于其是不可见的,难以进行全面的测量。该项目可能含有涉及提高质量和生产率的目标,但是,管理人员不知道质量和生产率当前处于什么水平。

如表12-11所示,这一级没有关键过程域。几乎没有定义过程,开发的成功依赖于个人的努力而不是团队的成绩。处于第1级的组织机构应该致力于使过程更具结构性、更易控制,使更多有意义的测量在某部分得以进行。

表12-11 CMM中的关键过程域 (Paulk et al. 1993a,b)

CMM等级	关键过程域
初始级	无
可重复级	需求管理 软件项目计划 软件项目跟踪及监督 软件分包合同管理 软件质量保证 软件配置管理

（续）

CMM等级	关键过程域
定义级	组织机构过程的焦点
	组织机构过程的定义
	培训计划
	集成软件管理
	软件产品工程
	小组间协作
	同行评审
管理级	量化的过程管理
	软件质量管理
优化级	故障预防
	技术变更管理
	过程变更管理

接下来的一级为**可重复级**（repeatable），它标识过程的输入和输出、约束（例如预算和进度）以及用于生产最终产品的资源。它定义了基本的项目管理过程，用来跟踪成本、进度和功能。它在团队成员之间制定一些纪律制度，以便以前的成功项目能在新的类似项目中得到重复。这里，关键过程域是指主要的管理活动，用来帮助理解和控制过程的行动和输出。

过程可重复与子例程可重复具有同样的意义：正确的输入产生了正确的输出，但是输出是如何产生的是不可见的。当被要求定义和描绘该过程时，开发团队顶多能绘制出与图12-10类似的图。该图将一个可重复的过程表示为一张简化的结构化分析和设计技术（SADT）图，左端为输入，右端为输出，约束在顶部，资源在底部。例如，可以将需求作为输入提交给该过程，输出就是软件系统。控制箭头表示诸如进度和预算、标准、管理命令等这样的项，而资源箭头可能包括工具和人员。

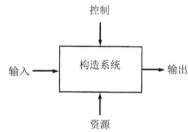

图12-10 一个可重复级的过程（等级2）

由于只能对可见的项进行测量，图12-10表明，项目管理测量对一个可重复过程来说最有意义。也就是说，既然所有可见的只是箭头，我们可以将测度与过程图中的每个箭头关联起来。因此，就一个可重复的过程而言，输入测量可能包含需求的规模和易变性。可以根据系统的规模（功能的或物理的）、作为整个人员工作量的资源度量以及以美元和天数表示的成本和进度的相关约束，分别对输出进行测量。

对可重复的过程的改进产生了**定义级**（defined）过程，其中，管理和工程活动是文档化的、标准化的和集成的，其结果是对组织机构中的每一个人都是一个标准的过程。虽然项目之间可能有所不同，但可以对标准过程进行剪裁使其适应于特殊的需要，而这种适应性的修改必须经过管理层的批准。在成熟度的这一级，关键过程域重点是进行有组织的管理。

定义级的成熟度（等级3）与等级2的不同之处是，定义的过程提供了图12-10中"构造系统"方框内的可见性。在等级3，定义了中间活动，其输入和输出都是已知的、能被理解的。这种附加的结构意味着，可以对进入中间活动的输入和中间活动产生的输出进行检查、测量和评价，因为这些中间产品是定义明确的，并且是可见的。图12-11显示了一个定义级过程的例子，它具有3个典型的活动。但是，不同的过程可能被划分为更多的功能或活动。

因为在定义级过程中，对活动都加以描述，并且将它们彼此之间加以区分，所以，我们在等级3内就可以测量产品的属性：跟踪每种产品中发现的故障，将每种产品的故障密度与计划的或预期的值进行比较。尤其是，早期进行的产品测量可以用作后面产品测量的一个有用的指示器。例如，可以对需求或设计的质量进行测量，并随后用于预测代码的质量。这样的测度利用过程中的可见性，为开发提供更多的控制：如果需求的质量是不能令人满意的，在设计活动开始之前，可以再额外进行需求方面的工作。这种对问题的早期改正，不仅有助于控制质量，而且有助于提高生产率以及减少风险。

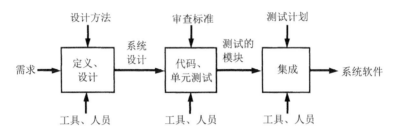

图12-11   一个定义级的过程（等级3）

管理级（managed）过程的重点是提高产品质量。通过引入详细的过程和产品质量测量，组织机构集中于使用量化的信息来使问题可见并评价解决方案的效果。因此，它的关键过程域是量化的软件管理以及软件质量管理。

如图12-12所示，可以使用来自早期项目活动的反馈（例如在设计中发现存在问题的地方），对当前的活动（例如重新设计）和后期的项目活动（例如对某些代码进行更为广泛的评审和测试，改变后的集成序列）设置优先级。因为我们可以进行比较和对照，所以，对一个活动中的变化造成的影响，我们可以跟踪到其他活动中。依据等级4，反馈决定了如何部署资源，基本活动本身并没有发生变化。在这一级中，我们可以评估过程活动的有效性：评审是否有效？配置管理呢？质量保证呢？故障驱动的测试呢？我们可以使用收集到的测量来使过程保持稳定，以便生产率和质量能够达到预期要求。

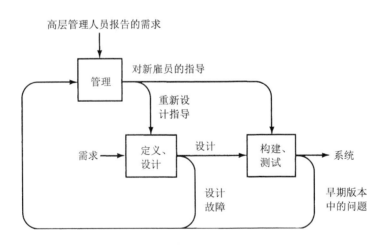

图12-12   一个管理级的过程（等级4）

等级3和等级4的主要区别是，等级4的测度反映的是整个过程的特性、主要活动中的交互以及主要活动间的交互特性。管理监督依赖于度量数据库，它能够提供故障分布、生产率和任务的有效性、资源分配等特征信息，以及计划的值和实际的值吻合的可能性等相关信息。

最理想的能力成熟度级别是**优化级**（optimizing），在过程中融入了量化的反馈以得到持续的过程改进。尤其是，对新的工具和技术进行测试和监控，以了解它们对过程和产品会有怎样的影响。关键过程域包括故障预防、技术变更管理和过程变更管理。

要理解等级5在等级4的基础上进行了哪些改进，请参见图12-13。这一系列交错排列的方框指明过程的进展，标记为T_0，T_1，…，T_n。它表示第1个方框是在时间T_0进行的过程，第2个方框是在时间T_1进行的过程，等等。在一个给定的时刻，利用从活动中得到的测量，可能通过删除和增加过程活动、根据测度反馈动态地改变过程结构这样的手段，来改进当前的过程，其结果是进入图中的下一个过程。因此，过程的改变可能会影响到组织机构、项目以及过程。从一个或多个正在进行的或已经完成的项目中得到的结果，也可能产生一个供将来项目使用的细化的、不同的开发过程。这个螺旋模型是动态改变过程的一个例子，它根据来自早期活动的反馈做出反应，以减少后面活动的风险。

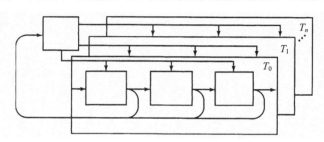

图12-13 一个优化级过程（等级5）

例如，假定我们用标准的瀑布方法来开始开发项目。当需求已经定义、设计开始进行的时候，测度和口头反馈可能会指出：需求中存在高度的不确定性。基于这样的信息，我们可能决定将过程改为原型化需求和设计，以便在对当前设计的实现进行实质性投资之前，能在一定程度上解决不确定性。这样，优化过程的能力给我们的开发带来了最大的灵活性。测度担当了传感器和监控器，使过程不仅处于控制之中，而且能够对警告信号做出响应并进行重要的改变。

有一点很重要：能力成熟度并不是5种可能等级构成的离散集合。相反，成熟度表示从1到5的连续区间内的相对位置。评估或评价单个过程可以有很多维度，并且过程的某些部分可能比其他部分更加成熟或更加可见。例如，可重复级过程可能没有定义明确的中间活动，但是其设计活动实际上可能是定义清晰的、进行了管理的，此时的过程可见性图只是打算给出对典型过程的一般性描述。对过程进行检查并确定什么可见是至关重要的。图和表不应仅仅因为总体成熟度等级是一个具体的整数就禁止活动。如果一个过程的某一部分比其余部分更成熟，则一个活动或工具可能会增强该部分的可见性并帮助达到总的项目目标；同时，将该过程的其他部分提升到一个更高级的成熟度。因此，在一个定义明确的设计活动的可重复级过程中，即使设计质量度量总体上没有被推荐为等级2，它们也可能是合适的、符合人们期望的。

CMM还有另一种粒度级别未在表中显示：每个过程域包含一组**关键实践**（key practice），它们的存在表明开发人员已经实现并且制度化了该过程域。关键实践应该提供证据以表明过程域是有效的、可重复的和长期持续的（Paulk et al. 1993b）。

关键实践根据下面这些共同特征来组织。

- 执行承诺：什么行动保证该过程被建立并且将被继续使用？这类实践包括政策和领导能力的实践。
- 执行能力：什么前提保证组织机构有能力实现该过程？此处的实践针对的是资源、培训、倾向性、工具和组织的结构。
- 执行的活动：实现一个关键过程域必需的角色和步骤有哪些？这类实践包括计划、步骤、执行的工作、改正性行动和跟踪。
- 测度和分析：用什么步骤测量该过程并对测度进行分析？这类实践包括过程测度和分析。
- 验证实现：什么确保了活动遵循已经制订的过程？该实践包括管理评审和审计。

只有在过程域已经实现并制度化之后，这个组织机构才能被认为是满足了这个关键过程域。实现是由对问卷的回答来决定的，其他的实践是针对制度化的。

2. SPICE

CMM衍生出大量的从Trillium（由加拿大电信公司提出）到BOOTSTRAP（欧盟ESPRIT项目开发的CMM的扩充）的过程评价方法。这种增长以及商业敏感产品的过程评价技术的应用，致使英国国防部提出了过程评价的一个国际标准（Rout 1995）。这个新的标准称为SPICE（软件过程改进和能力确定），它旨在协调并扩充现有的方法。与CMM类似，SPICE被推荐既用于过程改进也用于能力确定。该框架的构建基于一个评价体系结构，这个体系结构定义了期望的实践和过程。

有两种不同类型的实践。

(1) 基本实践：是一个特定过程的基本活动。

(2) 一般实践：是用一般的方式制度化或实现该过程。

图12-14说明SPICE体系结构是如何将这两种实践活动联系在一起的，并包含了对每一种活动的实际评定级别。图的左边表示软件开发包含的功能实践，这种功能的视图考虑以下5种活动。

(1) 客户提供的：直接影响客户的过程，支持开发以及将产品交付给客户，并确保正确运作和使用。

(2) 工程：指定、实现或维护系统及其文档的过程。

(3) 项目：建立项目、协调或管理资源、提供客户服务的过程。

(4) 支持：使能够执行或支持其他过程执行的过程。

(5) 组织机构：建立业务目标，开发达到这些目标的资产的过程。

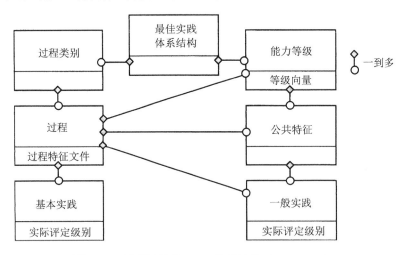

图12-14　过程评估的SPICE体系结构（Rout 1995）

图12-14的右边描述的是管理，是适用于所有过程的一般实践和应用，按6个能力等级进行组织。

(0) 未执行级：未执行，并且没有可识别的工作产品。

(1) 非正式执行级：无计划、无跟踪，依赖于个人的知识和可识别的工作产品。

(2) 计划和跟踪级：根据指定的步骤进行验证，工作产品遵循指定的标准和需求。

(3) 定义明确级：定义明确的过程，使用经过批准的、剪裁过的标准，文档化的过程。

(4) 量化控制级：详细的性能测量、预测能力、目标管理以及量化评估工作产品。

(5) 持续改进级：基于商业目标对有效性和效率进行量化，来自定义的过程以及新思想尝试的量化的反馈。

评估报告是一个特征文件。其中，对每个过程区域进行评估、报告，指明它属于6个能力等级中的哪一级。图12-15是一个特征文件的例子，阴影部分表示活动满足每一级的程度。

因此，CMM针对的是组织机构，而SPICE针对的是过程。和CMM一样，SPICE评价是按预先规定的方式严格进行管理的，将评定等级中的主观性减到了最小。

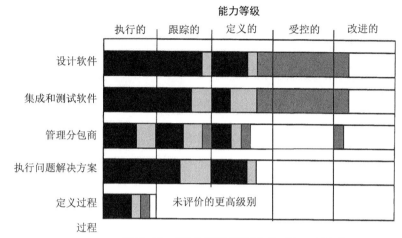

图12-15 SPICE评价特征文件 (Rout 1995)

3. ISO 9000

国际标准化组织 (ISO) 制订了一系列标准，总称为ISO 9000。这些标准指明当任何一个系统（不一定是软件系统）具有质量目标和约束的时候，应该采取的行动。尤其是，当购买方需要供应方证明在设计和构建一个产品方面具有给定专业级别的时候，ISO 9000就特别适用。购买方和供应方不必属于不同的公司，甚至在同一个组织机构内部，也可能存在这样的关系。

在ISO 9000标准中，标准9001最适合于开发和维护软件（International Standards Organization 1987）。它指出了，为了确保供应方遵从设计、开发、生产、安装和维护需求，购买方必须做些什么。表12-12列举了ISO 9001的条款。因为ISO 9001概括性比较强，因此有一个单独的文档ISO 9000-3，它提供在软件环境下解释ISO 9001的指导原则（International Standards Organization 1990）。

表12-12 ISO 9001条款

条款编号	主 题
4.1	管理职责
4.2	质量系统
4.3	合同评审
4.4	设计控制
4.5	文档和数据控制
4.6	采购
4.7	客户提供的产品的控制
4.8	产品可标识性和可跟踪性
4.9	过程控制
4.10	审查和测试
4.11	审查、测量和测试设备的控制
4.12	审查和测试状态
4.13	不合格产品的控制
4.14	改正和预防性行动
4.15	处理、存储、打包、保存和交付
4.16	质量记录的控制
4.17	内部质量审计
4.18	培训
4.19	服务
4.20	统计技术

ISO 9001的条款4.2要求开发组织机构具有文档化的质量系统，包括质量手册、计划、步骤和用法说明。ISO 9000-3针对软件对该条款予以解释：如何将质量系统集成到整个软件开发过程中。例如，条款4.2.3讨论跨越多个项目的质量计划，而条款5.5则在一个给定开发项目的范围内讨论该问题。

类似地，ISO 9001的条款4.4要求制订控制和验证设计的步骤，包括：

- 计划、设计和开发活动；
- 定义组织的和技术的接口；
- 标识输入和输出；
- 评审、验证和确认设计；
- 控制设计变更。

然后，ISO 9000-3将这些活动映射到软件的背景中。条款5.3是针对购买方的需求规格说明的，条款5.4讨论开发计划，条款5.5针对质量计划，条款5.6针对设计和实现，条款5.7针对测试和确认，条款6.1则是针对配置管理的。

ISO 9000标准用来管理内部质量以及确保供应方的质量。典型情况下，承包商将根据供应方的ISO 9000认证，对部分系统进行分包。该认证过程有一个定义的范围，并由质量系统审计人员进行贯彻执行。在英国，ISO 9000认证由TickIT计划来支持，并且提供一个解释和说明ISO 9000概念和应用的全面的TickIT指南（Department of Trade and Industry 1992）。

ISO 9000也包含测度这一部分，但是它不像在SPICE或CMM中那样明确。尤其是，ISO 9000中没有包含SPICE和CMM中着重强调的统计过程控制。但是像其他框架一样，ISO 9000框架的目标可以很容易地映射到问题和度量上。

12.6 评估资源

很多研究人员认为，在产品质量中，资源质量是比我们在其他任何技术上的突破都重要得多的因素。例如，DeMarco和Lister通过证据讨论了创造性、连续性的时间以及良好交流的必要性（DeMarco and Lister 1987）。他们声称，团结的团队能够构建好的产品。

同样，Boehm的COCOMO模型（Boehm 1981, 1995）包含一些参数，根据人员属性（例如员工经验）调整工作量和进度的估算。他的最初研究揭示，高绩效团队与低绩效团队之间的差别对项目生产率的影响最大。因此，研究人员主张，应该更多地关注人员而不是技术。

同时，软件通常都是在商业环境中构建的。就是说，在给定的资源下（例如时间和金钱），要解决一个商业的或社会的问题。我们必须能够评估是否使用了合适的等级。在这一节中，我们研究评价这些资源的两种框架：针对人的人员成熟度模型，针对时间和金钱的投资回报模型。

12.6.1 人员成熟度模型

值得注意的是，CMM并没有强调人员及其生产率的相关问题。虽然命名为"能力"模型，但CMM的实际目的是测量过程能力，而不是组成机构的人员的能力。Curtis、Hefley和Miller试图弥补这种疏漏，提出了**人员成熟度模型**（people capability maturity model）以提高劳动力的知识和技能（Curtis, Hefley and Miller 1995）。

像CMM一样，人员成熟度模型也有5个等级，第5级是最理想的等级。每一级都依赖于关键实践，关键实践反映出机构的文化是如何变化和加以改进的。表12-13列出了这些等级和实践的概述。

最低级是一个起点，它有很多改进的空间。在**初始级**，组织机构没有对员工的发展发挥积极作用。管理技能基于过去的经验和个人的交流能力，而不是正式的管理培训。进行了一些与人相关的活动，但是没有在动机和长期目标这样的大环境中对它们予以考虑。

表12-13   人员成熟度模型（Curtis, Hefley and Miller 1995）

等 级	焦 点	关键实践
5：优化级	持续的知识和技能提高	持续的劳动力革新 训练 个人能力发展
4：管理级	测量和管理有效性，发展高绩效团队	组织机构绩效调整 组织机构能力管理 基于团队的实践 团队构建 指导
3：定义级	基于能力的劳动力实践	共享的文化 基于能力的实践 职业培训 能力发展 劳动力计划 知识和技能分析
2：可重复级	管理层负责管理其人员	报酬 培训 绩效管理 人员安置 交流 工作环境
1：初始级		

在像等级1这样不成熟的组织机构中，许多管理人员并不承认人员的才能是关键资源。开发人员有自己的追求目标，他们很少愿意根据商业目标来调整这些目标。由于没有促进雇员成长的系统计划，他们会跳槽，从而使组织机构的知识和技能停滞不前。

等级2是向提高员工劳动力迈出的第一步。管理人员将职员成长和发展作为一个关键职责，但这只是发生在他们认识到组织机构的绩效受限于其员工的个人技能以后。因此，**可重复级**的重点是在一个给定的单位或组织机构中，在各种雇员中间建立基本的工作实践。

其中一些最简单的实践是支持不受干扰的工作环境。采取措施来改进交流和协调，并且管理人员严格地进行招聘和选择。管理人员要与职员讨论工作绩效，当绩效突出时应给予奖励。培训的目标是填补技术差距，而报酬应该考虑到公正、激励和持续性。

就等级3而言，组织机构首先根据它的业务剪裁其工作实践。**定义级**成熟度的开始是创建一个策略计划，以寻找和发展它需要的才能。这些需要由业务必需的知识和技能决定，这些知识和技能被认为是组织机构的核心能力。当职员掌握了核心能力并发展他们的技能时，将给予他们奖励。推行这些变革是为了鼓励职员共同满足公司的业务目标。

在等级4，即**管理级**中，指导发挥着很大的作用。不仅鼓励个人学习核心技能，团队也围绕着相互弥补知识和技能进行构建。团队构建活动产生了团队精神和凝聚力，许多组织机构的实践集中于激励和发展团队。

在这一级中，组织机构对核心能力增长设置了量化目标，并且鼓励个人、团队和组织机构提高工作绩效。对趋势进行分析以确定实践对提高关键技能发挥了多大作用。由于这种量化的理解，职员能力是可预测的，使得管理更加容易进行。

优化级是成熟度的第5级，也是最高的一级。此时，个人、管理人员和整个机构都集中精力提高团队和个人的技能。组织机构可以识别增强职员实践的时机，并且不是等到要对问题或挫折做出反应时才这样做。可以对数据进行分析以确定可能的业绩改进，这既可以通过改变当前的实践来实现，也可以通过尝试新的、创新性的技术来实现。那些呈现最佳结果的新实践能在整个组织机构中得以实施。一般而言，优化级的文化使每一位人员都集中于改进的每一个方面：个人、团队、项目、组织和公司。

Curtis、Hefley和Miller指出，人员成熟度模型具备以下功能（Curtis, Hefley and Miller 1995）。

- 发展能力。
- 构建团队和文化。
- 激励和管理绩效。
- 塑造劳动力。

评价框架不仅对评估一个给定的组织机构是有效的，而且对于改善计划的规划也是有用的。

12.6.2 投资回报

当尝试改进软件开发时，我们需要在推荐的方法和工具中进行选择。通常，有限的资源限制了我们的选择。由于不可能所有的事情都做，所以，必须选取最可能帮助我们达到目标的工具和方法。因此，要考虑软件工程开发人员和管理人员如何进行技术改进相关的决策。

受到推崇的业务出版物通常强调技术投资问题。例如，一篇经常被引用的文章指出，如果要评价一个已有的或提议的技术投资，则应一次进行几种方式的报告，以形成"均衡记分卡"：从客户的角度（即客户满意程度）、操作角度（即核心能力）、财务角度（即投资回报、股票价格）和改进角度（即市场领导力和增加的价值）（Kaplan and Norton 1992）。例如，补充材料12-8描述了大通曼哈顿银行的一些投资回报。Favaro和Pfleeger指出，经济价值可以作为统一的原则（Favaro and Pfleeger 1998）。也就是说，可以根据每一种投资选择对公司的潜在经济价值，对其进行研究。实际上，最大化经济价值可以有效地带动质量的提高、客户满意度的增加以及市场领导力的加强。

补充材料12-8 大通曼哈顿银行的投资回报

在第11章中，我们学习了大通曼哈顿银行的RMS，它是一个关系管理系统，将几个遗留系统联结成一个系统以向服务代表提供客户信息。这个新系统使得代表们花更少的时间来挖掘数据，从而有更多的时间来了解客户需要。

RMS的开发采用了一种新方法。它鼓励开发人员彼此之间或与他们的客户交谈，而对交流的强调导致了对什么是需要的有了更好的理解——在某些情况下，所需要的比开发人员所想象的要少！它构建了5个不同的原型，而数据的组织具有最大完整性。

大通曼哈顿银行的技术投资的最大回报是增强的团队凝聚力。"RMS开发团队坚持采用民主的方法来解决问题。优先级是通过投票产生的，团队成员少数服从多数。这种方法通常会导致折中，但它也发展了交叉功能的协作和信任"（Field 1997b）。

该项目开始于1994年，到1996年底，已经在大通曼哈顿银行1 000个中间市场代表处中的700个安装了RMS。但是，即使没有完全部署，RMS已经增加了33%的客户呼叫，提高了27%的盈利。通过保护已有投资以及鼓励雇员之间的交流，大通曼哈顿银行获得了以下4项成果。

(1) 避免了在新硬件上的巨大投资。

(2) 更快地向服务代表提供更多的数据。

(3) 完成了令人称美的投资回报。

(4) 创建了能更好地理解大通曼哈顿银行业务的具有凝聚力的团队。

Denis O'Leary是执行副总裁和CIO，他指出，"真正的挑战是，让业务和IS组在持久的合作伙伴关系和强健的技术基础设施之上融合在一起"（Field 1997b）。

但是，获取经济价值的方式有很多。我们必须决定哪一种投资分析方法最适合于基于经济价值

与软件相关的投资决策。投资分析主要关注的是资本和人力资源的最佳分配方式，因此，它显然与成本估算或度量不同。它权衡几种可选的方案，包括使用资本市场提供期望的年收益率的可能性。换言之，从公司高层的角度，管理层必须判定，提议的技术投资与简单地把钱放在银行挣取利息相比，哪种更好。

不是所有的投资分析都能反映现实。Favaro和Pfleeger从金融分析员的角度，仔细讨论了最常使用的方法：净现值、回报、账面价值的平均收益、内部收益率和收益指数（Favaro and Pfleeger 1998）。他们说明，净现值（NVP）对评估软件相关的投资最有意义。

净现值用总的项目生命周期的形式表述经济价值，不考虑等级或时间限制。既然投资计划涉及的是将来花费的金钱，我们可以将投资的**现值**（present value）看作预测的将来现金流量在今天的值。使用**贴现率**（discount rate）或**机会成本**（opportunity cost）对净现值进行计算，它们对应于资本市场中对等价投资所期望的收益率，这种比率可以随着时间发生变化。换言之，如果一个组织机构把它的钱投资到银行或金融市场而不是软件技术上，则贴现率反映了该机构能赚多少钱。惠普用净现值对公司的两个长期复用项目的投资进行评价。

净现值是收益的现值减去最初投资的值。例如，为了对一个新工具进行投资，公司不仅要在工具本身上花钱，而且要为培训和学习该工具的时间花费金钱。计划的收益中扣除这些初始的投资成本即可得到净现值。

净现值的接受准则是很简单的：如果一个项目投资的净现值大于0，则可以投资该项目。要理解净现值怎样运作，考虑下列情形。一个公司可以用两种方法创建一种新的产品线。

(1) 以商业现货（COTS）软件为基础。就这种选择而言，其初始采购成本很大，后续的回报高（因为避免了一些开发工作），但COTS产品将会过时，并且必须在3年之后进行替换。

(2) 用一个可复用的设计构建该产品。复用的设计和文档需要相当大的前期成本，但是，长期成本少于通常的方法。

净现值计算类似于表12-14。COTS可选方案的净现值稍高，因此是优先的选择方案。

表12-14 两种可选方案的净现值计算

现金流量	COTS	复用
初始投资	−9000	−4000
第1年	5000	−2000
第2年	6000	2000
第3年	7000	4500
第4年	−4000	6000
现金流总和	5000	6500
15%的NPV	2200	2162

净现值方法对现金流量的计时很敏感。回报越迟，总价值的损失就越大。因此，上市时间对于分析和结果的影响是至关重要的。项目的规模或等级也反映在净现值中。因为净现值是可累加的，可以简单地把各个项目的净现值加起来，来评价项目集合的效果。另一方面，从一种技术中获得的显著收益可能会掩盖其他投资的损失。由于这个原因，分别评估每种类型的投资是很有用的。在具体的实践中，净现值不会用于未开发过的单个项目的评估，而是会用于更广泛的金融和策略的框架环境中。

12.7 信息系统的例子

皮卡地里系统明显地增加了采用它的电视转播公司的收益。通过使用皮卡地里系统，可以更快地销售广告时间，方便、快速地改变报价和方案，而且可以对报价和方案进行裁剪以应对竞争者。但是，怎样才能体现这种增长的价值呢？如果营业收入增长了，我们可以将其与系统开发中投入的资金进行比较。但是，可能会发现这样一种情况：收入保持相同，但如果没有这样一个系统，收入将会降低。也就是说，有时必须对技术进行投资，以维护在市场中的地位和保持活力，而不是提高在市场中的地位。

除了本章介绍的技术问题外，还应该用事后分析解决这些问题。换言之，事后分析必须对业务和技术进行评审，在回答"该系统对于业务是值得的吗？"这样的问题时，把它们结合在一起。要回答这样的问题可能并不容易，因为这样的问题肯定不易量化。有时采用新技术并不值得，而是因为如果没有对雇员进行最新的技术或工具的培训，他们将会离开。作为管理人员，必须牢记激励开发人员和维护人员的不仅仅是薪水。他们也喜欢不断的挑战、获得同行的认可以及掌握新技能的机会。因此投资回报不仅是金钱上的奖励和客户满意度，也应该包括雇员的满意度。对雇员和团队的投资在商业上也是值得的。

12.8　实时系统的例子

阿丽亚娜5型火箭系统的报告是事后分析的一个很好的例子。调查小组采取的分析过程类似于Collier、DeMarco和Fearey推荐的一个过程（Collier, DeMarco and Fearey 1996），重点关注显而易见的需求以确定导致火箭爆炸故障的原因。该报告避免了责备和抱怨；相反，它指出，如果能注意到一些初始的问题，就可能在开发过程中采取若干步骤：需求评审、设计策略、测试技术、模拟，等等。

下一步并没有包含在报告中：使用报告中的建议来改变下一个火箭的设计、构建和测试的方式。正如我们将在第13章中看到的那样，可以将阿丽亚娜5型火箭的事后分析数据与以后火箭的数据进行比较，以确定是否有任何改进。改进是一个持续的过程，这样我们很可能根据一系列事后分析构建一个历史记录。当我们解决了一个问题时，就转而解决下一个最关键的问题，直到克服了大多数主要的挑战。

12.9　本章对单个开发人员的意义

本章已经讨论了评估产品、过程和资源的各种方法。首先回顾了评估的几种方法，包括特征分析、调查、案例研究和正式试验。我们看到，测度对于任何评估都是至关重要的，而且理解评价和预测之间的差别是十分重要的。然后，我们讨论了如何确认测量，也就是说，我们想要确保正在测量的就是我们想要测量的，以及我们的预测是精确的。

产品评估依据的通常是基于感兴趣属性的一个模型。我们讨论了3种质量模型，以了解关于不同刻面如何形成一个整体，每一种方法是如何解决的。然后，讨论了软件复用，指出在我们必须评估一个构件能否作为复用的候选构件时其中的一些相关问题。

可以用多种方式进行过程评估。事后分析回顾已经完成的过程，以评价出错的根本原因。过程模型，例如能力成熟度模型、SPICE和ISO 9000，对于了解过程的控制和反馈是很有用的。

CMM促成了其他很多成熟度模型，包括人员成熟度模型，它用于评价给予个人和小组发挥最大能力所需的资源和自由的程度。我们还在项目中投入了其他资源，包括金钱和时间。投资回报策略有助于我们了解是否从对人力、工具和技术的投资中获得了商业利益。

12.10　本章对开发团队的意义

本章讨论的很多评价模型都集中于团队交互。过程成熟度模型监控团队的协作和交流，鼓励从一个过程活动到另一个过程活动的可测量的反馈。这些模型有助于团队控制他们所做的事情，并更好地预测将来会发生的事情。类似地，例如人员成熟度模型等，评估是否个人和团队获得的奖励和激励足以使他们发挥最大的潜能。

特征分析、案例研究、调查和试验鼓励团队之间共享信息，希望理解和验证产品、过程和资源之间的关系。在正式的调研和事后分析的过程中，各小组必须一起工作，把个人的偏见放在一边，以确定将来可能修复的主要问题的根源。

最后，我们还了解了投资回报是如何考虑对人和技术的投资的。有技能的、有动力的小组会有更高的生产率，他们会把从一个项目中得到的经验和理解贯彻到下一个项目中。

12.11 本章对研究人员的意义

迫切需要对软件工程实践和产品进行更多的实证性评估。研究人员必须使标准的调研技术适用于软件工程的实际情况。同一个项目，我们不可能做两次：一次用某种技术或工具，而另一次用不同的技术和工具。因此，必须向社会科学方面的同事学习，在尽可能多地学习如何才能更有效的同时，改变我们的研究方法。

模型和框架有助于我们理解正在研究的关系。研究人员不断为我们提出新的方法，以观察产品、过程和资源的各个方面。然后，我们对模型和框架本身进行评估，以了解它们如何与我们已经知道的内容相匹配。

12.12 学期项目

现在，你已经完成了Loan Arranger项目，考虑如何评估这个软件以及你用于构建这个软件的开发过程。软件的质量如何？你可以用什么测量来证明它的质量？如何将Loan Arranger软件的质量与你已经完成的其他项目的质量进行比较？

检查生产Loan Arranger的过程。你认为它是初始级、定义级、可重复级、管理级还是优化级？是什么实践使它成为一个成功的项目，或失败的项目？

633

12.13 主要参考文献

对技术进行评估是非常复杂的工作，本章所涵盖的只是其中的一小部分。（Fenton and Pfleeger 1997）一书用3章的篇幅介绍评估：一章是关于技术的，一章是关于数据收集的，一章是关于数据分析的。Pfleeger和Kitchenham从1995年12月开始，在*ACM Software Engineering Notes*上发表了一系列文章，详细讨论了各种调研技术。Pfleeger强调，在我们研究一种技术的有效性时，要承认它是在演化的（Pfleeger 1999b）。

网上有大量关于成熟度模型的信息。要了解CMMI（软件工程研究所的最新成熟度模型），参见其官方网站。最新的SPICE标准的副本在ISO官方网站获得。

*IEEE Software*有几期专刊专门讨论复用，包括1993年5月和1994年9月的两期。后者包括了一页列表，列出了1994年中关于复用的关键论文和书籍。

ReNews是关于复用的电子时事通讯。

有几个网站包含事后分析产品的文档和样例，包括一个简洁定义的过程、一个调查样例、一个表格化结果样例、相似图样例和一个进度预测工具。

有许多专门讨论复用的会议和研讨会。主要的有软件复用国际会议（International Conference on Software Reuse）和软件复用年度研讨会（Annual Workshop on Software Reuse），它们都是由IEEE软件工程技术委员会（IEEE Technical Council on Software Engineering）发起的。可以在IEEE计算机学会（IEEE Computer Society）网站上找到以前的会议论文集以及即将召开的会议的公告。

还有几个与评估相关的会议和组织机构。由IEEE计算机学会发起的软件度量国际研究会（International Symposium on Software Metrics），讨论测度和实证性研究的问题。也可以在计算机学会的网页上找到最新会议的有关信息。国际软件工程研究网（International Software Engineering Research Network）出版复制调研的研究，可在其网站上找到大部分的内容。最后，*Empirical Software Engineering*期刊不仅发表实证性研究的研究成果，还包含相关的数据和指南。

12.14　练习

1. 刻面分类方案的刻面之间必须是正交的。也就是说，一个刻面描述的特性不能用一个或多个其他的刻面的组合来描述。定义一组刻面对软件工程图书馆中的图书进行分类。你需要多少个刻面？你如何知道什么时候定义了足够的刻面？每本书的描述是唯一的吗？

2. 解释为什么复用软件的成本模型必须包含一个以上的项目成本。

3. 列出一些在记录构件的复用历史中可能有用的信息。确保你的列表中的每个元素都有其合理的理由。

4. 假定通过事后分析发现，某一个具体的开发人员对主要的系统问题负有责任。在解决这类问题的建议中，应该包括哪些改进活动？

5. 对你自己的一个项目进行一次事后分析。如果你再做一次该项目，你会做哪些不同的事情？你如何知道你获得的这些经验教训就会改进你做的下一个项目？

6. 分析本章描述的质量模型：Boehm、ISO 9126和Dromey。对每一种影响质量的特性，讨论测量这种特性的可能的方法，并论述这种测量是客观的还是主观的。

7. 分析图1-5、图12-2和图12-3的质量模型。这样的模型能否用于预防产品的质量问题？测量可以帮助我们避免这样的问题吗？

8. 比较和对照McCall、Boehm和ISO 9126质量模型。从开发人员的观点出发，它们有何不同？从用户的观点出发，它们又有什么不同？

9. ISO 9126照理应该是软件质量的一个通用模型，可以被与软件相关的任何人使用。开发一个通用模型是明智的吗？在比较两种不同产品的质量时，它有何作用？有没有一些非同寻常的产品，ISO 9126对它们并不适用？

10. 通常认为，对于一个高质量的软件产品，计算机安全性（security）是必需的。用ISO 9126质量模型如何定义计算机安全性？

11. 假定你在需求过程中已经执行了一种新的评审技术。你将如何评估它的有效性？你将如何控制变量，使你能够确信质量或生产率上的差别是由于使用这种新技术所造成的？

12. 很多公司使用能力成熟度模型作为进行新实践的一种动机。也就是说，开发机构设置目标和奖励，以帮助他们从等级1提高到等级5。对于每一个关键过程域，可以设置哪些测量目标？如何用这些测量跟踪向等级5的进展？

13. 人员成熟度模型认为有凝聚力的团队能生产出更好的产品。论述如何用正式的评估来检验这个假设。你将如何测量小组凝聚力？你用什么标准来确定一个产品什么时候是"更好"的？

第 13 章

改进预测、产品、过程和资源

本章讨论以下内容：
- 改进预测；
- 利用复用和审查来改进产品；
- 利用净室方法和成熟度模型改进过程；
- 通过调研权衡来改进资源。

我们已经研究了很多种软件工程技术和工具，其中每一种技术和工具都是用来帮助我们以更好的方式构建更好的产品。在第12章中，我们已经学习了如何评估产品、过程和资源，以确定开发和维护的哪些方面会影响我们构建和维护的产品的质量。我们看到，实证性证据支持的研究，使我们能够建立起基线，用来帮助我们测量变化以及对不同的技术和工具的作用进行比较和对照。这一章讨论如何将仔细的评估与技术的应用结合起来，以帮助我们改进使用新技术的方式。例如，仅仅因为审查和评审似乎是不错的想法，所以我们就采用它们，这是不够的。最好是对审查和评审进行分析，以理解是什么使它们成为好的方法和技术，以及如何使得它们更加有效。

我们集中讨论4个方面的软件工程技术：预测、产品、过程和资源。对其中每个方面，基于实证性研究，讨论几种改进策略。这里给出的例子都是用来演示所使用的评估和改进技术的，而不是某些具体技术和策略的生搬硬套。如同我们一贯的做法，我们建议，使用和评估最适合于你自己的开发和维护环境的那些技术和工具。

13.1 改进预测

从本书前面的章节中，我们已经看到，有必要对很多事情进行预测：要开发的项目的工作量和进度的预测、软件中故障数目的预测、一个新系统的可靠性的预测、测试一个产品所需时间的预测，以及更多的预测。对于每一种情况，我们都希望预测是精确的。也就是说，我们希望预测的值接近于实际值。本章讨论改进预测过程的方法，以便产生更精确的估算。我们集中讨论可靠性模型，但是，这些技术同样适用于其他类型的预测。

13.1.1 预测的精确性

在第9章，我们分析了用于预测一个软件系统的可靠性的若干种模型。然后，在第12章，我们研究了确认预测系统的必要性，指出必须将预测的准确性与实际的可靠性值做比较。本章详细讨论可靠性模型的精确性，并研究提高精确性的一些技术。

Abdel-Ghaly、Chan和Littlewood利用同一个数据集（第9章中用到的Musa数据集）对几种可靠性模型进行了比较，他们发现，不同模型所做的预测之间有很大差异（Abdel-Ghaly, Chan and Littlewood 1986）。图13-1说明了他们对几种常用模型的研究结果。在图中，"JM"指的是第9章中介绍的

Jelinski-Moranda模型,"GO"表示Goel-Okumoto模型,"LM"表示Littlewood模型,"LNHPP"表示Littlewood的非均匀泊松过程模型,"DU"表示Duane模型,"LV"表示Littlewood-Verrall模型。每一种模型都用来生成100个连续的可靠性估算。虽然每种模型在该数据集上,都显示出逐渐增加的可靠性,但是,随时间的变化,每一种模型的预测行为却有着显著的差异。有些模型更加乐观,而有些模型则非常"嘈杂",在测试进行的时候,预测中带有很大的波动。

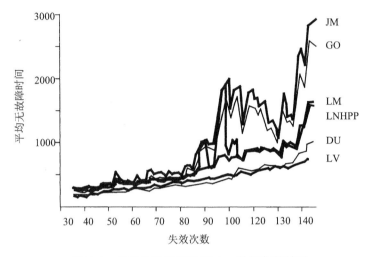

图13-1　将可靠性模型用于Musa数据集的结果

对模型而言,产生类似这样的结果是很常见的,这使我们难以知道在具体的项目中如何使用这些模型。我们必须了解哪种模型是最合适的,并且必须找出一些方法来确定在什么时候预测是最精确的。

预测可能是不精确的,体现在两个不同的方面。

(1) 当预测与产品的实际可靠性始终不一致时,称预测是**有偏误的**(biased)。

(2) 当对一种测量(例如平均无故障时间)的连续预测比实际可靠性具有更剧烈的波动时,称预测是**有噪声的**(noisy)。

当然,我们并不知道实际的可靠性,因此,很难确定预测中的偏误量或噪声量。但是,Abdel-Ghaly、Chan和Littlewood提出几种分析精确性的技术,有助于我们确定使用哪种模型(Abdel-Ghaly, Chan and Littlewood 1986)。

13.1.2　处理偏误:u曲线

我们通过比较观察到的失效次数少于预测的失效次数的频率来处理偏误。也就是说,当一个给定的模型预测下一次失效将出现在某一特定时间时,我们测量下一次失效的实际时间,然后将两者进行比较。假定时钟由0开始,第一次失效发生在时间t_1。到下一次失效的时间是t_2,我们持续记录失效间隔时间,直到观察到n次软件失效为止,则我们得到:失效间隔时间为t_1到t_n。我们将这些时间与从T_1到T_n的预测时间(从模型得到)进行比较。然后,我们计算t_i少于T_i的数目。如果该数目明显小于$n/2$,则我们可能在预测中存在偏误。例如,在图13-1中,观察到的100个值中有66个值比用Jelinski-Moranda模型预测的平均下次失效等待时间小。也就是说,预测的中数太大了。所以我们说,对于该数据集,Jelinski-Moranda模型过于乐观了。实际上,如果只看后50个观察值,我们发现实际时间中有39个是小于预测时间的。因此,Jelinski-Moranda模型预测的可靠性增长大于实际的可靠性增长。同样,对Littlewood-Verrall模型加以分析,我们可以看到,它对其预测始终是悲观的。

直观地,我们的期望与此相反。也就是说,随着测试的进行,我们发现更多的故障以及对数据

637

有更多的了解，我们期望有更准确的预测。

通过这样的方法，我们用一种更形式化的方法表示偏误：形成一个数的序列$\{u_i\}$，其中，每一个u_i是对t_i小于T_i的概率的估算。换句话说，我们估算实际观察值小于我们的预测值的可能性。例如，考虑第9章中介绍的预测系统，那时，通过对前面观察到的两次失效间隔时间求平均值，我们预测到下次失效的平均时间。我们可以将这种技术用于Musa数据集来生成表13-1第三列的值。

表 13-1 为基于 Musa 数据集生成预测的 u_i 值

i	t_i	预测到第 i 次失效的平均时间	u_i
1	3		
2	30	16.5	0.84
3	113	71.5	0.79
4	81	97	0.57
5	115	98	0.69
6	9	62	0.14
7	2	5.5	0.30
8	91	46.5	0.86
9	112	101.5	0.67
10	15	63.5	0.21

我们可以为该数据序列 [详见（Fenton and Pfleeger 1997）] 计算一个分布函数。根据该分布函数，可以计算u值。接着，我们构造一个称为u曲线的图形：水平轴表示u_i值，然后，画一个阶梯函数，其中，每一阶的高度为$1/(n+1)$（假定有n个u_i）。图13-2显示了表13-1中的9个值的u曲线。

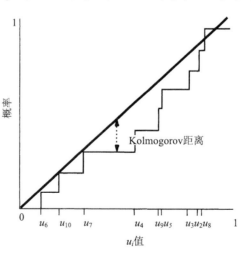

图13-2 表13-1中值的u曲线

如果我们画一条斜率为1的直线（即与水平轴和垂直轴之间均为45°角的一条直线），就可以将其与u曲线做比较。如果我们的预测是完全精确的，则应当预见到，u曲线与该直线重合。因此，该直线与u曲线之间的任何差别，都表示预测和实际观察之间存在着偏差。我们用Kolmogorov距离（在该直线和u曲线之间的最大垂直距离）来测量偏离的程度，如图13-2所示。

要了解如何使用u曲线，考虑图13-1所示的两个最极端模型：Jelinski-Moranda和Littlewood-Verrall。对它们各自的u曲线，我们可以从其单位斜率的直线测量它的Kolmogorov距离（即最大垂直距离），如图13-3所示。Jelinski-Moranda的距离是0.190，在1%级上是很明显的；对于Littlewood-Verrall，该距离为0.144，在5%级是明显的。因此，针对该数据集，这两个模型都不是很精确。

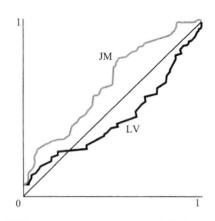

图13-3　100个一阶超前预测的Jelinski-Moranda（JM）u曲线和Littlewood-Verrall（LV）u曲线

更重要的是，我们可以看到，Jelinski-Moranda的u曲线总是在直线以上，因此，小的u值太多。换句话说，当u曲线处于直线之上时，则说明模型过于乐观了。类似地，Littlewood-Verrall太悲观了，因为它大部分都处于直线之下。我们更愿意倾向于一个更接近于直线的模型，而不是像这两个模型那样。

13.1.3　处理噪声：prequential 似然度

只消除模型中的偏差是不够的。如果我们的模型是无偏差的，但是有很多噪声，那么它仍然不是一个很有用的模型。要了解为什么会这样，考虑通过使用前三次失效间隔时间t_{i-1}、t_{i-2}和t_{i-3}的中数来产生的一个预测。我们预测平均失效时间T_i是t_{i-1}、t_{i-2}和t_{i-3}的中数，因为前三次失效间隔时间为3、30和113，所以我们设T_4的值为30。类似地，T_5的值设为113，而T_6的值设为81。这些估算可能与实际值相去甚远，而且即使在实际值比较平滑时，它们也可能会剧烈地波动。因此，在这些预测中有大量的噪声。

有时，这些波动反映的是实际的可靠性波动的方式。例如，当我们改变一个系统而引入一个新故障的时候，就会有明显的波动。当实际的可靠性没有波动但是估算却出现波动的时候，就出现**无理噪声**（unwarranted noise）。现在还没有对无理噪声敏感的技术，但是，可以用一种更普遍的技术prequential似然度，来一起处理噪声和偏误，以帮助我们选择一种好的模型。

prequential似然函数（Dawid 1984）使我们能够基于同样的数据源来比较几种不同的预测，以便可以从中选择最精确的预测。[在（Fenton and Pfleeger 1997）中，对prequential似然度进行了综述，更详细的介绍在（Dawid 1984）中。]用Musa数据集和通过计算前两次观察结果的平均值产生的预测，我们可以对每一种观察计算出prequential似然函数序列。结果显示在表13-2中。

表 13-2　prequential 似然度计算

i	t_i	T_i	prequential 似然度
3	113	16.5	6.43E-05
4	81	71.5	2.9E-07
5	115	97	9.13E-10
6	9	98	8.5E-12
7	2	62	1.33E-13
8	91	5.5	1.57E-21
9	112	46.5	3.04E-24
10	15	101.5	2.59E-26
11	138	63.5	4.64E-29
12	50	76.5	3.15E-31
13	77	94	1.48E-33

我们可以用这些值来比较根据两种模型进行的预测。假定有两组预测，一组是根据模型A得出的预测，另一组是根据模型B得出的预测。我们计算prequential似然函数PL_A和PL_B。Dawid证明，如果PL_A/PL_B随着n（观察的数）的增长而增长，则模型A产生的预测比模型B的预测更加准确（Dawid 1984）。

为了理解怎样使用prequential似然度，我们使用Musa数据集对Littlewood非均匀泊松过程模型和Jelinski-Moranda模型计算似然函数。其结果显示在表13-3中，其中，n是基于prequential似然度比率的预测数。例如，当$n=10$时，该比率包含预测T_{35}，…，T_{44}；当$n=15$时，它包含T_{35}，…，T_{49}。在超过60个观察结果之前，该比率并没有增长很快。之后，比率快速变大。该分析提示我们，与Jelinski-Moranda模型相比，Littlewood非均匀泊松过程模型能够产生更好的预测。

表 13-3　两种模型的 prequential 似然度比较

n	prequential 似然度 LNHPP:JM	n	prequential 似然度 LNHPP:JM
10	1.28	60	4.15
20	2.21	70	66.0
30	2.54	80	1516
40	4.55	90	8647
50	2.14	100	6727

Fenton和Pfleeger指出，在使用这种分析技术时要注意一些问题（Fenton and Pfleeger 1997）。他们告诉我们，"某一特定模型在过去一直产生了较好的预测这一事实，并不能保证它在将来继续能够如此。但是，根据经验，在某一给定数据源上出现逆转是相当罕见的。当然，如果方法A近期比方法B产生了更好的预测，则优先采用方法A进行当前的预测似乎是明智的。" 641

13.1.4　重新校准预测

现在，我们已经学习了几种评估模型的方法，有助于我们决定哪种最适合于我们的情况。
- 检查每种模型的基本假设。
- 寻找偏误。
- 寻找噪声。
- 计算prequential似然比率。

但是，这些技术中没有一种是最佳模型。再者，对于不同的数据集，模型的表现也不尽相同。即使是在同一个数据集上，其结果也可能有很大差异。例如，考虑表13-4中的交换系统的数据。我们可以对其使用几种可靠性模型并绘制其中一些预测的曲线图（从106到278），如图13-4所示。该图 642 表明，Musa-Okumoto、Goel-Okumoto和Littlewood非均匀泊松过程模型的表现很相似，而Littlewood-Verrall则大不相同。

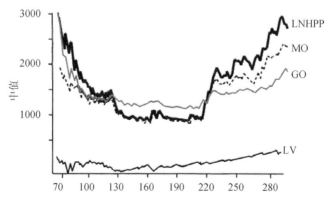

图13-4　几种模型的可靠性预测，使用表13-4中的数据

表 13-4　Musa SS3 数据，说明失效前的执行时间（以秒为单位），从左到右阅读

107 400	17 220	180	32 880	960	26 100	44 160	333 720	17 820
40 860	18 780	960	960	79 860	240	120	1 800	480
780	37 260	2 100	72 060	258 704	480	21 900	478 620	80 760
1 200	80 700	688 860	2 220	758 880	166 620	8 280	951 354	1 320
14 700	3 420	2 520	162 480	520 320	96 720	418 200	434 760	543 780
8 820	488 280	480	540	2 220	1 080	137 340	91 860	22 800
22 920	473 340	354 901	369 480	380 220	848 640	120	3 416	74 160
262 500	879 300	360	8 160	180	237 920	120	70 800	12 960
300	120	558 540	188 040	56 280	420	414 464	240 780	206 640
4 740	10 140	300	4 140	472 080	300	87 600	48 240	41 940
576 612	71 820	83 100	900	240 300	73 740	169 800	1	302 280
3 360	2 340	82 260	559 920	780	10 740	180	430 860	166 740
600	376 140	5 100	549 540	540	900	521 252	420	518 640
1 020	4 140	480	180	600	53 760	82 440	180	273 000
59 880	840	7 140	76 320	148 680	237 840	4 560	1 920	16 860
77 040	74 760	738 180	147 000	76 680	70 800	66 180	27 540	55 020
120	296 796	90 180	724 560	167 100	106 200	480	117 360	6 480
60	97 860	398 580	391 380	180	180	240	540	336 900
264 480	847 080	26 460	349 320	4 080	64 680	840	540	589 980
332 280	94 140	240 060	2 700	900	1 080	11 580	2 160	192 720
87 840	84 360	378 120	58 500	83 880	158 640	660	3 180	1 560
3 180	5 700	226 560	9 840	69 060	68 880	65 460	402 900	75 480
380 220	704 968	505 680	54 420	319 020	95 220	5 100	6 240	49 440
420	667 320	120	7 200	68 940	26 820	448 620	339 420	480
1 042 680	779 580	8 040	1 158 240	907 140	58 500	383 940	2 039 460	522 240
66 000	43 500	2 040	600	226 320	327 600	201 300	226 980	553 440
1 020	960	512 760	819 240	801 660	160 380	71 640	363 990	9 090
227 970	17 190	597 900	689 400	11 520	23 850	75 870	123 030	26 010
75 240	68 130	811 050	498 360	623 280	3 330	7 290	47 160	1 328 400
109 800	343 890	1 615 860	14 940	680 760	26 220	376 110	181 890	64 320
468 180	1 568 580	333 720	180	810	322 110	21 960	363 600	

　　如果进行prequential似然分析，我们发现，与其他模型相比，更悲观的Littlewood-Verrall模型实际上是更好的预测器。我们也可以画出这些模型的u曲线，如图13-5所示，该曲线表明所有的模型都很差。

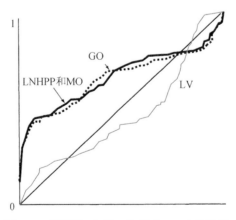

图13-5　模型的u曲线，使用表13-4中的数据

为了处理这些模型的总体不精确性，我们考虑对其进行重新校准，使其可以随着不精确性的出现进行学习。也就是说，我们可以利用早期对模型行为的理解来改进将来的预测。

尤其是，从一个模型M，基于u曲线，我们可以从过去的错误中学习，并构成一个新的预测模型M^*。重新校准过程超出了本书的范围，可参阅（Fenton and Pfleeger 1997）以获得更多信息。但是，我们可以查看重新校准的结果，了解什么使预测质量有所不同。图13-6显示了对图13-5中的模型重新校准之后的u曲线。重新校准之后，Kolmogorov距离几乎是原来值的一半。

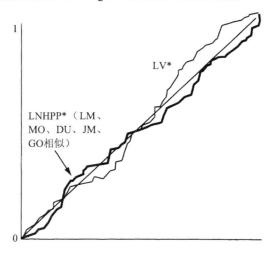

图13-6　重校准模型的u曲线，使用表13-4中的数据

我们还可以考虑预测本身，如图13-7所示。这里，相比于初始模型，重新校准的模型之间更趋近一致。

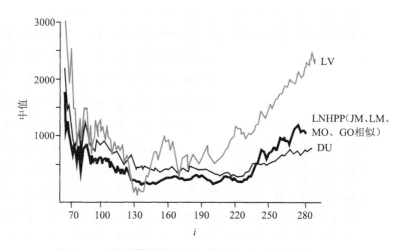

图13-7　重校准模型的预测，使用表13-4中的数据

因此，重新校准带来了两个主要好处。

(1) 模型比以前更趋近于一致。

(2) 与初始模型相比，新模型的偏误更少。

这些技术中，没有一种技术是特定于可靠性建模的；我们可以用它们来改进任何预测模型。因此，对任何预测系统，我们可以利用过去的行为来构建一个模型，然后使用本节介绍的技术来改进预测。

643

644

13.2　改进产品

我们已经学习了开发和维护产品的很多例子，例如需求规格说明、设计文档、代码、测试数据、文档和用户指南等。软件工程的目标之一就是使用合适的技术来改进这些产品，使得它们更易于使用、缺陷更少，在完成希望它们做的工作方面更为有效。

在这一节，我们分析两种产品改进策略——审查和复用，以说明它们的引入是如何对工业产品产生可测量的改进的。我们根据故障密度来考虑这些技术的效果。补充材料13-1描述了在开发的过程中是如何监控故障的。

13.2.1　审查

Barnard和Price介绍，AT&T对使用代码审查来提高它的软件质量很感兴趣（Barnard and Price 1994）。但是，对文献进行的调查显示，通过审查所去除故障的百分比有很大不同：从30%~75%。在提高去除故障的百分比的工作中，Barnard和Price使用了9种测度构成的集合，这9种测度是因业务需要而产生的，旨在策划、监测、控制和改进审查。根据这些度量，AT&T不仅可以知道审查的结果是否使代码质量得到提高，而且也知道在准备和审查代码时职员的效率如何。表13-5列举了其中一些测度，以及来自两个样本项目的实例数据值。

表 13-5　AT&T 的代码审查统计结果

测　　度	第一个样本项目	第二个样本项目
样本中的审查数目	27	55
审查的代码总千行数	9.3	22.5
审查的代码平均行数（模块规模）	343	409
平均准备速度（每小时的代码行数）	194	121.9
平均审查速度（每小时的代码行数）	172	154.8
每千行代码检测到的总故障数目（可观察的和不可观察的）	106	89.7
重新审查的百分比	11	0.5

645

补充材料13-1　监控故障注入和检测

Humphrey提出了监控故障和测量审查有效性的若干种技术（Humphrey 1995）。他建议，创建一个包含程序名字、故障数目和故障类型在内的故障数据库。另外，应该在将故障注入产品的过程中跟踪开发活动、发现并去除故障的活动以及发现和修复故障的时间。这些信息有助于我们理解故障来源于何处，以及应该改进哪些类型的活动。可以在两个方面进行这种改进：在发生故障注入的地方改进活动，以便我们能够设法在最开始就避免注入故障；改进故障检测方法，这样就可以尽可能早地发现注入的故障。

Humphrey还鼓励我们计算几种评审活动的"产出"，就像Graham定义的测试有效性那样。例如，表13-6说明，如何跟踪故障在何处注入以及故障在何处发现。该表显示，在设计审查的过程中发现了4个故障，其中2个故障是在计划的过程中注入的，另外2个是在详细设计的过程中注入的；在编码的过程中发现了2个故障，它们都源自详细设计。然后，在代码审查的过程中又发现了3个故障：1个源自详细设计，另外2个源自编码过程。类似地，在编译的过程中发现了5个故障、测试的过程中发现了4个故障，而开发完成后发现了2个故障。如果我们分析这些故障是在何处注入的，就可以计算两个检查过程的产出以及总的开发的产出。这些数字使我们能够更好地理解故障是在何处注入的，以及怎样才能提高产品的质量。

表 13-6 产出计算

活动	发现的故障	注入的故障					
		设计审查	代码	代码审查	编译	测试	开发后的活动
计划	0	2	2	2	2	2	2
详细设计	0	2	4	5	5	6	6
设计审查	4						
代码	2			2	7	10	12
代码审查	3						
编译	5						
测试	4						
开发后的活动	2						
总数	20						
设计审查产出		4/4=100%	4/6=67%	4/7=57.1%	4/7=57.1%	4/8=50%	4/8=50%
代码审查产出				3/5=60%	3/10=30%	3/14=25.5%	3/16=18.8%
总产出		4/4=100%	6/6=100%	9/9=100%	9/14=64.3%	9/16=56.3%	9/20=45%

646

对于第一个样本项目，研究人员发现，41%的审查进行的速度高于Fagan推荐的每小时150行代码的速度；在第二个样本项目中，与那些更快的审查相比，速度低于125的审查发现的每千行代码故障数高于平均46%。该发现意味着，或者是审查速度更低时可以发现更多的故障，或者是发现更多的故障造成审查速度降低。根据这个信息，AT&T对其审查过程进行剪裁，以便发现更多的故障，从而提高产品的质量。

Weller报告了Bull HN信息系统公司中的类似经验（Weller 1994）。Bull的软件工程师跟踪在开发过程中发现的实际故障，并将它们与预期发现的估算故障进行比较，如图13-8所示。

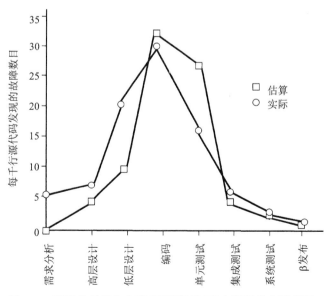

图13-8 预计的故障与在审查和测试过程中发现的实际故障

当故障密度低于预期时，开发团队假定是由下面4种原因之一造成的。

(1) 审查没有检测到本应检测到的所有故障。

(2) 设计缺乏充分内容。

(3) 项目比计划的小。

(4) 质量比预期的好。

类似地，如果故障密度高于预期，则其原因可能是：

● 产品比计划的大。

● 在故障检测方面，审查进行得卓有成效。

● 产品质量差。

647

例如，如果故障密度的预期值是每页含0.5～1.0个故障，而审查结果是，它实际降到每页含0.1～0.2个故障，那么文档可能是不完整的。当故障检测率低于每页0.5个故障时，团队进行调查，以确保审查人员花了足够的时间为审查做准备。

Weller指出，不同项目的故障注入率之间有7:1的差异程度（Weller 1994）。也就是说，有的项目交付的产品，其故障率是其他项目的7倍。但是，对进行类似工作的同一小组，故障注入率大致保持相同。通过比较预期故障数和实际故障数，Bull小组可以确定如何在开发过程中更早地发现故障，以及如何使他们的审查过程更加有效。其结果是产品的质量逐渐提高。

13.2.2　复用

复用一直被鼓吹为一种提高产品质量的方法。通过复用已经测试、交付并在别处使用过的产品，可以避免两次犯同样的错误。我们可以利用其他开发人员的工作，而且可以利用设计或代码构件的故障和变更的历史记录，来确认它将在新的环境中运转良好。

令人吃惊的是，只有很少的实证性信息能够说明复用对质量的影响。Lim根据其在惠普的工作，向我们说明复用是如何提高代码质量的（Lim 1994）。他进行了两个案例研究，来确定复用是否能够真正降低故障密度。图13-9说明了新代码的故障密度和复用代码的故障密度之间巨大的差异。但是，考虑将复用代码和新代码结合起来使用后的故障密度是很重要的，因为许多故障会注入两者之间的接口中。

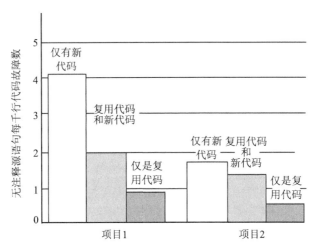

648

图13-9　复用对无注释源代码的每千行故障数的影响

Möller和Paulish研究了西门子公司中的故障密度和复用之间的关系（Möller and Paulish 1993）。他们发现，在复用的构件中，如果对原来构件的改变达到25%，则这个复用的构件比从零编写的构件要多4~8倍的故障。因此，如果谨慎控制代码的修改量，则复用构件所承诺的质量将进一步提高。在某些情况下，可能无法避免地要改变以前编写的代码，如果出现这种情况，则可以使用诸如审查或额外测试这样的辅助技术，来确保改变不会引入不必要的故障。

13.3 改进过程

我们已经看到，软件开发过程是如何影响它们生产的产品质量的。过程成熟度模型是基于这样的理念：改进过程将自动地改进产品，尤其是软件产品。如原型化和净室方法这样的更狭义的过程，也旨在降低成本、提高质量以及减少开发和维护时间。在这一节中，我们着眼于这样的研究：改进过程本身，从而间接地改进产品质量。

13.3.1 过程和能力成熟度

我们在第12章指出，有几种模型可以提高整个开发过程的成熟度，如CMM、ISO 9000和SPICE。其中很多模型已经得到一些开发人员的热烈拥护，而有些开发人员则直到强制性地使用之前，都抵制使用这些模型。其实，成熟度模型以及它们的评价方法在许多组织机构中正在成为事实上的标准。例如，一些美国空军软件合同中，有最低CMM评分的要求，而该得分对美国海军合同的决策有很重要的影响（Saiedian and Kuzara 1995）。Rugg指出（Rugg 1993），"在考虑给予合同时，软件能力（在提交的建议中和在现场进行测量）占三分之一的权重。"

但是，自采用过程成熟度模型到现在，针对它的应用和使用，一直都存在着反对的意见。例如，Bollinger和McGowan指出，最初的关于SEI过程成熟度使用的调查问卷中存在许多问题（Bollinger and McGowan 1991）。尤其是，他们指出，问卷中有限的问题仅仅涉及少数好的软件实践特性，并且其"是"或"否"的回答方式使得不能测量"部分同意"的情况。他们还指出，过程成熟度模型为软件假定了一个制造业的范型，而正像我们在第1章中讨论的，制造和复制或许并不适合于类推软件开发。

Bollinger和McGowan还声称，过程成熟度方法没有足够深入地挖掘实行软件开发的方式（Bollinger and McGowan 1991）。例如，等级2的认证（可重复级）要求对下面的问题给出肯定的回答："软件开发一线管理人员签字同意他们的开发进度和成本估算吗？"该问题意味着，等级2的项目必须由那些愿意对其估算负责的人来管理。但是，却没有关于这些情况的问题：管理人员是否评价估算的准确性，或随着他们从过程模型和反馈中了解到更多以后，是否对估算过程予以改进。仅仅提取关键过程或关键实践这些有限的信息，其危险在于，它可能会就项目及其管理得出误导性的描述。在这种情况下，不合适的模型和不准确的测度被忽略了，而管理层可能会仍然被"授予"为等级2的评价。

不论这些缺点，这些成熟度框架真的有效吗？提高成熟度等级能自动地使开发人员生产出更好的软件吗？例如，Pfleeger和McGowan指出，提高的成熟度等级可以导致过程内部运作的可见性的提高（见补充材料13-2）（Pfleeger and McGowan 1990）。作为能力成熟度模型的发起者，美国软件工程研究所（SEI）对过程改进的效果进行了一次调查。在SEI的支持下，Herbsleb等人从代表各种能力成熟度等级的13个组织机构中收集数据（Herbsleb et al. 1994）。在实现软件过程改进活动的过程中，通过检查组织机构绩效随着时间的推移所发生的变化，研究小组识别出过程改进所带来的生产率、早期故障检测、投放市场的时间和质量改进的相关好处。结果显示在表13-7中。

表 13-7　SEI 受益研究得到的总结果（Herbsleb et al. 1994）

类　　别	范　　围	中　　数
软件过程改进活动的总的年成本	$49 000~$1 202 000	$245 000
从事软件过程改进的年数	1~9	3.5
每一名软件工程师的软件过程改进成本	$490~$2 004	$1 375
每年增加的生产率	9%~67%	35%
每年增加的早期检测（预先测试发现的故障）	6%~25%	22%
每年缩短的投放市场时间	15%~23%	19%
每年减少的发布后故障报告	10%~94%	39%
软件过程改进投资的商业价值（每美元投资的回报价值）	4.0~8.8	5.0

649

补充材料13-2 过程成熟度和增加的可见性

Pfleeger和McGowan描述了过程成熟度是如何使一个组织机构的过程或项目的过程增加可见性,因而增加对其过程相关事项的理解(Pfleeger and McGowan 1990)。尽管不是严格地从软件工程研究所的能力成熟度模型中导出的,但是,他们的增加可见性这个理念,使你能够基于在开发过程中所看到的内容,来决定什么是有意义的。

要了解它是如何进行的,考虑这样一个例子。假定你的组织机构关注需求的易变性。理解需求变化的原因和结果这样的目标,暗示着开发小组应该测量需求数目和那些需求的变化。在可见性的最低层(类似于CMM等级1),需求是定义不明确的。这时,我们尽量测量需求的数目和每个需求的变化。在紧接着的更高一层(类似于CMM等级2),需求是定义明确的,但是过程活动并不是定义明确的。在这一阶段,可以按照类型来测量需求数目及需求的变化。至此,我们不仅能够知道有多少需求发生了变化,而且还能够说出这些变化主要发生在接口需求、性能需求、数据库需求还是分散在系统规格说明中。基于这些测量,我们采取的措施就具有更坚实的基础,并且可能会更有效。

类似地,在紧接着的更高一层(类似于CMM等级3),清楚地区分了过程活动。例如,项目经理能够说出什么时候设计结束以及什么时候编码开始。这时,可以像以前那样测量需求,包括分类型的需求数目和需求的变化。但是此外,由于这些活动是定义清楚的,对每一个需求变化,我们可以跟踪至它对应的设计、代码或测试构件,从而能够分析该变化对系统其他部分的影响。过程成熟度的提高,给了我们更多的可见性,与较低等级相比,它产生更为丰富的信息、使我们对系统能有更好的理解。

该研究对软件过程改进给予了非常正面的描述。但是,在指出这些结果表示一般情况的时候,我们必须非常谨慎。参与的组织机构是自愿参加研究的,因此,该小组并没有形成大规模群体的随机样本。这些项目并没有按照可以彼此进行比较的形式来实施,项目之间的过程改进的工作也各不相同,而且没有给出确定这些项目的代表性的相关测度。尽管可以看到,就这些样本而言,一些软件过程改进工作是有效益的,但是,我们不能据此断定,在普遍情况下软件过程改进都是有效益的。

现在还并不清楚,在商业价值这个更大的背景中,我们应该如何看待描述的结果。Herbsleb研究的"价值回报"似乎是根据早期故障检测、缩短投放市场时间和减少操作失效来测量的。但是,这些特性并没有强调客户的满意度或适当的功能。也就是说,它们考虑的是技术质量,而不是业务质量,因此,它们只部分地描述了改进。从这些结果中,我们不能确定采用某个成熟度框架是否有利于业务。正如补充材料13-3指出的,有可能存在这样的情况:高成熟度可能实际上限制了业务的灵活性。

补充材料13-3 能力成熟度在使NASA退步吗?

一些研究人员和从业者提出这样的质疑:能力成熟度模型帮助我们把已做的工作做得更好,但是使我们不能够灵活地尝试新事物或在技术上变革和成长。要理解他们的顾虑,考虑NASA的航天飞机中的软件。它是由一个已经评分为CMM等级5的组织机构负责构建并维护的。

该软件一直是极端可靠的,几乎没有经历操作失效。但是,该软件主要是表驱动的。在每一次发射之前,NASA必须开发新的数据表来描述发射和控制该软件。这些表的更新过程耗费了大量的时间和精力,因此,它是代价高昂的、耗时的活动,可能延误发射日期。被评为等级5的软件开发和维护过程支持表的修改。开发过程中的一个重大改变(部分原因是革新基于表的方法,从而使系统更加灵活),可能会导致该过程的CMM等级降低。如果是这样的话,由于预计要进行的另一次成熟度评估,可能会阻碍开发人员尝试新的、革新性的方法。换言之,NASA当前的优化过程到底是阻碍还是有助于航天飞机软件的再工程或重新设计,这一点并不清楚。

如果模型和测度是不正确的或被误导的，结果可能是资源的不合理配置、商业损失或其他更多的问题。

Card介绍说，根据不同小组对同一组织机构进行的CMM评价，得到的结果是不一致的（Card 1992）。因此，必须对CMM评价的可靠性保持一定的怀疑。这里，可靠性指的是，在重复的试验中同样的测量步骤产生同样结论的程度。

El Emam和Madhavji对可靠性进行了进一步的研究（El Emam and Madhavji 1995），他们问：

- 这样的评价其可靠性如何？
- 用于解释评价分数的可靠性的含义是什么？

基于CMM和几种其他的广泛使用的模型，他们构建了一个组织机构成熟度模型，针对这些问题进行了一次案例研究。当按照4个维度（标准化、项目管理、工具和机构）进行测量的时候，他们发现了与不可靠性相关的明显证据。而且，在调查组织机构成熟度和过程、产品的其他属性之间的关系时，他们发现，成熟度和服务质量之间存在着一个小而重要的关系，但是，"没有发现与产品质量之间有任何关系"，而"在标准化、项目管理维度以及项目质量之间存在着一个弱的负相关"。

过程改进框架带来的疑问并不仅仅限于CMM。Seddon在他的关于ISO 9000对英国一些业务的影响的报告（Seddon 1996）中，也陈述了同样的内容。他说，"ISO 9000，由于其隐含的质量理论，将导致执行中的常见问题：损害经济业绩、阻碍管理人员了解质量在提高生产率和竞争力上的潜在作用"。实际上，英国广告标准管理局已经规定，英国标准研究所必须制止声称符合ISO 9000将改进质量和生产率。在叙述该事例的一个时事通讯中，Seddon指出，"在我们研究的每个事例中，都看到了ISO 9000对生产率和竞争力造成的损害。这些机构中的每一位高层管理人员都认为ISO 9000是有益的，他们都被误导了"（ESPI Exchange 1996）。

因此，在考虑这些过程和组织机构框架的使用时，有一些重要的测度问题有待于解决。我们必须理解测度和模型的可靠性和有效性如何，了解正在测量的是哪些实体和属性，并且检验成熟度评分与期望"成熟度"要产生或增强的行为之间的关系。

13.3.2 维护

第11章中指出，维护成本在不断增长，并且通常会超过开发成本。因此，研究改进维护过程、在维护或提高质量的同时降低成本的途径是非常重要的。正像补充材料13-4中指出的那样，我们有很多模型可以选择，但是，并不清楚哪种模型最合适于给定的情况。Henry等人探讨了在政府电子系统部的一个主要承包商的这些问题，设法回答以下3个问题（Henry et al. 1994）。

(1) 如何能够量化地评价维护过程？
(2) 如何能够利用评价来改进维护过程？
(3) 如何量化地评估过程改进的有效性？

补充材料13-4　比较几种维护估算技术

De Almeida、Lounis和Melo利用了机器学习算法来预测代价高昂的、易出故障的软件构件（De Almeida, Lounis and Melo 1997）。利用在NASA的戈达德航天飞行中心收集的故障数据和从Ada代码中提取出的产品测量，他们把构件分为修改代价昂贵的或修改代价不高的。他们发现，归纳的逻辑编程模型比自顶向下的归纳树、自顶向下的归纳属性值规则和覆盖算法更有效。

他们通过常用的统计测试（如多重回归、等级相关以及双向列联表的独立性卡方检验）来量化维护活动、过程与产品特性之间的关系，了解了维护过程。尤其是，他们还考虑了需求变化是如何影响产品属性的。

例如，研究小组需要一个针对软件构件的简单分类方案，使他们能够预测哪些构件是易出故障的。基于改正的故障的中数值、升级的数目以及影响一个构件的升级规格说明的改变，他们创建了列联表。他们发现，在改正的故障和升级影响之间存在着强相关，他们用这种关系来对构件进行分级。通过选择构件，按照与影响该构件的升级项的中数值的关系，进行更为仔细的检查（如更多的测试或额外的评审），他们正确地识别出故障率高于中数的93%的构件。

Henry等人也研究了几种项目属性与工程测试失效之间的关系（Henry et al. 1994）。按照分析的结果，工程测试小组改变了它的任务和测试策略。工程测试现在集中于增强到增强的回归测试，而工程测试小组现在监控分包商执行的测试，要求详细的测试报告。

研究维护过程的研究小组获得了很多关于维护的经验教训，这些经验教训可以帮助对可测量的过程和产品进行改进。而且他们也学到了关于评估过程本身的很多知识。他们指出，在评估改进时要牢记3件事情。

(1) 谨慎使用统计技术，因为单个技术并不能评估过程改进的真实效果。例如，当只考虑升级对产品可靠性影响的中数和等级相关时，他们就看不到任何改进。但当他们用平均值和标准差时，改进则是明显的。

(2) 某些情况下，如果量化的效果能在统计结果中显现出来，过程的改进一定是根本性的。例如，按照易出故障性分类构件的列联表，直到几乎所有的故障都去除之前，在过程改进的过程中几乎没有变化。

(3) 过程改进以不同的方式影响着线性回归的结果。尤其是，当方程式的精确性增加时，它们对单个变量的影响是不同的。

13.3.3 净室方法

几十年来，NASA的软件工程实验室（SEL）一直在对过程进行评估和改进。Basili和Green介绍了SEL如何引入新技术、如何评价其效果以及如何利用那些能带来重大改进的工具和技术（Basili and Green 1994）。SEL考虑到使用一种新技术所涉及的风险，在合适的地方，将新技术或工具应用于项目通常环境以外的情况，其在那里的使用不会威胁到项目目标。

通常，以正式的、受控的试验或案例研究的方式进行这些脱机研究（offline study）。SEL通常首先进行一个小的试验，其规模使得能够方便地控制变量；然后，当试验结果看起来有希望时，进行工业级的案例研究来证实小型试验的结果在现实世界的环境中是否有效。一旦SEL确信，一项新技术将对NASA的开发人员和维护人员有帮助，它便将学到的经验教训打包，以便其他人能够理解和使用该技术。

Basili和Green研究了净室方法中涉及的关键过程，以了解它们是否对NASA有益（Basili and Green 1994）。他们将研究组织为下列5部分。

(1) 将阅读与测试进行比较的受控试验。
(2) 将净室方法与净室+测试相比较的受控试验。
(3) 分析3人开发小组和2人测试小组使用的净室方法的案例研究。
(4) 分析4人开发小组和2人测试小组使用的净室方法的案例研究。
(5) 分析14人开发小组和4人测试小组使用的净室方法的案例研究。

1. 试验

在第一个试验中，Basili和Green用故障播种来比较通过逐步抽象、等价类划分边界值测试以及语句覆盖结构测试进行的阅读（Basili and Green 1994）。他们的结果显示在表13-8中。

表 13-8   试验 1 中的阅读与测试结果

	阅　读	功能测试	结构测试
检测到的平均故障数	5.1	4.5	3.3
使用技术每小时检测出的故障数	3.3	1.8	1.8

他们还考虑了结果中的可信度。在试验之后，阅读者认为他们已经找到了大约一半的故障，他们基本上是正确的。但是测试人员认为他们已经找到了几乎所有的故障，这绝不正确。Basili和Green推测，执行大量的测试用例给测试人员一种虚假的自信。

阅读者还发现了包括接口故障在内的更多的故障类型，表明对于大型项目，该结果可以是按比例增加的。

在第二个试验中，Basili和Green确认了SEL依赖于传统测试（Basili and Green 1994）。他们感到让测试完全不受开发人员的控制风险太大，因此，他们将试验设计为，将传统的净室方法和允许测试的净室方法进行比较。下面是其中一些发现的结果。

- 在进行脱机阅读时，净室方法使开发人员更有效。
- 净室+测试小组更多地集中于功能测试而不是阅读。
- 使用净室方法的小组联机时间花费得较少，更可能满足最终期限。
- 净室方法开发的产品复杂性较低，有更多的全局数据以及更多的注释。
- 净室方法开发的产品能更全面地满足系统需求，而且具有更高的成功独立测试用例的百分比。
- 净室方法并不严格地应用形式化方法。
- 几乎所有的净室方法参与者都愿意在另一个开发项目中再次使用净室方法。

由于两个小组之间主要的区别在于是否允许进行额外的测试，Basili和Green指出，控制小组（净室＋测试）的成员没有花时间学习和使用其他技术，因为他们知道他们可以依靠测试（Basili and Green 1994）。

2. 案例研究

所有3个案例研究都涉及飞行动力学软件的开发。第一个研究的目标是在不增加成本的同时提高质量和可靠性，以及将净室方法和飞行动力学领域的标准环境进行比较。由于SEL已经对NASA戈达德的飞行动力学开发有了一个基线，因此，研究人员可以比较净室方法的结果，以及研究其中的差别。根据两个试验的结果，可以对净室方法的过程进行剪裁，使其包含：

- 开发和测试小组的分离；
- 依靠同行评审而不是单元测试；
- 用非形式化的状态机和函数来定义系统设计；
- 基于操作场景的统计测试。

Basili和Green发现（Basili and Green 1994），当使用净室方法时，有6%的项目工作量从编码转移到了设计。另外，传统的开发人员花费85%的时间来编写代码、15%的时间阅读代码，而使用净室方法的小组在每个活动上都花费大约一半的时间。其生产率提高了50%，重做的量降低了。但是，该小组难以使用形式化方法，因此，他们将统计测试和功能性测试结合起来了。

根据第一个研究的情况，Basili和Green改进了形式化方法培训，并为如何使用统计测试提供了更多的指导。尤其是，他们强调盒式结构而不是状态机。在这个案例研究中，他们使用了一个姊妹项目设计，将净室方法与更传统的方法进行比较。其结果总结于表13-9中。

表 13-9 SEL 案例研究的结果

	基线值	净室方法开发	传统的开发
每天代码行数	26	26	20
每千行代码的改变	20.1	5.4	13.7
每千行代码故障数	7.0	3.3	6.0

净室方法的改变和故障率显然更好，但是也存在一些缺点。净室方法参与者并不喜欢使用设计抽象和盒式结构，对不能编译的代码感到不满意，而且难以与开发人员和测试人员合作。

第三个案例研究吸取了前两个的经验教训。提供了更多的净室方法培训，而且为参与者提供了一本净室方法过程手册。文献中还没有叙述其结果。

3. 结论

SEL的净室方法经历教会了我们几件事情。首先，Basili和Green已经向我们说明，如何把试验和案例研究结合起来，将新技术和已有技术进行比较。针对涉及的组织机构和以前研究的结果，他们对该技术和研究的过程进行剪裁。也就是说，在他们学习研究参与者对不同的净室方法活动作何反应的过程中，他们缓慢地修改净室方法。而且他们还使用不止一种类型的案例研究，以便能够尽可能多地控制变量。

他们的证据充分的研究工作在一个成熟的组织机构中是很典型的。随着新技术和工具的采用，"典型的"环境发生变化、得到改进。Basili和Green向我们提供了关于在NASA戈达德中心使用净室方法的效果的有价值的、量化的证据（Basili and Green 1994）。我们可以用类似的研究在我们自己的环境中评估净室方法，但是，我们很可能得到反映我们自己组织机构的能力、需要和偏好的不同的结果。重要的经验是，并不是净室方法总是有效，而是可能有效。我们必须继续对其进行研究，以确定如何对其进行剪裁，使得它针对每一种特定情况都能最好地工作。

13.4　改进资源

要生产好的软件就需要很多资源：合适的设备、工具和技术，并给我们足够的时间来进行工作。有些资源是固定的，没有太多改进空间。例如，如果必须在某个平台上开发或使用某种语言开发一个系统，则设计有时就会受到限制。但是有的资源是高度变化的，而对这种可变性的理解有助于对其进行改进。例如，经过同样培训的软件工程师，其能力却非常不同。我们都知道，有些开发人员擅长编码但是测试却很糟糕，或者有些是优秀的设计人员但是需求分析却很糟糕。即使在同一类别中，情况也有所不同。其实，一些程序员快速编写代码时质量很差，慢慢编写代码时质量很好，或者速度与质量都适中。

13.4.1　工作环境

不幸的是，文献中关于人在软件工程中的作用的相关讨论要少于技术和工具的相关讨论。大多数量化分析关注于建立程序员生产率基线，或者评估成本和进度之间的权衡。少数研究人员研究了环境影响工作质量的方式，DeMarco和Lister就是其中的代表。他们创造了一个术语"人件"（peopleware），用来表示开发人员中的可变性，并强调通过给开发人员提供做好工作所需要的环境，我们可以改进软件质量（DeMarco and Lister 1987）。

我们在第3章中指出，McCue的研究建议，要使每名工作人员专心工作至少每人需要100平方英尺的工作空间、30平方英尺的工作平面以及隔音装置（McCue 1978）。DeMarco和Lister在1984年和1985年进行的程序员调查指出（DeMarco and Lister 1985），只有16%的参与者拥有推荐的最小空间，而58%的人称他们的工作空间安静程度不够。工作空间的调查结果显示在图13-10中。

为了说明多大空间和噪声会对工作人员产生影响，DeMarco和Lister分析了编码竞赛的质量，对嘈杂和安静的办公室的代码故障特征列表进行比较。他们指出，在竞赛前其办公室安静的开发人员，提交无故障代码的可能性多于33%；随着噪音程度的增加，出故障的趋势增大了。DeMarco和Lister推荐用简单的成

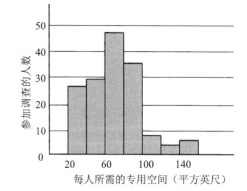

图13-10　开发人员的房屋面积，摘自DeMarco和Lister的调查

本-效应测量来改进开发人员的工作环境，如用语音邮件和呼叫转移（以取消振铃电话）、给办公室安门（以减少不必要的打扰）等。

通常认为，小型团队比大型团队工作得更好，因为随着团队规模的增加，交流路径急剧增加。Weller在研究审查数据时证实了这种观点（Weller 1993）。正如我们在第8章中看到的，一个3人审查小组的工作绩效可能和一个4人小组一样。补充材料13-5解释用户如何能够成为有价值的资源。在考虑小组规模和交流路径的时候，我们一定不能忘记他们。

补充材料13-5　将用户视作一种资源

在第11章中，我们看到了贝尔大西洋公司是如何构建其替代3个遗留系统的销售服务协商系统（SSNS）的。SSNS指导销售代表通过使用屏幕提示，遵循一个有序的循环。该应用已经与贝尔大西洋公司的客户们建立了更可获益的关系，使得贝尔大西洋公司在市场中更具竞争力（Field 1997a）。

SSNS成功的一个原因是它的开发人员把用户作为一种资源。通过在信息系统开发人员和贝尔大西洋公司的业务管理人员之间形成合作的关系，SSNS小组仔细地定义了问题。用户指出我们的问题，并迫使信息系统开发人员解决关键的问题。信息系统人员鼓励用户们输入，并认真听取他们的建议。

通过让用户与软件工程师并肩工作，解决了工作绩效的问题。当该系统完成时，一些用户已经被培训为系统的拥护者，他们解释相关技术并培训其他人使用该系统。这种相互信任有助于技术转移，而且用户会渴望掌握使用SSNS所需的技能。

DeMarco强调了团队"凝结成一团"的重要性，其中，团队成员工作顺畅、相互协调并尊重他人的能力（DeMarco 1997）。由于这样的原因，他建议曾很好共事的团队在将来的项目中仍然应一起工作。另外，他还敦促我们使用调解来解决冲突，以便团队将自己看成团结的整体，而把问题搁置一边。

13.4.2　成本和进度的权衡

时间是关键的资源。如果开发团队有足够的时间，就能够通过仔细设计、全面测试、花足够的时间与客户和用户在一起交流以确保所有人对问题及其解决方案都有共同的理解，生产出高质量的产品。

不幸的是，并不总是有时间可用。当客户需要产品时，市场压力迫使我们在竞争对手销售产品或提供服务之前进行销售；合作压力迫使我们在集成和测试进度的驱动下，在其他产品交付时我们的产品也要是可用的。因此，理解成本、进度和质量之间的关系，有助于我们在不牺牲功能或质量的同时计划我们的开发和维护。

很多工作量和进度估算模型都包含这种类型的权衡分析。例如，COCOMO描述工作量和进度之间的相互影响，建议根据项目范围对工作量和进度进行测量（Boehm 1981）。其他的模型（如Putnam的SLIM）说明压缩进度的后果是，通常会导致对员工的需求增加。但是，Brooks提醒我们，在项目后期增加职员只会使项目更加延后（Brooks 1995）。类似地，Lister告诉我们，处于工作压力下的员工思考得不会更快，因此，必须有一个能够很好地完成任务的最小时间量（DeMarco 1997）。

Abdel-Hamid用系统动力学模型研究进度压缩的后果（Abdel-Hamid 1990）。他指出，项目进度安排是一个持续的过程。当项目经理对一个项目有更多的了解时，他会修改进度。因此，最后的成本和完成时间取决于一个初始的估算和该估算在多大程度上是现实的，也取决于如何针对初始的估算来调整资源。

Abdel-Hamid将他的模型应用于来自NASA戈达德航天中心的数据，以探讨管理策略对项目成本和完成时间的影响（Abdel-Hamid 1990）。例如，图13-11显示了两种不同的假设策略对完成该项目的人-日数的影响。第一种策略用圆圈表示，它假定管理人员将总是把劳动力（员工总数）调整到保持项目进度所必需的水平上；第二种策略表示为正方形，它去除了最大可容忍完成日期的压力。也就是说，通过延长进度来解决进度困难，而不是调整劳动力水平。这两种权衡方式有很大的不同，而 Abdel-Hamid 的模型有助于管理人员决定实行哪种策略。

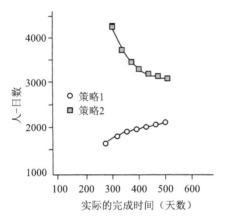

图13-11　两种管理策略人–日数和进度之间的权衡

13.5　总体改进指导原则

　　要保持成功，组织机构就应该具有灵活性且能够不断成长，他们的技术计划也应该如此，无论他们是集中于复用、测度、审查，还是软件工程或管理的其他任何方面。像其他任何对公司具重要意义的事情一样，一个基于技术的计划需要战略性规划，不仅应该强调如何使用技术，还应强调如何改进组织机构的产品、过程和资源。

　　因为事物总是随着时间的推移而发生变化，因此，应该对战略性规划定期进行修正。项目经理和开发人员应该询问一些关键问题。

- 目标是相同的吗？如果业务目标发生了变化，那么技术计划的目标可能也需要随之改变。例如，最初的目标可能是为该组织机构或公司建立基线。一旦完成了基线的建立，与提高生产率有关的目标可能会取代最初目标。类似地，一旦生产率得到了提高，该公司或部门可能会集中于质量的提高。

- 目标的优先级是相同的吗？当成功地实现了一种改进的时候，可能会选择其他类型的改进作为下一个开端。例如，为初始的高优先级分配的目标可能是：测试工具的使用。但是，一旦测试工具的使用成为公司发展文化的一部分之后，需求和设计活动可能会成为理解和改进的重点。

- 问题是相同的吗？与一个计划第一阶段相关的问题（例如，应在一种技术上投资多少？）可能会被成熟的问题所取代（例如，使用该技术节省了多少资金和时间？）。类似地，通过首先进行试验性项目实现的技术转移，最终也可能产生新问题（例如，当我们在整个公司范围内推行这种技术时，该试验性项目还要花费多少成本呢？）。

- 测度是相同的吗？随着开发或维护过程的成熟，需要更为丰富的测度来理解和控制它。同时，可能不再需要收集某些测量，它们可能被新的测量所取代。例如，最初规模的测量集合可能被某种功能测量所取代。类似地，当复用成为公司中被广泛接受的实践时，可能会收集可靠性、可用性和可维护性的测量，以确定复用对公司产品质量的影响。与客户满意度相关的测量，也会从对要求和使用的服务数量的测量演变为对界面和客户服务质量的测量。

- 成熟度是相同的吗？开发或维护过程的成熟度可能提高，随之而来的是理解和测量新的项所必需的可见性。例如，最初数据获取的尝试可能不是自动的，并且数据可能存储在一个简单的电子表格中。但是随着开发的进展，度量数据库的规模也在增大，可能要开发一个自动化系统来支持它。随着自动化达到一个更精细的水平，测度可以随时间重复进行，也可以跟踪过程。因此，随着成熟度的提高，战略性规划可以在更详细的层次上解决问题。

- 过程是相同的吗？开发过程可能会随着时间的推移发生巨大变化。可以为决策制定增加反馈环；或者原型化可能改变产品开发和评价的方式。每一种变化都对评估、理解及战略性规划要解决的问题具有重要的意义。

- 受众是相同的吗？许多技术计划开始都很小，通常作为一个部门的试验性项目，随后缓慢地、小心翼翼地扩展到整个公司。当这种过程进行的时候，理解该技术的结果的受众也在改变，从程序员、管理人员和部门领导发展到了公司的管理人员。也就是说，受众随着技术的影响发生了变化。重要的是战略性规划也要改变，以反映受众的问题和兴趣。

13.6 信息系统的例子

贯穿于本书，我们已经学习了销售广告时间的皮卡地里系统。假定该系统运行良好，并且大多数维护性改变反映的是皮卡地里的需求（改变广告活动以满足业务目标）。皮卡地里维护人员应该遵循什么改进策略，以使他们能快速进行改变，而且不会在软件中引入故障呢？

一个关键的策略是进行完善的维护。维护人员可以检查软件的设计，了解是否能够使之更加灵活、更易于改变。利用关于过去变更的历史记录，可以确定最可能受到改变影响的构件，并考虑过去的改变需要多少时间。

另一个策略是检查其他与皮卡地里类似的软件系统。我们已经在这一章和前面几章中看到，像贝尔大西洋和大通曼哈顿这样的公司已经用一个更大、更全面的系统代替了几个遗留的系统。皮卡地里分析员可以采用更广泛的系统方法。广告系统如何支持业务？其他的软件系统与它交互的信息是什么？为了更快或更有效地响应业务需求，可以怎样组合或增强该系统？换句话说，皮卡地里分析员应该检查系统边界，确定是否应该对它进行扩展以解决其他的问题。

661

13.7 实时系统的例子

在欧洲航天局，改进策略是很重要的。Lions等人的报告（Lions et al. 1996）提出了一些改进建议，包括以下几点。

- 团队应该进行全面的需求评审，识别出阿丽亚娜5型火箭的需求与阿丽亚娜4型火箭的需求之间有重大不同的地方。尤其是，规格说明应该将阿丽亚娜5型火箭的轨道数据作为一个功能需求。

- 开发团队应该通过在预测飞行参数中加入模拟加速信号，并用一个转盘来模拟发射装置的角度移动，来进行地面测试。

- 导航系统的精确性应该通过分析和计算机模拟进行证明。

- 评审应该成为设计和鉴定过程的一部分，要在各个层次上都贯彻执行，并包含外部专家和所有的主要项目合伙人。

当改变代码时，应该将这些措施作为回归执行的一部分。它们应该有助于确保过去没有检测到的失效模式在将来不会再次被遗漏。

13.8 本章对单个开发人员的意义

本章论述了改进预测、产品、过程和资源的若干种技术。我们已经看到，通过使用u曲线、prequential似然度及用以减少噪声和偏误的重新校准，可以如何改进预测。作为复用计划的一部分或者通过制定一个检查过程，可以改进产品。通过评价过程的效果以及确定导致质量或生产率提高的关系，可以改进过程。例如，可以基于过去的历史来开发模型，预测构件什么时候将是有故障的。这种技术减少了维护系统的时间，最终导致高质量的软件。类似地，过程成熟度框架可以协助组织机构实行可以提高软件产品质量的活动，但是谨慎的、受控的研究尚未提供充足的证据。最后，随着我们对人员易变性有了更多的了解，并且研究了工作量和进度之间的权衡，资源分配可以得到改进。

作为一名开发人员或维护人员，这些结果对你有直接的影响。为了改进你的环境和产品，你必须自愿参加案例研究和试验，并向那些设法确定是什么导致了改进的人提供反馈。你必须与客户和用户紧密工作在一起，以建立彼此的信任，让他们对你为其构建的系统有信心。你还必须作为团队的一员开展工作，在寻求问题的解决方案时达成共识。

13.9　本章对开发团队的意义

本章介绍的结果会使你的开发团队发生深远变革。好的预测依赖于对影响开发团队的工作量和进度的关键问题的共同理解。好的产品和有效的过程取决于开发团队是否能够紧密地协作完成工作。而好的资源对于正确进行工作是至关重要的。

这里叙述的若干事项可能会以违反直觉的方式影响你的开发团队。如果过程成熟度框架确实对提高软件质量是有效的，那么其推荐的许多实践必须在开发团队和组织机构的范围内形成制度。在失去成熟度评分之前，将很难确定允许有多少灵活性。类似地，如果一个有凝聚力的团队在不同的项目中一直一起工作，那么可能会生产出更好的产品，但是与新员工一起工作解决全新问题的机会也更少了。

另一方面，本章中叙述的研究强调了团队检查彼此工作的需要。审查、净室方法、复用和其他有关质量的过程包含开发人员或组织机构彼此间工作的仔细检查。这些方法鼓励忘我开发，其中关注的是产品质量和过程的有效性，而不是个人成就。

13.10　本章对研究人员的意义

由于开发人员强烈要求提供建议的技术能真正有效的实证性证据，因此，关于改进问题的研究在不断增加。本章阐释了进行更多调查、案例研究和试验的必要性。Basili和Green的例子表明，如何组织一组研究使其彼此互相依赖。

还需要基于已经证明了的技术，对用于改进的框架进行研究，针对特定的应用和领域进行剪裁。成熟度的总体思想产生了一系列相关的框架：复用成熟度模型，CASE工具成熟度模型等。必须将这些框架紧密结合在一起，以便实践者更好地知道要采用哪种技术以及为什么采用。

最后，软件工程研究人员应该积极、坚决地进行人为因素的研究。通过从社会科学的研究成果中学习，可以理解更多的资源问题，如团队规模、合作方式以及怎样营造一个好的工作环境。然后，我们可以评价哪种结果适用于软件工程师。大多数研究人员承认，人员易变性是确定能否满足质量和进度目标的一个关键因素，对这种易变性的更好的理解，将有助于我们使这种易变性能够有利于我们的技术和工具。

13.11　学期项目

考虑你和你的团队如何构建Loan Arranger项目。要开发更好的软件，你还必须进行哪些资源改进？是培训？不同的技能？更多的时间？更安静的工作场所？设计一个列表交给你的老师，建议更好的项目组织方式以用于下次布置的作业。

13.12 主要参考文献

很多国家都强制要求ISO 9000认证。Seddon的书*The Case Against ISO 9000*（ISO 9000反思），以及其他有关标准的分析可以在网上找到。相比较而言，Micaela Martinez- Costa和Angel R. Martinez-Lorente研究了来自713个公司的数据，从中发现，对于某些公司而言，ISO 9000有非常积极的作用。

DeMarco和Lister对首次在他们的*Peopleware*一书中提出的问题，继续举行了新的研讨会。最近他们已经更新和重新发行了*Peopleware*这本书。可以在大西洋系统协会的网站上找到有关研讨会和相关材料的信息。

评估和改进是很多会议和专题讨论会的主题。Empirical Assessment of Software Engineering会议是由Keele大学组织的，吸引了对进行案例研究和试验有兴趣的研究人员。美国软件工程研究所和各种本地软件过程改进网络组织了与成熟度模型有关的专题讨论会。*Software Process —Improvement and Practice*期刊上包含很多有关成熟度模型的效果的文章。研究人员们继续使用实证软件工程技术来评价不同成熟度模型的效果，以及不同评价者之间的一致性问题和测试工具的有效性。

13.13 练习

1. 假定你在跟踪一系列类似产品中的故障密度，以便能够监测推行的新审查过程的有效性。随着时间的推移，你发现故障密度降低了。解释你如何能够确定故障密度的降低是由于审查的结果呢，还是由于对产品的理解增加了所致，或是由于马虎的审查和开发活动引起的？

2. Abdel-Hamid的系统动力学模型考虑了随着项目的进展而对项目理解产生的变化。获取关于这些变化的假设的利与弊是什么？如何能够检验这些假设，以便我们对模型的结果更具信心？

3. 解释应该如何利用系统动力学来分析足够的计算机安全性和可接受的系统性能之间的权衡？

4. 假定将SEL经历的净室方法用于你的组织机构中，它会有什么危险？

5. 假定你的组织机构正考虑在下一个项目中使用快速原型方法。Gordon和Bieman对文献中叙述的从快速原型获得的经验教训进行了分类，而其结果有时并不清晰（Gordon and Bieman 1995）。你如何设计一个过程来推行快速原型化、评价其有效性以及改进它的使用？

6. 你公司的总裁已经学习了ISO 9000，并坚持要求公司通过ISO 9000认证。他想有关ISO 9000改进了公司的过程和产品的量化证据。你将如何测量ISO 9000认证的效果？

7. 软件工程师应该像很多其他专业的工程师那样，需要获得执照或通过认证吗？能否客观地、量化地评估一名软件工程师的业绩？执照问题与本章所介绍的问题有什么关系？

第14章

软件工程的未来

本章讨论以下内容：
- Wasserman规范和已经取得的进展；
- 技术转移；
- 研究人员如何为技术采纳提供证据；
- 软件工程中的决策；
- 研究和实践的下一步工作。

本书已经详细讨论了工程化高质量软件中所涉及的很多活动。我们已经看到如何利用定义明确的过程来构建满足客户需要的软件、改进其业务和生活的质量。但是，要了解我们在向哪个方向前进，我们可以回顾一下，在一个相对短的时期内，我们已经取得了哪些成就。

14.1 已经取得的进展

自1968年"软件工程"这一词语首次在NATO会议上使用直至今日，很多公司认识到，其产品和服务都依赖于构建或使用软件。我们已经建立了一系列的数据、示范案例、理论和实践，并且这些已经改变了几乎每一个人的生活。由于整个世界对软件的显著依赖性，作为学生、实践者和研究人员，我们必须迅速、有效地行动起来。我们的部分责任是更好地理解我们所做的工作以及为什么这样做，然后用这种认识来改进我们的实践和产品。

我们已经向这个最高改进目标迈进了很多步。我们从作为bit和byte之间的"搬运工"起步，而今我们使用的是指导数字系统的复杂语言。我们已经梳理出形成可复用产品、新设计方法的模式和抽象。我们已经将形式化方法用于困难的、非形式化表述的问题中，以使其复杂性和冲突更为显而易见。而且，我们还构建了大量的工具，以加快日常任务完成的速度、整理和分类关系、跟踪开发进展、模拟可能发生的情况。

我们已经提出了很多充满智慧的方法，在当细节掩盖了问题的本质时用以隐藏细节（如面向对象的开发），或者在人们需要对细节进行更深层次的理解时用以清楚地显示细节（如白盒测试）。但是，我们仍然面临很多挑战。我们注意到了从整体上提供更高的精确度：我们可以说出一架航天器何时将到达火星，或者一个化学反应何时将到达临界状态。但是，我们还不具备细节上的精确度：我们不能精确地说出软件产品下次失效发生会在什么时候，或者准确地说明用户将如何执行系统的功能。

14.1.1 Wasserman 的获得成熟度的措施

在本书的开始，我们介绍了Wasserman为使软件工程成为一门更成熟的学科而提出的8项措施。在中间的章节更详细地讨论了当前的软件工程实践之后，我们再来看看Wasserman的观点，用作我们将来工作的"路线图"。

- 抽象。我们已经看到，抽象是如何帮助我们集中考虑问题的本质的，以及它与转换有何不同。

我们必须继续利用抽象,不仅要在设计和编码中发现模式,而且在需求、工作习惯、用户偏好、测试用例和策略、我们解决问题以及设法解决的一般方法中发现模式。抽象可以作为学习、教学和问题求解的新方法的基础。

- 分析、设计方法以及表示法。我们仍然使用大量的方法和表示法来表示问题和解决方案。受我们理解问题的方式和学习方法的影响,我们中间的每一个人都有自己特殊的偏好:一些人喜欢使用图形表示,另一些人则喜欢用文本方式。多媒体软件还促进我们用色彩、声音、位置或其他特性来表示事物。但是,舒适度和偏好与具有一个使所有人都能理解的共同表示法这样的目标是相互冲突的。解决这种冲突的办法并不是只保留一种方法和表示法而舍弃其他所有的方法和表示法。相反,我们的目标应该是,开发从各种表示和方法到一种公共表示法和方法的转换,这对于讨论和归档都是很有用的。就像欧盟保留了自己的语言,但同时又将英语作为其公共的交流和理解方式一样,我们可以寻找一种公共的方式来表示我们的需求和设计,而同时又保留其他表达方式各自的价值。

- 用户界面原型化。随着软件融入我们生活中的很多关键领域,用户的角色变得越来越重要了。我们必须了解,用户是怎样思考问题和执行解决方案的,以便软件能够支持和鼓励适当的用户行为。我们已经看到了这样一些例子:软件阻碍用户进行正常的工作,或者妨碍商业机构提供新的产品和服务。通过将注意力集中在用户需求和业务需求上,我们可以构建响应更为迅速的、更加有用的产品。

- 软件体系结构。Shaw和Garlan已经告诉我们,对于同一个问题,不同的体系结构是如何体现不同解决方案的。每种体系结构解决方案都有其利与弊,我们必须根据解决方案的应有特性选择体系结构。我们还看到,体系结构风格和模式的识别还处于"婴儿期",必须扩展对体系结构的研究,以更好地理解模式、构件和风格的含义。 |666|

- 软件过程。毫无疑问,随着软件过程更为可见和更加可控,它会影响到软件质量。但是,可见性和控制是如何影响质量的?这仍是一个需要进一步研究的课题。我们在第1章中看到,软件开发既是一门艺术也是一门科学,它是一种形式的创造和组装,但不是机械制造。我们必须了解,如何在不丧失创造性和灵活性的同时,用软件过程来增强产品。我们还必须了解,哪些过程更适合于哪些情形,以及理解在过程选择中,产品和构建产品的人员的哪些特性是最重要的。

- 复用。在过去,复用界集中于从旧的应用中复用代码,以及构建能用在多个产品而不是单个产品中可复用的新代码。在将来,我们必须扩展视野,寻找在整个开发和维护过程中的复用机会。有些研究人员将维护视作是一种复用,这种观点可能有助于我们复用已有的经验及产品。只要有可能,就必须把对抽象和体系结构的扩展理解,与复用的需求结合起来,以便能够找到更广泛的复用机会。同时,需要开发有助于理解构件和文档质量的评价技术,因为我们希望具有某种程度的信心:复用的制品能够按期望的那样工作。这些复用事项不仅可应用于组织机构内部开发和维护的制品,也可应用于计划要集成到下一个软件系统中的商业现货产品。

- 测度。本书描述的几乎所有活动都在某些方面涉及测度。我们必须知道,产品是否符合质量标准,并且我们希望我们的实践是有效且高效的。在将来,我们必须以客观的、有效的和及时的方式,来测量产品、过程和资源的关键特性。我们还应该使用除了代码规模之外的特性来测量生产率,以在开始编写代码之前确认我们具有足够的生产率。应该根据更广泛的框架来测量质量,除故障和失效因素之外还应包括客户满意度、业务需要。还应该测量软件工程师的满意程度,在发现构建新的、更好的产品的新的和更好的方式时,确保我们的工作仍是令人满意的。

- 工具和集成环境。很多年以来,开发人员在寻找使他们生产率更高、更有效的工具和环境。如今,在为工具投入数百万美元的资金却未达到预期效果之后,开发人员构建和使用工具时的期望更加现实。借助工具和环境,我们能够自动化日常任务、自动进行计算以及跟踪关系。在将来,必须寻找帮助我们跟踪产品之间联系的工具,以便能在提出变更后执行影响分析。 |667|

我们必须构建能在环境中进行测量的测度工具，为那些需要有关产品和进展信息的开发人员和管理人员提供及时的反馈。我们需要工具来帮助模拟和理解问题的各部分、可能的接口和体系结构，以及选择某种解决方案策略而不是其他策略的建议。我们必须用工具来支持复用，以便能够方便地从前面的开发中提取出我们所需的东西，并将它融入当前的产品中。

14.1.2　当前要做的工作

对Wasserman规范的回顾使我们（作为研究人员和实践人员）至少应该注意两个重要的问题。首先，应该考虑我们在将新的软件工程思想应用到实践中的时候做得如何。也就是说，当研究人员有了一个好的想法，承诺提供更好的软件过程、资源或产品的时候，我们在把这种想法转变为对实践人员有用和有效的技术方面，是否做得很好？而在了解了我们在技术转移上的工作记录后，如何在将来对其进行改进呢？

其次，我们必须考虑研究和实践在支持过程、资源和产品的决策方面做得如何。本书的每一章都包含了在软件开发和维护的过程中进行必要决策的相关例子。例如：

- 应该使用什么样的软件过程？
- 开发将花费多长时间，需要多少人员？
- 应该复用多少？
- 应该进行哪种类型的测试？
- 如何管理风险？

我们怎样才能增强决策，以便在选择技术和资源的时候能够更具信心？本章的其余部分讨论我们已经了解了什么以及将来前进的方向可能在哪里。

14.2　技术转移

假定你即将启动一个新的软件开发或维护项目。你是使用熟悉的、经过时间检验的技术，还是使用有很大前景的新技术？你是去寻找一种证明新技术有效的实证证据，还是遵循自己内心的感受、同事的意见或厂商的建议？你的选择可能依赖于你是将自己看作一名技术生产者还是消费者，以及依赖于你倾向集中于要解决的问题还是集中于它的解决方案。例如，IBM开发人员不顾那个时代的热点技术，而是采用了经实践证明是可靠的IBM 360技术来建造航天飞机，以将失效的风险降到最低。这样做时,IBM扮演着技术消费者的角色,关注的是解决方案的稳定性而不是着迷新技术。但像Silicon Graphics和Tandem Computers这样的公司，因为它们是技术生产者，因此它们设计自己的、专用的技术而不是基于已有技术构建解决方案。当谈到**技术转移**（technology transfer）时，我们既指技术生产者创造和使用新技术，也指技术消费者在新的产品和服务中采纳和使用它们。

无论选择什么样的技术以及为什么选择这些技术，都会找到说明我们的技术选择策略过去成功的例子来支持我们的想法。不幸的是，正如已经在前面几章中看到的那样，我们也会发现过去失败的例子。这种成功/失败的疑点至少具有两面性：技术的和商业的。你可能在解决问题方面做得很好，不料却会发现该项目在商业上并不成功；或者，为了抓住机遇，你可能急忙发布你的产品，以便在短期内取得商业上的成功，但是，由于缺乏支持和增强，从长远看，它失败了。通常你有着双重重点：一方面要选择恰当的技术来解决问题；另一方面，对于要求解决该问题的客户，又要以一种取悦他们的方式来解决问题。在这一节中，我们讨论为什么以及如何进行技术选择决策。我们还要讨论第13章介绍的实证软件工程是如何得到证据来支持这些决策的。这些证据是有助于还是阻碍在组织机构或市场中采用新的技术呢？

本书已经介绍了由我们选择的很多技术。正像在第1章中指出的，我们选择的在下一个项目中帮助我们的"技术"，可能是用在软件开发或维护中的任何一种方法、技术、工具、过程或范型。要知道一种技术是否是成功的，需要考虑它是否能够解决问题、商业上是否可行以及使该技术为实践所接受需要花费多长时间。我们还希望知道如何提高选择正确技术的机会。

14.2.1 现在我们怎样做出技术转移的决策

在20世纪80年代中期，Redwine和Riddle介绍了他们在研究软件技术成熟的步伐以及其被实践接受的速度时的发现（Redwine and Riddle 1985）。对于20世纪60年代和70年代首次提出的很多技术和概念（包括形式化验证、成本模型和Smalltalk这样的面向对象语言），他们搜集了与之相关的案例研究。他们发现，"一项技术从开始到成熟，再成为流行的技术并且得以在技术界广泛推广，需要花费15~20年的时间"（Redwine and Riddle 1985）。最坏的情况下，从概念表述到被广泛采用那一刻，需要花23年的时间，最好的情况需要花11年，平均时间是17年。一旦开发了一项技术，直到它被广泛使用，平均要花7.5年时间。

在当今的商业环境中，投放市场时间的压力要求新技术能够尽快地证明其自身是有效的，17年的时间显然太长了。例如，在1997年，惠普50%的收入都是由前两年引进的产品带来的。即使不是所有的产品中都包含了新技术，但是，我们仍然能够从收入和变化速度之间的关系得知，必须把新技术以更快的速度推向市场。市场不可能用10年或20年的时间来等待技术创新。由于这个原因，在有明确证据证明一项有前景的新技术能够带来效益之前，很多开发组织机构就已经牢牢地抓住它们了。例如，拿美国软件工程研究所的能力成熟度模型来说，在SEI和其他机构开始对其过程改进效果的本质和量值进行实证性研究之前，很多公司就已经采用它了。类似地，很多开发团队在Java标准甚至还在发展时就用其编写代码了。

在另一种情况下，当技术带来的利益是如此明显，以至于人们认为没有必要进行谨慎的实证性评估时，技术采纳就会是强迫性的。将Ada指定为美国国防部标准编程语言，便是这样使用标准来推进技术采纳的一个例子。另一个例子是，在对安全攸关系统的开发中，英国国防部坚持主张使用形式化方法，即使几乎没有什么本质的证据能够证明形式化方法的效益。随着时间的流逝，Ada已经失去了其作为最受欢迎语言的地位，因为开发人员更喜欢使用其他语言（有时是更新的语言）。相对而言，这样的证据正在增加：形式化方法会有助于构造更坚实的软件。

14.2.2 在技术决策中使用证据

要了解实际上是如何做出技术决策的，我们可以求助于商业学院和它们的市场计划，他们集中于众所周知的"扩散研究"。Rogers在研究很多组织机构（不仅是那些与软件有关的组织机构）的技术转移时指出，技术采纳的方式和速度有着明显不同的模式（Rogers 1995）。第一批采纳某项技术的人是**革新者**（innovator），他们大概占可能的总人数的2.5%，如图14-1所示。Rogers解释，革新者是"冒险的"，他们被某种愿望所驱使，显得鲁莽而大胆。通常革新者提出新思想的方式是，将它从系统的常规界限之外引进来。从这种意义上讲，革新者是其组织机构的"守门人"。革新者也是"载人工具"，他们依靠个人接触来说服其同事冒险以及尝试一项新技术。

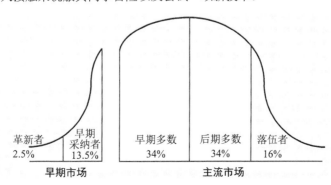

图14-1 技术采纳者的类型以及在早期市场和主流市场之间的断裂（Rogers 1995）（Moore 1991）

早期采纳者（early adopter）快速使用新技术。但是，并不只是技术本身吸引了他们，他们对新技术的兴趣是由他们察觉到的新技术可能带来潜在商业利益所驱动的。早期采纳者通常让别人先试试"水的深浅"。但是，当他们在权威刊物上看到一项技术的成功时，他们会在他人成功的基础上，将该技术引入到他们自己的组织机构中。例如，希尔空军基地（犹他州，奥格登）的软件技术支持中心（STSC）定期地评估各种技术，并报告他们的发现。早期采纳者可能会等待STSC报告某些有前景的技术，然后采用那些似乎吸引人的工具或技术。通过进行明智的技术决策，早期采纳者减少了一项新技术的适当性或有效性的不确定性；他们采纳该技术并亲自告诉同事该技术过去以及现在的成功。

早期多数（early majority）在决策时是深思熟虑的，他们在采纳一项新技术之前要考虑一段时间。早期多数的人员受实用性驱动，确保该创新不是短暂的时尚。换言之，他们是跟随者而不是引领者，但他们愿意尝试其他人证明是有效的新生事物。新技术不仅要在别的地方已经取得成功，而且还要附有使得采用该技术相对顺利、简单的其他材料（例如培训指南、帮助功能、简单接口），才可以说服早期多数的采纳者尝试该项新技术。

后期多数（late majority）更多的是怀疑论者。他们采用一项新技术通常是经济压力或同行压力的结果。在后期采纳者同意尝试新思想之前，必须解决有关该新思想的大部分不确定性。结果，后期多数将等到该新技术已经确定并有足够的支持之后才会采用它。因为后期多数不喜欢不确定性，他们特别倾向于听取厂商的意见。因此，厂商可以使用其他客户经验的例子，来帮助他们使后期多数相信该项技术将会是有效的。

最后，要么是出于经济原因，要么是因为个人的考虑，**落伍者**（laggard）通常不喜欢采用新生事物。他们只有在确信一个新思想不会失败的时候，或者由于管理人员或客户的要求而被迫改变时，才会在技术上"赶时髦"。一个组织机构、标准委员会或客户强加的规则可以促进落伍者在其他的模型失败时使用一项新技术。

因此，成功的技术转移不仅需要新思想，还需要有着某种特殊采纳风格的接受者。Moore从市场的观点考虑了技术转移（Moore 1991）。他强调了图14-1中显示的断裂，断裂处于几乎不需要证据的"早期市场"和需要更多证据的"主流市场"之间。早期市场人员是革新者和早期采纳者，他们关注的是技术及其能力。为了了解技术怎样运作，他们愿意冒风险。Moore认为，早期市场人员对彻底的变革更有兴趣，而更为保守的主流市场人员则对当前做事方式增量式的改进更感兴趣。也就是说，早期市场人员跳跃式前进，喜欢改变处理事情的方式，而主流市场成员喜欢现在使用的过程，但希望对其进行修补以提高生产率。

14.2.3 支持技术决策的证据

为了支持有关的技术决策，研究人员通常进行调查研究。Zelkowitz、Wallace和Binkley进行的一项调查强调，这些研究的预期使用与实践者理解它们的方式之间常常存在着巨大差异（Zelkowitz, Wallace and Binkley 1998）。针对确认新技术所必需的各种试验性方法的价值，Zelkowitz等人通过调查问卷的方式询问了90名研究人员和软件实践者，他们发现，实践者认为最有价值的方法是那些与他们的环境相关的方法。也就是说，在选择一项新技术时，实践者认为像案例研究、现场研究和可复制的受控试验这样的技术对决策过程是很重要的。

另一方面，研究人员倾向于进行那些可以在实验室中独立进行的研究，包括可再现确认方法的研究，例如理论证明、统计分析和模拟。他们不重视那些需要与实践者直接交互的方法。换句话说，大多数研究人员会避开那些实践者认为最有价值的方法，如案例研究、现场研究和试验。因此，研究人员试图为评估一项技术创造大量证据，但实践者却寻求另一种十分不同的技术有效性的证明。因此，对于那些正在考虑使用该技术的实践者来讲，研究人员提供的证据不大可能被这些实践者认真对待！研究表明，成功的技术转移需要理解目标用户、收集与目标用户相关的和可信的证据。

对于将来的实证软件工程研究和软件工程技术转移，这意味着什么呢？它无疑意味着如果事情还像现在这样继续，我们就是在浪费研究的精力。而且更糟糕的是，它意味着很多人将不根据证据、根据很少的证据甚至根据不适当的证据，来做出技术决策。

14.2.4 对证据的进一步讨论

需要根据用户理解的有效市场策略来推销技术思想。正如我们已经看到的，用户可能对技术有5种态度，而研究人员应该承认每一种态度所寻找的那种类型的证据。但是当把各种证据放在一起构成一个强有力的论据时，我们能从中了解到什么呢？幸运的是，我们可以从法律界寻找关于如何建立强有力证据的指导。Schum至少从两种观点详细描述了证据分析：证据的来源和它的可信度（Schum 1994）。例如，我们可以把证据分为以下5类。

- 确实的证据：这种类型的证据可以直接检查，以确定它揭示的是什么。例如，对象、文档、证明、模型、图、表。
- 证词式证据：这种类型的证据由另外的人提供，他可以告诉我们是如何获得该证据的。Schum 把证词式证据分为3类：直接的观察（参与事件的其他人，直接观察或感知到该证据）、第二手的（他从别的来源获得该信息）、意见（没有主要的信息来源）。例如，需求评审报告、设计走查报告、期刊文章。
- 含糊的证词式证据：该证据的提供者不能准确地记忆该证据或用了不确定的词语来提供信息。例如：操作的特征信息、可靠性估算。
- 遗漏的证据：不能找到期望的证据。例如：报告是来自系统维护人员的，但找不到该维护人员来解释问题报告的内容；执行根本原因分析的系统开发人员不再在场。
- 已接受的事实：已经为人们所接受的信息，并且无须进一步证明。例如：物理常量、数学公式。

证据可以是正面的，也可以是负面的。也就是说，它能提供证据来证明一项新技术的优点，或者它可以说明该技术没有优点或者甚至有负面效果。

通过同时考虑真实性和精确性两个方面，来评价证据的可信度。例如，证词式证据的可信度直接与提供者的可信度有关。依次地，证据提供者的可信度又取决于真实性（我们相信他所告诉我们的吗？）、客观性（他的感知受到期望或者其他因素影响了吗？）以及观察的灵敏度（测量或测量设备的质量如何？）。

一旦权衡了每一个证据，就可以把各种证据结合起来，看看它们是否支持有关该技术的结论。有时，这个过程是迭代的。我们有某种程度的信心得出某个初步结论，然后，随着新证据的产生，修改我们的结论。如果有的证据相互矛盾或冲突，我们的结论则必须考虑这种不完美的证据。例如，有的研究认为，面向对象增强了复用，而有的研究则不这么认为。只有在详细检查了证据冲突的本质之后，才可以得出有关复用价值的相关结论。在面向对象的情况下，冲突可以帮助我们区分什么时候面向对象的技术将有助于复用，而什么时候面向对象技术会阻碍复用。也就是说，冲突并不是驳回了一个结论，而是可以帮助修改、细化这个结论。类似地，更多的证据可以帮助我们了解哪些变量是最重要的，以及在进行新的研究时需要考虑哪些方面。

因此，我们可以有一个证据断裂反映Moore的市场断裂：研究人员必须学会给出对实践者有用的证据。该证据必须对研究人员和实践者双方都有吸引力而且可信。但是，该证据设法回答的问题是什么呢？Rogers、Schum和Moore提供了有关哪种证据适合哪些人的线索。例如，Rogers指出，一项技术被采用的相对速度是基于下面几个主要方面（Rogers 1995）。

- 用于增加了解该技术的交流渠道的本质特性。某些类型的采纳者发现，有些交流渠道比别的交流渠道更加可信。革新者倾向于依赖技术期刊和来自研究人员、技术专家的报告；依次地，早期采纳者请教革新者以证实一项技术的可信度；早期多数和后期多数经常通过口头言语或考察团的形式向社会系统中的其他人求教。
- 潜在用户操作的社会系统的本质特性。革新者求助于技术专家，而主流市场通常指望商业界，以了解竞争对手在做些什么。

- 在整个组织机构内传播该技术所需工作量大小。早期市场需要的工作量最少。但是，主流市场需要的不仅是有关技术本身的信息，还需要包装、用户支持，以及来自当前采纳者和用户的证词。Moore告诉我们，技术本身是"无牌产品"，支持材料帮助它形成"纯粹的产品"。
- 技术的属性。Rogers提出的有关的属性有：
  - 相对优点：在多大程度上该新技术比已经可用的技术好？革新者用技术术语回答该问题：它更快、体系结构更优还是更可维护？早期采纳者寻找有关"纯粹的产品"的明确证据。早期多数采纳者寻求有关该技术对公司产生的影响的信息，而后期多数采纳者考虑的是该技术将如何增加市场份额。因此，当每种类型的潜在采纳者扩大他们考虑决策的领域时，相对优点反映的是4个不同的领域：技术、产品、公司和市场。
  - 兼容性：新技术与现有的价值观、过去的经验及潜在采纳者的需要有多大程度的一致性？因为早期市场采纳者感兴趣的是根本的改变，所以他们并不像主流市场采纳者那样对问题的答案感兴趣。也就是说，早期市场采纳者并不在意完全地从头再开始，但主流市场采纳者不愿意放弃他们已经熟悉的东西。
  - 复杂性：新技术的易理解性和易使用性的程度如何？早期市场采纳者为了完全投入到更新、更激动人心的技术中，可能更愿意学习做事情的全新方式，即使这种方式更加复杂。但主流市场采纳者将易于使用看成是新技术的一个必需的特性。
  - 可试验性：能在一个有限的基础上试验该项新技术吗？对早期市场采纳者来讲，试用该新技术是必需的。但是，很多主流市场采纳者只有在其他人已经用可靠的案例证明了该技术的优点之后，才会去试用这项新技术。
  - 可观察性：使用新技术的结果对别人是可见的吗？早期市场采纳者喜欢直接的观察和有形的证据。但是，主流市场采纳者更喜欢从与自己特性相似的组织机构中得到的证据。例如，银行软件的开发人员认为，只有来自其他银行机构的证据才是可信的，来自电信公司或国防机构的案例研究会被他们冷落。而且，直接观察的技术产生商业利益证据时会有困难。在这种情况下，如果有任何报道的话，只有第二手证据会出现在文献中。

图14-2总结了吸引不同拥护者的证据类型。左下角的四分之一部分反映的是革新者的兴趣，这里重点是技术本身。早期采纳者把注意力放在更广泛的产品理念上，但是，主流市场人员对公司和市场更感兴趣。该图清楚地表明，不同的用户寻找不同类型的证据。像这样的商业院校的研究结果，有助于我们对一项技术提出合适的问题（即问题的答案能引起用户的兴趣），并且构想适当类型的研究以提供回答那些问题的证据。

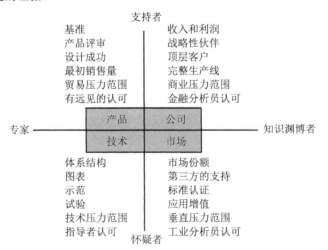

图14-2   不同用户需要的证据（Moore 1991）

14.2.5 技术转移的新模型

技术采纳的压倒一切的目标是，以某种方式至少改进一个新产品、过程或资源。证据将有助于我们确定新技术是否促使了改进。我们希望调查该项新技术与我们感兴趣的一个或多个变量之间的因果关系。即使新技术与现有的或竞争的技术利润相同，我们也可能选择新技术，因为它减少了因果之间的不确定性。换言之，我们希望开发和维护过程的结果是更可预测的。

到现在为止，我们可以把这些针对技术转移成功的构造块组合起来，以更好地理解技术转移在单个组织机构中是如何运作的。通常，这样的模型包括由那些首次使用一项技术的人对该新技术进行的初步评估，以了解该技术是否真的解决了它想要解决的问题。这一步骤应该对组织机构的文化是敏感的，因此，要观察一项提议的技术解决方案，可以看看将要使用它的组织机构或项目对该方案的接受程度。我们还应该识别促进者和阻碍者，这样，就可以知道谁或什么有可能帮助或阻碍技术的采纳和有效性。例如，对一项特定的技术来讲，采纳者根据谁在促进它、类似的技术过去是否可靠、该技术与那些现在执行的技术有多大的不同，在确定接受与否时发挥着重要作用。

增加的证据随后应该从属于一种更高级的评估，其中，我们不仅仅检查技术，还包括了证据本身。也就是说，为了评估这些证据是否形成了强有力支持该技术使用的论据，我们要考虑该技术使用的情况，将旧方式与新方式进行比较，并确定（用调查、案例研究、试验、特征分析及其他技术得出的）证据是否是冲突的、一致的和客观的。我们希望知道我们拥有的案例有多"可靠"，以确信该新技术能解决它所针对的业务问题。

但是，有说服力的证据还不足以确保技术的采纳。根据市场我们可以得知，应该如何包装和支持该技术以使其"更友好"并且更易于理解和使用。例如，工具和编写的支持材料在辅助用户采纳一项新技术或过程方面大有帮助。当支撑的基础设施恰当地提供了这种辅助时，该技术就可以"准备大行其道"了。也就是说，这种包装了的技术终于准备更广泛地推行了，这样，随着更多的组织机构报告他们的经验结果，作为一个团队，我们就可以评价它的采纳速度和有效性证据了。

事实上，基于技术特性、采纳者和证据，我们可能需要包括迭代在内的多个扩散模型。这些模型，加上本章描述的市场和证据的概念，为我们提供了讨论以及理解影响技术采纳和推广的关键事项的语言。

14.2.6 改进技术转移的下一步

对那些其采用不太受欢迎或不太可能成功的技术，我们不再可能进行投资。实践者可以帮助研究人员采取措施来理解成功的技术转移的属性，并随后使用这种新的理解来构建模型、支持有效的评估和技术采纳。尤其是，当前软件工程技术的一些实证性研究的相互联系松散，计划得也不好：不能很好地产生条理清晰的证据体系。如果实证软件工程研究人员对研究加以组织，使得每个研究都能够形成一个清晰、重要的结论，有助于形成一个整体，那么最终的证据体系必将会更有说服力。也就是说，实践者和研究人员都必须计划每个研究针对什么，以及该研究结果对整个证据体系有何作用。

同时，对有效地使用新技术感兴趣的实践人员可以从很多已经进行的研究中学习，把别人获得的经验教训用到自己的项目中。可以将技术转移阻碍者和促进者分为3类：技术的、组织的和证据的。例如，技术转移被缺少包装所阻碍，被缺乏与紧迫的技术或商业问题相联系所阻碍，被使用和理解的困难性所阻碍。相比较而言，工具、理解透彻的背景以及该项目对当前在项目中的或以后将使用最终产品的那些人可能带来的明显效益的理解，将会促进新的技术。换言之，如果一项技术易于使用并且易于看到它将如何有助于工作，则该技术就更易于转移。

类似地，实践者可以评估当前的证据，并且帮助研究人员将新的研究建立在当前发现的基础之上。无论实践者是计划新的研究还是仅仅参与其中，他们都应该成为该技术的可信的信息传播者、确保该技术一定会达到预期效果，并将该技术应用到现实问题中，而不仅是与实际工作无关的"玩具问题"。

我们并不完全了解哪种软件工程技术最适合于哪种情形。而且，考虑到技术变化的速度极快，我们不可能为此等待很多年。但是，我们可以学习一些经验教训，这些经验既来自软件工程研究，也来自对技术评估和转移有类似兴趣的其他学科。我们现在可以采取措施来加快技术采纳的速度，并对实践的有效性建立可信的证据体系。

14.3 软件工程中的决策

676 与关于新技术的证据的需要紧密相关的是对决策的需要。我们如何决定在下一个项目中使用什么技术？如何给一个群体分配适当的资源？以及如何权衡我们这样选择而不是其他选择的风险呢？与技术转移一样，我们可以参考其他学科，以了解对决策的研究如何能够帮助我们改进与软件工程有关的选择。

14.3.1 大量的决策

有时，似乎软件工程就像只是一连串由决策与估算连接起来的、在压力下进行的活动。我们通过估算资源和风险来计划我们的项目；我们通过决定我们的过程是否有效、资源是否适当、产品是否令人满意的来评价项目。为了测试产品，当我们不能测试每一种情况的时候，对各种可选方案进行权衡。任何变更请求和维护都需要评估可选活动、估算需要的资源并进行风险分析。

我们不必凭空进行决策。有一些从两种角度支持决策的理论：描述性的和规定性的。描述性理论提供有关决策实际是如何进行的证据，而规定性理论提供框架和方法，以帮助决策者在实际约束条件下，改进他们在发现问题和解决问题方面的表现。图14-3说明有多少其他的学科可以为决策提供信息。

	描述性理论	规定性理论
个人	心理学 市场学 精神病学 文学	决策理论 经济学 运筹学研究 哲学和逻辑学
群体	社会心理学 组织行为学 人类学 社会学	对策论 组织行为学 临床心理学及治疗 财政学和经济学
组织机构	组织论 社会学 工业组织 政治学	计划和策略 控制理论和控制论 组织设计学 合作理论和经济学
社会	社会学 人类学 宏观经济学	法律哲学 政治学 社会选择

图14-3 决策科学的根源（Kleindorfer, Kunreuther and Schoemaker 1993）

通常，决策过程至少包括两个不同的步骤。首先，我们单独进行选择。我们预测或推断，为不同的可选方案评分，在做决定时评价不同的方法；其次，把我们的发现交给一个群体决策过程。例如，为了估算构建某种软件必需的工作量，每个人可以先做自己的预测，然后将估算结合在一起获得群体的预测结果。而且，这个"群体"实际上可以是我们的项目、组织机构或者甚至是一个社会，677 每一个这样的决策都对它将反映或影响的群体有一定的影响。

图14-4向我们说明，影响如何做决定的元素有多种。环境的背景约束了我们的理解和选择。处于那样的背景中，在设法解决一个问题之前，我们必须理解和表示它。每个选择都必须用几种方式

来筛选，以确定它对风险承担者可能的影响，以及其合理性和现实性的程度。"合法化"可能是非常重要的，但在软件工程的背景中多少有些被人忽略。可以想见，估算人员和决策者可能会偏爱于那些更易于论证的估算和决策。这种偏爱带来有利于某种特定方法的偏见，例如，优先使用数学模型而不是专家的判断。而这些可能的解决方案必须经过评分和可信度的筛选。

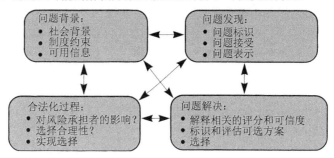

图14-4　决策的各方面（Kleindorfer, Kunreuther and Schoemaker 1993）

为了了解我们在决策中如何使用这些因素，考虑选择新的办公地点这个问题。表14-1给出5种选择。每种可选方案的特性由每月租金（美元）、离家的距离（公里）、面积（平方米）、空间质量总体的主观评分（例如，高质量的空间可能有更充足的光线或天花板更高）来描述。

表 14-1　办公地点选择

办公地点选择	每月房租	离家的距离	面积（平方米）	质　量
1	450 美元	10 公里	4 000	中等
2	475 美元	15 公里	2 500	高
3	460 美元	14 公里	1 500	平均
4	500 美元	5 公里	1 750	高
5	510 美元	7 公里	2 500	高

可以用很多规则来选择最佳可选方案。例如，可以根据最低房租来选择办公室，或者，可以选择离家最近的办公室。这些规则反映了我们的价值观念，采用第一种规则而不是第二种规则的人可能认为钱比时间的价值更高。或者，我们可以用更复杂的规则。例如，可以定义"办公室价值"是房租和面积的一个组合，并且用最短到达时间进行平衡。或者使用多步方法，首先设置房租和距离的截止值（例如，房租不超过500美元，离家距离不超过10公里），然后平衡其余的属性。

当然，选择过程还可能更加复杂。例如，可以使用控制过程，其中，排除那些被更好的选择"控制"的可选方案。但是，这种规则可能导致次最优化；如果截止值是任意的或者没有经过仔细考虑，我们可能会排除一个相当好的选择。或者可以使用合取（每一维度都满足一个定义的标准）或析取（每一维足够高）。在这些情况下，当特性的值接近阈值时不可掉以轻心。我们可能会因为某种选择方案的房租高于500美元而放弃该选择，但实际上，这个501美元选择的其他特性比其他方案要好得多。

另一种策略是每方面都使用排除法。此时，每一个属性有一个预先分配的标准值，并且每个属性都分配了一个优先级。然后，根据属性的相对重要性来对其进行评审。可以通过一个附加的价值模型形式化这种方法，其中，给每个属性（x_j）分配权重或优先级（w_j），然后把权重和属性值（$v(x_j)$）的乘积相加：

$$V = \sum_{j=1}^{n} w_j v(x_j)$$

有时采用结对方法更容易进行权衡和比较，例如Saaty的分析层次化过程，就是多标准决策辅助

678

的另一个例子。

上述每种方法都能提出"正确的"选择，但是，它可能并不总是最优的选择，或者，它可能包含很多计算或比较。实际上，我们可以使用启发式方法，这能够给我们相当不错的答案。

14.3.2   群体决策

迄今为止，我们已经讨论了与问题本身有关的特性。在某种意义上，群体决策会更加困难，因为群体行为的各方面都会影响如何做出决策。图14-5列举出，当几个人试图从可选方案中进行选择时，必须考虑的一些问题。例如，信任、交流和合作都可能影响到结果，在个人的选择中，不会遇到这其中任何一个因素。

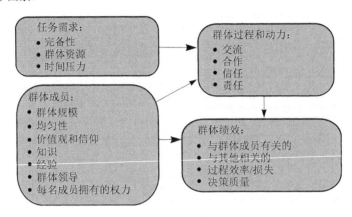

图14-5   群体决策中的问题

但是，有几种针对这些问题的群体决策策略。例如，辨证的策略可能允许一方提出某一论据，然后让另一方发言，当不同的观点出现时，可能聘请第三方来进行协调。或者，可以采用自由讨论的方式来识别所有的可能性，包括机遇或威胁。名义群体技术是通过一轮循环之后无声地产生想法，其中，一次性达成共识，然后使用无声投票的方式自然地对其进行评估。或者，也可以用社会评判方法把判断与事实分开，或者区分科学与来自社会评判的价值观。

当群体是一个组织机构时，决策者必须把战略决策与战术和例行决策区分开。战略决策影响的是该组织机构的健康发展和根本，通常包括新产品、服务或市场，而高层管理机构会扮演重要的角色。成本估算可能是战略性决策的一部分，尤其是当它们被用来给一个产品在市场中定位时。战术决策影响定价、雇员安排、客户交互或操作，但是，它们对机构的财政底线或商业方向的影响并不如战略决策大。在市场份额并不是问题的情况下，可以用战术成本估算来设置一个新产品的价格。例如，当一个公司部门为另一个部门开发产品时，竞争和定价可能并不具有战略重要性。

例行的决策通常更平常：其本质上是重复性的，范围上是局部的，受组织机构规章或政策支配。例如，假定一个公司支持它自己的复用库，其中，软件工程师向库中"存放"一个可复用的构件将会获得奖金，使用库中已经存在的一个构件则要付费。决定该构件的价格可能就是基于公司指导方针的一个例行任务。

14.3.3   我们实际上如何决策

决策学和运筹学的文献中，有大量关于决策技术的例子。但是当我们进行决策时，实际上会使用其中哪些技术呢？Forgionne的一项调查报告指出，我们往往是使用统计和模拟，却很少使用教科书中建议的更复杂的过程（Forgionne 1986）。

我们通常避开技术上更复杂的方法的原因有多种。使用这些技术的最大障碍是设置计算的困难性、各种可能性的组合爆炸。Klein观察到，决策者在工作中，在压力下，并不是像我们假定的那样采用最佳的方式进行决策（Klein 1998）。在对156名决策者的研究中，Klein发现，没有一个人使用了预选的选项（即其他人列出你可以做什么，然后你在那些可能的情况中进行选择）。有18名决策者进行的是比较性的评估，其中，先选择一个最初的选项，然后，将它与其他所有的选择进行比较，看它是否就是那个最佳方案，此时，决策者是在优化他们的行动。有11名决策者创建了一个新的选项。但是，其余的人用的是Simon所称的满意策略的方法，即他们根据每种选择本身的优点来评估这种选择，直到他们发现第一个满足他们标准的选项，将其作为可接受的解决方案。

在观察和会谈了消防人员、急诊医生、战士以及其他要在压力下做出重要决策的人之后，Klein提出了一个"识别为主的决策模型"，如图14-6所示，用以描述我们实际上如何进行决策。他指出，我们往往是在大脑中保存一个实例库，而当我们面临选择时，会根据这些实例库进行决策。我们在心中参考过去的情况，将现在的情况与其进行比较，看看是否类似。我们并不是比较所有的选择，而是抓住一个"接近的"，在头脑中经历一个过程，向自己证明它"足够接近"，可用作当前决策的基础。同时，我们在心中模拟一系列过程，以确定在这种情况下，建议采取的行动是否真正有效。当认为它们不是我们的选择的时候，我们再退回去，选择一个不同的场景，然后再次在心中模拟。最终，当我们认为已经做出正确的选择的时候，就采取行动。

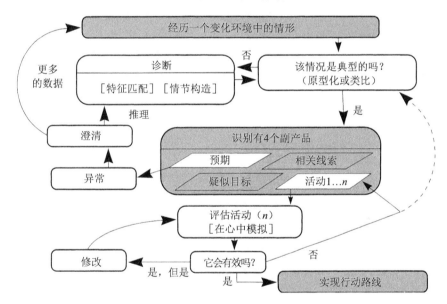

图14-6 识别为主的决策模型（改编自（Klein 1998））

但是决策和估算并不像该模型建议的那样简单。Hershey、Kunreuther和Schoemaker已经证明，决策的环境可能影响选择（Hershey, Kunreuther and Schoemaker 1982）。为了了解其中的原因，考虑下面两个问题。

- 问题1：你损失200美元的可能性有50%，什么都不损失的可能性也有50%。你愿意付100美元避免这种情况吗？
- 问题2：你可以付100美元以避免损失200美元或什么都不损失。如果要损失200美元的可能性有50%，你愿意付费吗？

在研究中，他们要求两个同样的小组用"是"、"否"或"无关紧要"来回答该问题。即使这两个问题是等价的，回答问题1的小组中有6%的人愿意付费，而回答问题2的小组中却有32%的人愿意付费。

Tversky和Kahneman说明，在风险分析决策中存在同样的偏误（Tversky and Kahneman 1981）。他们描述了这样的情况：有一种罕见的疾病危及一个村庄中的600人。公众卫生部门只有够200人使用的疫苗。他们考虑了两种可能性：可以把所有的疫苗只给200人使用（计划A），或者加水稀释疫苗，希望它能保护全村600个村民（计划B）。研究人员让一个小组在这两种计划之间进行选择。

- 计划A：只有200个人将获救。
- 计划B：有1/3的可能性挽救600人，2/3的可能性谁也救不了。

在另一个可选方案中，研究人员请另一个同样的小组进行同样的选择，但是这次用生命损失的形式来设计。

- 计划C：有400人将会丧生。
- 计划D：无死亡发生的可能性有1/3，600人都会丧生的可能性是2/3。

即使这些问题在数学上是等价的，调查对象的反应却极为不同。第一个计划中有72%的人选A；第二个计划中只有22%的人选C。

在一个类似的研究中，将过去的行动与当前的决策联系起来。要了解这个过程是如何进行的，可以考虑这样一个情景：你要去剧院看一场演出，当到达售票处时，你发现丢了10元钱（美金）。那么，你还会花10元钱买一张票去看演出吗？88%的回答者都说会。但是，考虑另一种情况：如果你到达售票处时，发现丢了10元的入场票，你会花10元钱再买一张票吗？在这种情况下，即使这两种情况数学上是等价的，只有46%的人说他们将花钱买票。

因此，考虑背景偏误是很重要的，尤其是在估算工作量或风险的时候。问题设计方式的不同可能会产生非常不同的结果。

Steele的著作（Steele 1999）描述了一个相关的现象。他指出，对绩效或结果的期望可能会导致一种"刻板印象威胁"。例如，如果某一群人被告知在某一给定情况下某方法通常无效，则这种刻板印象心理可能真的会导致更差的绩效。

另一种来源的偏误可能会慢慢渗入决策中。例如，人们通常高估他们已经拥有的东西（称为"现状偏误"）。这种现象可能会影响估算人员，使其在自己熟悉的开发情况下，对生产率过分乐观。类似地，概率和盈利也会相互影响。如果概率小，人们首先考虑的是盈利；如果概率大，人们首先考虑的是概率，然后才是盈利。

个体，对特定案例的信息或单一情况有着明显的偏好，这种信息与一般的统计或分布信息相反。Busby和Barton在描述采用自顶向下或工作分解方法进行预测的估算人员的时候，重点讨论了这种偏好（Busby and Barton 1996）。遗憾的是，这种方法不能用于无计划的活动，这会使预测普遍地低估20%。根据定义，每一个项目的特定案例的证据将不能解释无计划的活动，然而，涵盖很多项目的统计证据指出，无计划的活动发生的可能性是非常大的。尽管如此，管理人员们仍然更喜欢单一的证据，并且不将无计划活动这个因素包含在他们的估算过程中。

另外，我们必须记住，回忆受近因和记忆程度的影响。一个因素出现得越久远，回忆者降低其重要性的倾向性就越高。从某种意义上讲，这种递减的重要性可能是明智的，因为随着时间的推移，开发软件的方式已经发生了很大的变化；而另一方面，很多风险（例如，被修改或误解的需求）却几乎没有改变。

锚定与调整是估算人员采用的另一种常见技术。这时，估算人员选择一个类似的情形，然后调整该情形，使之适合新的环境。但是，有大量的证据表明，估算人员在进行调整时过分谨慎了。也就是说，锚定占了主导地位，然后进行了不充分的调整。这种方法可能受回忆的影响，因为，最合适的类比可能由于不是在最近发生的而被忽略了。

不愿表现得消极可能也会影响专家判断。DeMarco提醒我们，"不忠实使真实性可能被误解"从而导致决策时过分的乐观，无论个体或群体都可能出现这种情况（DeMarco 1982）。

14.3.4 群体实际上如何决策

很多组织机构使用群体决策技术来得出重要的计划或估算。例如，Delphi技术（见补充材料14-1）能使几名估算人员把他们有差异的估算组合为一个估算，并同时让所有人都感到满意。

补充材料14-1 Delphi技术

Delphi技术最初是由兰德公司于20世纪40年代后期设计的一种方法，用以组织群体交流过程来解决复杂的问题。美国政府曾用Delphi来预测石油工业的前景。Delphi技术旨在通过保持个人预测匿名以及经过若干次评估的迭代，获得明智的判断。意见一致并不是必需的。事实上，通过吸收多学科和各种不同的输入，Delphi技术也可用于训练其参与者。

后来，Barry Boehm对该技术进行了细化和推广，用于软件项目估算任务（Boehm 1981）。Delphi过程主要包括下列步骤。

(1) 专家组收到规格说明以及一个估算表格。

(2) 专家讨论产品和估算事项。

(3) 专家给出个人的估算。

(4) 用表格列出这些估算并返回给专家。

(5) 每名专家都只知道自己的估算，其余的估算来源保持匿名。

(6) 专家开会讨论结果。

(7) 修改估算。

(8) 专家循环进行第1步到第7步，直至获得一个可接受的收敛估算。

虽然该技术相对为人们所熟知，在很多软件工程教科书中都特别提到了它，但是，却很少有发表使用Delphi技术进行软件预测的经验。

群体动力可以影响决策或估算的质量。例如，Foushee等人发现，团队成员要花时间学习才能在一起有效率地工作（Foushee et al. 1986）。团队成员在任务结束时比在开始时的绩效要好，因为，随着时间的推移，他们学会了有效地合作。

群体动力也会有负面影响。Asch通过向被测试对象展现图14-7中的线段，测试了同事对个人决策的影响（Asch 1956）。当被测对象独自一人被问到：右边的三条线段中，哪一条与左边的测试线段长度一样时，几乎所有回答者的回答都是正确的：B线段。但是，当房间中有其他人在场，并且给出了错误的答案时，回答错误的人数就急剧上升了，如表14-2所示。

测试线段　　　　　　A　　B　　C

图14-7　用来评价群体效应的例子

表 14-2　Asch 研究的结果（Asch 1956）

条　　件	错误率
被测对象独自一人	1%
有 1 个人说 A	3%
有 2 个人说 A	13%
有 3 个人说 A	33%
有 6 个人说 A 而 1 个人说 B	6%

14.3.5 一个适度的观察研究

为了研究软件工程中的群体决策，Pfleeger、Shepperd和Tesoriero探索了估算工作量的群体方法（Pfleeger, Sheppered and Tesoriero 2000）。他们首先在波恩茅斯大学进行一个试验性的调查。把12名研究生分成4个小组，每组有2~4名成员。作为课程任务的一部分，每个小组需要给出一个简单信息系统的需求，并开发其原型。然后，他们要求小组预测该原型的规模（用代码行数表示）。（为了尽量减少计算问题，研究人员将一行代码定义为一个语句分隔符。这样选择代码行的原因是易于验证，而并非由于其他特殊的意义。）并不限制被测对象使用特定的技术，虽然在实践中他们往往使用主观的判断。随后，被测对象立刻参加Delphi会议，产生另外两个估算。

表14-3表明，初始估算的中数误差和误差的幅度或范围都很大。换言之，在使用Delphi技术之前误差最大。随后的几轮Delphi会议使预测的原型规模和实际的原型规模之间的差距减少了。如图14-8和图14-9所示，4个小组中有3个显示出明显的改进，但是第4个小组随着过程的推进偏离了真实值。这种偏离的部分原因是，小组的一名成员占了支配地位。虽然Delphi技术允许个体估算匿名，但它似乎容易受到强力人物的影响。有趣的是，这个结果与前面介绍的行为理论一致。我们已经看到，群体行为学的有关文献（Sauer et al. 2000）指出，结果的主要决定因素是决策策略的选择，以及群体如何利用其专业知识。

表 14-3   三轮规模预测中的估算误差

估　　算	中数误差	最小误差	最大误差
初始	160.5	23	2 249
第一轮	40	23	749
第二轮	40	3	949

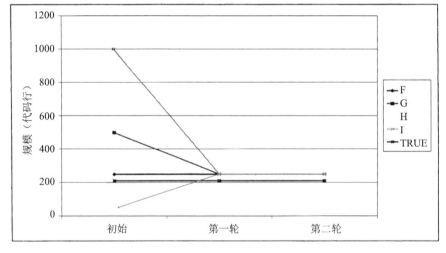

图14-8   收敛的群体估算

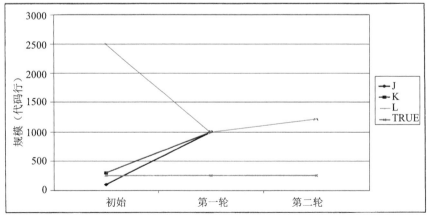

图14-9   发散的群体估算

令人鼓舞的是，在马里兰大学的研究生中进行的类似观察研究得到了相似的结果，因为在Delphi技术连续进行几轮之后，显著地减少了估算误差范围。在这种情况下，估算任务是理论上的，因此，不可能评估估算的准确度。在马里兰大学，所有的学生都是受雇的专业人员，有丰富的经验，他们在攻读软件工程专业硕士。将10个人的班级分成3个小组，每一个小组由3~4人组成。作为一个包含需求引发、分析和估算的更为全面的项目的一部分，小组中的每一个成员使用两种产品：Data Salvage（波恩茅斯大学开发的一种模拟工具）和Revic（为美国国防部开发的一种基于COCOMO的工具），用以产生对其小组项目的初始估算。接着，先通过课程学习如何使用Delphi方法，然后，在学生们经历2轮20分钟的Delphi工作以汇集成小组估算的过程中，观察并录音学生们的工作。也就是说，向每个小组提交所有的个人估算结果（不仅是他们小组，也包括来自全班的每一个人）。每一个小组都被要求记录他们对新估算的信心，并记录得出该估算时的假设。在研究的时候，学生们并不知道研究人员感兴趣的是他们讨论的动力，而不是他们生成的实际数字。

Pfleeger、Shepperd和Tesoriero等人注意到整个小组中的几个重要倾向：首先，随着时间的推移，从最小估算到最大估算之间的差距急剧减少。它从第一轮开始的16 239到第二轮开始的10 181，直至最后的1 520。

其次，随着学生们进行Delphi讨论，信心总体上是增加的。也就是说，无论经验水平如何，在群体讨论之后，所有的学生都对他们估算的信心有所增加。但是，没有任何证据表明经验和信心之间存在关系。

因为个性可以在Delphi讨论中起很重要的作用，马里兰大学的每个学生都完成了一个Myers-Briggs测试。Myers-Briggs用4种标准对回答者进行分类：外向/内向（extroverted/introverted）、理智/直觉（sensing/intuition）、思考/感觉（thinking/feeling）以及判断/感知（judging/perceiving）。因此，其结果用4个字母的组合来表示，例如，ISTJ表示内向-理智-思考-判断，它描述学生对情况的典型反应方式。第二个小组的结果特别有趣。这个小组中的两名成员被分为ISTJ类，第三个人为ESTJ类，而第四个人为ISFJ类。ISTJ个性类型的人倾向于精确和准确，往往遵循规则和工序、具有优秀的集中力。然而，ISTJ个性的人不喜欢变化，往往不够灵活。ISFJ个性类型的人与ISTJ的人一样，往往准确、全面，关注细节并抵制变化。有趣的是，ISFJ个性往往低估他们自己的价值。相比较而言，ESTJ个性的人往往是注重实效和面向结果的。他们关注的是目标，对低效率和那些不遵循过程的人没有耐心。第2组的Delphi讨论集中于Revic工具参数的细节，而不是通常的关于项目的全局问题。也许，这些小组成员的面向细节的个性类型致使他们考虑更多的是工具，而不是他们自己的经验。正像从表14-4中可以看到的那样，第2组是对他们的最终估算信心最低的一组，这也许是由于其小组成员的个性类型所致。

表 14-4　马里兰小组对最终估算的信心

小　组	小组人数	对估算的中数信心	估算的范围
1	2	91	2
2	4	65	15
3	3	80	0
4	3	80	0

根据该研究后进行的一个任务报告调查问卷，10名被测对象似乎都对Delphi持赞许态度，所有的被测对象都称该技术增加了他们对估算的信心。当询问每个人是否考虑将在工作环境中使用Delphi估算技术时，有5人回答"是"，4人说"也许"，只有1个人回答说"不"。

表14-5列举了接受任务报告调查问卷的被测对象所识别出的正面问题和负面问题。它们按频率降序排序，因此，出现在最前面的是最常提到的问题。请注意，最常指出的缺点是与占支配地位的个人和缺乏专业知识有关的问题，而不同视角带来的好处和群体讨论的价值则是最常指出的优点。

685～686

687

表 14-5　人们对 Delphi 技术的优点和弱点的认识

弱　　点	优　　点
可能错误地影响个人以及占支配地位的个人的影响	不同背景/视角的专家
依赖于个人的知识/专业技能	群体讨论可以纠正错误
错误假设的风险	重新考虑
群体讨论对结果几乎没有影响（意见一致的群体）	使用专家判断
	中数估算比平均数好
预测是高度变化的	提供与其他估算的比较
不适当的目标，应该用于更详细的问题	结合群体利益的匿名/无关

14.3.6　获得的经验教训

在对Delphi估算技术的两个研究中获得了很多经验教训。第一个是，被调查对象普遍对该技术持积极态度。再者，在波恩茅斯大学的研究中，很明显，该技术导致了改进的估算。在两个研究中，该技术明显地减少了估算的幅差，即使10名马里兰大学的学生中有6人指出了群体讨论的负面效果。如Klein等研究人员指出的那样，Delphi技术还有其他一些间接的好处，包括教育和公共词汇的开发。

第二个显而易见的经验教训是，某些人物可能支配讨论，即使在当占支配地位的参与者是不正确的时候，这很像Asch几十年前的发现。再者，形成初始估算基础的个人假设（即作为所用工具的输入的必需因素）与随后的大多数群体讨论是无关的。该结论类似于对为进行评审和审查而召开的群体会议的调研中的发现，其中，当个人发现没有得到群体中其他人的支持时，很多个人的发现就被甩掉了。尤其是，像Klein指出的那样，Delphi讨论的重点转向了数字本身（而不是这些数字来自何处），转向了证明自己的内心感受。换言之，锚定与调整在Delphi技术中仍然存在，而且很普遍。

我们通常假设那些最有经验的人将对群体讨论产生最大的影响，从而产生更符合实际的估算。但是，在Pfleeger、Shepperd和Tesoriero的研究中，即使最有经验的小组（马里兰大学的第3研究小组）为了放心也指望中数数据。而且所有的学生都呈现了信心的增加，而这种信心增加与小组成员的经验无关。因此，Delphi讨论中，个性的优势可能高于经验，这种情形通常没有导致符合实际的或准确的最终估计。

大多数关于估算技术的现有研究都集中于个人估算的精确性。但是，大多数实践者是在群体中进行估算的，或者通过依靠Delphi等技术进行估算，或者通过引发其同事的观点隐含地进行估算。由于这样的原因，承认群体动力学在估算过程中的作用（而实际上通常是在群体决策中的作用）是很重要的。通常假设专业知识和经验将占支配性地位，假设我们具有高质量的关于类似项目的历史记录的数据，并且可以根据它们进行类推，还假设我们知道如何说明什么时候两个项目是相似的。不幸的是，这些假设中的很多在某种程度上是错误的，而实践者必须依靠个人、群体工具和技术，并据此产生估计或决定。尽管我们主张客观性是至关重要的，其实，我们被迫依靠主观的、通常是失真的数据和技术来进行决策。将观察研究与对群体动力学的充分理解结合起来，可以帮助我们针对个性和过程的实际情况对决策过程进行剪裁，从而增加我们对结果的信心。

此外，我们所学到的与决策相关的知识（例如估算），可以用于一个更广泛的背景中。我们可以学习如何在把个人假设和意见组合为群体的一致意见方面做得更有效，以及如何准备并给出没有偏见的证据。

14.4　软件工程的职业化：执照发放、认证和伦理

软件工程已经走过了很长一段路，但是，如果要让它和其他的工程学科一样成熟，仍然还有很

长的路要走。美国的几个州正在坚决要求软件"工程师"要经过培训并获得执照,就像其他工程技术人员一样。几个团体召集在一起,确定软件工程"核心知识体系"中包含的内容,也就是说,大学一级软件工程专业的毕业生或者任何获得执照的专业人员理应掌握的知识体系和技能。软件工程与其他计算学科之间的区别是什么?这些工作必须回答相关的难以回答的问题。在这一节,我们分析形式化、系统化以及检验优秀软件工程实践的一些工作。我们还要研究伦理守则的必要性,以确保软件工程师在开发和维护软件的时候做正确的事。

14.4.1 将重点放在人员上

软件工程研究人员首先试图通过只研究软件开发的产品来提高软件质量。正像在前面章节中看到的那样,可以对需求、设计、代码及相关文档进行评审和验证,以确定产品是否满足了客户和从业者设定的质量标准。但是,评价产品(尤其是已经部署的最终产品)的困难性和成本,以及产品在不同领域之间的变化,使得这样的质量保证工作是令人畏惧的。接着一轮的质量改进涉及的是软件过程。诸如CMM这样的成熟度模型、ISO 9000这样的国际标准以及其他活动,不仅考虑到了生产什么,而且考虑到了如何生产。很像培训最好的厨师是为了研究食谱和烹饪技术以及辨别饭菜味道,软件工程研究人员以及从业人员将过程改进看作产品改进的一种手段。

就在最近,软件工程界将其注意力转向构建软件的人。尤其是,正朝着改进软件工程教育,以及研究是否执照发放或认证可以导致重要的产品和过程改进这样的方向上努力。在极大程度上,这些努力是对一大批人的反对,这些人是已经进入软件行业但没有受过正式软件教育的人(例如,仅是高中毕业的靠自学的程序员),以及由客户或潜在雇员转变为软件工程师的那些人。这些努力不太可能改进安全攸关软件的质量,因为开发这些产品的组织机构已经聘用很称职的人员,并且他们知道如何评估他们要聘用人员的资质。相反,"改进从业者"的工作,其目的是提高软件产品和过程的平均质量,以确保低于平均水平的从业者达到或超过软件知识和能力的最低标准,保护公众免受不具备资格的从业者的损害。

在软件工程教育方面的工作旨在增加高质量软件开发人员的储备,也旨在建立获得从业资格的职业工程师的储备。这些职业工程师理解软件的性质、能力、局限性和复杂性,并且具备构建工程化产品(如汽车)的高质量软件构建的专业知识。对软件从业人员的认证和执照发放的真正目的是帮助确保从业人员具备资格的最低标准,我们将依次讨论每一方面的工作。

14.4.2 软件工程教育

历史上,软件工程一直被认为是计算机科学的一个相对小的方面。最多,在大学的计算机课程中包含一门软件工程课程,通常在大学三年级或四年级开设这门课程。至少,它包含介绍软件工程目的及含义的几次讲座。随着越来越强调软件质量和安全性,以及随着最近对职业化软件开发人员的推动,各大学逐渐将软件工程看作一个独立的学科。现在,一名学生可以用很多方式通过大学课程并最终完成软件工程教育。

- 作为计算机科学主修课程的一部分,专攻软件工程。
- 作为计算机工程主修课程的一部分,专攻软件工程。
- 作为工程主修课程的一部分,专攻软件工程。
- 将软件工程作为不同于计算机科学或计算机工程的学位,主修软件工程。

如表14-6所示,软件工程课程计划借鉴了计算机科学课程体系和工程学课程体系。计算机科学课程提供创建和操纵软件制品所必需的技术知识和专业技能:编程原理,数据结构,算法范型,编程语言,语法、分析和翻译,并发和控制结构,以及计算的理论范畴。另外,计算机科学和计算机工程课程涵盖关键的系统构件(例如,计算机体系结构、操作系统、中间件、网络)和关键的软件构件(例如,数据库和用户界面),以及这些构件的设计和实现是如何影响我们软件的性能、可使用性和质量的。

表 14-6   软件工程既涉及计算机科学又涉及工程学

计算机科学	工 程 学
数据管理	遵守纪律的过程
数据模式	大型的、集成的系统
数据转换	协作的团队
算法范型	非功能特性（如性能、可靠性、可维护性、易使用性）
程序设计语言	
人机交互	

从工程的观点来看，软件工程课程体系借鉴并使其适应于大型系统规模的原理和实践，以及针对生成成功的产品。

- 有助于在开发过程的早期发现错误的早期计划和开发活动，这时，修复故障成本更低，也更容易。
- 系统的、可预测的设计和开发过程，有助于确保经济地开发产品并使产品适合于使用。
- 非功能特性的考虑，例如，性能、可维护性、可使用性、经济性以及投放市场时间等，通常用于确定一个软件产品是否是可接受的。

传统的工程教育还包括坚实的数学和科学基础，以及对其他工程学科的介绍。工程师使用数学知识来建模以及分析他们的设计。由于工程师必须理解如何对自然世界做出反应，以及如何控制自然世界，因此，科学基础是很重要的。对其他工程学科的介绍，有助于工程师理解并使用其他学科的工程有效地进行工作，构建与其他工程构件相互操作的构件。

软件工程课程建立在这些计算和工程基础之上，并且介绍本书所涵盖的概念，包括需求引发、软件设计原理、技术性文档、项目管理、测试以及验证。另外，软件工程课程体系很可能包含通信、人文科学以及社会科学中的非技术性课程。软件工程项目往往涉及大量的人员，因此，软件工程师必须理解群体交互的动态性，以了解如何激发所有个人去追求一个共同的目标。他们必须从整体上考虑其技术对用户和社会的影响，并且他们在决策时可能要将人文及社会价值考虑进去。他们可能还要与和软件专家层次不同的、来自其他学科的专家进行交互。这些工作要求很强的交流技能、业务和推理技能。

同样，相比较于计算机科学，软件工程通常更具普遍性，更面向应用，涵盖的范围更广。计算机科学作为软件工程的核心，集中于数据、数据转换和算法，高级课程介绍特定应用领域的设计和编程技术。相比较之下，软件工程集中于构建软件产品。它考虑开发一个软件系统所涉及的所有活动（从初始的想法到最终的产品）。再者，软件工程设计概念往往集中于通用的设计原理、模式和标准，其高级的课程介绍适应于大型软件系统的设计和分析技术。

尽管现在尝试着像其他工程分支那样对软件工程进行分类，但这种"自然"的映射存在着致命缺陷：大部分工程师生产部署于真实世界的物理制品并遵守物理法则，而软件工程师生产部署在计算机（它是人工的世界）之上的软件制品，遵循计算法则并受其限制。最值得注意的是，物理制品具有持续的行为，这意味着我们可以在一种情形下测试产品，然后推断它在相关的情形下将会有什么样的行为。软件制品不能展现出持续的行为，这意味着类似的输入可能产生非常不同的输出值。此外，软件是用离散值变量实现的，这样的变量引入的不精确性可能在长期的计算过程中累积起来。在其他工程学科中，"差一"（off-by-one）错误并不重要，但是，在软件中，这样的错误则是灾难性的。因此，工程师标准工具箱中的很多传统建模和评估技术，并不适合于软件。软件的灵活性以及可塑性掩饰了其复杂性，即使是很小的变化也可能产生较大影响，因此，与其他工程领域相比，设计和测试通常更为困难。

软件工程本科教育不可能完全涵盖各方面的内容，因为4年内不可能容纳更多的课程。理想情况下，软件工程完美的课程体系应该包括真正的计算科学深度、足够的用于建模和分析软件的离散数学、传统的连续数学和科学方面的工程知识，以及软件工程知识和技术，而且还要保持着与其他工程分支共同的经验。因此，软件工程课程计划的设计人员不得不在决定将哪些主题结合在一起来形成一个合适的、可行的软件工程本科教育的核心课程体系方面，进行艰难的选择。

同时，人们正在通过诸如在学习了另外的学科（如商业、物理学或数学）之后学会如何编程这样的方式，来进入软件产业。因为具有这样的不同学位背景、不同的工作经历的从业者，也把他们自己称为"软件工程师"，所以，最近一直在推动制定这种称号的最小需求。结果，一直有一些工作在构建基础的软件工程"知识体系"：关于为了获得软件工程师的称号，一些人必须了解的知识的详细描述。

14.4.3 软件工程知识体系

定义核心知识体系的真正目的是，在软件工程界内，就每一位软件工程师应该掌握的知识、技能、专业知识，建立一致的认识。定义软件工程知识体系的一些开创性工作包括以下几项。

- 计算机课程体系——软件工程（SE2004）（IEEE-CS and ACM 2004）。这是电气和电子工程师学会计算机协会（IEEE-CS）和美国计算机学会（ACM）的共同成果，旨在提供如何为软件工程专业本科生计划设计课程体系的相关指南。其建议包括一个核心知识体系，称为软件工程教育知识体系（SEEK），由一些基本的、期望的知识和技能组成，任何软件工程教学计划都应该设法将这些知识和技能纳入到其课程体系中。它的知识体系包括来自相关学科（例如数学、计算机科学、工程学、经济学）的知识，以及来自软件工程的知识。
- 软件工程知识体系（SWEBOK）（IEEE-CS 2004）。这项成果，由IEEE-CS及一些工业界合作伙伴发起，旨在定义已从业的软件工程专业人员应该知道的知识体系。它主要集中在软件工程知识，以及从业人员应该从学校和4年的工作经历中学到的知识。
- 软件工程课程提纲（CEQB 1998）。这是加拿大工程师资格理事会（CEQB）的成果，它为省级工程学会如何评价寻求成为获得执照的职业工程师的软件工程申请者的学术证明，提供相应指导。其知识体系是一套国家级指导方针的事实标准，用于评估申请者（未从公认的加拿大工程教育计划毕业）的大学教育。每一个省级的工程学会定义自己的评估非工程学校背景的候选者的特定标准，但是，它使用CEQB课程提纲作为定义其标准的输入。

由于这些工作的目标不同（例如，本科教育的核心与建立职业化所期望的知识体系），因而，对构成软件工程知识体系的知识和技能的广度和深度，就有不同的期望。表14-7给出了软件工程教育知识体系（SEEK）的一个高层视图（IEEE-CS and ACM 2004），以及应该用于涵盖每一知识领域和单元的最小学时数。像我们看到的，SEEK不仅包含被认为是指导优秀实践的原理，而且包含支持和增强这些原理的计算机科学、工程以及软件工程知识。SEEK的其他部分（未在表中列出）采用了表中列出的知识单元，将它们分解为不同的主题。每一个主题都被评价为：对核心课程是基本的、期望的或可选的，并且用期望学生掌握该主题的程度加以注释（例如，回忆知识的程度、理解知识的程度、应用知识解决问题的程度）。例如，在软件建模和分析下的知识单元——建模基础，被分解成下面的主题。

(1) 建模原理（例如，抽象、分解、视图）。

(2) 前置条件、后置条件和不变量。

(3) 数学模型和规格说明语言。

(4) 建模语言的特性。

(5) 表示法语法和语义之间的区别。

(6) 说明所有信息的模型的重要性。

所有这些主题都被认为是基本的，但是，只有第一个主题要求掌握到"应用"级，这时，学生应该了解如何应用这些建模原理来构造他们自己的模型。

表 14-7   SEEK 知识域和知识单元（©IEEE-CS and ACM 2004）

名　　称	课时数	名　　称	课时数
计算机基础	172	**软件验证与确认（V & V）**	42
计算机科学基础	140	V&V 术语和基础	5
构造技术	20	评审	6
构造工具	4	测试	21
形式化构造方法	8	人机用户界面测试与评估	6
		问题分析和报告	4
数学和工程基础	89	**软件评估**	10
数学基础	56	评估过程	6
软件的工程基础	23	评估活动	4
软件的工程经济学	10		
职业实践	35	**软件过程**	13
群体动力学/心理学	5	过程概念	3
交流技能（面向软件工程的）	10	过程实现	10
职业标准	20		
软件建模和分析	53	**软件质量**	16
建模基础	19	软件质量概念和文化	2
模型的类型	12	软件质量标准	2
分析基础	6	软件质量过程	4
需求基础	3	过程保证	4
引发需求	4	产品保证	4
需求规格说明和文档	6		
需求确认	3		
软件设计	45	**软件管理**	19
设计概念	3	管理概念	2
设计策略	6	项目计划	6
体系结构设计	9	项目人员和组织	2
人机交互设计	12	项目控制	4
详细设计	12	软件配置管理	5
设计支持工具与评估	3		

　　这个核心知识体系并没有自称是完备的。相反，它抓住了适用于大部分软件产品的实践与原理，充分涵盖在大学一级的教育计划中，并且提供某种程度的质量保证。但是，这些实践和原理的应用并不保证其结果将是完美的软件。从这种意义上讲，这个知识体系体现的是流传久远的实践，而不是尽善尽美。

14.4.4　给软件工程师颁发执照

694

　　就像上面提到的，定义知识体系的真正目的之一是形成评估从业软件工程师的资格的基础。这种评估可以采取执照发放或认证的形式。**执照发放**（licensing）是对于得到允许从事受管制职业的人员的法律限制，执照发放过程一般包括对候选者的知识和能力的评估。例如，在北美的大部分地区，省及州级政府批准某些职业的执照发放，例如医生、律师以及职业工程师，法律上要求这些人在符合公众安全和福利的水平上从业。相比之下，**认证**（certification）是从业者可能选择的证明其能力的非官方评价。我们在下一节讨论软件工程师的认证。

大部分国家管理某些职业的从业，以保护公众免受无资质从业者的损害。受管制的职业往往是那些可能影响公共安全（例如，医生、药剂师、工程师、卡车司机）的或者直接向公众出售服务（例如律师、会计）的职业。因为软件可能影响健康和福利，而且软件开发人员通常向没有能力评估开发人员资质的客户出售他们的服务，所以，很多人主张软件职业应该受到管制。关于规章的讨论产生这样的疑问：究竟应该向谁发放执照以及如何发放执照。工程协会主张，软件工程是工程学的一个分支，因而其从业者应该像职业工程师（美国和加拿大的称谓）或者特许工程师（英国的称谓）那样获得许可。本质上讲，他们主张，用现有的权力机构和手段向软件工程师发放执照，其形式是，当前向职业工程师发放执照的州管理委员会和专业工程协会。计算机协会坚持称，软件工程与传统的工程分支有很大不同，不能根据工程学的标准对其进行评估，并且称，应该创建其他的组织机构，并授权这些机构管理软件职业。下面，我们回顾美国与加拿大向职业工程师发放执照的相关标准，然后，我们再考虑向职业软件工程师发放执照的正面意见和反面意见。

在北美，工程师职业由州、省、地区（下文中都统称为"州"）管理。也就是说，每一个州都制定了法律，来任命在其管辖权内管理工程职业的权威团体（例如，政府部门、独立的州机构或者自行管理的专业协会）。通常来讲，如果一个职业工程师没有获得一个州的管理团体发放的执照，就不能在该州合法地从业。尽管大部分团体都有互惠协议，允许一个工程师在别的地方获取执照，可以在本地临时从业（这种互惠尽管与驾驶执照不完全相同，但也很类似：在驾驶员居住的州发放的驾驶执照，在其他州也予以承认）。

在美国，工程师是否需要获取执照取决于其从业所在的州。通常来讲，对于任何直接向公众提供工程服务的专业人员，以及参与建筑物和人工制品（例如，道路、建筑、核工厂）设计的专业人员，获得执照是强制性的，其设计和计划必须向州机构提交，并获得批准。大部分美国工程师都未获取执照，通常，他们为公司或联邦政府工作，因此，他们不是直接向公众提供服务。这种区别强调了责任问题：当一个工程师设计一个产品或提供一项服务失败时，如果雇主对失败负责，工程师就不需要执照。再者，大部分工程师在工作之外都不使用"工程师"的头衔，不像内科医生，总是被称为"医生"。

在加拿大，任何从业的工程师必须获得职业工程师的执照。很多管辖机构根据从事的工作（一个工程师做什么）而不是头衔（一个工程师自称做什么）来定义"工程师"职业。在安大略省，在**职业工程师法令**（Professional Engineers Act）中对职业工程师从事的职业给予了定义，包含3个检验标准：

- 设计、组装、评估、建议、报告、指导以及管理的任何行为；
- 与生命、健康、财产或公共福利相关的安全保证中的任何行为；
- 以及需要应用工程原理（但是不包括自然科学家在内）的行为（Queen's Printer for Ontario 2000）。

因而，任何对可能影响公众安全、健康、福利的工程工作负责的人都是从事工程师职业的。任何没有永久性或临时执照而从事工程师职业的人都是违法的，可能受到该省的处罚。

至于从业的软件工程师，加拿大和美国的执照发放法律很少是强制执行的。之所以具有这种宽松性，部分是因为其执行是靠不满来驱动的，因此，通常直到从业者的资质受到质疑之时，才会察觉到这种违法行为。这也反映出，执照发放缺乏政府和软件开发界的支持，而且只要没有充足的软件工程师来满足当前的工作需要，这种抵制行为就会一直存在下去。

在美国和加拿大，职业工程师是在特定的工程学科中进行评估的，但是，是按一般工程师发放执照的，没有在头衔上加以限定。然而，若一个职业工程师从事超出其能力范畴的行业，就可能会受到职业管理委员会或协会的惩戒。这类似于医疗行业中的情况，给医生发放的执照是一般的"医生"（M.D.），但只能在其特定的专业领域内从业，例如内科或外科。

图14-10阐明了在加拿大成为职业工程师的三条路径。该过程的第一步是，获得必需的学位，根据从学位教育与在职经历获取的专业知识的多少，可以选择不同的路径。最左边的路径需要从加拿大工程认证委员会（CEAB）鉴定合格的工程课程计划毕业，CEAB是加拿大职业工程师委员会。大学鉴定他们的工程课程计划，以确保毕业生在具备必须有效完成的教育的情况下，开始其职业生涯。从鉴定

合格的工程课程计划毕业，这是满足执照发放的学位需求最容易的方式。中间的路径包括，从等同的
大学荣誉课程计划（例如，另一个国家的应用科学课程计划或者工程课程计划）毕业，其中"等同"
必须通过确认考试来证明。最右边的路径要求成功地完成特殊的考试项目，包括多达20个考试。

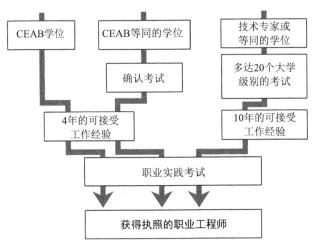

图14-10　在加拿大成为职业工程师（P.Eng.）的路径

第二步是满足工程经验的需求。新的职业人员在准备为其在领域中进行的工作承担责任之前，
需要将他们的知识和技能用于实践，因此，所有获得加拿大职业工程师执照的三条路径都需要工程
经验。依赖于学位的这条路径需要4年的工程经验。未从鉴定合格的（或等同的）工程课程计划毕业
的候选者，必须在认为可以发放执照之前累积10年的经验。对于研究生学习或军队经历，给予等于
一年的学分。（在美国，医生在获得执照之前，必须具有三年的被监督的经历，称为实习期；而公众
会计师在获得执照之前，必须为委员会核准的组织机构工作一年。）最后，所有的候选者必须笔答并
通过一个涵盖相关州法律、职业实践、伦理道德和责任的职业实践考试。

在美国的执照发放过程更加困难，因为所有的候选者必须通过确认考试。再者，没有一条只靠
经验就可获得执照的路径（如图14-11所示）。所有的职业工程师必须获得学位，最好从工程技术认
证委员会（ABET）鉴定合格的工程课程计划（或等同的计划）毕业。（CEAB鉴定认可的课程计划
被认为是可接受的等同的课程计划。）

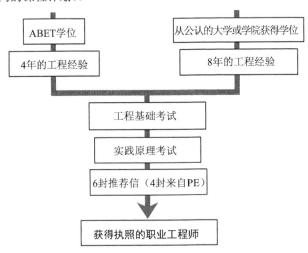

图14-11　美国的职业工程师（PE）申请过程

持有ABET鉴定认可课程计划的学位的申请者需要4年的工程经验，而其他申请者则需要8年的经验。该经验必须证明其有把握使用工程知识、工程教育和工程判断，因而表明候选者能够负责任地从事工程工作。工作还必须是不断进步的，这意味着随着时间的推移，主导学科中的质量标准在不断提高，责任在不断增强。尽管建议在获得执照的职业工程师的监督下工作，但这不是发放执照所必需的。

不管沿着哪一条路径获得执照，候选者必须通过8小时的关于工程基础的考试。这个考试通常在大学高年级的学生中进行，因为如果在相关课程完成之后就紧接着进行考试，则很难通过。考试的上午部分涵盖的是所有工程学科都有的内容，通常来自ABET鉴定认可的课程计划的头两年的内容，包括化学、计算机、动力学、电器电路、工程经济学、伦理道德、流体力学、材料科学、数学、材料力学、静力学、热力学。这种公共考试的真正目的是，确保每一位工程师了解其他工程学科的一些知识，促进与其他学科工程师的交流；这些知识还有助于确保工程师认识到不同专业所需的专业知识水平，从而不会试图在不是其本行的专业中从业。 697

考试的下午部分检验在特定学科中的能力，反映的是ABET鉴定认可的课程计划的后两年的内容。特定学科的考试包括：民法、化学、工业、机械、电机工程；或者，申请者可以参加第二个综合考试，与上午考试所涵盖的内容相同，只是更加详细。特定学科考试的真正目的是检验申请者在其专业领域内的能力。在本书编写的时候，还没有软件工程学科的考试，甚至没有计算机工程的考试。只有当在某个学科存在至少100个ABET鉴定认可的课程计划的时候，才会设立该特定学科的考试，因此，在近期不会有这样的软件工程考试。

在执照发放的候选者具备了4年的经验之后，必须通过第二次考试，这一次强调的是特定学科主题的工程原理和实践。在本书编写的时候，还没有软件工程的原理与实践的考试。

软件工程师执照发放的各种运动是忽冷忽热。在加拿大，一些省，包括安大略省、不列颠哥伦比亚省以及亚伯特省，认可软件工程师作为职业工程师。在美国得克萨斯州以及田纳西州，要求从业者在能够称自己为"工程师"之前，获得职业工程师称号，包括软件工程师。但是，其他管辖区域未作任何要求。在英国，被称为特许工程师只是因为加入了英国计算机学会。 698

仍然没有鼓励执照发放的很大的动力。其原因不只是缺乏软件开发人员，还包括对软件工程行业现状的不同看法：作为专业人员，我们了解如何开发保证正确的、可靠的软件吗？支持者提出软件工程师执照发放的几点论据。

- 软件工程的执业处于像职业工程师法令这样的法令管理之下，需要政府或机构对执业（在加拿大）或向公众销售服务（在美国）的证明。
- 软件工程师执照发放将通过提高从业者的平均能力来改进软件质量。
- 执照发放将鼓励软件开发人员为他们的执业打下坚实的教育基础。
- 执照发放将鼓励最佳实践，甚至是鼓励未获得执照的软件开发人员从事的实践。
- 执照发放将改进软件工程以及软件工程师的教育，因而促进软件工程师的职业化。

但是，一些从业人员坚持说，该专业还未（也许永远不会）为执照发放做好准备。他们的理由如下。

- 并没有证据表明，获得执照的软件工程师生产和维护了最佳的软件。
- 执照发放可能向公众提供虚假的保证：获得执照的职业人员开发的软件都是高质量的。
- 并不存在广泛接受的知识体系，使得对这种知识体系的掌握就定义了软件工程的能力。
- 公共安全性的最好保证是认证产品，而不是过程和工序。换言之，要证明布丁好吃，就是品尝它。

此外，计算机科学家以及工程师还在不断争论关于应该允许谁开发软件的限制。例如，在加拿大，在应用工程原理的时候需要执照，但是，计算机科学在何处停止，软件工程在何处开始？很可能执照发放最终只会对那些构建和维护安全攸关系统或关键任务系统的软件开发人员强制执行，例如，医疗设备、核电站软件以及那些涉及建模或控制自然世界的软件。但是，从鉴定认可的计算机科学课程计划毕业就应该被认为是具备充足的理论背景吗？还有，应该认为哪些软件是关键的？存在于似乎是不重要的电话软件中的缺陷，可能会招致关键的信息基础设施的崩溃；普通的银行软件中的失效可能会带来不利的经济后果。

很难预测软件执照发放在近期以及长期将向何处发展。在可预见的将来，对资质良好的软件专家的需求量很可能会超过获得执照的软件工程师的供应量。直到公众要求更高质量的软件之前，政府和机构可能不会认真对待软件工程师的执照发放。但是，执照发放不可能等到软件实践成熟到我们可以保证产品的成功和安全性的那一刻。软件工程师的责任，最终可能像医生和律师的责任那样，我们将期待遵循"最佳实践"，而不必遵循生产完美的软件。

同时，政府可能通过立法来区分计算机科学家和软件工程师的角色，很像建筑师与结构工程师之间的区别。如果从业人员构建的系统几乎不与自然世界交互，例如金融、信息、商业、科学、娱乐应用等，他们就可能免于受像职业工程师法令这样的立法的管制。另外，可能会向具有10年或更多年专业经验的个人发放受限的执照，这种执照的持有者将被允许在他们能够证明其能力的有限的工程方面（关于原理和活动的限制）从业。

14.4.5　认证

认证不同于执照发放。**执照**（license）是证明持有者达到政府设置的条件的法律文件。**认证**（certification）是根据通过的考试、经验的年数，或根据这两者，证实从业者能力所给予的证明，目的是激发公众对拥有认证的专业人员的信心。从业需要执照，而认证是自愿的。

认证通常由专业协会管理和授予。例如，IEEE计算机协会提供认证的软件开发专业（CSDP）的证书，计算机信息处理协会（CIPS）提供信息系统专业（ISP）认证。这两种认证的目的都是证明一个从业人员具备起码的学位和实践经验资格，每三年都需要重新认证。要通过重新认证，从业者必须证明他们通过课程、出版物、会议、行业杂志等，及时更新了他们的技能。

认证软件开发协会的认证过程如图14-12所示。它要求候选者拥有大学学位，并且拥有充足的学习和应用软件工程概念和技术的相关经验（9 000小时）。这些经验必须至少属于下面11个领域中的6个。

- 职业标准或工程经济学。
- 软件需求。
- 软件设计。
- 软件构造。
- 软件测试。
- 软件维护。
- 软件工程管理。
- 软件配置管理。
- 软件工程过程。
- 软件工程工具和方法。
- 软件质量。

另外，候选者必须通过涵盖上述11个领域的考试，必须拥有软件工程相关领域的最近工作经验。要保持认证，就必须为你在过去三年已经完成的专业开发单元（PDU）提供证明。PDU可以是教育活动（例如课程、会议和研讨会）、写作的书或文章、进行的演讲、技术或专业服务、自学或职业活动。在三年的期限之后申请重新认证的专业人员必须重新进行CSDP考试。

ISP的认证过程是非常不同的。它要求拥有使用信息技术（IT）主要知识的经历以及行使高层独立判断和责任的经历。图14-13给出了获得ISP证书所需要的各种学位和经验的组合。没有在IT领域受过大学或学院级别教育的候选者可以通过计算机专业人员认证协会（ICCP）提供的考试来满足学位的需求。ICCP考试包括与核心科目、细目以及程序设计语言相关的各种考题。ISP认证要求其专业人员每三年进行重新认证。候选者必须证明他们持续在IT相关领域工作，还必须证明他们在不断地努力，进行课程、会议、技术阅读、出版物、指导等更新了他们的知识。这些工作加起来必须至少相当于三年期间专业开发中的300小时。

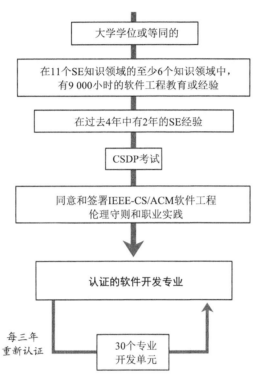

图14-12　认证的软件开发专业认证过程

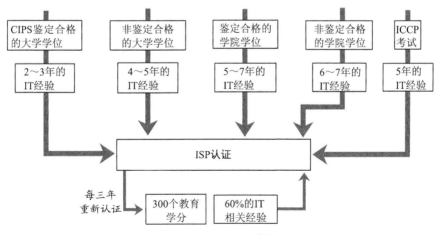

图14-13　ISP认证过程

　　不要将专业认证与软件公司提供的认证混淆在一起。例如，微软和思科通过各种认证项目来评价一个用户在安装和使用其操作系统、网络软件方面的能力。这样的特定产品或特定厂商的认证可能可以证明一个用户使用特定公司产品的熟练程度，但是，不能证明用户作为软件专业人员的总体的熟练程度。

14.4.6　伦理守则

工程师，尤其是软件工程师，有时会受到责备。人们指责他们过于关注技术问题，而忽略了问题所处的人文背景。由于这样的原因，伦理守则即使不是必需的，在确保我们理解和确认我们职业行动和活动的含意方面也可能是很有用的。**伦理守则**（code of ethics）描述对于同行、公众以及合法团体应承担的道德和职业义务，可以衡量专业人员的行为。该守则包含3个主要的功能。

- 它激励伦理操行。
- 它激发公众对我们职业的信心。
- 它提供评估行动以及训练专业人员（这些专业人员已经同意遵守该守则）的形式化基础。

702

实际上，伦理守则可以激发良好行为并可用来反对他人偏离该操守的行动。可以用法律的力量配合该守则，这样，可以用吊销或撤销执照的办法来惩罚违反守则的行为。

有几种方式可以用来确定或定义伦理行为，（Baase 2002）对此进行了详细讨论。伦理守则可以是规定性的或描述性的。规定性伦理守则是按照权利和义务进行表述的。它严格地说明什么可以做，什么不可以做。描述性伦理守则是按照守则打算支持的德行来表述的，它基于这样的假设：所表述的价值观将担当适当行为的指导。

我们可以将伦理守则看作是职业中诚实和公正的基本准则。例如，它可以指导我们对同事、雇员、客户以及下属保持忠诚。该守则还是描述我们对服务对象应负责任的一套职业准则。例如，它可能定义机密性或开放性准则，来帮助形成关于何时以及如何展示信息的专业判断。该伦理守则还可以指定最佳实践，例如进行多少测试是足够的。大部分职业包含"应尽职责"这样的理念，其中的守则描述什么时候可以说一个从业者运用了良好判断，以及代表了客户或社会的通常可接受的良好实践。

安大略职业工程师协会（PEO）发表了一个伦理守则，强制性要求职业工程师担负下列责任。

- 对社会的责任。
- 对雇员的责任。
- 对客户的责任。
- 对同事和雇主的责任。
- 对工程师职业的责任。
- 对自己的责任。

同时，PEO定义了不正当职业行为的特性。

- 疏忽行为。
- 扰乱。
- 不能保护用户的安全性、健康或财产。
- 不能遵从适当的法令、章程、标准和规则。
- 在专业人员未准备好的或未经检查的文档上签字或盖章。
- 未揭露利益冲突。
- 执行自己专业领域之外的任务。

伦理守则和不当职业行为定义之间的区别体现在表现程度上：一个是另一个的否定。伦理守则是伦理道德行为的高标准，处于法律规定之上，或超过法律的要求。相比较之下，不当职业行为是可受到法律和专业组织机构惩罚的违法行为（例如，吊销或撤销违法者的执照或证书）。补充材料14-2列举了计算机协会（ACM）和电气和电子工程师学会（IEEE）发布的软件工程伦理守则。

703

补充材料14-2　ACM/IEEE软件工程伦理守则以及职业实践（短文版©ACM/IEEE-CS 2004）

守则的短文版高度概括性地总结了它希望达到的目标。完整版包含的条款中，举例并详细描述了这些目标是如何改变我们作为职业软件工程师的方式的。离开了这些目标，这些详细描述便是冗长乏味的法律条文；没有了这些详细描述，这些目标则成了空洞的高调。这两者只有结合在一起，才成为紧密联系在一起的守则。

软件工程师应该致力于使软件的分析、规格说明、设计、开发、测试以及维护成为一个有益的和受人尊敬的职业。与他们对健康、安全和公共福利的承诺一样，软件工程师应该遵守下面8条原则。

(1) 软件工程师的行为应该与公共利益一致。

(2) 软件工程师应该代表其客户和雇员的最佳利益，与公共利益一致。

(3) 软件工程师应该确保他们的产品以及进行的相关修改尽可能达到最高职业标准。

(4) 在职业判断中，软件工程师应该保持诚实和独立性。

(5) 软件工程管理人员和领导者应该赞同并且促进在软件开发和维护的管理中采用符合伦理道德的方法。

(6) 软件工程师应该促进职业中的诚实和声誉，并与公共利益相吻合。

(7) 软件工程师应该公平对待并支援同事。

(8) 软件工程师应该终生学习与职业相关的实践，并促进伦理道德的方法在职业实践中的应用。

伦理选择有时直观易懂，但是通常会涉及艰难的选择。伦理道德的职责可能是冲突的，也可能不存在正确的答案，甚至没有更好的选择。例如，如果你的同事酗酒，可能影响到工程判断，你会向上级报告这种情况吗？如果你的同事存在利益冲突，你会报告这种情况吗？如果你设计的产品可能造成可怕的后果（例如，导致更好的核武器），你还构建该产品吗？

14.4.7 职业发展

不管是否获得执照或通过认证，每一个人都有责任了解有关软件工程产品、过程和实践的最新进展。本书讨论的内容只是更多的职业发展活动的某一方面。在我们开始职业实践活动之后，持续的职业发展能维持和提高我们的知识和技能，因而我们能够成长为更优秀的从业者，构建更优秀的产品，提供更优质的服务。

很多组织机构为我们了解技术现状和实践现状提供了帮助。其中一些是国际性组织，如计算机协会（ACM）、电气和电子工程师学会（IEEE）。地区性组织或国家组织也很重要，例如加拿大电气与计算机工程协会（CSECE）、英国计算机协会、巴西计算机协会。这些组织机构以及其他组织机构通过以下方式帮助我们保持能力。

- 开发标准。
- 出版研究性刊物，扩充我们的知识。
- 出版实践人员刊物，促进研究人员和实践人员之间的技术转移。
- 举行技术性会议，促进同行之间的交流。
- 担当我们公共利益的代表。
- 组成专业兴趣组，探讨特定主题。

例如，IEEE拥有近360 000名成员。表14-8列举了构成IEEE的42个技术协会。其中一个分组，IEEE计算机协会，专门集中于计算机科学和软件工程问题。它是IEEE中最大的技术协会，拥有98 000名成员，并且是计算专业中最大的组织机构。IEEE计算机协会每年独自主办或与其他组织机构联合主办大量技术会议，使其成员能够了解最新的研究状况。表14-9列出了它的很多技术性出版物，告诉其成员有关计算的每一方面。另外，IEEE计算机协会出版社出版书籍和会议论文集。其他组织机构，例如ACM，提供类似的产品和服务。

704

表 14-8　IEEE 技术协会

IEEE 航空与电子系统协会	IEEE 智能传输系统委员会
IEEE 天线与传播协会	IEEE 仪器与测量协会
IEEE 广播技术协会	IEEE 激光与电光学协会
IEEE 电路与系统协会	IEEE 磁学协会
IEEE 通讯协会	IEEE 微波理论与技术协会
IEEE 组件封装与制造技术协会	IEEE 纳米技术委员会
IEEE 计算智能协会	IEEE 原子能与等离子科学协会
IEEE 计算机协会	IEEE 海洋工程协会
IEEE 消费者电子协会	IEEE 能源电子学协会
IEEE 控制系统协会	IEEE 能源工程协会
IEEE 超导体委员会	IEEE 产品安全性工程协会
IEEE 绝缘体与电绝缘协会	IEEE 专业通讯协会
IEEE 教育协会	IEEE 可靠性协会
IEEE 电磁兼容性协会	IEEE 机器人与自动化协会
IEEE 电子设备协会	IEEE 传感器委员会
IEEE 工程管理协会	IEEE 信号处理协会
IEEE 医药与生物工程协会	IEEE 技术间互关联性协会
IEEE 地球科学与遥感协会	IEEE 电晶体电路协会
IEEE 工业电子协会	IEEE 系统、人与控制理论协会
IEEE 工业应用协会	IEEE 超音波学、铁电以及频率控制协会
IEEE 信息理论协会	IEEE 车载技术协会

表 14-9　IEEE 计算机协会出版物

IEEE Transactions on Computers	IEEE Transactions on Visualization and Computer Graphics
IEEE/ACM Transactions on Computational Biology & Bioinformatics	Computing in Science & Engineering
IEEE Transactions on Dependable & Secure Computing	IEEE Annals of the History of Computing
IEEE Transactions on Information Technology in Biomedicine	**IEEE Computer**
	IEEE Computer Graphics & Applications
IEEE Transactions on Knowledge and Data Engineering	IEEE Design & Test of Computers
IEEE Transactions on Mobile Computing	IEEE Intelligent Systems
IEEE Transactions on Multimedia	IEEE Internet Computing
IEEE Transactions on Nanobioscience	IEEE Micro
IEEE Transactions on Networking	IEEE MultiMedia
IEEE Transactions on Parallel and Distributed Systems	IEEE Pervasive Computing
IEEE Transactions on Patterns Analysis and Machine Intelligence	IEEE Security & Privacy
IEEE Transactions on Software Engineering	**IEEE Software**
IEEE Transactions on Very Large Scale Integration (VI SI) Systems	IT Professional
	IEEE Transactions on Networking

14.4.8　研究和实践的进一步发展

软件工程的将来掌握在我们手中。我们必须研究与其他工程师类似的方面，从而学习他们的经验；我们还必须研究与其他工程师不同的方面，从而能够针对我们遇到的独特的问题来剪裁我们的策略、技术和工具。更一般地讲，我们必须从更为广泛的层面看待软件工程，认识到软件产品和过程的质量是由工作在团队中有创造性的人员决定的，而不是机械性过程的产物。要达到这种程度，我们应该利用其他学科，包括社会科学，以便于对过程进行剪裁，以最好地利用我们拥有的每一名工程师；对产品进行剪裁，从而尽可能使我们的客户感到有用或有帮助。最后，我们必须更加关注软件工程决策造成的后果。当软件失效时，谁应该对此负责？谁对需求、设计、实现和测试的失效负法律和道德上的责任？就像很多成熟的学科，我们必须学会对我们采取的行动和我们的产品负责。

705

14.5　学期项目

你的学期项目已经完成。从技术转移的角度考虑完成的产品。你将如何把Loan Arranger介绍给FCO的贷款分析员？这些贷款分析员和他们的管理人员在Rogers描述的采纳连续区间中位于何处？根据他们的分类建议如何改进策略，是改进用户界面、培训、支持，还是产品演化？

14.6　主要参考文献

很多会议，包括International Conference on Software Engineering，都对与技术转移有关的一般问题进行讨论。Redwine和Riddle的文章（Redwine and Riddle 1985）包含了目前为止对软件技术使用的最全面的调查。美国软件工程研究所（SEI）发表了几篇有关技术转移的技术报告。最近讨论软件技术转移的论文有（Pfleeger 1999a）、（Pfleeger 1999b）和（Pfleeger and Menezes 2000）。

706

社会科学文献中包含有关群体决策的丰富信息。（Klein 1998）是讨论认知优先决策模型的一本非常易读的入门性书籍。*IEEE Software*的2000年1月/2月刊讨论了更普遍的问题：我们能够从其他学科中学到什么。

有关Delphi技术的信息，可参见（Linstone and Turoff 1975）和（Turoff and Hiltz 1995）。

*IEEE Software*的1999年11月/12月刊，以及*IEEE Computer*的2000年5月刊讨论了有关软件工程执照发放的问题。（Kaner and Pels 1998）中讨论了当软件失效时应由谁负责，以及作为一名消费者，当软件产品没有正确运转时你该怎么办。

其他关于软件认证和执照发放的优秀参考文献有（Allen and Hawthorn 1999）、（Canadian Engineering Quality Board 2001）、（Knight and Leveson 2000）、（Notkin 2000）、（Parnas 2000）和（Shaw 1990）。就像你将看到的，其中的很多指导原则都是草案形式的，因为软件工程界还正在讨论执照发放和鉴定的相关问题。职业工程师法令是安大略省颁布的一个法令。滑铁卢大学的软件工程计划的描述可以在其网站上找到。

（Baase 2002）中有对伦理道德和个人责任所发挥的作用进行的精彩讨论。

707

14.7　练习

1. 考虑软件项目经理的活动。在何处进行决策？何时进行群体决策？何时进行个人决策？
2. 过去的10年间，什么样的软件技术得到了提高？哪些技术被广泛采用，而哪些技术没有被广泛采用？你能使用Rogers和Moore框架来解释其中的原因吗？
3. *IEEE Software*的2000年1月/2月刊登载了McConnell写的关于软件工程最佳成果的社论。
   - 评审和审查。
   - 信息隐藏。
   - 增量开发。
   - 用户参与。

- 自动化修改控制。
- 使用互联网开发。
- 程序设计语言：Fortran、COBOL、Turbo Pascal、Visual Basic。
- 软件的能力成熟度模型。
- 基于构件的开发。
- 度量与测度。

针对上面列出的每一种实践，分析其可能采用的技术。它是最佳实践吗？有什么证据支持它？而这种证据针对的是哪些人？

参考文献注解

Abdel-Ghaly, A.A., P.Y. Chan, and B. Littlewood (1986). "Evaluation of competing software reliability predictions." *IEEE Transactions on Software Engineering*, SE 12(9): 950-967.
分析若干可靠性模型。介绍u曲线、prequential似然度和噪声的概念。

Abdel-Hamid, Tarek (1989). "The dynamics of software project staffing: A system dynamics based simulated approach." *IEEE Transactions on Software Engineering*, 15(2) (February):109-119.
使用系统动力学模型模拟软件开发项目中不同人员安排层次的效果。

——(1990). "Investigating the cost/schedule trade-off in software development." *IEEE Software*, 7(1):97-105, January.

——(1996). "The slippery path to productivity improvement." *IEEE Software*, 13(4)(July): 43-52.
建议使用系统动力学优化软件开发中的资源使用。

Abdel-Hamid, Tarek, and Stuart Madnick (1991). *Software Project Dynamics: An Integrated Approach*. Englewood Cliffs, NJ: Prentice Hall.
包含软件开发过程中广泛的系统动力学模型。

Ackerman, F., L.S. Buchwald, and F.H. Lewski (1986). "Software inspections: An effective verification process." *IEEE Software*, 6(3) (May): 31-36.

Adams, E. (1984). "Optimizing preventive service of software products." *IBM Journal of Research and Development*, 28(1): 2-14.
分析许多大型软件系统，并说明很多软件故障很少导致失效，而其中的一小部分会引起最常发生的失效。

Agile Alliance (2001). Principles of the Agile Alliance.

Akao, Yoji (1990). *Quality Function Deployment: Integrating Customer Requirements Into Product Design*. Productivity Press, 1990.

Alexander, Christopher (1979a). *The Timeless Way of Building*. New York: Oxford University Press.
以建筑学为背景的、介绍设计模式的第一本书。

——(1979b). *Notes on the Synthesis of Form*. Cambridge, MA: Harvard University Press.

Alford, M. (1977). "A requirements engineering methodology for real-time processing requirements." *IEEE Transactions on Software Engineering*, SE 3(1)(January):60-69.
介绍SREM的文章。

——(1985). "SREM at the age of eight: The distributed computing design system." *IEEE Computer*, 18(4)(April): 36-46.

Allen, Frances, and Paula Hawthorn (1999). "ACM Task Force on Professional Licensing in Software Engineering." May.

Allen, Julia H., Sean Barnum, Robert J. Ellison, Gary McGraw, and Nancy Mead (2008). *Software Security Engineering: A Guide for Project Managers*. Upper Saddle River, NJ:Addison-Wesley.

Ambler,Scott W. (2002). *Agile Modeling: Effective Methods for Extreme Programming and the Unified Process*. New York: John Wiley and Sons.

——(2003). "Agile model driven development is good enough." *IEEE Software* (September/October): 71−73.

Ambler, Scott W. (2004a). "Agile Requirements Modeling." 官方Agile Modeling（敏捷建模）网站.

——(2004b). "Agile Software Development." 官方Agile Modeling（敏捷建模）网站.

Andriole, Stephen J. (1993). *Rapid Application Prototyping: The Storyboard Approach to User Requirements Analysis*. New York: John Wiley.

Anonymous (1996). "In a hurry are we, sir?" *Pilot*.
    描述"鹞"式飞机中不曾预料到的雷达软件问题。

Anthes, Gary H. (1997). "How to avoid killer apps."*Computerworld*, July 7.
    对不安全软件设计的一些结果的精彩总结。

    Antón, Philip S., Robert H.Anderson,Richard Mesic, and Michael Scheiern (2004). *Finding and Fixing Vulnerabilities in Information Systems: The Vulnerability Accessment and Mitigation Methodology*. MR 1601-DARPA.Santa Monica, CA: RAND Corporation.

Arango, Guillermo, Eric Schoen, and Robert Pettengill (1993). "Design as evolution and reuse." In *Proceedings of the Second International Workshop on Software Reusability* (Lucca, Italy, March 24-26). Los Alamitos, CA: IEEE Computer Society Press.
    对使用技术性书籍和项目书籍的讨论，可获取关于把一个项目复用到其他项目中的经验教训。

Ardis, Mark, and Janel Green (1988). "Successful introduction of domain engineering into software development." *Bell labs Technical Journal*, 3(3)(July-September): 10-20.

Ardis, Mark A., John A. Chaves, Lalita Jategaonkar Jagadeesan, Peter Mataga, Carlos Puchol, Mark G. Staskauskas, and James Von Olnhausen (1996). "A framework for evaluating specification methods for reactive systems." *IEEE Transactions on Software Engineering*, 22(6)(June): 378-389.
    一个经验报告，最初发表于第17届软件工程国际会议，它提供从若干需求规格说明技术中进行选择的标准。它包含基本标准和重要标准，并且说明了在整个开发生命周期中，他们是如何应用这些标准的。

Arnold, Robert S. (1993). *Software Reengineering*. Los Alamitos, CA: IEEE Computer Society Press.

Arnold, Robert S. and Shawn Bohner (1996). *Software Change Impact Analysis*. Los Alamitos, CA: IEEE Computer Society Press.

Arthur, Lowell Jay (1997). "Quantum improvements in software system quality." *Communications of the ACM*, 40(6) (June):47-52.
    讨论美国西部技术公司（U.S.West Technologies）进行软件改进的相关经验，指出所犯的一些错误，包括将工作放在错误的目标上。

Asch, Solomon (1956). "Studies of independence and submission to group pressure." *Psychological Monographs*, 70.

Associated Press (1996). "Pilot's computer error cited in plane crash." *Washington Post*, August 24, p.A4.

Atomic Energy Control Board (AECB) (1999). *Draft Regulatory Guide C-138 (E): Software in Protection and Control Systems*.
    关于哥伦比亚航天飞机的灾难的新报告，讨论其中计算机错误所承担的责任。

Avizienis, A., and J.P.J Kelly (1984). "Fault tolerance through design diversity: Concepts and experiments." *IEEE Computer*, 17(8): 67-80.
    描述这样一个理念：使用几个相互独立进行设计的系统，而这些系统强调了同样需求。其目标是一次运行所有的系统，基于投票的多数原则来采取行动。这是美国空间航空飞机冗余系统的原则。参见Knight和Leveson（1986）的文章，该文章持与此相反的观点。

Baase, Sara (2002). A Gift of Fire: *The Social, Legal and Ethical Issues for Computers and the Internet*, 2nd ed. Upper Saddle River, NJ: Prentice Hall.

Babich, Wayne (1986). *Software Configuration Management*. Reading, MA: Addison-Wesley.

一篇关于配置管理中关键问题的优秀的综述性著作，该书的最后部分包含几个案例研究。

Bach, James (1997). "Test automation snake oil." In *Proceedings of the Fourteenth International Conference and Exposition on Testing Computer Software*, pp. 19-24 (Washington, DC, June 16-19).

针对测试自动化能够或不能够为你做什么，提出做出明智决策的指导原则。可从马里兰州安纳波利斯市的Frontier Technologies获得。

Bailey, John W., and Victor R. Basili (1981). "A meta-model for software development resource expenditures." In *proceedings of the Fifth International Conference on Software Engineering*, pp. 107-116. Los Alamitos, CA: IEEE Computer Society.

Baker, F.T. (1972). "Chief programmer team management of production programming." *IBM Systems Journal*, 11(1): 56-73.

提出以主程序员负责制进行软件项目开发的第一篇论文。

Ballard, Mark (2006). "NHS IT cost doubled to £ 12.4 billion." *The Register* (16 June).

Balzer, Robert (1981a). "Transformational implementation: An example." *IEEE Transactions on Software Engineering*, SE 7(1) (January): 3-14.

描述软件开发的转换过程模型。

——(1981b). Gist Final Report (February). Los Angeles: University of Southern California, Information Sciences Institute.

Banker, R., R. Kauffman, and R. Kumar (1992). "An empirical rest of object-based output measurement metrics in a computer-aided software engineering (CASE) environment." *Journal of Management Information Systems*, 8(3) (Winter): pp. 127-150.

介绍关于测量系统规模的对象点的概念。

Barghouti, Naser S., and Gail E. Kaiser (1991). "Scaling up rule-based development environments." In *Proceedings of the Third European Software Engineering Conference* (Milan, Italy). *Lecture Notes in Computer Science*, no.55, pp. 380-395. Amsterdam: Springer-Verlag.

Barghouti, Naser S., David S. Rosenblum, David G. Berlanger, and Christopher Alliegro (1995). "Two case studies in modeling real, corporate processes." *Software Process: Improvement and Practice*, 1(1): 17-32.

Barnard, J., and A. Price (1994). "Managing code inspection information". *IEEE Software*, 11(2) (March): 59-69.

AT&T所做的广泛的关于Fagan审查的量化研究。它使用目标−问题−度量的范型来决定要测量什么。

Barnes, Bruce, and Terry A. Bollinger (1991). "Making reuse cost-effective." *IEEE Software*, 8(1) (January): 13-24.

在进行复用工作中标识关键问题的一个有趣的综述文章。

Barron, D.W., and J.M. Bishop (1984). *Advanced Programming*. New York: John Wiley.

Basili, Victor R.(1990). "Viewing maintenance as reuse-oriented software development." *IEEE Software*, 7(1) (January): 19-25.

Basili, Victor R., Lionel Briand, and Walcelio Melo (1995). "A validation of object-oriented design metrics as quality indicators."*IEEE Transactions on software Engineering*, 22(10) (October): 751-761.

Basili, Victor R., and Scott Green (1994). "Software process evolution at the SEL." *IEEE Software*, 11(4) (July): 58-66.

描述对质量改进的范型的使用、案例研究以及调研阅读技术和净室方法的效果。对于描述如何使用不同类型的研究来评价一种技术特别有用。

Basili, Victor R., and Barry T. Perricone (1984). "Software errors and complexity: An empirical investigation." *Communications of the ACM*, 27(1): 42-52.

分析从关于软件修改的数据导出的分布和关系。

Bass, Len, Paul Clements, and Rick Kazman (2003). *Software Architecture in Practice*, 2nd ed. Boston, MA:

Addison-Wesley.

一篇关于如何建立、描述和分析一个系统的软件体系结构的综合性文章，文中包含很多好的案例研究。

——(2003a). "Achieving qualities." In *Software Architecture in Practice*, pp. 99-128. Boston, MA: Addison- Wesley.

——(2003b). "Software product lines." In *Software Architecture in Practice*, pp. 353-368. Boston, MA: AddisonWesley.

Bates, Clive (1997). "Test it again—how long?" In *Proceedings of the Fourteenth International Conference and Exposition on Testing Computer Software* (Washington, DC, June 16-19).

可从Frontier Technologies、Annapolis、MD获得该论文。

Beck, Kent (1999). *Extreme Programming Explained: Embrace Change*. Reading, MA: Addison-Wesley.

Beck, Kent et al. (2004). "Manifesto for Agile Software Development." October.

Beizer, Boris (1990). *Software Testing Techniques*, 2nd ed. New York: Van Nostrand.

这本书是第2版。它是为数不多的关于软件测试的内容全面的教材中的一本，书中包含了许多具体策略的详细描述，认真讨论了关于测度的相关问题。

——(1995). *Black-Box Testing*. New York: John Wiley.

——(1997). "Cleanroom process model: A critical examination." *IEEE Software*, 14(2) (March/April): 14-16.

提出：净室方法忽视基本测试理论，是不可靠的实践。

Belady, L., and M.M. Lehman (1972). "An introduction to growth dynamics." In W. Freiberger (ed.), *Statistical Computer Performance Evaluation*. New York: Academic Press.

Bentley, Jon (1986). *Programming Pearls*. Reading, MA: Addison-Wesley.

——(1989). *More Programming Pearls*. Reading, MA: Addison-Wesley.

Berard, Edward V. (2000). "Abstraction, encapsulation and information hiding."

讨论抽象、封装和信息隐藏之间差别的一篇优秀短文。

Berry, Daniel M. (2002a). "The inevitable pain of software development, including of extreme programming, caused by requirements volatility." *Proceedings of the Workshop on Time-Constrained Requirements Engineering* (T-CRE). Essen, Germany (September): 9-19. Los Alamitos, CA: IEEE Computer Society Press.

Berry, Daniel M. (2002b). "The inevitable pain of software development: Why there is no silver bullet." In *Proceedings of Monterey Workshop 2002: Radical Innovations of Software and Systems Engineering in the future*. Venice, Italy (October): 28-47. Los Alamitos, CA: IEEE Computer Society Press.

Bertolino, A., and L. Strigini (1996). "On the use of testability measures for dependability assessment." *IEEE Transactions on Software Engineering*, 22(2) (February): 97-108.

该文作者分析了Voas提出的可测试性的概念，并指出存在很多潜在的危险。通过使一个程序高度可测试，可能增加无故障程序的概率，但是如果故障继续存在，会同时增加失效的概率。他们提出一个改进的关于可测试性的模型。

Beyer, Hugh, and Karen Holtzblatt (1995). "Apprenticing with the customer: A collaborative approach to requirements definition." *Communications of the ACM*, 35(8) (May 1995): 45-52.

Bieman, James M., and Linda M. Ott (1993). Measuring Functional Cohesion, Technical Report TR CS-93-109. Fort Collins: Colorado State University, Computer Science Department.

Binder, Robert V. (1997). "Can a manufacturing quality model work for software?" *IEEE Software*, 14(5) (September/October): 101-105.

"Quality Time"的一篇专栏文章，讨论为什么六西格玛质量的成果不适合于软件。

Binder Robert. (2000). *Testing Object-Oriented Systems*. Reading, MA: Addison-Wesley.

Bodker, K., and J. Pedersen (1991). "Workplace cultures: Looking at artifacts, sysmbols and practices." In J. Greenbaum and M. Kyng (eds.), *Design at Work: Cooperative Design of Computer Systems*, pp. 121-136. Hillsdale, NJ: Lawrence Erlbaum.

Boehm, Barry (2000). "Requirements that handle IKIWISI, COTS, and rapid change." *IEEE Computer*, 33(7) (July): 99-102.

Boehm, B.W. (1981). *Software Engineering Economics*. Englewood Cliffs, NJ: Prentice Hall.
在首先以"工程"的观点看待软件工程的著作中，这本书是其中之一。Boehm讨论了用于软件工作量和进度估算的COCOMO模型的来历和应用。这本书特别有趣，因为Boehm基于COCOMO模型的大量数据来自TRW（一个国防部项目承包商）。

Boehm, B. W. (1988). "A spiral model for software development and enhancement." *IEEE Computer*, 21(5) (May): 61-72.
描述一个将风险管理过程与软件开发生命周期合并在一起的模型。

——(1989). *Software Risk Management*. Los Alamitos, CA: IEEE Computer Society Press.
一个关于处理软件开发项目风险的优秀指南。

——(1990). "Verifying and validating software requirements and design specifications." In *System and Software Requirements Engineering*. Los Alamitos, CA: IEEE Computer Society Press.

——(1991). "Software risk management: Principles and practices." *IEEE Software*, 8(1) (January): 32-41.
关于风险管理术语、模型和例子的优秀综述性论文。

——(1996). "Anchoring the software process." *IEEE Software*, 13(4) (July): 73-82.

——(2000). "Software cost management with COCOMO II." In *Proceedings of the International Conference on Applications of Software Measurement*. Orange Park, FL: Software Quality Engineering.

Boehm, B.W., J.R. Brown, J.R. Kaspar, M. Lipow, and G. MacCleod (1978). *Characteristics of Software Quality*. Amsterdam: North Holland.
提出关于一些质量属性的定义和测量。该书描述一个关于软件质量的"模型"，一直称为Boehm质量模型。

Boehm, B.W., C. Clark, E. Horowitz, C. Westland, R. Madachy, and R. Selby (1995). "Cost models for future life cycle processes: COCOMO 2.0." *Annals of Software Engineering*, 1(1) (November): 57-94.
该论文描述在使用最初的COCOMO模型时发现的一些问题，以及在COCOMO模型的修正版本中用于解决这些问题的技术。

Boehm, B.W., T.E. Gray, and T. Seewaldt (1984). "Prototyping versus specifying: A multi-project experiment." *IEEE Transactions on Software Engineering*, SE 10(3) (March): 290-302.

Boehm, B.W., and C. Papaccio (1988). "Understanding and controlling software costs." *IEEE Transactions on Software Engineering*, 14(10) (October): 14-66.

Böhm, C., and G. Jacopini (1966). "Flow diagrams, Turing machines and languages with only two formation rules." *Communications of the ACM*, 9(5) (May): 266.
这是一篇经典的论文：说明任何设计都可以写为一个序列、判定和迭代——也就是说，不用使用goto语句。

Bohner, Shawn A. (1990). Technology Assessment on Software Reengineering, Technical Report, CTC-TR-90-001P. Chantilly, VA: Contel Technology Center.
关于如何进行再工程、逆向工程、重组以及彼此之间的再工程的有趣的、清晰的描述。可惜的是，只能从作者那里获取该技术报告。

Bollinger, Terry B., and Clement L. McGowan (1991). "A critical look at software capability evaluations." *IEEE Software*, 8(4) (July): 25-41.
这是一篇条理清晰的、有深刻见解的论文，它置疑过程成熟度存在的基础，任何考虑采用过程改进策略的人都必须阅读这篇论文。

Bollinger, Terry B., and Shari Lawrence Pfleeger (1990). "The economics of software reuse: issues and alternatives." *Information and Software Technology*, 32(10) (December): 643-652.

Booch, Grady (1994). *Object-Oriented Analysis and Design with Applications*, 2nd ed. San Francisco, CA:

Benjamin-Cummings.

Booch, Grady, James Rumbaugh, and Ivar Jacobson (2005). *The Unified Modeling Language User Guide*. Boston, MA: Addison-Wesley Professional.

Braun, Christine, and Rubén Prieto-Díaz (1990). Technology Assessment of Software Reuse, Technical Report CTC-TR-90-004P. Chantilly, VA: Contel Technology Center.

Brealey, R., and S. Myers (1991). *Principles of Corporate Finance*. New Tork: McGraw-Hill.

Brettschneider, Ralph (1989). "Is your software ready for release?" *IEEE Software*, 6(4) (July):100-108.
描述摩托罗拉公司使用的一个简单模型，称为零失效测试模型。

Briand, Lionel C., Victor R. Basili, and William M. Thomas (1992). "A pattern recognition approach for software engineering data analysis." *IEEE Transactions on Software Engineering*, 18(11): 931-942.
使用优化集缩减来进行成本估算。

Briand, Lionel C., Prem Devanbu, and Walcelio Melo (1997). "An investigation into coupling measurs for C++." In *Proceedings of the Nineteenth International Conference on Software Engineering* pp. 412-421 (Boston, MA). May, 1997. Los Alamitos, CA: IEEE Computer Society Press.
提出一组关于面向对象设计的测量。证明其中一些测量可能对故障检测有用。

Briand, Lionel C., Sandro Morasca, and Victor R. Baslili (1994). Defining and Validating High-Level Design Metrics, Technical Report CS-TR-3301. College Park, MD: University of Maryland, Department of Computer Science.

Brodman, Judith G., and Donna L. Johnson (1995). "Return on investment (ROI) from software process improvement as measured by U.S. industry." *Software Process—Improvement and Practice*, 1(1): 35-47.
这一篇文章分析了33个组织用软件计算投资回报率的方式。它说明了存在的很大的不一致性，使我们不可能整合这些结果。

Brooks, Frederick P., Jr. (1987). "No silver bullet : Essence and accidents of software engineering." *IEEE Computer*, 20(4) (April): 10-19.

Brooks, Frederick P., Jr. (1995). *The Mythical Man-Month 20th Anniversary Edition*.Reading, MA:Addison-Wesley.
一本很经典的书，收集了作者参与开发OS-360操作系统的经验记录。作者的很多论点都涉及组织动态学，比如向一个延期的项目中额外增加人员。本书最初出版于1975年。

Brownsword, Lisa, and Paul Clements (1996). "A case study in successful product line development." CMU/SEI-96-TR-016.Pittsburgh, PA:Software Engineering Institute, Carnegie Mellon University.

Busby, J.S., and S.C. Barton (1996) "Predicting the cost of engineering : Does intuition help or hinder?" *Engineering Management Journal*. 6(4): 177-182.

Buschmann, F., R. Meunier, H. Rohner, P.Sommerlad and M. Stal (1996). *Pattern-Oriented Software Architecture: A System of Patterns*. Chichester, UK: John Wiley & Sons.

Canadian Engineering Qualifications Board (CEQB) (2004). "Software Engineering Syllabus—2004."

Canadian Engineering Quality Board (2001). "Core and Supplementary Bodies of Knowledge for Software Engineering: A report prepared for the CCPE as part of the CEQB Body of Knowledge Development Pilot Project." Draft version 0.4 (September 5).

Card, David N. (1992). "Capability evaluations rated highly variable." *IEEE Software*, 9(5) (September): 105-107.

Card, David N., V.E. Church, and William W. Agresti (1986). "An empirical study of software design practices." *IEEE Transactions on Software Engineering*, 12(2) (February): 264-271.

Card, David N., and Robert L. Glass (1990). *Measuring Software Design Quality*. Englewood Cliffs, NJ: Prentice Hall.

一本有趣的著作，讨论基于测量的目标和行为，一个测量是如何演化的。

Cashman, P.M., and A.W. Holt (1980). "A communication-oriented approach to structuring the software maintenance environment." *ACM SIGSOFT Software Engineering Notes*, 5(1) (January): 4-17.

Cavano, Joseph P., and Frank S. LaMonica (1987). "Quality assurance in future development environments." *IEEE Software*, 7(5) (September): 26-34.

Chen, Peter (1976). "The entity-relationship model: Toward a unified view of data." *ACM Transaction on Database Systems*, 1(1): 9-36.

Chen, Minder and Ronald J. Norman (1992). "A Framework for Integrated CASE," *IEEE Software*, 9(2): 18-22.

Chidamber, S.R., and C.F. Kemerer (1994). "A metrics suite for object-oriented design." *IEEE Transactions on Software Engineering*, 20(6): 476-493.

Chillarege, Ram, Inderpal S. Bhandari, Jarir K. Chaar, Michael J. Halliday, Diane S. Moebus, Bonnie K. Ray, and Man-Yuen Wong (1992). "Orthogonal defect classification: A concept for in-process measurements." *IEEE Transactions on Software Engineering*, 18(11) (November): 943-956.

Clements, Paul, F. Bachmann, Len Bass, David Garlan, J. Ivers, R. little, Robert L. Nord, and J. Stafford (2003). *Documenting Software Architectures*. Reading, MA: Addison-Wesley.

Clements, Paul, and Linda Northrop (2002). *Software Product Lines: Practices and Patterns*. Boston, MA: Addison-Wesley.

Coad, Peter, and Edward Yourdon (1991). *Object-Oriented Analysis*. Englewood Cliffs, NJ: Prentice Hall.

Cobb, R.H., and H.D. Mills (1990). "Engineering software under statistical quality control." *IEEE Software*, 7(6) (November): 44-54.

Cockburn, Alistair (2002). *Agile Software Development*. Reading, MA: Addison-Wesley.

Cockburn, Alistair, and Laurie Williams (2000). "The costs and benefits of pair programming," *Proceedings of Extreme Programming and Flexible Processes in Software Engineering* (XP2000), Cagliari, Italy. (June).

Coffee, Peter (1997). " Pathfinder made not so soft a landing." *PC Week*, July 19.

Coglianese, L., and R. Szymanski (1993). "DSSA-ADAGE: An environment for architecture-based avionics development." *Proceedings of AGARD'93* (May).

Cohen, David, Siddhartha Dalal, Jesse Parelius, and Gardner Patton (1996). " The combinatorial approach to automatic test generation." *IEEE Software*, 13(5) (September): 83-88.
描述使用组合的设计将测试计划从一个月减少到一个星期以内。

Cole, M., and P. Griffin (1990). "Cultural amplifiers reconsidered." In D.R. Olson (ed.), *The Social Foundations of Language and Thought*, pp. 343-364. New Tork: W.W. Norton.

Coleman, Derek, Patrick Arnold, Stephanie Bodoff, Chris Dollin, Helena Gilchrist, Fiona Hayes, and Paul Jeremaes (1994). *Object-Oriented Development: The Fusion Method*. Englewood Cliffs, NJ: Prentice Hall.
描述一种方法，该方法集成并扩展了OMT、Booch、CRC和Objectory的最好的特征。书中给出了许多详细解释的例子。

Coleman, Don, Dan Ash, Bruce Lowther, and Paul Oman (1994). " Using metrics to evaluate software system maintainability." *IEEE Computer*, 27(8) (August): 44-49.
描述了惠普公司在指导维护决策的过程中对度量的使用。

Collier, Bonnie, Tom DeMarco, and Peter Fearey (1996). "A defined process for project postmortem reviews." *IEEE Software*, 13(4) (July): 65-72.

Compton, B.T., and C. Withrow (1990). "Prediction and control of Ada software defects." *Journal of Systems and Software*, 12: 199-207.
关于Unisys的软件故障行为的报告。

Computer Weekly Report (1994), "Sources of errors." August 12.

Conklin, Peter F. (1996). "Enrollment management: Managing the Alpha AXP program." *IEEE Software* 13(4) (July): 53-64.

描述了一种项目管理方法，该方法在开发Digital的Alpha芯片中非常成功。

Conte, S., H. Dunsmore, and V. Shen (1986). *Software Engineering Metrics and Models*. Menlo Park, CA: Benjamin-Cummings.

一篇很好的综述性的、关于软件度量历史的论文。关于比较成本估算模型的章节尤其优秀。

Courtney, R.E., and D.A. Gustafson (1993). "Shotgun correlations in software measures." *Software Engineering Journal*, 8(1): 5-13.

Curtis, Bill, W.E. Hefley, and S. Miller (1995). People Capability Maturity Model, Technical Reports SEI-CMU-TR-95-MM-001 and -002. Pittsburgh, PA: Software Engineering Institute.

Curtis, Bill, Marc I. Kellner, and Jim Over (1992). "Process modeling." *Communications of the ACM*, 35(9) (September): 75-90.

一篇关于各种建模过程方法的很好的综述性论文。

Curtis, Bill, Herb Krasner, and Neil Iscoe (1988). "A field study of the software design process for large systems." *Communications of the ACM*, 31(11) (November): 1268-1287.

"我们通常建模容易建模的，而不是需要建模的。"这是提出这一问题的一篇重要的论文。

Curtis, Bill, Herb Krasner, Vincent Shen, and Neil Iscoe (1987). "On building software process models under the lamppost." In Proceedings of the 9th International Conference on Software Engineering, pp. 96-103. Monterey, CA: IEEE Computer Society Press.

这篇论文对17个软件开发项目中的重要活动予以评估。

Cusumano, Michael, and Richard W. Selby (1995). *Microsoft Secrets: How the World's Most Powerful Software Company Creates Technology, Shapes Markets and Manages People*. New York: Free Press/Simon and Schuster.

——(1997). "How Microsoft builds software." *Communications of the ACM*, 40(6) (June): 53-61.

一个有趣的论述，讨论了微软如何将一些好的软件工程实践结合在一起，而同时又保持某些方面的黑客精神。

Czarnecki, Krzysztof (2005). "Overview of generative software development." In J.-P. Banâtreet al. (eds), *Unconventional Programming Paradigms (UPP) 2004*, LNCS 3556, pp. 313-328.

Davis, Alan M. (1993). *Software Requirements: Objects, Functions and States*, rev. ed. Englewood Cliffs, NJ: Prentice Hall.

——(1995). *201 Principles of software Development*. New York: McGraw-Hill.

Dawid, A.P. (1984). "Statistical theory: The prequential approach." *Journal of the Royal Statistical Society*, A147: 278-292.

De Almeida, Mauricio, Hakim Lounis, and Walcelio Melo (1997). "An investigation on the use of machine learning models for estimating software correctability." Technial Report CRIM-97/08-81. Montreal: Centre de Recherche Informatique de Montréal.

DeLine,Robert (2001). "Avoiding packaging mismatch with flexible packaging." *IEEE Transactions on Software Engineering*, 27(2):124-143.

DeMacro, T. (1978). Structured Analysis and System Specification. New York: Yourdon Press.

关于在需求分析阶段使用结构的有条理的、引人注目的论点。

——(1982). *Controlling Software Projects*. New York: Yourdon Press.

关于使用测度来理解和指导软件项目的一个有趣的、明智的论点。其中包括关于"system bang"的定义和估算含义的有益的讨论。

——(1997). *The Deadline: A Novel about Project Management*. New York: Dorset House.

DeMarco, T., and T. Lister (1985). "Programmer performance and the effects of the workplace." In *Proceedings of the Eighth International Conference on Software Engineering* (London). Los Alamitos, CA: IEEE Computer Society Press.

——(1987). *Poepleware: Productive Projects and Teams*. New York: Dorset House.

Deming, W. Edwards (1989). *Out of Crisis*. Cambridge, MA: MIT Center for Advanced Engineering Study.

Denton, Lynn (1993). *Designing, Writing and Producing Computer Documentation*. New York: McGraw-Hill.

Department of Defense (1977). *Automated Data Systems Documentation Standards.* Washington, DC: DOD.

Department of Trade and Industry (1992). " TickIT guide to software quality management, system construction and certification using ISO 9001/EN 29001/BS 5750 issue 2.0." Available from TickIT project office, 68 Newman Street, London W1A 4SE, UK.

DeYoung, G.E., and G.R. Kampen (1979). "Program factors as predictors of program readability." In *Proceedings of the Computer Software and Applications Conference*, pp. 668-673. Los Alamitos, CA: IEEE Computer Society Press.

Dijkstra, Edsger W. (1982). "On the role of scientific thought." *Selected Writings on Computing : A Personal Prespective*. New York: Springer-Verlag.

Dion, Raymond (1993). "Process improvement and the corporate balance sheet." *IEEE Software,* 10(4) (July): 28-35.
描述软件过程改进的效果，以及关于企业损失和利益的SEI的能力成熟度模型。

Dixon, Rand (1996). *Client/Server and Open Systems*. New York: John Wiley.
关于客户/服务器的利弊的全面评述，包括厂商对客户/服务器的支持信息，以及开放系统体系结构产品的相关信息。

Dressler, Catherine (1995). "We've got to stop meeting like this." *Washington Post*, December 31, p. H2.
这是一篇有趣的文章，给出了一些关于如何改进项目会议的建议。

Drobka, Jerry, David Noftz, and Rekha Raghu (2004). "Piloting XP on four mission-critical projects." *IEEE Software*, 21(6) (November/December): 70-75.

Dromey, R. Geoff (1996). "Cornering the chimera." *IEEE Software*, 13(1) (January): 33-43.
这篇文章给出一个产品质量模型，它定义所有的子特性，从而可以对这些子特征进行测量，并将它们合并为更高层的特性。

Dutertre, Bruno, and Victoria Stavridou (1997). "Formal requirements analysis of an avionics control system." *IEEE Transactions on Software Engineering*, 23(5) (May): 267-277.
该文章描述了一种用PVS来说明和验证实时系统的方法，包括功能需求和安全性需求的形式化规格说明，并且论证了一致性和一些安全特性。

Easterbrook, Steve, and Bashar Nuseibeh (1996). "Using viewpoints for inconsistency management." *IEEE Software Engineering Journal*, 11(1) (January), BCS/IEE Press: 31-43.

Eckhardt, D.E., and L.D. Lee (1985), "A theoretical basis for the analysis of multiversion software subject to coincident errors." *IEEE Transactions on Software Engineering*, SE-11(12): 1511-1517.

Ehn, P. (1988). *Work-Oriented Design of Computer Artifacts*. Stockholm: Almquist & Wiksell International.

El Emam, Khaled, and N.H. Madhavji (1995). "The reliability of measuring organizational maturity." *Software Process Improvement and Practice*, 1(1): 3-25.

Elmendorf, W.R. (1973). Cause-Effect Graphs in Functional Testing, Technical Report TR-00.2487. Poughkeepsie, NY: IBM Systems Development Division.

——(1974). "Functional analysis using cause-effect graphs." In *Proceedings of SHARE XLIII*. New York: IBM.

Elssamadissy, A., and G. Schalliol (2002). "Recognizing and responding to 'bad smells' in extreme programming." In *Proceedings of the 24th International Conference on Software Engineering*, (May). Los Alamitos, CA: IEEE Computer Society Press.

Engle, Charles, Jr,. and Ara Kouchakdjian (1995). " Engineering software solutions using cleanroom." In

Proceedings of the Pacific Northwest Quality Conference. Portland, OR.

被Beizer作为避免单元测试的、正统的净室方法来引用的一个例子。

ESPI Exchange (1996). " Productivity claims for ISO 9000 ruled untrue." London European Software Process Improvement Foundation.(October), p.1.

英国广告标准管理局裁定：ISO 9000认证并不保证高质量产品。本文对此进行了讨论。

Evans, M., and J. Marciniak (1987). *Software Quality Assurance and Management.* New York: John Wiley.

Fagan, M.E. (1976). " Design and code inspections to reduce errors in program development." *IBM Systems Journal*, 15(3): 182-210.

关于Fagan审查的原创论文。

——(1986). "Advances in software inspections." *IEEE Transactions on Software Engineering*, SE 12(7): 744-751.

对于经典的Fagan审查方法的最新描述。

Favaro, John (1996). "Value based principles for management of reuse in the enterprise." In *Proceedings of the Fourth International Conference on Software Reuse* (Orlando, Florida). Los Alamitos, CA: IEEE Computer Soceity Press.

Favaro, John, and Shari Lawrence Pfleeger (1998). "Making Software Development Investment Decisions." *ACM Software Engineering Notes*, 23(5) (September): 69-74.

Fenelon, P., J.A. McDermid, M. Nicholson, and D.J. Pumfrey (1994). "Towards integrated safety analysis and design." *ACM Applied Computing Reviews*, 2(1) (July): 21-32.

关于评价软件安全性相关技术的优秀综述性论文。

Fenton, Norman E., and Shari Lawrence Pfleeger (1997). *Software Metrics: A Rigorous and Practical Approach*, 2nd ed., London: PWS Publishing, 1997.

Fernandes, T. (1995). *Global Interface Design*. London: Acadmic Press.

Fewster, Mark, and Dorothy Graham (1999). *Automated Software Testing*. Reading MA: Addison-Wesley.

Field, Tom (1997a). "A good connection." *CIO Magazine*, February 1.

描述了贝尔大西洋公司如何处理遗留系统以及升级客户服务和产品。

——(1997b). "Banking on the relationship." *CIO Magazine*, February 1.

介绍大通曼哈顿银行如何更新遗留系统以及关注信息技术中的人与人之间的关系问题。

Fischer, G., K. Nakakoji, and J. Ostwald (1995). "Supporting the evolution of design artifacts with representations of context and intent." In *Proceedings of DIS95, Symposium on Designing Interactive Systems* (Ann Arbor, MI), pp. 7-15. New York: ACM.

Fjeldstad, R.K., and W.T. Hamlen (1979). "Application program maintenance study: A report to our respondents." In *proceedings of GUIDE 48* (Philadelphia).

关于25个数据处理项目的旧而有趣的综述。它讨论开发时间和维护时间的分离。

Forgionne, G.A. (1986). *Quantitative Decision Making*. Belmont, CA: Wadsworth.

Forrester, J. (1991). "System dynamics and the lessons of 35 years." Working paper D-42241. Cambridge, MA: Massachusetts Institude of Technology, Sloan School of Managenent.

这篇文章描述了系统动力学方法自创建以来的相关应用。

Foushee, H.C., J.K. Lauber, M.M. Baetge, and D.B. Acomb (1986). "Crew performance as a function of exposure to high-density short-haul duty cycles," NASA Technical Memorandum 99322, Moffett Field, CA, NASA Ames Research Center.

Fowler, Martin (1999). *Refactoring: Improving the Design of Existing Code*. Reading, MA: Addison-Wesley.

Fowler, M., and K. Scott (1999). *UML Distilled: Applying the Standard Object Modeling Language*, 2nd ed. Reading, MA: Addison-Wesley.

Frakes, William B., and Sadahiro Isoda (1994). "Success factors of systematic reuse." *IEEE Software*, 11(5)

(September): 15-19.

它对系统地进行复用的特殊事项进行介绍。

Frankl, Phyllis, Dick Hamlet, Bev Littlewood, and Lorenzo Strigini (1997). "Choosing a testing method to deliver reliability." In *Proceedings of the Nineteenth International Conference on Software Engineering* (Boston, MA), pp. 68-78. New York: ACM Press.

这是一篇有趣的论文。它对测试进行比较以发现故障并改善可读性。

Fujitsu Corporation (1987). Personal communication with Rubén Prieto-Díaz, as reported in Braun and Prieto-Díaz (1990).

Fukuda, K. (1994). *The Name of Colors (Iro no Namae)* (in Japanese). Tokyo:Shufuno-tomo.

解释与不同颜色相关联的文化内涵。这些信息对于考虑用户界面的设计非常有用。

Gabb, Andrew P., and Derek E. Henderson (1995). "Navy Specification Study: Robert 1—Industry Survey," DSTO-TR-0190, Draft 2.0a. Canberra: Australian Department of Defence, Defence Science and Technology Organisation.

它是对一些公司进行的调查研究，这些公司为澳大利亚海军开发和供应复杂的可操作的基于计算机的系统。它还包括对海军需求规格说明的质量的反馈。

Gamma, Erich, Richard Helm, Ralph Johnson, and John Vlissides (1995). *Design Patterns: Elements of Object-Oriented Software Architecture*. Reading, MA : Addison-Wesley.

这是一本既有趣又有用的书：描述根据我们发现的设计模式来设计体系结构。

Gane, C., and T. Sarson (1979). Structured Systems Analysis: Tools and Techniques. Englewood Cliffs, NJ: Prentice Hall.

这是一本关于使用结构化分析获取需求的经典教材。

Garlan, David (2000). "Software architecture: A road map."In Anthony Finkelstein (ed.), *The Future of Software Engineering*, New York: ACM Press.

Garlan, David, Gail E. Kaiser, and David Notkin (1992). "Using Tool abstraction to compose systems." *IEEE Computer*, 25(6) (June): 30-38.

Garvin, D. (1984). "What does 'product quality' really mean?" *Sloan Management Review*, (Fall): 25-45.

从5个不同视角讨论产品质量：先验论的观点、用户的观点、制造业的观点、产品的观点、基于价值的观点。

Gerlich, R., and U. Denskat (1994). "A cost estimation model for maintenance and high reuse." In *Proceedings of ESCOM* 1994 (Ivrea, Italy).

German Ministry of Defense (1992). V-Model: Software lifecycle process model, General Reprint No. 250. Bundesminister des Innern, Koordinierungsund Beratungstelle der Bundesregierung für Informationstechnik in der Bundesverwaltung.

描述德国国防部使用的过程模型。

Ghezzi, Carlo, Dino Mandrioli, Sandro Morasca, and Mauro Pezze (1991). "A unified high-level Petri net formalism for time-critical systems." *IEEE Transactions on Software Engineering* 17(2) (February): 160-172.

Gilb, Tom (1988). *Principles of Software Engineering Management*. Reading, MA: Addison-Wesley.

Gilb, Tom, and Dorothy Graham (1993). *Software Inspections*. Reading, MA: Addison-Wesley.

这是关于项目是什么以及如何在你的组织中启动项目的一本优秀的指导书籍。

Gomaa, Hassan (1995). *Software Design Methods for Concurrent and Real-Time Systems*. Reading, MA: Addison-Wesley.

Good, N.S., and A. Krekelberg (2003). "Usability and privacy: A study of KaZaA P2P filesharing."in *Proceedings of the SIGCHI Conference on Human Factors in Computing Systems*. Ft. Lauderdale, FL(April 5-10).

Gordon, V. Scott, and James M. Bieman (1995). "Rapid prototyping: Lessons learned." *IEEE Software*, 12(1) (January): 85-95.

Grady, Robert B. (1997). *Successful Software Process Improvement*. Englewood Cliffs, NJ: Prentice Hall.
这是一本有趣的书，它对软件测度进行扩展以解释惠普公司是如何在公司范围内改进软件的。

Grady, Robert B. and Deborah Caswell (1987). *Software Metrics: Establishing a Company-wide Program*. Englewood Cliffs, NJ: Prentice Hall.
这是一本有趣且有用的书，它介绍了惠普公司的企业测度项目。

Grady, Robert B., and Thomas van Slack (1994). "Key lessons in achieving widespread inspection use." *IEEE Software*, 11(4): 46-57.
解释惠普公司是如何使审查成为一个标准实践的。

Graham, Dorothy R. (1996a). "Testing object-oriented systems." In *Ovum Evaluates: Software Testing Tools*. (Feburary). London: Ovum Ltd.
对测试某些面向对象系统与测试过程系统的区别给出了很好的综述。

——(1996b). "Measuring the effectiveness and efficiency of testing." In *Proceedings of Software Testing '96* (Espace Champerret, Paris, France) (June).

Greenbaum, J., and M. Kyng (eds.) (1991). *Design at Work: Cooperative Design of Computer Systems*. Hillsdale, NJ: Lawrence Erlbaum.

Griss, Martin, and Martin Wasser (1995). " Making reuse work at Hewlctt-Packard." *IEEE Software,* 12(1) (January): 105-107.

Grudin, J. (1991). "Interactive systems: Bridging the gaps between developers and users." *IEEE Computer*, 24(4) (April): 59-69.

Gugliotta, Guy (2004). "Switches failed in crash of Genesis." *Washington Post*, Saturday October 16, p. A3.

Guindon, Ratmonde, H. Krasner, and B. Curtis (1987). "Breakdowns and processes during the early activities of software design by professionals." In *Empirical Studies of Programmers: Second Workshop*, pp. 65-82. New York: Ablex.
这项对从事19个项目的设计人员进行的研究，识别出设计崩溃的原因，本书的第15章列出了这些原因。

Gunning, R. (1968). The Technique of Clear Writing. New York: McGraw-Hill.
这本书介绍对于理解力的测量，称为Fog指标。

Hall, J. Anthony (1996). "Using formal methods to develop an ATC information system." *IEEE Software*, 13(2) (March): 66-76.
这篇论文描述，在大型航空交通控制系统的开发中，在哪一阶段使用哪种形式化方法的相关决策。

Halstead, Maurice (1977). *Elements of Software Science*. Amsterdam: Elsevier/North Holland.
这是一本有关将心理学概念（间接地）应用于程序理解的经典教科书。其中的一些关于规模的测度一直很有用，但是其他的并没有测量它声称要测量的特性。

Hamlet, Dick (1992). "Are we testing for true reliability?" *IEEE Software*, 9(4) (July): 21-27.
一篇言辞激烈的论文，坚持认为对传统可靠性理论成立的假设对软件并不成立。

Harel, David (1987). "Statecharts: A visual formalism for complex systems." *Science of Computer Programming*, 8: 231-274.

Harrold, Mary Jean, and John D. McGregor (1989). Incremental Testing of Object-Oriented Class Structrues, Technical Report. Clemson, SC: Clemson University.
提出一种对类进行测试的技术，该技术充分利用了继承关系的关于层次的本质特性，复用了父类的测试信息。

Hatley, D., and I. Pirbhai (1987). *Strategies for Real-Time System Specification*. New York: Dorset House.
这是一本经典著作，论述Hatley和Pirbhai在实时方面对结构化分析进行的扩充。

Hatton, Les (1995). *Safer C: Developing Software for High-Integrity and Safety-Critical Systems. New* York: McGraw-Hill.

这是一本优秀书籍，描述使用C开发高完整性和安全攸关系统的最佳方式。

——(1997). "Reexamining the fault density-component size connection." *IEEE Software*, 14(2) (March): 89-97.

提出证据说明，较小的构件比较大的构件包含更多的故障，并指出，这可能是软件工程的一个普遍原理。尤其是，他称，可能有一个我们能够达到的最低故障密度的界线。

Hatton, Les, and T.R. Hopkins (1989). "Experiences with Flint, a software metrication tool for Fortran 77." In *Proceedings of the Symposium on Software Tools* (Durham, UK).

Heimdahl, Mats P.E., and Nancy G. Leveson (1996). "Completeness and consistency in hierarchical state-based requirements." *IEEE Transactions on Software Engineering*, 22(6) (June): 363-377.

将分析算法和工具应用于TCAS II，这是美国空间站的一个碰撞避免系统。

Heitmeyer, Constance L. (2002). "Software Cost Reduction." Technical Report, Naval Research Laboratory, Washington, DC.

Henry, Joel, Sallie Henry, Dennis Kafura, and Lance Matheson (1994). "Improving software maintenance at Martin Marietta." *IEEE Software*, 9(4) (July): 67-75.

这是一项有趣的研究，它说明如何使用测度来改变在大承包商场所的维护行为。

Herbsleb, James, Anita Carleton, James Rozum, J. Siegel, and David Zubrow (1994). Benefits of CMM-Based Software Process Improvement: Initial Results, Technical Report SEI-CMU-94-TR-13. Pittsburgh, PA Software Engineering Institute.

Herbsleb, James, David Zubrow, Dennis Goldenson, Will Hayes, and Mark Paulk (1997). "Software quality and the Capability Maturity Model." *Communications of the ACM*, 40(6) (June): 31-40.

对案例研究的结果和实施CMM的确切效果进行总结。

Hershey, John C., Howard C. Kunreuther, and Paul Schoemaker (1982). "Sources of bias in assessment procedures for utility functions." *Management Science*, 28: 936-954.

Herzum, Peter, and Oliver Sims (2000). *Business Component Factory: A Comprehensive Overview of Component-Based Development for the Enterprise*. New York: John Wiley.

Hetzel, William (1984). *The Complete Guide to Software Testing*. Wellesley, MA: QED Information Sciences.

Hillier, F.S., and G.J. Lieberman (2001). *Introduction to Operations Research*. San Francisco: Holden-Day.

一本关于操作研究技术的优秀的基础教材，包括PERT和关键路径方法。

Hix, Deborah, and H. Rex Hartson (1993). *Developing User Interfaces: Ensuring Usability through Product and Process*. New York: John Wiley.

Hofmeister, Christine, Robert Nord, and Dilip Soni (1999). *Applied Software Architecture*. Reading, MA: Addison-Wesley.

Hughes, C.E., C.P. Pfleeger, and L. Rose (1978). *Advanced Programming Techniques*. New York: John Wiley.

关于编写轻快的Fortran代码的良好建议，但是，其中的许多建议是与语言无关的。

Hughes, R.T. (1996). "Expert judgment as an estimating method." *Information and Software Technology*, 38(2): 67-75.

Hunphrey, W.S. (1989). *Managing the Software Process*. Reading, MA: Addison-Wesley.

——(1995). *A Discipline for Software Engineering*. Reading, MA: Addison-Wesley.

Humphrey, W.S., T.R. Snyder, and R.R. Willis (1991). "Software process improvement at Hughes Aircraft." *IEEE Software*, 8(4) (July): 11-23.

Hurley, Richard (1983). *Decision Tables in Software Engineering*. New York: John Wiley.

描述Hughes如何从能力成熟度2级升到能力成熟度3级。

IEEE 610 12-1900 (1990). IEEE Standard Glossary of Software Engineering Terminology. New York: IEEE Standards Press.

IEEE (1998). IEEE Standard 830-1998: IEEE Recommended Practice for Software Requirements Specification. Los Alamitos, CA: IEEE Computer Society Press.

IEEE-CS/ACM Joint Task Force on Software Engineering Ethics and Professional Practices (2004). "Software Engineering Code of Ethics and Professional Practice." Version 5.2.

International Function Point User Group (1994a). *Function Point Counting Practices Manual*, Release 4.0. Westerville, Ohio: IFPUG.

——(1994b). *Guidelines to Software Measurement*, Release 1.0. Westerville, Ohio: IFPUG.

International Organization for Standardization (1987) "ISO 9001: Quality systems model for quality assurance in design, development, production, installation and servicing." ISO 9001. Geneva: ISO.
测量一般过程质量的标准。

——(1990). "Quality management and quality assurance standards. Part 3: Guidelines for the application of ISO 9001 to the development, supply and maintenance of software." ISO IS 9000-3. Geneva: ISO.
测量软件过程质量的标准。

——(1991). "Information technology—Software product evaluation: Quality characteristics and guidelines for their use," ISO/IEC IS 9126. Geneva: ISO.
使用6个高级特性测量软件产品质量的标准。

International Telecommunication Union (1994). Information Technology—Open Systems Interconnection—Basic Reference Model: The Basic Model, ITUT Recommendation X.200."

International Telecommunication Union (1996). "Message Sequence Chart (MSC)." ITU-T Recommendation Z.120 (November).

International Telecommunication Union (2002). "Specification and Description Language (SDL)." ITU-T Recommendation Z.100 (August).

Ishii, H. (1990). "Cross-cultural communication and computer-supported cooperative work." *Whole Earth Review* (Winter): 48-52.

Isoda, Sadahiro (1992). "Experience report of software reuse project: Its structure, activities and statistical results." In *Proceedings of the Fourteenth International Conference on Software Engineering*. Los Alamitos, CA: IEEE Computer Society Press.
描述日本电话电报公司的CASE和复用环境。

Ito, M., and K. Nakakoji (1996). " Impact of culture in user interface design." In J. Nielsen and E. del Galdo (eds.), *International User Interfaces*. London: John Wiley.

Jackson, Michael (1995). *Software Requirements and Specifications: A Lexicon of Practice, Principles and Prejudices*. Reading, MA: Addison-Wesley.
这是一本有趣的、简短的著作，意在发人深省，有启发性。它的每一章都强调了需求分析的一个不同侧面，迫使我们去怀疑我们的假设。Tom DeMarco将它称为"Michael Jackson的永远最优秀的作品"。

Jackson, Michael, and Pamela Zave (1995). "Deriving specifications from requirements: An example," In *Proceedings of the Seventeenth International Conference on Software Engineering*, 15-24. Los Alamitos, CA: IEEE Computer Society Press.

Jacky, Jonathan (1985). "The 'Star Wars' defense won't compute." *Atlantic Monthly* (June): 18-30.
在构建和测试美国主动战略防御软件中所涉及的问题的描述。

Jacobson, Ivar, M. Christerson, P. Jensson, and G. Overgaard (1995). *Object-Oriented Software Engineering: A Use Case Driven Approach*. Reading, MA: Addison-Wesley.

Jelinski, Z., and P.B. Moranda (1972), "Software reliability research." In *Statistical Computer Performance Evaluation* (ed. W. Freiburger), pp. 465-484. New York: Academic Press.

Jézéquel, Jean-Marc, and Bertrand Meyer (1997). "Design by contract: The lessons of Ariane." *IEEE Computer*, 30 (1) (January): 129-130.

Johnson, M. Eric, Dan McGuire, and Nicholas D.Willey (2008). "The evolution of the peer-to-peer file sharing industry and the security risks for users." In *Proceedings of the 41st Hawaii International Conference on System Sciences*, p.383. Honolulu.

Joint IEEE-CS/ACM Task Force on Computing Curricula (2004). "Computing Curricula — Software Engineering."

Jones, C. (1997). "Programmer quality and programmer productivity," Technical Report TR-02.764. Yorktown Heights, NY: IBM.

——(1991). *Applied Software Measurement*. New York: McGraw-Hill.

Jones, S., C. Kennelly, C. Mueller, M. Sweezy, B. Thomas, and L. Velez (1991). *Developing International User Information*. Bedford, MA: Digital Press.

Joos, Rebecca (1994). "Software reuse at Motorola." *IEEE Software*, 11(5) (September): 42-47.
描述在他们的复用项目中，什么地方做对了，什么地方做错了。

Joyce, Edward (1989). "Is error-free software possible?" *Datamation* (February 18): 53-56.

Jung, Carl (1959). *The Basic Writing of C.G. Jung*. New York: Modern Library.
包含对关于两种尺度的个人喜好的描述：性格内向的/性格外向的以及感性的/理性的。这个框架对于理解项目人员交互是很有用的。

Kaiser, Gail E., Peter H. Feiler, and S.S. Popovich (1988). "Intelligent assistance for software development and maintenance." *IEEE Software*, 5(3): 40-49.
对MARVEL过程建模语言进行了描述。

Kaner, Cem, Jack Falk, and Hung Quoc Nguyen (1993). *Testing Computer Software*, 2nd ed. London: International Thomson Press.

Kaner, Cem, and David Pels (1998). *Bad Software*. New York: John Wiley.

Kaplan, R., and D. Norton (1992). "The balanced scorecard: Measures that drive performance." *Harvard Business Review* (January-February), pp. 71-80.

Karl J. Lieberherr,and I. Holland (1989) "Assruing good style for object-oriented programs." *IEEE Software*, 6(5) (September): pp. 38-48.

Kauffman, R., and R. Kumar (1993). "Modeling Estimation Expertise in Object-Based CASE Environments." New York: New York University, Stern School of Business Report.

Kazman, Rick, Jai Asundi, and Mark Klein (2001). "Quantifying the costs and benefits of architectural decisions." In *Proceedings of the Twenty-third International Conference on Software Engineering*, pp. 297-306. Los Alamitos, CA: IEEE Computer Society Press.
将对象点作为规模测度手段提出。

Kellner, Marc I., and H. Dieter Rombach (1990). "Comparisons of software process descriptions." In *Proceedings of the Sixth International Software Process Workshop: Support for the Software Process* (Hakodate, Japan) (October).
总结了将18个过程建模技术应用于一个普遍问题的建模练习。

Kemerer, C.F. (1989). "An empirical validation of software cost estimation models." *Communications of the ACM*, 30(5) (May): 416-429.
对若干成本模型以及它们（缺乏）的精确性给出了很好的评价。

Kensing, F., and A. Munk-Madsen (1993). "PD: Structure in the toolbox." *Communications of the ACM*, 36(4) (June): 78-85.

Kernighan, B.W., and P.J. Plauger (1976). *Software Tools*. Reading, MA: Addison-Wesley.

——(1978). *The Elements of Programming Style*. New York: McGraw-Hill.

Kit, Ed (1995). *Software Testing in the Real World: Improving the Process*. Reading, MA: Addison-Wesley.

Kitchenham, Barbara A., and Käri, Känsälä (1993). "Inter-item correlations among function points." In *Proceedings of the First International Symposium on Software Metrics* (Baltimore, MD). Los Alamitos, CA: IEEE Computer Society Press.

Kitchenham, Barbara A., and Steven Linkman (1997). "Why mixed VV&T strategies are important." *Software Reliability and Metrics Club Newsletter* (Summer): 9-10.

Kitchenham, Barbara A., Stephen G. MacDonell, Lesley M. Pickard and Martin J. Shepperd (2000). "What accuracy statistics really measure." Bournemouth University Technical Report, June.

Kitchenham, Barbara A., and Shari Lawrence Pfleeger (1996). "Software quality: The elusive target." *IEEE Software*, 13(1) (January): 12-21.

给出了对软件质量相关特殊问题的介绍。这篇文章回顾了一些通常的软件质量模型，并对"软件质量"的真正含义提出问题。

Kitchenham, Barbara A., Lesley Pickard, and Shari Lawrence Pfleeger (1995). "Case studies for method and tool evaluation." *IEEE Software*, 12(4) (July): 52-62.

Kitchenham, Barbara A., and N.R. Taylor (1984). "Software cost models." *ICL Technical Journal*, 4(3): 73-102.

Klein, Gary (1998). *Sources of Power*. Cambridge, MA: MIT Press.

Kleindorfer, Paul, Howard Kunreuther, and Paul Schoemaker (1993). *Decision Sciences: An Integrative Perspective*. Cambridge UK: Cambridge University Press.

Knight, John, and Nancy Leveson (1986). "An empirical study of failure probabilities in multiversion software." In *Digest of the Sixteenth International Symposium on Fault-tolerant Computing*, pp. 165-70. Los Alamitos, CA: IEEE Computer Society Press.

对 n 版本编程的论点进行评价，说明 n 个不同的设计会共享许多同样种类的缺陷。

Knight, John, and Nancy Leveson, et al. (2000). "ACM Task Force on Licensing of Software Engineers Working on Safety-Critical Software." Draft (July).

Knorr, Eric (2005). "Anatomy of an IT disaster: How the FBI blew it." *InfoWorld* (March 21).

Krasner, H., B. Curtis, and N. Iscoe (1987). "Communication breakdowns and boundary-spanning activities on large programming projects." In *Empirical Studies of Programmers*: Second Workshop, pp. 47-64. New York: Ablex Publishing.

为了理解团队层次和项目层次的问题，对 MCC 公司的 19 个大型软件开发项目进行访谈。这篇文章给出了访谈结果，描述了大型程序设计项目中典型的交流障碍，妨碍小组间有效交流的文化和环境差异，以及协同 5 个关键性主题交流网络的跨边界活动。它提出了更有效的项目协同，包括计算机支持的协同软件设计的工具的使用。

Krasner, Herb, Jim Terrel, Adam Linehan, Paul Arnold, and William H. Ett (1992). "Lessons learned from a software process modeling system." *Communications of the ACM*, 35(9) (September): 91-100.

描述使用 SPMS 的经验，它是一个软件过程建模系统。

Krauss, R.M., and S.R. Fussell (1991). "Constructing shared communicative environments." In L.B. Resnick, J.M. Levine, and S.D. Teasley (eds.), *Perspectives on Socially Shared Cognition*, pp. 172-200. Washington, DC: American Psychological Association.

Krebs, Brian (2008). "Justice breyer is among victims in data breach caused by file sharing." *Washington Post*, July 9, p. A1.

Krutchen, Phillippe (1995). "The 4+1 model view." *IEEE Software*, 12(6)(November): 42-50.

Kumar, Kuldeep (1990). "Post-implementation evaluation of computer-based information systems: Current practices." *Communications of the ACM*, 33(2) (February): 203-212.

Kunde, Diana (1997). "For those riding techonology's wave, a new managerial style." *Washington Post*, February 9, p. H5.

它提出，太多的项目管理结构会抑止设计人员的创造性。

Lai, Robert Chi Tau (1991). Process Definition and Modeling Methods, Technical Report SPC91084-N. Herndon, VA: Software Productivity Consortium.
定义一个过程及其组成部分的技术报告，它描述过程建模的表示法，而后完成了一个详尽的例子。

Lanergan, R.G., and C.A. Grasso (1984). "Software engineering with reusable designs and code." *IEEE Transactions on Software Engineering*, SE 10(4) (September): 498-501.
描述雷神公司（Raytheon）的一个早期的复用项目。

Lanubile, Filippo (1996). "Why software reliability predictions fail." *IEEE Software*, 13(4) (July): 131-137.
对不同预测技术进行了有趣的比较，说明没有一种技术能够非常可靠地进行预测。

Larman, Craig (2004). *Applying UML and Patterns: An Introduction to Object-Oriented Analysis and Design,* 3rd ed. Upper Saddle River, NJ: Prentice Hall.

Lederer, Albert L., and Jayesh Prasad (1992) "Nine management guidelines for better cost estimating." *Communications of the ACM*, 35(2) (February): 50-59.
描述对成本估算进行的大量调研的结果，包括关于项目经理使用成本估算工具产生估计结构的频度的信息。

Lee, Richard C., and William M. Tepfenhart (1997). *UML and C++: A Practical Guide to Object-Oriented Development*. Upper Saddle River, NJ: Prentice Hall.

Lehman, M.M. (1980). "Programs, life cycles and the laws of software evolution." In *Proceedings of the IEEE*, 68(9) (September): 1060-1076.

Levenson, Nancy (1996). *Safeware*. Reading, MA: Addison-Wesley.

——(1997). "Software safety in embedded computer systems." *Communications of the ACM*, 40(2) (February): 129-131.

Leveson, Nancy G., and Clark S. Turner (1993). "An investigation of the Therac-25 accidents." *IEEE Computer*, 26(7) (July): 18-41.
对著名的软件失败所导致的生命损失的权威性分析。

Li, W., and S. Henry (1993). "Object-oriented metrics thar predict maintainability." *Journal of Systems and Software*, 23(2) (February): 111-122.

Liebman, Bonnie (1994). "Non-trivial pursuits: Playing the research game." *Nutrition Action Healthletter*. Center for Science in the Public Interest, 1875 Connecticut Avenue NW, Suite 300, Washington, DC 20009-5728 (October).

Lieberherr, Karl J., and Ian M. Holland (1989). "Assuring good style for object-oriented programs." *IEEE Software*, 6(5): 38-48.

Lientz, B.P., and E.B. Swanson (1981). "Problems in application software maintenance." *Communications of the ACM*, 24(11): 763-769.
对维护的特性进行分析的最早综述文献之一。

Lim, Wayne (1994). "Effects of reuse on quality, productivity and economics." *IEEE Software*, 11(5) (September): 23-30.
描述惠普公司进行复用的结果。这是一个详细的、有趣的研究。

Lindvall, Mikael, and Kristian Sandahl (1996). "Practical implications of traceability." *Software: Practice and Experience*, 26(10) (October): 1161-1180.
将Pfleeger和Bohner（1990）的可跟踪性技术应用于爱立信无线系统，说明可以跟踪不同种类的对象和关系，以及形成链接的练习揭示了重要的信息（通常是揭示了问题）。

Linger, Richard C. (1993) "Cleanroom Software Engineering for Zero-Defect Software." *Proceedings of the 15th International Conference on Software Engineering*, IEEE Computer Society Press, pp.2-13.

Linger, Richard C., and R. Alan Spangler (1992). "The IBM Cleanroom software engineering technology transfer program." In *Proceedings of the Sixth SEI Conference on Software Engineering Education* (San Diego, CA).

Linstone, H. and M. Turoff (1975). *The Delphi Method: Techniques and Applications*. Reading, MA: Addison-Wesley.

Lions, J.L., et al. (1996). Ariane 5 Flight 501 Failure: Report by the Inquiry Board. European Space Agency.
在网上报道的阿丽亚娜5型火箭坠毁调查委员会的结论。它是关于软件设计、测试技术、提议的补救措施的有趣的讨论。

Lipke, W.H., and K.L. Butler (1992). "Software process improvement: A success story." *Crosstalk: Journal of Defense Software Engineering*, 38(November): 29-31.

Liskov, Barbara, and John Guttag (2001). *Program Development in Java: Abstraction, Specification, and Object-Oriented Design* .Boston, MA: Addison-Wesley.

Littlewood, Bev (1991). "Limits to evaluation of software dependability." In N. Fenton and B. Littlewood (eds.), Software Reliability and Metrics. Amsterdam: Elsevier.

Lookout Direct (n.d.). User manual.

Lorenz, M., and J. Kidd (1994). Object-Oriented Software Metrics. Prentice Hall, Upper Saddle River, New Jersey.

Lutz, Robyn R. (1993a). "Targeting safety-related errors during requirements analysis." Proceedings of SIGSOFT Symposium on the Foundations of Software Engineering, *ACM Software Engineering Notes*, 18(5): 99-105.

Lutz, Robyn (1993b). "Analyzing software requirements errors in safety-critical, embedded systems." In *Proceedings of the IEEE International Symposium on Requirements Engineering*, pp. 126-133. Los Alamitos, CA: IEEE Computer Society Press.

Lyu, Michael (ed.) (1996). *Handbook of Software Reliability Engineering*. Los Alamitos, CA: IEEE Computer Society Press and New York: McGraw-Hill.
关于可靠性测量、建模和预测的最新的、极好的概要。

Magee, J., N. Dulay, S. Eisenbach, and J. Kramer (1995). "Specifying distributed software architectures." *Proceedings of the Fifth European Software Engineering Conference*, ESEC'95(September).

Manchester, William (1983). *The Last Lion*. Boston: Little, Brown.
温斯顿·丘吉尔三卷本传记中的第一卷，这一本值得关注，因为它描述丘吉尔是一个感性的内向型人。

Marca, David A., and Clement L. McGowan (1988). *SADT: Structured Analysis and Design Technique*. New York: McGraw-Hill.
对于SADT的全面介绍，包括大量使用表示法的过程的例子。

Marcus, A. (1993). "Human communications issues in advanced user interfaces." *Communications of the ACM*, 36(4) (April): 101-109.

Martin, Robert C. (2000). "Extreme programming development through dialog." *IEEE Software*, 17(4) (July/August): 12-13.

Martin, Robert C. (2003). *Agile Software Development: Principles, Patterns and Principles*. Upper Saddle River, NJ: Prentice Hall.

Martinez-Costa, Micaela and Angel R. Martinez-Lorente (2007). "A Triple Analysis of ISO 9000 Effects on Company Performance," *International Journal of Productivity and Performance Management*, 56(5-6), pp. 484-499(16).

MathSoft (1995). *S-PLUS User's Manual*, Version 3.3 for Windows. Seattle, WA: MathSoft Corporation.

Matos, Victor, and Paul Jalics (1989). "An experimental analysis of the performance of fourth generation tools on PCs." *Communications of the ACM* , 32(11) (November): 1340-1351.

Mays, R., C. Jones, G. Holloway, and D. Studinski (1990). "Experiences with defect prevention." *IBM Systems Journal*, 29.

McCabe, T. (1976). "A software complexity measure." *IEEE Transactions on Software Engineering*, SE 2(4):

308-320.

这篇论文是关于环路数的最初参考文献。

McCabe, T., and C.W. Butler (1989). "Design complexity measurement and testing." *Communications of the ACM*, 32(12): 1415-1425.

McCall, J.A., P.K. Richards, and G.F. Walters (1977). Factors in Software Quality, Vols. 1, 2, and 3, AD/A-049-014/015/055. Springfield, VA: National Technical Information Service.

首次提出一种质量模型的几篇论文之一。该论文提出要素–标准–度量方法来测量软件质量。

McClure, Carma (1997). *Software Reuse Techniques*. Englewood Cliffs, NJ: Prentice Hall.

McConnell, Steve (1993). *Code Complete*. Redmond, WA: Microsoft Press.

关于设计和实现的好的、机智的技巧。

McCracken, D.D., and M.A. Jackson (1981). "A minority dissenting opinion." In W.W. Cotterman et al. (eds). *Systems Analysis and Design: A Foundation for the 1980s*, pp. 551-553. New York: Elsevier.

McCue, G. (1978). "Architectural design for program development." *IBM systems Journal*, 17(1): 4-25.

论述一个开发人员能够有效工作的必需的最小空间量。

McDermid, J.A., and D.J. Pumphrey (1995). A Development of Hazard Analysis to Aid Software Design, Technical Report. York, UK: University of York, Department of Computer Science, Dependable Computing Systems Centre.

Medvidovic, N., and D.S. Rosenblum (1999). "Assessing the suitability of a standard design method for modeling software architectures." In *Proceedings of the First Working IFIP Conference on Software Architecture (WICSA1)*, pp: 161-182. San Antonio, TX (February).

Mellor, Peter (1992). *Data Collection for Software Reliability Measurement, Software Reliability Measurement series, part 3*. London: City University, Centre for Software Reliability.

关于软件可靠性的三个录像带测量系列的三个录像带的注解，可通过bi@csr.city.ac.uk从CSR获得。

Mendes, Emilia, and Nile Moseley (2006). *Web Engineering*. New York: Springer-Verlag.

Meyer, Bertrand (1992a). "Applying 'design by contract.'" *IEEE Computer*, 25(10) (October): 40-51.

——(1992b). *Eiffel: The Language*. Englewood Cliffs, NJ: Prentice Hall.

——(1993). "Systematic concurrent object-oriented programming." *Communications of the ACM*, 36(9) (September): 56-80.

——(1997). *Object-Oriented Software Construction*, 2nd ed. Englewood Cliffs, NJ: Prentice Hall.

Miller, Douglas R. (1986). "Exponential order statistical models of software reliability growth." *IEEE Transactions on Software Engineering*, SE 12(1): 12-24.

Mills, Harlan D. (1972). On the Statistical Validation of Computer Programs, Technical Report FSC-72-6015. Gaithersburg, MD: IBM Federal Systems Division.

介绍故障播种的概念，用来估算代码中剩余的故障。

Mills, Harlan D. (1988). "Stepwise refinement and verification in box-structured systems." *IEEE Computer*, 21(6) (June): 23-36.

Mills, Harlan, Michael Dyer, and Richard Linger (1987). "Cleanroom software engineering." *IEEE Software*, 4(5) (September): 19-25.

IBM的净室方法综述。

Mills, Harlan, Richard Linger, and Alan R. Hevner (1987). "Box-structured information systems." *IBM Systems Journal*, 26(4): 395-413.

Mills, Simon (1997). "Automated testing : Various experiences." In *Proceedings of the Fourteenth International Conference and Exposition on Testing Computer Software* (Washington, DC).

论及测试汽车保险报价系统的相关事项的有趣论述。

Misra, Santosh, and Paul Jalics (1988). "Third generation vs. fourth generation software development." *IEEE*

Software, 5(4) (July): 8-14.

Miyazaki, Y., and K. Mori (1985). "COCOMO evaluation and tailoring." In *Proceedings of the Eighth International Software Engineering Conference* (London). Los Alamitos, CA: IEEE Computer Society Press.

Moad, Jeff (1995). "Time for a fresh approach to ROI." *Datamation*, 41(3) (February 15): 57-59.

Möller, Karl, and Daniel Paulish (1993). "An empirical investigation of software fault distribution." In *Proceedings of CSR 93*, Amsterdam: Chapman and Hall.
通过调查结果说明，较小的模块比较大的模块具有更高的故障密度。

Moore, Geoffrey (1991). *Crossing the Chasm*. New York: HarperBusiness.

Morgan, Tony (2002). *Business Rules and Information Systems: Aligning IT with Business Goals.* Boston, MA: Addison-Wesley Professional.

Musa, John D. (1979). Software Reliability Data, Technical Report. Rome, NY: Rome Laboratories, Data Analysis Center for Software.

Musa, John D., Anthony Iannino, and Kazuhira Okumoto (1990). *Software Reliability: Measurement, Prediction, Application*. New York: McGraw-Hill.

Myers, Glenford J. (1976). *Software Reliability*. New York: John Wiley.
用实证数据探讨软件测试和可靠性的第一批教科书之一。

——(1979). *The Art of Software Testing*. New York: John Wiley.
仍然是描述测试原理的最有价值的书籍之一。

Nakakoji, K. (1994). "Crossing the cultural boundary." *Byte*, 19(6) (June): 107-109.
讨论在界面设计中理解文化的重要性。

NASA (2004). "NASA software safety guidebook." National Aeronautics and Space Administration technical report NASA-GB-8719.13 (March).
讨论成功项目中，管理结构与项目特征之间的关系。

National Science Foundation (1983). *The Process of Technological Innovation*. Washington, DC: NSF.

Netfocus: Software Program Manager's Network (1995). Washington, DC: Department of the Navy (January).
这篇时事通讯介绍了度量"仪表板"的引出，描述了少许关键测量。项目经理用仪表板来"驱动"软件开发项目，从中得知什么时候可以将产品发布给用户。

Newsbytes Home Page (1996). "Computer blamed for $500 million Ariane explosion." Paris (June 6).

Nippon Electric Company (1987). Personal communication with Rubén Prieto-Díaz, as reported in Braun and Prieto-Díaz (1990) (June).

NIST (2002). *Risk Management Guide for Information Technology Systems*. Gaithersburg. MD: National Institute of Standards and Technology Publication 800-30. csrc.nist.gov/publications/nistpubs/800-30.pdf.

Northrup, Linda, Peter H. Feiler, Richard P Gabriel, John Goodenough, Richard Linger, Thomas Longstaff, Richard Kazman, Mark Klein, Douglas C. Schmidt, Kevin Sullivan, and Kurt Wallnau (2006). *Ultra-Large-Scale Systems: The Software Challenge of the Future*. Pittsburgh, PA: Software Engineering Institute, Carnegie Mellon.

Nosek, J. (1998). "The case for collaborative programming." *Communications of the ACM*, 41(3) (March): 105-108.

Notkin, David (2000). "Software Engineering Licensing and Certification," presentation at Computing Research Association Conference at Snowbird, Utah.

Ntafos, S.C. (1984). "On required element testing." *IEEE Transactions on Software Engineering*, 10: 795-803.
针对若干种不同的测试策略，比较相关的故障发现有效性。

Nuseibeh, Bashar (1997). "Ariane 5: Who Dunnit?" *IEEE Software*, 14(3) (May): 15-16.
从不同的生命周期活动的观念出发，分析阿丽亚娜5型火箭爆炸的原因。得出结论：风险管理是早期发现潜在问题的最好方法。

Nuseibeh, Bashar, Joe Kramer, and Anthony Finkelstein (1994). "A framework for expressing the relationships between multiple views in requirements specification." *IEEE Transactions on Software Engineering*, 20(10) (October): 760-773.

Object Management Group (2003). "OMG Unified Modeling Language Specification," Version 1.5 (March).

Olsen, Neil (1993). "The software rush hour." *IEEE Software*, 10(5) (September): 29-37.
对如何使用度量来帮助管理开发过程进行了有趣的讨论。

Oman, Paul, and J. Hagemeister (1992). "Metrics for assessing software system maintainability." In *Proceedings of the International Conference on Software Maintenance*, pp. 337-344. Los Alamitos, CA: IEEE Computer Society Press.
描述一个关于维护的层次模型，该模型分为3个维度。

Oppenheimer, Todd (1997). "The computer delusion." *Atlantic Monthly* (July): 45-62.
对基于计算机的学习的利与弊进行了很好的讨论。

Osterweil, Leon (1987). "Software processes are software, too." In *Proceedings of the Ninth IEEE International Conference on Software Engineering*, pp. 2-13. Los Alamitos, CA: IEEE Computer Society Press.
这是一篇有争议的论文，它指出在正确理解的情况下，一个过程语言可以描述软件开发过程，因而可以像执行程序一样执行过程。

Padberg, Frank, and Matthias M. Müller (2003). "Analyzing the cost and benefit of pair programming." *Proceedings of the Ninth International Software Metrics Symposium*, Sydney, Australia (September), pp. 166-177. Los Alamitos, CA: IEEE Computer Society Press.

Parikh, G., and N. Zvegintzov (1983). *Tutorial on Software Maintenance*. Los Alamitos, CA: IEEE Computer Society Press.
尽管不是最近发表的文献，但它包含了一些仍然适用于项目维护的信息。

Parnas, DavidL. (1972). "On criteria to be used in decomposing systems into modules." *Communications of the ACM*, 15(12) (December): 1053-1058.
讨论了抽象和信息隐藏的概念。

Parnas, David L. (1978a). "Some software engineering principles." *Infotech State of the Art Report on Structured Analysis and Design*, Infotech International.
包含在下面的书中：*Software Fundamentals: Collected Papers by David L. Parnas*. Boston: Addison-Wesley. 2001.

——(1978b). "Designing software for ease of extension and contraction." In *Proceedings of the Third International Conference on Software Engineering*, pp. 264-277. Los Alamitos, CA: IEEE Computer SocietyPress.

——(1985). "Software aspects of strategic defense systems." American Scientist, 73(5) (December): 432-440.
描述了确保这一类系统按照需求运作（具有可接受的可靠性和安全性）所存在的困难。

Parnas, David L. (1992). "Tabular Representation of Relations." Communications Research Laboratory Technical Report 260, CRL (October).

Parnas, David L. (2000). "Two positions on licensing." Panel position statement in *Proceedings of the 4th IEEE International Conference on Requirements Engineering* (June).

Parnas, David L., and Parl C. Clements (1986). "A rational design process: How and why to fake it." *IEEE Transations on Software Engineering*, 12(2) (February): 251-257.

Parnas, David L., and David Weiss (1985). "Active design reviews: Principles and practices." In *Proceedings of the Eighth International Conference on Software Engineering*, pp. 215-222. Los Alamitos, CA: IEEE Computer Society Press.

Parris, Kathy V.C. (1996). "Implementing accountability." *IEEE Software*, 13 (July) (4): 83-93.
描述美国国防部FX-16飞机软件项目的项目管理。

Parrish, Allen, Randy Smith, David Hale, and Joanne Hale (2004). "A field study of developer pairs: Productivity impacts and implications." *IEEE Software*, 21(5) (September /October): 76-79.

Paulk, Mark, B. Curtis, M.B. Chrissis, and C.V. Weber (1993a). "Capability maturity model for software, version 1.1," Technical Report SEI-CMU-93-TR-24. Pittsburgh, PA: Software Engineering Institute.

——(1993b). "Key practices o the capability maturity model, version 1.1," Technical Report SEI-CMU-93-TR-25. Pittsburgh, PA: Software Engineering Institute.

Perkins, David (2001). *The Eureka Effect*. New York: W.W. Norton.

Perry, Dewayne E., and Gail E. Kaiser (1990). "Adequate testing and object-oriented programming." *Journal of Object-Oriented Programming*, 2 (January/February): 13-19.
研究Weyuker的测试公理，说明复用对象并不像看起来那么容易。其中一些对象需要大量的重新测试。

Perry, Dewayne, and Carol Steig (1993). "Software faults in evolving a large, real-time system: a case study," 4th European Software Engineering Conference (ESEC 93), Garmisch, Germany, September 1993.

Perry, William (1995). *Effective Methods for Software Testing*. New York: John Wiley.

Peterson, James (1977). " Perti Nets." *ACM Computing Surveys*, 9(3) (September): 223-252.

Petroski, Henry (1985). *To Engineer Is Human: The Role of Failure in Good Design*. New York: Petrocelli Books.

Pfleeger, Charles P. (1997a). "The fundamentals of information security." *IEEE Software*, 14(1) (January): 15-16, 60.
这是一篇有趣的文章：大部分需求都假定软件处于一个善意的世界，但是，安全性却假定它是有敌意的。解释如何在开发中考虑安全性。

—— and Shari Lawrence Pfleeger (2003). *Security in Computing*, 3rd ed. Upper Saddle River NJ: Prentice Hall.

—— (2006). *Security in Computing*, 4th ed. Upper Saddle River, NJ: Prentice Hall.
强调当今计算机安全性中的关键问题的经典教材，包括网络、加密，以及如何描述和实现安全性需求。

Pfleeger, Shari Lawrence (1991). "Model of software effort and productivity." *Information and Software Technology*, 33(3) (April): 224-232.
介绍基于对象和方法计数的工作量估算模型。

——(1996). "Measuring reuse: A cautionary tale." *IEEE Software*, 13(4) (July): 118-127.
介绍在Amalgamated公司（多个组织机构的联合，已经设法实现复用）获得的复用经验教训，说明在复用问题解决之前，如何进行重要的业务决策。

——(1999a). "Albert Einstein and empirical software engineering." *IEEE Computer*, 32(10) (October).
强调在研究技术的有效性的时候，推进技术前进的必要性。

——(1999b). "Understanding and improving technology transfer in software engineering." *Journal of Systems and Software*, 52(2) (July): 111-124.

——(2000). "Risky business: What we have yet to learn about software risk management." Journal of Systems and Software, 53(3) (September): 265-273.
探讨其他学科（包括公共政策和环境政策）是如何进行风险管理的，提出改进软件项目风险管理的若干方法。

Pfleeger, Shari Lawrence, and Shawn Bohner (1990). "A framework for maintenance metrics." In *Proceedings of the Conference on Software Maintenance* (Orlando, FL). Los Alamitos, CA: IEEE Computer Society Press.

Pfleeger, Shari Lawrence, and Thomas Ciszek (2008). "Choosing a Security Option: The InfoSecure Methodology." *IEEE IT Professional*, 10(5): 46-52.

Pfleeger, Shari Lawrence, Norman Fenton, and Stella Page (1994). "Evaluating software engineering standards." *IEEE Computer*, 27(9) (September): 71-79.
说明大部分软件工程标准如何仅仅是指导方针的，并且给出英国军方的一个案例研究，以评估编码和维护标准的效果。

Pfleeger, Shari Lawrence, and Les Hatton (1997). "Investigating the influence of formal methods." *IEEE Computer*, 30(2) (February): 33-43.
　　在航空控制支持系统中使用形式化方法的案例研究。不仅描述形式化方法是如何影响产品质量的，而且提供关于如何进行这样的研究所得到的教训。

Pfleeger, Shari Lawrence, and Clement L. McGowan (1990). "Software metrics in the process maturity framework." *Journal of Systems and Software*, 12(1): 255-261.
　　说明不同的成熟度等级如何暗示过程可见性和测度。

Pfleeger, Shari Lawrence, and Winifred Menezes (2000). "Technology transfer: Marketing technology to software practitioners." *IEEE Software*, 17(1) (January/February): 27-33.

Pfleeger, Shari Lawrence, Martin Shepperd, and Roseanne Tesoriero (2000). "Decisions and Delphi: The dynamics of group estimation." In *Proceedings of the Brazilian Software Engineering Symposium*, João Pessoa, October.

Pfleeger, Shari Lawrence, and David W. Straight (1985). *Introduction to Discrete Structures*. New York: John Wiley.
　　描述理解计算机科学所需要的数学知识的一本介绍性教材。

Polanyi, M. (1996). *The Tacit Dimension*. Garden City, NY: Doubleday.

Polyà, George (1957). *How to Solve It*, 2nd ed. Princeton, NJ: Princeton University Press.

Porter, Adam, and Richard Selby (1990). "Empirically-guided software development using metric-based classification trees." *IEEE Software*, 7(2) (March): 46-54.
　　描述使用统计技术来确定哪一种度量对结果做了最好的预测。对于如何将大量的度量消减为那些只提供有用信息的度量很有帮助。

Porter, Adam, Harvey Siy, A. Mockus, and Lawrence Votta (1998). "Understanding the sources of variation in software inspections." 7(1): 41-79.

Price, Jonathan (1984). *How to Write a Computer Manual*. Menlo Park, CA: Benjamin-Cummings.
　　对如何书写用户文档给出了极其优秀的描述。

Prieto-Díaz, Rubén (1987). "Domain analysis for reusability." In *Proceedings of COMPSAC87*. Los Alamitos, CA: IEEE Computer Society Press.

——(1991). "Making software reuse work: An implementation model." *ACM SIGSOFT Software Engineering Notes*, 16(3): pp. 61-68.

——(1993). "Status report: Software reusability." *IEEE Software*, 10(3) (May): 61-66.

Prieto-Díaz, Rubén, and Peter Freeman (1987). "Classifying software for reusability." *IEEE Software*, 4(1) (January): 6-17.

Putnam, L.H., and Ware Myers (1992). *Measures for Excellence: Reliable Software on Time, within Budget*. Englewood Cliffs, NJ: Yourdon Press.

Queen's Printer for Ontario (2000). "Professional Engineers Act, R.R.O. 1990, Regulation 941, as amended." In *Revised Regulations of Ontario*, Toronto, Ont.

Redwine, S., and W. Riddle (1985). "Software technology maturation." In *proceedings of the Eighth International Conference on Software Engineering*, pp. 189-200. Los Alamitos, CA: IEEE Computer Society Press.

Reiss, S.P. (1990). "Connecting tools using message passing in the Field Environment." *IEEE Software*, 7(4) (July): 57-66.
　　描述了一个在其设计中使用隐含调用的系统。

Rensburger, B. (1985). "The software is too hard." *Washington Post National Weekly Edition*, November 11, pp. 10-11.

这份报纸报道了：为什么美国星球大战（战略防御主动）软件太难以进行适当的测试。

Richards, F.R. (1974). Computer Software: Testing, Reliability Models and Quality Assurance, Technical Report NPS-55RH74071A. Monterey, CA: Naval Postgraduate School.

基于故障历史，讨论软件中的估算可信度的技术。

Rittel, H.W.J., and M.M.Webber (1984). "Planning problems are wicked problems." In N. Cross (ed.), *Developments in Design methodology*, pp.135-144 New York: John wiley.

Robertson, James, and Suzanne Robertson (1994). *Complete Systems Analysis: The Workbook, the Textbook, the Answers*. New York: Dorset House.

该书有两卷，在主要的需求分析技术方面，可以为你打下坚实的基础。它包括练习和完整的答案（在1998年以单卷本的形式再次发行）。

Robertson, Suzanne, and James Robertson (1999). *Mastering the Requirements Process*. Reading, MA: Addison-Wesley.

基于Robertson他们的Volere需求过程模型，这本书全面论述了需求过程。由于Robertson他们一直在更新其模型，你可以在大西洋系统协会的网站上查看它的最新版本。

Robinson, M., and L. Bannon (1991). "Questioning representations." In L. Bannon, M. Robinson, and K. Schmidt (eds.), *Proceedings of the Second ECSCW'91*, pp. 219-233. Amsterdam: Kluwar.

Rockoff, Jonathan D. (2008). "Flaws in medical coding can kill." *Baltimore Sun* (June 30).

Rogers, Everett M. (1995). *Diffusion of Innovations*, 4th ed. New York: Free Press.

关于技术转移的经典教材。论述采纳技术的5种类型的人，以及解释如何为每一种类型的人提供动力。

Rook, Paul (1993). *Risk Management for Software Development*, ESCOM Tutorial.

关于风险管理方法的优秀综述。

Rosenberg, Jarrett (1998), "Five easy steps to systematic data handling." *IEEE Software*, 15(1) (January): 75-77.

Ross, D.T. (1977). "Structured analysis (SA): A language for communicating ideas." *IEEE Transactions on Software Engineering*, SE 3 (1) (January): 16-34.

将Softech公司的SADT介绍给研究界的第一篇论文。

——(1985). "Applications and extensions of SADT." *IEEE Computer*, 18(4) (April): 25-34.

Rouquet, J.C., and P.J. Traverse (1986). "Safe and reliable computing on board the Airbus and ATR aircraft." In *Proceedings of the Fifth IFAC Workshop on Safety of Computer Control Systems*, W.J. Quirk (ed.), pp. 93-97. Oxford: Pergamon Press.

Rout, T.P. (1995) "SPICE: A framework for software process assessment." *Software Process: Improvement and Practice*, 1(1) (August): 57-66.

Royce, W.E. (1990). "TRW's Ada process model for incremental development of large software systems." In *Proceedings of the Twelfth International Conference on Software Engineering*, pp. 2-11. Los Alamitos, CA; IEEE Computer Society Press.

关于Boehm的设定里程碑和W模型理论使用的报告。

Royce, W.W. (1970). "Managing the development of large software systems: Concepts and techniques." In *Proceedings of WESCON* (August). Vol. 14, pp. A-1 to A-9.

提及瀑布模型的第一篇文献。

Rugg, D. (1993). "Using a capability evaluation to select a contractor." *IEEE Software*, 10(4) (July): 36-45.

Ruhl, M., and M. Gunn (1991). Software Reengineering: A Case Study and Lessons Learned, NIST Special Publication 500-193. Gaithersburg, MD: National Institute of Standards and Technology.

对13 000行COBOL代码进行再工程的结果的报告。

Rumbaugh, James, M. Blaha, W. Premerlani, F. Eddy, and W. Lorenson (1991). *Object-Oriented Modeling and Design*. Englewood Cliffs, NJ: Prentice Hall.

对使用OMT给出全面指导，OMT是由Rational公司开发的对象管理技术。

Rumbaugh, James, Ivar Jacobsonm, and Grady Booch (2004). *The Unified Modeling Language Reference manual*. Boston, MA: Addison-Wesley Professional.

Russo, P., and S. Boor (1993). "How fluent is your interface? Designing for international users." In *Proceedings of the Conference on Human Factors in Computing Systems* (INTERCHI'93), pp. 342-347.

Sackman, H.H., W.J. Erikson, and E.E. Grant (1968). "Exploratory experimental studies comparing online and offline programming performance." *Communications of the ACM*, 11(1) (January): 3-11.
这篇文章进行了有趣的研究，说明在不同的程序员之中，生产率可以从10到1。

Saiedian, H., and R. Kuzara (1995). "SEI capability maturity model's impact on contractors." *IEEE Computer*, 28(1) (January): 16-26.

Sammet, Jean (1969). *Programming Languages: History and Fundamentals*. Englewood Cliffs, NJ: Prentice Hall.
用于理解设计程序设计语言所包含的问题的经典书籍。

Samson, B., D. Ellison, and P. Dugard (1997). "Software cost estimation using an Albus Perceptron (CMAC)." *Information and Software Technology*, 39(1-2): 55-60.
在COCOMO数据集上使用神经网络，以进行成本估算。

Samuelson, Pamela (1990). "Reverse-engineering someone else's software: Is it legal?" *IEEE Software*, 7(1) (January): 90-96.

Sauer, Chris, et al. (2000). "The effectiveness of software development technical reviews: A behaviorally motivated program of research." *IEEE Transactions on Software Engineering*, 26(1): 1-14.

Sawyer, K. (1985). "The mess at the IRS." *Washington Post National Weekly Edition*, November 11, pp. 6-7.
在报纸中报道的为美国国家税务局构造新软件的困难性。

Scharer, L. (1983). "User training: Less is more." *Datamation* (July): 175-182.

Scharer, Laura (1990). "Pinpointing requirements." In *System and Software Requirements Engineering*. Los Alamitos, CA: IEEE Computer Society Press.

Schmidt, Douglas C., Michael Stal, Hans Rohert, and Frank Buschmann (2000). *Pattern-Oriented Software Architecture: Concurrent and Networked Objects*. New York: John Wiley and Sons.

Scholtes, Peter R. (1995). *The Team Handbook*. Joiner Associates.
讨论团队的组织和影响，包括如何处理难以管理的团队成员。

Schum, David A. (1994). *Evidential Foundations of Probabilistic Reasoning*, Wiley Series in Systems Engineering. New York: John Wiley.
将法律思维应用到处理证据的方法中，包括使用贝叶斯概率以帮助决定在什么时候证据是非常具有说服力的。

Schwaber, Ken and Mike Beedle (2002). *Agile Software Development with Scrum*. Upper Saddle River, NJ: Prentice Hall.

Seddon, John (1996). ISO 9000 Implementation and Value-Added: Three Case Studies, Technical Report. London: Vanguard Consulting.

Seligman, Dan (1997). "Midsummer madness: New technology is marvelous except when it isn't." *Forbes*, September 8, p. 234.
描述Nortel网络公司软件中一个问题所导致的记账问题。

Shaw, Mary (1990). "Prospects for an engineering discipline of software." *IEEE Software*, 7(6) (November), 15-24.

—— (2002). "Self-healing: Softening precision to avoid brittleness." Position paper in *WOSS'02: Workshop on Self-Healing Systems* (November).

Shaw, Mary, and David Garlan (1996). *Software Architecture: Perspectives on an Emerging Discipline*. Upper Saddle River, NJ: Prentice Hall.
一本极其优秀的著作，它描述评估软件设计中的一些关键问题。

Shepperd, Martin (1997). "Effort and size estimation: An appraisal." *Software Reliability and Metrics Club Newsletter*, (January): 6-8. London: Contre for Software Reliability.

Shepperd, Martin, Chris Schofield, and Barbara A. Kitchenham (1996). "Effort estimation using analogy." In *Proceedings of the Eighteenth International Conference on Software Engineering* (Berlin). Los Alamitos, CA: IEEE Computer Society Press.

Shneiderman, Ben (1997). *Designing the User Interface: Strategies for Effective Human-Computer Interface*, 3rd ed. Reading, MA: Addison-Wesley.

Shooman, M.L. (1983). *Software Engineering*. New York: McGraw-Hill.

Shooman, M.L., and M. Bolsky (1975). "Types, distribution and test and correction times for programming errors." In *Proceedings of the 1975 International Conference on Reliable Software*. New York: IEEE Computer Society Press.

Shull, F., I. Rus, and V. Basili (2000). "How perspective-based reading can improve requirements inspections." *IEEE Computer*, 33(7) (July): 73-79.

Shumate, K., and M. Keller (1992). *Software Specification and Design: A Disciplined Approach for Real-Time Systems*. New York: John Wiley.

Simmons, Pamela L. (1996). "Quality outcomes: Determining business value." *IEEE Software*, 13(1) (January): 25-32.

Simon, H.A. (1981). *The Sciences of the Artificial*. Cambridge, MA: The MIT Press.

Skowronski, Victor (2004). "Do agile methods marginalize problem solvers?" *IEEE Computer*, 37(10) (October): 120-118.

Smith, Bill (1993). "Six sigma design." *IEEE Spectrum* 30(9) (September): 43-46.
这是一篇描述制造业中如何使用六西格玛设计的优秀文章。

Smith, M.D., and D.J. Robson (1992). "A framework for testing object-oriented programs." *Journal of Object-Oriented Programming*, 5(3) (June): 45-54.

Software Engineering Coordinating Committee of the ACM and IEEE (2004). "Guide to the Software Engineering Body of Knowledge."

Spivey, J.M. (1992). *The Z Notation: A Reference Manual*, 2nd ed. Englewood Cliffs, NJ: Prentice Hall.
描述一种用于需求规格说明的形式化语言。

Sreemani, Tirumale, and Joanne M. Atlee (1996). "Feasibility of model checking software requirements: A case study." *Proceedings of the 11th Annual Conference on Computer Assurance*, pp.77-88.

Srinivasan, K., and D. Fisher (1995). "Machine learning approaches to estimating development effort." *IEEE Transactions on Software Engineering*, 21(2): 126-137.

Standish Group (1994). *The CHAOS Report*. Dennis, MA: The Standish Group.

——(1995). *The Scope of Software Development Project Failures*. Dennis, MA: Standish Group.

——Steele, Claude (1999) "Thin ice: Stereotype threat and black college students." *Atlantic Monthly* (August): 44-47, 50-54.

Steinberg, Daniel H. and Daniel W. Palmer (2004). *Extreme Software Engineering: A Hands-on Approach*. Upper Saddle River, NJ: Prentice Hall.

Stephens, Matt, and Douglas Rosenberg (2003). Extreme Programming Refactored: The Case Against XP. Berkeley, CA: Apress.

Swanson, Mary, and S. Curry (1987). "Results of an asset engineering program: Predicting the impact of software reuse." In *Proceedings of the National Conference on Software Reusability and Portability*. Los Alamitos,

CA: IEEE Computer Society Press.

描述将财务奖励复用于佛罗里达坦帕GTE数据服务公司。

Swartout, W.R., and R. Balzer (1982). "On the inevitable intertwining of specification and implementation." *Communications of the ACM*, 25(7) (July): 438-439.

Teasley, B., L. Leventhal, B. Blumenthal, K. Instone, and D. Stone (1994). "Cultural diversity in user interface design: Are intuitions enough?" *SIGCHI Bulletin*, 26(1) (January): 36-40.

Teichroew, D., and E.A. Hershey III (1977). "PSL/PSA: A computer-aided technique for structured documentation and analysis of information processing systems." *IEEE Transactions on Software Engineering*, SE 3(1) (January): 41-48.

介绍一种记录需求的语言。

Theofanos, Mary F., and Shari Lawrence Pfleeger (1996). "Wavefront: A goal-driven requirements process model." *Information and Software Technology*, 38(1) (January): 507-519.

提出一个基于测度和目标获取需求的模型。

Thomas, Dave (2005). "Refactoring as meta programming?" *Journal of Object Technology*, 4(1) (January-Febrauary): 7-11.

Trager, Louis (1997). "Net users overcharged in glitch." *Inter@ctive Week*, September 8.

描述Nortel网络公司软件的测试不足的问题。

Travassos, Guilherme H., and R.S. Andrade (1999). "Combining metrics, principles and guidelines for object-oriented design." In *Proceedings of the Workshop on Quantitative Approaches to Object-Oriented Software Engineering* (ECOOP99). Lisbon, Portugal.

Tsuda, M., et al. (1992). "Productivity analysis of software development with an integrated CASE tool." In *Proceedings of the International Conference on Software Engineering*. Los Alamitos, CA: IEEE Computer Soceity Press.

描述日立公司的复用项目。

Turoff, M., and S.R. Hiltz (1995). "Computer-based Delphi processes," in M. Adler and E. Ziglio, eds. *Gazing Into the Oracle: The Delphi Method and Its Application to Social Policy and Public Health*. London: Kingsley Publishers.

Tversky, Amos, and Daniel Kahneman (1981). "The framing of decisions and the psychology of choice." *Science*, 211: 453-458.

Uhl, Axel (2003). "Model driven architecture is ready for prime time." *IEEE Software* (September/October): 70-73.

University of Southern California (1996). *COCOMO II Model User's Manual*, Version 1.1. Los Angeles: USC.

U.S. Department of Defense (1994). *Military Standard: Software Development and Documentation,* MilStd-498. Washington, DC: DOD.

这是涵盖美国国防部开发的或委托开发的系统的当前的软件开发标准。

Valacich, J.S, L.M. Jessup, A.R. Dennis, and J.F. Nunamaker, Jr. (1992). "A conceptual framework of anonymity in group support systems." In *Proceedings of the 25th Annual Hawaii Conference on System Sciences*, Vol. III: *Group Decision Support Systems Track*, pp. 113-125. Los Alamitos, CA: IEEE Computer Society Press.

Vartabedian, Ralph (1996). "IRS computer project has 'very serious problems,' Rubin Says." *Los Angeles Times*, March 29, p. D1.

Verner, June, and Graham Tate (1988). "Estimating size and effort in fourth generation development." *IEEE Software*, 5(4) (July): 15-22.

Vinter, Otto (1996). "The prevention of errors through experience-driven test efforts," Delta Report D-259 (January). Copenhagen.

描述评估相互竞争的测试方法的回顾性技术。

Voas, J.M., and Michael Friedman (1995). *Software Assessment: Reliability, Safety, and Testability*. New York: John Wiley.

Voas, J.M., and K.W. Miller (1995). "Software testability: The new verification." *IEEE Software*, 12(3) (May): 17-28.

Walden, Kim, and Jean-Marc Nerson (1995). *Seamless Object-Oriented Software Architecture: Analysis and Design of Reliable Systems*. Englewood Cliffs, NJ: Prentice Hall.

Walston, C., and C. Felix (1977). "A method of programming measurement and estimation." *IBM Systems Journal*, 16(1): 54-73.

Walz, Diane B., Joyce J. Elam, Herb Krasner, and Bill Curtis (1987). "A methodology for studying software design teams: An investigation of conflict behaviors in the requirements definition phase." In *Empirical Studies of Programmers*: Second Workshop, pp. 83-99. New York: Ablex Publishing.
提出设计大规模的、基于计算机的系统中分析过程的方法，基于刻画设计过程来识别团队成员的隐含的概念化的多样性，强调从抽象目标到具体系统的转换，并区分设计过程中的分解（设计功能的一部分）和作为一组过程本身的结果（在设计背景下）。

Ward, P.T., and S.J. Mellor (1986). *Structured Development for Real-Time Systems*, 3 vols. New York: Yourdon Press.

Warmer, Jos, and Anneke Kleppe (1999). *The Object Constraint Language: Precise Modeling with UMl*. Reading, MA: Addison-Wesley.

Wasserman, Anthony I. (1990). "Tool integration in software engineering environments." In F. Long (ed.), *Software Engineering Environments*, pp. 138-150. Berlin: Springer-Verlag.

——(1995). "Towards a discipline of software engineering: method, tools and the software development process," Inaugural Stevens Lecture on Software Development Methods. In *Proceedings of the Seventh International Workshop on Computer-Aided Software Engineering* (Toronto). Los Alamitos, CA: IEEE Computer Society Press.
Wasserman的关于如今软件工程中的若干关键问题的演讲教材。

——(1996). "Toward a discipline of software engineering." *IEEE Software*, 13(6) (November): 23-31.
Wasserman在史蒂文斯理工学院演讲之后的文章，解释为什么如今的软件开发不同于10年或20年前的软件开发。

Watson, R.T., T.H. Ho, and K.S. Raman (1994). "Culture: A fourth dimension of group support systems." *Communications of the ACM*, 37(10) (October): 44-55.

Weiderhold, Gio (1988). *Database Design*, 3rd ed. New York: McGraw-Hill.

Weinberg, Gerald M. (1971). *The Psychology of Computer Programming*. New York: Van Nostrand Reinhold.
关于程序员思维方式，以及组织如何帮助或妨碍开创性或生产率的开创性著作。

——(1993). *Quality Software Management: First Order Measurement*. New York: Dorset House.
本书有一部分内容强调了工作风格和团队建设。

Weiss, David, and Robert Lai (1999). *Software Product Line Engineering: A Family-based Software Development Process*. Reading, MA: Addison-Wesley.

Weller, E.F. (1992). "Lessons learned from two years of inspection data." In *Proceedings of the Third International Conference on Applications of Software Measurement*, pp. 2.57-2.69.

——(1993). "Lessons from three years of inspection data." *IEEE Software*, 10(5) (September): 38-45.
优秀的实证性研究，说明了6 000多个审查会议的数据，例如，对不同规模的团队和不同类型的代码的缺陷检测率的比较。

——(1994). "Using metrics to manage software projects." *IEEE Computer*, 27(9) (September): 27-34.

Wetherbe, J.C. (1984). *System Analysis and Design: Traditional, Structured, and Advanced Concepts and Techniques*. Eagan, MN: West Publishing.

Whittaker, James A., and Steven Atkin (2002). "Software engineering is not enough." *IEEE Software*, 19(4) (July/August): 108-115.

Wilde, Norman, Paul Matthews, and Ross Huitt (1993). "Maintaining object-oriented software." *IEEE Software*, 10(1) (January): 75-80.

Williams, L., R. Kessler, W. Cunningham, and R. Jeffries (2000). "Strengthening the case for pair programming." *IEEE Software*, 17(4) (July/August): 19-25.

Wilson, Peter B. (1995). "Testable requirements: An alternative software sizing measure." *Journal of the Quality Assurance Institute* (October): 3-11.

Wing, Jeannette M. (1990). "A specifier's introduction to formal methods." *IEEE Computer*, 23(9) (September): 8-24.
　　一个对形式化方法的很好的、清晰的介绍，包含了许多其他资源的说明。

Winograd, T., and F. Flores (1986). *Understanding Computers and Cognition*. Norwood, NJ: Ablex.

Withrow, Carol (1990). "Error density and size in Ada software." *IEEE Software*, 7(1) (January): 26-30.
　　发现U-状的故障密度曲线，它比较Unisys Ada软件中的规模和其中的错误。

Wittig, G.E., and G.R. Finnie (1994). "Using artificial neural networks and function points to estimate 4GL software development effort." *Australian Journal of Information Systems*, 1(2): 87-94.

Wolverton, R.W. (1974). "The cost of developing large-scale software." *IEEE Transactions on Computers*, C23(6): 615-636.
　　使用结合成本与项目困难度的矩阵，描述一个早期的成本模型。

Wood, Jane, and Denise Silver (1995). *Joint Application Development*, 2nd ed. New York: John Wiley.

Yourdon, Edward (1982). *Managing the System Life Cycle*. New York: Yourdon Press.

——(1990). *Modern Structured Analysis*. Englewood Cliffs, NJ: Prentice Hall.

——(1994). "Developing software overseas." *Byte*, 19(6) (June): 113-120.

——(2005). *Outsource*. Boston: Prentice-Hall.

Yourdon, Edward, and Larry Constantine (1978). *Structured Design*. Englewood Cliff, NJ: Prentice Hall.
　　提出了评价设计质量过程中耦合度与内聚度的概念。

Zave, Pamela (1984). "The operational versus the conventional approach to software development." *Communications of the ACM*, 27(2) (February): 104-118.

Zave, Pamela, and Michael Jackson (1997). "Four dark corners of requirements engineering." *ACM Transactions on Software Engineering and Methodology,* 6(1) (January): 1-30.
　　关于可操作规格说明开发方法的描述。

Zelkowitz, Marvin V., Dolores R. Wallace and David Binkley (1998). "Understanding the culture clash in software engineering technology transfer," University of Maryland technical report (2 June).

索　引

索引中的页码为英文原书的页码，与书中边栏的页码一致。

教师支持申请表

尊敬的老师：

您好！

为了确保您及时有效地申请培生整体教学资源，请您务必完整填写如下表格，加盖学院的公章后传真给我们，我们将会在2~3个工作日内为您处理。

请填写所需教辅的开课信息：

采用教材			□中文版　□英文版　□双语版	
作　者		出版社		
版　次		ISBN		
课程时间	始于　年　月　日	学生人数		
	止于　年　月　日	学生年级	□专科　　　　□本科1/2年级 □研究生　　　□本科3/4年级	

请填写您的个人信息：

学　　校			
院系/专业			
姓　　名		职　称	□助教　□讲师　□副教授　□教授
通信地址/邮编			
手　　机		电　话	
传　　真			
办公电子邮箱（必填） （如XXX@ruc.edu.cn）		电子邮箱 （如XXX@163.com）	
是否愿意接受我们定期的新书讯息通知：　　□是　　　□否			

系/院主任：_____（签字）

（系/院办公室章）

_____年____月____日

资源介绍

-教材、常规教辅（PPT、教师手册、题库等）资源，访问www.pearsonhighered.com/educator。（免费）

-MyLabs/Mastering系列在线平台，适合老师和学生共同使用，访问需要Access Code。（付费）

100013　　北京市东城区北三环东路36号环球贸易中心D座1208室

电话：(8610)57355086　　传真：(8610)58257961